질병 유전체 분석법 3

Genetic Variation and Diseases

질병 유전체 분석법 3

Genetic Variation and Diseases

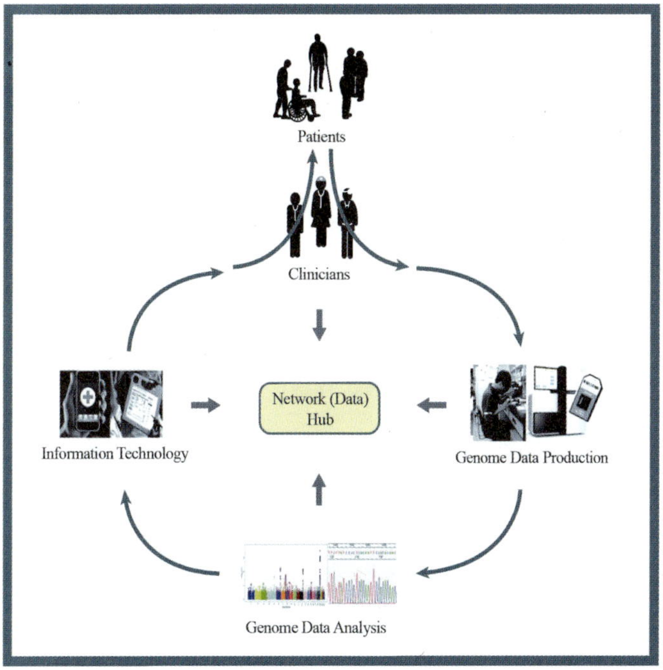

월드사이언스
worldscience.co.kr

질병 유전체 분석법 3

2015년 2월 01일 인쇄
2015년 2월 15일 발행

저 자 이종극
발행인 박선진
발행처 도서출판 월드사이언스

서울특별시 서초구 방배4동 864-31
등록일자 1988년 2월 12일
등록번호 제 16-1601
TEL (02) 581-5811～3
FAX (02) 521-6418
E-mail: worldscience@hanmail.net
URL : http://www.worldscience.co.kr

정가 30,000원

ISBN 978-89-5881-241-8

이 도서의 국립중앙도서관 출판예정도서목록(CIP)은 서지정보유통지원시스템 홈페이지(http://seoji.nl.go.kr)와 국가자료공동목록시스템(http://www.nl.go.kr/kolisnet)에서 이용하실 수 있습니다.(CIP제어번호: CIP2015000254)」

목차 Contents

제 2부 유전변이 분석

제 9장 유전변이형 검사법/ 145

제 10장 일배체형 검사법/ 169

제 3부 질병 연관성 분석

제 13장 표현형(질병)의 분류와 질병유전자 탐색 전략 / 231

제 14장 연관성 연구 / 256

저자 Author

이 종극

서울대학교 학사 (1987)
서울대학교 석사 (1989)
미국 미네소타 대학교 박사 (1996)
미국 국립보건원 (NIH) 국립암연구소 (NCI) 박사후연구원 (1996-2001)
질병관리본부 국립보건연구원 유전체센터 책임연구원 (2001-2006)
울산의대 서울아산병원 아산생명과학연구원 의생명연구소 교수 (2006-현재)
서울아산병원 유전체분석실 실장 (2011-현재)
E_mail) cookielee@empal.com

* 이 책을 강의용 교재로 사용할 경우에는 강의용 슬라이드 파일을 강의 담당 선생님께 제공해 드릴 수 있습니다. 필요시 월드사이언스 (worldscience@hanmail.net) 또는 저자(cookielee@empal.com)에게 연락하시기 바랍니다.

머리글

유전체 연구는 새로운 유전체 분석 기술에 의하여 지식과 정보를 만들어 가는 과학 영역이다. 과거 다양한 종류의 대규모 유전체 프로젝트 사업의 성공적 완성으로 개인과 집단이 가지는 상세한 유전체 구조 및 개별 유전변이형 정보 수집이 가능하게 되었다. 특히 차세대 염기서열 분석 기술의 발전 덕분으로 이제는 $1,000에 개인 유전체 염기서열 모두를 알 수 있게 되었다. 이러한 기술 발달은 집단 중심의 유전 분석에서 개인 중심의 유전분석으로 연구의 패러다임을 바꾸어 놓았다. 개인 유전체 분석 기술의 발전이 실제 의료 분야에서도 큰 파급효과를 만들어 가고 있다. 대표적인 예로는 엑솜 염기서열 분석을 통해 희귀 유전질환의 분자진단이 임상에서 보편적으로 사용하게 되었고 개인의 암 유전체 분석을 통해 개인 맞춤형 항암제 표적 치료가 시행되고 있다. 또한 산모의 혈액으로부터 비침습적 방법을 사용하여 태아의 염색체 이상을 진단하는 유전검사도 안전하고 정확도가 높은 산전 진단 방법으로 정착하고 있다. 그리고 다양한 약물 반응성에 대한 유전 정보를 바탕으로 개인의 약물 반응성에 영향을 미치는 유전형에 따른 맞춤 약물 처방이 가능하다. 유전체 기술과 정보의 급속한 발전은 실제 개인의 건강과 질병 진단 분야에 큰 발전을 도모하고 있다. 또한 개인 유전정보와 발전된 유전 분석 기술을 기반으로 한 다양한 종류의 유전체 분석 서비스를 제공하는 회사들도 급속히 늘어나고 있다. 이제는 빠르게 발전하는 유전체 분야의 정보와 지식을 습득하고 유전체 기반 사회에 주도적인 역할을 모색해야할 시기이다. 질병유전체분석법은 2006년에 제1판이 출판되고, 2010년에 제2판이 출판된 이후에 5년 만에 새로운 기술 발전과 지식을 담아 다시 개정판(제3판)을 내게 되었다. 그 동안 질병유전체분석법을 사랑해 주신 여러 독자들에게 감사를 드리고 새로 출간하는 개정판이 유전체 분야 연구자와 맞춤의학 연구자들에게 좋은 길잡이로 사용될 수 있기를 기대해 본다. 본 교재에서 부족한 부분에 대한 많은 조언을 부탁드리고 차후에 많은 분들의 좋은 의견이 추가로 반영될 수 있기를 바란다. 그리고 본 교재가 출판되기까지 많은 도움을 주신 모든 분들께 큰 감사를 함께 전한다.

2015년 1월

이종극

제 1부 유전체 분석

제 1장 DNA-RNA-Protein

1. 유전정보의 전달

사람의 몸은 약 10^{13} 개의 세포로 구성되어 있으며 각 세포는 동일한 유전정보를 가지고 있다. 한편 몸을 구성하는 세포는 역할과 유전 정보의 양에 따라 체세포(somatic cells)와 성세포(germ cells)로 구분할 수 있다. 몸을 구성하고 있는 체세포는 엄마와 아빠로부터 각각 유전체 1 개씩을 받아서 총 2 개의 유전체(diploid)를 가지고 있다. 그러나 다음 세대에 유전정보를 전달하는 성세포(germ cells: sperm 또는 egg)는 엄마와 아빠로부터 물려받은 2 개의 유전체가 임의로 합쳐진(recombination) 이후에 감수분열을 거쳐 한 개의 유전체(haploid)만을 가지게 된다. 사람의 체세포가 가지는 2 개의 유전체(diploid)는 23 쌍의 염색체로 구성되어 있으며 각각의 유전체는 총 30 억 개의 염기서열로 구성된 유전정보를 가지게 된다. 한편 체세포에서 생긴 돌연변이를 체세포 돌연변이(somatic mutation)라고 하고 성세포에서 생긴 돌연변이를 성세포 돌연변이(germline mutation)라고 한다. 체세포 돌연변이는 다음 세대에 전달되지 않지만 성세포 돌연변이는 다음 세대에 전달되어 후대에 까지 영향을 미친다. 따라서 인체를 구성하고 있는 모든 세포는 염색체 속의 DNA로부터 모든 생물학적 유전정보를 전달받는다(그림1-1).

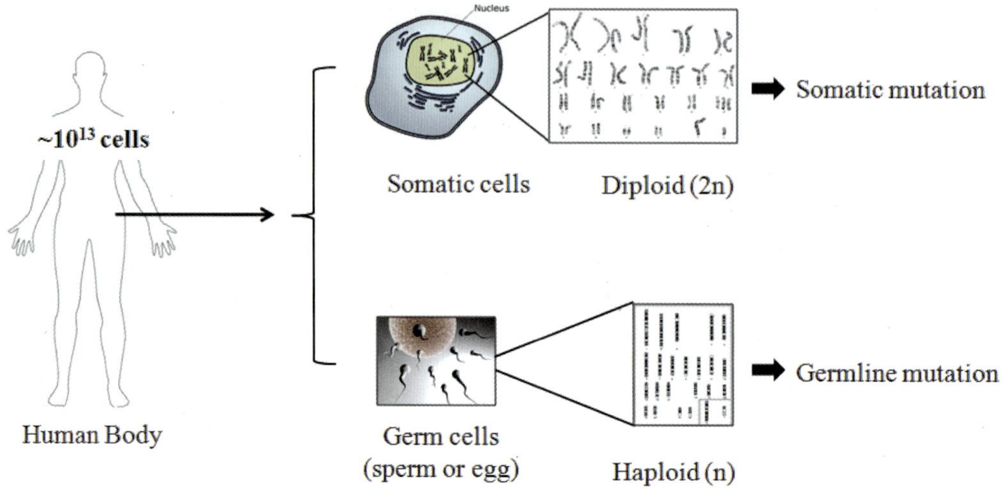

그림 1-1. 사람의 몸을 구성하는 세포의 유전정보

생물학적 정보는 일반적으로 세포의 핵(nucleus) 속에 존재하는 DNA에서 RNA가 만들어지고(transcription) 이 RNA는 세포질(cytoplasm)로 이동하여 단백질을 합성하여(translation) 생물학적 기능을 수행하게 된다. 이처럼 DNA에서 RNA를 거쳐 단백질로 유전정보가 전달되는 과정을 통상적으로 생물학의 central dogma라고 한다(그림 1-2).

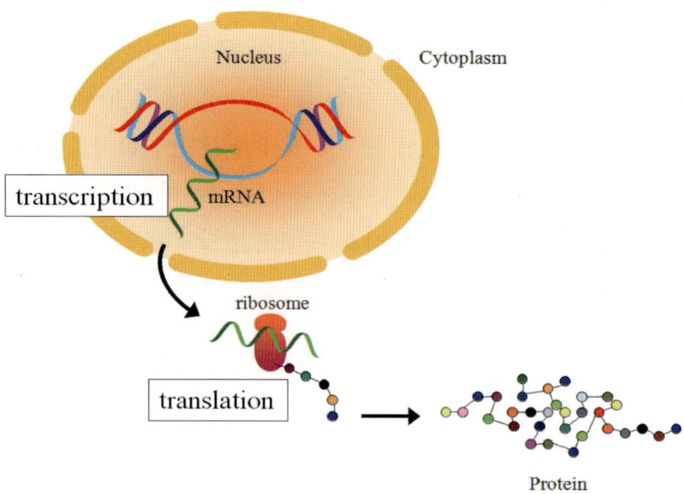

그림 1-2. 생물학적 정보의 흐름 **(DNA → RNA → Protein)**

생물계에서 최초의 유전정보는 DNA에서 시작하며 DNA는 adenosine(A), thymidine(T), guanosine(G), cytosine(C)의 4 개의 염기로 구성되어 있다. 이 4 개의 염기서열로 구성된 DNA로부터 상보적인 염기서열을 가진 RNA가 합성되고, 3 개의 RNA 염기서열 조합은 하나의 아미노산을 합성할 수 있는 codon이 된다. 따라서 A-T-G-C로 구성된 4 개의 DNA 염기서열로부터 합성된 3 개의 RNA 염기서열 조합으로 총 64 개의 codon 조합을 구성할 수 있다. 총 64 개의 다른 codon 조합들은 20 개의 다른 아미노산을 사용하여 단백질을 만들어 생물학적 기능을 수행한다(그림 1-3).

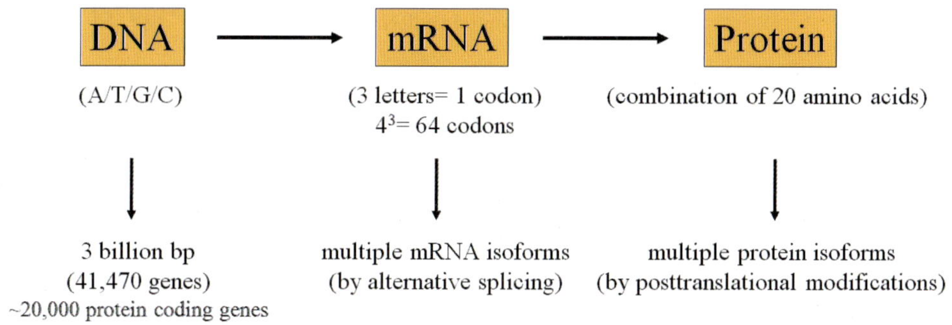

그림 1-3. 단계별 유전정보의 종류와 수

사람의 유전체는 30억 개의 DNA 염기서열로 배열되어 약 41,470 개 정도의 유전자를 가지고 있다. 이 유전자 중에서 단백질을 코딩하는 유전자는 약 20,0000 개 정도가 된다. 그리고 세포 증식 과정에서 개별 세포가 가지고 있는 DNA는 자기복제(DNA replication)를 통해 동일한 종류의 유전자를 만들게 된다. DNA로부터 만들어진 RNA는 alternative splicing 과정을 통해 다양한 종류의 단백질을 만들거나 RNA editing이라는 과정을 통해 실제 DNA에서 가지지 않는 새로운 염기서열로 치환함으로써 유전자의 다양성을 증진한다. 또한 만들어진 RNA는 microRNA에 의하여 단백질 합성이 조절되기도 한다(그림 1-4). 한편 단백질 단계에서는 glycosylation, phosphorylation 및 cleavage 작용 등에 의한 posttranslational modification 과정을 통하여 다양한 단백질 변이형이 생긴다. 이처럼 단순한 4 개의 DNA 염기서열의 조합으로 시작된 유전정보는 transcription과 translation 과정을 거치면서 매우 다양한 종류의 유전자 발현과 단백질을 생성하여 모든 복잡한 생물학적 조절 기능을 담당할 수 있다.

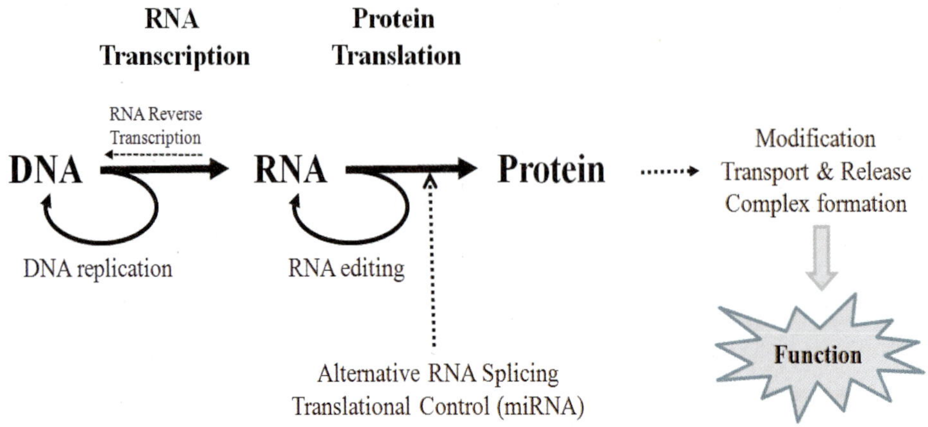

그림 1-4. 유전정보의 전달 과정

2. DNA

19 세기에 다윈의 진화론과 멘델의 유전법칙 발견으로 유전자가 유전의 기본 단위임을 알게 되었다. 또한 1944년 Avery 박사가 DNA가 유전물질임을 증명하고 1953년 왓슨과 크릭 박사가 DNA의 이중나선(double helix) 구조를 밝힘으로써 DNA에 대한 연구의 서막을 열었다(그림 1-5).

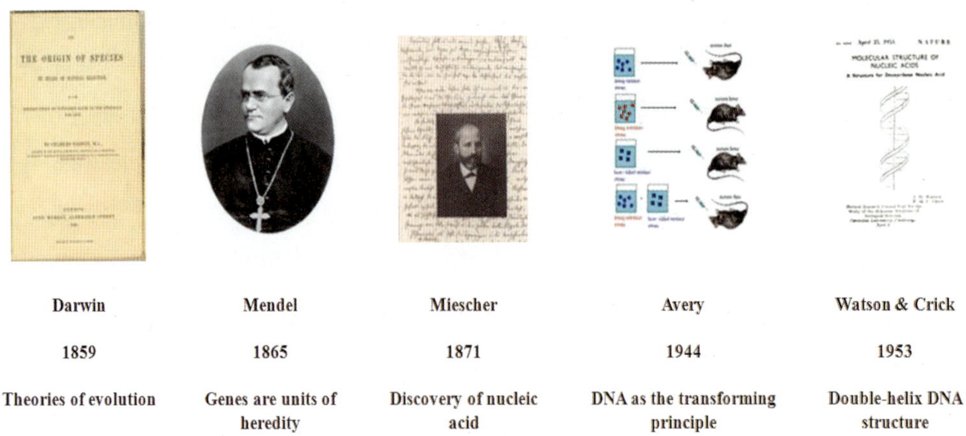

그림 1-5. 유전학 및 유전체학 발전의 주요 업적

DNA와 RNA의 기본 구조인 핵산(nucleotide)은 인(phosphate), 당(sugar), 그리고 염기(base)로 구성되어 있다(그림 1-6). 핵산의 기본 구조에서 당(sugar)인 ribose 부분의 2 번 탄소 위치에 수소(hydrogen: H)가 오면 deoxyribonucleic acid(DNA)가 되고 수산화기(hydrocyl: OH)가 오면 ribonucleic acid(RNA)가 된다. 그리고 DNA 구조에서 ribose의 2 번 탄소에 결합하는 수소는 매우 안정적인데 반해 RNA 구조의 2 번 탄소에 결합하는 수산화기(OH)는 매우 불안정하고 반응성이 높아 RNA는 쉽게 분해되는 성질을 가진다. 한편 핵산의 구조에서 염기(base)의 위치에는 adenine(A), cytosine(C), guanine(G), thymine(T)으로 이루어진 4 개의 다른 염기가 놓이게 된다.

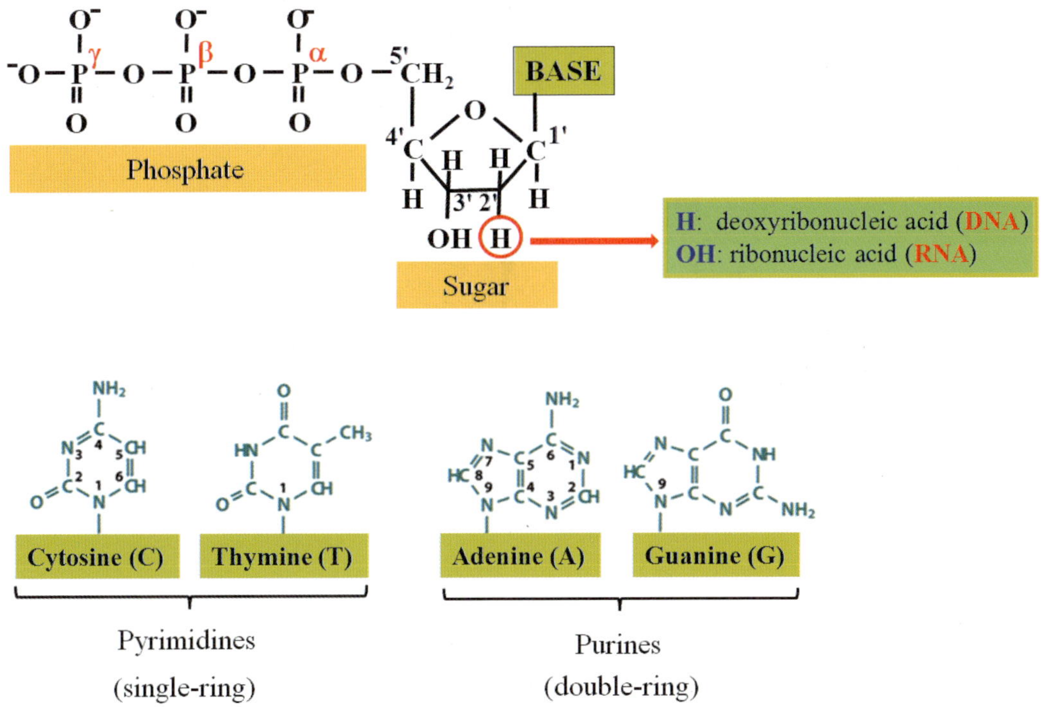

그림 1-6. **DNA와 RNA의 기본 단위인 핵산(nucleotide)의 구조**

4 개의 염기 중에서 1 개의 링 구조를 가진 염기(cytosine & thymine)는 pyrimidines이라고 하고 2 개의 링 구조를 가진 염기(adenine & guanine)를 purines이라고 한다(그림 1-6). 그리고 핵산의 구조에서 3 개의 인산기(phosphate)는 음의 전하(negative charge)를 가지고 있으며, 그 위치에 따라 α-, β-, γ-phosphate로 구분하고 있다. 이 처럼 DNA에 존재하는

인산기가 음의 전하를 가지고 있기 때문에 DNA를 분리하기 위한 전기영동(gel electrophoresis) 과정에서 DNA가 음의 전하(음극)에서 양의 전하(양극) 방향으로 이동하게 된다. 한편 DNA를 구성하는 기본 단위인 핵산은 염기가 놓이는 위치에 adenine, cytosine, guanine, thymine이 있는 경우에 각각 dATP, dCTP, dGTP, dTTP 라고 하며 4 개의 핵산을 모두 통칭하여 dNTP라고 한다.

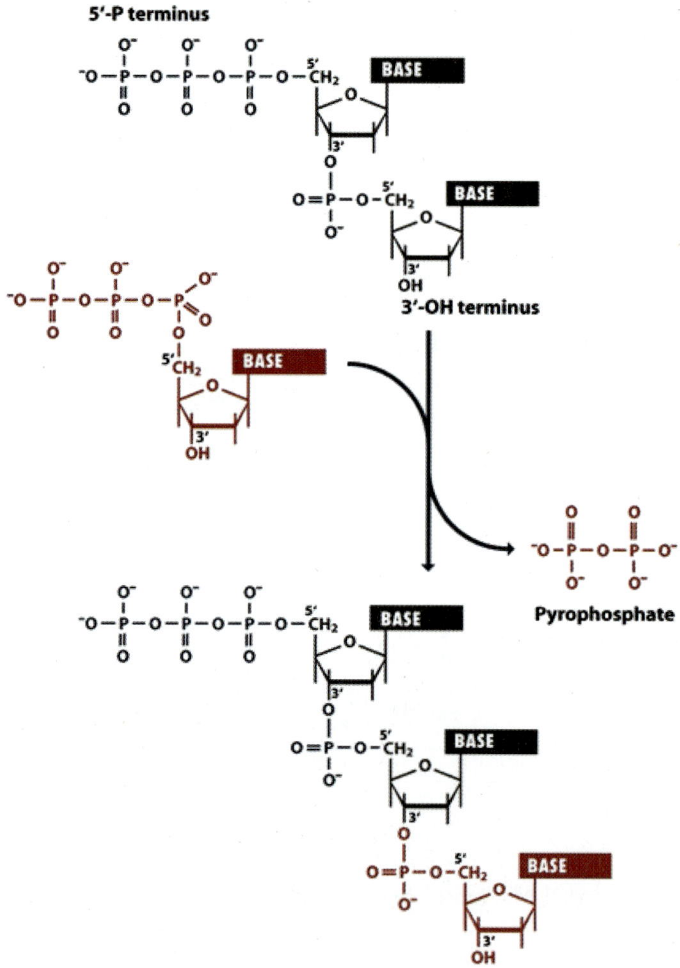

그림 1-7. **DNA 합성 반응**

DNA 합성 과정은 DNA polymerase가 임의로 4 개의 핵산(dNTP)을 일렬로 연결하는 작업이다. 그리고 이 합성 반응은 항상 5'→ 3' 방향으로만 진행된다. DNA 합성

과정을 살펴보면 우선 하나의 핵산에서 2 개의 인산(β- & γ-phosphate)이 제거된 후 남아 있는 하나의 인산(α-phosphate) 그룹이 다른 핵산의 3번 탄소에 위치한 수산화기(OH)를 제거하고 phosphodiester bond로 결합함으로써 연결된다(그림 1-7). 위의 DNA 합성 과정에서 분리된 2 분자의 인산은 pyrophosphate라고 불린다. 합성된 DNA는 하나의 직선상으로 독립적으로 있는 것이 아니라 2 가닥의 상보적인 DNA 가닥으로 이중 나선 구조(double helix structure)로 존재하고 있다(그림 1-8).

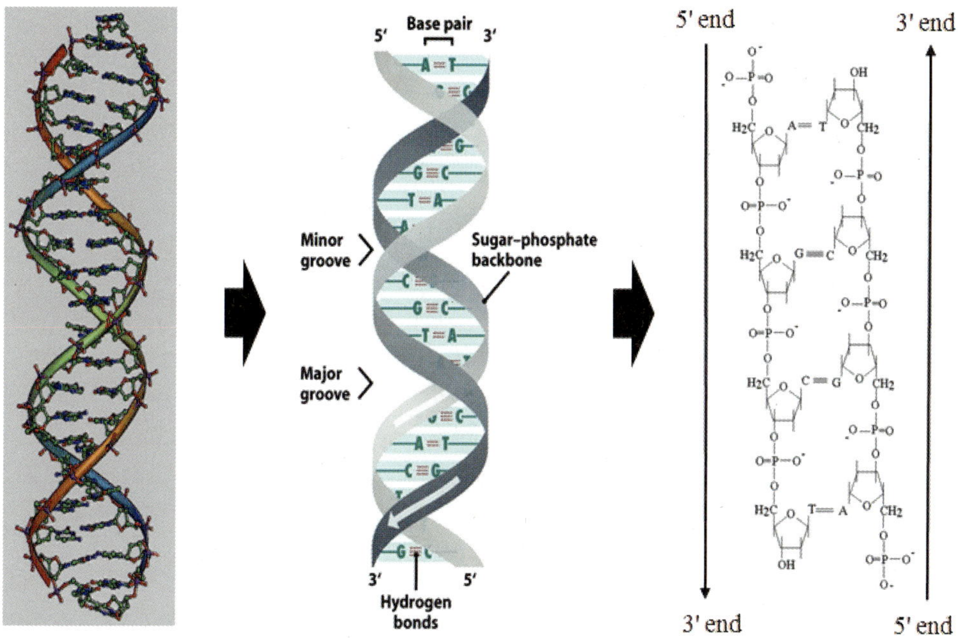

그림 1-8. **DNA의 이중 나선 구조**

DNA의 이중 나선 구조는 염기 간의 수소결합(hydrogen bond)에 의하여 안정화되어 있다. 이중 나선 구조에서 염기 간의 결합은 adenine(A)은 thymine(T)과 2 개의 수소 결합에 의하여 연결되고 cytosine(C)은 guanine(G)과 3 개의 수소결합에 의하여 안정화된다(그림 1-9). G-C 간에는 3 개의 수소 결합으로 연결되어 2 개의 수소결합으로 연결된 A-T 간의 결합보다 더 단단하게 연결되어 있다. DNA 서열에서 GC-rich 영역의 PCR 증폭이 어려운 이유도 A-T 보다 더 강한 결합으로 이루어져 있기 때문이다. 한편 DNA의 이중 나선 구조에서 A-T와 G-C 간의 결합은 구조적으로 2 개의 링 구조를 가진 purines인 adenine(A)과 guanine(G)이 1 개의 링 구조를 가진 pyrimidines인 thymine(T)과 cytosine(C)

과 각각 결합함으로써 두 염기 간에 공간적으로 적당한 위치로 결합한다. 따라서 DNA 이중 나선 구조에서 purine-purine 또는 pyrimidine-pyrimidine 간의 결합은 이루어 질 수 없고 항상 purine-pyrimidine 염기 간의 결합으로 이루어진다.

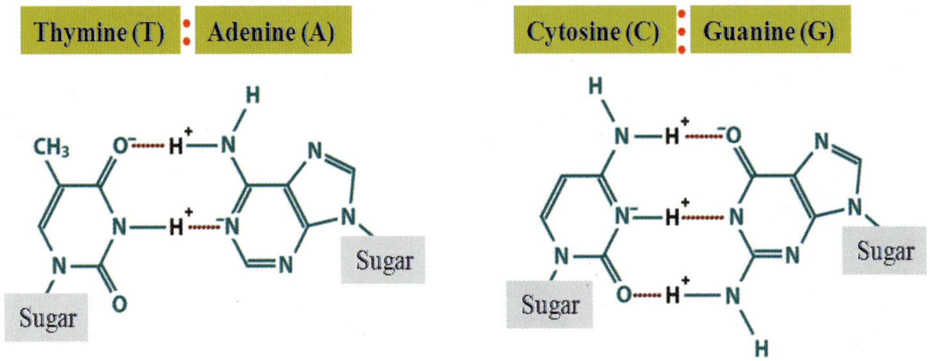

그림 1-9. **A-T와 G-C 간의 수소 결합**

3. RNA

RNA는 DNA와 매우 유사한 구조를 가지고 있지만 2 가지 다른 차이점을 가지고 있다(그림 1-10). 첫 번째는 ribose의 2 번 탄소에 DNA는 수소기(H)가 위치하지만 RNA는 수산화기(OH)가 위치하여 구조적인 차이를 가지고 있다. 특히 RNA의 phosphodiester bond는 ribose 2 번 탄소에 존재하는 OH기의 간접적인 영향으로 보다 불안정한 상태로 존재한다. 두 번째 차이점은 DNA는 A, T, G, C의 4 가지 다른 염기로 구성되지만 RNA는 4 가지의 염기 중에서 T(thymine)가 U(urasil)로 치환이 된다는 점이다. 따라서 RNA의 염기서열은 A, U, G, C의 4 가지 다른 염기로 배열된다.

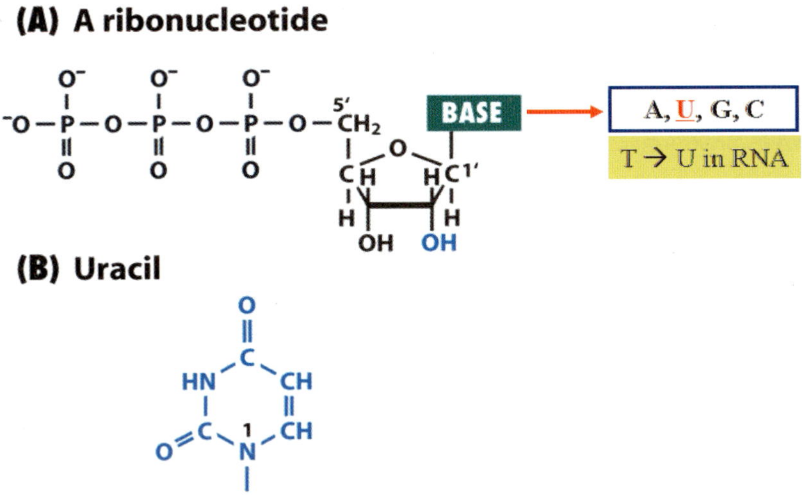

그림 1-10. **RNA의 구조**

RNA 합성은 DNA의 염기서열 정보로부터 상보적인 염기서열을 합성함으로써 시작된다(그림 1-11). 따라서 RNA polymerase가 세포의 핵 속에서 DNA 염기서열 정보를 이용하여 새로운 RNA 가닥을 합성하며, 이 과정에서 DNA의 A(adenine)는 RNA에서는 상보적인 T(thymine) 대신에 U(urasil)로 치환된 염기서열이 생성된다. 그리고 RNA의 합성도 DNA 합성과 마찬가지로 항상 5' → 3'의 방향으로 진행된다.

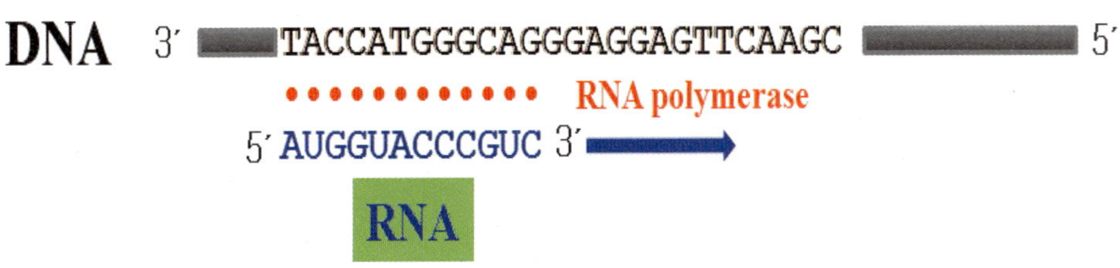

그림 1-11. **RNA polymerase에 의한 DNA로부터 RNA의 합성 과정**

한편 RNA는 크게 coding RNA와 non-coding RNA로 나눌 수 있다. coding RNA는 유전자를 전달하는 messenger RNA(mRNA)를 의미하고 noncoding RNA는 mRNA를 제외한 모든 종류의 RNA를 말한다. mRNA는 전체 RNA의 약 4% 정도를 차지하고 있고 non-coding RNA는 약 96%정도로 이루어져 있다(그림 1-12).

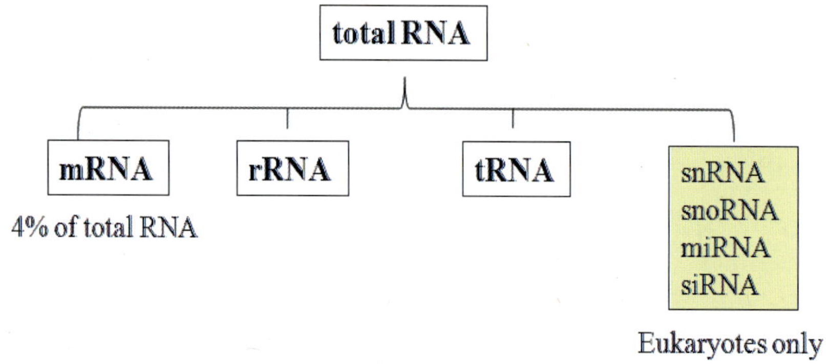

그림 1-12. **세포 속에 존재하는 RNA의 종류**

Non-coding RNA에서 ribosomal RNA(rRNA)는 세포 속에서 가장 많은 부분을 차지하는 RNA로써 (전체 RNA의 약 80%)로 단백질 합성장소인 ribosomes의 구성 성분이다. 그리고 transfer RNA(tRNA)는 단백질 합성 과정에서 mRNA의 codon에 해당하는 특정 아미노산을 ribosome에 전달하는 역할을 한다. 한편 진핵생물(eukaryotes)에서만 발현되는 RNA로는 snRNA, snoRNA, miRNA 및 siRNA 등이 있다. Small nuclear RNA(snRNA)는 진핵세포의 핵 속에 존재하며 mRNA의 splicing 과정에 관여한다. 그리고 small nucleolar RNA(snoRNA)는 진핵세포 핵의 nucleolar 영역에 존재하며 rRNA의 화학적 변화(chemical modification: 예를 들면, 메틸기 추가)에 매우 중요한 역할을 한다. microRNA(miRNA)와 short interfering RNA(siRNA)는 아주 작은 RNA 물질로 개별 유전자의 발현 조절에 중요한 기능을 한다.

한편 하나의 유전자를 구성하는 특정 DNA 염기서열로부터 mRNA가 생성될 때 초기 mRNA 전구체(mRNA precursor)는 capping, polyadenylation 및 splicing 등의 과정을 거쳐 만들어진 후에 ribosome에서 새로운 단백질을 합성하는 template (mature mRNA)로 쓰인다(그림 1-13). 유전자 정보를 전달하는 중간 단계인 mRNA 염기서열로부터 단백질 합성에 필요한 개별 아미노산 서열 정보가 결정된다. mRNA에서 3 개의 염기서열

(= codon)이 하나의 아미노산을 전달할 수 있는 정보를 가지고 있으며 모든 단백질의 시작코돈(initiation codon)은 AUG로 methionine을 코딩한다. 그리고 단백질 합성을 중단하는 것은 3 개의 stop codon(UAA, UAG 또는 UGA)인데, 이 중에서 하나만 오더라도 단백질 합성이 종결된다.

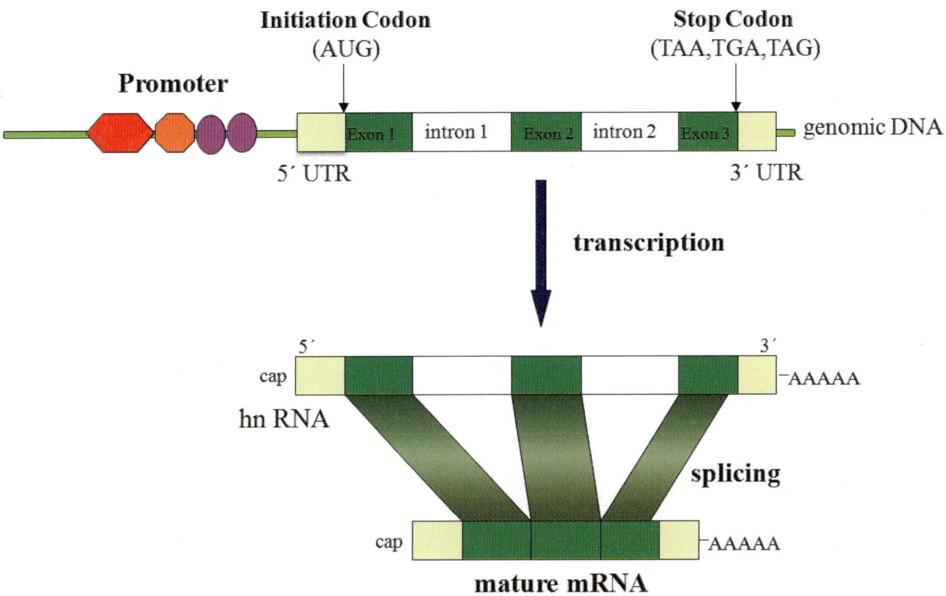

그림 1-13. **mRNA의 생성 과정**

일반적으로 유전코드(genetic code)는 생물종(species)에 따라 다른 아미노산을 합성하게 된다. 또한 같은 생물종 내에서도 nuclear genome과 mitochondrial genome의 유전코드가 각각 다른 유전코드로 작용한다. 예를 들면, 포유동물(mammalian genome)에서 nuclear genome의 UGA는 stop codon으로 작용하지만 mitochondrial genome에서는 tryptophan을 코딩하는 유전코드로 작동한다. 또한 AGA 또는 AGG는 nuclear genome에서 arginine을 코딩하지만 mitochondrial genome에서는 stop codon으로 작동한다. 표 1-1은 포유류에서 아미노산을 전달하는 mRNA 염기서열의 유전정보를 표시한 것이다.

표 1-1. 아미노산을 전달하는 **mRNA** 염기서열 정보

Second Position

First Position (5′ End) / Third Position (3′ End)

	U		C		A		G		
U	UUU	Phe (F)	UCU	Ser (S)	UAU	Tyr (Y)	UGU	Cys (C)	U
	UUC		UCC		UAC		UGC		C
	UUA	Leu (L)	UCA		UAA	Stop	UGA	Stop	A
	UUG		UCG		UAG		UGG	Trp (W)	G
C	CUU	Leu (L)	CCU	Pro (P)	CAU	His (H)	CGU	Arg (R)	U
	CUC		CCC		CAC		CGC		C
	CUA		CCA		CAA	Gln (Q)	CGA		A
	CUG		CCG		CAG		CGG		G
A	AUU	Ile (I)	ACU	Thr (T)	AAU	Asn (N)	AGU	Ser (S)	U
	AUC		ACC		AAC		AGC		C
	AUA		ACA		AAA	Lys (K)	AGA	Arg (R)	A
	AUG	Met (M)	ACG		AAG		AGG		G
G	GUU	Val (V)	GCU	Ala (A)	GAU	Asp (D)	GGU	Gly (G)	U
	GUC		GCC		GAC		GGC		C
	GUA		GCA		GAA	Glu (E)	GGA		A
	GUG		GCG		GAG		GGG		G

4. 단백질(Protein)

단백질은 mRNA의 염기서열 정보로부터 20 개의 다른 아미노산이 하나의 사슬로 연결된 구조를 가진다. 그리고 아미노산의 기본 구조는 중심에 위치한 탄소에 아미노기(NH_2), 카르복실기(COOH), 수소기(H), 그리고 20 개의 아미노산 특이적으로 존재하는 R 그룹으로 구성되어 있다(그림 1-14).

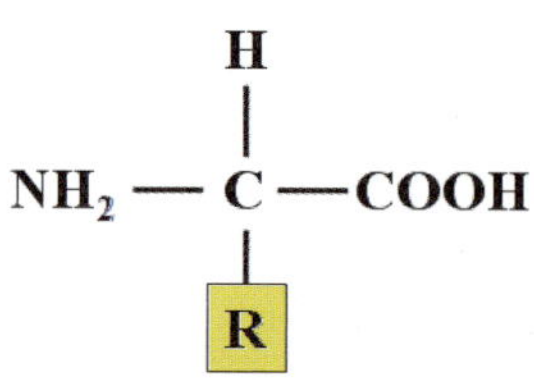

그림 1-14. 아미노산의 기본 구조

R 그룹에 위치하는 화학적 성분에 따라 20 개 아미노산의 특성이 결정된다. 20 종류의 아미노산은 non-polar R group 아미노산, polar R group 아미노산, 그리고 음의 전하를 띠는 (=acidic) R group 아미노산과 양의 전하를 띠는 (=basic) R group 아미노산으로 분류된다(그림 1-15). 그리고 nonpolar R group을 가진 아미노산은 물을 멀리하는(hydrophobic) 특성을 가지고 있어 주로 transmembrane 영역 또는 단백질의 내부에 위치하게 된다. 그러나 polar R group 아미노산은 물과 친화력이 높아서(hydrophilic) 단백질 구조에서 주로 외부에 위치하고 있다.

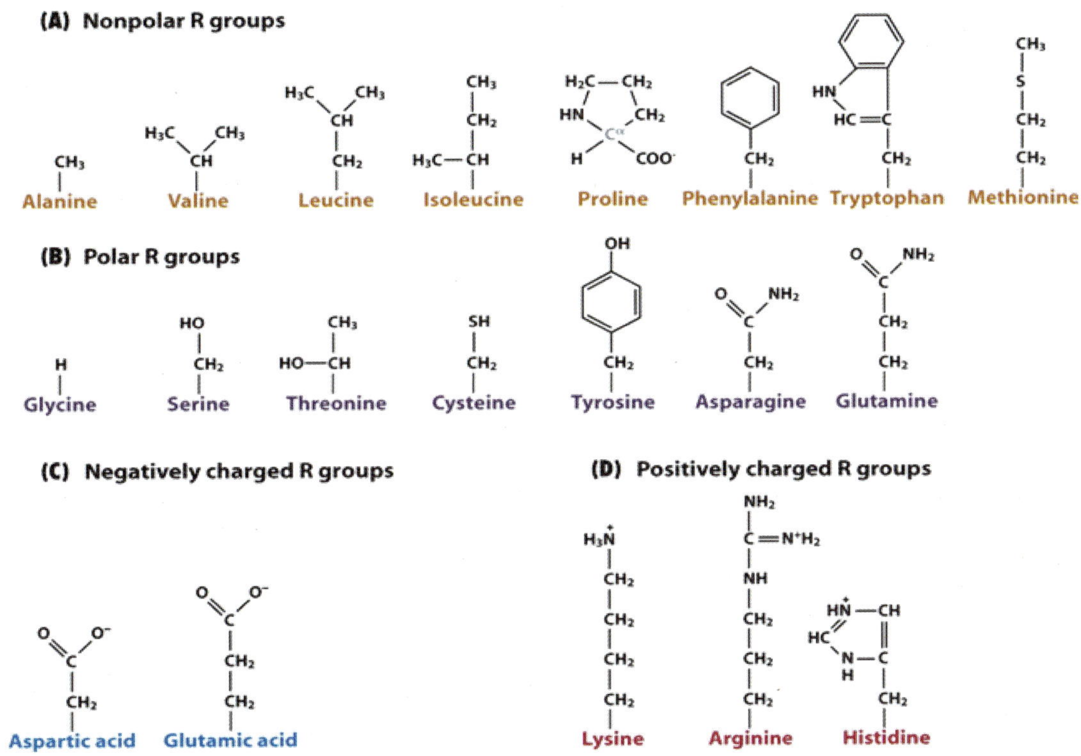

그림 1-15. **20개 아미노산의 구조**

한편 단백질을 구성하는 20 개의 아미노산 서열 정보를 표기할 때는 주로 3-글자 또는 1-글자로 축약된 형태로 표시한다(표 1-2).

표 1-2. **20 개 아미노산 표기법**

Amino Acid	3-letter	1-letter
Alanine	Ala	A
Arginine	Arg	R
Asparagine	Asn	N
Aspartic acid	Asp	D
Cysteine	Cys	C
Glutamic acid	Glu	E
Glutamine	Gln	Q
Glycine	Gly	G
Histidine	His	H
Isoleucine	Ile	I
Leucine	Leu	L
Lysine	Lys	K
Methionine	Met	M
Phenylalanine	Phe	F
Proline	Pro	P
Serine	Ser	S
Threonine	Thr	T
Tryptophan	Trp	W
Tyrosine	Tyr	Y
Valine	Val	V

20개의 아미노산으로부터 구성된 단백질이 만들어 지는 것은 DNA로부터 합성된 mRNA의 정보로부터 특정한 순서의 아미노산을 합성함으로써 이루어진다. 이처럼 mRNA 염기서열 정보로부터 단백질이 합성되는 과정을 translation이라 한다. 단백질 합성 과정을 간략히 설명하면 다음과 같다. 우선 세포의 ribosome에서 mRNA 염기서열 정보에 따라 tRNA가 해당되는 아미노산을 전달하여 단백질 합성이 진행된다(그림 1-16). 단백질 합성은 mRNA의 염기서열 정보에서 translational start codon인 AUG 위치에서 시작되고 stop codon을 만나게 되면 단백질 합성이 중단된다. 그리고 mRNA 염기서열에는 3개의 염기가 하나의 codon을 구성하고 최종적으로는 tRNA로부터 한 개의 아미노산을 전달받는다. 어떤 아미노산을 받느냐는 mRNA의 codon과 상보적으로 결합할 수

있는 tRNA의 anti-codon에 의하여 결정된다. 따라서 mRNA의 codon 정보와 tRNA의 anti-codon 정보에 의하여 mRNA의 염기서열 정보에 따라서 특정한 아미노산 서열이 결합함으로써 단백질이 합성된다.

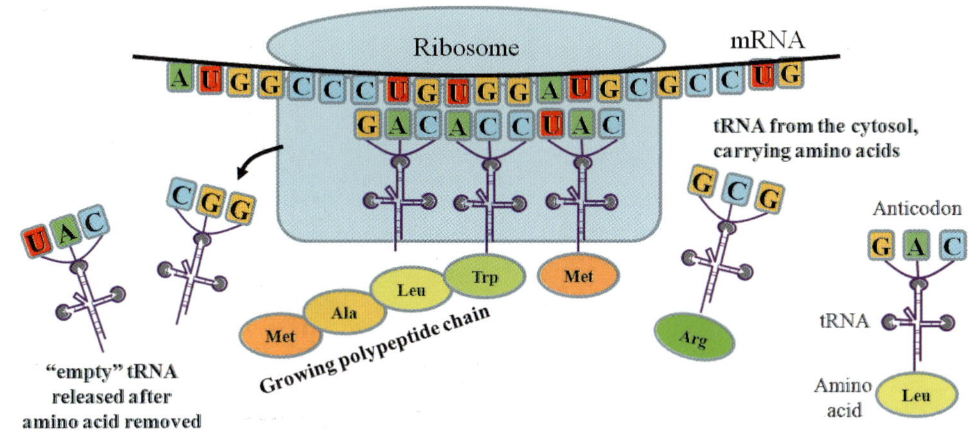

그림 1-16. **mRNA로부터 단백질 합성과정 (Translation Process)**

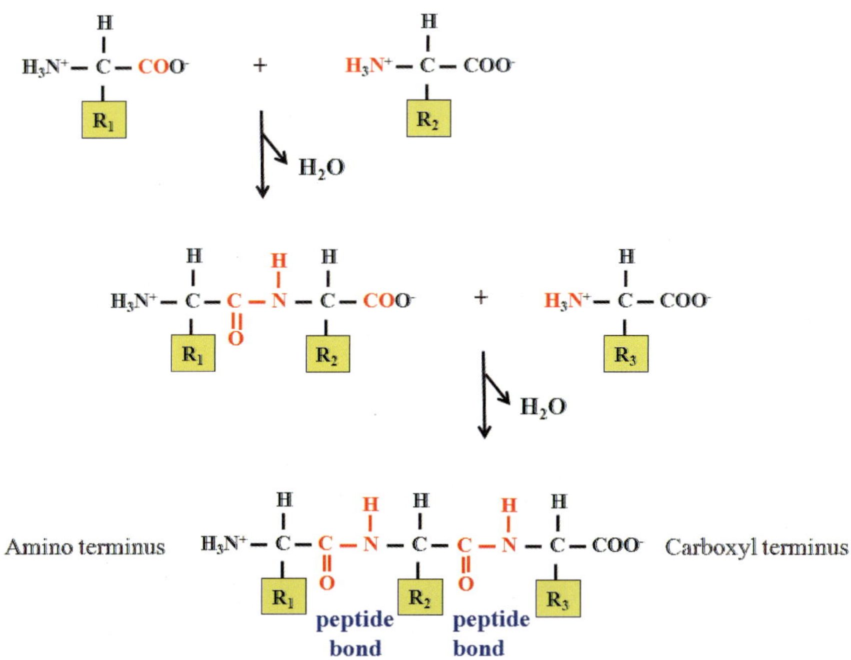

그림 1-17. 아미노산의 펩타이드 결합(peptide bond)에 의한 단백질 합성 과정

단백질을 구성하는 기본단위(monomer)인 20 개의 개별 아미노산은 peptide bond로 서로 연결되어 단백질(peptide; polymer)을 만든다(그림 1-17). 그리고 단백질을 구성하는 아미노산 서열의 다양성은 20 개 아미노산의 조합에 의하여 결정된다. 예를 들면, 4 개의 아미노산으로 구성된 아주 짧은 peptide의 경우에는 총 20^4= 160,000 개의 서로 다른 아미노산 서열 조합이 만들어 질 수 있다(그림 1-18).

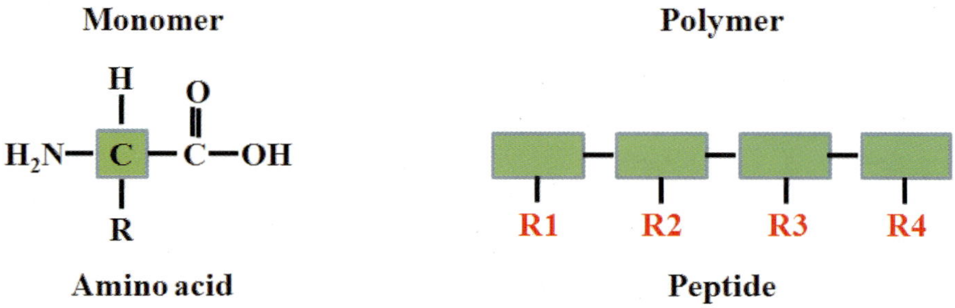

그림 1-18. 아미노산의 기본구조와 단백질을 구성하는 peptide의 구조

한편 단백질은 4 가지 형태의 구조로 분류하며 그 기준은 다음과 같다.

- 1 차 구조 (primary structure): 단순한 아미노산의 서열정보로 표기함.
- 2 차 구조 (secondary structure): 아미노산 서열의 기본 입체 구조(예, α-helix 또는 β-sheet)로 구분함.
- 3 차 구조 (tertiary structure): 단백질을 구성하는 아미노산 서열의 2 차 구조를 3 차원적으로 배열한 입체구조로 다양한 결합(예, hydrogen bonding, electrostatic interactions, hydrophobic forces & covalent bonds)에 의하여 안정화됨.
- 4 차 구조 (quaternary structure): 2 개 이상의 단백질이 서로 결합하는 구조이며 각각의 단백질은 3 차 구조를 이루면서 여러 개의 단위(subunit)로 구성된 단백질(multisubunit protein)을 구성함.

지금까지의 내용을 종합해보면 몸을 구성하고 있는 모든 세포 속에 존재하는 DNA 형태의 유전정보는 RNA를 거쳐 20 개의 아미노산 조합으로 구성된 단백질을 만들어 세포의 다양한 생물학적 기능을 수행하도록 프로그램화되어 있다. 물론 이 과정을 통해서 많은 종류의 RNA 및 단백질 isoform들이 생성되어 세포의 다양한 역할과 복잡성을 수행할 수 있는 생물학적 자원을 제공한다(그림 1-19). 이러한 과정을 거치면서 복잡하고 다양한 생물학적 기능과 조화로운 생물학적 반응이 세포 속에서 이루지고 있는 것이다.

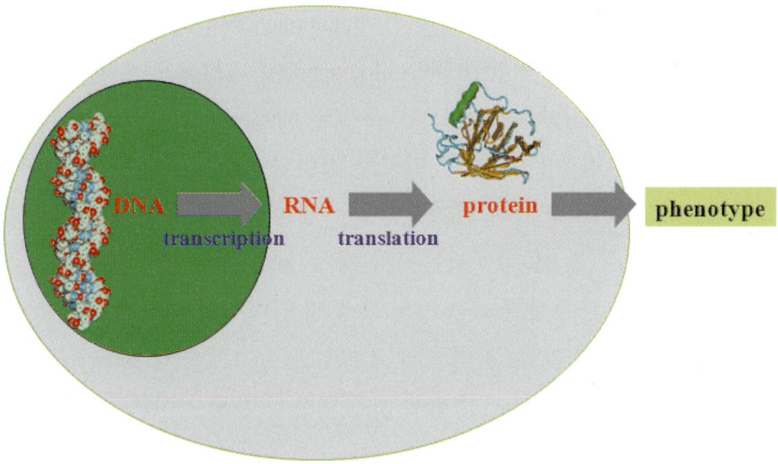

그림 1-19. 다양한 생물학적 기능을 수행하기 위한 **DNA-RNA-**단백질 합성의 경로

제 2장 DNA 분석 기술

모든 세포 속에 존재하는 유전정보를 분석하기 위해서는 선별된 세포로부터 DNA를 수집하는 작업이 가장 우선적으로 이루어져야 한다. 그리고 분리된 DNA 시료를 이용하여 유전체 염기서열 정보를 분석하기 위해서는 다음과 같은 절차를 거치게 된다. 우선 분석하고자 하는 생물체의 세포로부터 유전체(genomic DNA)를 분리하고, 분리된 유전체의 모든 DNA 조각을 vector에 삽입(DNA cloning)하여 대량으로 증폭한다. 그 후 vector에 삽입된 DNA 조각(clones)들을 일정한 순서로 배열(physical mapping)하여 clone-contig를 만드는 작업을 한다. 마지막으로 일렬로 정렬된 clone-contig를 이용하여 개별 clone에 삽입된 genomic DNA 조각의 염기서열을 확인함으로써 유전체 염기서열 정보를 모두 해독할 수 있다. 우선 본 장에서는 유전체 분석을 위한 첫 단계인 DNA cloning에 대하여 알아보고 다음 장에서 물리적 지도 작성 및 염기서열 분석에 대한 것을 다루고자 한다. 따라서 여기에서는 DNA 분리 기술, DNA cloning 기술 및 *in vitro* DNA 증폭 기술인 PCR (polymerase chain reaction) 방법에 대한 내용을 다룰 것이다.

1. DNA 분리 기술

유전 연구에서 가장 우선적으로 수행하는 것이 순도가 높은 충분한 양의 DNA를 확보하는 일이다. 세포 속의 DNA는 다양한 종류의 시료로부터 분리할 수 있으며 일반적으로는 조직이나 혈액 등에서 DNA를 분리해서 사용하고 있다. 여기에서는 인간 유전체 연구를 위한 DNA 분리 기술에 대한 내용을 우선 정리해 보고자 한다.

(1) DNA 분리용 시료의 선택

유전 연구를 위해 가장 우선적으로 수행하는 genomic DNA 분리는 다양한 종류의 세포를 사용할 수 있다. 예를 들면, 조직, 모근, 구강상피세포, 배양된 세포 및 혈액 등으로부터 genomic DNA 분리가 가능하다(그림 2-1). 그러나 다양한 종류의 유전 분석을 하기 위해서는 많은 양의 DNA가 필요한 경우가 있다. 그래서 많은 양의 유전체 시료가 필요할 때는 사람의 혈액에 존재하는 B 세포를 Epstein-Barr virus(EBV)로 감염시켜 불멸화를 유도하여 lymphoblastoid cell line(LCLs)을 만들어 사용하고 있다. 이 방법의 단점은 세포주를 만드는 과정 또는 세포배양 과정에서 일부의 세포주에서 유전체의 변이가 발생하는 문제점을 가지고 있으나 여러 종류의 대규모 유전체 연구에 사용된 시료는 대부분 EBV-transformed B cells을 사용하고 있다. 그러나 최근에는 whole-genome amplification 기술의 발전과 array-based DNA genotyping 분석 기술의 발전으로 적은 양의 유전체 시료로도 많은 종류의 유전체 분석이 가능하게 되었다. 그래서 지금은 사람의 혈액으로 부터 바로 DNA를 분리하는 방법을 많이 사용하고 있다. 이렇게 분리된 genomic DNA는 DNA cloning, DNA sequencing 및 genotyping 등에 사용된다.

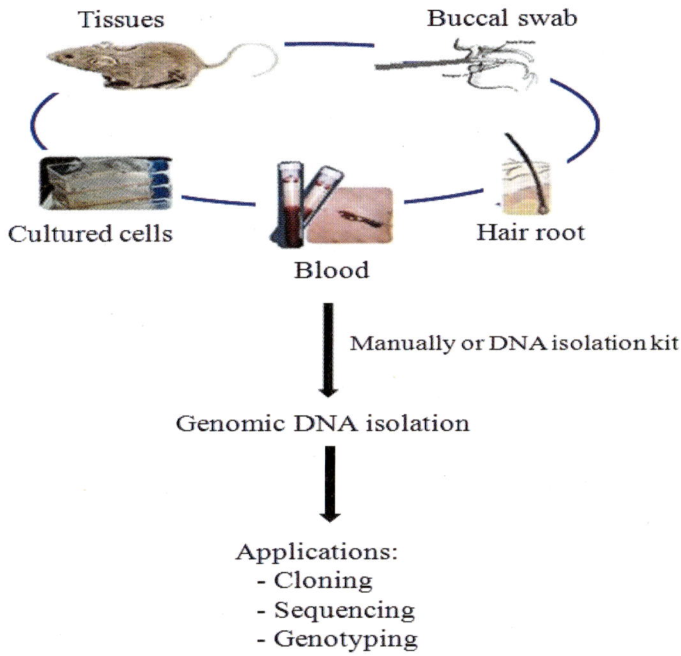

그림 2-1. **DNA 분리와 활용 방안**

(2) 항응고제의 선택

DNA 분리용 혈액을 채취할 때 항응고제(anti-coagulant)를 사용하는데, DNase를 저해하는 기능을 가지고 있는 EDTA가 주로 사용되고 있다. 다른 항응고제들 중 하나인 heparin은 DNA 분리 과정에서 DNA와 결합할 수 있고, PCR 증폭에 사용되는 Taq polymerase를 저해하는 성질이 있어 사용하지 않도록 해야 한다. 그리고 채취된 혈액은 상온에서 수송하고 채취한지 3일 이상이 되면 DNA가 분해된다.

(3) DNA 분리의 기본 원리

모든 DNA 분리는 세포 파괴(cell lysis), 단백질 제거, DNA 수집의 과정을 거친다. 예를 들면, 혈액으로부터 DNA를 분리하는 경우에는 우선 핵을 가지고 있지 않은 적혈구 세포(red blood cells)를 파괴하여 제거하고 백혈구 세포만을 분리한다. 분리된 백혈구 세포는 세포막을 파괴하여 단백질을 제거하고 용액 속에 존재하는 DNA는 에탄올로 침전시켜 분리하는 과정을 거친다. 최근에는 DNA 분리를 위한 다양한 종류의 kit이 개발되어 아주 간편히 많은 연구자들이 사용하고 있다. 개발된 kit의 사용방법을 간단히 설명하면, 우선 세포를 lysis buffer로 파괴한 이후에 칼럼을 이용하여 DNA를 결합시키고 다른 물질들은 씻어낸다. 그리고 칼럼에 붙어있던 DNA를 TE buffer로 씻어 내어 순수한 DNA 만을 분리한다(그림 2-2). 분리된 DNA는 -70 ℃에서 보관하면 된다.

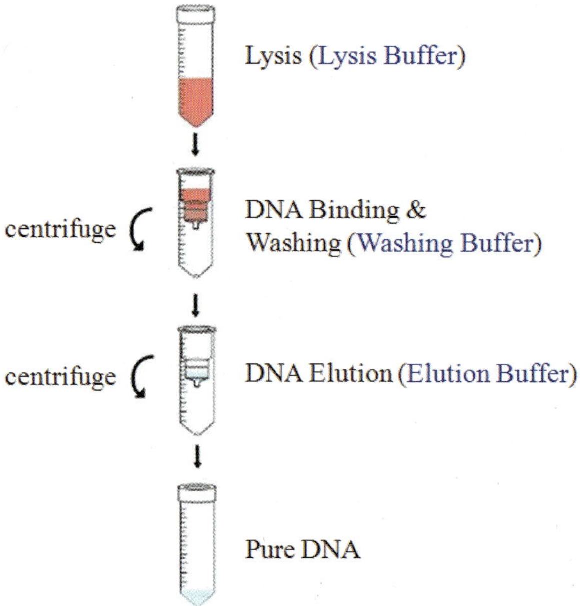

그림 2-2. **상업적으로 이용 가능한 kit을 이용한 간편한 DNA 분리 기술**

(4) DNA 정량 및 정도 관리

DNA 정량(quantitation)은 주로 UV spectrophotometer로 측정하고 있다. 그러나 만약 DNA 양이 매우 적을 때는 NanoDrop ND-1000 spectrophotometer를 사용하기도 한다. NanoDrop은 1 μl만을 사용하기 때문에 희석하지 않고 바로 측정이 가능한 장점을 가지고 있다. DNA의 양은 UV spectrophotometer나 NanoDrop을 사용하여 측정된 A_{260}의 값으로 계산한다. 일반적으로 1 A_{260} = 50 μg/ml DNA 농도를 가지고 있으므로 측정된 A_{260}의 값에 50 μg/ml의 농도 값을 곱하면 측정한 시료의 DNA 농도가 된다. 한편 정확한 DNA 정량을 위해서는 A_{260}의 값이 0.1~1.0 사이의 값을 가지도록 측정하여야 한다. 그리고 분리된 DNA 순도는 A_{260}과 A_{280}의 비율(ratio) 값을 가지고 예측하게 된다. 예를 들면, A_{260}/A_{280}의 값이 1.8 ~ 2.0 사이의 값을 가지고 있으면 매우 좋은 DNA 순도를 나타내고, 그 값이 1.6 보다 작으면 단백질이 포함되어 있고, 그 값이 2.0 보다 클 경우에는 RNA가 포함되어 있음을 의미한다.

1 A_{260} = 50 μg/ml DNA (정확한 DNA 정량에 필요한 A_{260} 값의 범위= 0.1 ~ 1.0)

260/280 ratio = 1.8 ~ 2.0 → 양질의 DNA
260/280 ratio < 1.6 → 단백질 오염 (재침전 필요)
260/280 ratio > 2.0 → RNA 오염

(5) DNA 시료의 전기영동 분리

순수하게 분리된 genomic DNA는 1% agarose gel에서 전기영동으로 분리하면 약 23 Kb 이상의 크기를 보이는 위치에서 DNA 밴드로 관측된다. 한편 전기영동에서는 음의 전하를 띠고 있는 DNA가 양의 전하를 가진 방향으로 DNA 조각의 크기에 비례하여 이동함으로써 DNA 조각을 분리한다. 그래서 작은 DNA 조각은 빠르게 이동하고 큰 DNA 조각은 천천히 이동한다. 그리고 DNA 조각의 이동 속도는 사용하는 agarose 농도에 반비례하여 이동하는데 DNA의 이동속도는 낮은 농도의 agarose gel에서 더 빨리 이동한다(그림 2-3). 전기영동으로 분리된 DNA는 ethidium bromide(EtBr)라는 DNA 염색약으로 염색하여 식별한다. 그런데 최근에는 발암물질인 EtBr 대신에 안전하게 사용할 수 있는 형광 DNA 염색제(예, loading star)를 많이 사용하고 있다.

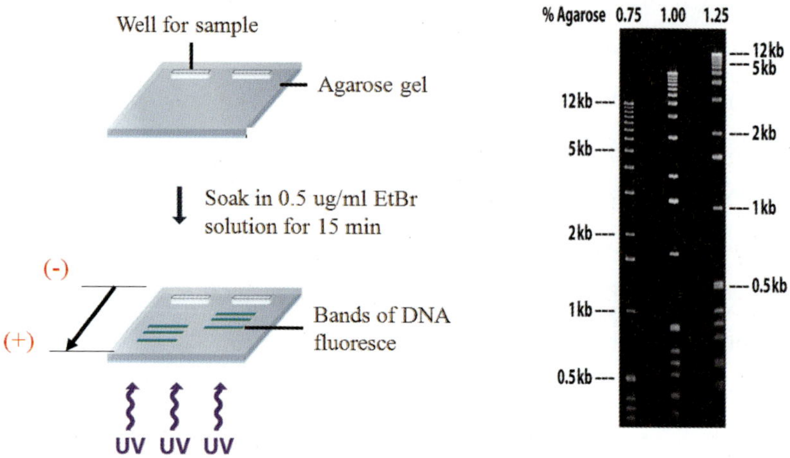

그림 2-3. **DNA의 전기영동(gel electrophoresis) 분리**

(6) Southern blot **분석**

DNA 염기서열 속에는 다양한 변이형이 존재하고 이 변이형을 측정하기 위해서 사용 가능한 방법 중의 하나가 Southern blot을 이용하는 것이다. 이 방법은 유전변이를 가지고 있는 DNA 시료를 제한효소로 처리하고 전기영동으로 잘려진 DNA 조각을 분리한 이후에 제한 효소에 의하여 잘리는 부위의 변이 유무를 검색하는데 활용되고 있다. 간단히 설명하면, Southern blot은 genomic DNA를 특정 제한효소로 자른 다음에 agarose gel 상에서 DNA 조각을 크기별로 분리하고 nylon membrane으로 옮긴 이후에 방사능 또는 형광이 붙여진 상보적 DNA 조각 probe를 결합시켜서 특정 제한효소에 잘려지는 염기서열의 차이가 존재하는지를 확인하는 분자생물학 분석기법이다(그림 2-4).

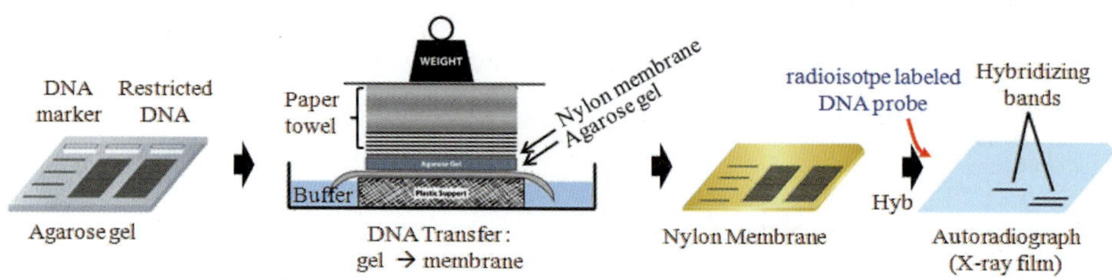

그림 2-4. **Southern blot 분석 방법**

Southern blot 방법의 원리를 DNA 분리에서만 사용하는 것이 아니라 mRNA 또는 단백질을 분리하여 식별하는데도 사용한다. 예를 들면, Souther blot은 total RNA 속에 포함된 mRNA를 agarose gel 상에서 mRNA의 크기에 따라 분리한 이후에 labeled probe를 사용하여 특정 mRNA의 크기와 발현 양의 차이 등을 측정하는데 이용되고 있으며 이 방법을 Northern blot이라고 부른다. 단백질을 분리할 때는 agarose gel 대신에 polyacrylamide gel을 사용하여 단백질을 크기에 따라 분리하고 target protein에 특이적으로 결합하는 항체(labeled antibody)를 이용하여 target protein의 크기, 발현량 및 isoform의 존재를 확인할 수 있다. Polyacrylamide gel electrophoresis(PAGE)를 이용하여 단백질을 분리하고 단백질 특이적으로 결합하는 항체를 이용하여 단백질의 발현량과 크기를 측정하는 방법을 Western blot이라고 한다(표 2-1). 위에서 언급한 Southern blot, Northern blot 및 Western blot은 DNA, RNA 및 단백질을 연구하는데 아주 빈번히 사용되는 기본적인 분자생물학 기법들이다.

표 2-1. **Blotting 기술의 비교**

Type	Matrix (gel)	Target Molecule	Probe
Southern blot	agarose gel	DNA	labeled DNA
Northern blot	agarose gel	mRNA	labeled DNA
Western blot	PAGE* gel	protein	antibody

*PAGE: polyacrylamide gel electrophoresis

2. 재조합 DNA 클로닝 기술

분자생물학의 발전으로 DNA를 증폭하거나 자르거나 다시 붙여서 새로운 형태의 재조합된 DNA 조각을 아주 쉽게 만들 수 있게 되었다. 예를 들면, DNA 조각을 제한효소로 자르거나 DNA ligase를 이용하여 붙일 수도 있다. 또한 PCR 기술을 이용하여 특정한 DNA 부위만을 선택적으로 대량 증폭할 수도 있다. 그리고 재조합된 DNA 조각은 대장균의 *in vivo* 시스템을 이용하여 대량으로 증폭할 수 있다. 이처럼 다양한 종류의 효소와 분자생물학적 기법을 이용하여 DNA를 자유롭게 조작할 수 있게 되었는데, 이러한 DNA 조작 기술을 DNA recombinant 기술이라고 한다(그림 2-5).

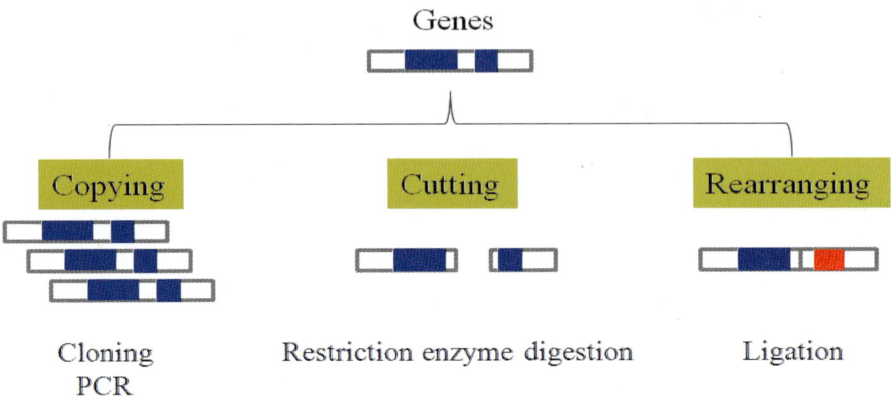

그림 2-5. DNA recombinant 기술

(1) DNA 조작 효소

① DNA 복제효소

DNA 복제효소(DNA polymerase)는 DNA 염기서열을 주형(template)으로 사용하여 새로운 DNA 염기서열 가닥을 합성하는 기능을 가지고 있다(그림 2-6). 이때 DNA 합성에는 DNA template, primer, dNTP, DNA polymerase가 필요하다. 이 중에서 primer는 복제하고자 하는 DNA에 붙어서 DNA 복제의 시작 부위를 결정하는 역할을 하고, DNA 복제효소는 dNTP를 연속적으로 연결하여 새로운 DNA 염기서열 가닥을 만들어 나가게 된다.

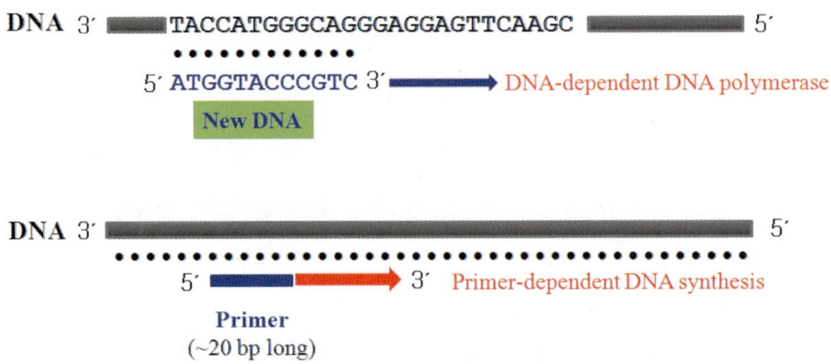

그림 2-6. DNA template와 primer에 의한 DNA polymerase의 DNA 합성과정

DNA 합성에 사용되는 DNA 복제효소는 5'→3' DNA 합성 기능뿐만 아니라 동시에 다른 기능들도 가지고 있다. 예를 들면, DNA 복제효소는 5'→3' exonuclease와 3'→5' exonuclease 기능도 가지고 있는데 5'→3' exonuclease의 기능은 통상적으로 자주 관측되지는 않지만 일부의 DNA polymerase가 이 기능을 가지고 있다. 그리고 3'→5' exonuclease 기능은 proof-reading 기능을 가지고 있는 DNA polymerase (예, *pfu* enzyme)에서 관측되는 것으로, 새롭게 합성된 DNA 가닥에서 잘못 들어간 핵산을 제거하는 기능을 가진다(그림 2-7).

한편 다양한 종류의 DNA 복제효소가 분자생물학 분야에서 사용되고 있다(표 2-2). 간략히 그 기능을 살펴보면, DNA labeling 목적으로는 *E. coli*에서 추출된 DNA polymerase I과 변형된 Klenow polymerase가 사용되고 있다. Klenow DNA polymerase는 *E. coli* DNA polymerase I의 DNA 합성 능력과 3'→5' exonuclease 기능은 그대로 유지하면서 5'→3' exonuclease의 기능을 제거한 변형된 DNA polymerase이다. 따라서 변형된 Klenow polymerase는 DNA labeling 또는 sequencing에 사용하기에 매우 적합하다. 그리고 Sequenase는 Phage T7 DNA polymerase I을 변형하여 sequencing에 적합하도록 변형시킨 DNA polymerase이다. 그리고 *Taq* DNA polymerase I은 고온의 온천에 살고 있는 미생물인 *Thermus aquaticus*에서 분리된 DNA polymerase I으로 95 ℃이상의 고온에서도 효소의 기능이 유지되고 72 ℃에서 DNA 합성을 가장 효율적으로 수행할 수 있다. *Taq* DNA polymerase와 달리 다른 모든 DNA polymerase는 37 ℃에서 가장 효율적으로 DNA 합성이 이루어지고 고온에서 파괴되므로 PCR 반응에는 사용할 수 없다. 그리고 지금까지 설명한 DNA polymerase는 DNA를 template로 사용하여 새로운 DNA 가닥을 합성하는 기능을 가지고 있다. 그런데 특이하게 retrovirus에서 추출된 역전사 효소(reverse transcriptase DNA polymerase)는 mRNA를 template로 사용하여 DNA(complementary DNA; cDNA)를 합성하는 기능을 가지고 있다. 따라서 역전사 효소는 mRNA에서 cDNA를 만들어 mRNA의 발현을 연구할 때 주로 사용된다.

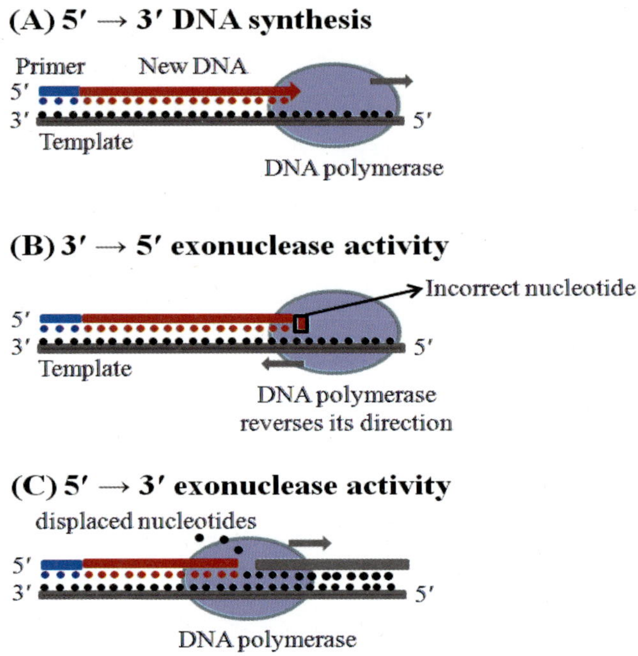

그림 2-7. DNA polymerase의 다양한 기능들

표 2-2. 주요 DNA polymerase의 종류와 사용목적

DNA Polymerase	Description	Main Use
DNA polymerase I	Unmodified *E. coli* DNA polymerase	DNA labeling
Klenow polymerase	Modified *E. coli* DNA polymerase I	DNA labeling
Sequenase	Modified phage T7 DNA polymerase I	DNA sequencing
Taq polymerase	*Thermus aquaticus* DNA polymerase I	PCR
Reverse transcriptase	RNA-dependent DNA polymerase (from retroviruses)	cDNA synthesis

② **Nuclease**

DNA 또는 RNA를 자르거나 분해하는 효소를 nuclease라고 한다. 가장 잘 알려져 있는 효소로는 분자생물학 연구에서 빈번히 사용되는 제한효소(restriction enzyme)들이 여기에 포함된다. 제한효소는 특정 염기서열을 가지고 있는 DNA 부위를 인식하여 잘라줌으로써 DNA를 조작할 때 자주 사용된다. 그리고 nuclease S1은 single-stranded DNA 또는 RNA를 잘라주고 deoxyribonuclease 1은 double-stranded DNA 또는 RNA를 잘라주는 역할을 하고 있다. 그래서 nuclease S1은 주로 transcript mapping에 이용되고 deoxyribonuclease 1은 nuclease footprinting에 많이 사용되고 있다(표 2-3).

표 2-3. **Nuclease의 종류와 주 사용 목적**

Nuclease	Description	Main Use
Restriction endonucleases	sequence-specific DNA endonucleases	many applications
Nuclease S1	endonuclease specific for single-stranded DNA & RNA	transcript mapping
Deoxyribonuclease 1	endonuclease specific for double-stranded DNA & RNA	nuclease footprinting

한편 분자생물학 연구에서 빈번히 사용되는 제한효소는 현재까지 약 2,500 종류 이상이 분리되었으며 그 중에서 약 300 개 이상이 실험실에서 사용이 가능한 형태로 개발되어 있다. 일반적으로 제한효소가 인식할 수 있는 염기서열은 5'→3' 방향으로 두 가닥의 염기서열을 읽었을 때 동일한 염기서열(이러한 구조를 palindromes이라고 함)이 있어야 한다. 그리고 제한효소에 의해 잘려진 DNA 조각은 blunt ends 또는 sticky ends 형태를 가지고 있다(표 2-4). 그러나 DNA cloning 과정에서는 sticky ends가 blunt ends 보다 cloning의 효율이 좋기 때문에 sticky ends로 DNA를 자르는 제한효소가 더 많이 이용된다.

표 2-4. 제한효소의 대표적인 보기

Enzyme	Recognition sequence	Type of ends	End Sequence
*Alu*I	5'-AGCT-3' 3'-TCGA-5'	Blunt end	5'-**AG** **CT**-3' 3'-**TC** **GA**-5'
*Eco*RI	5'-GAATTC-3' 3'-CTTAAG-5'	Sticky end (5'-overhang)	5'-**G** **AATTC**-3' 3'-**CTTAA** **G**-5'
*Pst*I	5'-CTGCAG-3 3'-GACGTC-5'	Sticky end (3' overhang)	5'-**CTGCA** **G**-3' 3'-**G** **ACGTC**-5'

③ **DNA 결합효소**

제한효소에 의해 잘려진 DNA 조각은 DNA 결합효소(DNA ligase)로 연결할 수 있다(그림 2-8). 따라서 새로운 형태의 재조합 DNA(recombinant DNA)는 vector DNA와 target (insert) DNA를 제한효소로 처리한 후에 DNA 결합효소로 연결하여 만들어진다.

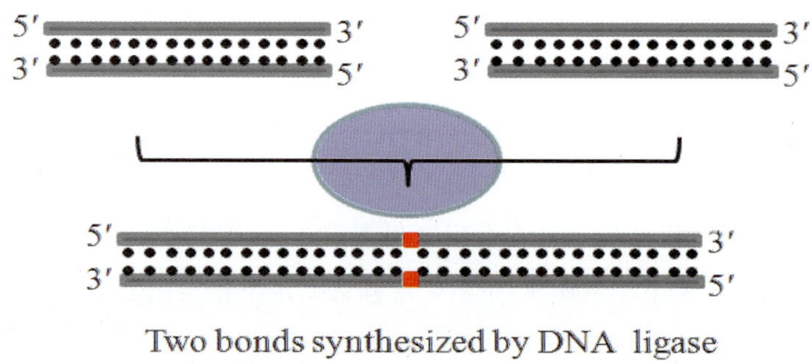

그림 2-8. DNA 조각을 연결하는 DNA ligase

④ **DNA 말단 조작 효소**

재조합 DNA 조각을 만들 때 제한효소로 잘려진 DNA 조각의 끝부분을 추가로 변형시킬 필요가 있는 경우도 있다. 이때 DNA 조각의 끝 부분을 조작하는 효소를 DNA 말단 조작효소(end-modification enzymes)라고 부르며 terminal deoxynucleotidyl transferase(TdT), alkaline phosphatase(AP), T4 polynucleotide kinase 등이 이러한 기능을 가지고 있다. TdT 효소는 DNA 조각의 끝에 핵산을 붙이는 기능을 하며 AP 효소는 DNA

조각의 5' 부위에 존재하는 인산(phosphate group)을 제거하는 역할을 하는데 주로 DNA cloning 단계에서 vector의 끝에 존재하는 phosphate를 제거함으로써 vector의 self-ligation이 일어나지 못하도록 하는데 사용되고 있다. AP 효소는 DNA 조각의 끝에 붙어 있는 phosphate를 떼어 낼 때 사용되지만 반대로 T4 polynucleotide kinase는 phosphate를 붙일 때 이용된다. 그리고 T4 polynucleotide kinase는 ^{32}P-dATP를 이용하여 DNA probe의 end-labeling을 할 때 자주 사용된다. 한편 DNA 말단 조작효소들은 DNA cloning에 사용하는 DNA 조각을 vector와 결합할 수 있는 형태로 만들기 위하여 Linker DNA 조각을 붙이거나 또는 TdT 효소를 사용하여 blunt end로 된 DNA 조각의 끝을 homopolymer tail을 붙여 sticky end로 만들 때 사용하기도 한다.

⑤ 역전사 효소

일반적으로 DNA cloning에는 genomic DNA 또는 plasmid DNA 등이 이용되지만 때로는 mRNA로 부터 cDNA를 만들어 vector에 삽입하여 cloning 작업을 하기도 한다. 이때 mRNA에서 cDNA를 합성하는 효소는 일반 포유류의 체내에는 존재하지 않고, retrovirus에 존재하는 역전사 효소(reverse transcriptase)를 사용한다. 따라서 발현되는 유전자를 cloning하는 cDNA library를 만들 때는 reverse transcriptase가 필수적으로 사용된다.

(2) DNA 클로닝 벡터

DNA 조각을 *in vivo*에서 증폭하기 위해서는 미생물 (주로 *E. coli*) 내에서 독자적으로 증폭 가능한 유전물질 전달체가 필요하다. 이 목적으로 plasmid vector, phage vector 그리고 아주 큰 DNA 조각을 삽입하여 복제하는 BAC(bacterial artificial chromosome)이나 YAC(yeast artificial chromosome) vector 등이 사용된다. Cloning에 사용되는 대표적인 vector를 표 2-5에 정리하였다. 일반적으로 작은 크기의 DNA(주로 0.1 - 12 kb)는 plasmid vector를 사용하고 유전체 분석을 위한 아주 큰 DNA (30-300 kb)는 BAC vector를 많이 사용하고 있다.

표 2-5. 대표적인 **cloning vector**

Vector type	Cloning capacity (kb)	Examples	Year of appearance	Mode of introduction to E. coli host cell	Mode of growth on agar plate	No. of copies per cell
Plasmids	0.1-12	pBR322, pUC	1977	transformation/ electroporation	colonies	50-100
M13	0.1-3.5	M13mp18	1981	transfection	plaques	N/A
Bacteriophage λ	10-20	EMBL, FIX	1983	packaging and infection	plaques	N/A
Cosmid	35-45	pWE15, Lawrist	1981	packaging and infection	colonies	5-50
Fosmid	35-45	pFOS1	1992	packaging and infection	colonies	1-2
P1	30-90	pAd10SacBI I	1990	packaging and infection	colonies	1-2
PAC	30-300	pCYPAC2	1994	electroporation	colonies	1-2
BAC	30-300	pBeloBAC1 1	1992	electroporation	colonies	1-2

DNA cloning에서 일반적으로 가장 널리 사용되고 있는 plasmid vector의 기본 구조와 기능들을 이해하기 위하여 전형적인 plasmid vector인 pUC18(2,686 bp)을 가지고 설명하겠다. pUC18 plasmid vector는 4 가지 기본 요소를 가지고 있다. 우선 plasmid는 독립적으로 복제할 수 있는 부위(origin of replication)가 있고, plasmid가 *E. coli*에 삽입된 것을 판별할 수 있는 β-lactamase 유전자(ampicillin resistance gene)와 recombinant DNA를 식별할 수 있는 β-galactosidase(lacZ) 유전자 부위로 구성되어 있다. 또 lacZ 유전자 부위는 다양한 종류의 제한효소로 잘려지는 부위인 multiple cloning site를 가지고 있어 새로운 DNA 조각을 쉽게 재조합할 수 있도록 디자인되어 있다(그림 2-9).

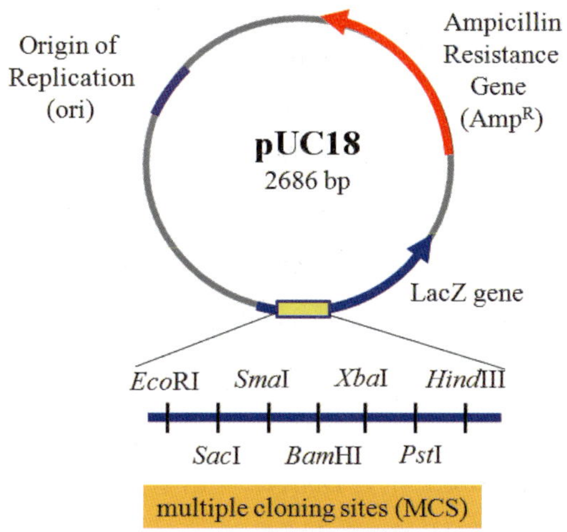

그림 2-9. **pUC18 plasmid vector의 기본 구조**

특히 LacZ 유전자 부위에 있는 multiple cloning site에 새로운 DNA 조각이 삽입되면 LacZ 유전자가 파괴되어 β-galactosidase를 만들 수 없게 된다. 그러면 agar plate에서 자라고 있는 *E. coli*는 β-galactosidase를 만들 수 없고 X-gal을 분해할 수 없어서 white colony를 생성하는 반면, vector의 self-ligation에 의해 삽입된 wild type vector를 가진 클론은 정상적으로 β-galactosidase 효소를 생산해서 X-gal을 분해해 blue colony를 만들게 된다. 따라서 X-gal이 첨가된 agar plate에서 자라는 *E. coli*의 recombinant 클론은 agar plate에서 자라고 있는 *E. coli* 클론의 색깔로 쉽게 식별할 수 있다(그림 2-10).

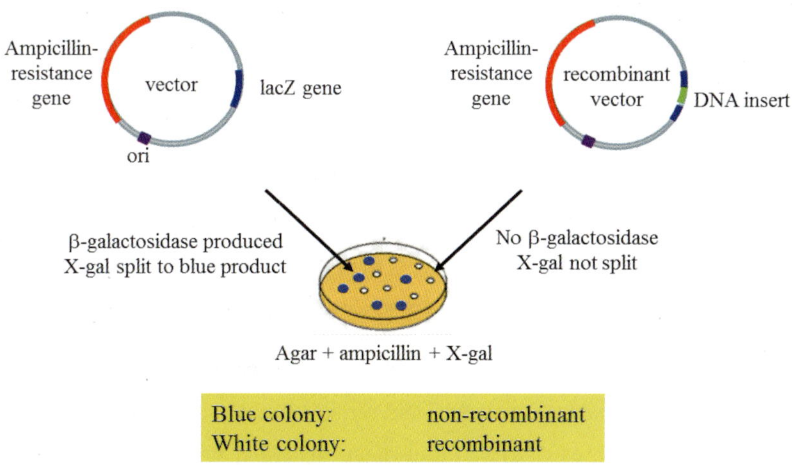

그림 2-10. **항생제(ampicillin)와 X-gal을 이용한 재조합 클론 선별**

작은 DNA 조각을 클로닝할 때는 plasmid vector를 이용해도 충분하다. 그러나 인간 유전체 전체를 sequencing하기 위한 대규모 유전체 분석을 위한 genomic DNA library를 만드는 경우에는 plasmid vector로는 너무나 많은 클론을 다루어야 하기 때문에 거의 불가능하다. 이러한 경우에는 큰 DNA 조각을 삽입할 수 있는 cosmid, BAC 또는 YAC vector를 사용해야 한다. 예를 들면, cosmid vector로 인간 유전체 전체를 약 99% 커버하기 위해서는 37만 개의 클론을 확보해야 하고 BAC vector는 약 5만 개를, YAC vector는 약 2만 5천 개 정도를 확보해야 한다(표 2-6). 이렇게 아주 큰 DNA 조각을 삽입할 수 있는 vector도 인간 유전체 전체를 커버하기 위해서는 수만 개의 클론을 확보해야 하기 때문에 엄청난 수의 클론과 염기서열 분석 작업이 요구된다. 일반적으로 YAC vector가 BAC vector보다 큰 DNA 조각을 삽입할 수 있지만 유전적으로 불안정해서 인간유전체사업에서는 BAC clone을 이용하여 인간 유전체 염기서열 분석을 수행하였다.

표 2-6. **Cloning vector별 인간 유전체를 커버하기 위해 필요한 클론의 수**

Type of vector	Insert size (kb)	No. of clones	
		P = 95%	P = 99%
Cosmid	40	240,000	370,000
BAC	300	32,000	50,000
YAC	600	16,000	24,500

(3) DNA 클로닝 기술

지금까지 다루었던 DNA cloning에 대한 내용을 실험 방법론적으로 다시 정리해 보자. 그림 2-11에 제시한 바와 같이 우선 클로닝하려는 DNA(insert)를 제한효소로 잘라서 삽입할 수 있는 크기로 만들고 vector도 동일한 제한효소로 잘라서 DNA가 상보적으로 잘 결합할 수 있도록 한다. 이렇게 준비된 vector와 insert를 1:3의 비율로 혼합하여 ligase를 이용하여 재조합된 DNA(recombinant DNA)를 만든다. Vector와 결합하여 재조합된 DNA는 *E. coli*와 함께 42 ℃에서 30초간 heat shock 처리하여 박테리아 세포 속으로 삽입하고 *E. coli*가 자랄 수 있는 agar plate에 뿌려서 colony가 자라는 것을 확인한다. 이

때 agar plate에는 ampicillin 항생제와 X-gal이 들어가 있는데 ampicillin은 vector DNA가 들어간 *E coli*를 선별하고 X-gal은 들어간 plasmid vector 중에서 recombinant DNA를 가지고 있는 *E. coli* 클론을 선별할 수 있게 한다(blue colony= non-recombinant; white colony= recombinant)(그림 2-10). Recombinant DNA를 대량으로 확보하기 위해서는 recombinant DNA를 가지고 있는 white colony를 선별하여 박테리아 배양액에서 대량으로 키워서 plasmid를 분리하면 된다.

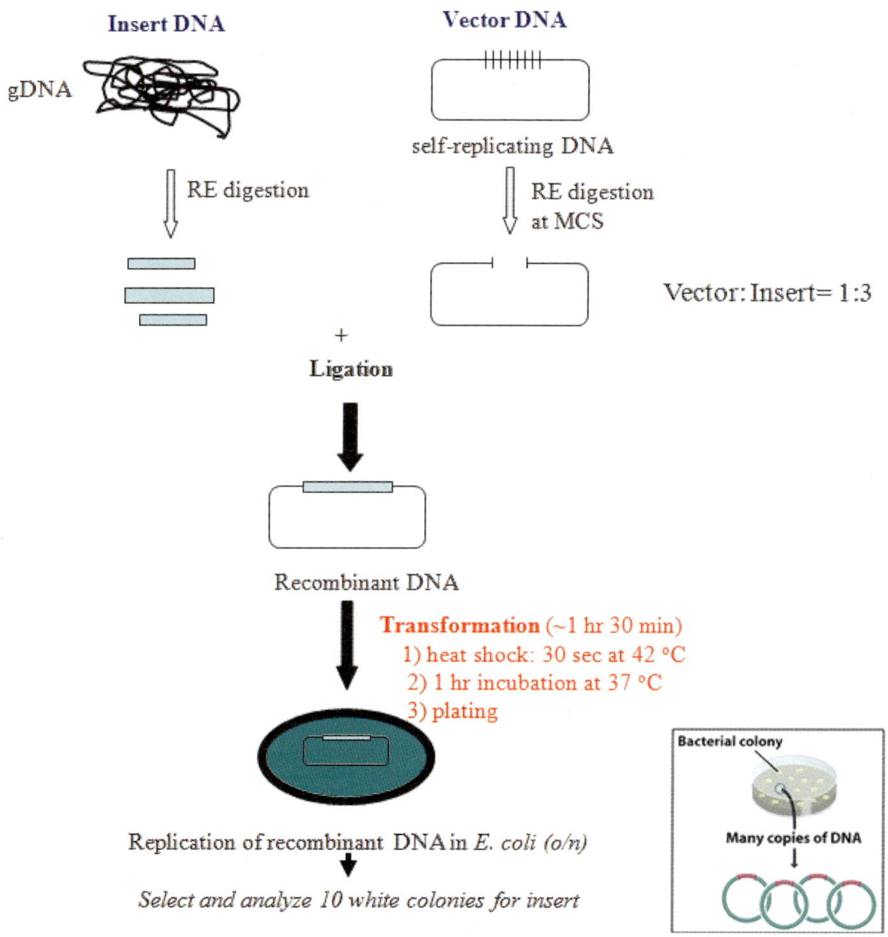

그림 2-11. **DNA cloning의 실험방법에 대한 개요.** RE, restriction enzyme; MCS, multiple cloning site.

3. PCR 증폭 기술

(1) PCR의 원리

*E. coli*를 이용한 *in vivo* DNA 증폭 방법과 더불어 원하는 DNA를 대량으로 확보할 수 있는 또 다른 방법은 PCR(polymerase chain reaction) 기술을 이용하는 방법이 있다. PCR을 이용한 DNA 증폭 기술은 아주 다양한 분야에서 활용되고 있다. 여기에서는 PCR의 원리에 대하여 간략히 알아보고자 한다. PCR 기술은 특정한 영역의 DNA 부위를 증폭하는데 주로 사용된다. 대부분의 PCR 방법은 약 10 kb 크기 이내의 DNA 조각을 증폭하는데 사용되고 있다. PCR 반응을 하기 위해서는 DNA template, 2 개의 primers, *Taq* polymerase, dNTP (deoxynucleotide triphosphates), PCR reaction buffers가 필요하다. PCR 반응은 기본적으로 3 개의 반응이 30-35회 반복적으로 일어남으로써 원하는 DNA 조각을 증폭한다. 3 개의 기본 반응은 1) 94 - 96 °C에서 double-stranded DNA 가닥의 분리(denaturing), 2) 약 50 - 60 °C에서 primer를 target DNA 부위에 붙임(annealing), 3) 72 °C에서 target DNA 영역에 붙은 primer가 새로운 DNA 가닥을 합성(elongation)하는 과정으로 구성된다(그림 2-12).

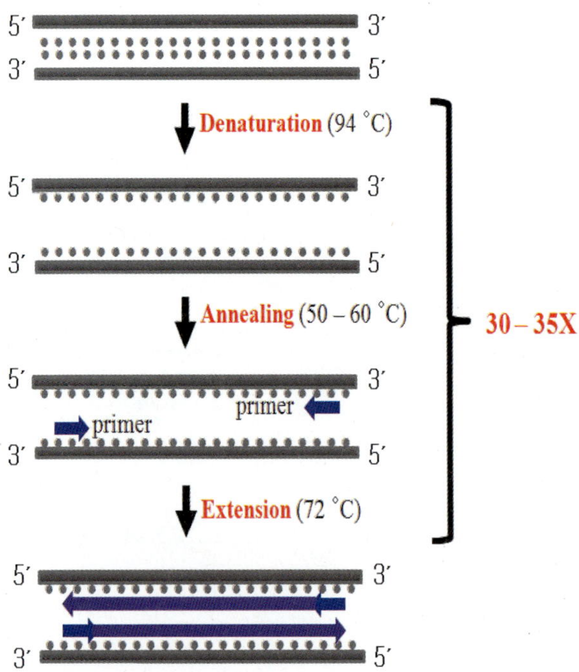

그림 2-12. **PCR 반응의 원리**

그리고 2 개의 primer에 의하여 동시에 일어나는 3 가지 반응이 반복적으로 수행됨으로써 기하급수적으로 DNA를 증폭한다(그림 2-13). 한편 PCR 반응에서 annealing temperature를 정하는 것이 매우 중요한데, 일반적으로 PCR에 쓰이는 primer의 melting temperature 보다 약 3-5 °C 정도 낮은 온도를 사용한다.

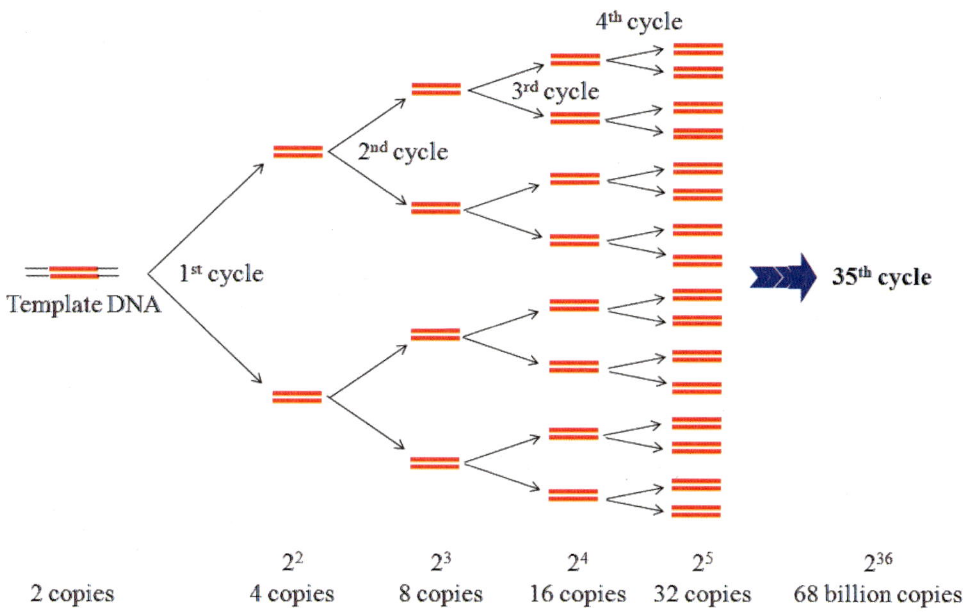

그림 2-13. **PCR에 의한 기하급수적인 DNA의 증폭**

한편 PCR 반응이 한 tube에서 연속적으로 일어날 수 있는 것은 *Taq* polymerase의 발견에 의하여 가능하게 되었다. *Taq* polymerase는 95 °C에서도 효소의 활성을 유지하며 72 °C에서 효과적인 DNA 합성이 이루어진다. 일반적으로 *Taq* polymerase는 1분당 약 1 kb 정도의 DNA를 합성할 수 있으므로 증폭하고자 하는 크기에 따라 PCR 반응에서 extension 시간을 적절히 조정하면 된다. 최종 PCR 산물은 agarose gel을 사용하여 증폭된 크기와 증폭된 DNA의 양을 확인할 수 있다. 시험관에서 원하는 DNA 부위를 대량으로 증폭할 수 있는 이 기술은 아주 다양한 연구 분야에 활용되고 있다. PCR 기술을 이용한 몇 가지 대표적인 실험 방법들로는 allele-specific PCR, hot-start PCR, inverse PCR, nested PCR, reverse-transcriptase(RT)-PCR, qantitative PCR, digital PCR 기술 등이 있다.

(2) Reverse Transcriptase(RT)-PCR 기술

일반 PCR 분석은 주로 genomic DNA를 template로 사용하고 있다. 그러나 유전자(mRNA) 발현량의 차이는 mRNA로부터 cDNA (complementary DNA)를 만들어야만 PCR로 분석이 가능하다. 특정 유전자 발현을 PCR로 분석하기 위해서는 우선 세포 또는 조직으로부터 total RNA를 분리하고 역전사 효소(reverse transcriptase)로 cDNA를 합성한 이후에 PCR로 분석하는 RT-PCR(Reverse Transcriptase-Polymerase Chain Reaction) 방법을 사용하게 된다. 한편 total RNA 속에 포함되어 있는 mRNA로부터 cDNA가 합성되는 과정은 다음과 같다. 우선 primer(oligo-dT, random hexamer 또는 gene-specific primer)와 역전사효소를 이용하여 cDNA를 합성하고 cDNA 합성에 사용된 mRNA는 RNase 효소에 의하여 제거된다(그림 2-14). 그리고 최종적으로 합성된 cDNA는 일반 PCR 또는 정량분석을 위한 real-time PCR 방법으로 유전자(mRNA) 발현량 분석에 사용된다.

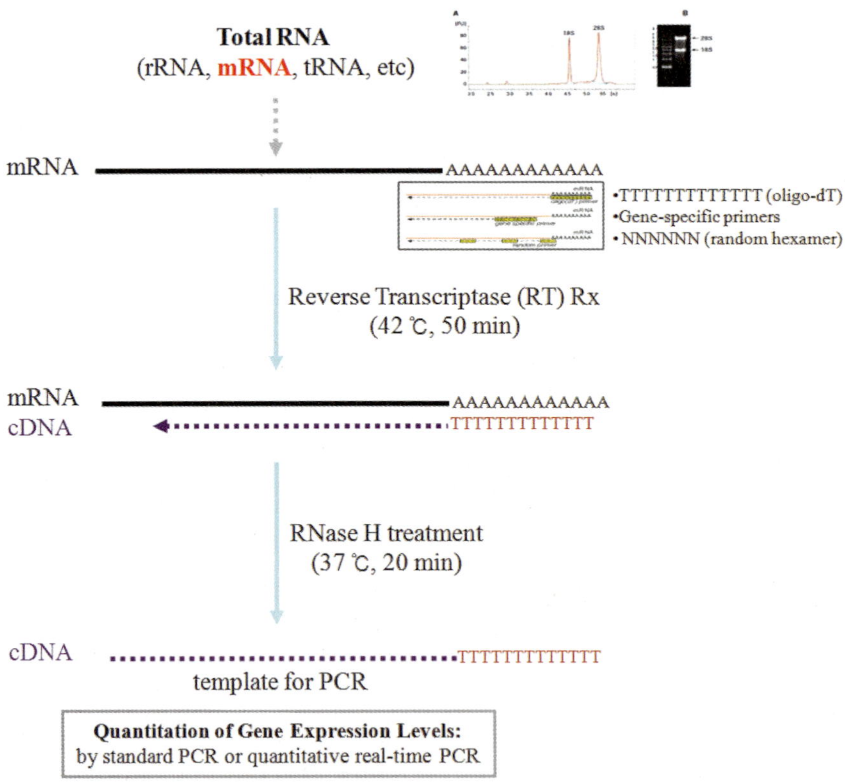

그림 2-14. **Reverse Transcriptase (RT)-PCR의 과정**

(3) Real-time PCR 기술

전통적인 PCR 분석 방법은 특정 PCR cycle이 끝난 이후에 증폭된 양을 agarose gel electrophoresis 방법으로 정량하는 방법을 사용한다. 그러나 PCR 증폭의 효율성이 PCR 초기 단계에는 template의 양에 비례하여 증폭이 이루어지지만 PCR cycle이 증가하게 되면 DNA 합성 효소 및 DNA 합성용 시약의 결핍으로 PCR 증폭의 효율성이 감소하게 되어서 최종 PCR 산물에 대한 정량이 초기에 사용한 template의 양에 비례하지 않게 된다. 이러한 문제점을 극복하기 위해서 real-time PCR 분석 방법이 개발되었다. Real-time PCR 분석 방법은 PCR 반응이 처음 사용한 template의 양에 비례하게 증폭하는 초기 PCR 단계에서 특정 수준(threshold) 이상으로 형광이 검출되는 지점의 PCR cycle 수(threshold cycle, Ct값)를 측정함으로써 초기 template의 양을 정량하게 된다. 일반적으로 초기 PCR template가 많으면 형광이 검출되는 PCR cycle 수가 낮고 사용된 template의 양이 적으면 형광이 검출되는 PCR cycle의 수가 많게 된다. 그리고 비교하는 시료의 종류에 따라 포함된 template의 숫자가 다르게 존재함으로써 특정 수준 이상 검출되는 시점이 달라서 PCR cycle이 매번 끝날 때 마다 형광의 강도를 실시간으로 측정하기 때문에 real-time PCR (또는 quantitative PCR) 분석 방법이라고 불리게 되었다. 한편 이 분석 방법은 비교 가능한 대조군(reference or standard curve) data가 있어야 하고 분석하는 시료의 발현량은 상대 정량만이 가능하다. 만약 비교하는 두 유전자의 PCR 증폭 효율에 차이가 있으면 정확한 정량분석이 어렵다.

Real-time PCR 분석 방법은 주로 유전자(mRNA) 발현량 분석에 이용되고 있다. 특정 유전자의 발현량은 세포나 조직에서 분리된 total RNA 또는 mRNA로부터 cDNA를 합성하고 real-time PCR 방법으로 분석 대상 유전자와 대조군 유전자 (주로 GAPDH 또는 beta-actin 유전자)의 PCR 증폭 수준을 비교하여 정량한다. Real-time PCR 방법에 TaqMan probe가 많이 사용되고 있다. TaqMan probe는 분석하고자 하는 유전자에 상보적으로 결합하는 oligo probe로 만들어져 있는데 이 probe에는 형광을 띠는 reporter와 quencher가 붙어 있다. 그런데 quencher는 reporter와 가까이 존재하면 reporter가 형광을 띄지 못하도록 억제하는 역할을 하게 된다. 한편 새로운 primer가 DNA polymerase효소에 의해서 합성이 이루어지면 기존에 결합하고 있던 TaqMan probe는 DNA polymerase의 5'-exonuclease activity에 의하여 분해된다. 그러면 reporter가 quencher로부터 분리되어서 형광을 발하게 된다(그림 2-15A). 그래서 PCR cycle이 계속될수록 형광의 강도는 높아지게 되고 측정 가능한 수준에 도달한 때의 PCR cycle을 Ct값으로 표시하게 된다.

Real-time PCR 분석 방법을 간단한 예를 가지고 설명해 보면, 특정 세포에서 lipopolysaccharide(LPS)를 처리한 이후에 염증성 사이토카인인 IL-1 유전자의 발현 변화를 조사한다고 하자. 이 경우에 LPS 처리 하지 않은 정상 대조군 세포와 LPS를 처리한 세포군에서 각각 IL-1 유전자와 비교 유전자(internal control)인 beta-actin 유전자의 발현 정도를 각각의 probe을 사용하며 Ct값으로 측정한다. 그리고 정상 세포군과 LPS 처리한 세포군 각각에서 IL-1 유전자와 대조군 beta-actin 유전자 간의 PCR cycle 차이인 ΔCt값을 계산한다. 그 이후에 정상 세포군과 LPS 처리 세포군 간의 발현량에 대한 상대적 차이를 계산하기 위해서는 정상세포에서 측정된 ΔCt_0 값과 LPS 처리한 세포에서 측정된 ΔCt_1 값의 차이인 ΔΔCt값을 계산한다. 그러면 계산된 ΔΔCt값으로부터 상대 정량값을 구할 수 있다(구체적인 예제는 그림 2-15B에 제시된 내용을 참고하면 된다).

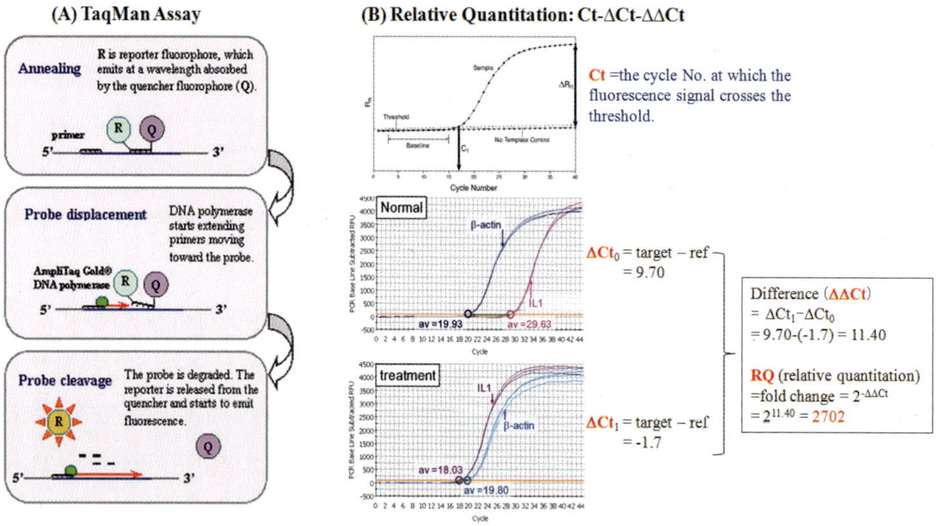

그림 2-15. **Real Time PCR의 원리와 분석 방법**

(4) Digital PCR 기술

Digital PCR은 한 개의 반응 공간에 1개 미만의 template가 들어가도록 희석한 이후에 분리된 개별 공간에서 PCR 반응을 진행한다(그림 2-16). PCR 반응에 사용되는 templates는 기름 방울(oil droplets) 또는 아주 작은 공간(chamber)으로 분리되어 있는 chip을 사용하여 분리된다. 따라서 digital PCR에서는 아주 작은 개별 공간에서 약 한 분자의 핵산을 template로 사용하여 증폭함으로써 절대 정량 분석이 가능하다. 이 방법은 유전자 복제수 조사, 돌연변이 분석 및 NGS 실험에서 검정용 등으로 주로 활용되고 있다. 지금까지 여러 회사에서 digital PCR 장비가 출시되어 있지만 정확도와 가격적인 측면에서 Bio-Rad 제품이 가장 우수한 것으로 확인되었다. Bio-Rad QX200이라는 digital PCR 장비는 약 20,000개의 기름방울 속에서 개별 PCR 반응이 이루어지는 형태로 분석이 진행된다.

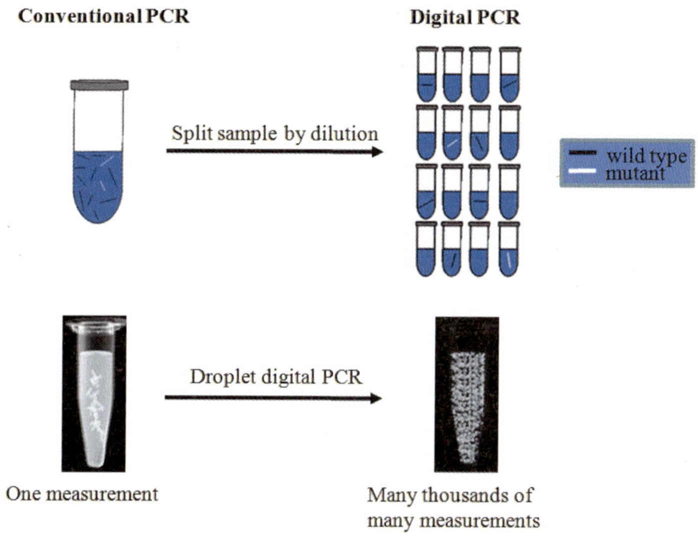

그림 2-16. **Digital PCR의 원리**

Digital PCR 분석기술의 활용 분야로는 아래와 같은 것이 있다.

- **복제수 변이(CNV) 분석**: 약 1.2배의 차이를 보이는 유전자 복제수 분석이 가능하다.
- **빈도가 극히 낮은 유전변이형 검색**: 암 조직에서 일부의 암 세포만 체세포 돌연변이를 가진 경우와 같이 빈도가 아주 낮은 유전변이형 검출에 매우 유용하게 사용할 수 있다(예를 들면, 약 10,000개에서 1개가 포함된 경우처럼).
- **유전자 절대 발현량 분석**: 아주 낮은 발현량을 보이는 유전자에서도 유전자 발현의 절대량 분석이 가능하다.

- **단일 세포 분석**: 동일한 종류의 세포들 간에도 특정 유전자 발현의 차이가 약 10배~100배 이상 차이를 보일 수 있어서 digital PCR을 이용하면 세포간 유전자 발현량 변이를 단일세포 수준에서 절대 정량 및 상대 정량 측정이 가능하다.

- **병원균 검색**: 아주 작은 량의 생물학적 시료를 이용해서 빠르고 정확하게 병원균의 존재 유무 및 정량 분석을 수행할 수 있다.

- **차세대 염기서열 분석(NGS) 검정**: NGS 염기서열 분석용 NGS 시료의 정량 조사 및 NGS 분석결과에 대한 절대 정량을 검정하는데 활용할 수 있다.

제 3장 유전체 지도 작성법

한 개체의 유전 정보는 세포 속에 존재하는 염색체에 DNA 형태로 있으며 염색체 속에 있는 전체 DNA를 유전체라고 한다. 유전체의 크기는 DNA 총 염기서열의 수(base pair; bp)로 나타낸다. 그리고 사람의 유전체는 한 세포 속에 23 쌍의 염색체로 구성되어 있다. 23 쌍의 염색체는 22 쌍의 상염색체(autosomes)와 1 쌍의 성염색체(sex chromosome; X 또는 Y)(그림 3-1)로 되어 있으며 모두 약 30억 개의 염기서열로 이루어져 있다.

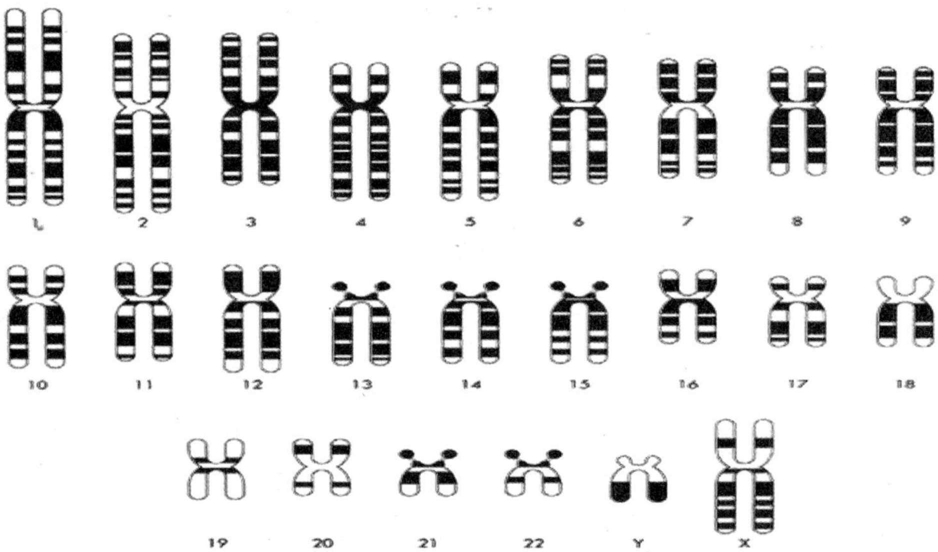

그림 3-1. **24 개의 염색체로 구성된 인간 유전체**

한편 *E. coli* 유전체는 약 5 Mb 이고 yeast 유전체는 약 15 Mb 정도이며 인간 유전체는 약 30억 bp로 구성되어 있다. 따라서 인간 유전체는 *E. coli* 유전체의 약 600배, 그리고 yeast 유전체의 약 200배 이상의 유전정보를 가지고 있다(그림 3-2).

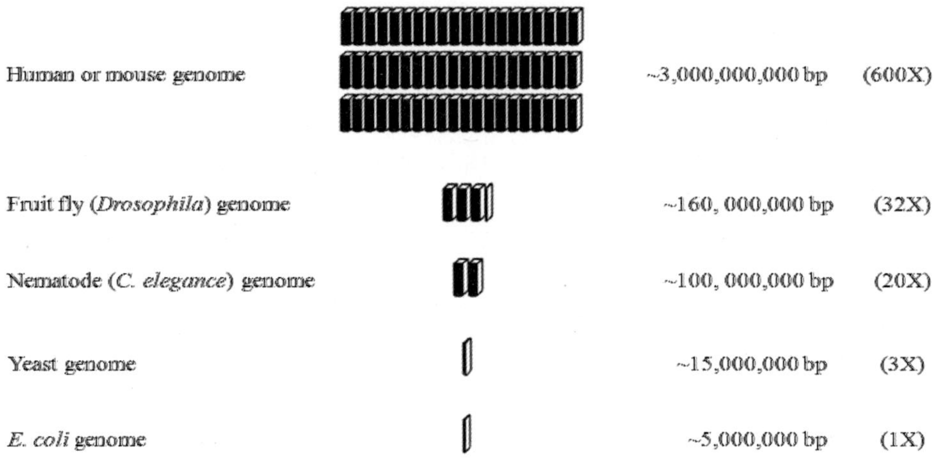

그림 3-2. **다양한 생물종의 유전체 크기 비교**

만약 특정한 생물종이 가지고 있는 유전체 완전 해독(genome sequencing)을 위해서는 우선 분석하고자 하는 생물종의 유전체 지도(genome mapping)를 만들어야 한다. 유전체 지도는 유전지도(genetic map)와 물리지도(physical map)로 나눌 수 있다. 그리고 유전지도 작성을 위해서는 유전마커가 필요하다. 유전마커로는 microsatellite (또는 short tandem repeat, 줄여서 STR 마커라고 함)와 SNP(single nucleotide polymorphism) 마커가 주로 사용되고 있다.

1. 유전마커

사람의 유전체는 30억 염기서열이 일렬로 나열되어 있다. 따라서 개별 유전자의 염기서열 정보를 찾기 위해서는 전체 유전체에서 기준이 되는 지점이 필요하다. 이런 기준점이 되는 것이 유전체에 존재하는 고유한 유전마커들이다(표 3-1). 일반적으로 눈동자의 색 또는 ABO 혈액형 등과 같은 특정 유전자의 단백질 변이형 마커가 사용될 수 있지만 매우 제한된 수의 마커만 이용 가능하기 때문에 전체 유전체를 커버하기에는 적합하지 않다. 그래서 유전체 지도를 작성하기 위해서는 유전체 전체에서 매우 많은 숫자를 차지하고 있는 DNA 염기서열 변이형 마커들이 사용된다.

표 3-1. 인간 유전마커의 개발 과정

Marker	No. of Loci	Features
Blood groups (1910~1960)	~20	
HLA tissue types (1960~1975)	1	- 정보력이 높음 - 6p21.3영역 linkage만 조사 가능
DNA: RFLPs (1975~)	>10^5	- 두 대립유전자형 마커
DNA: VNTRs (1985~)	>10^4	- 다수의 대립유전자형 마커
DNA: STRs (di-, tri-, & tetra-nt. repeats) (1989~)	>10^5	- 정보력 높음 - DNA array 기술로 분석 불가능
DNA: SNPs (1998~)	>62.3×10^6	- STR 보다는 정보력이 낮음 - 대량으로 분석 가능함

*다른 종류의 DNA 마커들: RFLP(restriction fragment length polymorphisms), AFLP(amplified fragment length polymorphisms), RAPD (random amplified polymorphic DNA), SSCP(single strand conformational polymorphisms) 마커 등이 있음.

가장 대표적인 DNA 마커로는 microsatellite와 SNP 마커가 있다. Microsatellite 마커는 short tandem repeat(STR) 마커라고도 불리며 주로 2 개, 3 개 또는 4 개 등의 염기서열 반복수 변이형을 보이는 마커다. Microsatellite genotyping은 주로 여러 개의 마커를 multiplexing PCR로 증폭하고 DNA sequencing 장비를 이용하여 증폭된 마커를 크기별로 분리하여 두 대립 유전자형을 조사한다(그림 3-3). Microsatellite 마커는 전통적으로 linkage 연구와 인간의 초기 유전체 지도(framework map) 작성에 사용되었으나, 최근에는 보다 많은 유전변이형 정보를 지닌 SNP 마커가 더 많이 사용되고 있다.

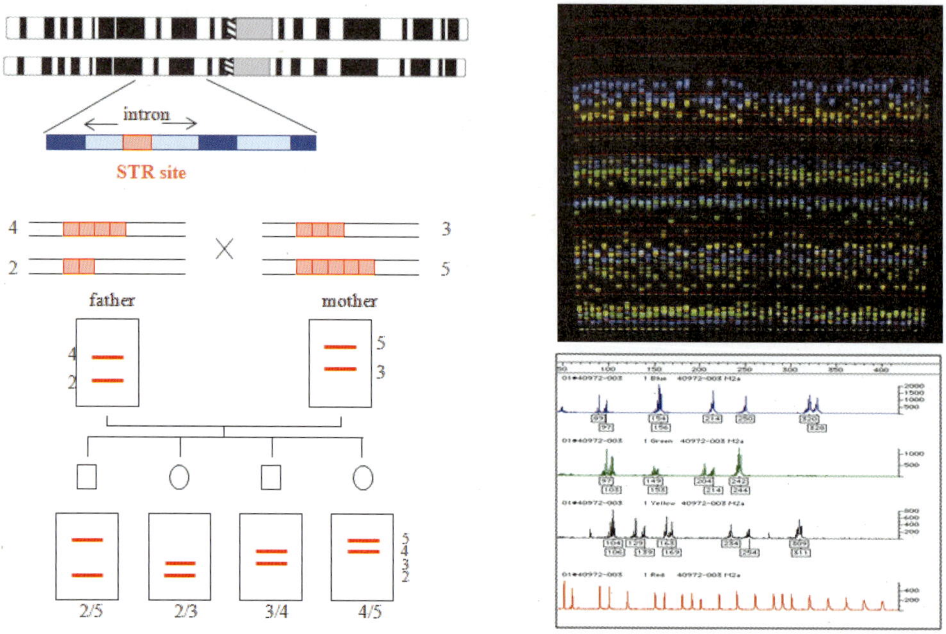

그림 3-3. **Microsatellite (STR) genotyping 기술**

SNP 마커는 유전체에서 단일염기서열의 차이를 보이는 변이형(그림 3-4)을 말하며 인간 유전변이 중에서 약 90% 이상을 차지할 정도로 인간 유전체에 존재하는 유전변이형 중에서 가장 많은 숫자를 가지고 있는 유전마커다. SNP genotyping은 전통적으로 RFLP 방법으로 수행되었으나 지금은 다양한 genotyping 기술이 개발되어 대량으로 분석이 가능하게 되었다(그림 3-4). 그리고 사람의 경우에는 현재(2014년)까지 약 6,230만개 정도의 SNP 마커가 보고되어 있다.

Allele 1 (A): --AGTCAGAAATC--
Allele 2 (B): --AGTCACAAATC--

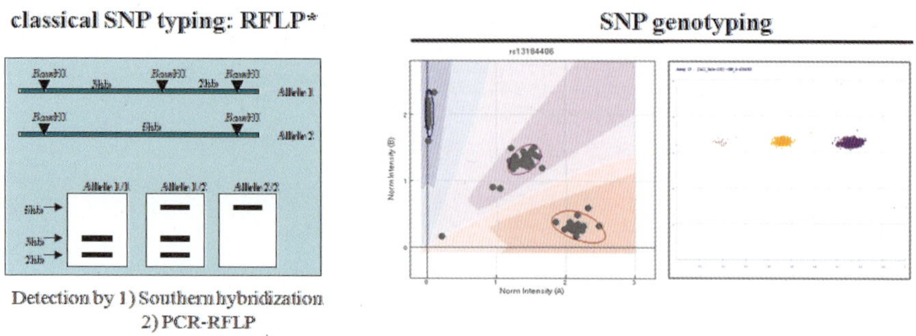

그림 3-4. **SNP genotyping 기술**

2. 유전지도의 분류

유전체 지도를 작성하는 일은 매우 많은 노력과 시간이 필요하다. 일반적으로 유전체는 여러 개의 염색체로 구성되어 있으며 염색체는 매우 많은 수의 염기서열로 이루어져 있다. 예를 들면, 사람의 1 번 염색체는 약 250 Mb (2억 5천만 염기서열)로 구성되어 있다. 이처럼 큰 유전체를 개별 염기서열 수준까지 밝히는 것은 많은 작업 과정이 요구된다. 우선 염색체의 세부 영역을 구분하기 위한 가장 기본적인 방법으로는 염색체 지도(cytogenetic map)를 가지고 시작할 수 있다. 그러나 이 염색체 지도는 여전히 매우 큰 몇 개의 염색체 부위(cytogenetic bands)로만 구분해 줄뿐 상세한 염기서열 정보를 제공해 주지는 못한다. 염색체 지도는 단순한 염색체 구조 또는 수적인 이상에 대한 정보를 확인할 때만 유용하다. 한편 유전체 지도를 작성하는 방법으로는 유전지도와 물리지도라는 두 가지 다른 방법이 있다(그림 3-5). 여기에서는 유전지도와 물리지도의 기본 개념과 특성을 파악해보고자 한다.

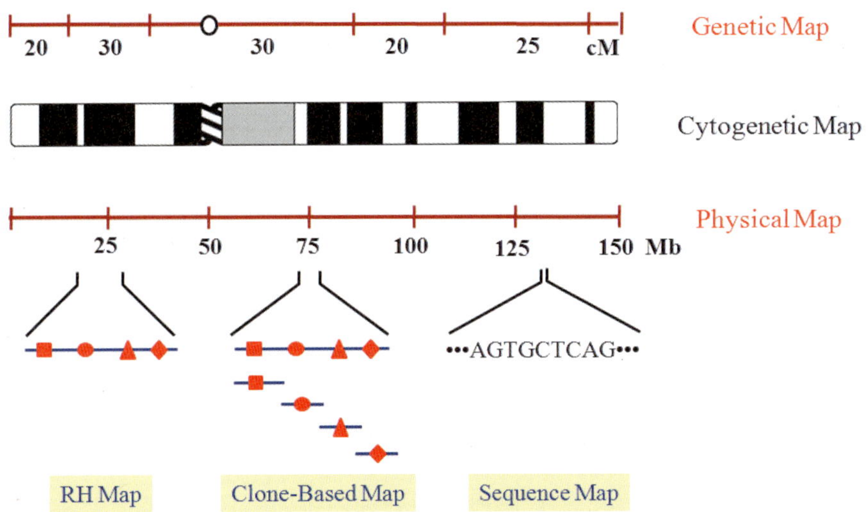

그림 3-5. **유전지도(genetic map)와 물리지도(physical map)**

(1) **유전지도**

유전지도(genetic map)는 가계(pedigree)내에서 부모로부터 자식으로 전달되는 두 유전 마커 또는 두 유전자 간에 발생하는 재조합(recombination)의 비율(%)로 그 거리를 구한다. 그리고 두 유전 마커의 거리는 세포의 감수분열시 발생하는 재조합의 발생율로 결정한다. 유전지도의 거리 단위는 centiMorgan(cM)으로 표시하며 1 cM은 두 마커 간에 약 1%의 재조합이 발생하는 거리를 의미한다. 예를 들면, 유전마커-1과 유전마커-2 사이에 재조합이 일어나는 비율이 1%라고 하면 두 유전마커 사이의 거리는 1 cM 떨어져 있다고 정의한다. 최초의 사람 유전지도는 microsatellite 마커를 사용하여 만들어졌으며 약 1 cM 간격으로 하나의 microsatellite 마커가 사용되었다. 사람의 microsatellite-based linkage map은 그 이후에 모든 염색체의 상세한 물리지도를 작성할 때 매우 귀중한 초안(scaffold/framework)으로 이용되었다. 한편 유전지도의 거리는 두 마커 사이에 발생하는 재조합의 비율로 정하기 때문에 만약 재조합 빈발 영역(recombination hotspot)이 포함되면 실제 마커 간의 거리보다 더 큰 유전적 거리를 가진 것으로 표시된다. 그러나 일반적으로 재조합의 발생은 거리에 비례하여 발생하기 때문에 유전지도와 물리지도 간에는 높은 상관성을 지니고 있다. 그리고 유전지도는 주로 유전자가 밝혀지지 않은 질병의 원인 유전자의 위치를 확인하는 연관연구(linkage study)에 많이 사용되어 왔다.

특정한 두 유전자가 다음 세대로 유전될 때에 서로 밀접하게 붙어있어서 함께 전달되는 경우에 두 유전자는 유전적 연관(genetic linkage) 상태에 있다고 한다. 일반적으로 동일한 염색체상에서 아주 가까이 놓여있는 2 개의 유전좌위(loci)는 물리적으로 함께 붙어 있어서 감수분열 과정에도 교차가 일어나지 않고 서로 강하게 연결되어(linked) 다음 세대에 함께 전달된다. 그러나 다른 염색체에 있는 2 개의 유전좌위는 서로 독립적인 조합으로 다음 세대에 전달되기 때문에 연관되어 있지 않다. 이러한 유전적 연관을 이용하여 가계내에 전달되는 유전마커와 질병 간의 연관성 정보를 이용하여 질병 유전자 위치(genetic linkage mapping)를 찾는 방법이 유전연구에서 많이 사용되고 있다. 이 방법은 부모에게서 발견된 질병이 다음 세대의 자식들에게 전달되는 유전정보를 이용하여 질병과 함께 전달되는 유전마커의 위치를 확보함으로써 질병 유전자를 찾아내는 연구 방법이다. 주로 질병과 함께 다음 세대에 전달되는 유전 마커의 위치에 질병 원인 유전자가 놓여 있다. 질병과 유전마커 간의 거리는 재조합 빈도(recombination frequency)를 계산하여 산정한다. 그림 3-6에 제시한 보기에서는 환자에게서 발견된 마커 M1 또는 M2가 우성의 형태로 다음 세대에 전달되는 경우에 M1이 질병과 연관된 경우(가설 1의 경우)와 M2 마커가 질병과 연관된 경우(가설 2의 경우)에 다음 세대에 전달된 질병과 마커 간의 재조합의 빈도를 계산하여 재조합율을 계산한다. 가설 1의 경우에는 재조합율이 16.7%이고 가설 2는 83.3%를 보이는데 독립된 두 염색체 간의 최대 가능한 재조합의 비율이 50%이므로 가설 2의 재조합율 83.3%는 적합하지 않다. 따라서 가설 1의 경우가 타당한 가설로 받아들일 수 있다. 이 경우에는 질병과 M1 마커 간의 재조합율이 16.7%이므로 질병의 원인 유전자가 M1 마커의 위치에서 약 16.7 cM 정도 떨어진 위치에 있음을 추정할 수 있다. 따라서 유전연관(genetic linkage) 정보를 이용하면 아직 밝혀지지 않은 질병 원인 유전자를 매우 효율적으로 찾아낼 수 있다.

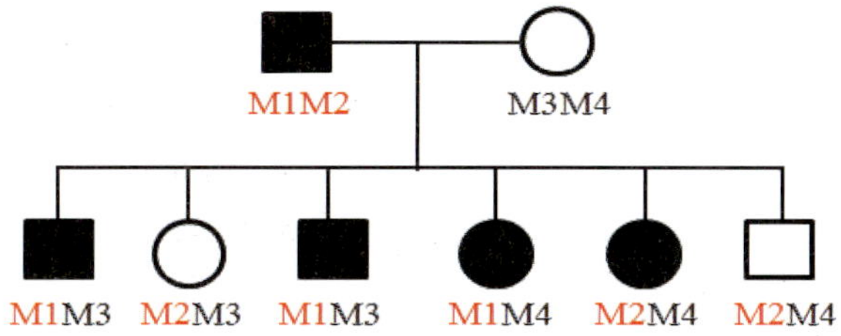

		Hypothesis 1 Disease-M1/ Healthy-M2	Hypothesis 2 Healthy-M1/ Disease-M2
Child 1	Disease-M1	parental	recombinant
Child 2	Healthy-M2	parental	recombinant
Child 3	Disease-M1	parental	recombinant
Child 4	Disease-M1	parental	recombinant
Child 5	Disease-M2	recombinant	parental
Child 6	Healthy-M2	parental	recombinant
Recombination frequency:		1/6= 16.7%	5/6= 83.3%

그림 3-6. 가계도를 이용한 질병 유전자의 유전지도 작업

일반적으로 유전지도의 거리와 물리지도의 거리는 서로 비례적인 관계에 있으며 유전지도의 1 cM 거리는 물리지도에서는 약 1 Mb 정도 떨어져 있다고 추정한다. 예를 들면, 2 개의 유전자 또는 유전좌위(loci) 간에 약 20%의 재조합이 발생한 경우, 두 개의 유전좌위는 유전지도 상에서 약 20 cM 떨어져 있다고 할 수 있다. 그리고 물리지도 상으로는 약 20 Mb 정도 떨어져 있다고 추정한다. 물론 두 유전좌위 사이에 재조합이 많이 일어나거나(recombination hotspot) 또는 재조합이 거의 일어나지 않는 부위(recombination coldspot)가 포함되었다면 유전지도와 물리지도 사이에는 오차가 발생한다. 예를 들면, 재조합이 많이 일어나는 부위에서는 실제 물리적 거리보다 유전적 거리가 훨씬 크게 표시된다. 그러나 반대로 두 마커 간에 재조합이 거의 일어나지 않으면 유전지도에서는 거리가 매우 가깝게 표시되지만 실제 물리지도 상에서는 매우 먼 거리에 떨어져 있게 된다. 그리고 남자와 여자의 재조합 빈도도 달라 실제 유전지도를 작성할 때 두 유전마커 간의 거리가 다르게 계산된다. 그래서 일반적으로 유전지도에서는 남자와 여자의 유전지도를 평균하여 사용하고 있다. 그리고 유전지도와 물리지도 간에는 편

차가 있지만 대체로 비례의 관계가 있어 유전지도에 의하여 측정된 거리 정보를 이용하여 물리지도에 존재하는 특정 유전자를 찾아가는 유전자 지도 작성(gene mapping)이 가능하다(그림 3-7).

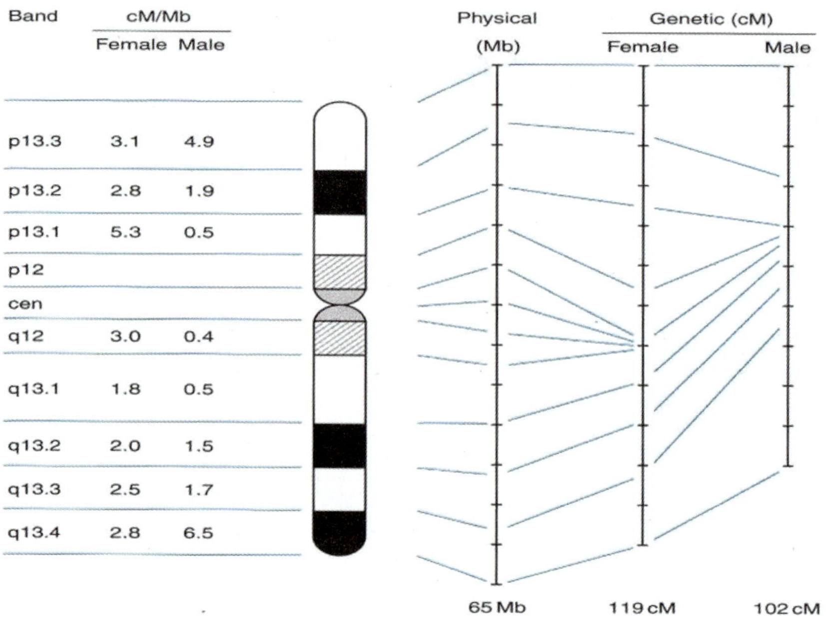

그림 3-7. 유전지도와 물리지도의 비교

(2) 물리지도

물리지도는 실제 염색체에 존재하는 DNA 조각 또는 아주 상세한 염기서열 순서 정보를 의미한다. 이 지도는 절대적인 값을 가지고 있으며 두 지점 간의 거리는 염기서열의 수(bp)로 나타낸다. 가장 상세하고 모든 정보를 가지고 있는 물리지도는 개별 염색체가 가지고 있는 모든 염기서열 순서 정보를 의미하지만 실제 염기서열 정보를 얻기 전에 보다 큰 DNA 조각의 물리지도를 우선적으로 작성한다. 가장 단순한 형태가 radiation을 이용한 somatic cell hybrid mapping panel을 만들어 큰 DNA 조각들의 지도(radiation hybridization map; RH map)를 작성하거나 fluorescence in situ hybridization(FISH) 방법을 사용하여 염색체 상에 실제로 존재하는 유전자의 위치를 확인하는 방법 등을 사용한다. 그러나 실제로 유전체에 존재하는 모든 염기서열 정보를 확보하기 위한 유전체 분석을 위해서는 모든 유전체를 약 100 kb 내외의 큰 DNA 조각으로 만들어서 BAC 클로닝 벡터에 삽입하여 BAC 클론을 확보한다. 그리고 BAC 클론을 일렬로 나열한 BAC clone contig 지도를 만든다. 그 다음에는 각 BAC에 삽입된 모든 염기서열 정보를 밝힘으로써 아주 상세한 염기서열 순서 정보를 가진 최종 물리지도(sequence map) 작업이 완성되는 것이다(그림 3-5). 따라서 유전체 염기서열 분석을 위해서는 우선적으로 전체 유전체를 커버하는 whole genome physical contig map 작업이 선행되어야 한다. 한편 물리지도에는 만드는 방법과 해상도에 따라 다양한 종류의 물리지도가 있다(표 3-2).

표 3-2. 유전체 물리지도의 종류

물리지도의 종류	해상도
염색체 지도 (cytogenetic map: chromosome banding)	수 Mb
염색체 절단 지도 (chromosome break map: radiation hybrid)	수 Mb
제한효소 지도 (restriction map)	수백 kb
클론 연결 지도 (clone contig map)	수백 kb
STS (sequence-tagged site) 지도	수십 kb
EST (expressed sequence tag) 지도	~ 90 kb
DNA 염기서열 지도	1 bp

인간 유전체에 대한 최초의 고해상도 물리지도는 STS(sequence tagged site)를 이용한 clone contigs로 만들어졌다. STS는 유전체 상에 고유하게 존재하며 일반적으로 약 500 bp 이내의 크기를 가진 짧은 염기서열을 말하며 PCR primer로 증폭하여 조사한다. STS로는 expressed sequence tag(EST), microsatellites 및 random genomic sequences 등이 사용될 수 있으나 주로 genomic library의 유전체 클론(genomic clones)의 말단을 무작위로 sequencing하여 만들어진다. 즉 유전체 클론(genomic clone) library가 STS 마커로 지도제작의 도구로 사용되어 clone contig map이 만들어지고 최종적으로 유전체 염기서열 분석 작업이 가능하게 된다(그림 3-8). 따라서 STS mapping 기술은 물리지도 작성을 위한 가장 강력한 기술로 널리 사용되고 있다.

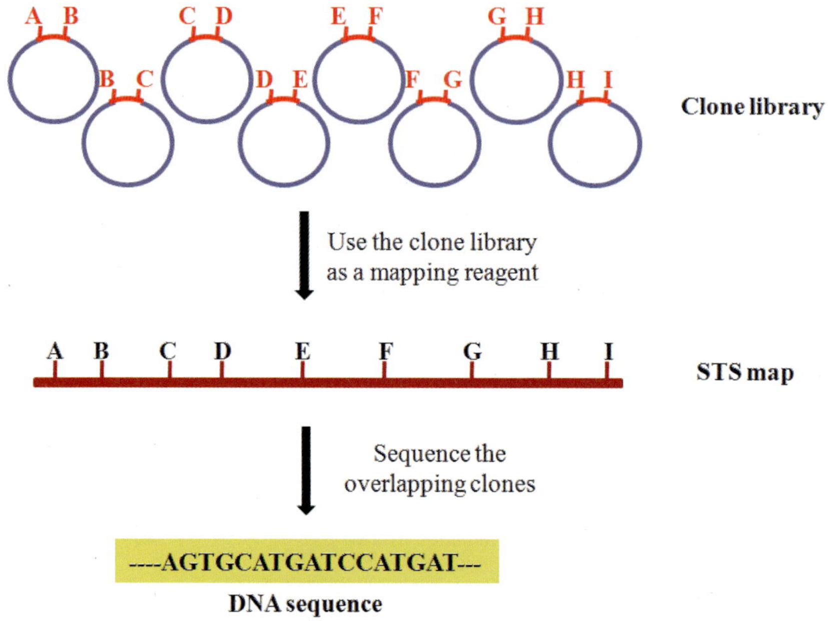

그림 3-8. **Clone library를 이용한 STS mapping (clone contig map) 작성**

3. 유전체 지도 작성

인간 유전체는 모두 약 30억(3,000 Mb) 개의 염기서열로 구성되어 있으며 각 염색체별로 평균 약 130 Mb의 염기서열을 가지고 있다. 유전체 사업을 위해서는 주로 BAC 클론을 이용하여 작은 유전체 조각들로 나누어 분석하는데 이 경우에 각 BAC 클론들이 약 100~200 kb 크기의 DNA 조각을 가지고 있기 때문에 전체 유전체를 모두 포함하는 BAC 클론 전체의 숫자는 매우 많아진다(그림 3-9).

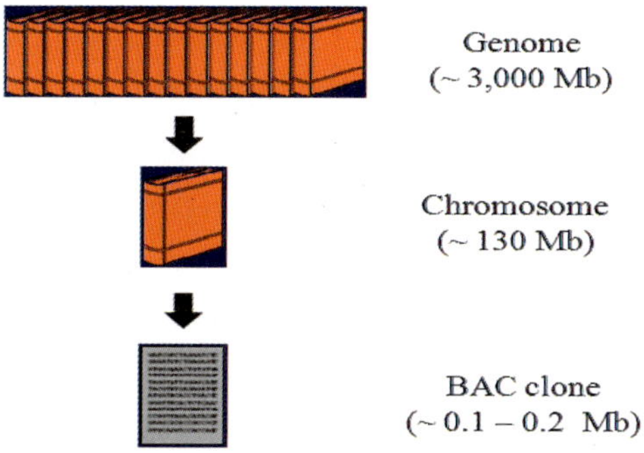

그림 3-9. **유전체 크기의 비교**

유전체 분석을 위해서는 우선 큰 DNA 조각을 클로닝할 수 있는 안정적인 BAC을 이용하여 genomic DNA library를 만든다. 그리고 구축된 BAC clone library를 사용하여 STS mapping 작업을 거쳐 BAC clone contig map을 만들어서 최종적으로 BAC에 포함된 모든 유전체의 염기서열 정보를 밝히게 된다(그림 3-10).

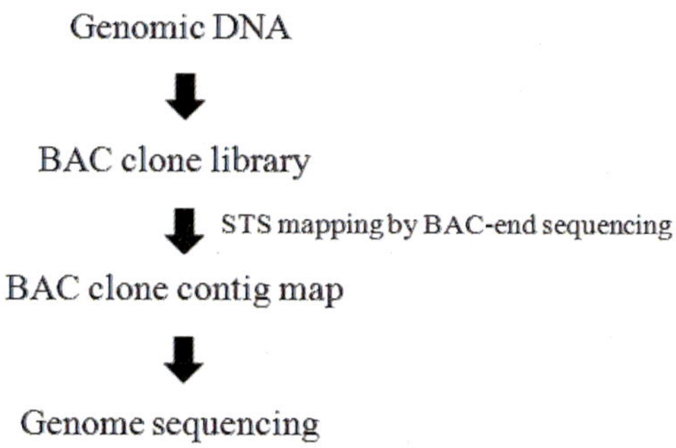

그림 3-10. **유전체 분석 작업의 과정**

유전체 분석을 위해 가장 먼저 수행하는 BAC clone library 제작에 사용되는 BAC은 박테리아를 기반으로 한 클로닝 시스템으로 약 100~200 kb 크기의 DNA 조각을 클로닝하는 데 사용되는 벡터(vector)이다. BAC은 유전적으로 매우 안정적으로 유지되기 때문에 유전체 분석을 위한 genomic DNA library 구축에서 보편적으로 널리 사용된다. BAC clone library 구축 과정은 다음과 같다. 우선 분리된 genomic DNA 시료를 제한효소로 잘라 약 100-200 kb 크기의 genomic DNA 조각들만을 선별하여 BAC vector와 결합시키고 박테리아에서 BAC 클론을 대량으로 확보하게 된다(그림 3-11).

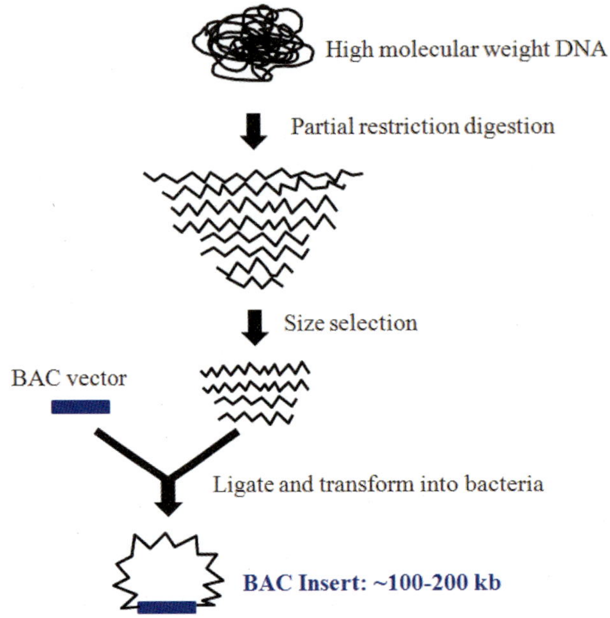

그림 3-11. **BAC clone library 제작 과정**

한편 BAC clone library 제작이 끝나면 여러 개의 각각의 클론에 삽입된 DNA 조각을 일렬로 나열한 clone contig map을 만들어야 한다(그림 3-12). 이렇게 만들어진 clone contig map을 사용하여 중복되지 않는 연속적인 염기서열을 밝히게 된다.

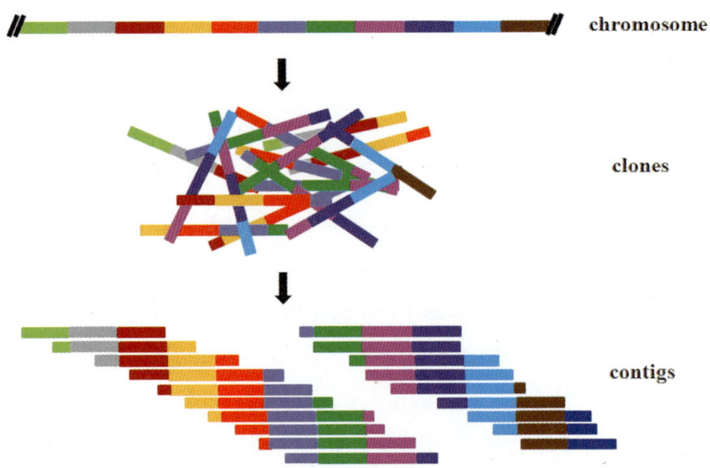

그림 3-12. **Clone-based physical mapping 과정**

한편 clone contig는 chromosome walking 방법으로 만들어 진다. 이 방법은 하나의 클론과 중복하고 있는 이웃한 클론을 찾아내고 다시 이웃하는 또 다른 클론을 연속적으로 찾아서 여러 클론들의 순서를 정하는 것이다. Chromosome walking은 clone probe을 사용한 hybridization, PCR 검색 기법, 또는 microtiter tray에 배열된 클론의 pooling에 의한 combinatorial screening 방법 등을 사용하여 진행된다(그림 3-13).

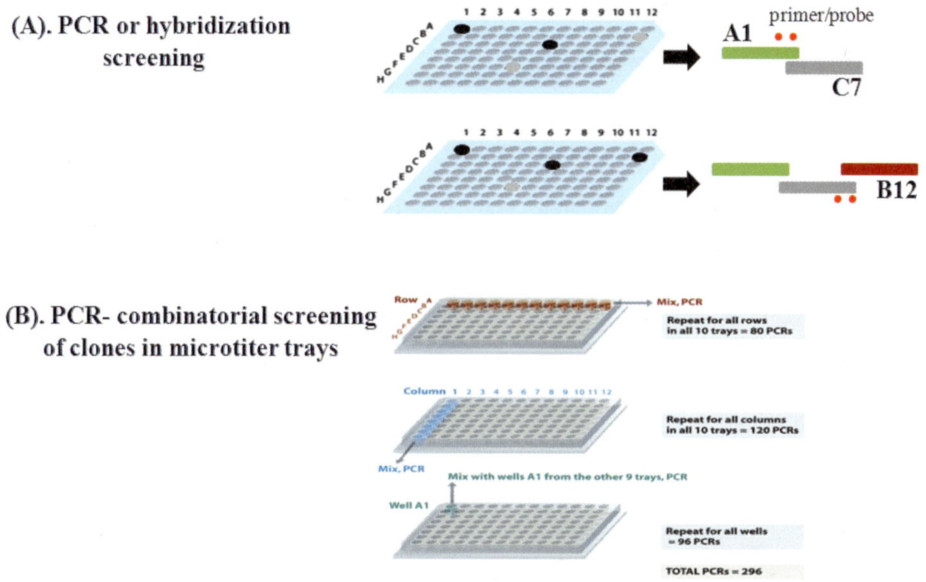

그림 3-13. **Chromosome walking에 의한 clone contig map 작성 과정**

Chromosome walking으로 만들어진 clone contig map이 완성되면 중복된 clone을 제외하고 최소한의 중복 영역을 가진 clone contig만을 선별하여 sequencing 작업을 한다(그림 3-14). 모든 염기서열이 완료된 BAC 클론의 염기서열을 나열하면 전체 염색체별로 완전한 염기서열 정보를 모두 해독하게 된다.

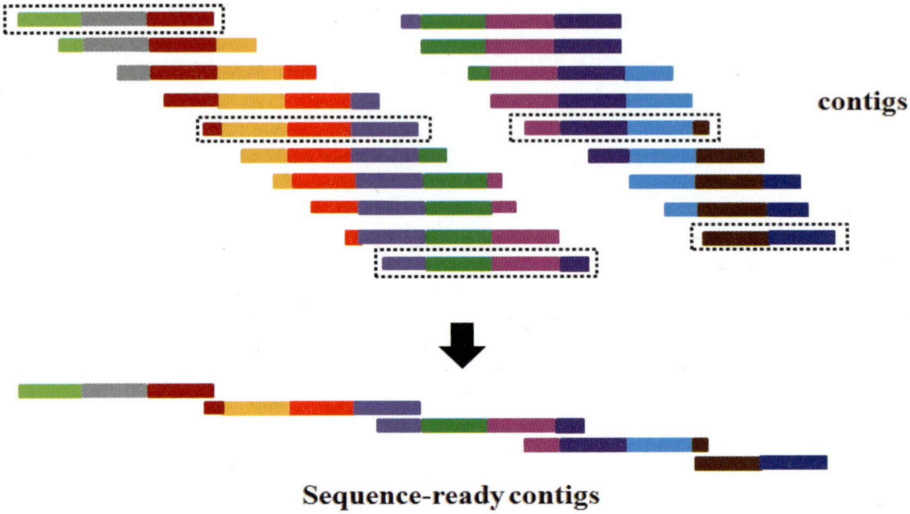

그림 3-14. 염기서열 분석용 BAC clone contig 지도 (sequence-ready contig map)

제 4장 유전체 염기서열 분석법

1. DNA 염기서열 분석법의 원리

1953년 왓슨과 크릭이 DNA 이중 나선 구조를 밝힌 이후에 DNA 염기서열 분석 기술이 빠른 속도로 발전하였다. 특히 1977년 Sanger 박사가 개발한 dideoxy chain termination sequencing 방법이 보편적으로 사용되었다. 그 이후에 염기서열 분석 작업이 자동화되고 관련 기술이 발전되어 최근에는 전체 유전체를 아주 짧은 기간 내에 완료할 수 있는 personal genome sequencing 기술로 발전하였다(그림 4-1).

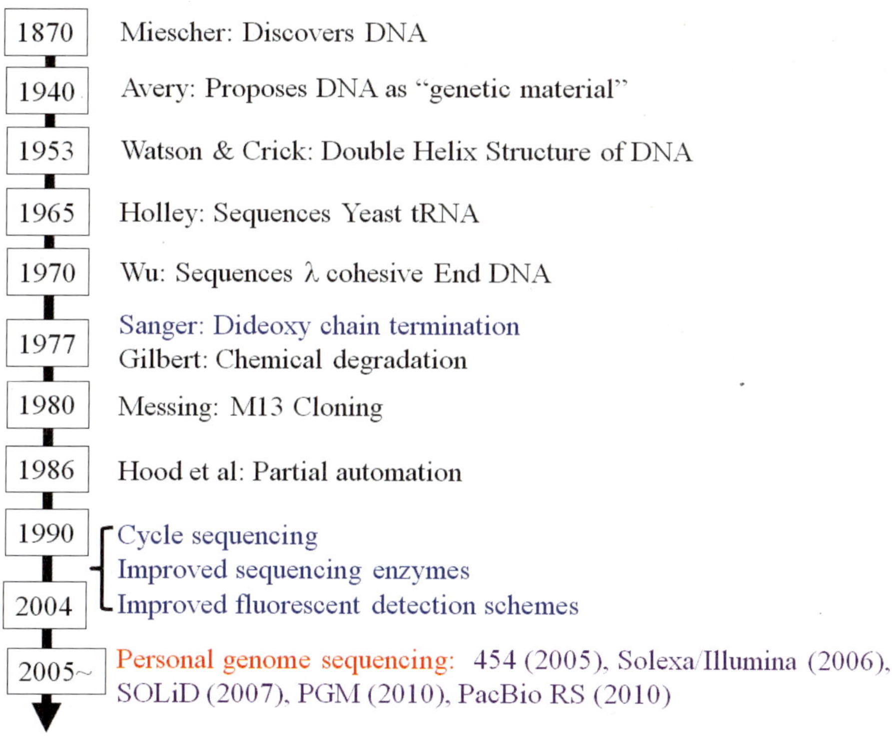

그림 4-1. **DNA Sequencing의 역사**

기본적인 DNA 염기서열 분석 기술의 원리를 간략히 살펴보면, 이중 나선 구조인 DNA가 고열에 의해 두 가닥으로 분리되고 primer가 target sequence에 가서 붙은 이후에 DNA polymerase가 dNTP를 사용하여 합성하게 된다(그림 4-2). DNA 합성과정에 dNTP뿐만 아니라 소량의 ddNTP도 함께 사용되는데 dNTP가 삽입되면 DNA 합성이 진행되지만 ddNTP가 삽입되면 ddNTP의 ribose 구조의 3번 탄소(3')에 OH 대신에 H가 위치하고 있기 때문에 다음 순서의 새로운 염기가 와서 phosphodiester bond를 형성할 수 없게 되어 DNA합성은 중단된다. 그리고 ddNTP에 사용된 ddATP, ddTTP, ddGTP와 ddCTP는 각각 다른 형광물질로 표지되어 있다.

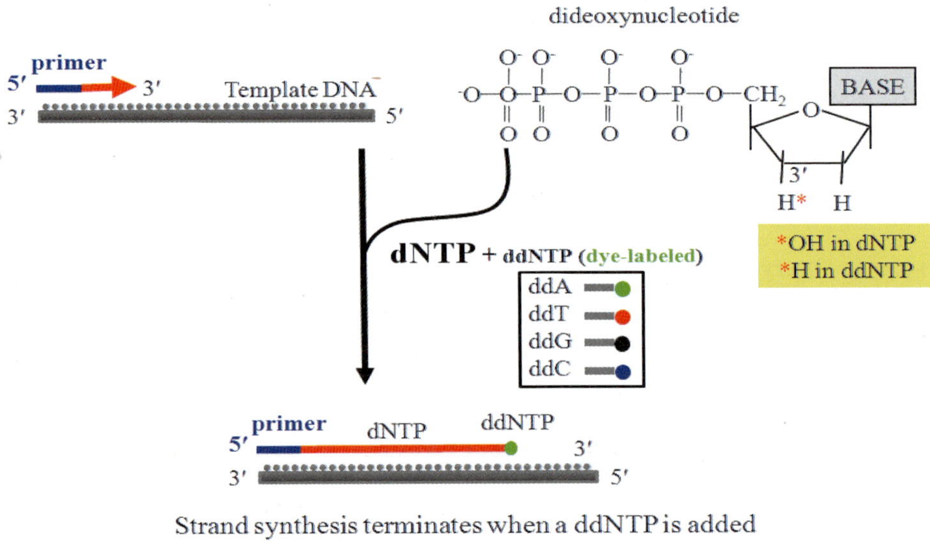

그림 4-2. **Chain termination DNA sequencing 반응의 원리**

한편 chain termination DNA sequencing 반응에 의하여 만들어진 다양한 크기의 새로 합성된 DNA 조각들은 capillary gel electrophoresis에 의하여 DNA 조각의 크기에 따라 작은 염기서열을 가진 DNA는 빨리 이동하고 긴 염기서열을 가진 DNA는 느리게 이동한다. 이때 레이저를 이용하여 이동하는 DNA 조각의 형광색을 순차적으로 검색하여 DNA 염기서열의 순서를 결정한다(그림 4-3).

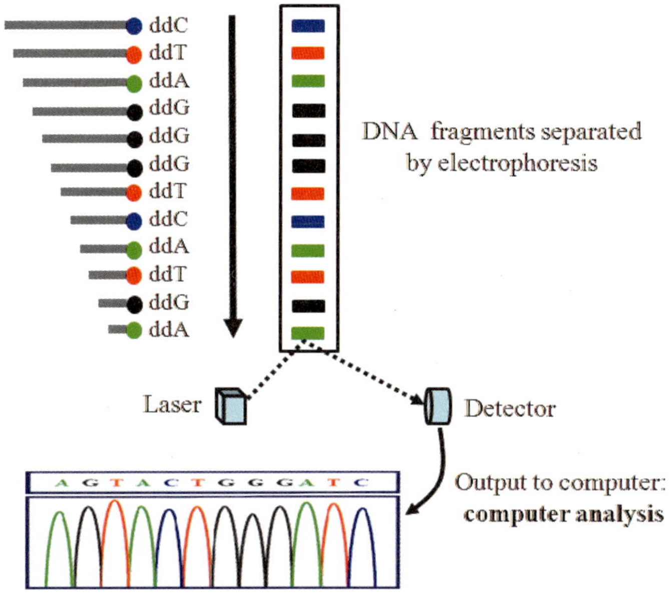

그림 4-3. **Chain termination sequencing 산물의 분리 및 검색 방법**

DNA sequencing 방법의 원리를 이용한 실제 염기서열 분석 작업은 다음과 같은 순서로 진행된다. 가장 먼저 DNA template를 준비한다. DNA sequencing에 사용되는 template의 양은 DNA의 종류에 따라 다른 양을 사용한다(그러나 primer당 template의 비율은 거의 동일함) (표 4-1).

표 4-1. **DNA sequencing용 template의 종류와 적정량**

Template	Quantity
PCR product:	
100-200 bp	1-3 ng
200-500 bp	3-10 ng
500-1000 bp	5-20 ng
1000-2000 bp	10-40 ng
>2000 bp	40-100 ng
Single-stranded DNA	50-100 ng
Double-stranded DNA	200-500 ng
Cosmid, BAC	0.5-1 ug
Bacterial genomic DNA	2-3 ug

Sequencing 반응은 아래에 제시한 바와 같이 DNA template, BigDye sequencing 시약, primer, 물을 10 ul에 넣고 PCR 반응으로 증폭한다.

- BigDye sequencing 시약: 4 ul
- DNA template: ~ 10 ng (various depending on types of DNA)
- primer (one primer): 3.2 pmole
- H_2O: up to 10 ul (final vol)

한편 sequencing용 PCR 반응과 일반 PCR 반응의 차이점은 일반 PCR 반응은 2 개의 primer (forwarding & reverse primers)를 사용하여 기하급수적으로 증폭을 하게 되지만 sequencing용 PCR 반응에서는 하나의 primer만을 사용하여 매 사이클 마다 동일한 수의 DNA 증폭이 이루어진다는 것이다. PCR 기기를 이용한 cyclic sequencing 반응은 다음과 같이 25 사이클을 반복하여 진행된다.

25X PCR cycling: 96 ℃ for 10 sec
50 ℃ for 5 sec
60 ℃ for 4 min

25번의 PCR sequencing 반응이 완료된 이후에 에탄올을 이용하여 unincorporated dNTP/ddNTP를 제거하고 capillary gel electrophoresis sequencing 기기(예, ABI 3100 또는 ABI 3730 등)를 이용하여 DNA의 염기서열 순서를 읽는다.

2. 대용량 염기서열 분석법

모든 생물학적 반응 및 조절 기전이 유전자에 의하여 결정된다는 사실로부터 다양한 생물종의 유전체 염기서열 분석 연구에 많은 노력을 기울이고 있다. 그러나 초기에는 하나의 염기서열 반응으로부터 읽을 수 있는 염기서열의 길이가 약 400-500 bp 정도밖에 되질 않아 유전체 염기서열 분석에 엄청나게 많은 시간이 소요되었다. 이미 언급한 바와 같이 유전체 염기서열 분석을 위해서는 우선 BAC clone library를 만들어 clone contig map을 작성하고 전체 유전체를 BAC 클론으로 일렬로 나열한 다음에 개별 BAC

클론의 염기서열을 확인하여야 한다. 그러나 BAC 클론에 들어 있는 DNA 크기도 100-200 kb로 매우 큰 DNA 조각이다. 초기에는 BAC 클론을 말단부터 순차적으로 염기서열을 결정하였으나 이 경우에는 너무나 많은 시간이 소요되기 때문에 선별된 BAC 클론을 무작위적으로 sequencing한 다음에 작은 염기서열 조각들을 컴퓨터 프로그램을 이용하여 연결하는 작업(shotgun sequencing 방법이라고 부름)을 수행하였다(그림 4-4.).

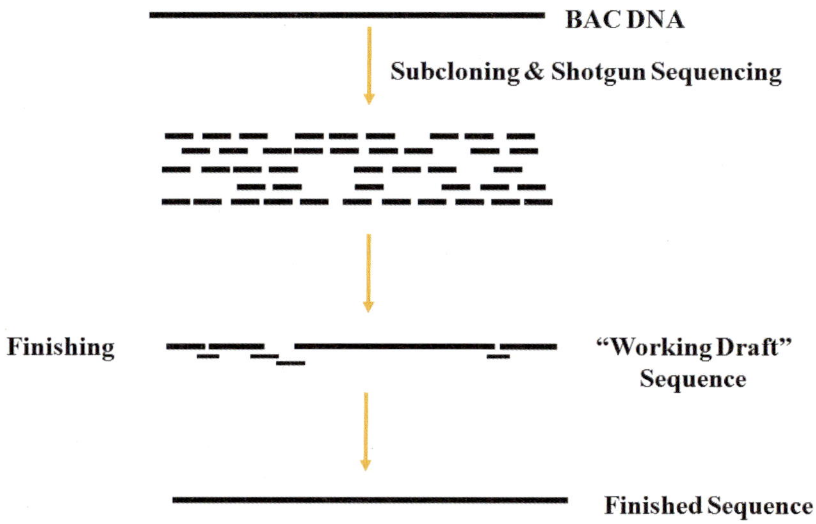

그림 4-4. Shotgun sequencing 방법

Shotgun sequencing 방법은 짧은 시간 내에 대규모의 염기서열을 파악할 수 있는 장점이 있다. 그러나 몇 가지 단점도 있어 분석시 주의가 필요하다. 가장 빈번하게 문제가 되는 것은 sequencing한 부위가 반복 염기서열(tandemly repeated DNA)을 가지고 있는 경우이며, 이때 DNA는 실제 존재하는 것보다 짧은 염기서열로 서로 연결된다. 그리고 또 다른 분석 방법으로 BAC 클론 내에서 shotgun sequencing을 하는 것이 아니라 whole genome shotgun sequencing을 하는 경우도 있는데 이 경우에도 반복된 염기서열이 서로 다른 염색체 부위에 존재하는 경우에 실제 2 개의 다른 염색체에 존재하는 유전체 염기서열이 하나의 염색체 부위로 연결되는 문제점을 가지게 된다. 특히 whole genome shotgun sequencing의 경우에는 염기서열 조각 간의 염기서열 정보가 없으면(gap) 이 부분의 염기서열 정보를 채워 넣는 일(finishing 작업)에 많은 노력과 시간이 필요하다.

한편 shotgun sequencing 방법의 경우에는 분석하고자 하는 전체 염기서열 크기보다 훨씬 더 많이 중복하여 염기서열 작업을 수행하여야만 빠지는 부분 없이 전체 유전체에 대한 염기서열 정보를 얻을 수 있다. Shotgun sequencing 방법을 사용하는 경우에 얼마나 많은 중복을 가지고 염기서열 작업을 해야 하는지는 포아송 분포(Poisson distribution)를 이용하여 계산이 가능하다(표 4-2). 특정 염기서열이 sequencing되지 않을 확률(P_o)은 다음과 같이 구할 수 있다.

$$P_o = e^{-c}$$

여기서, c = sequencing할 것과 sequencing한 것의 비율(fold coverage). 예를 들면, 30억 bp의 인간 유전체에 대하여 총 30억 bp의 sequencing을 읽으며 fold coverage는 1X이다.

e = 2.718281828459 (상수값)

표 4-2. **Shotgun sequencing 방법에서 fold coverage의 값**

Fold Coverage	$P_o = e^{-c}$	% not sequenced	% sequenced
1	0.37	37%	63%
2	0.135	13.5%	87.5%
3	0.05	5%	95%
4	0.018	1.8%	98.2%
5	0.0067	0.6%	99.4%
6	0.0025	0.25%	99.75%
7	0.0009	0.09%	99.91%
8	0.0003	0.03%	99.97%
9	0.0001	0.01%	99.99%
10	0.000045	0.005%	99.995%

포아송 분포를 이용하여 계산된 fold coverage별 sequencing 비율을 보면 1X의 경우에는 약 63% 정도가 sequencing되고 나머지 37% 정도의 염기서열 정보는 구하지 못할 것이다. 일반적으로 99.9% 이상의 sequence coverage를 가진 유전체 염기서열 정보를 얻고자 한다면 최소한 7X 이상으로 대상 유전체 염기서열을 분석하여야 한다.

3. 인간 유전체 사업

인간의 유전체에 포함된 모든 염기서열을 분석하기 위한 인간 유전체 사업(human genome project; HGP)은 1990년 미국에서 처음으로 시작되었다. 그리고 1995년에 인간 유전체에 대한 물리지도가 완성되고 2000년에 인간 유전체 염기서열 초안이 만들어졌으며 2003년에 최종적으로 인간 유전체 사업이 완료되었다(그림 4-5). 인간 유전체 사업의 상세한 과정을 간략히 소개하면 다음과 같다.

1990 미국에서 인간 유전체 사업(HGP) 개시

1991 최초의 미국 Genome Centers 설립

1992 염기서열 정보 공개 원칙 확정 (미국 NIH & DOE)

1993 영국 Sanger Center 설립

1994 HGP의 인간 유전지도(genetic mapping) 완성

1995 HGP의 인간 물리지도(physical mapping) 완성
최초의 박테리아(*H. influenzae*) 유전체 염기서열 분석 완료

1996 최초의 인간 유전자 지도(gene map) 확립
미국에서 인간 유전체 염기서열 분석을 위한 pilot project 개시
최초의 archaea 유전체 및 Yeast (*S. cerevisiae*) 유전체 염기서열 분석 완료
HGP의 마우스 유전지도(genetic mapping) 완료
인간유전체 분석 결과에 대한 빠른 데이터 정보 공개 원칙 천명

1997 *E. coli* 유전체 염기서열 분석 완료

1998 인간 유전체 지도에 약 3만 개의 인간 유전자 위치 확정
Roundworm (*C. elegance*) 유전체 염기서열 분석 완료
SNP initiative 개시

1999 Full-scale 인간 유전체 염기서열 분석 개시

최초의 인간 염색체 22번 염기서열 분석 완료

2000 Draft version의 인간 유전체 염기서열 분석 완료

Fruitfly (*D. melanogaster*) & Mustard cress 유전체 염기서열 분석 완료

2001 Draft version의 인간 유전체 염기서열 분석결과 논문발표

10,000 full-length 인간 cDNAs 염기서열 분석 완료

2002 Draft version의 mouse, rat, rice 유전체 염기서열 분석 완료

2003 Finished version의 인간 유전체 염기서열 분석 완료: (인간유전체사업 완료)

그림 4-5. 역사적인 유전체 분석사업의 결과

2003년 인간유전체사업이 종결됨에 따라 1953년 왓슨과 크릭이 처음으로 DNA의 이중나선 구조를 밝힌 이후로 50년 만에 인간 유전체를 구성하는 모든 염기서열 정보가 밝혀지게 되었다. 또한 인간유전체사업의 최종 결과는 2004년에 논문(Nature 431:931-945, 2004)의 형태로 정리되어 발표됨으로써 모든 인간 유전체 염기서열 분석 사업은 완성되었다.

인간 유전체 염기서열 분석은 두 곳에서 진행되었다. 우선 인간유전체사업을 추진한 국제컨소시엄 그룹은 BAC clone contig map을 만들고 개별 BAC 클론을 선정하여 shotgun 방식의 sequencing을 수행하여 BAC 클론 내에 존재하는 염기서열의 순서를 일렬로 정렬하는 방법으로 염기서열 작업을 수행하였다(clone by clone shotgun sequencing 방식). 그러나 Celera 회사의 Craig Venter 박사가 주도하는 그룹은 모든 유전체에 대하여 shotgun sequencing 방식으로 엄청난 수의 sequencing 작업을 수행하고 아주 작은 DNA 조각의 염기서열 정보를 슈퍼 컴퓨터로 모두 연결하는 방식을 사용하였다 (whole-genome shotgun sequencing 방식) (그림 4-6). 두 그룹의 경쟁적인 노력의 결과로 조기에 전체 인간 유전체 염기서열 분석 작업이 완료될 수 있었다. 한편 whole genome shotgun sequencing 방식은 5 Mb 이하의 미생물 유전체 분석에서 매우 유용한 방식이지만 인간 유전체처럼 대량의 염기서열을 가지고 있는 분석에서는 매우 어려운 부분이 많았다. 그러나 국제 컨소시엄에서 분석된 결과가 아주 빠른 시간 내에 즉시로 공개되었기 때문에 나중에 시작한 Celera 그룹의 whole genome shotgun sequencing 방식을 이용한 인간 유전체 염기서열 분석에 많이 활용되었다고 한다.

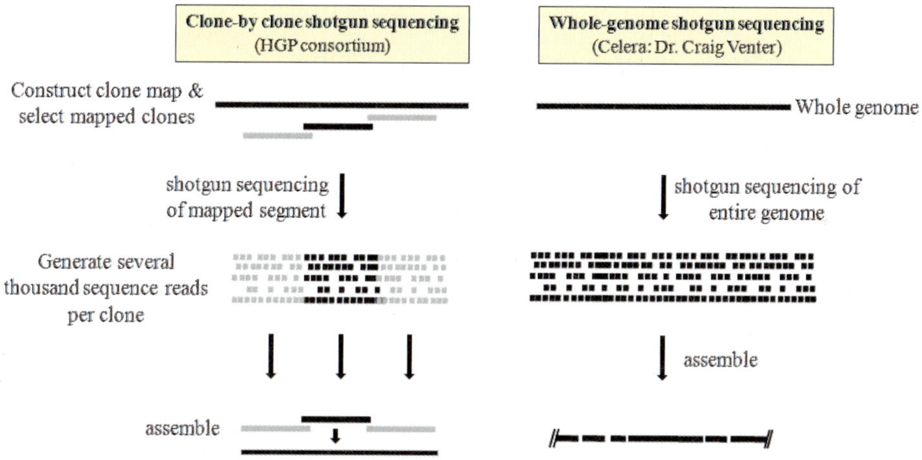

그림 4-6. **인간 유전체 염기서열 분석의 2 가지 방법**. 출처: Green ED. (2001). Nat Rev Genet 2:573-583.

인간유전체사업의 완성으로 인간 유전체에 존재하는 모든 염기서열에 대한 상세한 정보가 밝혀지게 되었다. 인간 유전체는 약 30억 개의 염기서열로 이루어져 있으며 약 20,000여 개의 단백질을 만드는 유전자로 구성되어 있음을 알게 되었다. 또한 인간유전체사업은 한 유전자가 평균 약 10.4 개 정도의 exon을 가지고 있음을 확인하였다. 그리고 모든 exons에서 코딩하는 부위는 약 34 Mb 정도로 전체 유전체의 약 1.2%를 차지하고 있고 UTR(untranslated regions) 부위는 약 21 Mb 정도로 전체 유전체의 약 0.7%를 차지하고 있었다. 따라서 전체 인간 유전체에서 유전자(exons)가 차지하는 부위는 2%도 되지 못한다.

한편 인간 유전체 사업의 완성으로 의-생명과학 분야의 연구에 엄청난 변화가 일어났다(표 4-3). 우선 과거에는 인간 유전체 구조에 대한 연구를 주로 하였으나 이제는 기능 유전체학 분야의 연구로 발전하였고 유전체학에서 단백질체학 등의 새로운 OMICS 학문이 파생하게 되었다. 또한 기존에는 질병 가계를 이용하여 질병 원인 유전자를 찾기 위해 유전체에서 위치를 확인하고 유전자를 찾아가는 방법을 주로 사용하였으나 지금은 유전자의 염기서열을 바로 분석함으로써 원인 유전자를 찾아내는 방법으로 발전하는 계기를 마련해 주었다. 또한 질병의 감수성이나 저항성에 관련된 모니터링도 가능하게 되고, 기존의 단일 유전자 분석에서 복수의 유전자를 동시에 분석할 수 있는 시스템이 가능하게 되었다. 아울러 유전자 조절 기전 및 질병 원인 기전 연구도 수행될 수 있었다. 그리고 과거의 한 생물종에 대한 연구에서 다수의 생물종을 비교 분석할 수 있는 비교 유전체학 연구로의 발전도 이루어지게 되었다.

표 4-3. 의-생명과학 연구에서 인간유전체분석사업 결과가 미친 영향

전통적 연구 분야		새로운 연구 분야
Structural genomics	→	Functional genomics
Genomics	→	Proteomics
Map-based gene discovery	→	Sequence-based gene discovery
Monogenic disorders	→	Multifactorial disorders
Specific DNA diagnosis	→	Monitoring of susceptibility
Analysis of one gene	→	Analysis of multiple genes
Gene action	→	Gene regulation
Etiology (specific mutation)	→	Pathogenesis (mechanism)
One species	→	Several species

출처: Peltonen & McKusick. (2001). Science 291:1224-1229.

인간유전체사업과 더불어 다양한 생물종에 대한 유전체 사업도 동시에 진행되었다. 그 결과로 2009년까지 총 3,800종 이상의 생물에 대한 유전체 염기서열 분석이 완료되었다. 그리고 2000년과 2010년을 비교해 보면 유전체 염기서열 분석 능력도 50,000배나 빨라졌다고 한다. 특히 다양한 종류의 척추 동물에 대한 유전체 사업은 종간의 유전자 염기서열을 비교하고 분석하여 생물학적 중요성을 밝히는 비교 유전체학(comparative genomics)이라는 학문의 연구를 활성화하는 계기를 마련해 주었다(그림 4-7). 비교 유전체학은 다른 생물종 간의 유전체 구조와 기능 간의 관계를 연구하는 학문으로 이를 통해 유전체에 영향을 미친 선발이나 진화론적 과정을 이해할 수 있다. 또한 비교유전체학은 유전체에 존재하는 새로운 non-coding functional elements와 같은 새로운 유전자를 발굴하는데 많은 도움을 줄 것이다. 이러한 다양한 생물종 간의 유전체적 구조, 생물학적 기능 및 진화론적 이해는 의학적 활용 가치를 높이는 귀중한 정보로 활용될 것이다.

그림 4-7. 척추 동물 유전체 사업(vertebrate genome projects)에 의한 비교 유전체학(comparative genomics)의 발전

그리고 비교 유전체 분석은 다양한 종(species) 간의 연관성을 확인(그림 4-8)할 수 있을 뿐만 아니라 다른 종에서 이미 밝혀진 유전자의 기능과 세포작용 기전을 통해 특정 종에서 발현된 유전자의 기능과 역할을 이해할 수 있다. 그리고 유사한 질병의 병리적 기전을 이해하고 유전체에 숨겨진 진화론적 정보를 이해하는데 도움을 준다. 또한 비교 유전체 분석은 기능적으로 중요한 염기서열 부위를 찾는데도 매우 유용하게 이용되고 있다. 예를 들면 종간의 염기서열 분석에서 유사성이 매우 높은(conserved) 영역의 염기서열은 공통적으로 중요한 기능을 수행하는 부위일 가능성이 높다. 다른 유전체의 염기서열을 비교하여 이미지화하여 분석할 수 있는 다양한 분석 프로그램들이 개발되어 이용되고 있으며 대표적인 것으로는 VISTA (visualization tool for alignment; http://www-gsd.lbl.gov/vista)와 PipMaker (percent identity plot maker; http://bio.cse.psu.edu/pipmaker/)가 있다. 그리고 종 간의 진화론적 분류표(phylogenetic tree)를 작성하여 종간 분류를 수행하기도 하는데 이때 사용하는 알고리즘으로는 parsimony 알고리즘, neighbor-joining 알고리즘 또는 maximum likelihood 방법 등이 있다.

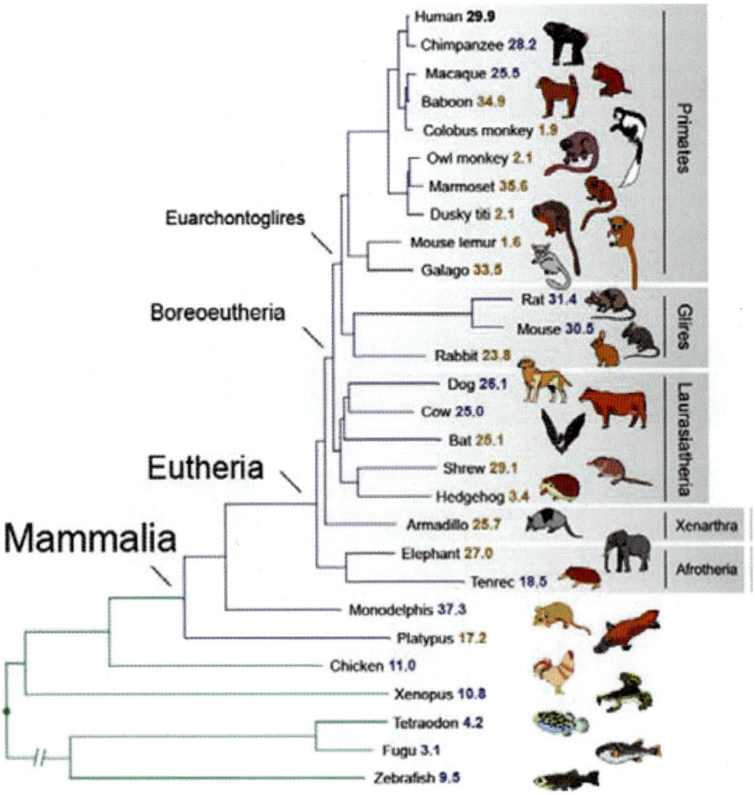

그림 4-8. 종간 비교 유전체 분석에 의한 종의 분류

4. 개인 유전체 염기서열 분석

막대한 예산이 수십 년간 투자된 인간 유전체 사업의 과정을 거치면서 염기서열 분석기술도 혁신적으로 발전하여 최근에는 아주 짧은 기간에 개인의 모든 유전체 염기서열 정보를 얻을 수 있게 되었다. 대표적인 장비로는 Roche 454 시스템, Illumina 회사의 Genome Analyzer/HiSeq, ABI 회사의 SOLiD 시스템 그리고 Helicos 회사의 HeliScope 시스템 등이 개발되었다(그림 4-9). 이 중에서 Roche 454, Illumina genome analyzer/HiSeq 및 Life Technologies SOLiD 시스템은 많은 수의 유전체 조각을 대량으로 증폭하여 염기서열을 분석하는 방법을 사용한다. 그러나 Helicos회사의 HeliScope과 Pacific Biosciences회사의 SMRT 기술은 하나의 DNA 조각을 사용하여 염기서열을 분석하는 방법을 사용한다. 그 외에도 Complete Genomics 회사의 DNA nanoarray 기술, Oxford Nanopore 기술, Ion Torrent 기술 등이 있다. 현재 가장 많이 사용되고 있는 것은 Illumina 회사의 HiSeq system과 Life Technologies회사의 Ion Torrent system이다. 그리고 2014년에 Illumina HiSeq X$_{TEN}$ 기종의 출시로 $1,000 이하의 가격으로 개인 유전체 분석이 가능하고 조만간 곧 $100 유전체 분석도 예상해 본다.

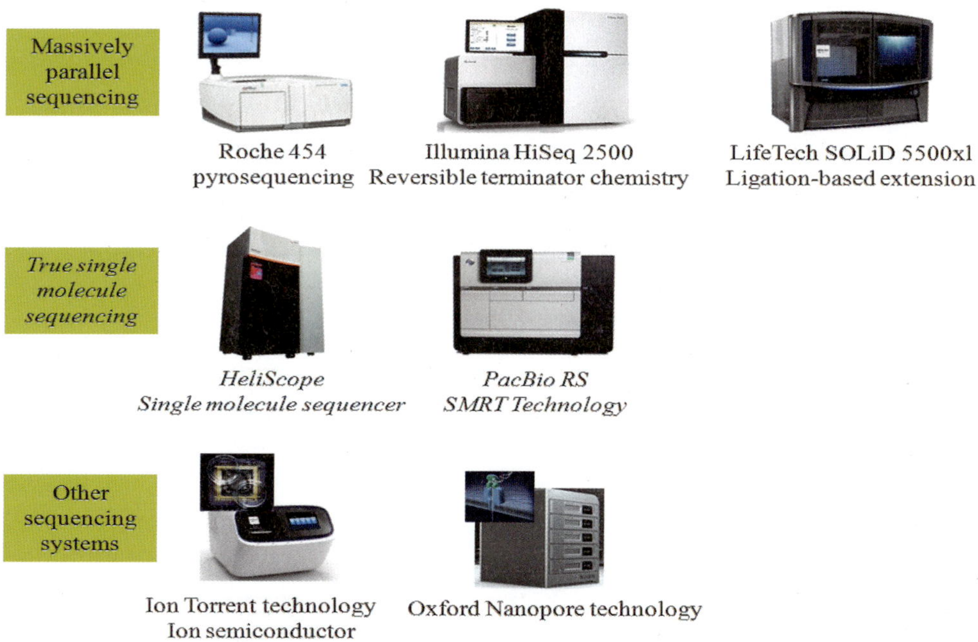

그림 4-9. **대용량 유전체 염기서열 분석 시스템**

전통적인 DNA 염기서열 분석은 염기서열을 분석하는 DNA 부위를 PCR로 연속적으로 증폭하고, 증폭과정에서 ddNTP가 삽입되어 중단된 조각의 크기를 전기영동 방법으로 염기서열의 크기에 따라 분리하여 형광으로 검색하는 Sanger's chain termination sequencing 방식을 사용한다(그림 4-10A). 그러나 차세대 염기서열 분석 방법 중의 하나인 Roche 454 시스템에서는 emulsion PCR로 기름방울 속에서 분석하는 DNA 조각을 증폭하고 증폭된 DNA 조각을 아주 작은 홈(well)에 하나씩 넣어서 그 속에서 pyrosequencing을 연속적으로 수행하여 DNA 염기서열을 식별한다(그림 4-10B). 그리고 Illumina의 Genome Analyzer/HiSeq 시스템은 분석하고자 하는 DNA 조각을 flow cell이라는 표면에 붙이고 clonal bridge amplification 과정을 거친 이후에 형광으로 표지된 dNTP의 각각을 차례로 넣어서 삽입된 염기서열의 순서를 결정하여 염기서열을 읽는다(그림 4-10C). 마지막으로 Life Technologies 회사에서 개발된 SOLiD 시스템은 emulsion PCR 과정을 통해 분석하려는 DNA 조각을 증폭하고 8-base로 만들어진 DNA probe를 사용하여 연속적으로 ligation 반응을 통해 특정 염기서열의 조합을 읽어 염기서열의 순서를 파악한다(그림 4-10D). 이때 8-base의 처음 2-base를 식별할 수 있는 고유한 색깔로 perfect match에 의하여 ligation된 염기의 순서를 결정하는 방식을 사용하고 있다. 위에서 언급된 차세대 염기서열 분석 기술은 대용량으로 염기서열을 분석할 수 있는 방식이다.

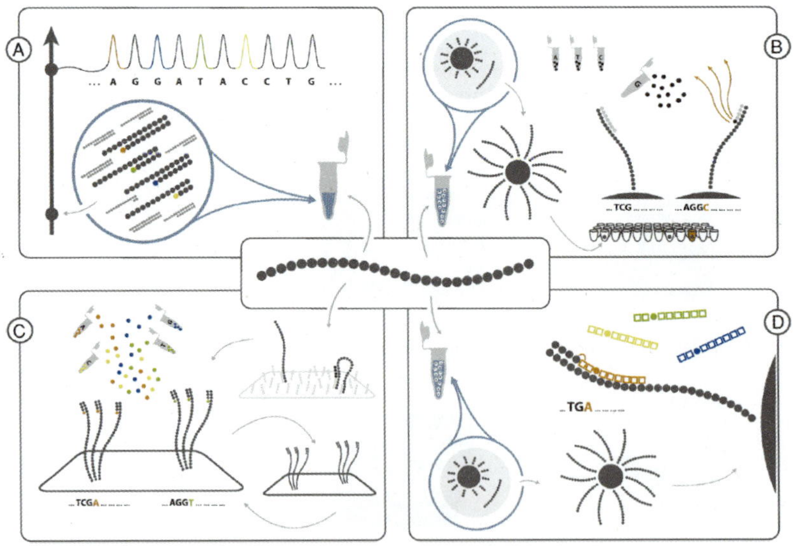

그림 4-10. **염기서열 분석 방법의 개요.** (A) Sanger's chain termination sequencing 방법. (B) Roche 454 system. (C) Illumina Genome Analyzer/HiSeq. (D) Life Technologies SOLiD system. 출처: Pettersson E et al. (2009). Genomics 93:105-111.

그 외에도 최근에는 DNA 증폭 과정 없이 바로 single molecule로부터 염기서열을 읽는 방식도 개발되어 이용되고 있다. 가장 대표적인 것으로는 Helicos 회사에서 개발된 HeliScope 방식과 Pacific Biosciences 회사에서 개발된 single molecule real time (SMRT) sequencing 방식이 있다. 대용량 염기서열 분석 시스템에 대한 비교 자료는 표 4-4에 간략히 제시하였다.

표 4-4. 대용량 염기서열 분석 방법의 비교

방법	Read 길이 (bp)	정확도 (%)	실험당 Reads수	데이터 생산량	실험 시간	1Mb당 비용(US$)	장·단점
Pyrosequencing (Roche 454)	700	99.9	1 million	0.7 GB	24 hr	$10	- 긴 염기서열 & 실험기간 빠름 - 고비용 & homopolymer errors
Sequencing by synthesis (Illumina HiSeq)	50~300	98	3 billion	600 GB	1~10 days	$0.05~$0.15	- 많은 서열 데이터 생산 - 고가의 장비 & 고농 DNA 필요
Sequencing by ligation (SOLiD)	50+35 or 50+50	99.9	1.2~1.4 billion	90 GB	1~2 wk	$0.13	- 염기당 비용 저렴 - 속도느림 & palindromic서열 분석불가
Ion semiconductor (Ion Torrent sequencing)	400	98	80 million	100 GB	2 hr	$1	- 장비 저렴 & 실험기간 빠름 - homopolymer errors
Single-molecule real-time sequencing (Pacific Bio)	5,500~8,500	87	50K per SMRT cell, or ~400 Mb	13 GB	30 min ~ 2 hr	$0.33~$1.00	- 긴 염기서열 & 빠름 - 고가의 장비
Chain termination (Sanger sequencing)	400~900	99.9	N/A	NA	20 min ~ 3 hr	$2400	- 긴 염기서열 정보 분석 가능 - 대규모 염기서열 분석에 부적합

출처: http://en.wikipedia.org/wiki/DNA_sequencing & Lee CY et al. (2013). Transl Cancer Res 2:33-45.

지금까지 출시된 다양한 종류의 차세대 염기서열 분석 장비들 중에서 Illumina 회사의 Genome Analyzer/HiSeq 장비가 가장 많이 사용되고 있고 그 뒤를 이어 SOLiD 시스템과 Ion Torrent 장비를 보유한 Life Technologies회사가 NGS 시장을 점유하고 있다(그림 4-11). 그 외에도 일부의 시장이 Roche 454 장비와 Pacific Biosciences회사의 SMRT sequencing 장비가 차지하고 있다. 최근에는 Roche 454 제품과 SOLiD 장비가 기술 개발을 중단함에 따라 Illumina 회사 장비의 점유율이 증가하고 있으며 Life Technologies회사의 Ion Torrent 장비도 편리성과 비용 측면에서 활용도가 높다. 현재 가장 많이 사용되고 있는 Illumina회사의 HiSeq 제품과 Life Technologies회사의 Ion Torrent 제품에 대한 기술적인 원리를 간략히 설명하고자 한다.

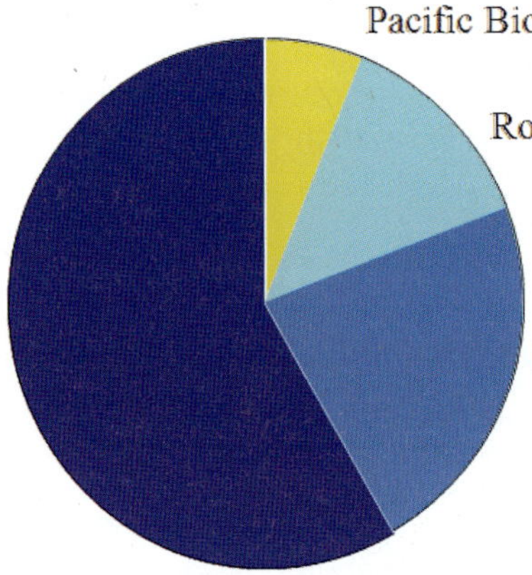

그림 4-11. **차세대 염기서열 분석 기기의 점유 현황 (2012년).**
출처: GenomeWeb/ Mizuho Securities USA Genomics R&D Survey (2012)

Illumina 회사의 차세대 염기서열 분석방법은 다음의 3 가지 단계를 통해서 진행된다. 첫 번째 단계는 염기서열을 분석하려는 DNA template를 사용하여 DNA sequencing용 library를 구축한다. DNA library는 효소를 이용하여 일정한 크기로 잘려진 blunt end DNA 조각의 끝을 phosphorylation시켜 공통된 adaptor가 붙도록 한다(그림 4-12A). 두 번째 단계는 adaptor sequence와 결합할 수 있는 complementary sequence를 가진 oligo가 붙여진 flow cell 표면에 adaptor sequence를 가진 library DNA fragment가 결합하도록 하고 연속적인 bridge amplification 반응을 통해 DNA sequencing용 clones (cluster 라고 불림)을 만든다(그림 4-12B). 그리고 증폭된 clusters는 denature된 이후에 sequencing primer가 가서 결합하고 reversible dye terminator를 사용한 DNA 합성과정을 통해 염기서

열 분석이 수행된다(그림 4-12C). 4개의 염기서열을 식별할 수 있는 reversible dye terminator는 형광을 띄는 부분과 DNA 합성이 이루어지는 3번 탄소가 반응을 하지 못하도록 block된 부분이 있는데 일단 첫 번째 합성이 이루어지면 형광을 발하고 염기서열을 결정한다. 그리고 3번 탄소에 block된 부분과 형광을 띄는 부분이 화학 반응으로 모두 제거된다. 그러면 다음 염기가 결합(합성)할 수 있는 상태가 된다. 이러한 일련의 연속적인 과정을 통해서 매번 한 개의 염기가 합성될 때마다 형광 이미지를 검색하여 연속적인 염기서열 정보를 확인할 수 있다. Illumina 회사 장비로 읽은 염기서열의 오류율(%)은 약 0.5% (200 염기당 한 개 염기서열 오류) 정도라고 한다.

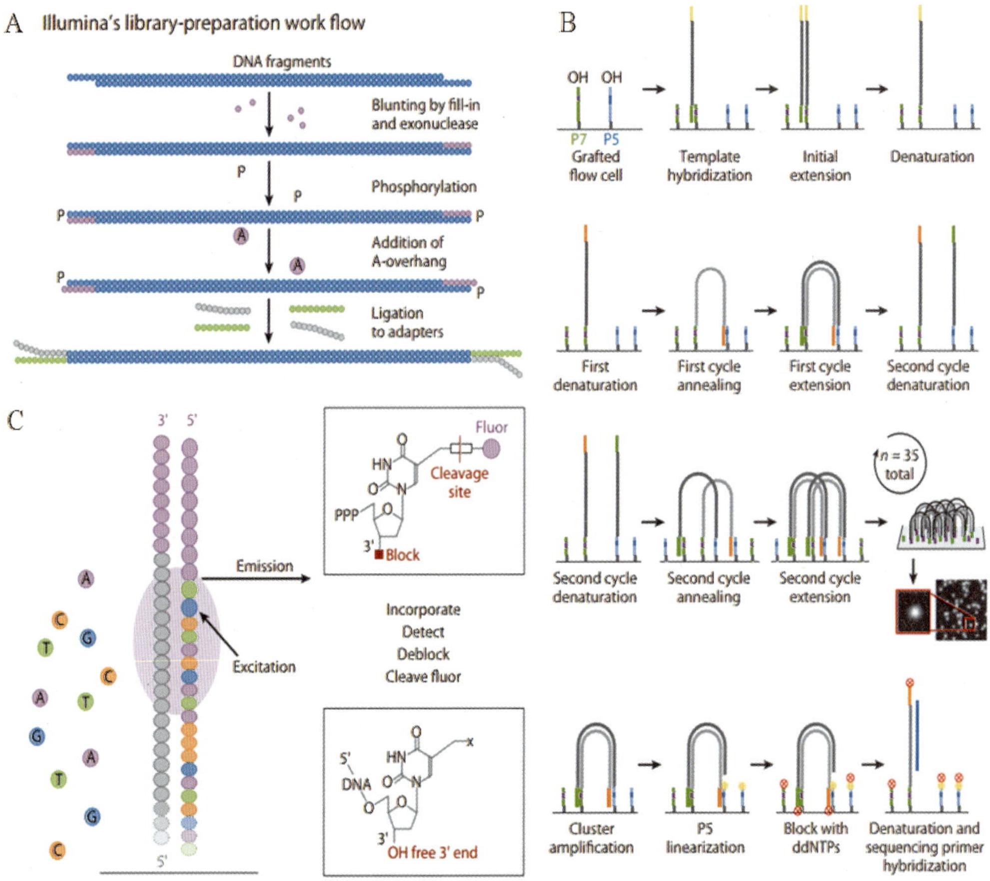

그림 4-12.. Illumina 회사의 Reversible Dye Terminator를 이용한 차세대 염기서열 분석법. 출처: Mardis ER. (2013). Annu Rev Anal Chem 6:287-303.

Life Technologies 회사의 Ion Torrent 장비는 두 번째로 가장 많이 사용되는 차세대 염기서열 분석 기기이다. 이 분석 방법은 우선 분석할 DNA을 library로 만들고 emulsion PCR 방법을 이용하여 증폭한다. 증폭된 template DNA 가닥은 Ion Torrent chip의 작은 홈(microwell)에 붙여서 넣어준 한 개의 특정 염기가 분석하는 template에 complementary sequence를 가지게 되면 합성이 이루어진다(그림 4-13A). 합성시 3번 탄소에 결합된 OH기에서 산소분자는 phosphodiester bond 결합에 사용되고 수소분자(hydrogen)는 DNA가 합성된 이후에 방출된다(그림 4-13B). 방출된 수소분자는 반도체 칩(semiconductor chip) 위에 올려진 광학 센서에 의하여 탐지되고, 장비는 이를 통해 특정 염기서열의 합성반응이 이루어 졌음을 감지한다. 그리고 만약 동일한 염기서열 반복이 존재하는 경우에는 한번 반응에 다수의 동일한 염기가 합성되고 비례하여 보다 높은 전자적 신호가 발생한다. 한편 Ion Torrent 염기서열 분석은 약 1% 정도의 오류(약 100개 염기서열당 한 개 염기서열 정보의 오류)를 가지고 있다. 특히 homopolymer와 indel 부분에서 상대적으로 높은 오류를 보인다고 한다.

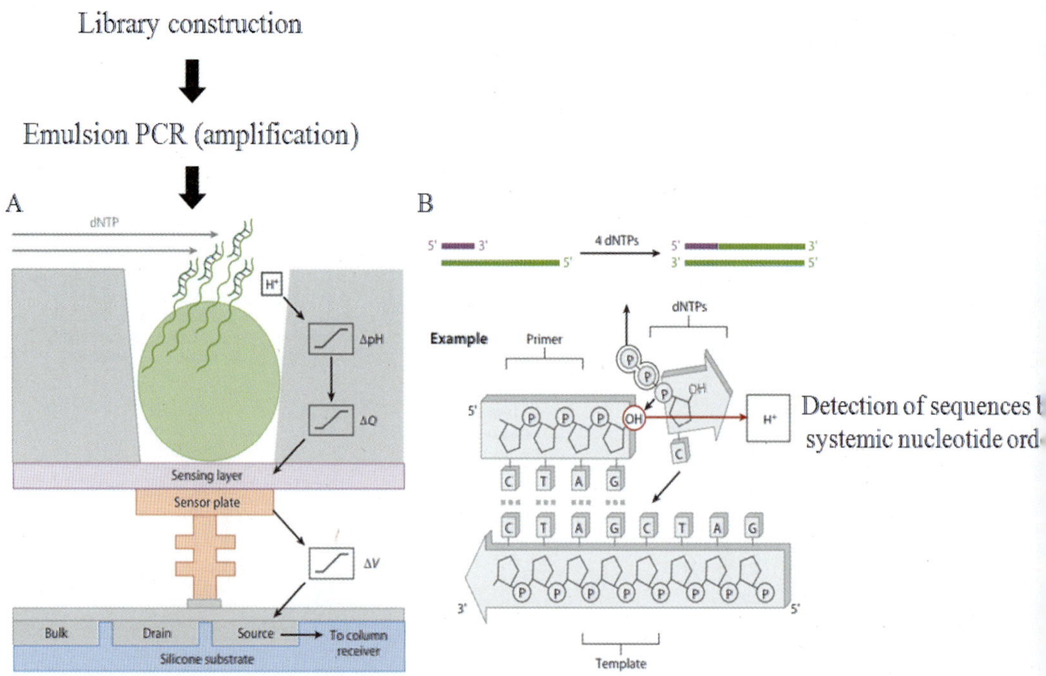

그림 4-13. **Life Technologies회사의 pH 변화 측정을 통한 차세대 염기서열 분석법.**
출처: Mardis ER. (2013). Annu Rev Anal Chem 6:287-303.

최근에는 개별 실험실 단위에서도 대용량 염기서열 분석이 가능한 benchtop 형태의 소규모 차세대 염기서열 분석장비들이 출시되어 이용되고 있다(표 4-5). 대부분의 경우에는 다수의 원인 유전자가 관련된 질병 패널 유전자군(multi-gene panel)에 대한 targeted resequencing 분석에 주로 사용되고 있다.

표 4-5. 소형 차세대 염기서열 분석 장비(benchtop NGS sequencers)에 대한 성능비교

Technology	Read length (bases)	Accuracy (%)	Primary error mode	Yield (Gb/day)	Cost/Gb ($)
MiSeq	<300	>99.5	Substitution	1-5	100-1000
Ion PGM	<300	>98.5	Indel	1-5	100-1000
GS Junior	300-600	>99.5	Indel	<1	>5000
MinION (Oxford Nanopore)	>100000	96	Deletion	1-5	100-1000

출처: MacArthur DG and Lek M. (2012). Trend Genet 28:303-305.

현재 이용 가능한 염기서열 분석 방법들을 비교해 보면, 전통적인 ABI capillary sequencer는 긴 길이의 염기서열을 읽을 수 있는 장점이 있지만 대규모로 분석할 수 있는 능력은 매우 제한적이다. 그러나 최근에 개발된 대용량 염기서열 분석 시스템들은 한 번에 수십 giga base(Gb)의 염기서열을 읽을 수 있는 능력을 가지고 있다(그림 4-14). 이러한 염기서열 분석 기술의 발전으로 아주 저렴한 비용으로 개인의 모든 유전체 정보를 분석할 수 있게 되어 다양한 분야의 맞춤의료 기술 개발에 크게 기여할 것으로 기대된다.

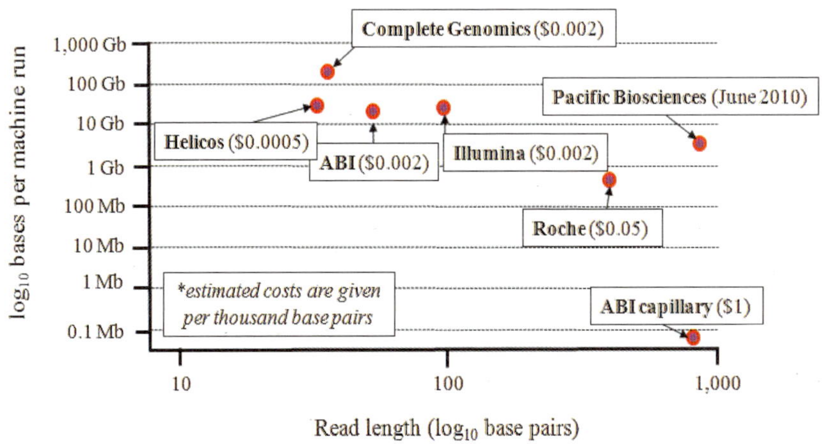

그림 4-14. 대용량 염기서열 분석 방법의 분석 능력 비교. 출처: Hayden EC. (2009). Nature 457: 768-769.

차세대 염기서열 분석 기술의 다양한 활용분야들로는 다음과 같은 것이 있다.

- **유전체 염기서열 분석**:
  - 신규 염기서열 분석 (*de novo* sequencing)
  - 염기서열 재분석 (resequencing): 엑솜 염기서열 분석
  - paired-end sequencing 방법을 이용한 구조유전변이(Indel & Inversion) 발굴
- **전사체 염기서열 분석 (= cDNA 염기서열 분석)**
  - 유전변이 검색 (예, SNP 또는 돌연변이)
  - 유전자 발현 분석
  - 발현된 대립유전자 빈도 조사
  - alternative splicing 변이형 검색
  - 신규 유전자 발현변이형 (novel transcript) 발굴
- **유전자 조절 유전체 연구:** DNA-단백질 상호작용 연구를 위한 chromosome immunoprecipitation (ChIP)-sequencing
- **후생유전 연구:** DNA-메틸화 패턴 연구
- **메타유전체 및 미생물 다양성 연구**: 인간 미생물계(human micorbiome) 프로젝트
- **고대 DNA 분석:** 고대 인류 및 멸종 동물(예, 맘모스 등)들에 대한 유전체 정보 분석
- **noncoding RNA (예, microRNA) 염기서열 분석**
- **임상염기서열 분석(ClinSeq):** 암 또는 희귀 유전질환자를 대상으로 의학적으로 수행하는 염기서열 분석
- **단일세포 유전체 분석 (single cell genomics):** 정상 세포 분화 또는 암 세포 분화를 DNA 또는 RNA 수준에서 분석함으로써 세포의 분화와 발전 단계를 이해할 수 있는 분석

지금까지 개인 유전체 염기서열 분석에 대한 연구가 활발히 진행되어 다수의 개인 유전체 정보가 보고되었다. 가장 먼저 공개된 개인 유전체 정보는 Celera 회사의 인간 유전체 사업을 주도한 Craig Venter 박사의 개인 유전체 정보였다(PLoS Biology 5: e254, 2007). 그러나 Craig Venter 박사의 개인 유전체 정보는 기존의 전통적인 capillary sequencing 방식을 사용하여 인간 유전체 사업 과정에서 만들어진 연구 결과이다. 그 이후에 대용량 유전체 분석기술을 이용한 최초의 개인 유전체 정보는 DNA의 이중 나선

구조를 발견한 Watson 박사의 개인 유전체 정보다. 왓슨 박사의 유전체 정보는 Roche 454 시스템을 이용하여 약 4.5개월 만에 완료되었다. 그 이후에 Illumina 회사의 Genome Analyzer 시스템을 이용한 아프리카인, 아시아인, 암 조직의 유전체 정보 분석 결과가 발표되고(표 4-6), 1000 genomes project라는 국제 협력 프로젝트로 이어졌다. 1000 genomes projects는 중국 베이징 유전체 연구소, 영국의 Wellcome Trust Sanger 연구소와 미국의 NIH 산하 National Human Genome Research Institute에서 주관하고 Roche 454, Illumina GA, ABI SOLiD 시스템을 사용하여 총 1,000 명의 개인 유전체에 대해 모든 개인 유전체 염기서열을 분석하는 프로젝트다(http://www.1000genomes.org/). 그 외에도 The Cancer Genome Atlas project (http://www.cancergenome.nih.gov), The human microbiome project (http://nihroadmap.nih. gov/hmp) 등의 대형 유전체 프로젝트가 진행되고 있다. 또한 많은 회사에서 비용만 지불하면 개인의 유전체 염기서열 정보를 분석해서 제공하는 상품까지 등장하게 되었다. 따라서 이제는 과히 개인 유전체 정보의 시대(era of personal genome)가 도래했다고 할 수 있다. 그러나 대용량 염기서열 분석 작업은 실험과정보다는 생산된 작은 조각의 염기서열을 이용하여 데이터를 분석하는데 더 많은 시간이 소요되고 있다. 따라서 대용량의 분석 시스템과 분석 알고리즘의 개발이 새롭게 요구되고 있는 실정이다.

한편 개인 유전체 염기서열 분석 기술의 발전으로 각 개인이 가지고 있는 모든 유전정보를 알 수 있게 되었으며 동일한 염기서열 분석 기술을 이용하여 다양한 새로운 유전체 분석 방법들도 개발되고 있다. 예를 들면 whole genome sequencing 기술을 이용하여 개인의 유전체 구조 이상 규명, 발현유전체를 이용한 유전변이형 및 대립유전자형 발현조절 기전연구, 그리고 splicing isoform에 대한 대량 분석 등이 가능하게 되었다. 또한 전체 genome-wide methylation profiling도 진행되어 후생유전학적 유전자 조절 기전에 대한 연구도 대규모로 진행되었다. 이러한 개인 유전체 분석 기술의 발전으로 개인별 질병 감수성 진단 분야의 연구와 사업도 활성화되고 있고 이와 아울러 개인의 유전정보에 기초한 차별 금지를 위한 법적 조치들도 여러 나라에서 동시에 추진되고 있다. 이러한 개인 유전체 정보를 이용한 다양한 학문 및 임상 적용 기술의 발전은 개인의 유전체 정보를 이용한 맞춤의학의 구현이 가능할 것이며 유전체 지식과 정보가 의학 분야에서 아주 중요한 위치를 차지할 것으로 기대되고 있다.

표 4-6. 개인 유전체 염기서열 분석들에 대한 비교

Personal genome	Platform	Genomic template libraries	No. of reads (millions)	Read length (bases)	Base coverage (fold)	Genome coverage (%)	SNVs in millions (alignment tool)	No. of runs	Estimated cost (US$)
Craig Venter	Sanger	MP from BACs, fosmids &plasmids	31.9	800	7.5	N/A	3.21	>340,000	70,000,000
James Watson	454	Frag: 500bp	93.2	250	7.4	95	3.32 (BLAT)	234	1,000,000
Yoruban ♂ (NA18507)	Illumina	93% MP: 200bp 7% MP: 1.8kb	3,520/ 271	35/ 35	40.6	99.9	3.83 (MAQ)/ 4.14(ELAND)	40	250,000
Han Chinese ♂	Illumina	66%Frag: 150-250bp 34% MP: 135bp& 440bp	1,921/ 1,029	35/ 35	36	99.9	3.07 (SOAP)	35	500,000
Korean♂ (AK1)	Illumina	21% Frag:130bp &440bp 79% MP: 130bp, 390bp &2.7kb	393/ 1,156	36/ 36,88,106	27.8	99.8	3.45 (GSNAP)	30	200,000
Korean♂ (SJK)	Illumina	MP:100bp, 200bp, 300bp	1,647	35,74	29.0	99.9	3.44 (MAQ)	15	250,000
Yoruban ♂ (NA18507)	SOLiD	9% Frag:100-500 bp 91% MP: 600-3,500 bp	211/ 2,075	500/ 25,50	17.9	98.6	3.87	9.5	60,000
Stephen Quake	HeliScope	Frag:100-500bp	2,725	32	28	90	2.81 (IndexDP)	4	48,000
AML ♀	Illumina	MP:150-200bp MP:150-200bp	2,730/ 1,081	32/ 35	32.7/ 13.9	91/ 83	3.81(MAQ)/ 2.92(MAQ)	98/ 34	1,600,000
AML♂	Illumina	MP:200-250bp MP:200-250bp	1,620/ 1,351	35/ 50	23.3/ 21.3	98.5/ 97.4	3.46(MAQ)/ 3.45(MAQ)	16.5/ 13.1	500,000
James Lupski CMT ♂	SOLiD	16% Frag: 100-500bp 84% MP: 600-3,500 bp	238/ 1,211	35/ 25,50	29.6	99.8	3.42 (Corona-lite)	3	75,000

■ 참고문헌

- Bennett ST et al. (2005). Toward the 1,000 dollars human genome. Pharmacogenomics 6:373-382
- Green ED. (2001). Strategies for the systematic sequencing of complex genomes. Nat Rev Genet 2:573-583
- Harris TD et al. (2008). Single-molecule DNA sequencing of a viral genome. Science 320:106-109
- Hayden EC. (2009). Genome sequencing: the third generation. Nature 457:768-769
- International Human Genome Sequencing Consortium. (2004). Finishing the euchromatic sequence of the human genome. Nature 431:931-945
- Lee CY et al. (2013). Common applications of next-generation sequencing technologies in genomic research. Transl Cancer Res 2:33-45
- MacArthur DG and Lek M. (2012). The uncertain road towards genomic medicine. Trends in Genetics 28:303-305
- Margulies M et al. (2005). Genome sequencing in microfabricated high-density picolitre reactors. Nature 437:376-380
- Peltonen L and McKusick VA. (2001). Genomics and medicine: Dissecting human disease in the postgenomic era. Science 291:1224-1229
- Pettersson E et al. (2009). Generations of sequencing technologies. Genomics 93:105-111

- The Cancer Genome Atlas project: http://www.cancergenome.nih.gov
- The human microbiome project: http://nihroadmap.nih.gov/hmp
- 1000 genomes project: http://www.1000genomes.org/

제 5장 유전체 정보의 해석

1. 유전체 염기서열 해석 방법

대량으로 생산된 유전체 염기서열은 A-T-G-C의 4개 염기로 구성된 순서 정보만을 제공할 뿐이다. 그러나 그 순서 정보로부터 유전자의 위치와 유전자의 구조를 파악할 수 있다. 유전자의 위치를 파악하는 방법으로는 생물정보학 기법을 사용하는 방법과 실험적으로 유전자의 위치를 확인하는 방법이 있다.

(1) 유전체내 유전자의 위치 확인 방법

① 생물정보학 기술을 이용한 유전자의 위치 확인

가장 간단하게는 염기서열 정보에서 정확한 ORF(open reading frame)을 파악함으로써 유전자의 위치를 확인할 수 있다. ORF는 단백질을 코딩하는 DNA 염기서열 부분으로 initiation codon인 ATG로 시작하고 stop codon (TAA, TAG 또는 TGA)으로 끝난다(그림 5-1). DNA 염기 3 개가 1 개의 아미노산을 코딩하기 때문에 DNA 한 가닥에는 3 개의 다른 reading frame이 가능하다. 그리고 DNA는 두 가닥으로 구성되어 있어 양쪽 방향에서 읽을 수 있어서 총 6 개의 다른 ORF를 가질 수 있다. 이 중에서 한 가지만 진정한 ORF(일반적으로 가장 긴 ORF)로 사용되어 단백질을 코딩하는 유전자의 역할을 한다(그림 5-1).

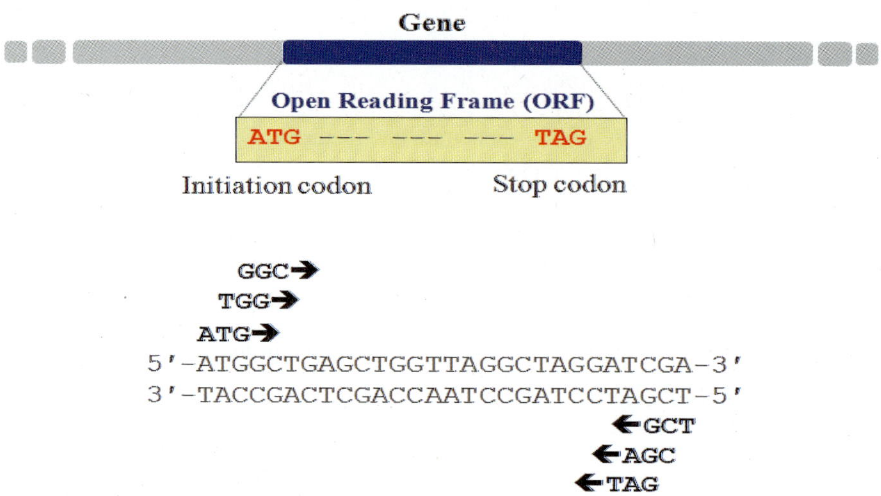

그림 5-1. 염기서열 정보에서 **open reading frame(ORF)** 찾기

ORF를 조사하는 것은 유전자의 위치를 확인하는 매우 효율적인 방법이다. 특히 박테리아 유전체의 경우는 대부분의 유전자가 하나의 ORF로 구성되어 단백질을 코딩하고 있어 효과적으로 유전자를 찾을 수 있다. 예를 들면, *E. coli* 유전체는 전체 유전체의 약 11%만이 intergenic DNA로 구성되어 있어 ORF 조사로 유전자를 찾아내는 작업이 매우 용이하다. 그러나 원핵생물과는 달리 진핵생물에서는 유전자들이 다수의 intron에 의하여 분리되어 있다. 특히 사람의 경우에는 단지 약 1.5% 정도만이 단백질을 코딩하는 DNA 영역(exons)으로 구성되어 있고 대부분은 intergenic 영역(유전자와 유전자 사이 영역) 또는 intervening 영역(introns)으로 이루어져 있다. 따라서 한 유전자가 여러 개의 exon으로 분리된 경우에는 exon과 intron이 분리되는 splicing이 일어나는 고유한 염기서열 정보를 이용하여 exon과 intron의 경계를 구분할 수 있다. 예를 들면, exon의 시작은 G 또는 A로 시작하고 끝은 AG 염기로 끝나게 된다. 그리고 intron은 GT (splicing donor site)로 시작하여 AG (splicing acceptor site)로 끝나는 구조를 가지고 있으며 RNA splicing 과정을 거치면서 intron 부위는 제거된다(그림 5-2).

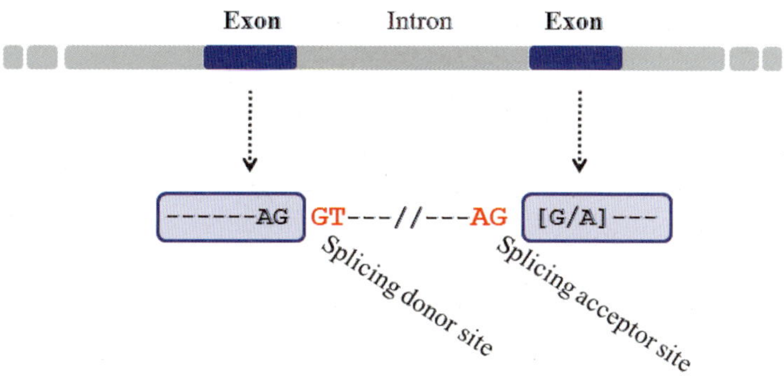

그림 5-2. 다중 exon으로 구성된 진핵생물의 ORF 기본 구조

한편 대량의 염기서열 정보가 확보되면 ORF를 찾을 수 있는 알고리즘을 이용하여 단백질을 코딩하는 exon 부위를 식별한다. 이 작업은 다양한 종류의 컴퓨터 프로그램(예, Genescan, Gene finder, GRAIL, Genie, ORF finder 등)을 이용하여 자동적으로 분석한다. 또한 추정된 단백질 코딩 부위를 단백질을 코딩하는 cDNA의 염기서열과 비교함으로써 정확한 exon-intron 경계 부위를 확인할 수 있다.

② 실험적 방법을 이용한 유전자의 위치 확인

Northern blotting, Zoo blotting, cDNA library에서 cDNA sequencing, RACE(rapid amplification of cDNA ends) 및 Nuclease S1 mapping, exon trapping 등과 같은 방법을 이용하여 직접 실험적으로 유전자의 위치를 확인할 수 있는 다양한 방법들이 있다. 여기에서는 이들 방법에 대해 간략하게 설명을 추가한다.

- **Northern blotting**: 세포로부터 RNA를 분리한 이후에 agarose gel electrophoresis 방법으로 RNA를 크기별로 분리하고 특정 DNA probe를 사용하여 결합하는 정도를 측정함으로써 probe로 사용된 DNA 조각 부위가 유전자의 형태로 발현되는지를 조사함.
- **Zoo blotting**: 다양한 생물종의 DNA를 사용한 Southern blotting 방법으로 사람의 특정 DNA probe가 다른 생물종의 시료에서도 결합하는지를 조사하여 종간의 염기서열의 상동성이 높음을 확인함으로써 유전자일 가능성이 높음을 제시함.
- **cDNA sequencing**: 세포나 조직으로부터 mRNA를 분리하여 cDNA pool을 만들고 vector에 cloning하여 cDNA library를 만들 수 있음. 이렇게 만들어진 cDNA library 클론을 sequencing하여 발현된 유전자를 확인함. 또한 cDNA 염기서열과 genomic DNA 염기서열을 서로 비교함으로써 유전자의 exon-intron 구조 등을 파악함.
- **RACE & Nuclease S1 mapping**: 유전자의 발현이 시작되는 부위를 정확히 확인하기위한 방법으로 PCR을 이용한 RACE 방법과 Nuclease S1 mapping 방법이 있음.
- **Exon trapping**: exon이 존재하는지 알고자 하는 DNA 조각을 vector에 존재하는 2 개의 exon 사이에 삽입한 이후에 세포 속에서 삽입된 DNA 조각이 exon으로 발현되는지(mRNA → cDNA)를 RT-PCR 방법으로 확인함.

최근에 올려진 표준 인간 유전체 정보(GRCh38; 2014년 2월)에 의하면 인간의 유전자는 총 41,722개이며 이 중에서 단백질을 코딩하는 유전자 20,246개, 단백질을 코딩하지 않는 유전자 9,153개, 그리고 pseudogenes 12,323개로 구성되어 있다(표 5-1).

표 5-1. 인간 유전체를 구성하는 유전자 분포 현황 (GRCh38; 2014)

Feature	Number of genes
Genes and pseudogenes:	41,722
• protein-coding genes	20,246
• non-coding genes	9,153
• pseudogenes	12,323

인간 유전체에 있는 유전자는 평균적으로 약 47 kb 정도의 크기를 가지며 유전자가 발현된 transcript는 평균적으로 3.1 kb 크기를 가진다고 한다. 그리고 유전자당 exon의 수는 약 11.4개이며 평균 exon 크기는 약 345 bp 정도이지만 가장 많은 숫자는 약 141 bp 정도로 구성되어 있다. 한편 intron의 크기는 약 7 kb 정도이다(표 5-2). 인간 유전자 중에서 가장 큰 Dystrophin (DMD) 유전자는 약 2.5 Mb에 걸쳐서 총 79 개의 exon으로 구성되어 있다.

표 5-2. **인간 유전체에 존재하는 유전자의 구성 현황 (GRCh38; 2014)**

Feature	Count	Min length (bp)	Max length (bp)	Mean (bp)	Median (bp)
Genes	29,399	8	2,473,469	46,862	14,266
Transcripts	87,683	16	109,224	3,130	2,511
CDSs	69,826	75	107,976	1,944	1,422
Exons	309,636	1	91,671	345	141
Introns	272,667	25	1,160,411	6,957	1,675
No. of transcripts per gene	-	1	80	2.93	2
Single-exon transcripts	1,819	84	91,671	1,851	1,334
No. of exonsper transcript	-	1	363	11.4	8

* http://www.ncbi.nlm.nih.gov/genome/annotation_euk/Homo_sapiens/106/

(2) 개별 유전자의 기능분석 연구 방법

전체 유전체 부위에서 특정 유전자가 파악되면 개별 유전자에 대한 기능을 알아야 한다. 유전자의 기능을 분석하는 방법으로는 유사 유전자를 검색하거나, 유전자를 없애거나(knockout), 또는 유전자를 과발현(overexpression)시키는 등의 방법을 사용할 수 있다(표 5-3). 그 외에도 다양한 종류의 기능 연구 방법들을 사용하여 인간 유전체가 지니고 있는 유전자들에 대한 생물학적 기능을 이해할 수 있다.

표 5-3. 개별 유전자의 기능분석 방법

구분	내용
• 컴퓨터를 이용한 분석	종간(orthologous) 및 종내(paralogous) 유사 유전자 검색 및 비교 분석
• 유전자 억제/결손 실험	Gene knockout RNAi 실험
• 유전자 과발현 실험	Transgenic mouse Transfection into cell line
• 기타 유전자 기능 분석	Directed mutagenesis Reporter assay Immunocytochemistry 실험

2. 유전체의 구성

여기에서는 유전체를 구성하고 있는 염색체의 DNA 염기서열의 구조적 특성들을 파악해 보고자 한다.

(1) 염색체의 구조

유전 정보를 가진 유전체는 염색체의 형태로 존재한다. 세포분열 과정의 중기에 관찰되는 염색체의 모양을 기준으로 살펴보면 염색체의 중앙 부위를 centromere라고 부르고 염색체의 말단 부위를 telomere라고 한다(그림 5-3). Centromere는 세포분열 과정에서 염색체 복제 후 각각 2 개의 세포로 정확히 나누어지는데 중요한 기능을 수행한다. 염색체의 끝부분에 있는 telomere는 염색체 복제가 진행될수록 염색체의 길이가 짧아지는 것을 방지하여 염색체의 길이를 유지하는 기능을 하는 것으로 알려져 있다.

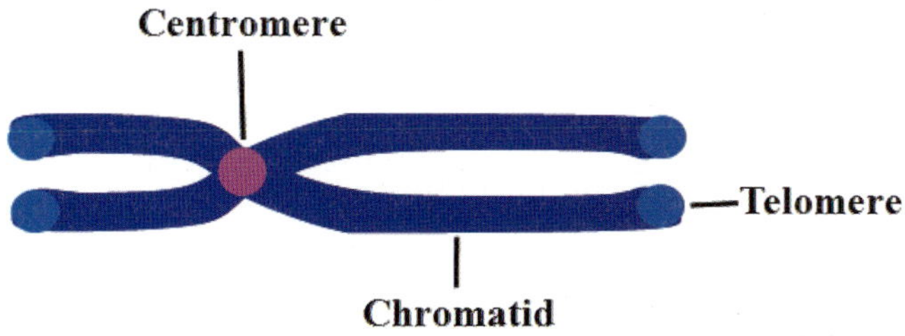

그림 5-3. 염색체의 구조

염색체는 유전정보를 전달하는 아주 긴 DNA 가닥과 그를 싸고 있는 단백질(histones)로 구성되어 있다. 그리고 세포의 핵 속에 존재하는 DNA-histone complex를 chromatin이라고 한다. 이 chromatin의 반복 단위(repeating units of chromatin)를 nucleosome이라고 부른다. Nucleosome의 핵심 기본 단위는 히스톤 단백질인 H2A, H2B, H3, H4가 각각 2 개씩 사용되어 histone octamer를 형성하고 이것을 147 bp의 DNA 가닥이 1.67회 감싸고 있는 구조로 되어 있다(그림 5-4). 그리고 linker histone으로 작용하는 H1 단백질은 core histone octamer를 감고 있는 DNA를 안정화시켜주는 역할을 한다.

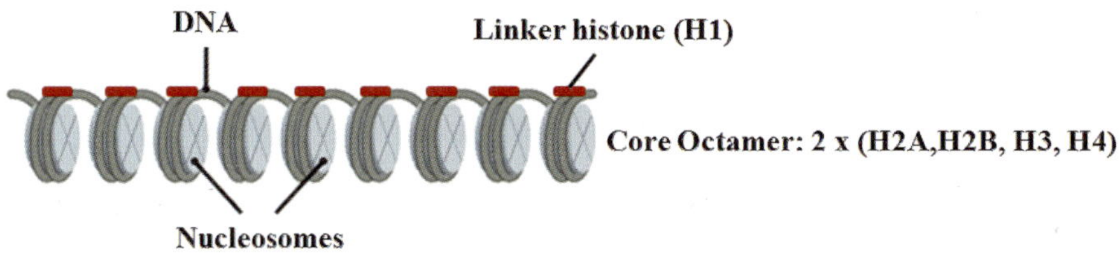

그림 5-4. Nucleosome의 구조

(2) 유전체의 구성

인간 유전체를 구성하고 있는 염기서열에서 가장 많은 부분은 LINEs, SINEs, LTR elements, DNA transposons 등과 같은 repeat sequences들이며 인간 유전체에서 약 44% 이상을 차지하고 있다(그림 5-5). 그리고 다른 intergenic DNA가 추가적으로 19% 정도를 차지하고 있다. 따라서 대부분의 인간 유전체 염기서열은 intergenic DNA(63%)로 유전자와는 직접적인 관련성이 없는 일종의 쓰레기 DNA 조각(일명 Junk DNA)이다. 유전자나 유전자와 관련된 염기서열은 약 37.5% 정도 있지만 실제로 단백질을 코딩하는 exon 부위는 전체 유전체의 약 1.5%에 불과하다.

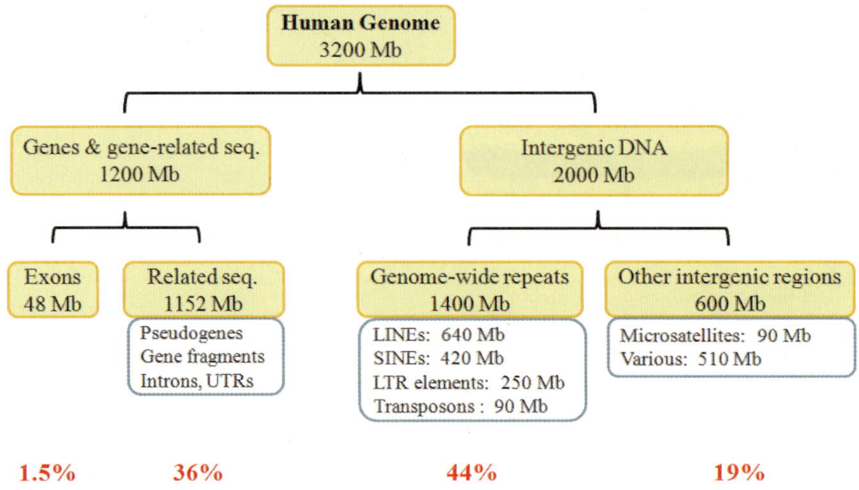

그림 5-5. **인간 유전체를 구성하고 있는 염기서열의 분포도**

염색체에 존재하는 유전자는 일정한 간격으로 위치하고 있는 것이 아니라 지역에 따라 다른 밀도로 유전자가 분포하고 있다. 예를 들면, 약 114 Mb의 크기를 가진 인간 염색체 13번에서 유전자의 분포는 지역에 따라 매우 밀집하여 있거나 또는 유전자가 거의 분포하지 않은 지역 등으로 나누어져 있음을 확인할 수 있다(그림 5-6 A). 그리고 인간 유전체의 또 다른 특성은 아주 많은 repeating elements들이 인간의 유전체에 분포하고 있다는 것이다. 심지어 특정 유전자를 코딩하는 유전자 영역에서도 매우 많은 repeating elements들이 분포하고 있다(그림 5-6B).

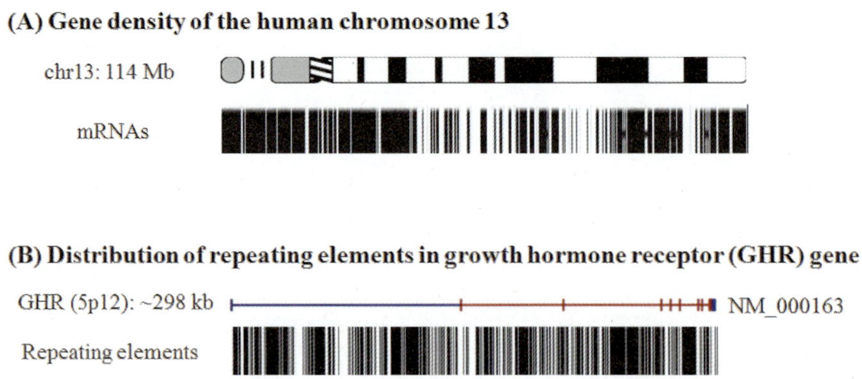

그림 5-6. **인간 유전체 구성의 특성**. (A) 인간 염색체 13번에서 유전자의 분포 상황. (B) 성장 호르몬 수용체(growth hormone receptor) 유전자에 존재하는 반복서열(repeating elements)의 분포 상황.

또한 유전체에는 다양한 종류의 pseudogene, truncated gene, gene fragment, interspersed repeats 그리고 tandemly repeated DNA 조각들이 널리 분포하고 있다. 이러한 조각들은 수 많은 세대를 거치면서 인간의 유전체에 남겨진 진화론적인 잔류물로 여겨지고 있다. 인간의 유전체에는 repeat sequences가 약 44% 이상 있지만 초파리(fruit fly)는 12%, 그리고 yeast 는 단지 3.4%만을 차지하고 있을 뿐이다. 그리고 yeast와 초파리는 사람에 비하여 유전자의 밀도가 매우 높아 동일한 유전체 크기에서도 매우 많은 유전자가 intron 부위도 거의 없이 매우 촘촘히 분포되어 있다(표 5-4).

표 5-4. 종간 유전체 구성의 특성 비교

Feature	Yeast	Fruit fly	Human
Gene density (average gene #/Mb)	496	76	11
Introns per gene (#)	0.04	3	9
Genome-wide repeats (%)	3.4%	12%	44%

(3) 유전체에 존재하는 유전자의 기능적 분류

인간은 약 20,000여 개의 유전자를 가지고 있다. 그리고 이 모든 유전자를 생물학적 기능을 기준으로 크게 분류해 보면 우선 유전체의 발현, 복제 및 유지에 관련된 유전자가 약 23.2%, 신호전달에 관련된 유전자가 약 21.1%, 세포의 일반 생화학적 기능에 관련된 유전자가 약 17.5%, 기타 다양한 기능을 수행하는 유전자가 약 38.2%를 차지하고 있는 것으로 알려져 있다(그림 5-7).

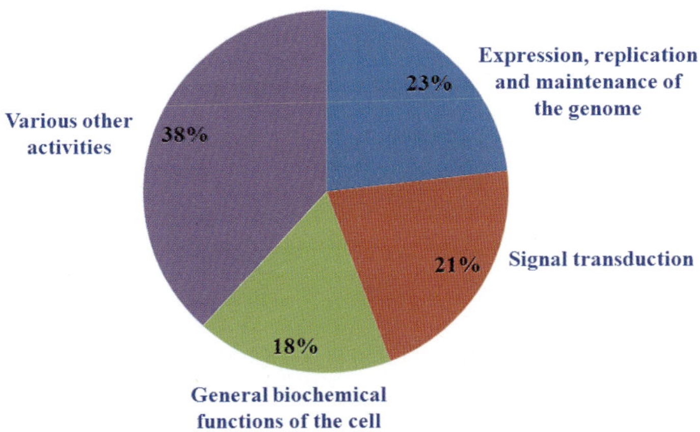

그림 5-7. 인간 유전자의 기능적 분류

그리고 인간 유전자들에 대한 분자생물학적 기능(molecular function)이나 생물적 과정(biological process) 등을 기준으로 아주 상세한 분류도 가능하다. 예를 들면, 인간 유전자 총 20,000여개를 가지고 생물학적 과정(biological process)을 기준으로 분류하면 31 개의 세부 생물학적 기능으로 분류가 된다(그림 5-8).

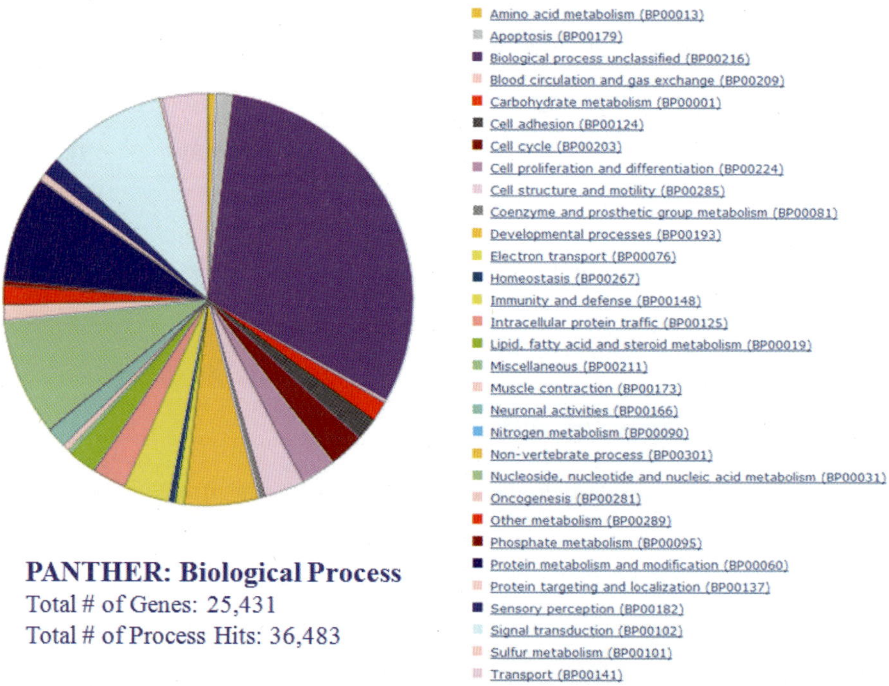

그림 5-8. **생물학적 과정(biological process)에 의한 인간 유전자의 분류.** 출처: PANTER database (www.pantherdb.org).

인간의 유전자는 모든 생물종에서 공통적으로 발현되는 유전자뿐만 아니라 척추동물 특이적으로 발현되는 유전자, 그리고 영장류에서만 발현되는 유전자 등과 같이 생물종 공통적으로 발현되는 유전자와 차별성을 지니는 유전자들도 동시에 가지고 있다(그림 5-9). 따라서 유전체에 대한 종간의 상호 비교 분석은 종간을 구별하는 유전자 및 생물학적 기능의 차이를 규명할 수 있는 귀중한 정보를 제공하게 된다.

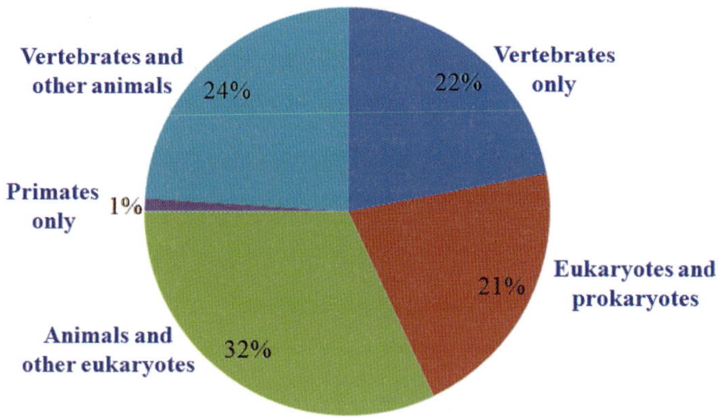

그림 5-9. 인간 유전자에 대한 종간 특이적 유전자 발현의 분포

(4) 유전체 검색 프로그램

인간 유전체 사업의 결과로 인간의 유전체에 대한 모든 염기서열 정보가 밝혀지고 관련 정보는 database화하여 일반 연구자가 검색 프로그램으로 정보를 확인할 수 있게 되었다. 가장 대표적인 3 개의 유전체 정보 검색 사이트는 NCBI (GenBank) Map Viewer, UCSC Genome Browser와 Ensembl이다. 이들 각각의 개별 유전체 검색 사이트에서는 개별 연구자가 관심있는 유전자 정보 검색이 가능할 뿐만 아니라 기존의 유전체 정보와 비교 분석할 수 있는 다양한 응용 프로그램(BLAST, BLAT 및 SSAHA)도 개발되어 있어 활용 가치가 매우 높다(표 5-5). 또한 web을 통해 유전체 데이터 접속(BioMart & Galaxy)이 가능하고 개별 인간 유전자에 대한 다양한 정보 검색(NCBI Gene, GeneCards, BioGPS)도 손쉽게 할 수 있게 되었다.

표 5-5. 유전체 검색 프로그램

Group	Site Name	Website Address
• Whole-genome annotation browsers	NCBI Map Viewer UCSC Genome Browser Ensembl	www.ncbi.nlm.nih.gov/mapview genome.ucsc.edu www.ensembl.org
• Custom comparisons to whole genomes	NCBI: BLAST UCSC Genome Browser: BLAT Ensembl: SSAHA	www.ncbi.nlm.gov/blast genome.ucsc.edu www.ensembl.org
• Web-based access to genome data	BioMart Galaxy	www.ensembl.org/biomart usegalaxy.org
• Databases for human genes	NCBI Gene GeneCards BioGPS	www.ncbi.nlm.nih.gov/gene www.genecards.org biogps.org

유전체 검색 사이트에서 원하는 유전자에 대한 정보를 검색할 때에는 항상 기준이 되는 유전자 정보 식별 ID를 사용한다(표 5-6). 전체 염색체의 염기서열 정보는 NC_#로 표시되고 BAC contig의 염기서열 정보는 NT_#로 표기한다. 그리고 유전자는 NG_#로 표기하고 mRNA 염기서열 정보는 NM_#로 표기하는데 여러 개의 transcript을 가진 유전자는 여러 개의 NM_#를 가지게 된다. 그리고 mRNA의 염기서열로부터 발현된 단백질의 서열은 NP_#로 표기한다. 따라서 특정한 염기서열이나 단백질 서열의 식별 ID만으로도 어떤 종류의 서열 정보가 있는지를 쉽게 알 수 있다.

표 5-6. **유전체 서열 정보 식별 ID의 종류와 의미**

ID의 종류	의미
NC_#	Chromosome sequence ID
NT_#	Contig sequence ID
NG_#	Genomic sequence ID
NM_#	curated mRNA sequence ID
XM_#	curated model mRNA sequence ID
NP_#	curated protein sequence ID
XP_#	curated model protein sequence ID
NR_#	Non-coding transcripts ID

* complete key at http://www.ncbi.nlm.nih.gov/RefSeq/key.html/

제 6장 기능 유전체학

인간 유전체 분석 사업의 완성으로 인간의 유전체에 존재하는 모든 염기서열 정보는 밝혀졌지만 그 속에 존재하는 많은 유전자에 대한 상세한 기능과 유전자들 간의 상호작용에 대한 정보는 잘 밝혀져 있지 않았다. 그래서 유전체 염기서열 분석사업 이후에는 밝혀진 유전자들에 대한 대규모 기능연구 및 유전자 또는 단백질 상호작용에 대한 연구가 활발히 진행되었다. 이렇게 유전체에 존재하는 많은 유전자와 단백질에 대한 대규모 기능연구 및 상호작용에 대한 연구를 기능 유전체학(functional genomics)이라 부르고 있다(그림 6-1). 기능 유전체학은 초기에는 DNA microarray를 이용한 대량의 유전자 발현에 대한 분석을 의미하였으나 나중에는 단백질체 연구까지 포함하는 다양한 종류의 대규모 유전자 기능 연구를 모두 기능 유전체학의 범주에 포함하고 있다. 또한 최근에는 차세대 염기서열 분석 방법을 이용한 다양한 유전자 기능 조절 분석들(예, RNA-seq, ChiP-seq, methylome 분석 등)도 기능 유전체학 분야에 추가될 수 있다.

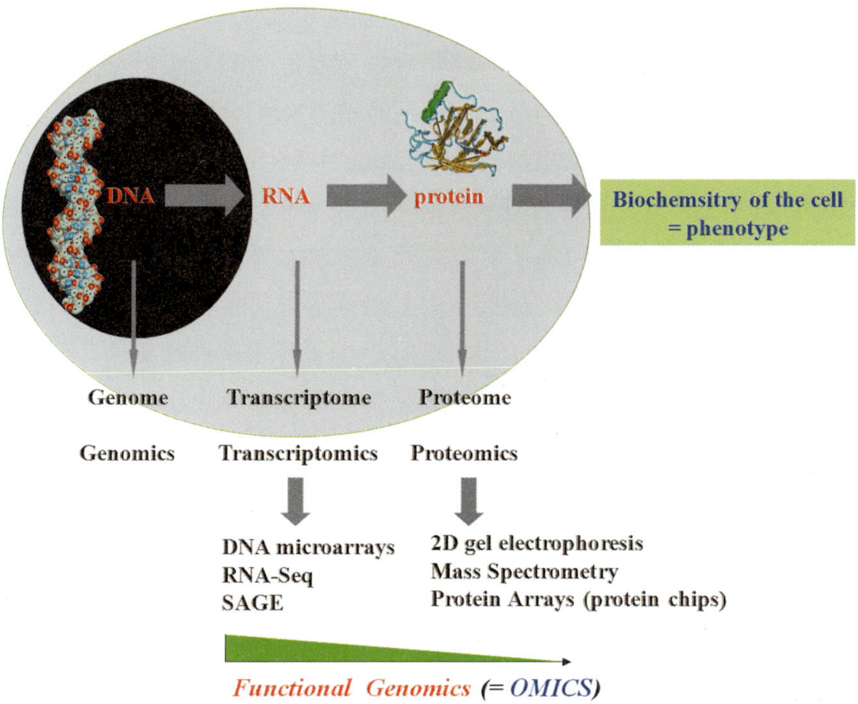

그림 6-1. 기능 유전체학의 분야와 분석기술

유전체는 DNA로 구성되어 있으며 전사(transcription)과정을 거치면서 유전자의 유전 정보를 전달할 수 있는 mRNA가 만들어진다. 세포 속에서 만들어지는 모든 mRNA를 transcriptome(전사체)이라고 하며 이를 연구하는 학문을 transcriptomics(전사체학)이다. 전사체 연구에서는 DNA microarray, RNA-seq 또는 SAGE(serial analysis of gene expression) 등의 기법을 이용하여 대량의 유전자 발현 정보를 수집하고 분석한다. 전사과정을 통해 만들어진 mRNA는 다시 단백질을 만들어 세포나 조직에서 생물학적 기능을 수행한다. 그리고 세포 속에 존재하는 모든 단백질을 단백질체(proteome)라고 부르며 이를 연구하는 것이 단백질체학(proteomics)이다. 단백질체를 연구하는 방법으로는 2D gel electrophoresis, mass spectrophotometry 및 protein 칩 등이 활용되고 있다. 세포 속에 존재하는 모든 유전체 정보와 유전자 및 단백질 발현 정보는 생물학적 지식과 상호작용에 대한 이해를 크게 증진시키고 있으며 이러한 연구를 위해서는 대량의 데이터로부터 생물학적 의미를 지닌 패턴을 찾기 위해 생물정보학 분석기술이 필요하다.

1. 전사체학

(1) DNA Microarray 분석법

유전체 정보로부터 시작된 유전자의 발현 정보는 유전자의 기능을 이해하는데 매우 중요한 도구가 된다. 그래서 오래전부터 유전자의 발현을 조사하기 위한 다양한 방법이 개발되어 사용되었다. Northern blotting이나 RT-PCR 방법과 같은 전통적인 유전자 발현 연구에서는 매우 제한된 숫자의 유전자만을 연구할 수 있었으나 현재는 모든 유전자 정보의 확보와 DNA 칩 기술의 발전으로 세포 속에 발현되는 대량의 유전자 발현을 동시에 측정할 수 있게 되었다. 전사체 연구에서 가장 많이 사용되고 있는 DNA microarray 기술은 유리 슬라이드와 같은 곳에 유전자의 알려진 염기서열을 가진 DNA 조각(프로브)을 일정한 간격으로 촘촘히 올려 제작된다. DNA chip은 형광으로 표지된 cDNA를 결합시킨 후에 형광의 강도로 유전자 발현의 정도를 측정하게 된다. 그리고 두 그룹 간의 유전자 발현 차이를 알고자 할 때는 두 그룹의 cDNA를 각각 두 가지 다른 형광(Cy5 & Cy3)으로 표지하여 DNA chip에 동시에 결합시켜서 두 형광의 상대적 강도를 비교함으로써 유전자 발현의 차이를 비교한다(그림 6-2). 일반적으로 대조군에서 분리된 cDNA은 Cy5(붉은 형광)로 표지하고 처리군의 cDNA는 Cy3(초록색 형광)로 표지하여 DNA chip에 결합한다. 만약에 대조군과 처리군 간에 유전자의 발현이 동일하면 붉은색 형광과 초록색 형광이 동일하게 결합함으로써 두

색이 합성되어 노란색을 띠게 된다. 그러나 붉은 형광이 더 강하게 검색되면 대조군에서 유전자 발현은 강하지만 처리군에서는 유전자 발현이 상대적으로 매우 낮아졌음을 알 수 있다. 반대로 초록색이 강하게 검색되는 경우에는 대조군에 비하여 처리군에서 유전자가 더 많이 발현된 결과임을 나타낸다.

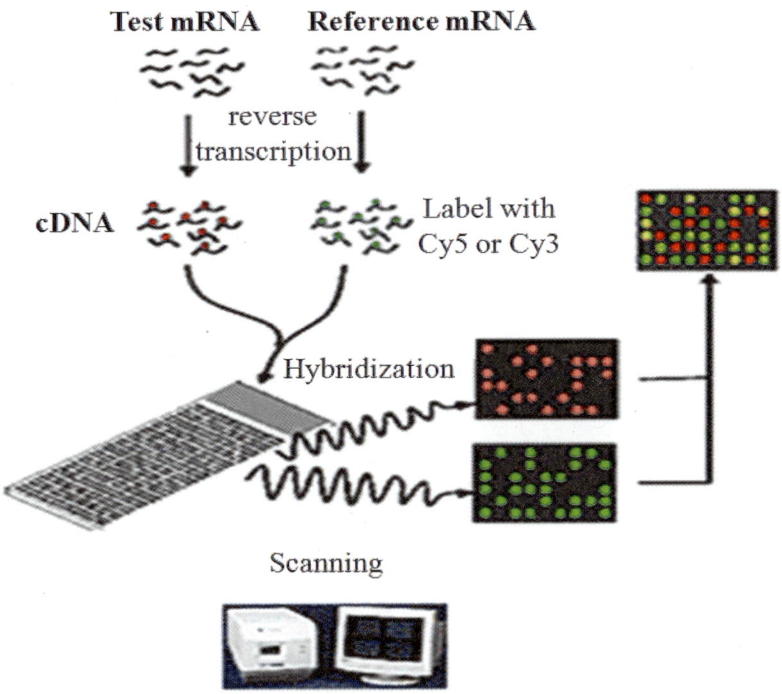

그림 6-2. **DNA microarray 분석 방법의 개요**

따라서 DNA microarray 실험을 통해 측정된 Cy5와 Cy3 형광의 절대적인 값으로 유전자의 발현 양을 측정하고 두 그룹 간의 상대적인 발현의 정도를 비교하여 유전자 발현이 증가(up-regulation)하였는지 또는 감소(down-regulation)하였는지를 조사할 수 있게 된다(그림 6-3). 이러한 DNA microarray는 다양한 조건하에서 대량의 유전자 발현을 동시에 모니터링할 수 있어 세포 속에서 일어나는 다양한 유전자 발현의 경로를 이해하는데 매우 효과적인 연구 방법이다.

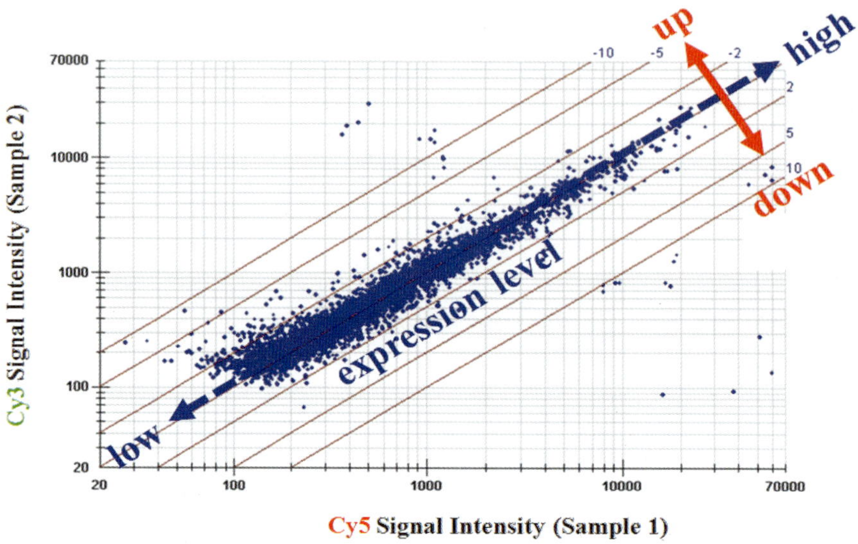

그림 6-3. **DNA microarray data의 scatter plot** 이미지

그리고 DNA microarray의 일반적인 분석에서는 두 그룹 간의 상대적인 유전자 발현의 정도를 비교하지만 때로는 여러 종류의 시료에 대하여 유전자 발현의 정도를 비교하여 다수의 시료 간에 유전자 발현의 정도를 그룹핑(clustering)함으로써 상대적인 유사성을 비교하여 분석하기도 한다. 예를 들면, 다양한 종류의 암 세포주를 DNA microarray 방법을 이용해 대량의 유전자에 대한 유전자의 발현을 조사하여 개별 세포들 간의 유전자 발현 패턴의 유사성을 비교할 수도 있다(그림 6-4). 이러한 분석 방법은 유사한 그룹에서만 발현되는 고유한 유전체 바이오마커 발굴에 활용되고 있다. 한편 DNA microarray에서 생산된 differential gene expression data를 이용한 다양한 생물학적 경로(pathway) 분석은 DAVID 프로그램(http://david.abcc.ncifcrf.gov/) 또는 Ingenuity Pathway Analysis (http://www.ingenuity.com) 프로그램 등을 이용하면 손쉽게 분석할 수 있다.

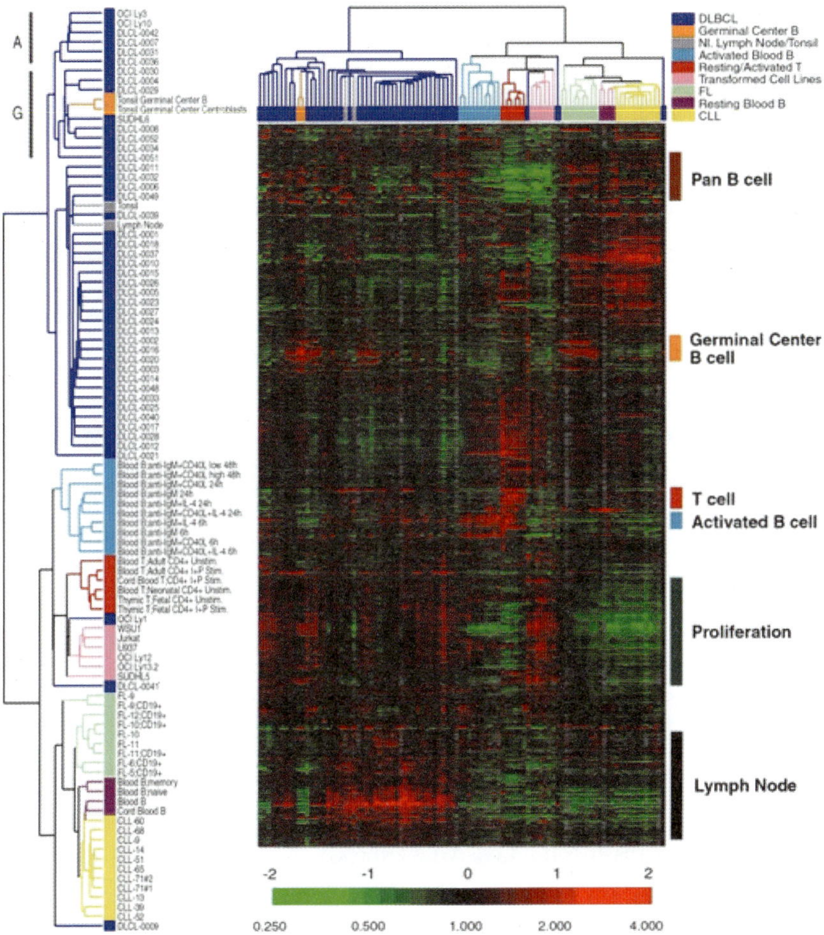

그림 6-4. **유전자(Y 축)와 세포종류(X 축)에 대한 two-way clustering 분석.** 위의 이미지에서 전체 평균과 비교하여 유전자 발현이 높으면 붉은색으로 발현 양이 낮으면 녹색으로 표시됨. 출처:Alizadeh et al. 2000.

DNA microarray 분석 방법의 주 목적은 두 그룹 사이에 유전자 발현의 차이를 비교하는데 있다. 예를 들면, 세포주에서 약물을 처리하기 전과 처리 후에 유전자 발현에 차이를 보이는 유전자를 찾거나 정상 조직과 질병 조직 간에 유전자 발현의 차이를 보이는 유전자를 조사하기 위해 사용될 수 있다. 따라서 DNA microarray 분석 방법은 두 그룹 사이에서 유전자 발현의 차이를 보이는 유전자 및 발현 양의 차이를 대량의 유전자를 대상으로 조사할 수 있는 매우 강력한 분석 방법이다.

한편 microarray를 이용한 유전자 발현 데이터를 이용하여 논문을 발표하는 경우에는 public gene expression database에 연구에 사용된 expression data를 기탁하도록 되어 있다. 그 덕택에 대부분의 유전자 발현 data는 public database에 보관되어 있어 일반 연구자도 이용 가능하게 되었다. 가장 대표적인 유전자 발현 데이터베이스로는 미국의 GEO (Gene Expression Omnibus; http://www.ncbi.nlm.nih.gov/geo/)와 영국의 ArrayExpress (http://www.ebi.ac.uk/arrayexpress/)가 있다(그림 6-5).

http://www.ncbi.nlm.nih.gov/geo/

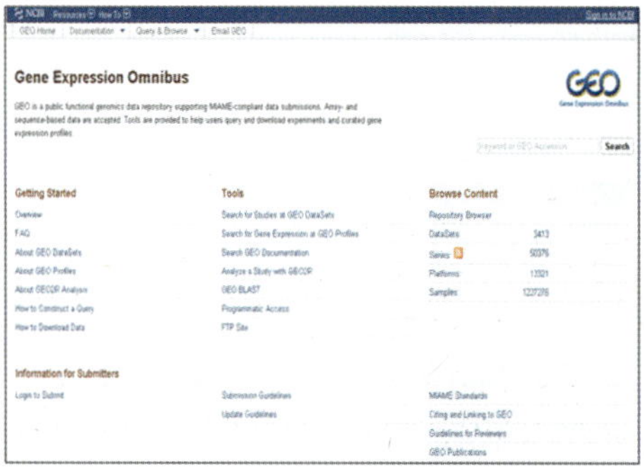

Currently contains expression data on 1,227,27
6 samples (September 2014)

http://www.ebi.ac.uk/arrayexpress/

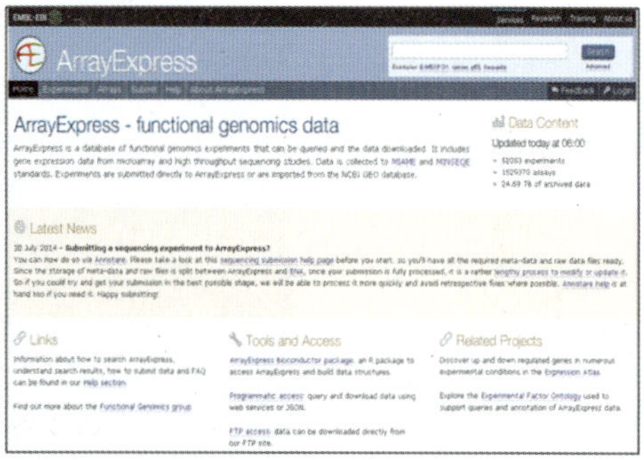

1,529,370 assays in Archive (September 2014)

그림 6-5. 유전자 발현 데이터베이스 **(GEO & ArrayExpress)**

(2) RNA-Sequencing **분석법**

차세대 염기서열 분석 기술은 세포나 조직에 발현되는 다양한 종류의 유전자 발현(mRNA 또는 microRNA 등)에 대한 유전자의 종류, 정량, 특성 등을 규명하는 연구가 가능하게 해 주었다. DNA microarray 기술은 특정 유전자에 대한 발현의 정도(정량적 측정)만을 조사할 수 있는 분석 방법인데 비하여 차세대 염기서열 분석 방법을 이용해 유전자 발현 연구를 하면 보다 많은 정보를 얻을 수 있는 장점이 있다. 차세대 염기서열 분석 방법을 이용한 유전자 발현 연구는 발현된 유전자의 유전변이형 정보, 유전자 발현량 측정, 발현된 유전자의 대립유전자형에 대한 상대적 발현 차이(allelic gene expression) 분석, alternative splicing 변이형 규명, fusion genes을 포함한 새로운 전사체 (novel transcript) 발굴 등이 가능하다.

RNA-sequencing 분석 방법은 우선 분석하고자 하는 세포나 조직으로부터 total RNA(또는 mRNA)를 분리하고 조각낸 다음에 random hexamer로 cDNA를 합성한다(그림 6-6). 그리고 합성된 cDNA pool에 대하여 NGS로 모두 염기서열을 읽고 표준 게놈 염기서열 정보와 비교하여서 유전자 발현 단계의 다양한 기능적 특성에 대한 분석을 수행하게 된다. 발현된 유전자(mRNA/cDNA) 염기서열 정보와 genomic DNA 염기서열 정보를 비교함으로써 발현된 유전자의 전사체의 구조, 유전변이형 발굴, 대립유전자의 발현 조절 기전 등에 대한 정보를 얻을 수 있다. 그리고 최근에는 단순히 단백질을 코딩하는 유전자(mRNA)뿐만 아니라 non-coding RNAs (microRNA 등)에 대한 연구에서도 차세대 염기서열 분석 방법이 활용되고 있다. 또한 특정 전사인자(transcription factors) 또는 메틸화된 부위를 전체 유전체에 결합하는 영역을 찾아내는데도 차세대 염기서열 분석 방법(ChIP-Seq 또는 Methyl-Seq)이 활용되어 유전자의 다양한 조절 기전을 이해하는데 크게 기여하고 있다.

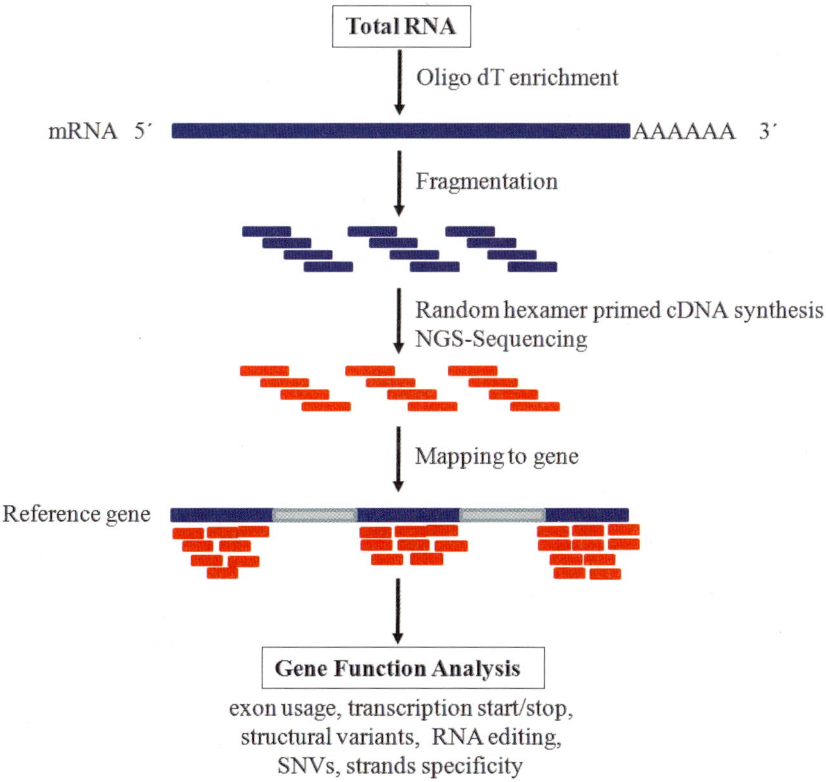

그림 6-6. **NGS 장비를 이용한 RNA-Sequencing** 실험 방법

2. 단백질체학

특정한 생물종에서 생물학적 정보를 전달할 수 있는 유전정보를 모두 가지고 있는 유전체로부터 만들어진 모든 단백질을 단백질체(proteome)라고 한다. 한편 1 개의 유전자로부터 발현되는 단백질의 종류는 단백질 생성 과정과 변형(modification) 과정을 거쳐서 수십 개의 다른 단백질 형태로 발현될 수 있다. 그래서 단백질의 종류는 유전자의 종류보다 더 많은 수로 존재할 것으로 예상된다. 따라서 존재하는 다양한 종류의 단백질들을 상세히 규명하기 위해서는 다수의 분석 기법들이 통합적으로 활용될 수 있어야 한다. 단백질체(proteome)를 연구하는 분야를 단백질체학(proteomics)이라 하며 단백질 탐색, 단백질 특성 규명, 단백질 발현 및 상호작용 등을 연구한다. 한편 단백질체학에는 단백질의 발현을 조사하는 발현 단백질체학(expression proteomics)과 단백질의 기능을 연구하는 기능 단백질체학(functional proteomics)으로 구분하기도 한다.

(1) 표준 분석 방법

단백질체학 분야에서 가장 표준으로 사용하고 있는 분석기법을 소개하면 다음과 같다. 우선 특정한 세포나 조직에서 분리된 단백질을 two-dimensional gel electrophoresis (2-DE) 방법을 사용하여 분리하고 효소 처리하여 단백질 조각을 질량분석기(mass spectrometry; MS)를 이용하여 단백질의 종류를 규명하는 것이다. 질량분석기는 MALDI-TOF MS가 주로 사용되며 이로부터 peptide mass fingerprints 데이터를 얻게 된다. 이렇게 얻어진 peptide의 질량 데이터는 생물정보학 방법으로 database에 올려진 것과 비교하여 일치하는 단백질을 찾아내는 과정을 거치게 된다. 그리고 일반적으로 2 개 그룹 간에 발현되는 단백질의 차이를 비교하는 목적으로 주로 이 기법이 이용되기 때문에 항상 비교하고자 하는 2 개의 그룹 데이터를 동시에 분석한다. 그리고 이러한 모든 과정은 자동화 공정을 통해 대량으로 분석 가능한 시스템으로 운영되고 있다. 위의 과정을 좀 더 상세히 살펴보면 1 단계로 2D gel electrophoresis 방법을 이용한 단백질 분리과정(그림 6-7), 2 단계로 분리된 단백질의 질량 정보를 이용한 단백질 식별 과정의 두 단계로 나눌 수 있다.

단계 1: 2-dimensional gel electrophoresis

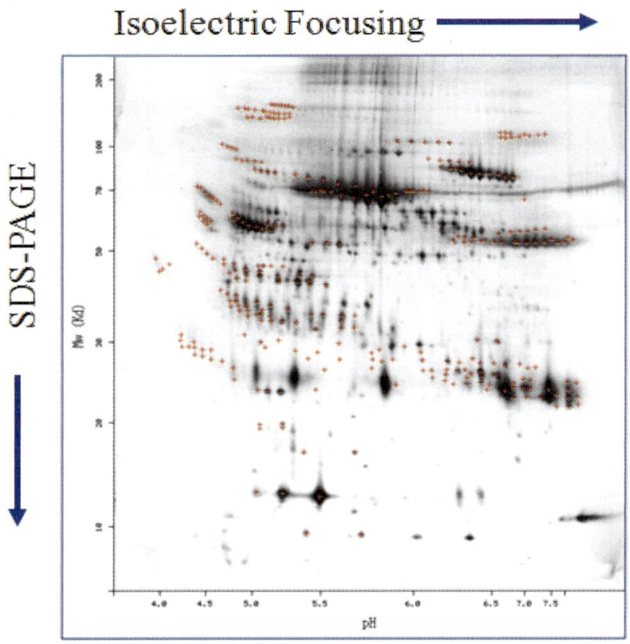

그림 6-7. **2D gel electrophoresis 방법을 이용한 단백질 분리**

일반적으로 특정 세포 또는 조직에서 분리된 모든 단백질은 여러 종류로 구성되어 있기 때문에 우선 이들을 개별 단백질로 분리할 수 있는 기술이 필요하다. 이를 위하여 two-dimensional protein gel electrophoresis (2-DE) 방법을 사용하여 단백질을 분리하게 된다. 일반적으로 단백질은 고유한 isoelectric point(pI) 값을 가지고 있는데 전체적으로는 pI 값이 4~9 정도의 범위에 있지만 대부분의 단백질이 5-8 사이의 pI값을 가지고 있다. 따라서 2-DE 방법은 우선 일차적으로 다양한 pI 값을 가진 gel 영역으로 단백질을 이동시키며 개별 단백질이 가지고 있는 고유한 pI 값(net charge가 0인 값)에서 단백질의 이동이 멈추게 된다. 이렇게 한 방향으로 개별 단백질이 가지고 있는 고유한 pI 값을 기준으로 분리시키고, 또 다른 방향으로는 단백질이 가지고 있는 질량을 기준으로 SDS-PAGE 방법을 통해 단백질을 이동시킴으로써 2 가지 다른 기준점(pI 값과 질량)을 사용하여 단백질을 분리-식별한다. 이 방법을 사용하여 단백질을 분리하면 약 수백 개에서 많게는 수천 개의 단백질을 분리할 수 있다고 한다(물론 이 숫자는 전체 발현되는 총 단백질의 수에 비하면 매우 제한된 수이지만).

단계 2: 질량분석기를 이용한 단백질 식별

2D gel electrophoresis 방법을 이용하여 분리된 단백질에서 발현 양의 차이를 보이는 단백질 밴드들을 따로 분리하여 단백질 분해효소(protease)로 처리한 이후에 바로 peptide를 sequencing하거나 또는 질량분석기(예, matrix assisted laser desorption/ionization time-of-flight spectroscopy: MALDI-TOF)를 이용하여 잘려진 peptide 조각들의 질량을 조사하고 단백질 database에 기록된 것과 비교하여 단백질의 종류를 식별한다(그림 6-8).

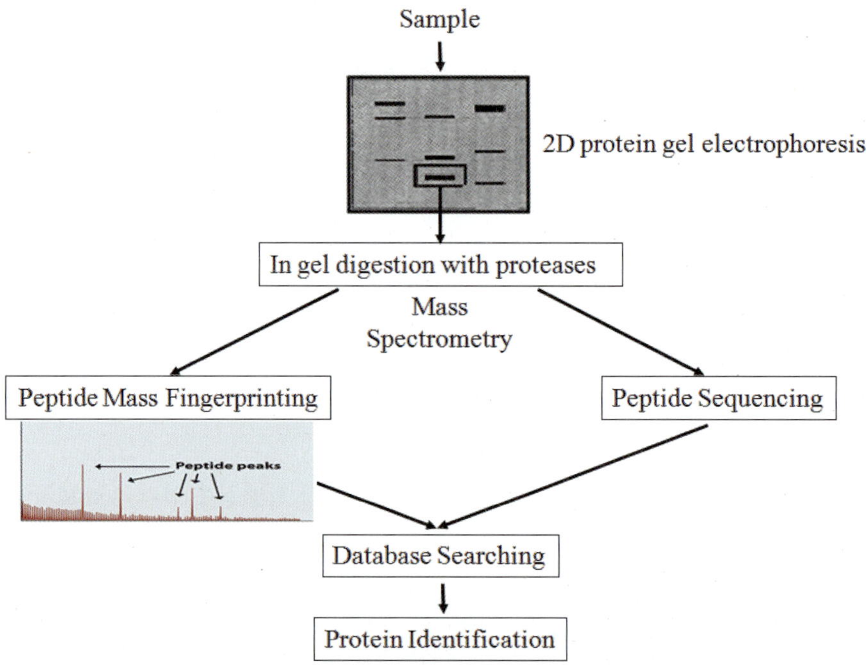

그림 6-8. **2D gel로 단백질을 분리한 이후의 단백질 식별과정**

위에서 언급된 바와 같이 2D gel electrophoresis를 이용한 단백질 분리와 질량 분석기를 이용한 peptide 조각의 질량 정보를 이용한 단백질 식별 방법은 수백 개의 단백질을 동시에 분석할 수 있는 방법이지만 제한된 수의 시료만을 처리할 수 있고 주로 가장 많이 존재하는 단백질 중심으로 검색되어 기술적으로 분석하기 어려운 단점을 가지고 있다.

최근에는 2D gel electrophoresis와 질량분석을 이용한 단백질 분석방법을 한층 개선한 새로운 방법들이 많이 개발되었다. 예를 들면, isotope coded affinity tag (ICAT) 방법과 같이 2 개의 다른 그룹에서 분리된 단백질을 각각 정상의 수소 원자 또는 수소의 동위원소인 deuterium으로 label하여 편차가 큰 단백질을 찾아내는 방법들도 개발되어 사용되고 있다(그림 6-9).

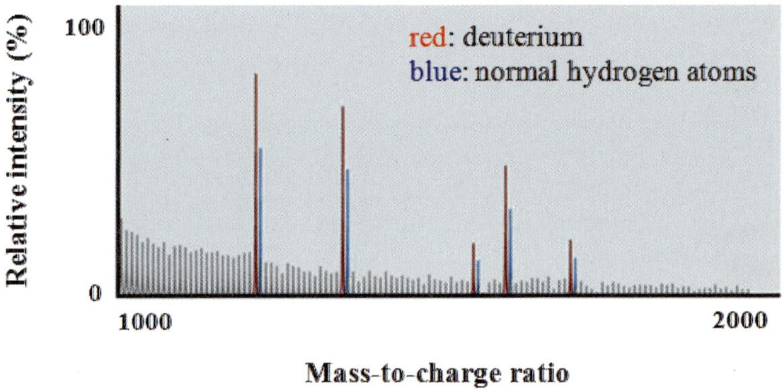

그림 6-9. **ICAT 방법**

(2) 단백질 상호작용 분석

모든 생물학적 반응은 다양한 단백질 간의 상호작용에 의하여 이루어진다. 따라서 특정 단백질이 다른 단백질과 상호작용하는 것을 찾아낸다면 어떠한 경로를 통해 반응이 전달되는지를 파악할 수 있다. 그래서 단백질 간의 상호작용 경로를 파악하는 것은 생물학적 반응의 기전을 이해하는데 매우 중요한 정보가 된다. 한편 단백질-단백질 상호작용을 밝히는 연구에는 phage display 방법과 yeast two-hybrid system이 보편적으로 사용되고 있다.

Phage display 방법은 phage coat protein을 코딩하는 유전자에 임의의 peptide가 발현될 수 있는 DNA 염기서열을 삽입하여 발현시킴으로써 아주 다양한 종류의 phage coat fusion protein을 만든다. 그런 다음에 조사하고자 하는 특정 단백질과 결합하는 phage coat fusion protein을 찾아냄으로써 분석하는 특정 단백질과 반응하는 새로운 단백질을 식별해 낼 수 있는 아주 유용한 기술이다(그림 6-10).

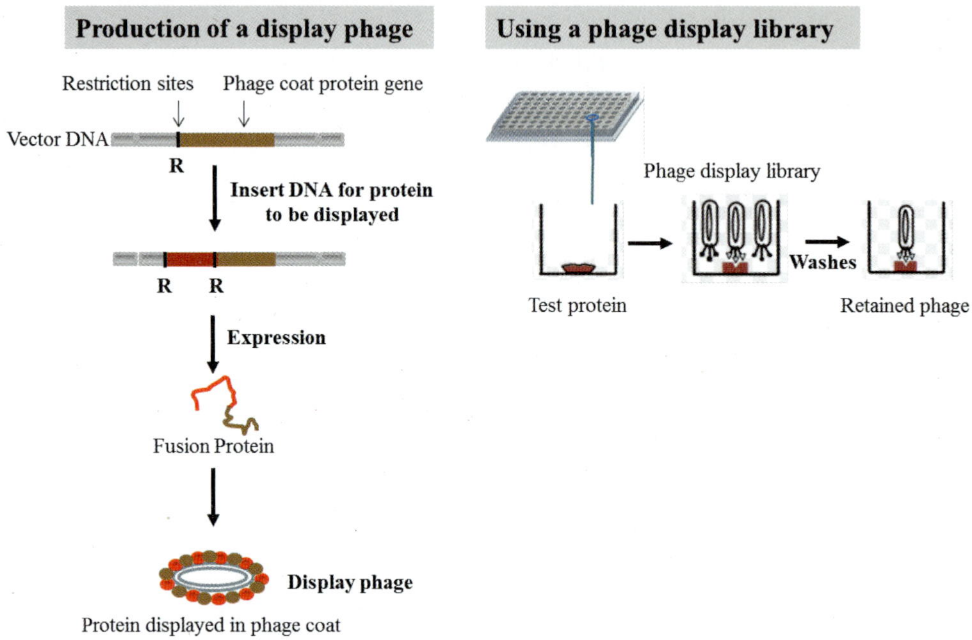

그림 6-10. **Phage display 분석 방법의 개요**

Yeast two-hybrid system 방법은 특정 단백질과 결합하는 단백질을 찾아내는 방법으로 많이 사용되고 있다. 이 방법은 yeast의 유전자 발현 시스템을 이용하여 yeast의 reporter 유전자의 promoter 부위에 결합하는 전사인자인 GAL4 유전자에서 DNA binding 기능을 가진 부위(GAL4 DNA binding domain; GAL4-BD)에 조사하고자 하는 단백질과 fusion된 단백질(bait 단백질)을 만든다. 그리고 전사인자인 GAL4 유전자의 유전자 발현 활성화 부위(GAL4 activation domain)에 무수히 많은 수의 단백질(prey 단백질)을 발현할 수 있도록 cDNA library의 형태로 만들어 삽입하게 된다. 이때 두 단백질이 서로 결합하게 되면 DNA binding 기능과 DNA activation 기능이 동시에 작동하여 reporter 유전자의 발현을 촉발하게 된다(그림 6-11). 따라서 이 방법을 이용하면 특정 유전자(bait 단백질)에 결합하는 미지의 단백질(prey 단백질)을 쉽게 찾아낼 수 있다.

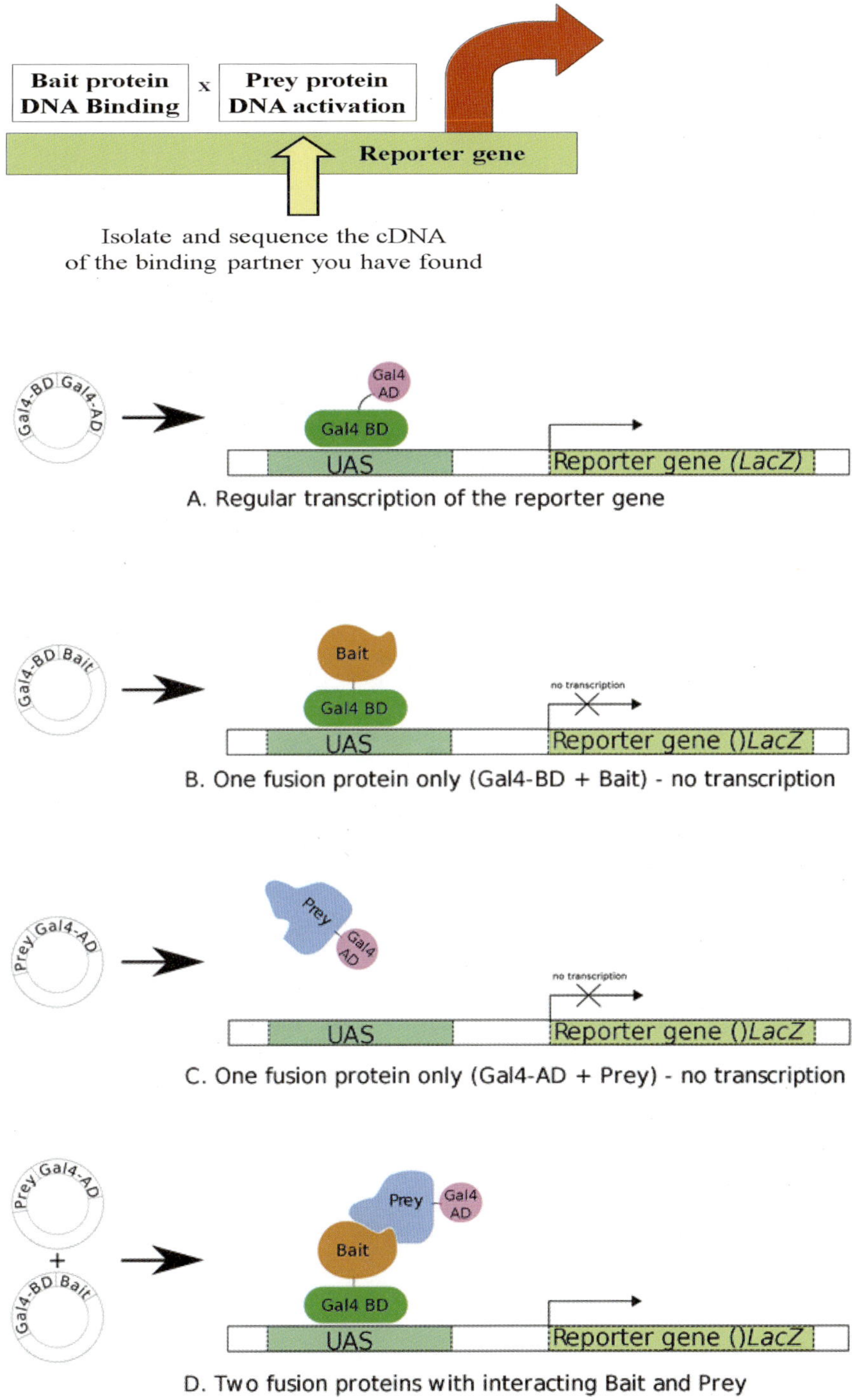

그림 6-11. **Yeast Two-Hybrid** 분석 방법의 개요. 출처: http://en.wikipedia.org/wiki/Yeast_two_hybrid.

한편 yeast two-hybrid system은 단백질 간에 서로 결합하는 단백질을 찾아 낼 수 있는 좋은 기법이나 단지 특정 단백질과 직접적으로 결합하는 단백질만을 찾아 낼 수 있으며 많은 false-negative 또는 false-positive 결과를 보일 수 있는 단점이 있기 때문에 분석시 각별한 주의가 요구된다. Yeast two-hybrid system을 이용하여 특정 미생물체의 모든 단백질의 상호작용 지도를 작성하고 서로 상호작용하는 단백질의 기능과 연계한 지도가 제작되기도 하였다(그림 6-12). 이러한 단백질-단백질 상호작용 지도는 복잡한 생물학적 반응의 전달 경로를 이해하고 이를 차단하기 위한 방법의 개발과 새로운 약물의 개발로 이어질 수 있는 방법을 제시해 줄 것이다. 한편 이러한 많은 양의 단백질 상호 작용 정보를 이해하기 위하여 다양한 연구 분야를 통합적으로 활용하는 시스템 생물학(systems biology) 연구 방법이 도입되어 사용되고 있다. 이러한 분야의 연구는 새로운 생물학적 정보를 제공하고 있어 더욱 많은 발전이 기대되고 있다.

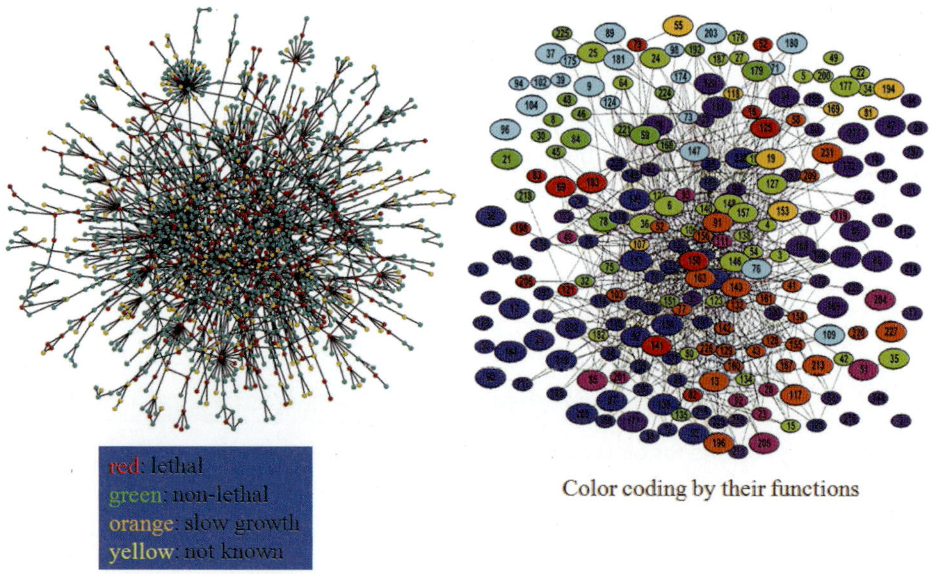

그림 6-12. **Yeast two-hybrid system을 이용한 *S. cerevisiae*의 단백질 상호작용 지도**

3. 오믹스학

새로운 분석 기술의 발전과 대용량 data 분석 방법의 개발로 다양한 종류의 OMICS 연구가 가능하게 되었다. OMICS라는 용어는 genomics 또는 proteomics와 같이 -omics라는 글자로 끝나는 생물학의 연구 분야를 총칭하여 일컫는다. 그리고 genome이나 proteome과 같이 연구의 대상을 -OMES이라고 부르고 있다. 예를 들면, 특정 생물의 조직, 세포 등에서 발현되는 모든 mRNA를 transcriptome이라 하고 이를 연구하는 분야를 transcriptomics라고 한다. OMICS에는 protein을 조사하는 proteomics, metabolite를 연구하는 metabolomics, 그리고 분자들 간의 상호 연관성을 조사하는 interactomics 등이 있다. 한편 분자적 상호작용을 연구하는 interactomics는 systems biology라는 이름으로 더 자주 불리고 있다(표 6-1). 이러한 분석 기술의 발전과 분석 방법의 개발로 다양한 연구가 가능하고 새로운 연구 내용들이 더욱 많이 생산되고 있어 생물학적 기능과 역할을 이해하는데 크게 기여할 것으로 기대된다.

표 6-1. 다양한 OMICS 분야들

Target	Objects of Study	Field of Study
mRNAs	Transcriptome	Transcriptomics
Proteins	Proteome	Proteomics
Metabolites	Metabolome	Metabolomics
Lipids	Lipidome	Lipidomics
Glycans	Glycome	Glycomics
Molecular interactions	Interactome	Interactomics (= systems biology)
Physiological features	Physiome	Physiomics

제 2부 유전변이 분석

제 7장 인간 유전체와 유전변이

1. 세포와 염색체

사람의 몸은 세포라는 기본 단위의 조합으로 여러 조직(tissues)과 기관(organs)을 구성하게 된다. 세포 속에는 유전물질인 DNA가 있고, DNA에 의해 모든 생물학적 기능이 조절되고 있다. 일반적으로 모든 세포는 핵(nucleus)을 가지고 있는데 핵 안에는 유전물질인 DNA가 들어있으며 DNA가 모여 하나의 큰 덩어리를 구성하게 된다. 이 DNA들의 묶음을 염색체(chromosome)라고 한다. 사람의 염색체는 모두 46 개로 구성되어 있으며 이 중 23 개는 정자를 통해 아버지로부터(paternal) 그리고 23 개는 난자를 통해 어머니로부터(maternal) 받아 모두 23 쌍(총 46 개)의 염색체를 갖게 된다(그림 7-1). 이렇게 정자와 난자에서 각각 한 개의 염색체를 가지는 유전체를 반수체(haploid)라 하고 수정된 이후에 23쌍의 염색체를 가진 세포를 이배수체(diploid) 상태가 된다. 이러한 인간의 유전적 특성 때문에 상염색체에 위치한 특정한 유전자의 경우에는 3개의 다른 유전자형 조합을 가질 수 있다. 즉 엄마와 아빠가 동일한 유전형을 가진 유전자를 전달 받으면 동형접합체(homozygote)를 가지게 되고 만약 다른 2개의 유전자형을 전달받으면 이형접합체(heterozygote) 상태가 된다. 따라서 만약 2개의 다른 유전자형 (A_1 & A_2)이 존재하는 경우에는 한 개인의 유전체에는 한 종류의 유전자형을 가지지만 집단내에서는 3개의 다른 유전자형(A_1A_1, A_1A_2, A_2A_2)으로 분포하게 된다(그림 7-1).

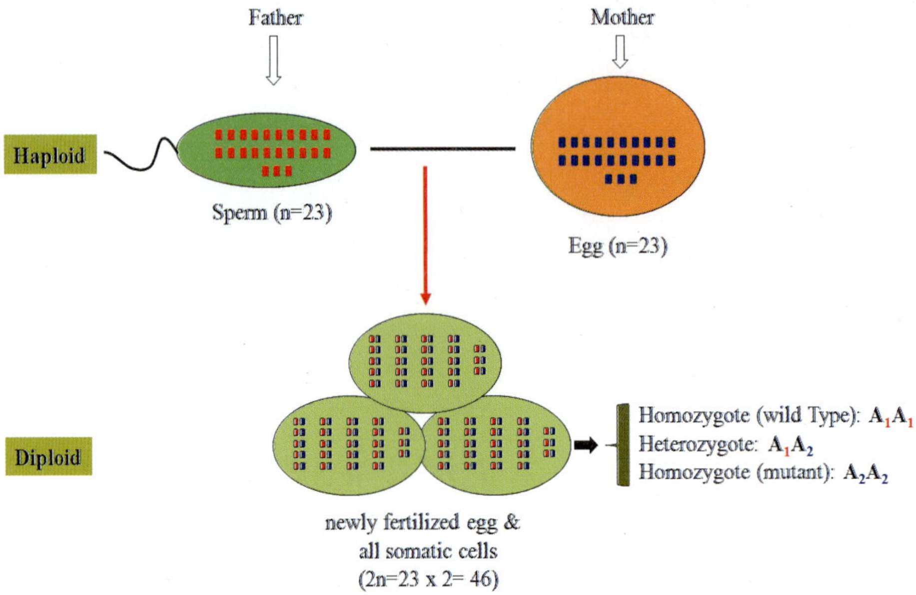

그림 7-1. 세포속 염색체의 구성

좀 더 상세히 살펴보면, 23쌍의 염색체는 22쌍의 상염색체(autosomes)와 1쌍의 성염색체(sex chromosome; X, Y)로 구성되어 있다. 특히 성염색체의 조합이 XX이면 여성이고 XY이면 남성이 된다. 그러므로 남성인 아버지의 성염색체 XY 중에서 X가 자손에 전달되면 여성이 태어나고 Y 염색체가 전달되면 남성이 태어난다(그림 7-2). 그리고 모든 세포는 그 속에 수 백에서 수 천 개의 mitochondria를 가지고 있는데 mitochondria속에 존재하는 mitochondria DNA는 16.568 kb의 크기로 존재하며 총 37개의 유전자를 가지고 있다. 정자의 꼬리 부위에 존재하는 mitochondria는 수정단계에서 제거됨으로써 난자 속에 있는 mitochondria만 다음 세대에 전달된다. 따라서 mitochondria에 존재하는 유전자 또는 관련 질병은 모두 모계유전을 따르게 된다(MITOMAP database: www.mitomap.org).

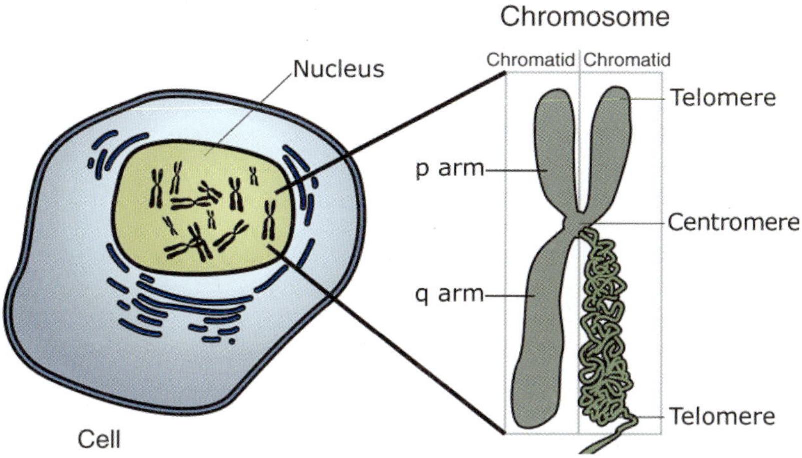

세포의 핵(nucleus)은 유전물질인 DNA로 구성된 46 개의 염색체를 가짐.

46 개의 염색체 = 23 개 (아버지로부터) + 23 개 (어머니로부터)

= 23 쌍의 염색체

➡ 22 쌍의 상염색체(autosomes)

➡ 1 쌍의 성염색체(X, Y): XX= 여성 & XY= 남성

그림 7-2. 세포와 염색체의 구조

2. 염색체와 유전자

유전체(genome)는 유전자(gene)와 염색체(chromosome)의 합성어로 특정 개체의 염색체에 포함된 모든 유전물질(DNA)을 통틀어 유전체라고 부른다. 그리고 유전체의 크기는 base pairs(bp)의 수로 표시하고 있다.

Gene + Chromosome = Genome

인간유전체사업의 성공적 완료로 23쌍의 염색체로 구성된 인간 유전체에 존재하는 모든 염기서열 정보를 알게 되었다(그림 7-3). 예를 들면, 인간의 염색체 중에서 가장 큰 1

번 염색체는 250 Mb 속에 총 3,958 개의 유전자를 가지고 있으며 가장 작은 21번 염색체는 47 Mb 속에 584 개의 유전자를 가지고 있다. 사람의 유전체는 약 30억 염기서열로 구성되어 있으며 pseudogenes을 포함하여 약 40,000개 정도의 유전자(gene counts)를 가지고 있다. 그리고 이 중에서 생물학적 기능을 지닌 단백질(proteins)을 코딩하는 유전자는 약 20,000개 (전체 유전체의 약 1.5%) 정도가 된다(human genome build 38; 2014년)(그림 7-3 & 표 7-1).

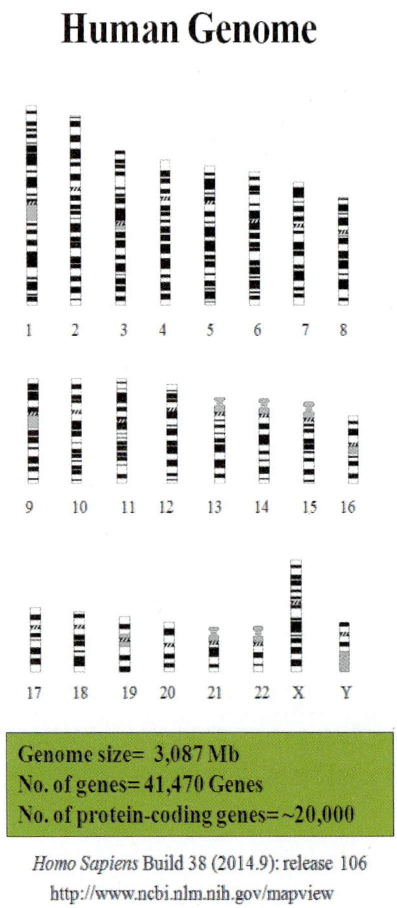

chr#	Size (Mb)	Genes #
1	250	3,958
2	242	2,787
3	198	2,203
4	190	1,702
5	182	1,892
6	171	2,302
7	159	2,146
8	145	1,534
9	138	1,742
10	134	1,607
11	135	2,364
12	133	1,950
13	114	993
14	107	1,655
15	102	1,428
16	90	1,535
17	83	2,010
18	80	657
19	59	2,188
20	64	1,014
21	47	584
22	51	956
X	156	1,805
Y	57	458

Trisomy 13 (Patau syndrome)
:survive to term

Trisomy 18 (Edwards syndrome)
: survive to term

Trisomy 21 (Down syndrome)
: survive beyond age 40

- **Monosomy X** (MX, Turner syndrome)
- **XXX** (Trisomy X)
- **XXY** (Klinefelter syndrome)
- **XYY** (Jacob's syndrome)

그림 7-3. **인간 염색체의 크기와 염색체별 유전자의 수** (human genome build 38: 2014년 9월 기준). 출처: http://www.ncbi.nlm.nih.gov/mapview/.

표 7-1. 인간 표준 유전체의 물리적 구성 및 유전자 분포 현황

Chr	Base pairs	Proteins	Pseudogenes	miRNA	rRNA	snRNA	snoRNA	ncRNA	Total
1	249,250,621	2,043	1,130	134	66	221	145	106	
2	243,199,373	1,253	948	115	40	161	117	93	
3	198,022,430	1,065	719	99	29	138	87	77	
4	191,154,276	757	698	92	24	120	56	71	
5	180,915,260	873	676	83	25	106	61	68	
6	171,115,067	1,041	731	81	26	111	73	67	
7	159,138,663	900	803	90	24	90	76	70	
X	155,270,560	838	780	128	22	85	64	52	
8	146,364,022	698	568	80	28	86	52	42	
9	141,213,431	800	714	69	19	66	51	55	
10	135,534,747	763	500	64	32	87	56	56	
11	135,006,516	1,306	775	63	24	74	76	53	
12	133,851,895	1,050	582	72	27	106	62	69	
13	115,169,878	326	323	42	16	45	34	36	
14	107,349,540	651	472	92	10	65	97	46	
15	102,531,392	605	473	78	13	63	136	39	
16	90,354,753	870	429	52	32	53	58	34	
17	81,195,210	1,202	300	61	15	80	71	46	
18	78,077,248	288	59	32	13	51	36	25	
20	63,025,520	546	213	57	15	46	37	34	
Y	59,373,566	53	327	15	7	17	3	2	
19	59,128,983	1,425	181	110	13	29	31	15	
22	51,304,566	452	308	31	5	23	23	23	
21	48,129,895	233	150	16	5	21	19	8	
sum	3,095,677,412	20,038	12,859	1,756	530	1,944	1,521	1,187	39,835
%		**50.30%**	**32.28%**	**4.41%**	**1.33%**	**4.88%**	**3.82%**	**2.98%**	100%

출처: http://en.wikipedia.org/wiki/Human_genome

그리고 인간의 염색체는 성염색체를 제외하고 일반적으로 cytogenetic band의 크기 순서로 1번부터 22번까지 명명되었다. 물론 나중에 각 염색체에 존재하는 염기서열 수를 조사하였을 때 cytogenetic band 크기와 염기 수를 기반으로 한 물리적 크기 간에는 약간의 차이가 있음을 알게 되었다. 즉, 염색체 20번이 염색체 19번 보다 더 크고 또 염색체 22번이 염색체 21번 보다 더 큼을 확인하였다. 일반적으로 염색체의 크기가 클수록 더 많은 유전자를 보유하고 있지만 상당히 많은 염색체에서 염색체의 크기와 보유 유전자 수는 비례하지 않는 것도 많이 관찰된다. 유전자 수를 기준으로 분류하게 되면 염색체 21번, 염색체 18번 그리고 염색체 13번 순서로 가장 작은 숫자의 유전자를 가지고 있다. 그런데 흥미로운 사실은 유전자를 많이 가진 염색체에서는 trisomy (특정 염색

체 수가 3개를 가짐) 태아가 발생하지 않은데 유전자 개수를 작게 가진 3개의 염색체에서는 trisomy인 것 (trisomy 21, trisomy 18 그리고 trisomy 13)을 가진 태아가 발생한다. 이는 많은 유전자를 보유한 염색체의 숫자가 증가하면 태아 발생과정에서 치명적이여서 모두 제거되지만 유전자 수가 적은 염색체의 수가 증가하는 것은 여러 가지 이상을 유발하지만 태아의 발생이 일정 단계까지 지속될 수 있음을 알 수 있다. 염색체 21번의 숫자가 하나 더 증가하는 trisomy 21번은 다운증후군(Down syndrome)을 유발하고 염색체 18번은 에드워드 증후군(Edwards syndrome) 그리고 염색체 13번은 파타우 증후군(Patau syndrome)을 유발한다. 그 중에 에드워드 증후군과 파타후 증후군은 태아가 태어나면서 대부분 곧 사망하지만 다운 증후군은 40세 이상까지도 생존하게 된다. 한편 성염색체에서도 염색체 개수의 변화에 의한 다양한 증후군들이 발생하는데 여러 가지 임상적인 문제는 유발하지만 생존에 미치는 영향은 적은 편이다. 이는 X 염색체는 2개 이상 존재하게 되면 X 염색체 불활성화(X chromosome inactivation) 작용에 의해서 상쇄되거나 또는 Y 염색체의 경우에는 보유하고 있는 유전자의 숫자가 적어서 상대적인 영향력이 적게 미친다.

한편 인간유전체사업의 완성으로 질병 등과 같은 특정 표현형에 대한 유전체의 위치정보를 알면 현재는 그 영역에 있는 위치적 후보유전자(positional candidate genes)를 쉽게 확인할 수 있어 질병 유전자 발굴을 매우 효율적으로 수행할 수 있게 되었다. 예를 들면, 만약 특정 질병에 관련된 유전자가 염색체 21번에 위치하고 있다면 그 질병은 아마도 염색체 21번에 있는 총 584 개 유전자 중의 하나일 것이다. 그리고 만약 염색체 21번에서 보다 상세한 세부 위치 정보를 추가로 알게 되면 후보 유전자 수는 더 좁혀질 수 있을 것이다. 따라서 인간 유전체에 존재하는 모든 유전자에 대한 상세한 정보는 질병 유전자 발굴 작업에 크게 기여할 것이다.

3. 유전체와 유전변이형

모든 사람은 개인 간에 약 99.9% 동일한 유전적 염기서열을 지니고 있고 약 0.1%의 염기서열만이 개인 간의 차이를 보이게 된다. 그리고 0.1%의 염기서열 차이가 개인 간 유전적 차이의 원인으로 추정되고 있다. 한편 유전변이는 DNA 복제과정에서 오류에 의한 돌연변이로 만들어진다. DNA 복제과정에서의 오류가 일반 체세포(somatic cells)에서 일어나는 경우에는 새로운 돌연변이가 다음 세대에 전달되지 않지만 만약 정자나 난자의 발생과정에서 일어난다면 새로운 변이형은 다음 세대의 모든 세포 속으로 공통적으로 전달된다. 돌연변이는 평균적으로 염기서열당 약 2.5 × 10-8의 확률로 발생하는 것으로 추정하고 있다. 이러한 돌연변이 발생율은 새로운 정자 또는 난자를 만들 때 마다 약 30개 정도의 새로운 돌연변이형을 생성하게 된다. 그리고 가족 시료를 이용한 모든 유전체 염기서열을 분석한 결과에 따르면 개인별로 약 74개의 *de novo* germline 돌연변이형이 발생하는 것으로 관찰되었다(Conrad et al, 2011). 이러한 인간의 유전적 변이 정보는 질병 원인 유전자를 탐색하거나 질병의 작용 기전을 이해하는데 유용하며 또한 인간의 유전적 기원을 탐구하는데도 활용될 수 있다.

한 세대에서 다음 세대로 유전자가 전달될 때 기여하는 난자와 정자의 생성과정에 발생하는 돌연변이는 부모의 나이가 증가함에 따라서 유전적 돌연변이 발생 가능성도 비례적으로 증가한다. 특이한 것은 남성과 여성이 유전적 돌연변이에 기여하는 형태는 다르다. 즉, 여성의 경우에는 태어나면서 필요한 모든 난자 세포가 만들어지고 성숙하면서 난자 발달이 완성된다. 비록 태어나면서 모든 난자가 만들어 짐에도 불구하고 산모의 나이가 증가할수록 난자의 염색체 재결합율(recombination rate)이 증가하는 것으로 나타났는데 이는 재결합율이 높은 난자가 생존율이 높은 태아를 출산할 확률이 높아지는 선발의 효과가 작용한 결과로 이해되고 있다(그림 7-4). 그러나 재결합율이 높은 난자가 태아의 생존율에 좋은 효과를 보이지만 이러한 특성 때문에 산모의 나이가 증가할수록 염색체 이상(예, 다운 증후군)이 발생할 가능성도 커진다. 그런데 남자의 경우에는 나이가 증가할수록 염색체 재결합율에는 영향이 없지만 높은 새로운 돌연변이(*de novo* mutation)의 발생이 증가하게 된다. 특히 아버지의 나이가 1년 증가함에 따라 약 2 개씩 germline mutation이 증가하는 것으로 알려져 있다(그림 7-4). 따라서 아버지의 나이가 증가할수록 germline mutation에 의한 유전적 질환 발병 가능성이 증가하는 특성을 가지게 된다. 그리고 정자형성 과정에 발생한 새로운 돌연변이에 의해서 실제로 나이가 많은 아버지로부터 태어난 아이들에게서 자폐증(autism) 또는 정신분열증(schizophrenia)을 보이는 아이가 더 많이 출생하는 것으로 관찰되고 있다. 이 처럼 유전적 돌연변이의 발생 기전이 남성과 여성에 따라 다른 형태를 보이는 것은 흥미로운 사실이다.

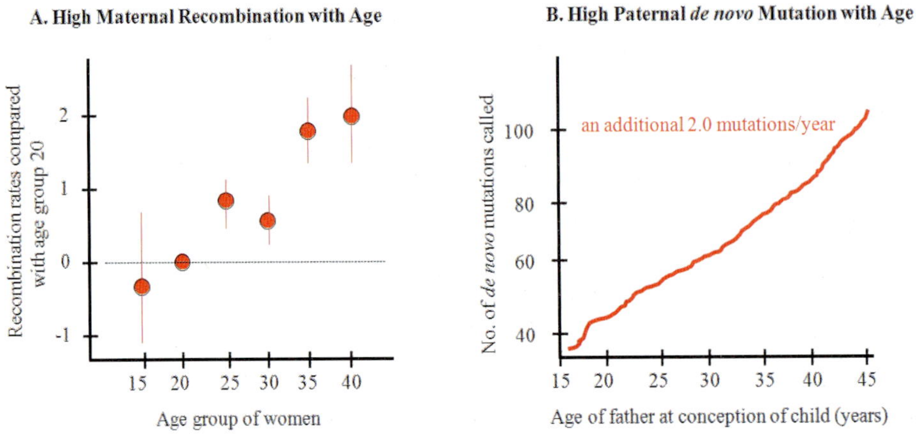

그림 7-4. **유전질환에 미치는 부모의 나이 효과.** 여성의 나이가 증가함에 따라 염색체 재조합 발생 빈도의 증가 (A) 및 아버지의 나이가 증가함에 따른 새로운 돌연변이의 증가(B). 출처: Kong A et al. (2004). Nat Genet 36:1203-1206 & Kong A et al. (2012). Nature 488:471-475.

한편 유전체 내에 존재하는 유전변이에는 다양한 종류가 있다(표 7-2). 첫 번째 유전변이형의 형태로는 반복 염기서열 변이형으로 반복염기서열의 크기에 따라 satellite, minisatellite, microsatellite (STR: short tandem repeat이라고도 불림) 마커가 있다. 반복 염기서열 마커는 반복되는 수를 가지고 변이형을 구분한다. 두 번째는 retrotransposons에 의해 유전체의 여러 곳에 산발적으로 흩어져 존재하는 LINE, SINE 또는 transposable element 등과 같은 유전변이형이 있다. 세 번째의 유전변이형으로는 특정한 유전부위나 염기서열이 삽입(insertion)되거나 결손(deletion)되어 나타나는 변이형이 있다. 그리고 네 번째는 전체 인간 유전 변이형의 약 90% 이상을 차지하고 있는 단일염기다형성(SNP: single nucleotide polymorphism) 변이형이 있다. 단일염기다형성 마커는 전체 인간 유전체에 광범위하게 존재하며 이미 NCBI dbSNP에 총 62,387,983 개 (dbSNP build 141: 2014년)가 등록되어 있다. 최근에는 유전체 분석 기술의 발달로 인간 유전체 변이형에 대한 많은 정보가 밝혀지고 있으며 특히 SNP에 대한 정보의 발전 속도는 매우 빠르게 진행되고 있어 SNP 마커를 이용한 다양한 분야의 이용 가능성이 급속히 확대되고 있다.

표 7-2. **DNA 염기서열 변이의 종류**

유전변이형의 그룹	대표적인 유전변이형의 종류
• 반복 염기서열 수의 차이	Satellite DNA Minisatellite markers (VNTR) Microsatellite (=STR: short tandem repeat)
• 산발적으로 존재하는 반복 DNA (retrotransposons)	LINEs: long interspersed nuclear elements (Alu) SINEs: short interspersed nuclear elements (L1) Transposable elements
• 삽입과 결손	Insertion & deletion
• 단일염기다형성(SNP)	전체 인간 유전변이형의 90% 이상 > 62,387,983 SNPs (약 48 bp당 1 개) (dbSNP build 141; 2014.05 기준)

일반적으로 유전 연구에는 microsatellite와 SNP 마커가 주로 사용되며 두 유전변이형 마커는 각각 고유한 특성과 장-단점을 가지고 있다(표 7-3). 과거에는 질환에 관련된 질병 유전자의 유전체상 위치를 확인하기 위하여 microsatellite 마커가 주로 사용되었다. 그러나 최근에는 엄청나게 많은 SNP 정보를 저렴한 비용으로 genotyping할 수 있는 기술이 개발되어, SNP 마커를 이용한 질병 유전자 탐색기술이 큰 기대를 불러 모으고 있다. 일반적으로 microsatellite 마커는 다양한 대립 유전자(multi-allelic)가 존재하여 각 개체의 유전적 차이를 더욱 세분하여 구분할 수 있는 장점이 있으나 유전마커로써 유전적 전달에 대한 정확성이 떨어지고 제한된 수의 마커만이 인간 유전체에 존재하기 때문에 유전마커로는 약간의 한계성을 지니고 있다. 그러나 microsatellite는 인간유전체사업의 초기에 구축된 유전지도(framework map) 작성 등과 같은 부분에 이용되어 유전체 연구에 유용하게 사용되었다. 한편 SNP 마커는 단지 두 종류의 대립인자(bi-allelic)로 존재함으로써 유전적 변별력은 제한적이지만 워낙 많은 변이형이 존재하기 때문에 세밀한 유전적 연관성 규명에 높은 활용 가치를 가지고 있다. 따라서 SNP 마커는 복합형질의 유전적 원인규명을 위한 연관성 연구(association studies)에 주로 사용되고 있다.

표 7-3. **Microsatellite(STR)와 SNP 마커의 비교**

Microsatellites (STR)	SNPs
많은 대립 유전자형(multiple alleles)을 가지고 있어 분별력이 높음	대부분의 경우 2 개의 대립 유전자형(bi-alleles)을 가지고 있어 분별력이 떨어짐
유전적 전달의 정확성이 낮음 (마커의 반복수 팽창 및 상대적으로 높은 돌연변이율)	유전적 전달의 정확성이 매우 높음
인간 유전체에 약 50,000 개 이상 존재함	2개의 인간 유전체간에는 ~ 1 SNP/kb 존재하고 총 약 300만개 정도의 SNP이 있음.
최초의 유전지도(genetic map) 작성에 사용	연관성 연구(association studies)에 사용

사람은 아버지와 어머니로 부터 물려받은 2개의 유전체(diploid)로 구성되어 있어서 한 사람의 유전체 속에는 STR 마커나 SNP 마커가 동일하게 2개의 대립유전자형(alleles)을 가지고 있다. 그러나 집단내에서 SNP 마커는 여전히 대부분 2개의 대립유전자형을 가지는 반면에 STR 마커는 반복수가 다른 다수의 대립유전자형(multi-alleles)을 가짐으로써 집단내에서 식별력이 크게 증가한다(그림 7-5).

individual | subpopulation | whole population

diploid genome | *some diploid genomes* | *Many diploid genomes*

SNP:	biallelic	··········>	biallelic	··········>	biallelic
STR:	biallelic	··········>	multi-allelic	··········>	more multi-allelic

그림 7-5. **개인 또는 집단에서 SNP와 STR 마커에 대한 빈도 분포 비교**

4. 단위반복 유전변이형

사람의 염색체는 특정 염기서열이 반복적으로 나타나는 구조(tandem repeat sequence)를 지니고 있으며 특정 염기서열 단위의 반복 횟수는 사람에 따라 다양한 회수로 반복 배열되어 있다. 그리고 반복되어 나타나는 단위의 염기서열이 대개 14-70 bp인 것을 VNTR(variable number of tandem repeats), 2-7 bp인 것을 STR(short tandem repeats) 또는 microsatellite라고 부른다. 즉, VNTR 또는 STR은 일정한 중심염기서열(core sequence)이 반복(tandem repeat)됨으로써 나타나는 반복염기서열(repetitive sequence)로 사람마다 반복되는 횟수가 다르게 나타나는 길이의 다형성이다. 일반적으로 2 개의 염기서열 반복(dinucleotide repeats)이 가장 일반적인 형태이며 전체 유전체의 약 0.5%를 차지하고 있다. CA-반복(36 kb당 하나)이 가장 많이 존재하고 AT-반복(50 kb당 하나)과 AG-반복(125 kb당 하나)이 그 다음으로 많이 존재하는 것으로 알려져 있다. 3 개 또는 4 개의 염기서열 반복이 있는 마커도 전체 이용 가능한 숫자는 적지만 매우 다양한 반복수로 존재하기 때문에 좋은 유전마커로 사용된다. 이런 반복서열 다형성은 대립유전자(allele)의 수가 매우 많고 반복되는 염기서열의 종류도 다양하여 법의학 분야에서 개인 식별에 주로 활용되고 있다. 또한 이런 특정 염기서열의 반복은 세대를 거쳐 유전되기 때문에 유전자 감식을 통한 친자 확인에도 사용된다(그림 7-6).

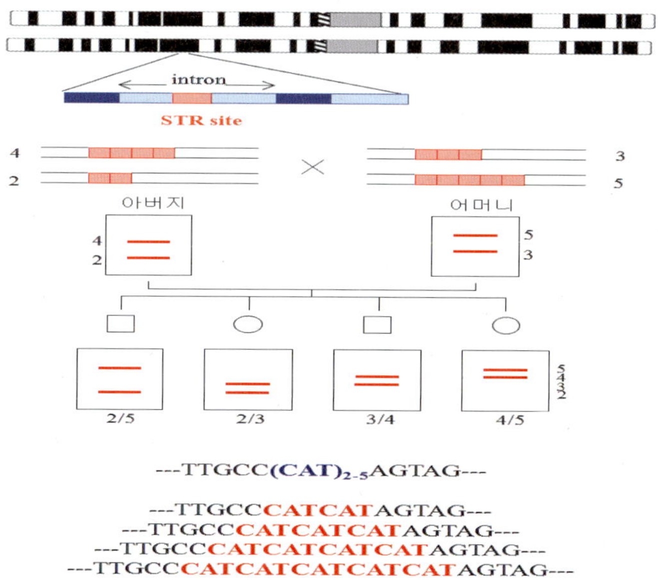

그림 7-6. 단위반복 유전변이형의 유전형태

5. 단일염기다형성 변이형

사람의 DNA 염기서열에서 하나의 염기서열 차이를 보이는 유전적 변화 또는 변이를 단일염기다형성(single nucleotide polymorphism: SNP, "스닙, snip"이라고 발음함)이라고 한다. 좀 더 구체적으로 정의해 보면 인간 집단에서 1% 이상의 빈도로 존재하는 2 개의 대립 염기서열(bi-allelic) 변이가 발생하는 위치를 SNP이라고 한다. 빈도가 1% 이상이 되지 않는 것은 SNP과 구분하여 돌연변이(mutation)라고 부르고 있다. 그리고 대립유전자형(allele)의 빈도가 5% 이상 존재할 때를 빈번히 발견되는 흔한 변이형(common variant)이라 하고 1%~5%일 때를 희귀하게 발생하는 드문 변이형(rare variant)으로 구분하기도 한다. 한편 최근에는 차세대염기서열 분석기술의 발전으로 개인별 전체 유전변이형 정보와 표준 유전체 정보를 비교하여 유전변이형을 분석하게 됨에 따라서 발굴된 유전변이형의 빈도에 상관없이 단일염기서열 변이형의 경우에는 SNP 대신에 SNV(single nucleotide variant) 라는 용어를 사용하고 있다. 아래의 보기에서는 2 개의 염기서열 비교에서 "T" 염기서열이 "C'로 바뀐 단일염기다형성(SNP)의 위치를 보여주고 있다.

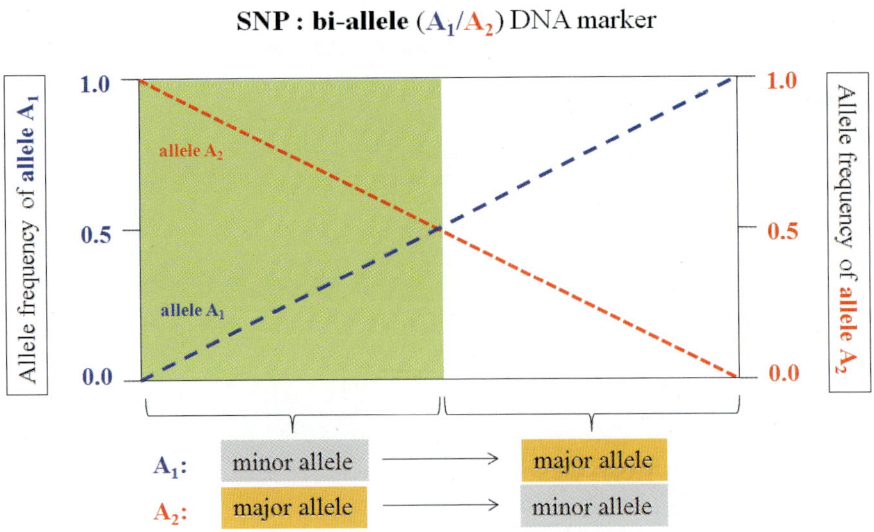

그림 7-7. **SNP 마커에서 대립유전자 변이형의 빈도 표현 방법.** 2 개의 대립유전자형을 가진 SNP 마커는 대립유전자형의 빈도가 낮은 것(minor allele)을 기준으로 분류함.

2 개의 대립유전자형을 가진 SNP 마커를 표시할 때는 대립유전자형의 빈도가 낮은 것(minor allele)을 기준으로 표시하고 있다(그림 7-7). 예를 들면, 조사한 집단에 존재하는 SNP 마커를 표현할 때 대립 유전자형의 빈도가 낮은 SNP 마커의 빈도를 중심으로 표시하면 다른 대립유전자형의 빈도는 자동적으로 계산이 가능하다. 따라서 빈도가 낮은 대립유전자형의 빈도(MAF; minor allele frequency)는 SNP 마커의 유전적 다양성을 표현하는 표준 지표로 사용되고 있다. 그리고 빈도가 낮은 대립유전자형의 빈도의 최대값은 0.5가 된다.

(1) 인간 유전체에 존재하는 SNP의 수

SNP 마커는 인간이 가지고 있는 유전변이형 중에서 가장 많이 존재하는 형태이며 초기에는 290 bp당 하나의 SNP 마커가 존재할 것으로 예상하였다(Kruglyak and Nickerson, 2001). 이 추정을 근거로 인간 유전체 전체 염기서열 30억 개에 존재하는 SNP은 약 1,100만 개가 있을 것으로 추정되었다(2001년 기준). 그러나 현재 dbSNP 데이터베이스에 6,238 만 개 이상의 rsSNP이 등록되어 있다 (dbSNP build 141; 2014년). 따라서 전체 인간 유전체에 존재하는 SNP의 개수는 이 수치보다 더 많이 있을 것으로 예상된다. 그리고 최근에는 차세대 유전체 염기서열 분석 기술의 발전으로 개인의 유전체에 대한 모든 염기서열 분석이 가능하게 됨에 따라 한 개인의 유전체에 존재하는 유전변이형의 발생 빈도를 확인할 수 있다. 한 개인의 유전체에는 인종에 따라 약 300만~400만 개 정도의 SNP이 있는 것으로 알려져 있다(표 7-4). 그리고 한 개인의 유전체에 존재하는 SNP은 약 70-80% 정도가 이미 dbSNP에 등록되어 있는 알려진 유전변이형이다.

표 7-4. **개인 유전체 염기서열 분석에 의한 SNP 발굴 현황**

유전체의 이름	SNP 개수 (N)	dbSNP 등록율 (%)
벤터 박사의 유전체	3,213,401	91.0%
왓슨 박사의 유전체	3,322,093	81.7%
아시아인의 유전체	3,074,097	86.4%
아프리카인의 유전체	4,139,196	73.6%

출처: Frazer KA et al. (2009). Nat Rev Genet 10:241-251.

인간 집단에서 발굴된 SNP에 대한 인종 집단 간의 발생 빈도를 조사한 결과에 따르면, 조사한 총 158만 개 SNP에서 아프리카인은 약 93.5%가 유전적 다양성을 보이고 유럽인과 아시아인은 각각 81.1%와 73.6%만이 유전적 다양성을 나타내었다. 이는 SNP 마커의 유전적 다양성은 대부분 아프리카인에서 더 높게 관찰되고 유럽인과 아시아인에서는 다양성이 낮음을 알 수 있다. 또한 조사한 158만 개의 SNP 중에서 29만 개(약 18.3%)가 특정 인종 집단에서만 유전적 다양성을 보이는 인종 특이적인 SNP 마커(private SNPs 이라고도 함)였다. 특히 인종 특이적인 SNP 마커의 대부분(75.1%)은 아프리카에서만 존재하는 것으로 관측되었고 아시아인 특이적으로 존재하는 SNP 마커는 인종 특이적인 SNP 마커의 약 9.6%만을 차지하고 있다(표 7-5). 이러한 인종간 유전적 다양성 및 인종 특이적인 SNP 마커의 분포 정보는 모든 유전적 다양성의 근원이 아프리카인으로 시작하여 지구상의 다양한 지역으로 인류가 이동하였다는 인류의 기원을 설명하는 유전적 증거이기도 하다.

표 7-5. 인간 집단에서 SNP 발생빈도 비교

Population	Segregating		MAF >0.05		MAF >0.10	
	SNPs	%[1]	SNPs	%	SNPs	%
All SNPs:						
African	1,483,594	93.5%	1,267,594	79.9%	1,083,652	68.3%
European	1,286,277	81.1%	1,123,765	70.8%	991,046	62.5%
Han Chinese	1,168,029	73.6%	1,027,109	64.7%	910,451	57.4%
Private SNPs:						
African	218,500	75.1%	139,539	47.9%	88,525	30.4%
European	44,555	15.3%	18,284	6.3%	8,062	2.8%
Han Chinese	27,957	9.6%	15,946	5.5%	9,817	3.4%

[1]%는 분석에 사용된 총 1,586,383 (1.58M) SNP 개수의 비율(%) 또는 전체 분석한 것 중에서 인종 특이적인 291,012 개 (전체의 18.3%) SNP 개수의 비율(%)을 의미함. MAF: minor allele frequency. 출처: Hinds DA et al. (2005). Science 307:1072-1079.

(2) 인간 집단에서 SNP 유전형 조합의 형태

SNP 마커는 2 개의 대립 유전자형이 서로 조합을 이루어 존재하는 유전변이형 마커다. 이론적으로는 SNP이 존재하는 위치에 4 가지 다른 염기서열(A, T, G, C)이 존재할 수 있지만 거의 모든 경우에 2 개의 대립 유전자형만이 존재하고 있다. 이는 인간과 영장류 간에 약 99%의 염기서열이 동일성을 보이고 있고 사람 간에는 99.9%가 동일한 염기서열을 보이는 것을 보면 인간과 인간 사이에 3 개 이상의 다른 대립 유전자형이 존재할 만큼의 진화적인 시간이 멀지 않다는 것을 알 수 있다. 따라서 tri-allelic 또는 tetra-allelic SNP 마커가 매우 희귀하게 존재하기는 하지만 거의 찾아 볼 수 없는 것은 진화적으로 사람 간의 유전적 시간이 너무나 가까워 다른 유전변이가 생성될 기회가 거의 없었기 때문이라고 생각된다. 이론적으로 4개의 다른 염기로부터 가능한 변화의 종류는 모두 6개 변화의 조합이 만들어 질 수 있다(그림 7-8). 6개 조합 중에서 2개의 조합은 purine(2개의 링 구조를 가짐)이 purine으로 바뀌는 경우(A/G)와 pyrimidine(한 개의 링 구조를 가짐)이 pyrimidine으로 바뀌는 경우(C/T)가 있다. 이렇게 같은 종류의 염기로 바뀌는 것을 transition이라고 한다. 그리고 purine이 pyrimidine으로 바뀌거나 또는 반대로 pyrimidine이 purine으로 바뀌는 4가지 경우(A/C, A/T, C/G, T/G)와 같이 다른 종류의 염기로 바뀌는 것을 transversion이라고 한다.

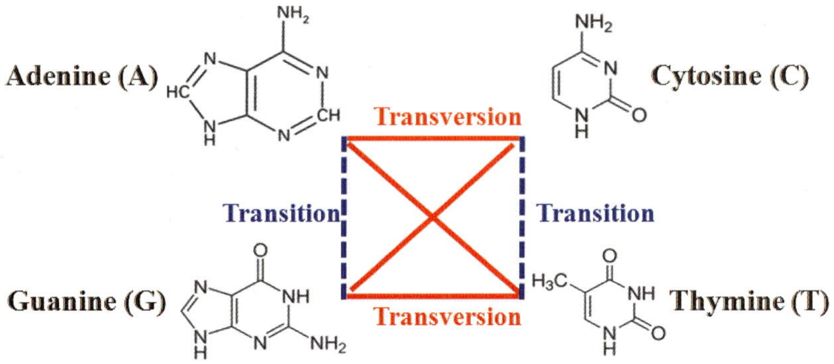

그림 7-8. **SNP 마커에서 대립유전자형 조합의 종류**

SNP에서 두 대립 유전자형의 조합에 대한 분포를 조사한 자료를 보면 transition의 경우인 A/G와 C/T 조합이 각각 약 30%씩 총 60%의 SNP 조합형을 구성하고 있고 나머지 transversion의 경우인 A/C, A/T, C/G, T/G가 각각 약 10%씩을 구성하는 것으로 알려져 있다(표 7-6). 그런데 transversion이 일어나는 경우가 transition의 경우보다 2배 더 많이 발생할 수 있음에도 불구하고 실제 관찰되는 염기변화 조합은 transition의 경우(A/G, C/T)의 경우가 약 60%로 훨씬 더 많이 관찰되고 있다. 또한 transition의 염기서열 변화는 주로 silent mutation이 많이 관찰되고 transversion의 경우에는 아미노산의 변화를 초래하는 missense mutation이 많이 나타나게 된다. 그리고 필요에 따라 다양한 종류의 조합으로 나타날 수 있는 SNP 정보를 표기하는 방법으로는 한 글자 축약된 형태의 염기서열로 표현하기도 한다(표 7-7).

표 7-6. 인간 유전체에 존재하는 SNP 대립 유전자형 조합의 구성 분포도

SNP data set	A/G	C/T	A/C	A/T	C/G	T/G	Transition : Transversion[1)]
Celera-PFP	30.7	30.7	10.3	8.6	9.2	10.3	1.59:1
Kwok	33.7	33.8	8.5	7.0	8.6	8.4	2.07:1
TSC	33.3	33.4	8.8	7.3	8.6	8.6	1.99:1
	Transition (~60%) More silent substitutions		Transversion (~40%) More missense substitutions				

[1)] 참고로 SNP이 생성되기 위해서는 두 종류의 염기서열 치환 (transition 치환과 transversion 치환)이 필요하다. "Transition 치환"은 purines (A, G) 사이에 또는 pyrimidines (C, T) 사이에 치환이 일어나는 경우이고 전체 SNP의 2/3를 차지한다. 또 다른 치환은 purine과 pyrimidine 사이에 치환이 일어나는 "Transversion 치환"이 있다. 출처: Venter JC et al. (2001). Science 291:1304-1351.

표 7-7. **SNP에서 DNA 염기(base) 조합에 대한 한 글자 축약 표시법**

Group	Meaning	Symbol
One nucleotide	Adenine	**A**
	Cytosine	**C**
	Thymine	**T**
	Guanine	**G**
	Uracil	**U**
Two nucleotide combination	A or G	**R**
	C or T (also U)	**Y**
	A or C	**M**
	G or C	**S**
	A or T	**W**
	G or T	**K**
Three nucleotide combination	A, C or G = Not T	**V**
	A, G or T = Not C	**D**
	A, C or T = Not G	**H**
	C, G or T = Not A	**B**
Four nucleotide combination	A, G, C or T	**N**

출처: DNA base degeneracy/redundancy table showing single letter abbreviations for combinations of bases; http://www.le.ac.uk/bl/phh4/nucredun.htm

(3) 위치에 따른 SNP 분류방법

SNP 마커는 유전체에 존재하는 위치에 따라 다른 이름으로 구분하여 부르고 있다(그림 7-9). 유전자의 구조를 기준으로 분류하면, 유전자의 프로모터에 존재하여 유전자의 발현을 조절하는 기능이 있는 SNP은 regulatory SNP (또는 rSNP)이라 하고, 유전자의 intron에 위치한 SNP은 intronic SNP (또는 iSNP), 유전자와 유전자 사이에 존재하는 SNP은 genomic SNP (또는 gSNP)이라고 한다. 그리고 유전자를 coding하는 exon 부위에 존재하는 SNP은 coding SNP (또는 cSNP)이라고 하며 아미노산의 서열을 변경시키는 유무에 따라 synonymous SNP (또는 sSNP; 아미노산 변화 없음)과 nonsynonymous SNP (또는 nsSNP; 아미노산 서열을 바꿈)으로 구분하고 있다. 이 가운데 유전자의 기능 변화에 직접적으로 관여하는 것은 유전자의 발현을 조절할 수 있는 rSNP과 아미노산의 서열을 변경할 수 있는 nsSNP이 표현형의 변화를 초래할 수 있는 기능적 SNP일 가능성이 매우 높다.

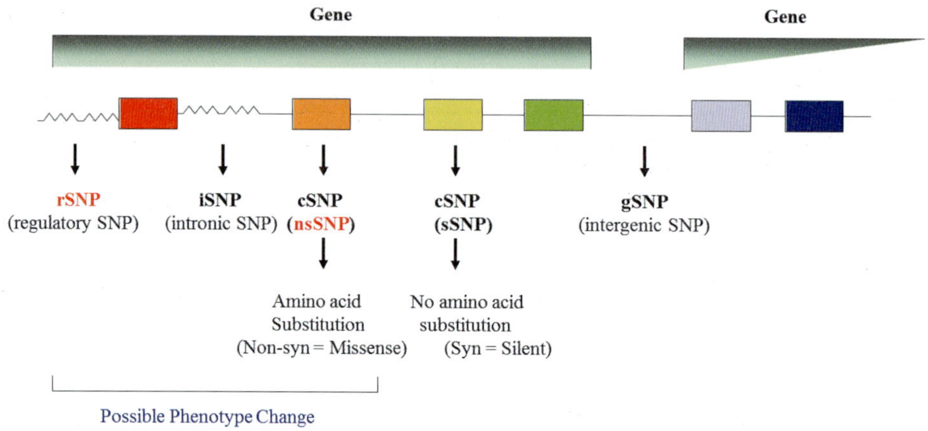

그림 7-9. **유전자의 위치에 따른 SNP 분류**

유전자 구조를 근거로 하여 전체 인간 유전체를 구분하면 exon이 차지하는 비율이 약 1.5% 이고 intron 영역이 약 24%, 그리고 대부분(75%)은 intergenic DNA로 구성되어 있다(그림 7-10). 따라서 기능적으로 중요한 SNP은 매우 적은 비율을 차지하고 있을 것으로 예상된다.

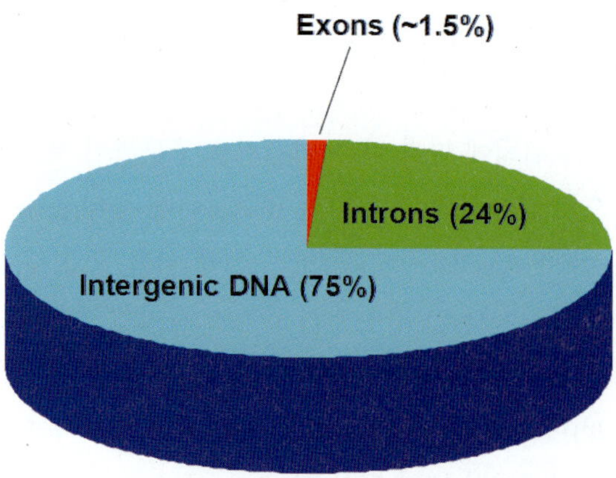

그림 7-10. **유전자 구조별 각 영역의 비율**

한 연구에 의하면 60 명의 DNA 시료를 이용하여 106 개의 유전자에 대한 SNP 발굴을 조사해 본 결과, 유전자의 코딩 영역에 존재하는 cSNP은 유전자당 평균적으로 약 3.7 개 존재하며 이는 유전자당 약 2.0 개의 sSNP과 1.8 개의 nsSNP으로 구성된 것으로 밝혀졌다(표 7-8). 따라서 코딩 영역에서 단백질의 기능 변화를 초래할 수 있는 nsSNP은 평균적으로 유전자당 약 2 개 정도가 존재한다고 생각할 수 있으며 nsSNP은 sSNP보다 희귀하게 존재함을 알 수 있다. 그리고 noncoding 영역의 SNP, sSNP 및 nsSNP에 대한 빈도의 분포를 조사한 결과에 따르면 noncoding 영역에서 발견된 SNP에서는 SNP의 빈도가 높은 것이 많이 존재하였으나 nsSNP에서는 빈도가 높은 SNP은 적게 분포하고 빈도가 낮은 SNP이 많이 분포하는 것을 확인할 수 있었는데 이는 아미노산의 변화를 초래하는 nsSNP에 대한 빈도를 증가시키지 못하도록 하는 강력한 선발이 가해지고 있음을 암시하고 있다.

표 7-8. 60 명의 DNA 시료에서 106 개의 인간 유전자에서 발굴된 common SNP의 분포

	# SNPs	SNPs/bp	SNPs/gene
전체	560	1/348	
Coding 영역:	392	1/346	3.7
Synonymous	207	1/656	2.0
Non-synonymous	185	1/734	1.8
- conservative	119	1/1141	1.1
- non-conservative	66	1/2050	0.7

출처: Cargill M et al. (1999).Nat Genet 22:231-238.

그리고 유전자내에 존재하는 SNP의 종류에 따라서 분포하고 있는 SNP의 빈도가 다름을 확인할 수 있다. 예를 들면, 단백질을 코딩하지 않는 부위에서 발견된 SNP은 빈도가 높은 대립유전자형(common allele)이 많지만 돌연변이에 의하여 아미노산을 변화시키는 nsSNP의 경우에는 대부분이 낮은 빈도로 존재하는 희귀 대립유전자형(rare allele)을 가지는 것으로 조사되었다(그림 7-11). 일반적으로 돌연변이의 발생 확률은 유전체에 전체적으로 동일하지만 단백질을 코딩하는 부위에서 발생하는 돌연변이는 생물의 정상적인 기능을 저해하는 경우에는 제거하는 선발이 지속적으로 이루어지는 것으로 추론할 수 있다.

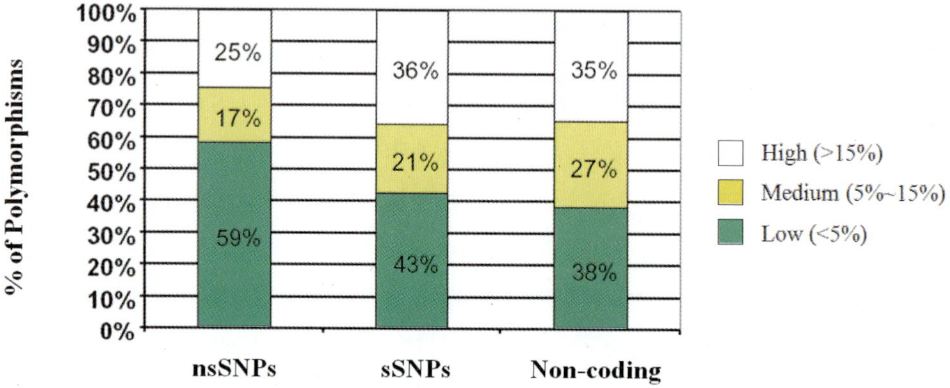

그림 7-11. 유전자내 존재하는 **SNP**의 종류별 대립유전자형의 빈도 분포

총 510 개의 인간 유전자에서 염기서열을 재확인(resequencing)하여 SNP을 발굴한 자료에 의하면 평균적으로 인간 유전자당 약 126 개의 SNP이 있으며 이 중에서 46 개는 유전형의 빈도가 5% 이상인 common SNP이고 약 5 개의 SNP이 코딩 영역에서 발견되었다(Crawford DC et al, 2005). 그리고 SNP이 인간 유전체에 균일하게 분포해 있는 것은 아님을 확인하였다. 예를 들면, 유전자의 위치에 따라 코딩 영역에서는 noncoding 영역보다 약 1/3 정도 적은 수의 SNP이 존재하고 성염색체에서는 낮은 유전변이를 보이고 있다. 그리고 SNP은 의학적 연구에 관심이 있는 영역에 집중되어 있으며 특히 외부의 항원(antigens)을 면역체계에 전달하는 단백질을 코딩하는 MHC (major histocompatibility complex) 영역은 같은 염색체의 다른 영역에 비하여 매우 높은 유전적 다양성을 보이고 있다. 그리고 인간 집단에서 발굴된 common SNV는 대부분 인간 집단간 차이가 거의 존재하지 않지만 빈도가 낮은 rare SNV들은 대부분 특정 집단에서만 발견되는 private SNP으로 구성되어 있다(그림 7-12).

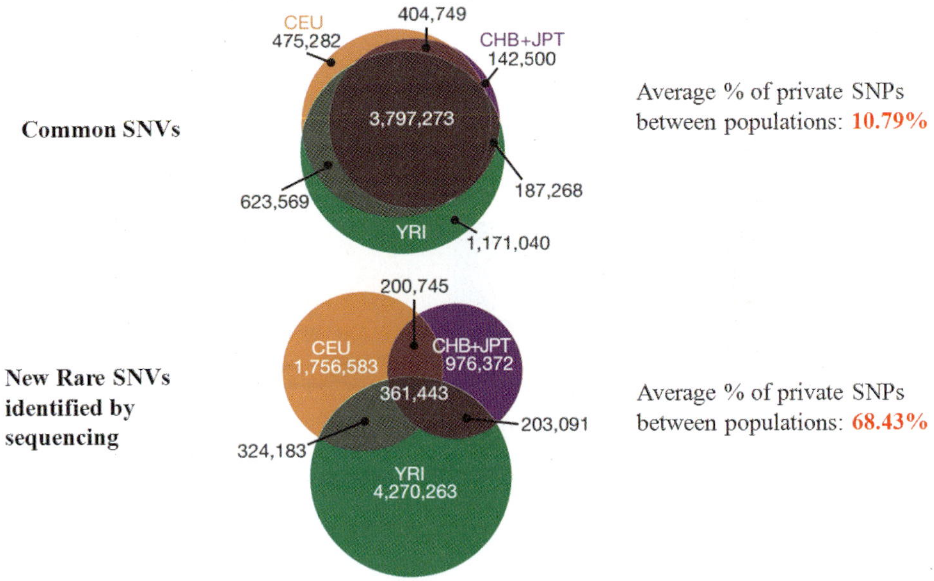

그림 7-12. **유전자내 존재하는 SNP의 빈도에 따른 인종간 차이.** 출처: The 1000 genomes project consortium. (2010). Nature 467:1061-1074.

(4) SNP 마커의 개발단계

SNP마커가 질병과 같은 특정 표현형의 지표로 사용되기 위해서는 많은 단계를 거치게 된다(그림 7-13). 우선적으로 인간 유전체에 존재하는 대량의 SNP을 발굴하고 발굴된 SNP은 다수의 인간 유전체 시료에서 전체 인간 집단에서 1% 이상 존재하는 유전변이형 마커인지를 조사하게 된다. 그리고 인간 집단에서 검정된 SNP 마커들은 특정 표현형(예, 질병 또는 약물 반응성 등)의 유전적 원인을 찾기 위한 연관성 연구(association studies)에 사용된다. 예를 들면, 특정 SNP이 환자 집단과 정상인 집단 간의 비교에서 유의적인 빈도의 차이가 관측된다면 아주 유용한 SNP으로 선발되어 임상시험을 거치게 되고 임상시험이 계속적으로 진행되어 그 결과가 좋을 때는 경제적으로 아주 유용한 가치를 지니는 유전지표로 실제 임상에 사용할 수 있게 될 것이다.

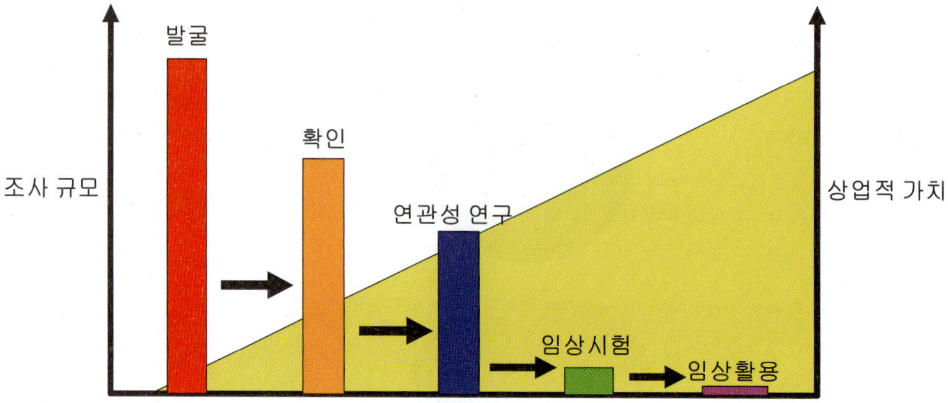

그림 7-13. 유전변이형의 개발단계(lifecycle of SNP)

(5) SNP 정보를 이용한 미래 맞춤의학의 개요

인간유전체사업의 완료 이후 사람과 사람 간의 유전적 차이는 99.9%가 동일하며 단지 0.1% 차이가 개인 간의 유전적 변이에 기인된 모든 차이를 보이는 원인이 되고 있음을 알게 되었다. 특히 인간유전체사업 이후에 질병 또는 약물반응에 관련된 유전자를 규명하기 위해 인간에 존재하는 유전변이형에 대한 많은 관심과 기술의 발달로 대량의 유전변이형 정보가 이용 가능하게 되었다. 그리고 유전체 분석기술의 발달로 각 개인의 유전정보 차이를 이용한 질병 예측, 진단 및 예방을 꿈꾸는 맞춤의학이 현재 유전체 분야의 핵심적 연구 내용이 되고 있다. 예를 들면, 개인의 유전변이형이 질병 원인 유전자에 존재하면 질병의 진단과 치료에 이용할 수 있으며 질병의 저항성 또는 감수성에 관련된다면 질병의 예방법 개발에 유용하게 이용될 것이다(그림 7-14). 또한 약물반응에 관련된 유전변이형의 규명은 개인의 유전적 차이에 근거한 올바른 약물을 선택할 수 있게 할 것이다. 이러한 일련의 개인의 유전적 차이에 기초한 연구결과는 유전적 차이를 기초로 한 맞춤의학의 시대를 앞당길 것이다. 특히 개인의 유전적 차이에 기초한 맞춤의학의 시대를 위한 연구는 전체 인간 유전변이의 약 90% 이상을 차지하는 단일염기다형성(SNP) 마커에 큰 기대와 희망을 걸고 있다.

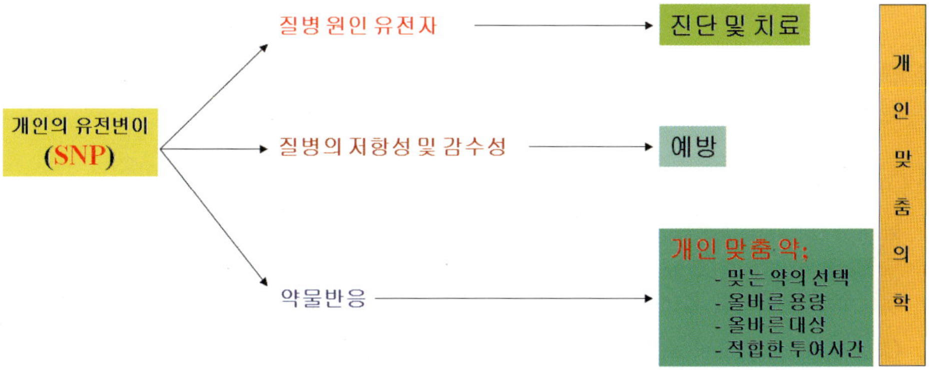

그림 7-14. 유전변이 연구를 통한 개인의 유전적 차이에 기초한 맞춤의학의 실현

■ 참고문헌

• Cargill M et al. (1999). Characterization of single-nucleotide polymorphisms in coding regions of human genes. Nat Genet 22:231-238

• Conrad DF et al. (2011). Variation in genome-wide mutation rates within and between human families. Nat Genet 43:712-714

• Crawford DC et al. (2005). The patterns of natural variation in human genes. Annu Rev Genomics Hum Genet 6:287-312

• Frazer KA et al. (2009). Human genetic variation and its contribution to complex traits. Nat Rev Genet 10:241-251

• Hinds DA et al. (2005). Whole-genome patterrns of common DNA variation in three human populations. Science 307:1072-1079

• Kong A et al. (2004). Recombination rate and reproductive success in humans. Nat Genet 36:1203-1206

• Kong A et al. (2012). Rate of de novo mutations and the importance of father's age to disease risk. Nature 488:471-475

• Kruglyak L and Nickerson DA. (2001). Variation is the spice of life. Nat Genet 27:234-236

• Venter JC et al. (2001). The sequence of the human genome. Science 291:1304-1351

• 1000 genomes project consortium et al. (2010). A map of human genome variation from population-scale sequencing. Nature 467:1061-1074

• NCBI dbSNP database: http://www.ncbi.nlm.nih.gov/SNP/

• NCBI MapViewer: http://www.ncbi.nlm.nih.gov/mapview/

제 8장 유전변이형 발굴

1. 유전변이형의 발굴 방법

인간 유전체에 존재하는 많은 종류의 유전변이형을 조사하기 위해서는 다양한 방법들이 사용될 수 있으며 기존에 사용되던 방법을 나열해 보면 표 8-1과 같다. 여러 방법들의 공통된 특징은 염기서열을 증폭하여 염기서열의 차이를 밝히는 것이다. 실제로 다양한 분자생물학적 분석기법들이 사용되어 각 개체의 DNA 시료에서 유전변이형에 대한 분석이 가능하지만 가장 대표적인 것으로는 각 개인의 DNA 시료를 sequencing 하여 유전변이형인 SNP을 발굴하고 유전체 상의 위치를 확인하는 과정이 하나의 표준 실험기법으로 인정되고 있다. 이 책에서는 여러 변이형 중에서 인간 유전체 변이형의 90% 이상을 차지하고 있는 SNP에 초점을 맞추어 설명하고자 한다.

표 8-1. **유전변이형 발굴 및 탐색 기술들**

SSCP (single strand conformation polymorphism)
Heteroduplex analysis
DGGE, CDGE, TGGE
RNAse cleavage, MutS, chemical mismatch cleavage
Resolvases/Cleavase
Dideoxy fingerprinting
dHPLC
Protein truncation test
Direct sequencing
RFLP of PCR product
ASO (allele specific oligo), detects specifc SNPs by hybridization
Allelic discrimination by TaqMan probe
Primer extension (SNaPshot)
Molecular beacon

2. 염기서열 정보에 기초한 SNP 발굴

가장 일반적으로 사용되고 있는 SNP 발굴 방법은 염기서열을 조사하여 각 개체의 염기서열 차이를 규명하는 것이다. 그림 8-1에서 제시한 바와 같이 염기서열 비교를 통한 SNP 발굴이 기본적인 방법이지만 사용되는 방법은 약간씩 차이를 보일 수 있다. 예를 들면, mRNA로부터 만들어진 EST 라이브러리의 염기서열을 비교하여 염기서열의 차이를 발굴하는 방법, 또는 genomic DNA로부터 다수의 염기서열을 비교하여 발굴하는 방법들이 사용될 수 있다(그림 8-1). 그러나 일반적으로 이미 선별된 질병 후보유전자에서 SNP을 발굴하는 과정은 다수의 genomic DNA 시료를 사용하여 특정 영역의 fragment를 PCR로 증폭한 후 direct sequencing 방법으로 유전변이형을 찾는 것이다(그림 8-2).

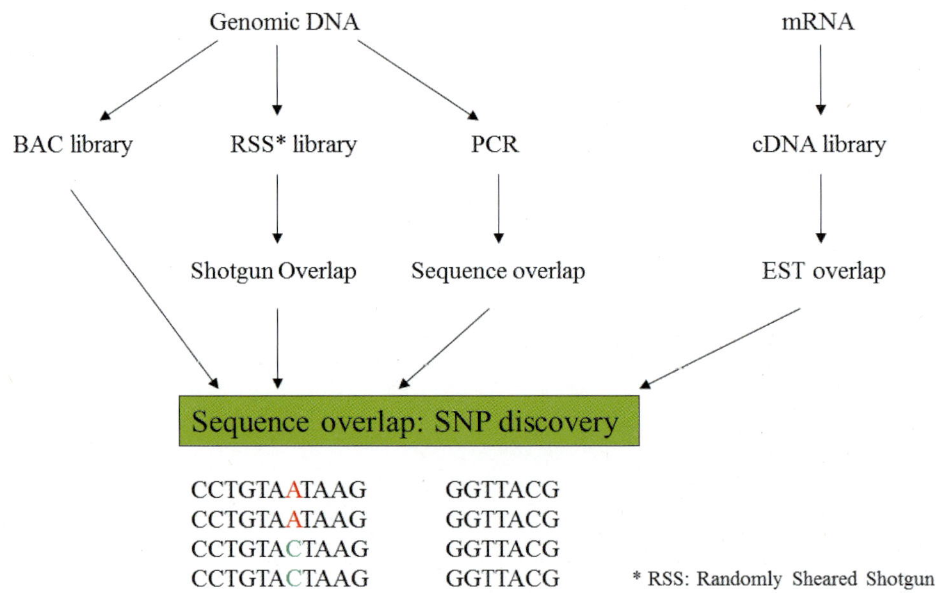

그림 8-1. **염기서열에 기초한 SNP 발굴.** 출처: Carson CS et al. (2001). Curr Opin Chem Biol 5:78-85.

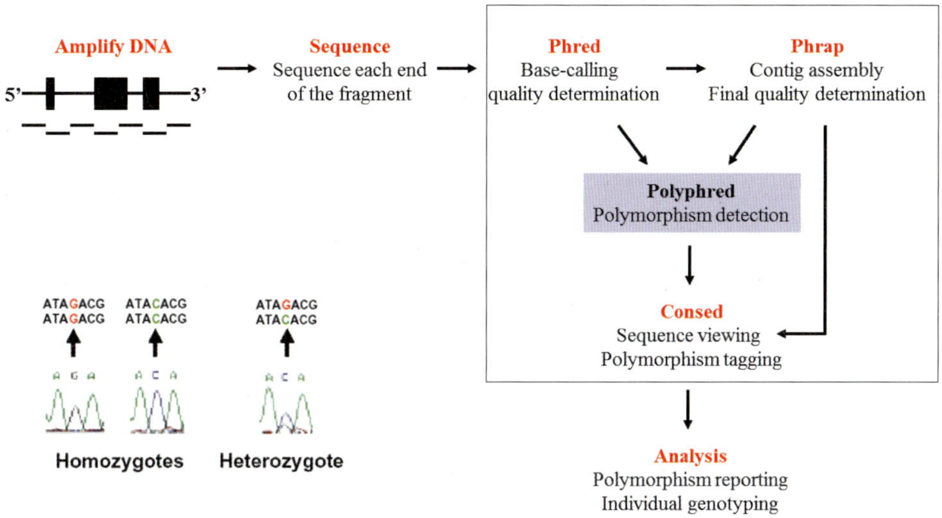

그림 8-2. **Sequencing방법을 사용한 SNP 발굴**

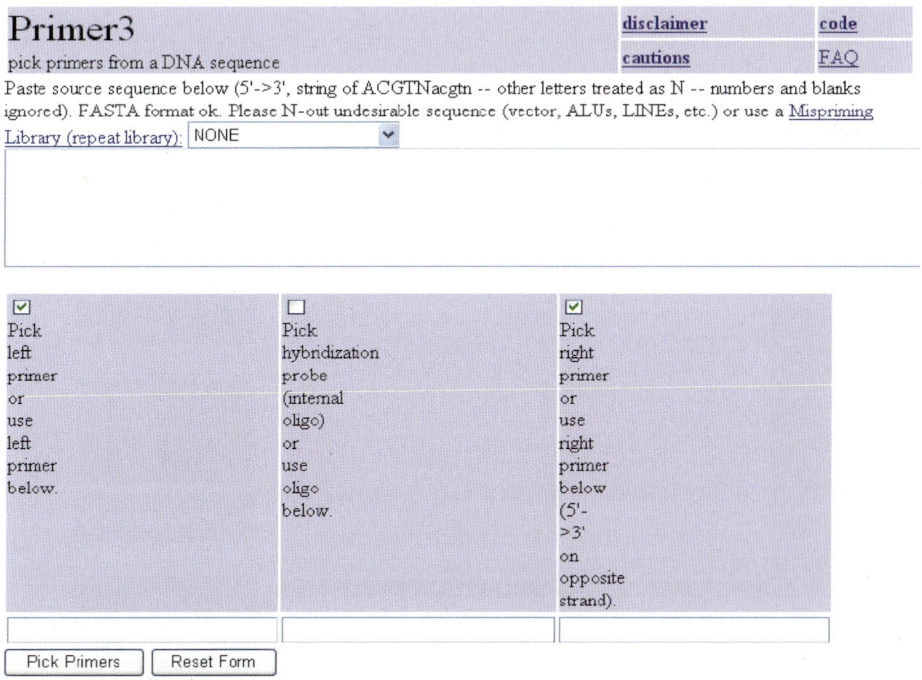

그림 8-3. **PCR primer 선별용 PRIMER3 프로그램.** 출처: http://frodo.wi.mit.edu/ primer3/

우선 선별된 후보유전자에서 SNP을 발굴하고자 하는 부위를 PCR로 증폭해야 하며 PCR 증폭에 필요한 primers 선별은 Primer3 (http://frodo.wi.mit.edu/primer3/) 프로그램을 사용할 수 있다(그림 8-3). 선별된 PCR primer로 PCR 증폭과 sequencing이 제대로 이루어지게 되면 sequencing된 결과를 가지고 다중 염기서열 비교를 통해 유전변이형의 형태를 조사하게 된다. 이때 변이형의 검색은 Polyphred 등의 프로그램을 사용하여 수행할 수 있다. 특히 하나의 동일한 template를 사용하는 일반 염기서열 분석법과는 달리 특정 개체에서는 아버지와 어머니로부터 물려받은 2 개의 서로 다른 유전형(heterozygote)이 존재할 수 있다. 따라서 동일한 염기서열을 가진 유전형과 2 개의 서로 다른 유전형을 구분하기 위해 보다 정교한 분석 알고리즘이 필요하게 되며 이러한 목적을 위해 Polyphred라는 프로그램이 개발되었다. 이 프로그램은 다수의 시료에서 분석된 염기서열을 다중 염기서열 비교(multiple alignment)를 하기 위해 Phred, Phrap 및 Consed라는 3 개의 다른 응용 프로그램을 통합하여 운영하고 있다. 본 프로그램은 연구 목적으로 사용할 때 무상으로 제공된다(http://droog.gs.washington.edu/polyphred/). Polyphred는 linux시스템에서 운영되는데 sequencing파일을 업로드한 후 Polyphred에서 분석을 하게 되면 그림 8-4와 같은 결과가 나오며 SNP이 있는 위치를 중요도(ranking)에 따라 몇 가지 다른 색깔로 표시를 해준다.

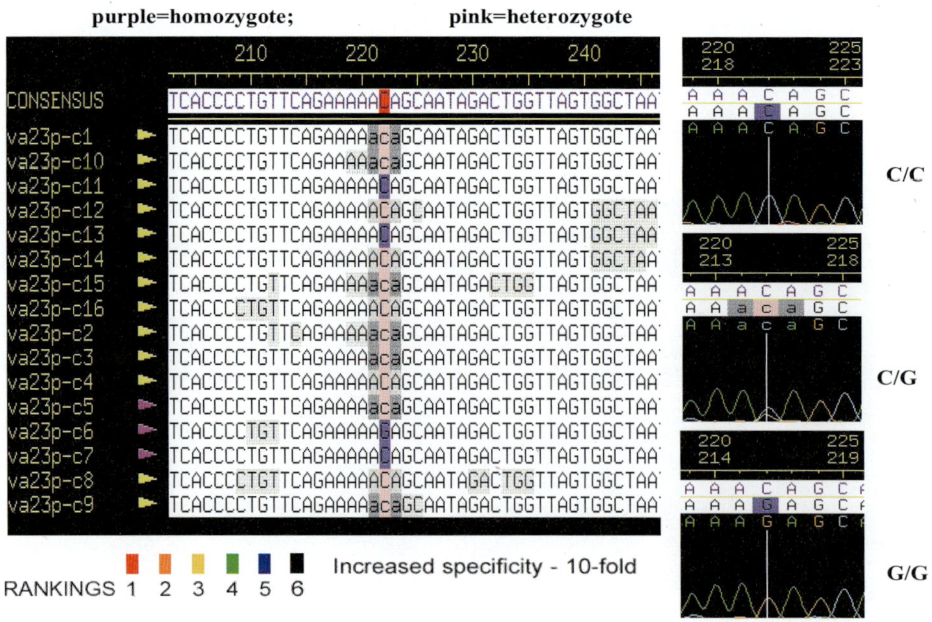

그림 8-4. **Polyphred 프로그램의 분석 이미지**

만약 빨강색 또는 주황색으로 표시되면 중요도가 높아 거의 확실한 SNP임을 나타내지만 sequencing quality가 좋지 않은 경우엔 녹색이나 푸른색으로 표시되고 이런 경우엔 SNP으로 표시는 되지만 표시된 염기서열의 중요도가 낮아 SNP이 아닐 가능성이 매우 높다. 일반적으로 대부분의 SNP은 빨강과 주황으로 표시된 ranking 1과 2에서 발견된다. 그리고 실제 SNP의 염기서열 위에서 마우스의 오른쪽 버튼을 누르게 되면 그림 8-4의 오른쪽에 나타난 바와 같이 실제 sequencing 이미지를 확인할 수 있다. 그리고 sequencing data로부터 SNP을 발굴하는 프로그램으로는 Polyphred뿐만 아니라 다양한 종류의 다른 프로그램들이 있다. 예를 들면, NovoSNP, VarDetect, InSNP 및 Mutation Surveyor 등의 프로그램이 동일한 목적으로 사용될 수 있다.

한편 염기서열분석을 통한 SNP 발굴에서 가장 중요한 것이 좋은 sequencing quality를 확보하는 것이다. 일반적으로 sequencing 결과를 판정하는 기준지수로 Phred Quality Score인 Q-value가 사용되고 있으며 이 값은 다음 식으로 계산한다.

$$Q = -10 \log_{10}(p)$$

여기서, p= sequencing error의 확률

따라서 그림 8-5에 제시된 바와 같이 100 bp당 하나의 sequencing error가 발생하면 Q=20의 값을 갖게 되고 1,000 bp당 1 개의 sequencing error가 발생하면 Q=30의 값을 갖게 된다. 그러나 이 값은 plasmid DNA와 같이 동일한 종류의 template를 사용하는 경우에 적용되고 SNP 발굴을 위해 일반적으로 사용되는 genomic DNA는 많은 수의 두 가지 다른 종류의 유전적 염기서열을 가지고 있다. 따라서 sequencing signal noise와 heterozygote 간의 차이를 분명히 구분하기 위해서는 sequencing quality가 좋아야만 heterozygote 상태로 존재하는 SNP을 명확히 구분할 수 있다. 일반적으로 genomic DNA를 PCR로 증폭하고 sequencing하여 SNP을 발굴하는 경우엔 적어도 Q=25 또는 30 이상은 되어야 한다. 일반적으로 high sequencing quality는 SNP 발굴의 정확도를 높이게 된다.

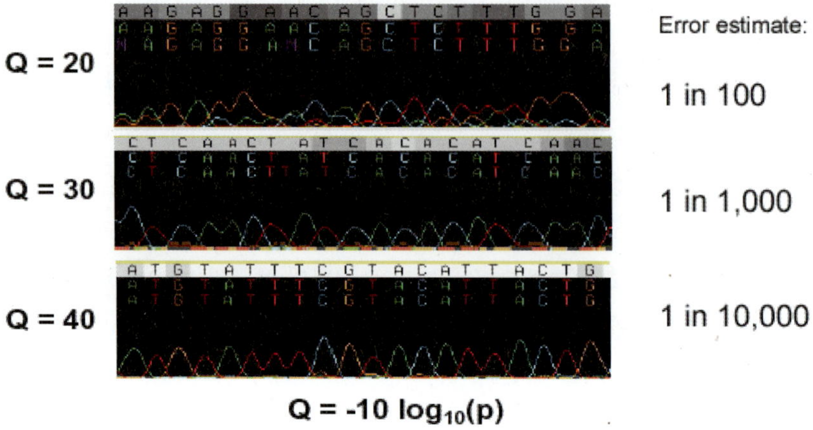

그림 8-5. Sequencing에 의한 SNP 발굴에서 sequencing quality의 중요성

한편 SNP 발굴은 대량의 작업을 일률적으로 수행해야 하는 공정이다. 따라서 이를 위해서는 특정 후보유전자 또는 유전체 위치에서 PCR 증폭 및 sequencing용 primer 선별작업, 좋은 sequencing결과, SNP 검색 및 유전변이형 분석 등의 일련의 과정을 자동화함으로써 많은 작업이 필요한 SNP 발굴의 효율성을 극대화할 수 있을 것이다.

3. SNP 발굴을 위한 적정 시료의 수

SNP 발굴에 사용되는 시료의 수에 따라 발굴 가능한 SNP의 빈도가 결정된다. 다시 말하면 아주 낮은 빈도의 SNP까지 발굴하고자 한다면 많은 수의 시료가 필요하지만 빈도가 높은 SNP을 발굴할 경우에는 적은 수의 시료만으로도 가능하다. 좀 더 구체적으로 살펴보면, 표 8-2에서 제시된 바와 같이 만약 5% 이상의 빈도를 가진 대부분의 SNP (95% 이상)을 발굴하고자 한다면 적어도 24 개의 DNA 시료가 사용되어야 한다. 그러나 1% 이상의 빈도를 가진 SNP을 대부분 (95% 이상) 발굴하고자 한다면 시료의 개수는 최소한 96 개 이상이 되어야 한다. 그러나 대부분의 경우 5% 이상의 빈도를 가진 SNP이 연관성 연구에 사용되기 때문에 SNP 발굴을 위해서는 24 개의 DNA 시료가 주로 사용되고 있다. 달리 말하면 24 개의 DNA 시료를 사용하여 SNP 발굴을 수행하면 5% 이상의 빈도를 가진 SNP을 95% 이상의 확률로 발굴할 수 있다.

표 8-2. 사용 시료의 수에 따른 최소 유전형 빈도의 SNP 발굴 확률

시료수\빈도	1%	5%	10%	20%	30%	40%
2	.21	.30	.36	.43	.47	.49
3	.32	.46	.55	.65	.71	.74
4	.39	.56	.66	.77	.83	.86
5	.44	.62	.73	.84	.90	.93
6	.48	.68	.78	.89	.94	**.96**
7	.52	.72	.83	.92	**.96**	.98
8	.55	.75	.86	.94	**.98**	.99
9	.57	.78	.88	**.96**	.98	.99
10	.59	.80	.90	**.97**	.99	.997
16	.69	.89	**.96**	.99	.999	>.999
24	.76	**.95**	**.99**	.999	>.999	>.999
48	.87	**.99**	.999	>.999	>.999	>.999
96	**.95**	.999	>.999	>.999	>.999	>.999

출처: Kruglyak L and Nickerson DA. (2001). Nat Genet 27:234-236.

한편 효율적인 SNP 발굴을 위해서는 여러 사람이 공동으로 사용할 수 있는 대량의 표준 유전체 시료를 확보할 필요가 있다. 표준 유전체 시료는 다양한 인종 집단 특이적인 개체로부터 추출한 B 세포에 Epstein-barr-virus(EBV)를 감염시켜 불멸화된 세포주(EBV-transformed B cell lines)를 만들어 DNA를 계속적으로 추출하여 사용할 수 있도록 하였다. 예를 들면, 인간유전체사업을 수행했던 미국 National Human Genome Research Institute는 SNP 발굴 작업을 효율적으로 진행하기 위하여 총 450 명으로 구성된 다양한 인종의 표준 유전체 시료를 만들어 전세계 연구자들에게 자유롭게 사용할 수 있도록 제공하고 있다(EBV-transformed B cells의 형태로 Coriell Institute for Medical Research에서 제공함) (표 8-3). 그리고 이 시료 세트는 사용자의 필요성에 맞추어 일부분(subset)으로 구입하여 사용하거나 전체 시료 세트 (full-set)를 사용할 수 있게 마련되어 있다. 이와같이 SNP 발굴을 위한 이러한 표준 DNA 시료는 많은 사람들에게 이용되어 SNP 분야 연구의 발전을 가속화하는 훌륭한 자원으로 활용되고 있다.

표 8-3. **DNA polymorphism 발굴에 사용된 시료의 종류 및 수**

인종집단	완전한 세트 (full set)	부분 세트 (Subset)			
		8	**24**	**44**	**90**
유럽인	**120**	2	6	11	23
아프리카인	**120**	2	6	11	23
아시아인	**120**	2	6	11	22
멕시코인	**60**	1	3	6	11
미국 인디언	**30**	1	3	5	11
총 개체	**450**	**8**	**24**	**44**	**90**

출처: Collins FS et al. (1998). Genome Res 8:1229-1231.

일반적으로 SNP 발굴은 유전자의 기능에 직접적으로 관련된 코딩 부위만을 대상으로 할 수도 있고 유전자의 모든 부위에서 이루어질 수도 있다(그림 8-6). 일반적으로 표현형과 관련된 부위는 코딩 부위에 주로 위치해 있지만 그 곳에서 직접적으로 관련된 유전변이형을 발굴하지 못할 가능성도 존재한다. 후보유전자의 모든 부위에 대한 SNP 발굴은 유전자의 모든 부위를 PCR로 증폭하고 염기서열 정보를 이용하여 SNP을 발굴하는 식으로 이루어진다. 유전자의 모든 부위에 대해 SNP을 발굴하는 것은 모든 유전변이형을 발굴할 수 있고 LD block 구조를 바탕으로 haplotype 구조 및 haplotype-tagging SNP 등의 정보를 알 수 있는 장점이 있지만 비용과 시간이 많이 소요된다는 단점을 동시에 가지고 있다.

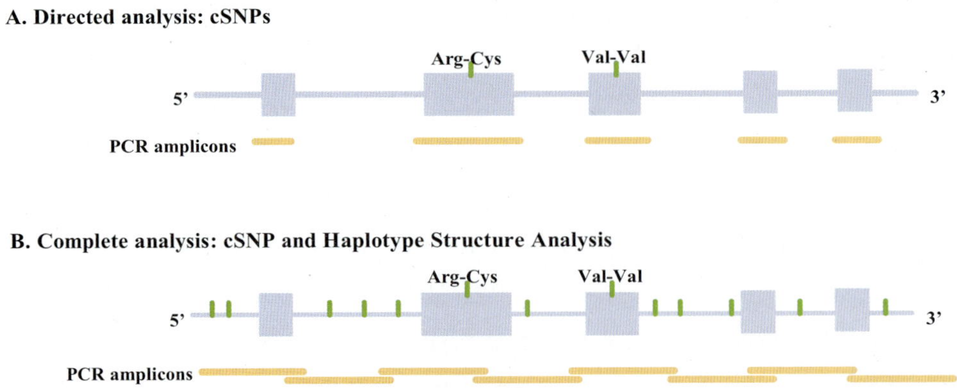

그림 8-6. **유전체에서 SNP 발굴 대상의 선정방법**

4. 다형성 및 돌연변이 표시법

염기서열 변이형인 돌연변이 또는 다형성 마커를 표시하기 위해서는 다른 연구자들도 쉽게 이해할 수 있는 공통된 명명법이 필요하다. 일반적으로 염기서열 변이형은 염기서열 정보가 기록된 sequence database(GenBank)에서 accession number를 지닌 reference sequence를 기준으로 하고(그림 8-7), DNA 서열은 A, T, G, C로 표시한다.

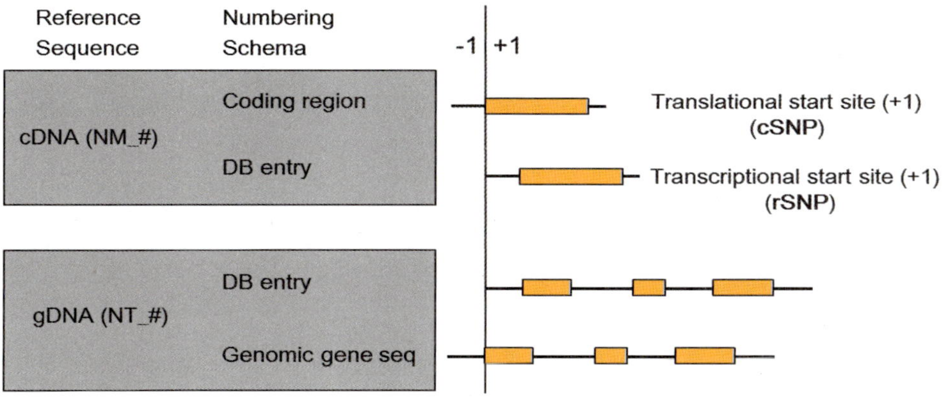

그림 8-7. **염기서열 변이형의 표시방법**

일반적으로 SNP의 종류와 위치를 표시할 때는 genomic DNA reference sequence를 사용하여 아미노산 합성을 시작하는 부위(ATG; translational start site)를 번호 매김의 기준으로 사용하는 방법과 5'-UTR 부위를 포함하는 첫 번째 exon의 시작 지점(transcriptional start site)을 기준으로 하는 방법이 있다. 일반적으로 ATG를 기준으로 하는 방법을 사용하여 SNP의 위치를 표시하지만 유전자의 프로모터에 존재하는 regulatory SNP을 강조할 때는 후자의 방법을 사용하는 것이 용이하다. 유전자에 대한 돌연변이 또는 다형성 변이형을 명명하는 방법의 원칙들을 몇 가지 살펴보고자 한다.

■ 유전자 명명법(Gene Name)

가장 먼저 유전자명과 단백질명을 달리 기술함을 알아야 한다. 모든 유전자명은 대문자와 이탤릭체로 표시해야 한다. 이때 글자 사이에 하이픈은 사용하지 않는다. 반면에 단백질명은 이탤릭체를 사용하지 않고 또한 대문자도 부분적으로 사용하거나 하이픈도 사용이 가능하다. 예를 들면, 유전자명으로는 *KRAS* 와 *TP53*으로 써야 하지만 단백질명으로는 K-Ras 와 p53으로 기술한다.

Gene Name	Protein Name
KRAS	K-Ras
TP53	p53

■ 유전자 돌연변이 명명법 (Gene Mutation Nomenclature)

모든 변이형은 변이형의 종류를 표시하는 다음과 같은 첫 글자를 먼저 적어 준다.

g. (genomic)

c. (cDNA)

r. (RNA)

p. (Protein)

그리고 변이형의 종류별로 보다 상세한 변이정보를 다음과 같이 기술한다.

① DNA 염기 치환 (nucleotide substitution): 유전자의 단백질 개시 코돈인 ATG에서 A의 위치를 +1로 정하고 그 앞은 -1의 위치로 정한다. 그리고 유전변이가 발생한 위치정보와 유전변이형 정보를 기술한다. 예를 들면,

g. 1162G>A 또는

g.621+1G>T or IVS4+1G>T (intronic SNP의 경우)

② 아미노산 치환 (amino acid substitution): 단백질 개시가 시작되는 methionine을 1번 코돈으로 정하고 한 글자 또는 세 글자 아미노산 표기법으로 표시한다. 예를 들면,

p.R117H or Arg117His

p.G542X or Gly542Stop

③ 삽입과 결실 (Insertion and Deletion): 변이형의 종류와 위치(또는 간격)를 표기한 다음에 삽입(insertion)은 ins로 표기하고 결실(deletion)은 del로 표기한다. 예를 들면,

p.F508del

c.6232_6236del or c.6232_6236delATAAG

g.409_410insC

상세한 유전변이형 표시방법에 대한 자료는 명명법에 대한 관련 문헌을 참고하기 바란다(den Dunnen JT and Antonarakis DE, 2001).

5. 국제 SNP 발굴 협의체

인간유전체사업 이후에 대량의 유전정보의 축적은 각 개인이 가지고 있는 유전변이형의 종류와 빈도에 대한 관심으로 집중되었다. 따라서 인간유전체사업의 유전체 분석기술을 이용하여 각 사람이 가지고 있는 유전변이형을 조사하기 위하여 SNP 발굴을 위한 국제 컨소시엄이 구성되었다. 국제 컨소시엄은 두 단계로 진행되었으며 첫 번째 단계는 「국제 SNP 발굴 협의체; The SNP consortium (TSC)」를 통한 대량의 SNP을 발굴하고, 두 번째 단계는 국제 컨소시엄으로 「International HapMap Project」를 수행하여 SNP 발굴과 인간 유전체의 특성을 규명하였다.

우선적으로 대량의 SNP 발굴을 위하여 추진된 국제 컨소시엄을 우리는 「The SNP Consortium" (약어로 TSC)」라고 한다. TSC에 대해 간략히 소개하면 다음과 같다(표 8-4). TSC는 공동으로 발굴한 유전체 데이터를 일반 연구자들이 자유롭게 이용할 수 있도록 하기 위해 설립된 비영리 조직이다. 이 조직의 고유 업무는 인간 유전체 전체를 커버하는 약 30만 개 SNP을 발굴하여 일반 연구자에게 제공하는 것이었다. 본 컨소시엄은 영국의 Wellcome trust와 12 개 다국적 제약회사가 자금을 제공하고 인간유전체사업을 수행했던 4 개 기관(The Whitehead Institute, Sanger Center, Washington University & Stanford University)이 SNP 발굴 작업을 수행하였다. 그리고 생산된 모든 SNP 데이터는 Cold Spring Harbor Laboratory에서 데이터 관리, 분석 및 데이터베이스를 운영하여 일반인에게 모든 자료를 제공하였다. 연구에 사용된 시료는 미국 NIH의 National Human Genome Research Institute에서 만들어진 SNP 발굴용 표준 패널의 24 명 시료를 사용하였다. 본 사업은 1999년 4월에 시작되어 2001년에 완료되었으며 완료시점에는 최초의 목표보다 훨씬 많은 총 180만 개의 SNP을 발굴하는 성과를 이루었다.

표 8-4. **The SNP Consortium에 대한 요약**

목표: 300,000 common SNP 발굴 (1999) **성취업적:** 1,800,000 common SNP 발굴 (2001)	
TSC 참여기관	**영국의 Wellcome Trust와 12 개 다국적 제약회사:** - APBiotech - AstraZeneca PLC - Aventis - Bayer AG - Bristol-Myers Squibb - F. Hoffmann-La Roche - GlaxoSmithKline - IBM - Motorola - Novartis - Pfizer inc. - Searle
SNP 발굴 수행기관	The Whitehead Institute Sanger Center Washington University (St. Louis) Stanford University
데이터 발굴 및 분석기관	Cold Spring Harbor Laboratory
TSC에 사용된 DNA 시료	미국 NIH National Human Genome Research Institute에서 SNP 발굴 목적으로 조성된 DNA reference panel 시료 24 개 사용
데이터 제공	컨소시엄 website (http://snp.cshl.org/)를 통해 일반인에게 제공되었으나 현재는 중단되고 International Hapmap Project에 통합되어 운영됨 (http://hapmap.ncbi.nlm.nih.gov)

2001년 TSC 사업이 완료된 이후에는 「International HapMap Project」가 시작되어 추가적인 SNP 발굴뿐만 아니라 다양한 인간 집단의 시료를 사용하여 인간 유전체에 존재하는 SNP의 분포 특성 및 유전체 구조에 대한 연구가 함께 이루어지게 되었다.

6. SNP 데이터베이스

대량의 유전변이형 정보를 체계적으로 수집하고 일반 연구자에게 전달하기 위해서는 SNP database를 구축할 필요가 있어서 다수의 연구기관 및 연구 그룹에서 SNP 관련 database가 만들어져 운영되었다. 그러나 현재는 거의 모든 SNP 정보가 dbSNP에 수록되고 있으며 필요한 SNP 관련 정보는 NCBI의 dbSNP (http://www.ncbi.nlm.nih.gov/SNP/)에서 검색할 수 있다(그림 8-8).

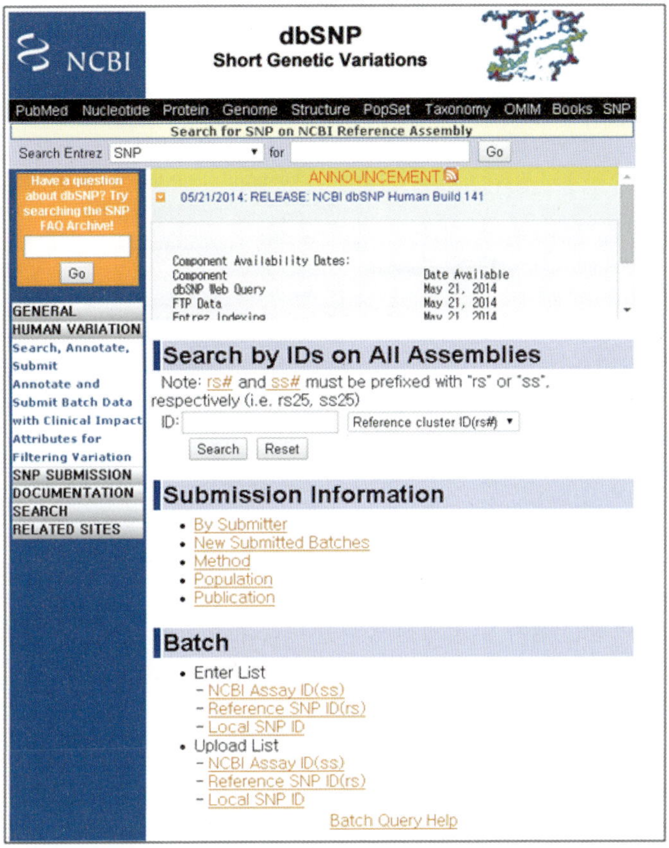

그림 8-8. **dbSNP의 검색창.** 출처: http://www.ncbi.nlm.nih.gov/SNP/

일반적으로 새롭게 발굴된 SNP 정보가 dbSNP에 전달되면 우선적으로 ss# (submitted SNPs #)를 부여받게 되고 이렇게 들어온 SNP은 유전체에 위치하고 있는 정확한 위치 정보를 확인하여 rs# (reference SNP #)를 다시 부여받는다. 따라서 여러 개의 ss#가 존재할 수 있지만 같은 위치에 존재하는 SNP는 하나의 고유한 rs#를 가지게 된다(그림 8-9). 그리고 dbSNP에 등록된 SNP은 다양한 심벌을 사용하여 검정된 정도 (validation status)를 표시하고 있어 이용자가 유용하게 활용할 수 있다. 예를 들면, dbSNP에 수록된 SNP들은 1) 다수의 사람에 의하여 발굴되었는지, 2) 다수의 시료에서 측정된 빈도 또는 유전자형 정보를 가지고 있는지, 3) SNP 정보를 제출한 사람에 의하여 검정되었는지, 4) 또는 적어도 2 개 이상의 염색체에서 관측되었는지, 그리고 5) HapMap 프로젝트에서 인종 집단에 대한 유전자형 정보를 가지고 있는지 등의 다양한 검정 정보를 확인할 수 있다.

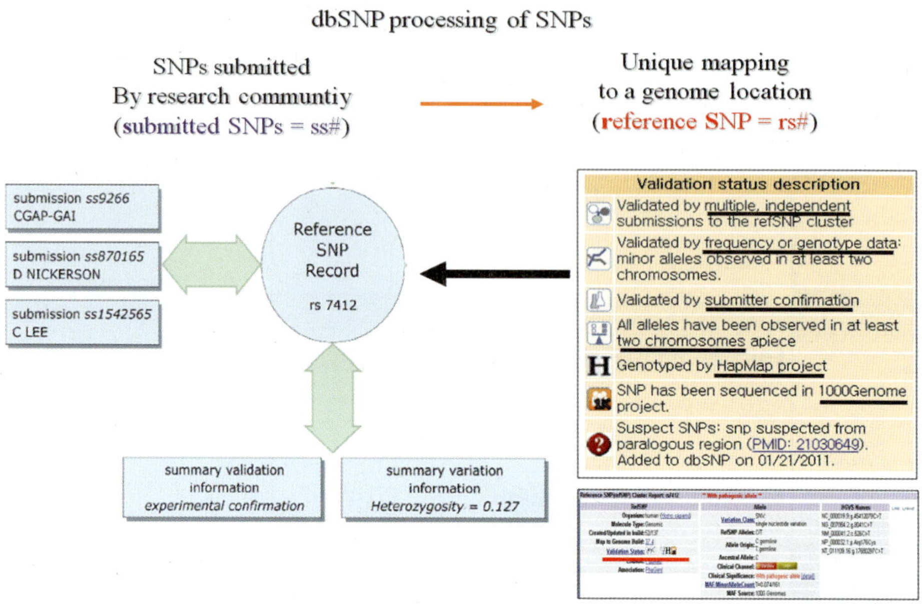

그림 8-9. **dbSNP에서 rs#를 부여받는 절차 및 검정된 종류를 나타내는 심벌**

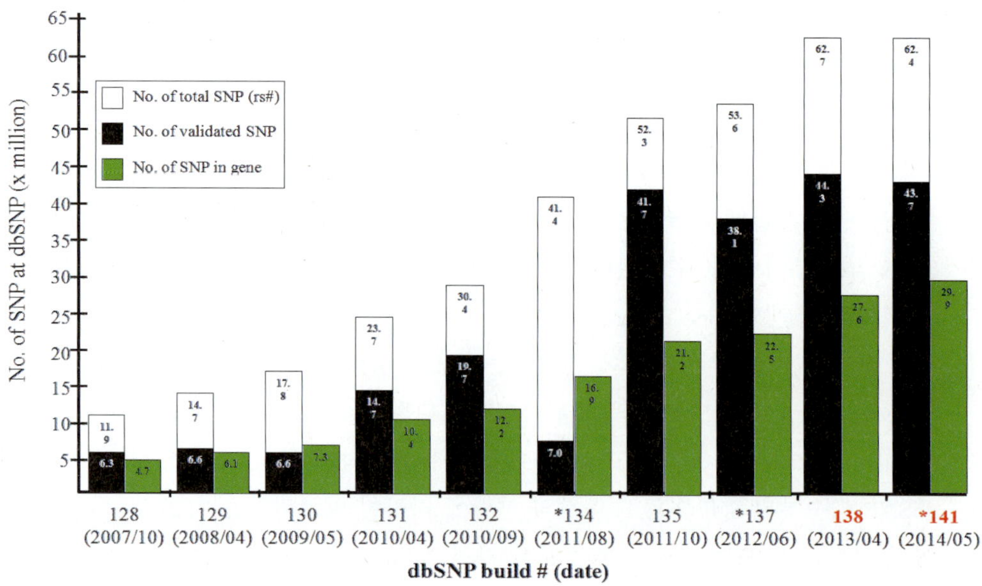

그림 8-10. **dbSNP에서 human SNP data 변경 과정.** 참고로 build 133, 136, 139 & 140에서는 human SNP data는 추가되지 않고 다른 종(species)의 SNP만 올려짐.

DNA 염기서열 분석기술의 발전으로 인간 집단에 존재하는 다양한 유전변이형 정보들이 아주 상세히 연구되어 매년 dbSNP database에 올려지고 있다. 가장 최근에 올려진 것은 2014년 5월(build 141)로 총 6,200만개 이상의 SNP 정보를 제공한다(그림 8-10). 그리고 최근에 올려진 많은 양의 새로운 SNP data는 대부분 1% 이하의 빈도를 가진 rare frequency를 가진 유전변이형들이다. 지금까지 dbSNP에는 중복되지 않는 SNP (rs#를 가진 SNP)이 총 62,387,983 개 (build 141; 2014년)가 등록되어 있으며 검정된 SNP도 4,373만 개, 유전자에 위치하고 있는 SNP도 2,990만 개가 밝혀져 있다(표 8-5). 특히 최근에 개인 유전체 염기서열 분석기술의 발전으로 인간 단일염기서열 변이형에 대한 정보가 급속히 확대되고 있다.

표 8-5. **dbSNP에 수록된 SNP 정보요약**

Build 141 dbSNP Human Content (2014.5)		
SNP submission (ss#)	260,570,204	
RefSNP clusters (rs#)	62,387,983	100%
Validated SNPs	43,737,321	70.1%
Number of (rs#'s) in gene	29,901,117	47.9%
Numbers of (ss#'s) with frequency	35,997,943	

출처: http://www.ncbi.nlm.nih.gov/snp

SNP database에 축적된 대량의 SNP data가 일반인에게 쉽게 제공됨에 따라 새롭게 특정 후보유전자의 SNP을 다시 발굴할 필요 없이 대부분의 SNP 정보를 database에서 검색하여 이용할 수 있게 되었다. 그래서 지금은 필요한 SNP 정보를 찾기 위해 SNP database를 검색함으로써 쉽게 관련 정보를 얻을 수 있다.

■ 참고문헌

- Carlson CS et al. (2001). SNPing in the human genome. Curr Opin Chem Biol 5:78-85

- Collins FS et al. (1998). A DNA polymorphism discovery resource for research on human genetic variation. Genome Res 8:1229-1231

- den Dunnen JT and Antonarakis SE. (2001). Nomenclature for the description of human sequence variations. Hum Genet 109:121-124

- Kruglyak L and Nickerson DA. (2001). Variation is the spice of life. Nat Genet 27:234-236

- Nickerson DA et al. (1997). PolyPhred: automating the detection and genotyping of single nucleotide substitutions using fluorescence-based resequencing. Nucleic Acids Res 25:2745-2751

- Rozen S and Skaletsky H. (2000). Primer3 on the WWW for general users and for biologist programmers. Methods Mol Biol 132:365-386

- NCBI dbSNP database: http:// www.ncbi.nlm.nih.gov/SNP/

- Primer3 homepage: http://frodo.wi.mit.edu/primer3/

- PolyPhred homepage: http://droog.gs.washington.edu/polyphred/

제 9장 유전변이형 검사법

1. 전통적 유전변이형 검사법

인간 유전체에 분포하고 있는 유전변이형을 조사하기 위해서는 다양한 분석법들이 사용 가능하다. 그러나 genotyping 방법은 정확하고, 단순하고, 비용이 적게 들며, 빠르게 분석할 수 있는 방법이어야 한다. 지금까지 다양한 목적으로 유전변이형 분석기술이 사용되었으며 가장 대표적인 2 가지 전통적인 방법으로는 1) RFLP (restriction fragment length polymorphism)와 2) SSCP (single strand conformation polymor- phism) 방법이 있다. 두 방법의 특징을 간략히 살펴보면 다음과 같다.

(1) RFLP 방법

RFLP는 특정 부위의 돌연변이에 의해 제한효소가 인지하는 염기서열(restriction site)이 생성되거나 소실되어 제한효소에 의한 절편길이가 달라지는 다형성을 측정하는 방법이다. 일반적으로 관심있는 특정 유전자 또는 유전체 부위를 PCR로 증폭한 후에 제한효소를 사용하여 절단하고 절단된 길이의 차이를 전기영동으로 분리하여 조사함으로써 제한효소에 의해 절단된 부위의 변이형을 조사하는 방법이다(그림 9-1). 그러나 이 방법의 가장 큰 단점은 DNA 염기서열 변이가 제한효소 인지부위의 변화를 초래하는 경우에만 이용할 수 있다는 것이다.

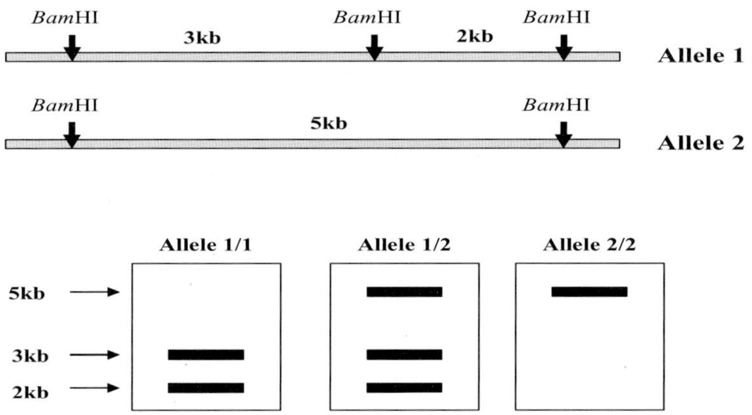

그림 9-1. **RFLP 분석방법**

(2) SSCP 방법

Single-stranded DNA는 자체 내의 약한 분자간 결합 (특히 base-pairing hydrogen bonds)에 의하여 안정화되는 구조(conformation)를 형성하며, 그 결과 전기영동 이동 속도에 영향을 미치게 된다. SSCP 방법은 DNA 시료의 증폭(amplifying), 변성(denaturing), 급속냉각(snap-cooling) 및 전기영동(nondenaturing polyacrylamide gel)을 통하여 검출되며, 매우 저렴하고 200 bp 미만의 절편에 대해서는 상당히 (약 80%) 민감한 검색 기술이다(그림 9-2). 그리고 인간 유전자에 존재하는 exon의 약 80%는 그 크기가 200 bp 이하이므로(Sakharkar et al, 2004) 단백질을 만드는 exon 부위의 유전변이형 검색에 SSCP 방법이 매우 유용하게 사용될 수 있다. 그러나 이 방법은 각 유전자 조각에 따라 필요한 조건이 달라 자동화하기 어려운 단점이 있어 대량의 유전변이형 검색 및 genotyping 방법으로는 적합하지 않다. 한편 최근에는 기술의 발달로 보다 정확하고 사용하기 용이하며 저렴하게 대량으로 genotyping할 수 있는 새로운 방법들이 많이 개발되어 보급되고 있다. 특히 환자-대조군 집단에서 질병 원인유전자 탐색을 위하여 대용량으로 분석이 가능한 방법들이 개발되어 있다.

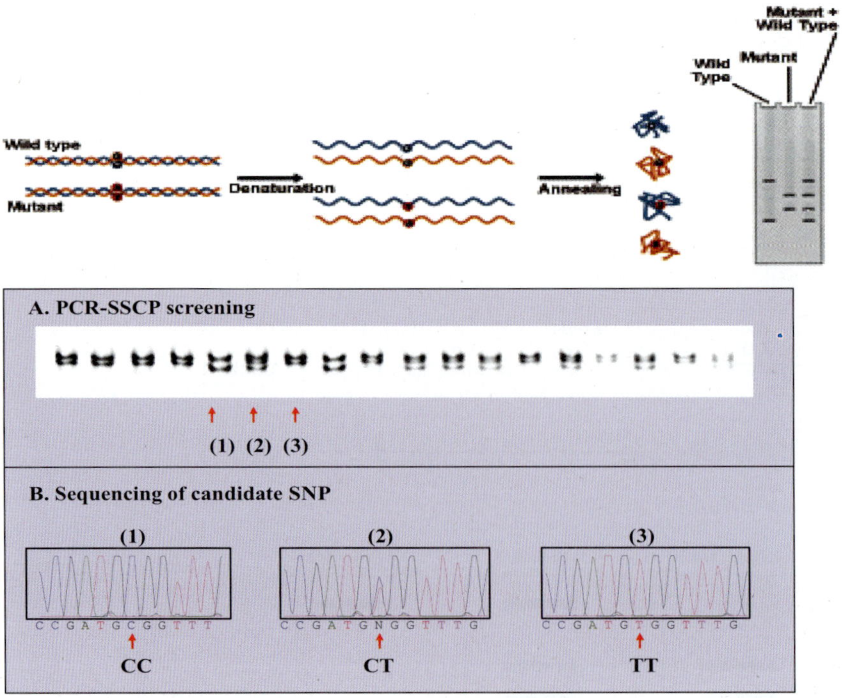

그림 9-2. **SSCP 분석방법**

2. SNP genotyping의 원리

유전변이형이 발굴된 이후에는 다양한 종류의 집단이나 시료에서 유전 연관성 분석을 위한 대량의 SNP genotyping 작업이 요구된다. 여기에서는 다양한 SNP genotyping 방법의 원리에 대해 설명을 하고자 한다. SNP genotyping 방법은 매우 다양하며, 각 방법은 시료 준비 단계와 검색 단계로 구분할 수 있다(그림 9-3). 그리고 한 가지 동일한 시료 준비과정에 의해 만들어진 유전변이형 정보도 각기 다른 검색 기법에 의해 조사될 수 있다. 예를 들면, SNP 부위의 염기서열 차이에 근거하여 primer extension으로 생산된 산물의 길이 차이를 gel separation, array, mass spectrometry, plate reader 등의 방법으로 검색할 수 있다. 이러한 시료의 준비 방법과 검색 방법의 차이에 따라 다양한 종류의 SNP genoytyping platforms 들이 개발되었다. 아래에서는 4 가지의 기본적인 SNP 식별 원리를 간략히 설명하고자 한다.

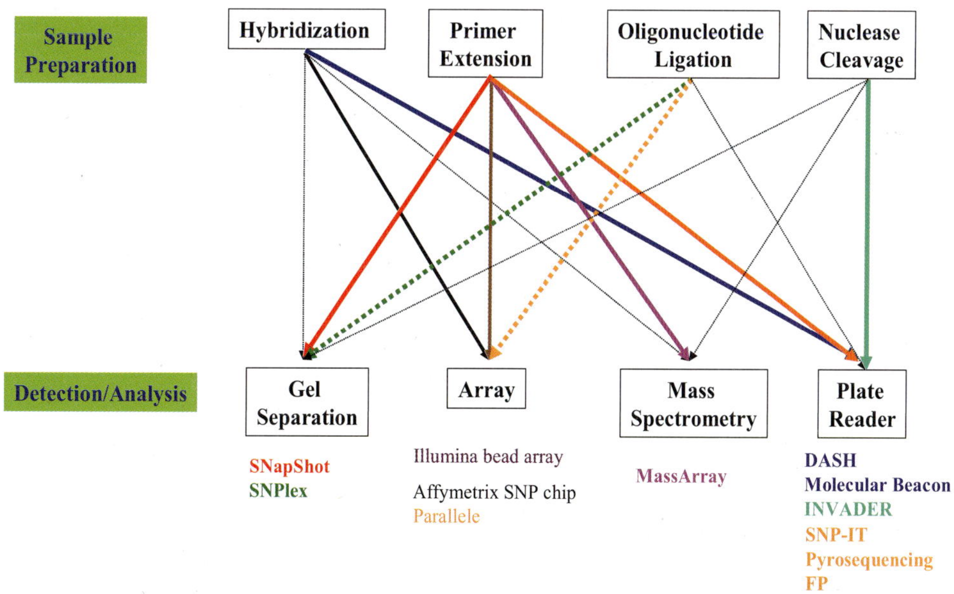

그림 9-3. **SNP genotyping 방법의 개요도.** 출처: Modified from Gut IG. (2001). Human Mutation 17:475-492.

(1) Allele-Specific Hybridization

Allele-specific oligonucleotide (ASO) hybridization이라고도 불리며, hybridization에 의한 염기서열 차이를 구별하는 방법이다. 2 가지의 서로 다른 allele-specific probe는 정확히 일치(perfect match)할 때만 상보적인 표적 염기서열에 결합(hybridization)되도록 설계된다(그림 9-4). 그러나 최적화된 조건에서 하나의 염기서열이 불일치(mismatch)하는 경우는 표적 염기서열에 결합하지 못한다. Hybridization 방법은 대립 유전자를 구별하는 단계에 효소가 포함되지 않는 가장 간단한 genotyping 방법의 하나이다. Hybridization을 이용한 genotyping 방법으로는 Eclipse, DASH(dynamic allele specific hybridization), Molecular Beacon (stem-loop 구조를 형성하며 fluorescence resonance energy transfer 검출 방법을 사용함) 및 Affymetrix GeneChip 등이 있다.

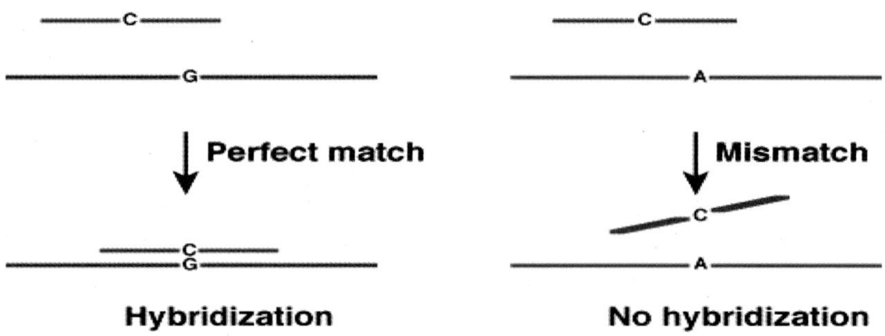

그림 9-4. **Allele-specific hybridization의 이론**

(2) Primer Extension

DNA polymerase는 primer의 3'-말단이 DNA 주형(template)과 상보적으로 정확히 일치할 때에 DNA 합성을 시작하여 PCR 산물이 생성되지만 불일치하는 경우에는 DNA 합성이 일어나지 않는다(그림 9-5). 따라서 PCR 산물이 생성되었는지 여부에 따라 표적 DNA의 대립 유전자형을 추정할 수 있다. 가장 일반적인 검출 방법은 형광물질이 표지된 dideoxynucleotide(ddNTP) terminator를 이용하여 chain extension을 중단시켜 조사하는 방법을 사용하고 있다. 검색 방법으로는 primer를 표지하여 extension 산물을 전기영동으로 구분하거나(SNapShot 방법), 단일염기서열이 연장된 산물의 질량 차이를 질량 분석기로 측정할 수도 있다(MassArray방법). Primer extension 원리를 이용하는 다른 방법으로는 SNP-IT, Pyrosequencing, FP(fluorescence polarization) 등이 있다. Primer extension 방법은 다양하게 적용할 수 있고 가장 적은 수의 primer 또는 probe를 필요로 한다. 그리고 probe design과 분석의 최적화는 일반적으로 간단하다.

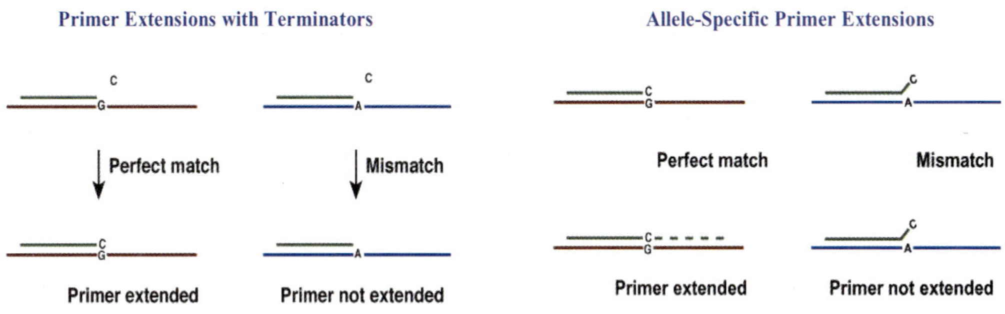

그림 9-5. **Primer extension**의 이론

(3) Allele-Specific Oligonucleotide Ligation

Ligation 방법은 각 대립 유전자형에 특이적인 2 개의 oligonucleotide probe와 형광물질로 표지된 공통의 probe 1 개 등 모두 3 종류의 probe가 필요하다. 각 대립 유전자형 특이 probe의 3'-말단부는 공통 probe의 5'-말단부에 바로 인접하도록 제작된다. 대립 유전자 특이 probe와 template의 염기서열이 정확하게 상보적으로 일치하는 경우, 대립 유전자형 특이 probe와 형광 표지된 probe 사이에 ligation 반응이 일어나고, 그렇지 않은 경우에는 ligation 반응이 일어나지 않는다(그림 9-6). Ligation 발생 여부에 따라 표적 DNA에 존재하는 대립 유전자형을 추정할 수 있다. Ligation은 특이성이 높고 최적화하기 쉬우나, 반응이 느리고 많은 수의 modified probe를 필요로 한다. 이 원리를 이용하는 대표적인 분석방법으로는 SNPlex 방법과 최근에 출시된 Affymetrix 회사의 Axiom 방법이 있다.

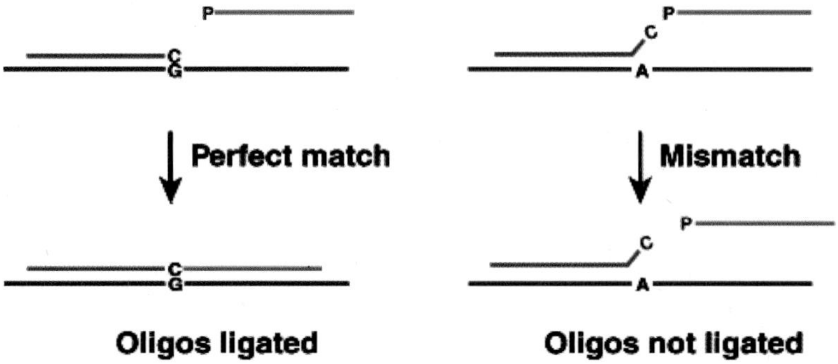

그림 9-6. **Allele-specific oligonucleotide ligation**의 이론

(4) Cleavage (Invader Assay)

Third Wave Technology 회사에서 개발된 Invader genotyping 방법은 PCR 증폭 없이 fluorescence resonance energy transfer(FRET)를 이용하는 SNP 분석방법이다(그림 9-7). 이 방법은 두 가지 대립 유전자형에 대응하는 primary probe(개별적인 형광물질로 표지됨)와 다형성 부위의 upstream 서열에 상보적으로 일치하는 Invader oligo 등 세 가지 probe가 반응에 사용된다. Primary probe는 3'-부위에 다형성이 존재하는 염기를 포함하여 downstream 서열과 상보적으로 일치하고, 5'-부위는 각 probe에 특이한 Flap의 역할을 하도록 제작된다. Invader oligo는 3'-말단부가 primary probe의 다형성 부위와 상보적으로 일치되는 부위에서 하나의 염기가 중첩되도록 제작된다. 이 probe들은 유전체 DNA의 표적 서열에 일렬로 결합한다. Primary probe와 유전체 DNA의 서열이 완벽하게 일치하고 여기에 Invader oligo가 결합된 triplex 구조가 형성되면 cleavage 효소가 인지하고 분해시켜 해당 probe에 특이한 Flap이 분리되나, primary probe와 유전체 DNA의 서열이 완벽하게 일치되지 않으면 cleavage 효소가 인지하지 못하여 분해되지 않는다. 분리된 Flap은 "U"자형 구조를 갖는 universal FRET cassette의 틈에 삽입되어 triplex 구조를 형성(2차 반응)하고 이 구조를 다시 cleavage 효소가 인지하여 FRET cassette에 있는 reporter (fluorescence signal dye)와 quencher 사이를 분해하면, quencher로부터 분리된 형광이 빛을 발하게 된다(*형광이 빛의 발산을 방해하는 quencher와 가까이에 서로 붙어 있으면 빛을 발하지 못함). 그리고 최종적으로는 각 probe에 따른 형광의 발산을 측정함으로써 대립 유전자형을 결정한다.

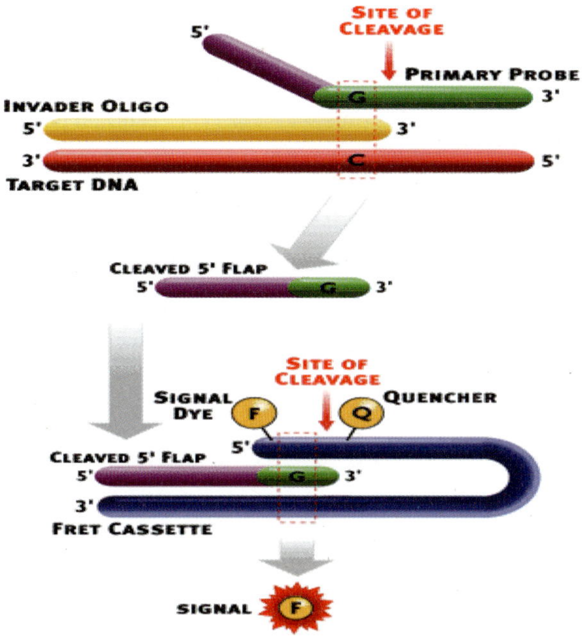

그림 9-7. **Invader assay의 원리**

3. SNP genotyping의 방법

유전변이형을 조사할 수 있는 방법은 매우 다양하며 각 방법은 고유한 분석 원리를 이용한다. 여기에서는 대표적인 SNP genotyping 방법에 대한 원리와 실제 분석 방법을 소개함으로써 각 분석방법에 대한 이해를 돕고자 한다. SNP genotyping 방법은 그 규모에 따라 크게 두 가지로 분류할 수 있다. 기본적으로는 하나의 SNP 만을 조사하는 소규모의 SNP genotyping 방법으로 TaqMan, Pyrosequencing, FP, Invader, SNapShot, MassArray 방법 등이 있다. 그리고 대량으로 SNP genotyping할 수 있는 방법으로는 SNPlex, BeadArray, Illumina와 Affymetrix 회사의 대용량 SNP chip (250K, 300K, 640K, 700K, 1M, 2.5M, 5M SNP chip) 분석 시스템 등이 있다.

(1) TaqMan

TaqMan 방법은 Taq polymerase의 5'-nuclease 성질을 이용하는 방법으로, 반응에는 한 쌍의 TaqMan probe와 한 쌍의 PCR primer가 사용된다. TaqMan probe는 5'-말단에는 reporter dye가, 3'-말단에는quencher dye가 공유결합 되어있으며, 다형성 부위와 TaqMan probe 간의 match와 mismatch의 차이를 형광물질을 이용하여 감별하는 방법이다. TaqMan probe에 reporter dye와 quencher dye가 결합되어 있을 때는 reporter dye가 quencher에 의해 빛을 발하지 못한다. 그러나 SNP이 위치한 부위와 상보적으로 완전히 일치하는 TaqMan probe는 PCR의 annealing 단계에서 결합되고, extension 단계에서 Taq 중합효소의 5'-nuclease 활성에 의하여 5'-말단부의 reporter dye(FAM 또는 VIC)가 quencher dye로부터 분리되어 고유한 형광을 나타낸다(그림 9-8). 그러나 probe가 표적 SNP과 mismatch되면 probe가 template로부터 떨어져 나가 더 이상의 반응이 진행되지 않는다. 이 방법은 SNP 이외에도 아주 작은 염기서열의 삽입(insertion)이나 결손(deletion)도 분석할 수 있다. TaqMan 방법은 실험방법이 매우 간단하고 정확한 정량이 가능하지만 probe 비용이 비교적 비싸며 최적화를 필요로 한다.

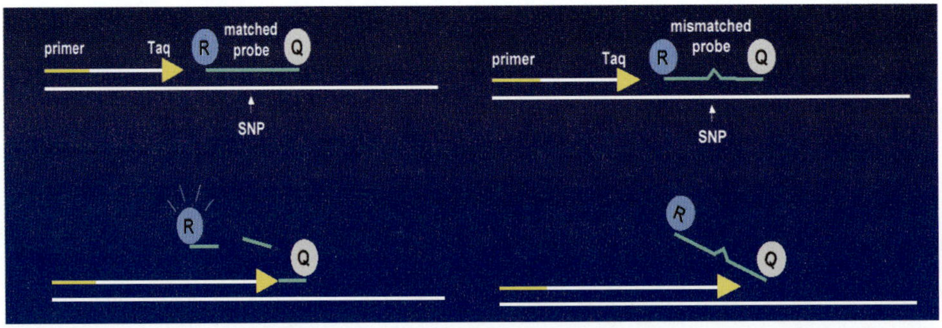

그림 9-8. **TaqMan assay의 원리**

또한 최근에는 TaqMan 방법을 이용한 유전자 복제수(CNV; copy number variation) 분석도 가능하도록 수 백만개의 CNV 분석용 TaqMan probes가 ABI 회사에서 제공되고 있다.

(2) Pyrosequencing

Pyrosequencing 방법은 염기서열을 결정할 수 있는 일련의 효소를 연속적으로 반응시켜 DNA template의 염기서열을 밝힘(minisequencing)으로써 각 유전형의 조합을 조사하는 방법이다. 이 방법에서는 PCR로 증폭된 template DNA에 sequencing primer, DNA polymerase와 각 염기(A,G,T,C)가 차례로 첨가되면서 염기서열을 결정한다. 더 자세히 설명하면, template DNA의 염기서열에 상보적으로 일치하는 염기의 경우, DNA 중합반응에 이용되어 pyrophosphate (PPi)를 방출하게 되는데, 이는 APS (adenosine 5'-phosphosulfate)의 존재 하에 ATP로 전환되고, ATP는 luciferase를 oxiluciferin으로 활성화시키며 빛을 발산한다(그림 9-9).

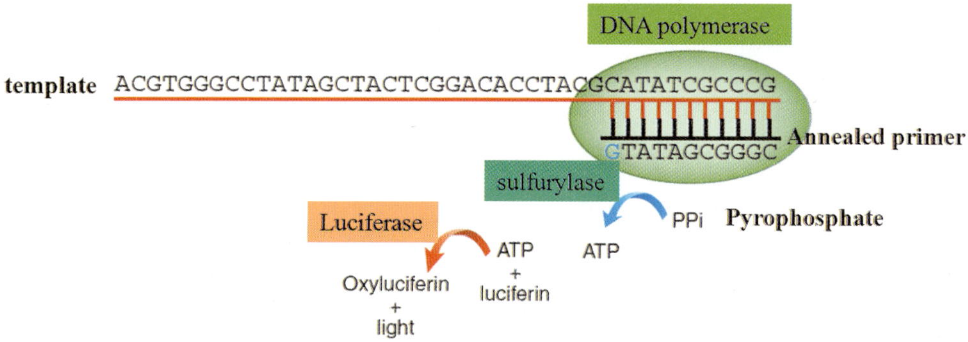

그림 9-9. **Pyrosequencing 반응의 과정**

Luciferase에 의한 발광반응은 CCD (charge-coupled device) 카메라에 의하여 인식되어 프로그램에 의해 pyrogram으로 나타난다. 한편 빛 신호의 강도는 중합효소반응에 의해 합성된 염기서열에서 삽입된 염기의 수와 비례하므로 homozygote는 heterozygote peak의 두 배가 된다. 그러므로 pyrosequencing 방법은 정량적인 측정이 가능하기 때문에 DNA pooling에 의한 SNP genotyping도 수행할 수 있다. 한편 ATP와 중합효소에 의해 DNA 합성에 사용되지 않은 dNTP는 apyrase에 의하여 제거되어 반응용액을 원상으로 회복시킨다. 이후 새로운 dNTP가 차례로 주입되는 새로운 반응이 반복된다(그림 9-10). 따라서 pyrosequencing 방법은 일련의 시약을 연속적으로 주입하여 염기서열을 판별하는 minisequencing을 계속적으로 수행함으로써 특정 유전형의 정보를 확인하는 방법이다. 이 방법은 정확하고 대립 유전자형의 정확한 빈도 추정도 가능하나 시약이 비싸고 PCR 후 부가적인 처리과정이 요구되는 단점이 있다.

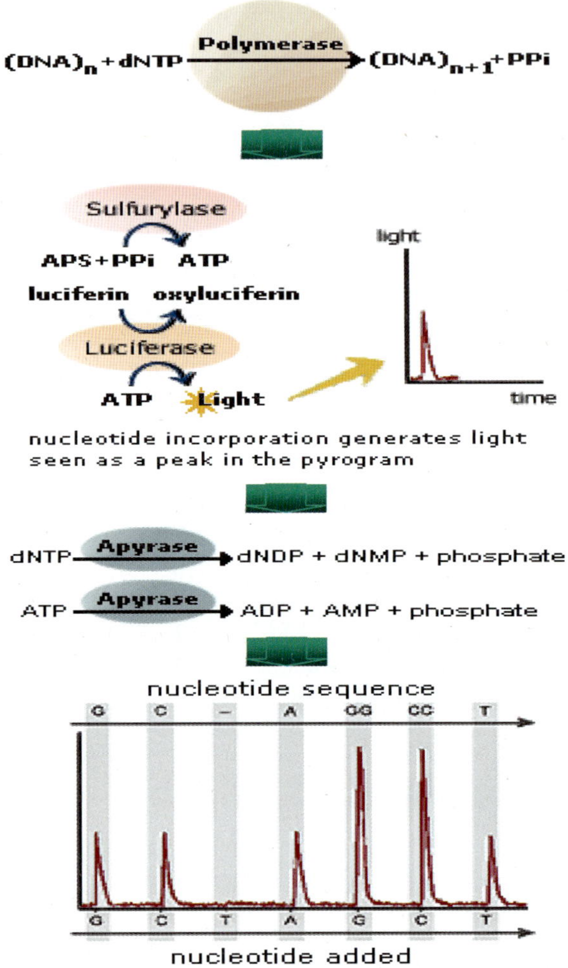

그림 9-10. **Pyrosequencing assay의 원리**

(3) MassArray

MassArray는 primer extension 방법으로 유전변이형을 구분하고 유전변이형에 따른 산물의 질량 변화를 MALDI-TOF(Matrix Assisted Laser Desorption/ Ionization-Time of Flight Mass Spectometry)를 사용하여 조사한다. 즉 primer extension 반응시 대립 유전자형에 따라 생성되는 산물의 크기를 서로 다르게 만들어 특정 염기서열이 달라질 때 수반되는 질량의 차이를 질량분석기를 이용하여 분석한다(그림 9-11). 이 방법은 표지된 probe나 primer 없이 질량의 변화만을 정확히 측정함으로써 유전자형을 밝힐 수 있고 multiplexing으로 다수의 SNP을 동시에 판별할 수 있는 장점을 가지고 있다. 하지만 이온이나 다른 불순물이 제거된 정제된 시료를 필요로 하기 때문에 검사 시간이 많이 걸리고 시료 처리 비용이 증가하는 단점을 가지고 있다.

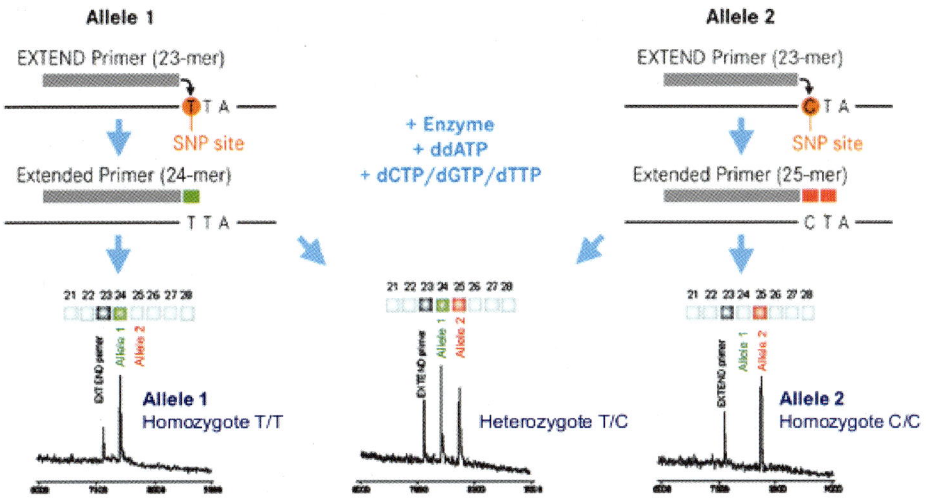

그림 9-11. **MassArray assay**의 원리

(4) SNPlex

SNPlex 방법은 allele-specific oligonucleotide ligation과 capillary electrophoresis를 이용하여 SNP의 유전형을 분석한다. 이 방법은 다양한 실험 규모에 적용 가능하고 medium- 또는 high-throughput genotyping에서 연구자가 다수의 SNP을 선별하여 genotyping할 수 있다. 일반적으로 48 개의 SNP까지 동시에 한번의 allele-specific oligonucleotide ligation 반응으로 분석할 수 있다. 이 방법은 다음의 7 단계로 구성되어 있으며 2 일 이내에 genotyping이 완료된다(그림 9-12).

① allele-specific oligonucleotide (ASO) ligation 반응 동안에 ASO probe와 locus-specific oligonucleotide (LSO) probe가 표적 염기서열에 hybridization됨.

② ligation되지 않은 probe와 linker 및 genomic DNA는 exonuclease I과 lambda exonuclease에 의해 분해되어 제거됨.

③ 정제된 ligation 산물은 한 쪽이 biotin으로 표지된 primer를 이용하여 PCR 증폭됨.

④ biotin이 표지되지 않은 strand는 제거되고 남은 single-strand amplicon이 microtiter plate에 결합되어 수집됨.

⑤ single-strand PCR 산물에 형광물질이 표지된 universal Zipprobes가 hybridization함. 각 ZipChute probe는 각 ASO 내의 유일한 ZipCode 염기서열에 상보적인 염기서열을 포함하고 있어 48 개의 SNP을 분석하기 위해서는 96 개의 별개의 ZipCode 염기서열과 ZipChute probes가 필요함. 개개의 ZipChute probe는 mobility modifier를 포함하고 있어 capillary electrophoresis (CE) 동안 고유한 이동속도를 가지게 됨.

⑥ ZipChute probe는 CE buffer로 elution됨.

⑦ Elution된 ZipChute probe는 capillary sequencer에서 이동거리를 기준으로 각 유전형을 결정하게 됨.

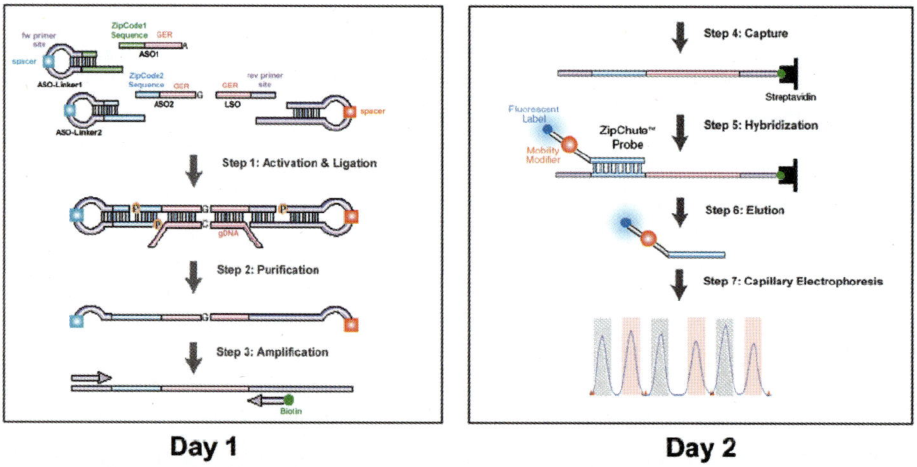

그림 9-12. **SNPlex genotyping 방법**

(5) GoldenGate Assay

Illumina 회사의 GoldenGate® genotyping assay는 genomic DNA를 주형으로 사용하여 primer extension과 증폭 단계를 통하여 많은 수의 multiplexing (1,536-plex)이 가능한 SNP genotyping 방법이다. SNP genotyping을 위해 template DNA는 biotin으로 labeling하여 잉여의 hybridization solution과 streptavidin conjugated paramagnetic particles (SA-PMPs)로부터 정제된다. 정제된 DNA template에 3 가지의 oligonucleotides(oligos)가 첨가되는데 2 가지의 oligo는 SNP site의 각각의 대립 유전자형에 특이적인

Allele-Specific Oligos (ASOs)이고 다른 하나의 oligo는 SNP site의 몇 base pair downstream에 hybridization되는 Locus-Specific Oligo (LSO)이다. Oligo hybridization 후에 hybridization되지 않은 oligos는 제거되며, allele-specific extension 후 ligation 반응이 수행된다. Ligation된 산물을 형광물질로 표지된 universal PCR primers P1(Cy3), P2(Cy5)와 P3로 PCR 증폭시킨 후에 single-strand로 만든다. Single-stranded, dye-labeled DNA는 unique address sequences를 통해 상보적인 bead type (Array Matrix 또는 BeadChip)에 hybridization되고 형광을 읽어 자동으로 유전자형을 결정한다(그림 9-13). GoldenGate assay는 1,500여 개까지의 SNP을 동시에 genotyping할 수 있고 저렴한 비용으로 정확하게 유전자형을 알 수 있으나 모든 SNP sites에 대하여 이 방법을 사용할 수 있는 것은 아니다.

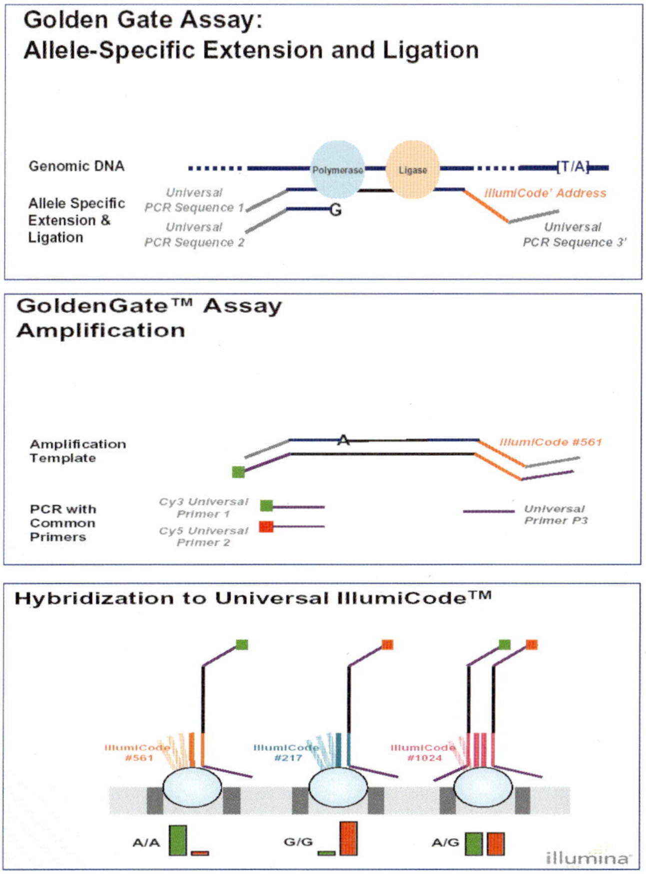

그림 9-13. **GoldenGate assay**

(6) Infinium Assay

Illumina 회사의 Infinium™ assay는 PCR 또는 ligation 단계 없이 한 튜브에서 시료 준비과정 (single-tube sample preparation)을 수행하여 작업량과 잠재적인 시료 취급 과정에서 발생할 수 있는 실수를 유의하게 감소시켰다. 또한 효소를 사용하여 SNP을 식별함으로써 높은 call rate와 정확도를 가지고 거의 무제한으로 multiplexing 할 수 있는 장점을 가지고 있다. Assay는 DNA 시료의 증폭으로 시작된다(그림 9-14). 전체 유전체를 증폭(whole-genome amplification)하는 과정은 DNA 시료의 양을 균등하게 증가시킨다. 증폭된 DNA 시료는 조각으로 만들어진 후에 열변성 과정을 거쳐 BeadChip에 붙여진다. 이 hybridization 단계에서 조각난 DNA들은 SNP당 각각의 대립 유전자에 대응되는 bead-type (locus-specific 50-mers)에 붙는다. 그리고 hybridization된 DNA는 BeadChip에서 allele-specific primer extension이 수행된다. Allele-specific primer extension이 일어나면서 형광물질이 표지되면 자동으로 genotype을 알 수 있다. 지금 Infinium assay 시스템에는 700K, 1M, 2.5M & 5M SNP chip이 출시되어 있다.

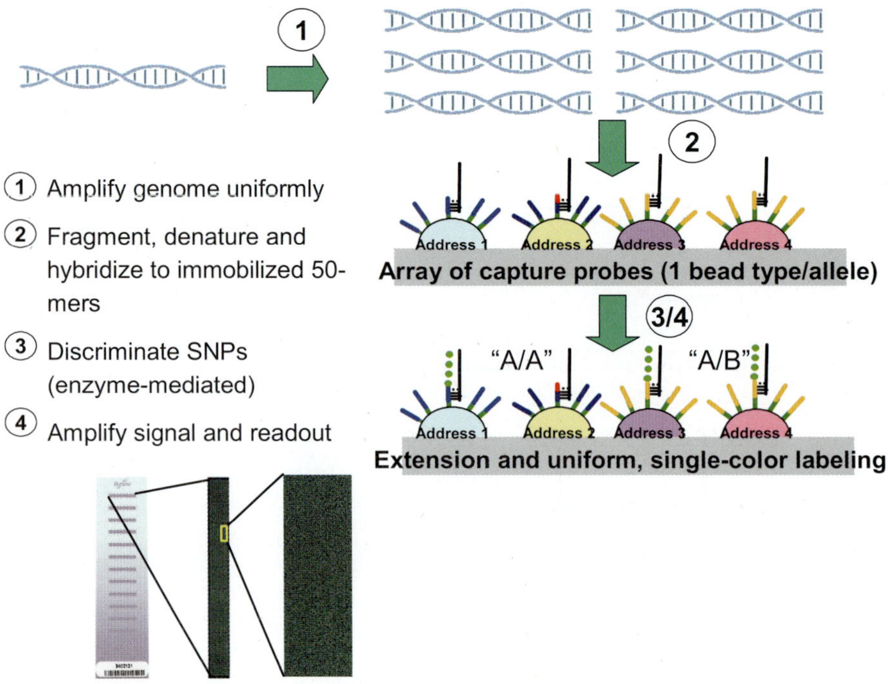

그림 9-14. **Infinium assay**

(7) Molecular Inversion Probe

Molecular Inversion Probe (MIP) 기술은 oligonucleotide ligation 방법의 장점을 활용하면서 ligase와 polymerase의 특이성을 결합시킴으로써 multiplexing(약 10,000 SNPs)이 가능하다. MIP에서는 6 단계를 거쳐 SNP를 genotyping할 수 있는 probe를 만들게 된다(그림 9-15). 그 과정을 살펴보면, single oligonucleotide probe는 말단에 SNP을 인식하는 염기서열을 가지고 표적 부위에 결합하여 원형구조를 형성하며(1 단계), SNP이 있는 곳에 1 base가 빠진 부분을 DNA polymerase로 allele-specific gap-filling으로 채운(2 단계) 다음에 ligase로 완전히 연결한다(3 단계). 반응에 사용되지 못한 linear probe들은 exonuclease에 의해 제거되고(4 단계), 완전한 probe는 target 유전체 부위에서 분리된(5 단계) 후에 universal PCR primer를 이용하여 증폭과정(6단계)을 거친다. 증폭된 산물은 4가지 염기 특이적인 별개의 형광물질로 표지된 후에 Affymetrix 회사의 single universal tag DNA chip array를 통하여 결과를 검출하게 된다.

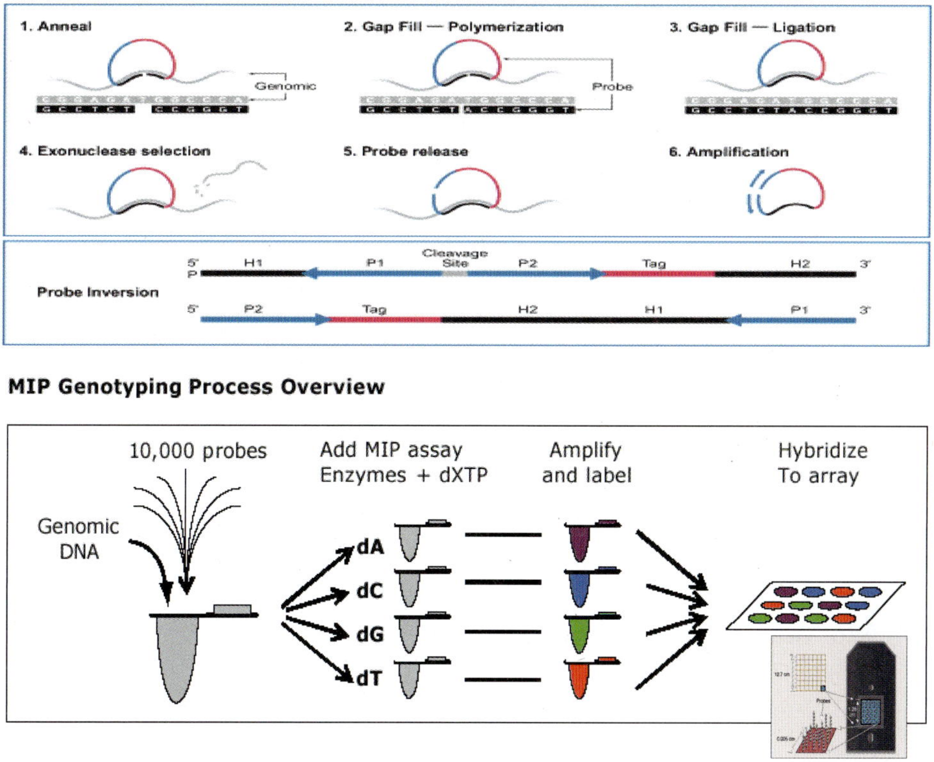

그림 9-15. **Molecular Inversion Probe 방법의 개요**

(8) Affymetrix SNP Chip Array

Affymetrix 회사에서는 수십만 개의 SNP을 동시에 genotyping할 수 있는 Affymetrix GeneChip Array 시스템을 개발하였다. 이 방법을 간략히 소개하면, 제한효소를 사용하여 genomic DNA를 절단하여 생성된 모든 DNA 단편은 크기에 관계없이, 4 bp 돌출부(overhang)를 인지하는 adaptor에 결합하게 된다. Adaptor가 붙여진 DNA 단편은 adaptor의 염기서열을 인지하는 primer로 증폭되며, PCR 증폭조건은 200~2,000 bp 크기의 단편을 선택적으로 증폭시키기 위해 최적화되어 있다. 증폭된 DNA는 조각(fragmentation)으로 잘려진 후에 표지되어 GeneChip Array에 hybridization된다(그림 9-16). Array에는 A 대립유전자 염기서열과 B 대립유전자 염기서열에 perfect match로 대응되는 25-mer probe가 합성되어 있으며 결합의 특이성을 결정하기 위하여 각각의 25-mer 중앙에 single base pair mismatch도 포함되어 있어 genotyping의 정확성을 점검하는데 사용되고 있다. Affymetrix GeneChip Assay는 자동화되어 수행하기 간편하고 대량의 multiplexing 능력을 보유하고 있기 때문에 genome-wide SNP genotyping이 가능한 장점이 있으나 SNP chip에 올려진 SNP sites가 제한효소에 의해 잘려지는 특정 부위에 존재하는 SNP sites만이 선별되어 있고 연구자가 개별적인 필요성에 의해 자체 제작하기는 어려운 단점이 있다.

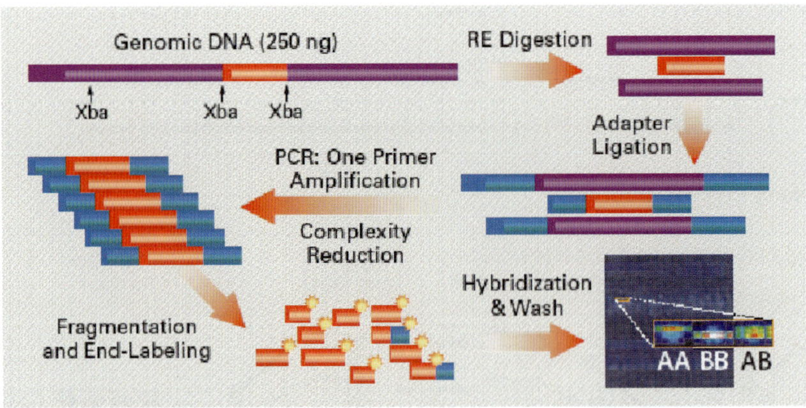

그림 9-16 . **GeneChip mapping assay**

Genome-wide SNP genotyping chip을 이용하면 유전체의 증폭(amplification) 또는 결손(deletion)에 의한 유전자의 복제수(copy number) 변화 및 이형접합체의 분포 상

황 (예, loss of heterozygosity; LOH) 등을 조사할 수도 있다. 이러한 추가적인 분석 기능은 특히 유전체 상에서 많은 변화를 유발하는 암 세포의 유전적 변화에 대한 특성 규명과 선천성 기형을 유발하는 염색체 이상 진단에 유용하게 활용되고 있다. 예를 들면, Affymetrix 회사의 10K SNP chip을 이용하여 genome-wide SNP genotyping을 수행하여 특정 염색체의 유전체 구조를 분석해 보면 유전체 상의 유전적 변화 패턴을 찾아낼 수 있다. 그림 9-17에서는 2 개의 X 염색체를 가진 여자(XX)와 하나의 X 염색체를 가진 남자(XY)의 X 염색체 구조의 유전적 차이를 조사해 본 결과 하나의 X 염색체를 가진 남자에서는 매우 유의적인 유전체 결손(deletion)과 이형접합체 소실(loss of heterozygosity; LOH)을 관찰할 수 있다. 이 분석기법을 간암 세포에 적용하면 간암 세포의 4번 염색체의 일부에서 매우 유의적인 유전체 결손(deletion)으로 인한 이형접합체 소실(LOH)을 관찰할 수 있어 염색체 4번의 결손이 간암 세포의 유전적 이상의 한 형태임을 알 수 있다. 따라서 최신 SNP genotyping 분석 기술은 다양한 유전 분석에 이용될 수 있어 활용도가 더욱 증대될 것이다.

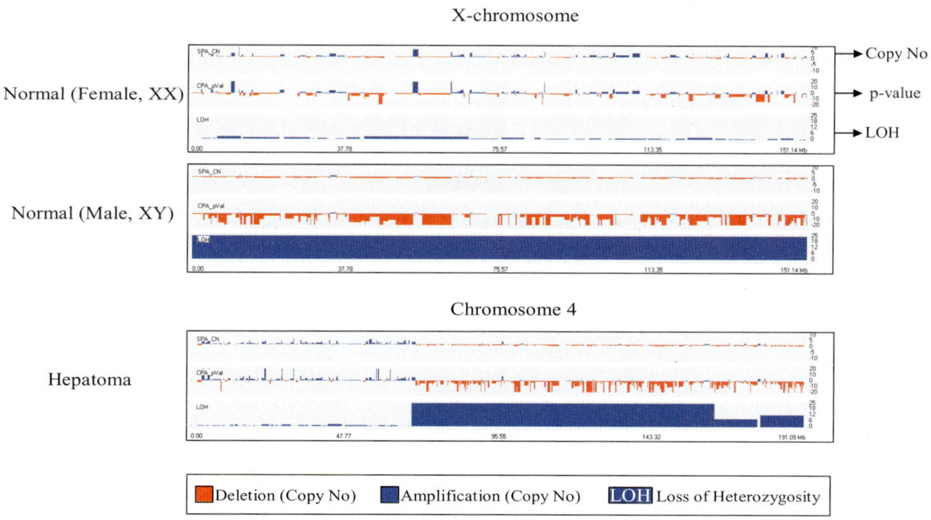

그림 9-17. **Affymetrix 10K SNP chip을 이용한 유전체 이상 검색**

한편 Affymetrix 회사의 GeneChip SNP genotyping 시스템은 chip에 올려진 SNP들의 상당히 많은 수가 정확한 genotyping 결과를 생성하지 못하는 문제점을 가지고 있다. 이를 해결하기 위해 2009년 말에 Affymetrix 회사에서는 ligation 방법을 이용한

Axiom이라는 새로운 SNP genotyping 방법을 출시하였으며(그림 9-18) 현재 Axiom 시스템을 이용하여 약 600K SNP을 genotyping할 수 있는 제품이 나와 있다. 이 시스템은 정확도가 상당히 개선된 것으로 알려져 있으며 현재 UK Biobank 사업과 우리나라의 질병관리본부 유전체 사업에서도 Affymetrix사의 새로운 SNP chip을 이용한 연구가 진행 중이다.

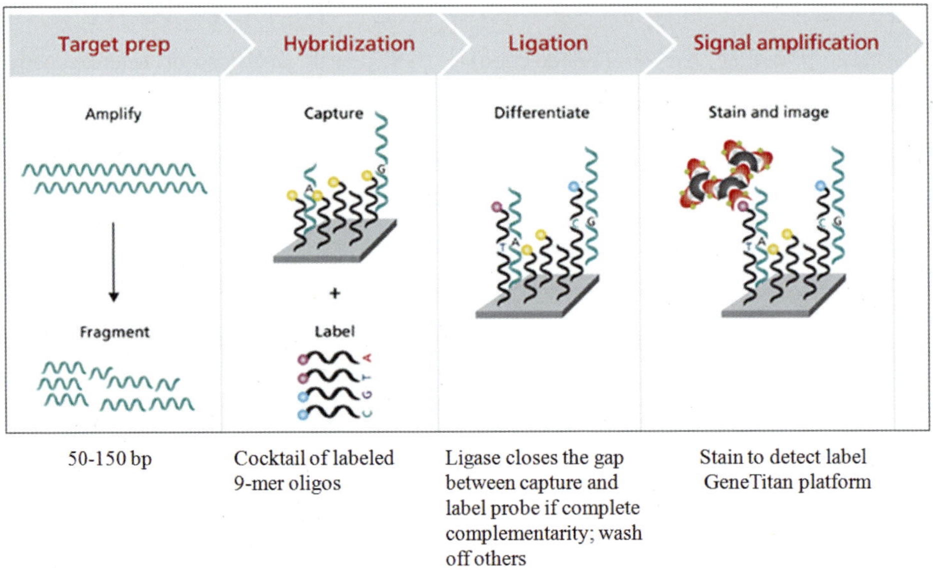

그림 9-18. **Affymetrix Axiom Genome-wide Human Array Chip: Ligation-based assay**

4. SNP genotyping기술의 응용: DNA pooling genotyping 분석

일반적으로 특정 유전자형과 표현형 간의 연관성을 규명하기 위해서는 대량의 시료에서 genotyping을 수행한다. 대량의 시료를 genotyping하는 것은 많은 양의 시약과 비용이 소비된다. 대량의 시료에서 genotyping할 때 소요되는 비용과 작업량을 줄이기 위해 비교의 대상이 되는 두 그룹(case vs control)의 시료를 각각 하나의 시료 그룹으로 합(pooling)하여 genotyping을 수행할 수 있다. Pooling된 그룹의 DNA 시료를 가지고 genotyping한 결과는 그룹 간의 대립 유전자형 빈도의 차이를 비교하여 유의성을 검정한다. 따라서 DNA pooling은 질병 유전자 위치를 찾기 위한 대규모 연관성 연구(association study)의 비용을 줄이기 위한 방법의 하나로 사용될 수 있다. 한편 개별적인 시료로부터 동일한 양의 DNA를 갖는 pool을 만드는 것이 무엇보다도 중요하며 다음과 같은 단계를 거치게 된다(그림 9-19).

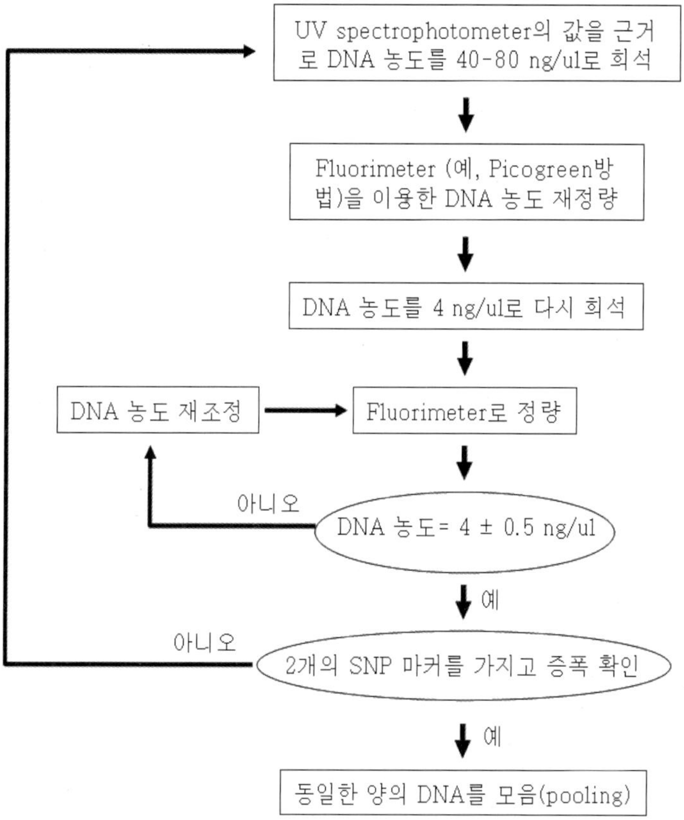

그림 9-19. **DNA pooling 방법의 작업순서**

첫 번째 단계로 자외선 분광기(UV spectrophotometer)를 이용하여 DNA 농도를 측정한다. 그러나 자외선 분광기를 이용한 DNA 농도 측정은 DNA 시료의 순도가 높지 않은 경우에는 오염물질이 자외선 흡광도에 영향을 미칠 수 있어 DNA 농도를 정확히 측정할 수 없다. 따라서 몇몇 실험에서는 보다 정확한 DNA 농도측정을 위해서 DNA-specific dye (예를 들어, PicoGreen™)를 이용한 형광 측정 단계가 추가적으로 요구된다. 그리고 DNA 농도 측정시 농도가 균일하지 않은 점성 DNA 용액을 소량 계량할 때도 오차가 발생할 수 있으므로 점성이 없는 희석된 DNA 시료를 이용하여 pool을 구성하면 부정확성을 최소화할 수 있다. 한편 DNA pooling 방법이 비용을 절감할 수 있는 장점이 있지만 각 개체에 대한 genotype data를 비교할 수 있는 다양한 분석 방법을 적용할 수 없는 단점이 있다. 예를 들면, pooling된 DNA 시료에서는 두 그룹 간의 빈도 차이만을 알 수 있고 각 개체에 대한 genotype 정보를 제공하지 않기 때문에 genotype을 근거로 한 유전 모형 (genetic modes: dominant, co-dominant, recessive) 분석, haplotype 분석과 linkage disequilibrium 분석 등이 불가능하다. 따라서 DNA pooling 방법은 초기 검색 목적으로 사용하는 것이 바람직하다. 그리고 만약 pooled DNA 시료를 이용한 검색에서 유의적인 차이가 관측되면 각 개인의 유전자형을 조사하여 정밀한 유전분석이 추가적으로 진행되어야 한다.

DNA pooling 방법에 대한 이해를 돕기 위해 하나의 실례를 제시한다. 예를 들면, pyrosequencing 방법으로 24 명의 DNA 시료를 pooling하여 특정 SNP(rs2243274)을 genotyping 하는 경우, 우선적으로 각각의 DNA 시료를 정확히 정량하고 동일한 양을 pooling하여 DNA 시료를 준비한다. 이렇게 만들어진 pooled DNA 시료를 pyrosequencing 방법을 이용하여 특정 SNP site에 대한 intensity를 측정하고 측정된 signal intensity 값은 이미 정량화된 표준 시료의 값과 비교하여 특정 allele의 빈도를 계산한다. 표준 시료의 준비는 2 가지 방법으로 가능하다. 첫 번째는 3 가지 다른 genotype(AA, AB, BB)을 가진 시료에 대한 각각의 genotyping intensity 측정치를 사용하여 유전자형 빈도와 genotyping intensity 간의 회귀식(linear regression)을 구한다(그림 9-20A). 또 다른 방법은 2 가지의 동형접합체 genotype(AA, BB)을 가진 시료로부터 serial dilutions을 통해 일련의 서로 다른 농도의 DNA 시료를 만들어 genotyping intensity를 구하고 다른 농도를 가진 시료 간의 회귀식(linear regression)을 구한다(그림 9-20B). 이렇게 만들어진 회귀식에 pooled DNA 시료의 intensity 값을 대입하여 특정 SNP 빈도를 추정하게 된다. 그림 9-20에 제시된 보기에서는 회귀식 $y= 56.983x + 41.208$에 24 명의 pooling된 genotyping intetnsity 측정치를 대입하여 0.84의 빈도가 계산되었다. 이는 이상적 기대 수치인 0.83에 비해 0.01의 빈도 차이가 생겨 pooling 방법이 매우 정확히 이루어졌음을 확인할 수 있다. 이러한 방법으로 control군을 검사하고자 하는 시료와 함께 측정함으로써 pooling 방법에 대한 신뢰도를 높일 수 있다. 한편 DNA pooling을 이용한 SNP genotyping 분석 기술은 두 대립유전자형의 상대적 발현량의 차이(allelically imbalanced gene expression)를 분석하는데도 유용하게 활용할 수 있다.

Target SNP:	rs2243274 (A/G)
Method:	Pyrosequencing (PSQ)
Genomic samples:	(1) 3 individuals' DNA with known genotype (AA, AG, GG) (2) 24 individuals' DNA with known genotype (A:G= 0.83:0.17 in 24 Koreans)
Standard DNA prep:	serial dilution from known genotype (AA, GG)

allele A	0	10	20	30	40	50	60	70	80	90	100	0
allele G	100	90	80	70	60	50	40	30	20	10	0	0

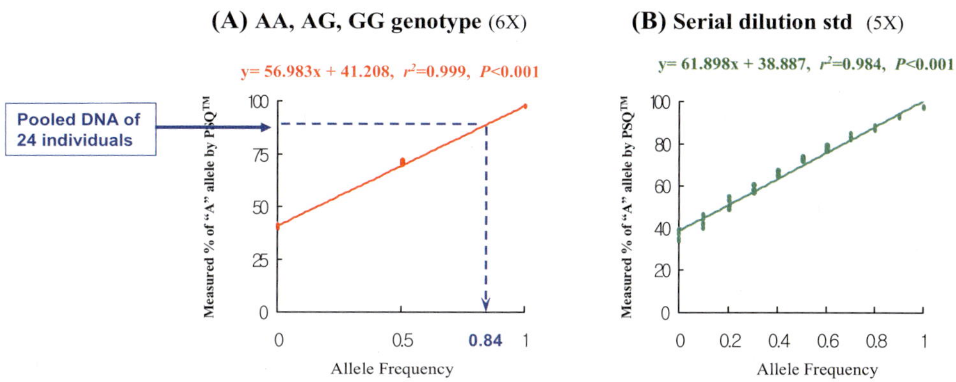

그림 9-20. **Pyrosequencing 방법으로 DNA pooling에 의한 SNP 빈도추정**

5. Genotyping 데이터에 대한 QC 및 최적의 시스템 선별 기준

유전 분석에서 무엇보다도 중요한 것이 오류없이 정확한 genotype data를 확보하는 것이다. 따라서 genotyping 과정에서 발생하는 실수를 최소화하기 위해 다양한 방법이 사용되고 있다. 우선적으로 genotyping 성공율이 높아야 하고 반복 실험에서 반드시 정확히 일치하는 결과가 나오는지를 점검해야 한다. 또한 DNA가 포함되지 않은 negative control을 포함시키고 필요한 경우에는 다른 genotyping 방법을 사용하여 동일한 결과를 얻을 수 있어야 한다. 그리고 Hardy-Weinberg 식 $(p^2 + 2pq + q^2=1)$을 이용하여 genotype data가 Hardy-Weinberg Equilibrium(HWE)과 일치하는지를 조사한다. 실제 분석된 genotype 관측치 빈도와 기대치 빈도를 사용하여 χ^2-test를 수행하여 매우 강한 통계적 유의성이 발생하면 genotype data가 genotyping errors에 의해 발생하였을 가능성이 매우 높기 때문에 추가적인 확인 작업이 필요하다.

다양한 종류의 SNP genotyping 방법이 이용 가능하며 모든 방법은 장점과 단점을 동시에 가지고 있기 때문에 각 연구자가 적절한 시스템을 선별하여 사용하기 위해서는 다음과 같은 몇 가지 기준을 고려해야 한다. 가장 알맞은 SNP genotyping 시스템을 선별하기 위한 기준을 제시해 보면 다음과 같다.

① **genotyping의 규모**: 얼마나 많은 genotyping 프로젝트가 동일한 시간에 수행될 것인지에 대한 문제뿐만 아니라 조사하고자 하는 SNP의 수, 시료의 수가 고려되어야 한다. 또한 한 과제에서 다른 과제로 전환할 때 상대적으로 용이한 high-throughput 시스템이 필요한지도 충분히 고려해야 한다.

② **분자생물학 기술 수준**: 일부의 방법은 운영하기에 상대적으로 쉬운 것도 있지만 일부의 몇몇 방법은 분석을 최적화하고 고도의 운영 시스템을 필요로 하는 경우도 있다. 따라서 각 연구자의 기술 수준 및 능력에 따라 적합한 기술을 선별해야 한다.

③ **장비구입비용**: 상업적으로 이용 가능한 SNP genotyping 시스템의 가격은 매우 비싼 경우도 있고 일부의 방법은 시료를 준비하는 자동화 공정에 많은 비용을 투자해야 하는 경우도 있으니 충분히 고려해서 시스템을 선정해야 한다.

④ **소모성 운영비용**: 소모품(시약, plate, pipette tips 등) 재료에 대한 비용은 한 SNP genotyping에 소요되는 것은 미미하지만 수천 명의 시료에서 수천 개의 SNP을 분석하는 대량의 genotyping에서는 엄청난 비용 부담으로 작용할 수 있다. 따라서 정확한 genotype data가 만들어진다는 것을 가정했을 때 한 시료당 genotyping 단가를 최소화할 수 있는 시스템의 도입이 필요하다.

■ 참고문헌

- Gut IG. (2001). Automation in genotyping of single nucleotide polymorphisms. Human Mutation 17:475-92

- Hardenbol P et al. (2005). Highly multiplexed molecular inversion probe genotyping: over 10,000 targeted SNPs genotyped in a single tube assay. Genome Res 15:269-275

- Kwok PY. (2001). Methods for genotyping single nucleotide polymorphisms. Annu Rev Genomics Hum Genet 2:235-258

- Sakharkar MK et al. (2004). Distribution of exons and introns in the human genome. In Silico Biol 4:387-393

- Sham P et al. (2002). DNA Pooling: a tool for large-scale association studies. Nat Rev Genet 3:862-871

- Shen R et al. (2005). High-throughput SNP genotyping on universal bead arrays. Mutat Res 573:70-82

- Shifman S et al. (2002). Quantitative technologies for allele frequency estimation of SNPs in DNA pools. Mol Cell Probes 16:429-434

- Syvanen AC. (2001). Accessing genetic variation: genotyping single nucleotide polymorphisms. Nat Rev Genet 2:930-942

- Tobler AR et al. (2005). The SNPlex genotyping system: a flexible and scalable platform for SNP genotyping. J Biomol Tech 16:398-406

- GeneChip Array® (Affymetrix): http://www.affymetrix.com/

- GoldenGate® Genotyping Assay (Illumina): http://www.illumina.com/
- Infinium™Genotyping Assay (Illumina): http://www.illumina.com/
- MassARRAY™ (Sequenom): http://www.sequenom.com/
- Molecular Inversion Probes (Affymetrix): http://www.affymetrix.com/
- Pyrosequencing™ (Pyrosequencing): http://www.pyrosequencing.com/
- SNPlex Genotyping System (Applied Biosystems): https://www2.appliedbio- systems.com/
- TaqMan® (Applied Biosystems): https://www2.appliedbiosystems.com/

제 10장 일배체형 검사법

1. 단일염기다형성(SNP)과 일배체형(haplotype)

일반적으로 서로 다른 독립된 두 염색체 위에 존재하는 2 개의 유전좌위(locus; 복수는 loci)는 각기 독립적으로 분리되어 다음 세대에 전달된다. 그러나 독립된 두 염색체와는 달리 하나의 동일한 염색체 위에 매우 가까이 존재하는 2 개의 유전좌위는 서로 연관되어(linked) 하나의 동일한 블록으로 다음 세대에 전달된다. 이와 같이 서로 가까이 있는 대립 유전자형들의 조합으로 일배체형(haplotype)을 만들게 된다. 유전형 조사에서 생성된 SNP 유전형 데이터는 여러 개의 SNP 마커들을 조합하여 다양한 haplotype을 만들고 각 haplotype은 하나의 독립된 마커로 사용될 수 있다(그림 10-1). 그리고 각 개인은 2 개의 각기 다른 염색체로부터 2 개의 haplotype을 가지게 된다. 그러나 집단내에서 각 개인이 가진 haplotype은 단일 SNP에 비교하여 다양한 조합으로 구성되기 때문에 각 개인을 구별할 수 있는 정보력이 높은 유전마커로 쓰이게 된다.

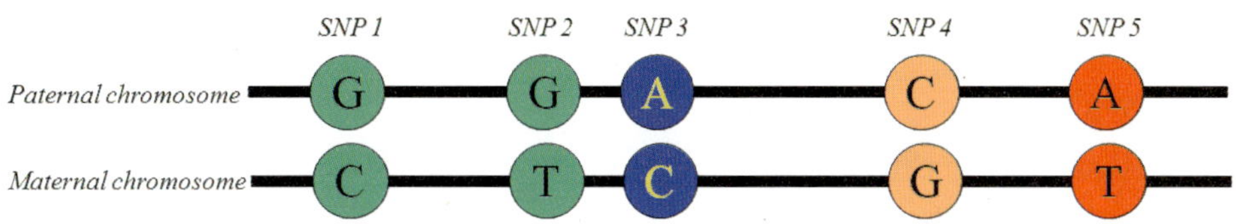

그림 10-1. **일배체형(haplotype) - 동일 염색체 상에 존재하는 SNP 마커들의 조합**

일반적으로 SNP 마커를 이용한 haplotype 구성은 다음과 같은 과정을 통하여 이루어진다. 우선 염색체 위에 존재하는 유전적 변이형을 지닌 SNP 마커를 SNP genotyping 과정을 통해 결정하고 개인별 가능한 SNP의 조합(hapltype)을 확인한다. 한편 한 유전자 블록에 위치하고 있는 SNP들은 매우 강하게 연관(linked)되어 있어서 중복된 SNP 마커는 genotyping하지 않아도 된다. 이처럼 여러 개의 SNP 마커로 구성된 haplotype에서 중복된 SNP 마커를 제외하고 특정 haplotype을 대표하는 SNP을 haplotype-tagging SNP (htSNP)

이라고 하며 htSNP 만을 genotyping 하면 조사하고자 하는 유전체 영역 전체를 커버하는 유전정보를 얻을 수 있다(그림 10-2).

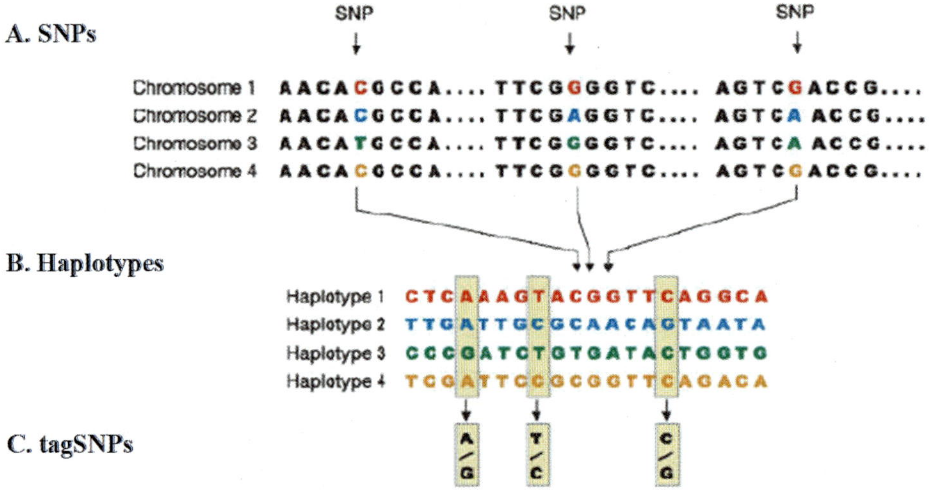

그림 10-2. **SNP genotyping을 통한 haplotype 구성 및 tagSNP 선별의 과정.**
출처: International HapMap Consortium. (2003). Nature 426:789-796.

그리고 하나의 SNP은 2 개의 대립유전자(bi-allele)로 이루어져 있으므로 재조합(recombination)이나 반복적 돌연변이(recurrent mutation)가 일어나지 않는다면 N 개의 SNP이 존재하는 경우 이론적으로 만들어질 수 있는 일배체형(haplotypes)의 개수는 2^N이다.

$$N \text{ SNPs} \approx 2^N \text{ (가능한 haplotype의 수)}$$

예를 들면, 그림 10-3에 표시한 바와 같이 만약 3 개의 SNP site(N=3)가 있을 때 이론적으로 최대 $2^3 = 8$ 개의 다른 haplotype이 만들어질 수 있다.

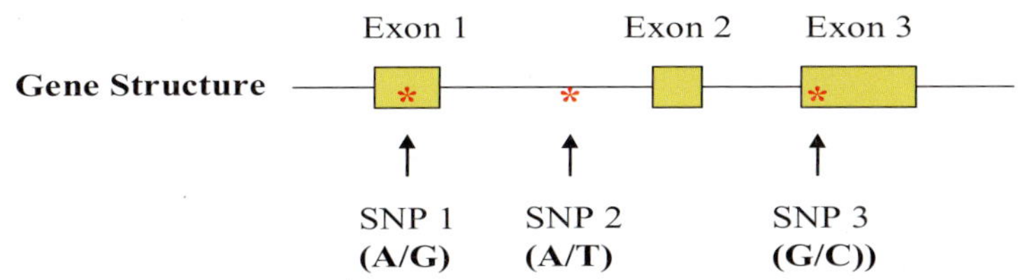


```
Haplotype 1:     A-------A--------G
Haplotype 2:     A-------A--------C
Haplotype 3:     A-------T--------G
Haplotype 4:     A-------T--------C
Haplotype 5:     G-------A--------G
Haplotype 6:     G-------A--------C
Haplotype 7:     G-------T--------G
Haplotype 8:     G-------T--------C
```

그림 10-3. **Haplotype의 구성**

한편 haplotype을 유전마커로 사용하면 SNP만을 사용할 때의 제한된 유전적 정보력을 극복할 수 있으나 실제로 haplotyping을 통해 각 개인이 가지고 있는 haplotype을 파악하는 것은 쉬운 일이 아니다. 예를 들면, heterozygote의 형태로 존재하는 2 개의 SNP site에서 1번 SNP (G/A)과 2번 SNP (T/G)으로 구성된 경우에는 2 가지 다른 조합(G-T와 A-G 조합 또는 A-T와 G-G 조합)이 가능하다(그림 10-4). 그러나 가능한 두 조합에서 한 개인이 가지고 있는 haplotype의 실제 조합을 직접적으로 알 수가 없다. 따라서 실제 genotype 정보만을 가지고 한 개인이 가지고 있는 두 haplotype 조합의 구성을 정확히 판정하기에는 어려움이 있다(phase ambiguity in heterozygous diploid).

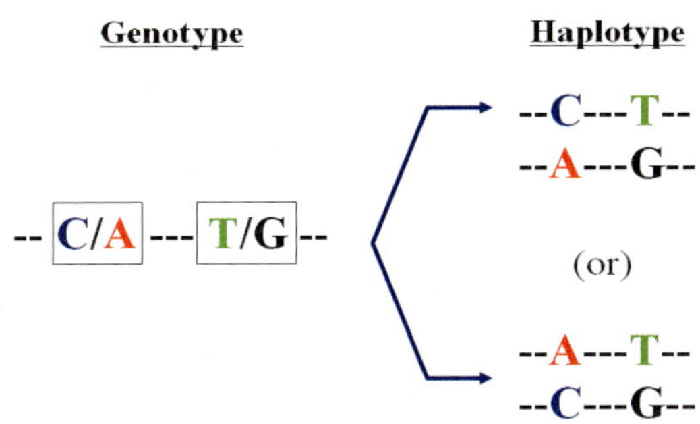

그림 10-4. **일배체형 판별의 어려움**

2. Haplotyping 방법

각 개인이 가지고 있는 일배체형(haplotype)의 구성을 알기 위한 방법에는 실험적 방법(molecular haplotyping)과 통계적 방법(*in silico* haplotyping)이 있으며 각 방법에 대한 특성 및 장-단점을 살펴보면 다음과 같다.

(1) 분자생물학적 haplotyping 방법

실제로 haplotype의 구성을 정확히 파악하기 위해서는 1) 가계 내에서 각 세대의 genotype을 조사하여 전달되는 유형을 보고 각 개인의 유전자형 조합을 판단하는 방법, 2) human cell과 rodent cell을 융합하여 사람의 한 haploid만을 지닌 hybrid를 만들어 분석하는 방법, 또는 3) 두 SNP sites 간에 allele-specific PCR 기법을 사용하여 각 haplotype의 가능한 조합을 PCR 증폭 상태로 확인하는 방법 등이 이용될 수 있지만 많은 시간과 노력이 필요하고 기술적인 어려움도 있다(그림 10-5).

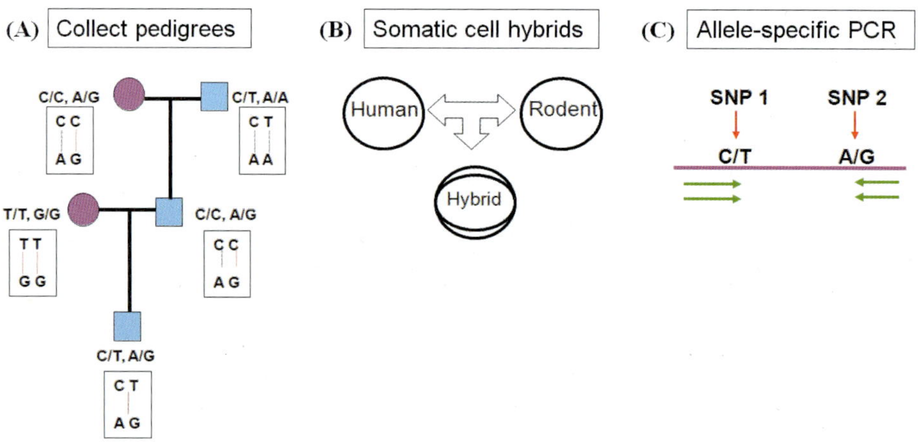

그림 10-5. 분자생물학적 **haplotyping** 방법

다른 분자생물학적 haplotyping 방법으로는 molecular cloning, single molecule dilution, heteroduplex analysis, mismatch detection, allele-specific oligonucleotide hybridization과 rolling circle amplification 방법 등이 알려져 있으나 작은 DNA 부위(2-5 kb)에서 주로 분

석이 가능하며 대량으로 분석하기 위해 자동화하기에는 많은 어려움이 있어 널리 사용되지는 못하고 있다.

(2) 통계적 haplotyping 방법

전통적으로 사용되던 분자생물학적 haplotyping 방법의 경제적 및 기술적 한계 때문에 통계적 알고리즘으로 컴퓨터의 계산 능력과 조합 능력을 활용하여 실제 존재할 수 있는 최적의 조합을 추정하는 방법이 시도되고 있다. 그리고 지금까지 대량의 유전자형 정보를 이용하여 일배체형의 구성과 빈도를 추정하는 여러 종류의 알고리즘과 각 알고리즘을 활용한 다수의 응용 프로그램들이 개발되었다. 이 방법을 사용하면 실험적 방법에 비해 비용이 적게 들고 대량의 분석이 가능한 장점이 있다. Haplotype을 재구성할 때 사용하는 알고리즘을 기준으로 haplotyping 프로그램은 다음과 같이 3 가지로 분류된다.

1. Parsimony 방법 (또는 Clark's algorithm): - HAPIN (Clark AG, 1990)

2. Likelihood 방법: - PL-EM (Qin ZS et al, 2002)
   - HAPLOVIEW (Barrett JC et al, 2005)
   - SNPHAP (Clayton D, 1999)

3. Bayesian 방법: - HAPMCMC (Morris AP et al, 2002)
   - Haplotyper (Niu T et al, 2002)
   - PHASE (Stephens M et al, 2001)
   - PHASE2 (Stephens M & Donnelly P, 2003)

각각의 알고리즘과 응용 프로그램의 특성을 살펴보면 다음과 같다. 첫 번째 방법은 최대 절약성의 원리(principle of maximum parsimony)를 기반으로 haplotype을 추정하는 방법으로 Dr. Clark이 처음으로 제안함으로써 "**Clark 알고리즘**"이라고도 불리고 있다(Clark AG, 1990). Dr. Clark은 모든 haplotype이 최대 절약성의 원리에 따라 추정된다면 정확한 하나의 답을 가지게 될 것이라고 말하고 있다. Clark 알고리즘을 이용한 대표적인 프로그램으로는 HAPIN (Clark AG, 1990)이 있다. 두 번째 방법은 최대 우도

(maximum likelihood)에 근거하여 일배체형의 빈도를 추정하는 방법으로서 대표적으로 "**<u>EM-알고리즘</u>**" (estimation-maximization algorithm)이 있다. EM-알고리즘은 불완전 데이터를 가지고 있을 때, 완전 데이터(complete data)를 다루는 기법을 적용하여 모수를 추정하고 주어진 모델에 근거하여 결측값(missing data)을 대체하는 방법이며 E-step (estimation-step)과 M-step(maximization-step)이라고 불리는 2 가지 단계를 반복적으로 수행함으로써 불완전 데이터를 다루게 된다. Dr. Excoffier와 Dr. Slatkin은 EM-알고리즘을 이용한 haplotype 추정 방법을 최초로 제안하였는데(Excoffier D and Slatkin M, 1995), SNP들의 HWE(Hardy-Weinberg Equilibrium)을 가정하며 최대 우도를 이용하여 관찰된 데이터의 확률을 최적화하는 haplotype의 빈도를 추정하게 된다. EM-알고리즘의 확장된 형태로 PL-EM 알고리즘이 있다. PL(partition-ligation) 방법은 긴 범위의 haplotype의 구성을 알기 위하여 분할-정복(divide and conquer) 알고리즘을 사용하는 기법이며 EM-알고리즘이 많은 (예, 10 개 이상) SNP들로 이루어진 haplotype을 추정하는데 어려움이 있다는 단점을 보완하기 위해 EM-알고리즘과 결합하여 PL-EM 알고리즘이 개발되었다. 최대 우도를 이용한 대표적인 프로그램으로는 HAPLO (Hawley ME and Kidd KK, 1995), EM-Decoder (Excoffier D and Slatkin M, 1995), PL-EM (Qin ZS et al, 2002), HAPLOVIEW (Barrett JC et al, 2005), SNPHAP (Clayton D, 1999) 등이 있다. 세 번째 방법은 "**<u>Bayesian 알고리즘</u>**"을 사용하여 haplotype의 사전 분포(prior distribution)를 이용하여 haplotype의 빈도를 추정하는 방법이다(Stephens M et al, 2001). 대표적인 프로그램으로는 HAPMCMC (Morris AP et al, 2002), Haplotyper (Niu T et al, 2002), PHASE (Stephens M et al, 2001), PHASE2 (Stephens and Donnelly, 2003) 등이 있다.

(3) 분자생물학적 방법과 통계적 방법의 비교

Haplotype을 결정하기 위한 분자생물학적 방법과 통계적 방법은 각기 다른 장점과 단점을 가지고 있다. 예를 들면, 분자생물학적 haplotyping 방법은 매우 정확하며 낮은 빈도를 가진 haplotype까지 확인할 수 있는 장점이 있지만 비용이 많이 들고 대량으로 할 수 없으며 기술적으로도 수행하기엔 어려움이 있다. 이와는 대조적으로 통계적 haplotyping 방법은 분자생물학적 방법에 비해 정확성이 떨어지고 낮은 빈도를 가진 haplotype을 찾기 어렵다는 단점이 있지만 비용이 저렴하고 대량으로 분석이 가능하며 기술적인 어려움 없이 용이하게 사용할 수 있는 장점이 있다(표 10-1). 최근에는 대량의 유전자형 데이터로 부터 통계적인 방법으로 각 개인이 가지고 있는 haplotype을 추정하여 유전 연관성 분석에 활용하고 있다.

표 10-1. **분자생물학적 haplotyping 방법과 통계적 haplotyping 방법의 비교**

	분자생물학적 일배체형 조사 (Molecular Haplotyping)	통계적 일배체형 조사 (*In silico* Haplotyping)
정확성	**높음**	낮음
낮은 빈도 일배체형 검색	**높음**	낮음
비용	높음	**낮음**
대량분석	낮음	**높음**
기술적 어려움	높음	**낮음**

주) 각 방법의 장점은 **볼드체**로 표시함.

3. Haplotype-tagging SNP (htSNP)

전체 haplotype 중에서 특정 haplotype을 구분할 수 있는 최소한의 SNP들의 set을 "haplotype-tagging SNP (htSNP)"이라고 한다. 즉, haplotype을 구성하는 모든 SNP들을 genotyping하기엔 노력과 비용이 너무 많이 들기 때문에, htSNP를 이용하면 SNP의 수는 최대한 줄이면서도 전체 집단의 모든 유전변이는 가능한 많이 구분할 수 있게 된다. 예를 들면, IL1B 유전자의 경우 5% 이상의 빈도로 존재하는 총 19 개의 SNP 마커를 17 명에서 genotyping한 데이터를 가지고 haplotype을 조사해 보면, 모두 4 개의 common haplotypes (>5%)을 확인할 수 있다(그림 10-6). 이 경우에 4 개의 haplotypes을 모두 구분하기 위해서는 전체 19 개 SNP 모두를 genotyping하지 않고 3 개 (SNP-794, SNP- 5277, SNP-5200)만을 사용해도 haplotypes 4 개를 모두 구분할 수 있다. 그러므로 모든 SNP 마커를 genotyping할 필요 없이 그 중 대표할 수 있는 최소한의 SNP set인 htSNP만을 genotyping하더라도 동일한 결과를 얻을 수 있다.

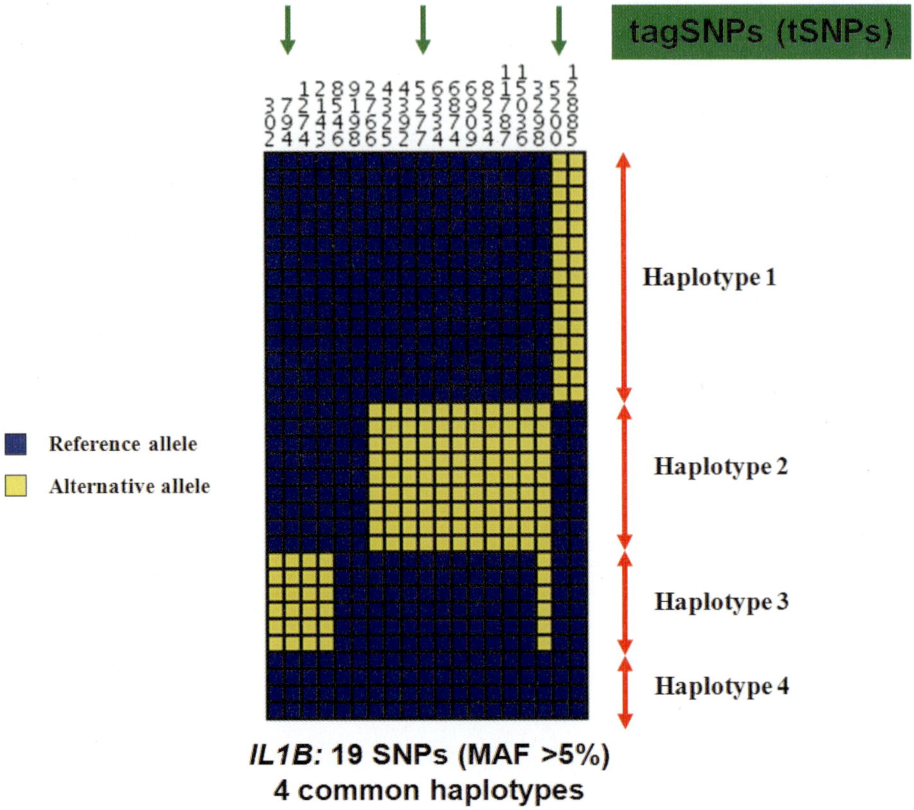

그림 10-6. **Haplotype-tagging SNP (htSNP)의 선별.** IL1B 유전자에서 총 19개의 SNP으로부터 구성된 4개의 haplotype 구조. IL1B 유전자의 개별 SNP은 LD 블록 그림 위에 표시된 염기서열 위치로 표시함.

IL1B 유전자의 경우에 SNP-794가 htSNP로 선별되었으나 옆에 있는 SNP-302, SNP-1274, SNP-2143도 SNP-794 대신 htSNP로 사용될 수 있다. 그러나 표 10-2에 제시한 바와 같이 다수의 SNP이 서로 연관되어(linked) 존재하고 htSNP로 선별 가능할 때 우선적으로 반복 서열이 없고(non-repetitive), 단백질을 코딩하는 부위에 있으며, 코딩하는 부위에서는 아미노산을 변경시킬 수 있는 nonsynonymous SNP을 우선적으로 htSNP로 선정하는 것이 바람직하다.

표 10-2. **Haplotype-tagging SNP (htSNP)을 선택할 때 고려할 우선 순위**

분류	우선 순위 (priority)
SNP의 특성	nonrepetitive > repetitive
SNP의 위치	coding > noncoding
SNP의 기능	nonsynonymous > synonymous

한편, 집단에 따라 존재하는 SNP의 종류와 빈도가 다르고 이로 인해 haplotype의 구성 형태도 다르기 때문에 htSNP은 집단 또는 인종 특이적으로 구분되어 나타난다. 따라서 실제 연관성 연구에서 htSNP을 활용하기 위해서는 우선 특정집단에 존재하는 haplotype을 조사하여 htSNP을 선별하여 연관성 분석에 사용하는 것이 타당하다. 연관성 연구에서 htSNP을 이용하면 최소의 SNP 마커로 전체 유전체를 커버할 수 있을 것이다. 그래서 최근에는 전체 인간 유전체에서 밝혀진 대량의 tagging SNP (약 50만 개, 500K SNP chip)을 질병원인 유전자 탐색을 위한 연관성 연구에 직접 사용하고 있다.

4. Haplotype tree 분석

Haplotype을 구성하는 염기서열의 차이를 비교하여 haplotype 간의 유사성을 근거로 haplotype tree(=haplotype-based phylogeny)를 만들 수 있다. Haplotype tree 분석은 각 개인의 유전적 근원뿐만 아니라 인간의 진화, 역사적 시간대와 혈통을 유전적으로 결정함으로써 유전체 상에 가해진 자연선발을 이해하는 방법을 제공한다. 또한 haplotype tree는 한 생물종에서 또는 종간의 haplotypic phylogeny를 이해할 수도 있다. Haplotype tree는 특정 유전체 시료의 genotype 데이터를 확보하여 haplotype을 파악하고 haplotype 간의 염기서열에 대한 유사성을 비교하여 haplotype tree를 만들어 진화론적인 돌연변이의 발생을 분류하게 된다(그림 10-7). Haplotype group은 매우 유사한 haplotype의 set으로 구성되어 있고 한 집단의 구성원들은 일반적으로 동일한 haplotype 패턴을 공유하고 있다.

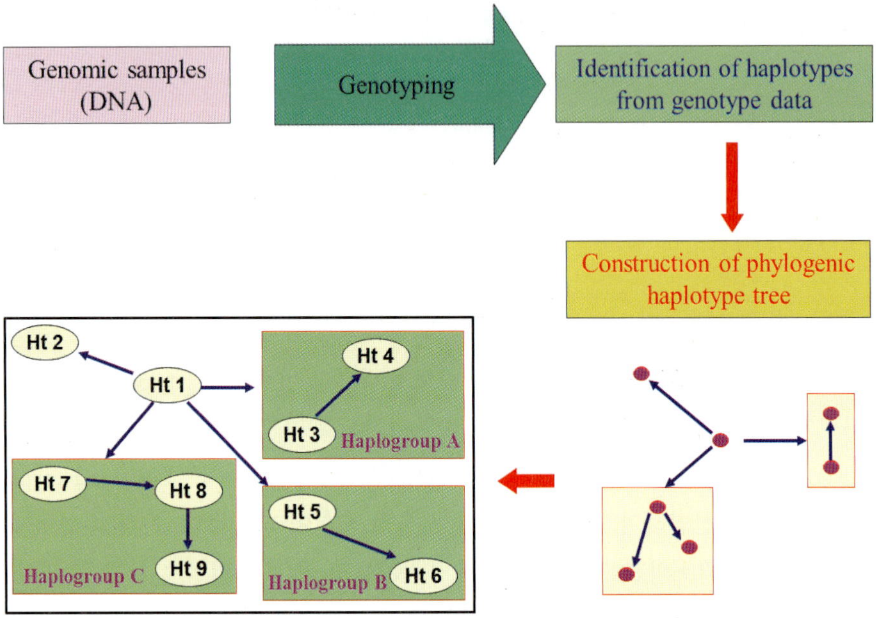

그림 10-7. **Haplotype tree** 작성의 순서

Haplotype tree 작성은 각 haplotype의 유전적 변이의 차이를 나무의 마디로 표시하고 오래된 조상 haplotype을 기준으로 배열한다. 그리고 보다 오래된 haplotype들은 여러 생물종에서 폭넓게 분포하고 있어서 일반적으로 haplotype tree의 마디 안 쪽에 위치하게 된다(그림 10-7). 반면에 최근에 형성된 haplotype들은 바깥쪽의 나뭇잎 부분에 위치하게 된다. 그리고 사람의 경우에는 침팬지와 같은 영장류의 haplotype을 오래된 조상 haplotype으로 정의하고 비교의 기준으로 삼는다. Haplotype tree는 민족 또는 집단의 이동 역사, 유전표류와 자연선발을 이해하는데 사용될 수 있다. 특정 haplotype들은 특정 집단에서 훨씬 더 빈번히 발생하기도 하며 일반적으로 오래된 집단에서 더 다양한 종류의 haplotype이 분포하는 것으로 알려져 있다. 그리고 haplotype tree가 만들어진 이후에 유사한 haplotype들을 서로 묶어 다시 몇 개의 haplogroup으로 구분하기도 한다(그림 10-7). 그리고 haplotype tree 또는 haplogroups 분석은 모계 또는 부계의 조상을 거꾸로 추적하는데도 유용하게 사용되는 방법이기도 하다.

한편 다양한 인종 집단으로부터 생산된 고집적 SNP 유전형 data를 이용하여 특정 집단 특이적인 유전체 (Linkage disequilibrium; LD)구조 및 haplotype정보를 확보할 수 있다(그림 10-8). 이렇게 확보한 유전형 정보는 특정 집단의 유전적 역사, 선발과정,

유전체상에 발생한 재결합(recombination)에 대한 정보를 알 수 있다. 그리고 이러한 대량의 집단 특이적인 유전형 정보로 부터 선별된 유전체 전체를 커버할 수 있는 SNP 마커로 상업용 SNP chip이 제작되었다. 따라서 일반 연구자들은 상업용으로 판매하는 고집적 SNP chip을 구매해서 연구하고자 하는 시료 세트에서 직접 유전자형 정보를 얻어서 바로 유전연관성 분석을 수행하면 된다.

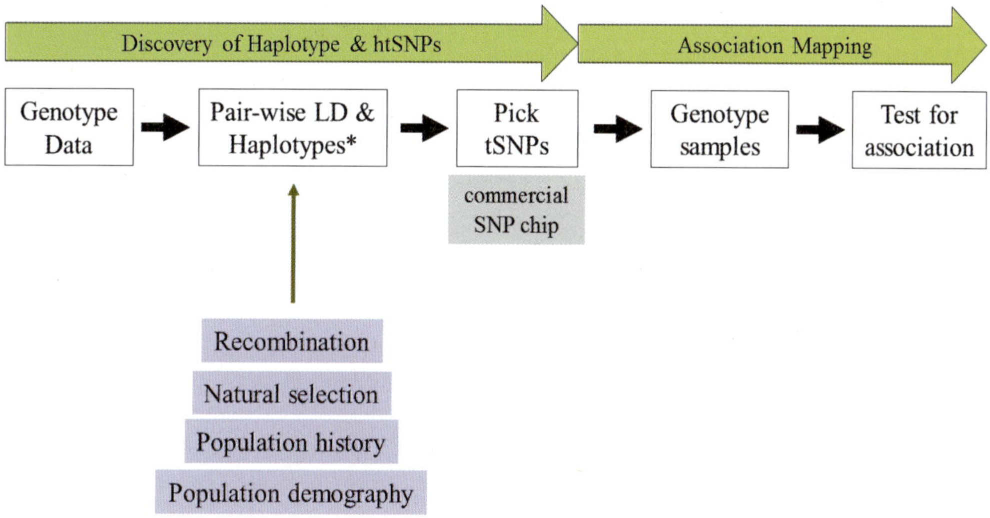

그림 10-8. 유전 연관성 분석(**genetic association studies**)을 위한 **haplotype** 분석 및 **tagSNPs** 선별 과정

표 10-3. **Haplotype과 htSNP을 위한 프로그램 정보**

Haplotype softwares	
Haplotyper	http://www.people.fas.harvard.edu/~junliu/Haplo/docMain.htm
SAS/Genetics	http://www.sas.com/service/library/onlinedoc/genetics/genetics.pdf
Haplo	http://info.med.yale.edu/genetics/kkidd/programs.html
Hapin	None
PHASE	http://www.stats.ox.ac.uk/mathgen/software.html
EM-Decoder	http://www.people.fas.harvard.edu/~junliu/em/em.htm
SNPalyze	http://www.dynacom.co.jp/e/products/package/snpalyze/
Arlequin	http://lgb.unige.ch/arlequin/
Haploview	http://www.broad.mit.edu/mpg/haploview/
HapAnalyzer	http://www.ngri.re.kr/HapAnalyzer/index.htm/

Haplotype-tagging SNP softwares	
HaploBlockFinder	http://cgi.uc.edu/cgi-bin/kzhang/haploBlockFinder.cgi
Haploview	http://www.broad.mit.edu/mpg/haplovie
SNPtagger	http://www.well.ox.ac.uk/~xiayi/haplotype/
LDSelect	http://droog.qs.washington.edu/ldSelect.html
TaqIT	http://popgen.biol.ucl.ac.kr/software.html
tagSNPs	http://www-rcf.usc.edu/~stram/tagSNPs.html
Tag'n'Tell	http://snp.cgb.ki.se/tagntell/
htSNP2	http://www-gene.cimr.cam.ac.uk/clayton/software/
BEST	http://genomemethods.org/best

■ 참고문헌

- Barrett JC et al. (2005). Haploview: analysis and visualization of LD and haplotype maps. Bioinformatics 21:263-265
- Clark AG. (1990). Inference of haplotypes from PCR-amplified samples of diploid populations. Mol Biol Evol 7:111-122
- Clayton D. (1999). A generalization of the transmission/disequilibrium test for uncertain-haplotype transmission. Am J Hum Genet 65:1170-1177
- Demster AP et al. (1977). Maximum likelihood estimation from incomplete data via the EM algorithm. J Stat Soc 39:1-38
- Excoffier L and Slatkin M. (1995). Maximum-likelihood estimation of molecular haplotype frequencies in a diploid population. Mol Biol Evol 12:921-927
- Hawley ME and Kidd KK. (1995). HAPLO: a program using the EM algorithm to estimate the frequencies of multi-site haplotypes. J Hered 86:409-411
- International HapMap Consortium. (2003). The International HapMap Project. Nature 426:789-796
- Morris AP et al. (2002). Fine-scale mapping of disease loci via shattered coalescent modeling of genealogies. Am J Hum Genet 70:686-707
- Niu T et al. (2002). Bayesian haplotype inference for multiple linked single-nucleotide polymorphisms. Am J Hum Genet 70:157-169
- Qin ZS et al. (2002). Partition-ligation-expectation-maximization algorithm for haplotype inference with single-nucleotide polymorphisms. Am J Hum Genet 71:1242-1247
- Stephens M et al. (2001). A new statistical method for haplotype reconstruction from population data. Am J Hum Genet 68:978-989

- Stephens M and Donnelly P. (2003). A comparison of bayesian methods for haplotype reconstruction from population genotype data. Am J Hum Genet 73:1162-1169

제 11장 유전체 연관구조(LD)와 HapMap

1. 유전자 재조합과 유전자 연관

생식기관(고환과 난소)에서 정자와 난자를 생성하기 위한 세포분열의 과정 동안 총 46 개의 염색체에서 절반인 23 개의 염색체로 줄어드는 감수분열이 일어난다. 감수분열의 과정은 우선 정상적인 수의 염색체 (2N, diploid)가 체세포 분열 과정을 통하여 염색체 수가 2 배(4N)로 증가한 후에 제 1차 감수분열(2N)과 제 2차 감수분열(N)을 통하여 일배체(haploid gamete)인 정자 또는 난자가 만들어진다(그림 11-1). 감수분열 과정에서 염색체의 일부가 서로 교환하는 교차(crossover)가 일어나는데 모든 염색체에서 여러 번의 교차가 일어나며 이러한 교차로 인하여 많은 대립 유전자들이 새로운 조합을 가지게 되며 이를 유전자 재조합(recombination)이라고 한다. 그리고 이러한 유전자 재조합 비율이 1%일 때, 두 유전마커 간의 거리(genetic distance)를 약 1 cM (centi-Morgan) 떨어져 있다고 정의한다.

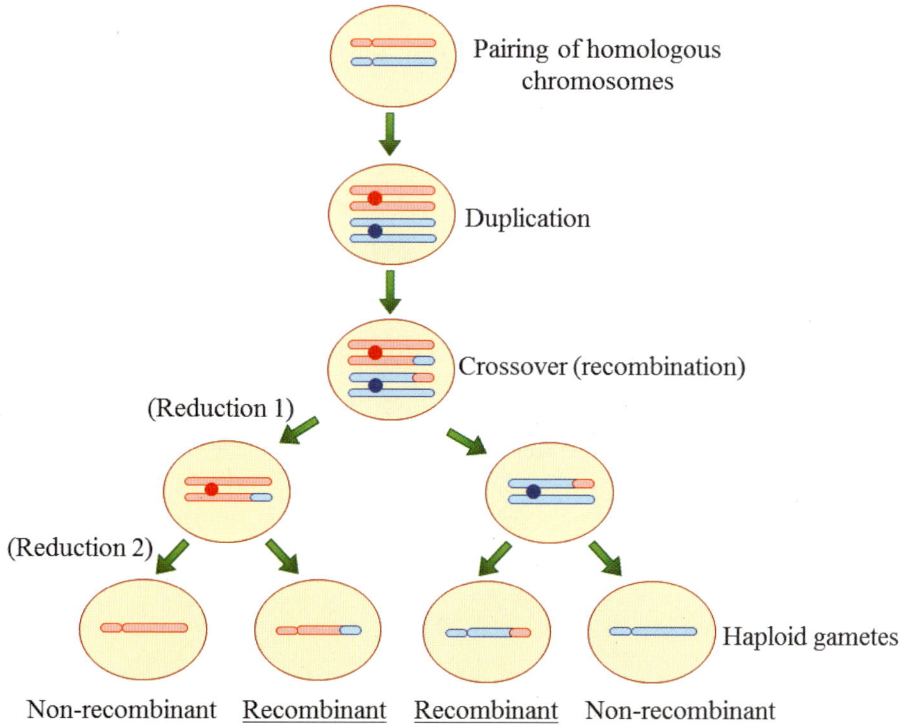

그림 11-1. 감수분열(**meiosis**)과 유전자 재조합(**recombination**)

일반적으로 유전적 거리(genetic distance)와 물리적 거리(physical distance)는 서로 비례의 관계가 있으며 1 cM은 약 1×10^6 bp의 거리만큼 떨어져 있는 것으로 알려져 있다. 그러나 두 거리 간에 유전자 재조합이 빈번히 일어나는 재조합 빈발 지역에서는 유전적 거리보다 물리적 거리가 훨씬 가까울 수 있으며, 유전자 재조합이 거의 발생하지 않는 영역에서는 유전적 거리보다 물리적 거리가 훨씬 멀게 된다.

한편 동일한 염색체에 존재하는 2 개의 SNP site 간의 거리가 아주 멀면 감수분열 과정에서 교차(crossover)가 빈번히 발생하여 서로 다른 조합이 독립적으로 발생하게 된다. 그러나 만약 2 개의 SNP 간의 거리가 매우 가까우면 2 개의 SNP은 서로 연관(linked)되어 다음 세대에 같이 전달된다. 예를 들면, 그림 11-2에 제시한 바와 같이 어머니로부터(maternal) 받은 염색체에서는 site 1과 site 2에 각각 C와 A를 가지고 있고 아버지로부터(paternal) 받은 염색체에서는 T와 G를 가지고 있는 경우, 두 site 간의 거리가 멀어 (아주 빈번한 교차가 일어난다면) 독립적으로 서로 다른 4 가지 조합의 haplotype을 가질 수 있게 된다. 그리고 site 1에서 C와 T의 빈도가 각각 50%이고 site 2에서 A와 G의 빈도가 각각 50%이며, 두 site 간에 독립적인 조합에 의해 다음 세대의 자손에 전달된다면 이론적으로 모두 4 가지 조합의 haplotype이 각각 25%의 빈도로 발생할 것이다. 이렇게 두 site 간에 독립적으로 서로 가능한 조합이 모두 발생하는 경우 두 site는 linkage equilibrium 상태에 있다고 한다. 그러나 실제 집단 내에 존재하는 haplotype 조합을 조사했을 때, 가능한 4 가지 조합(CA, CG, TA, TG)이 모두 존재하지 않을 경우에 두 site 사이는 서로 연관되어(linked) 있으며 이런 상태를 linkage disequilibrium(LD) 상태에 있다고 한다. 다시 말하면, LD는 두 loci에서 일어나는 대립 유전자들 쌍(pair)의 이론적 예측치와 실제 관측치 간의 차이(deviation)를 말한다. 따라서 LD는 한 집단에서 2 개 이상의 site에 존재하는 대립 유전자 간의 통계적 관련성(statistical association)을 나타내는 하나의 지표로 사용되고 있다. 그리고 LD는 유전변이형 마커의 생성시기, 집단의 역사, 유전자 재조합율(recombination rate), 선발(selection) 및 유전표류(genetic drift) 등에 의해 결정된다.

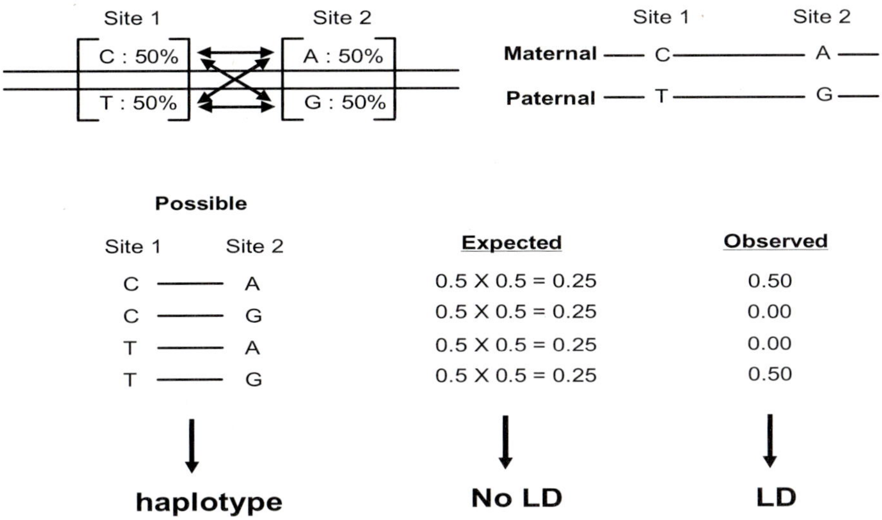

그림 11-2. **LD (Linkage Disequilibrium)의 개념**

우리가 개인 또는 집단의 유전체(LD) 구조를 이해하고자 하는 이유는 tagging SNP을 이용하여 동일한 유전체 블록 위에 놓여 있는 특정 표현형 또는 질병의 원인 유전변이형을 연관성 분석을 통해 쉽게 찾을 수 있기 때문이다(그림 11-3). 그리고 연관성이 확인된 SNP이 놓여있는 유전체(LD) 블록에는 직접적으로 원인이 될 수 있는 기능적인 SNP이 함께 놓여 있을 것이다. 따라서 개인 또는 집단의 LD 정보를 정확히 파악하면 다양한 종류의 표현형 및 질병의 원인 유전자 발굴에 매우 유용하게 활용할 수 있다. 그러나 질병에 연관된 SNP이 항상 질병의 원인 유전변이형과 연관되어 있는 것은 아니다.

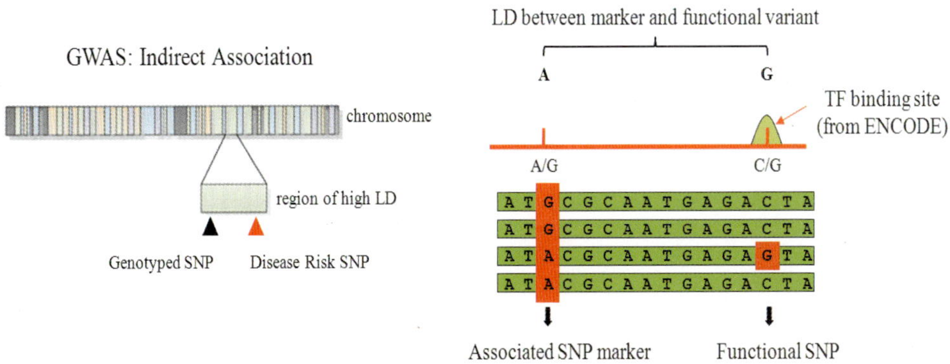

그림 11-3. **LD정보를 이용한 유전연관성 분석의 원리**

2. 유전체 연관(LD)의 계산 방법

LD를 측정하는 방법으로 가장 많이 쓰이는 2 가지 방법은 D' 과 r^2 값을 사용하는 것이다. 2가지 측정치 모두 0 (no LD)에서 1 (complete LD) 사이의 값을 갖게 된다.

(1) $|D'|$

가장 많이 쓰이는 측정 방법은 linkage disequilibrium coefficient D 이다. 예를 들어 설명하면, 첫 번째 SNP site에 A와 G가 올 수 있고, 두 번째 SNP site에는 C와 G가 올 수 있다면 구성 가능한 일배체형은 AC, AG, GC, GG의 4가지 조합이다. 만약 균형(equilibrium) 상태라면 haplotype의 예측 빈도는 haplotype을 구성하고 있는 각 대립 유전자 빈도의 곱과 같을 것이다. 이 상태를 만족하지 않는 모든 상태를 불균형(disequilibrium)이라고 부르며 D 로 표시한다. 예를 들어, locus A와 B에 대립유전자 "1"과 "2"가 존재할 때, locus A에 대립유전자 "1"이 있는 경우를 A_1, "2"가 있는 경우를 A_2 라고 표현하고(B의 경우도 마찬가지) locus A에 대립유전자 "1"이 나타나는 도수를 p_1, locus B에 "1"이 나타나는 빈도를 q_1 이라고 하자. 이때, linkage equilibrium 상태에서는

$$
\begin{aligned}
A_1B_1 &= p_1 \times q_1 \\
A_1B_2 &= p_1 \times q_2 \\
A_2B_1 &= p_2 \times q_1 \\
A_2B_2 &= p_2 \times q_2
\end{aligned}
$$

일 것이다. 만약 locus A와 locus B에서의 대립 유전자 간의 LD를 보고자 할 때, 각 locus에 대립유전자 "1"과 "2"가 존재한다면 구성 가능한 haploytpe은 A_1B_1, A_1B_2, A_2B_1, A_2B_2이고 각 haplotype이 나타날 확률은 P_{11}, P_{12}, P_{21}, P_{22}이다. 이를 간단한 예를 가지고 설명해 보자(그림 11-4).

		SNP site 1 (A/T)	
		A (p_1= 0.2)	T (p_2= 0.8)
SNP site 2 (G/C)	G (q_1= 0.6)	A-G (P_{11}=p_1xq_1=0.12) Observed P_{11}= 0.18	T-G (P_{21}=p_2xq_1=0.48) Observed P_{21}= 0.42
	C (q_2= 0.4)	A-C (P_{12}=p_1xq_2=0.08) Observed P_{12}=0.02	T-C (P_{22}= p_2xq_2=0.32) Observed P_{22}=0.38

$D = P_{11}P_{22}$ - $P_{12}P_{21}$
= (0.18 x 0.38) - (0.02 x 0.42)
= 0.06

- $|D'| = D/D_{max}$
  D_{max} = $\min(p_1q_2,\ p_2q_1)$, if $D>0$
  $\max(-p_1q_1,\ -p_2q_2)$, if $D<0$
- $|D'| = D/D_{max}$
  = 0.06/0.08
  = 0.75

그림 11-4. D' 값을 계산하는 방법의 예

예를 들면, 그림 11-4에 제시한 바와 같이, locus A에서 P_1 = 0.2, P_2 = 0.8이고 locus B에 대해서는 q_1 = 0.6, q_2 = 0.4이라고 한다면, 예측빈도는 아래와 같다.

$$A_1B_1 = P_{11} = p_1 \times q_1 = 0.12$$
$$A_1B_2 = P_{12} = p_1 \times q_2 = 0.08$$
$$A_2B_1 = P_{21} = p_2 \times q_1 = 0.48$$
$$A_2B_2 = P_{22} = p_2 \times q_2 = 0.32$$

그런데 실제로 관측된 haplotype의 빈도는 다음과 같다고 가정하자.

$$A_1B_1 = P_{11} = 0.18$$
$$A_1B_2 = P_{12} = 0.20$$
$$A_2B_1 = P_{21} = 0.42$$
$$A_2B_2 = P_{22} = 0.38$$

이런 경우 D를 구하는 방법은 다음 식과 같다.

$$D = P_{11}P_{22} - P_{12}P_{21}$$

D 는 $-0.25 \sim 0.25$ 사이의 값을 취하는데 만약 linkage equilibrium 상태라면 (LD가 없는 경우) $D = 0$ 이고 linkage disequilibrium 상태라면 (LD가 존재하는 경우) 그 외의 값을 취한다. 따라서 위의 예를 이용하면

$D = P_{11}P_{22} - P_{12}P_{21} = 0.18 \times 0.38 - 0.02 \times 0.42 = 0.06$ 이다.

일반적으로 D 보다 더 많이 사용하는 측정치에는 D' 이 있는데 D 를 D 의 최대값 (D_{max})으로 나눈 값과 같다. 식으로 나타내면

$$D' = D / D_{\max},$$

$$D_{\max} = \begin{cases} \min(p_1 q_2, p_2 q_1), & if\ D > 0 \\ \max(-p_1 q_1, -p_2 q_2), & if\ D < 0 \end{cases}$$

위의 예에서 D' 을 구해보면, $D' = D / D_{\max} = 0.06 / 0.08 = 0.75$ 이다.

일반적으로 2 또는 3 개의 가능한 haplotype만 존재할 때 $D' = 1$ 을 가지게 되고 4 가지 가능한 모든 haplotype이 존재할 때 $D' < 1$ 의 값을 가지게 된다. 앞에서 언급한 바와 같이 D' 은 $0 \sim 1$ 사이의 값을 갖는데 $D' = 1$ 인 경우는 유전자 재조합을 통해서 complete LD 상태로 유전자 재조합 (recombination)이 발생하지 않았음을 나타낸다. 그러나 $D' < 1$ 인 경우는 이전 세대 어디선가 유전자 재조합(recombination)이 일어났음을 의미하고 $D' = 0$ 인 경우는 linkage equilibrium 상태로서 두 locus의 대립유전자가 연관되어 있지 않고 임의로 유전자 재조합이 일어났다는 것을 의미한다. 주의할 점은 D' 값이 $0 \sim 1$ 사이의 중간치를 가지고 있을 때 D' 값의 의미가 명확하지 않다는 점이다. 예를 들어 D' 이 0.3일 때와 0.7일 때 LD의 정도 차이가 얼마나 다르냐는 것을 명확히 말할 수 없다. 그러나 일반적으로 D' 값이 낮을수록 두 site 간에 강한 유전자 재조합(recombination)과 돌연변이(recurrent mutation)가 빈번하게 일어났음을 의미한다.

(2) r^2

LD를 측정할 수 있는 다른 방법으로는 r^2 (상관계수)를 이용한 방법이 있는데, 두 마커 간에 통계적인 상관성(correlation)이 얼마나 있느냐를 나타내는 척도로서 다음과 같이 구할 수 있다.

$$r^2 = \frac{D^2}{p_1 p_2 q_1 q_2}$$

위 예를 이용하면

$$r^2 = \frac{D^2}{p_1 p_2 q_1 q_2} = \frac{(0.06)^2}{0.2 \times 0.8 \times 0.6 \times 0.4} = 0.09375$$

이다. r^2 는 $0 \sim 1$ 사이의 값을 가질 수 있고 $r^2 = 1$ 은 perfect LD를 의미하며 단지 2개의 haplotype만이 존재하게 된다. 보통 $r^2 > 1/3$ 이면 강한 LD가 있다고 말할 수 있다. 그런데 r^2 값이 많이 사용되는 이유는 하나의 SNP이 다른 SNP을 얼마나 잘 대신해(surrogate) 줄 수 있는지를 나타내는 척도가 되기 때문이고, 다른 하나는 검정력(power)과 관계가 있어서 표본수(sample size)를 정할 수 있기 때문이다. 질병과 marker locus 간의 관련성(association)을 찾는 연구에서 두 마커 간의 상관계수가 다를 경우 같은 검정력을 갖기 위해서 표본수는 약 $1/r^2$ 배만큼 증가해야 한다. 예를 들어, SNP-1이 질병과 관련이 있다고 알려진 SNP이고 이 때 사용한 표본 수가 환자군이 1,000명, 정상군이 1,000명이었다고 하자. 그리고 SNP-2가 SNP-1과 근접한 SNP이고 $r^2 = 0.8$이었다면 기존의 연구와 같은 검정력(power)을 갖기 위해서 필요한 표본수(sample size)는 환자군이 1,250명, 정상군이 1,250명이다. 이것은 r^2 가 하나의 locus가 다른 locus를 얼마나 대신(surrogate)할 수 있는가 하는 정보의 양을 말하기 때문에 나타나는 특성이다.

SNP-1 ($r^2 = 1.0$)	SNP-2 ($r^2 = 0.8$)
- sample size= $1/r^2$	- sample size= $1/r^2$
- 1,000 cases + 1,000 controls	- 1,250 cases + 1,250 controls

r^2 값은 두 site 간의 유전자 재조합과 돌연변이에 의해 영향을 받는다. 한편, 두 유전마커 간에 D'=1 이면 complete LD에 있다고 말하고, $r^2 = 1$이면 perfect LD에 있다고 말한

다. 그러나 D'=1인 경우에는 두 유전마커 간에는 동일한 마커가 100% 연관되어 있지 않지만, r^2=1인 경우에는 두 유전마커 간에는 100% 연관되어 있어 항상 동일한 조합의 마커로 존재하게 된다. 따라서 r^2 값이 D'값보다 더 엄격함을 알 수 있다.

3. 유전체 연관구조(LD blocks)의 조사 방법

위에서 언급된 LD 측정 방법인 D' 또는 r^2 값으로 조사하여 보면, 인간 유전체는 특이한 일련의 LD block 구조로 이루어져 있음을 알게 된다(그림 11-5).

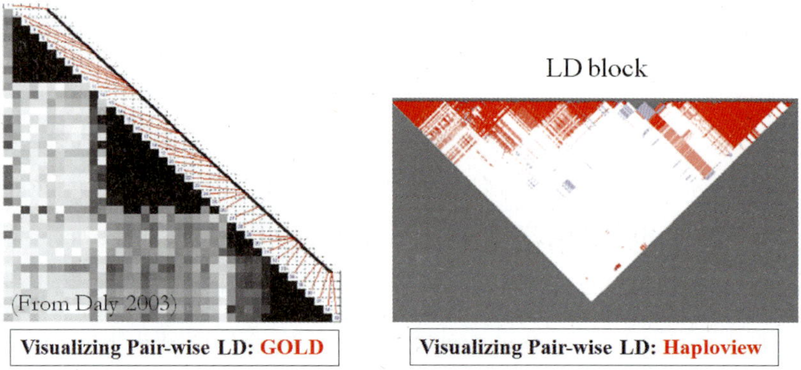

그림 11-5. **인간 유전체의 LD block 구조.** GOLD 프로그램 (왼쪽 그림) 또는 Haploview 프로그램(오른쪽 그림)을 이용한 LD block 구조 분석의 예.

Haplotype block을 정의하는 방법에는 Patil block definition 방법(Patil et al, 2001)과 Gabriel block definition 방법(Gabriel et al, 2002)이 있다. Patil의 방법에서는 물리적으로 가까운 SNP들이 block을 만들고 이들은 연관되어 있다고 말한다. 따라서 연관된 block 내에서는 제한된 변이를 가지고 이것이 제한된 수의 "SNP haplotype"을 정의한다. 즉, block은 haplotype의 다양성이 제한적으로 적게 나타나는 지역(region)으로 정의하고 각 haplotype은 하나의 염색체에서 분화되었다고 말하는 것이다. 앞에서 언급한 바와 같이 N 개의 biallele로 이루어진 하나의 block은 이론적으로 2^N 개의 다른 haplotype을 만들 수 있으나 잦은 돌연변이나 유전자 재조합이 없다고 한다면 실제로 관측되는 haplotype

의 수는 *(N-1)*보다 크지 않다. 반면에 Gabriel 방법에서는 D'에 기반을 둔 pairwise disequilibrium을 이용하여 유전자 재조합이 많이 일어나서 변이가 생긴 지역을 찾고 haplotype block을 유전자 재조합이 거의 일어나지 않았거나 일어나지 않은 연속적인 사이트(consecutive site)의 세트(set)로 정의한다. 일반적으로 Gabriel block definition 방법이 Patil block definition 방법보다 많이 사용되고 있다. 그 이유는 Gabriel 방법이 D'을 기반으로 하기 때문에 유전자 재조합이 일어났는지를 보다 직관적으로 알 수 있기 때문이다. 또한 pairwise 방법이기 때문에 haplotype의 정확한 조합의 형태(phase)를 알 수 없을 때 좀 더 쉽게 사용할 수 있으며 동시에 pairwise disequilibrium 계수를 시각화하는 것이 용이하기 때문이다. LD block 구조를 시각화하기 위해 이용할 수 있는 다수의 프로그램들이 이용 가능하며 대표적인 것으로는 다음과 같은 것이 있다.

- HAPLOVIEW (http://www.broad.mit.edu/mpg/haploview/)
- GOLD (http://www.sph.umich.edu/csg/abecasis/GOLD/)
- HapAnalyzer (http://www.ngri.re.kr/HapAnalyzer/index.html)

한편 LD block 구조를 조사하기 위해 사용하는 SNP의 빈도는 일반적으로 10% 이상이 되어야만 분명한 LD 구조를 확인할 수 있다. 그림 11-6에 제시한 바와 같이 모든 빈도의 SNP 마커를 포함하여 유전체 구조분석을 시도하면 특정한 유전체 구조의 양상을 찾기 어려우나 빈도가 10% 이상인 SNP 마커만을 사용하면 인종 간의 유전체 구조의 차이를 분명히 확인할 수 있다. 일반적으로 LD block 구조를 조사하기 위해서는 빈도가 10% 이상인 SNP만을 사용하며, 10% 이하의 빈도를 가진 SNP을 사용하게 되면 각 SNP site 간에 조합의 분리가 잘 이루어지지 않아 서로 연관된 구조로 나타나게 된다.

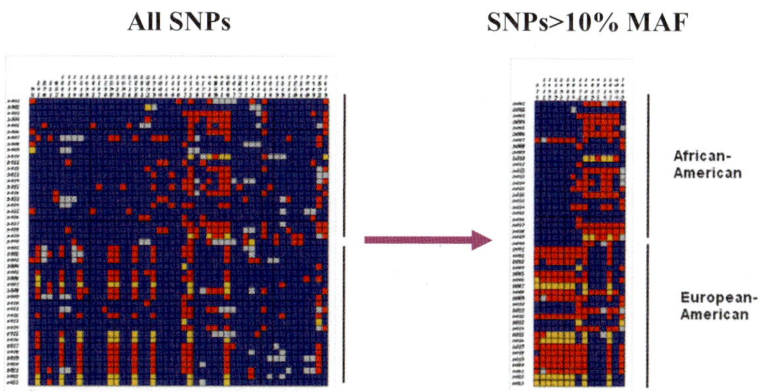

그림 11-6. **LD block 구조분석에서 SNP 빈도의 영향**

4. 유전체 연관(LD)에 영향을 미치는 요인들

이배체로 구성된 개인의 인간 유전체는 2 개의 다른 염색체 쌍으로 구성되어 있다. 따라서 만약에 다음 세대에 전달되는 정자나 난자를 생산하는 세포분열 기간에 유전자 재조합이 발생하지 않는다면 다음 세대의 자손은 엄마로부터 한 종류의 염색체와 아빠로부터 한 종류의 염색체를 받게 된다(그림 11-7). 그러나 하나의 염색체는 감수분열 과정에서 한 염색체당 여러 번의 유전자 재조합이 발생하게 되어 실제로 난자와 정자가 다음 세대에 전달될 때는 2 쌍의 염색체로부터 융합된 다양한 형태의 염색체를 전달하게 된다. 그리고 실제 인간 집단에 존재하는 개별 염색체 들은 수만 년 또는 수천 년의 세월이 흐르면서 많은 재조합의 결과로 아주 촘촘한 DNA 조각으로 이루어진 염색체로 구성된다.

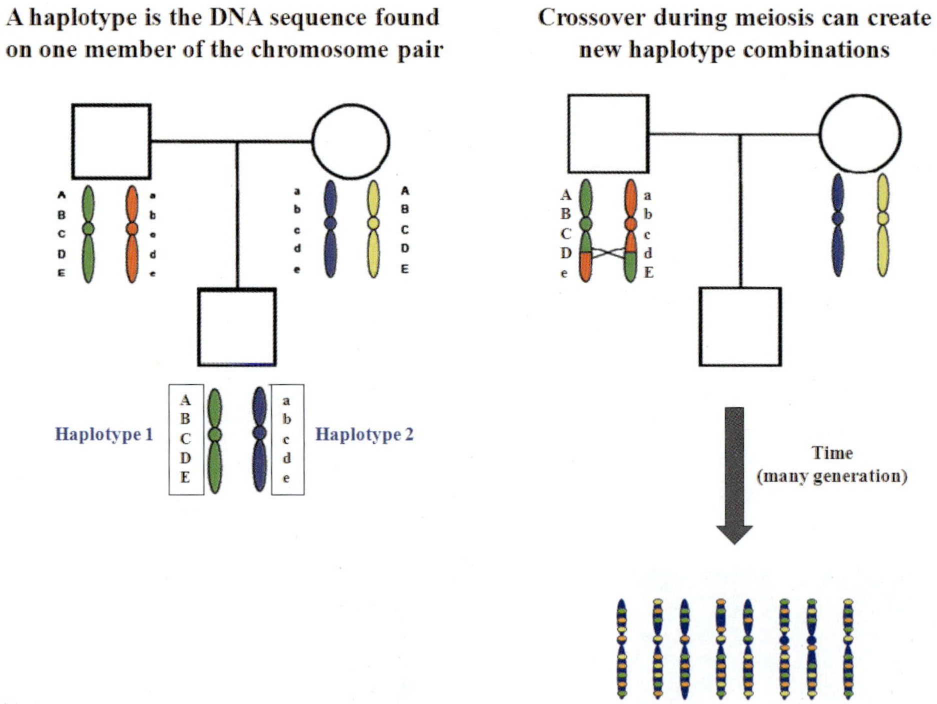

그림 11-7. **LD에 영향을 미치는 유전자 재조합의 효과**

유전체 연관구조(LD)를 결정하는 가장 중요한 요인은 유전자 재조합 현상이다. 유전자 재조합은 일반적으로 거리에 비례하는데 유전 마커 간의 거리가 짧을수록 재조합이 적게 일어나고 거리가 멀리 있을수록 빈번하게 발생한다. 따라서 거리가 증가하면서 LD는 감소한다. 그리고 LD 구조는 인종 간에도 차이가 있으며 아프리카인보다 다른 인종(유럽인과 아시아인)의 LD block이 더 큰 것으로 알려져 있다. LD는 세대를 거듭할수록 돌연변이나 유전자 재조합이 일어나기 때문에 보다 많은 세분화된 구조를 가진다. 즉, 최초에 하나의 조상 염색체(ancestral chromosome)로 시작하였더라도 여러 세대를 거치게 되면 현재 인간집단에 존재하는 LD 구조는 다양한 변이가 생기고 다양한 양상을 갖는다(그림 11-8).

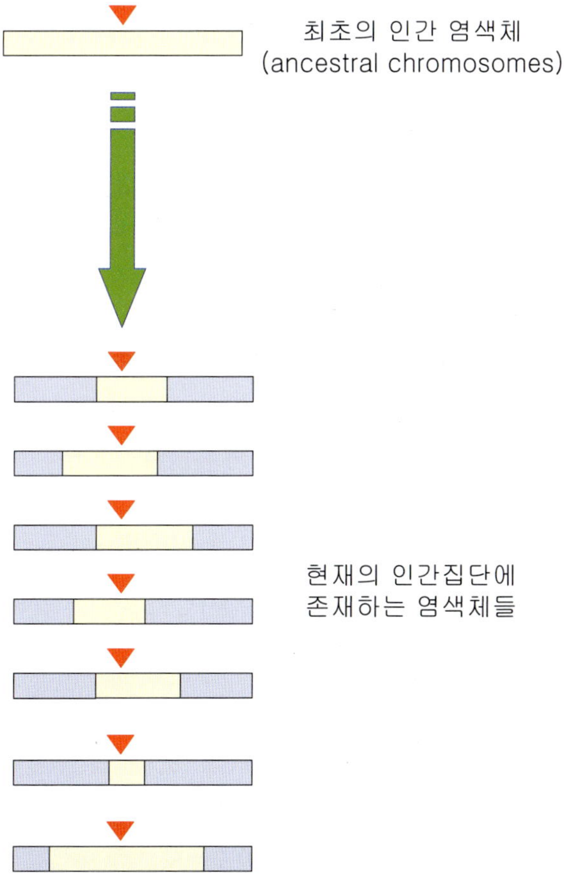

그림 11-8. **시간의 흐름에 따른 LD 구조의 변화 양상**

만약 이웃한 SNP들이 강하게 연관되어 있다면 그렇지 않은 SNP들보다 여러 세대가 지나더라도 LD 구조를 강하게 유지할 것이다. 아래 그림 11-9에 제시된 바와 같이 recombination rate, r= 0.01 (1%의 재조합)은 SNP들 간의 강한 연관 관계가 있음을 의미하고, r= 0.5 (50% 재조합)는 독립된 염색체처럼 서로 연관되어 있지 않음을 의미한다. 따라서 r= 0.01일 때는 r= 0.5일 때보다 여러 세대를 거쳐도 LD 구조가 더 많이 유지된다. 일반적으로 두 유전마커 간에 유전자 재조합의 비율이 높을수록 LD는 세대가 지날수록 빠르게 감소한다.

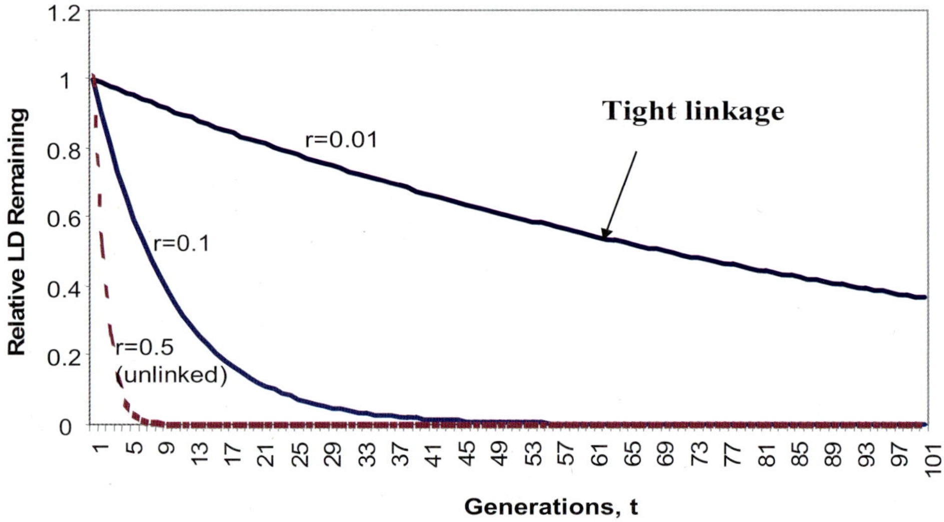

그림 11-9. **유전자 재조합율(recombination rate)에 따른 LD 구조의 감소 패턴**

어떤 집단에서 LD는 시간(세대)과 유전자 재조합율에 의해 결정되는데, 다음 식과 같이 표현할 수 있다.

$$D_t = (1-r)^t D_0$$

여기서 D_0 는 시작점에서의 LD의 정도, D_t 는 t 세대 후의 LD의 정도, r 은 유전자 재조합율이고 t 는 세대를 의미한다. 즉, 위의 식을 이용하면 t 세대가 흐른 후의 LD의 정도를 알 수 있어서 시작점보다 얼마나 LD가 많이 소실되었는지 알 수 있다. 예를 들어 r= 0.001이고 5 세대가 흐르면 0.005만큼의 LD가 소실된다. 또한 돌연변이나 유전자 재조합뿐만 아니라 LD에 영향을 주는 다른 요인들이 존재하는데 유전표류, 인구팽창, 인구집단의 섞임과 이동, 집단구조, 자연선발, 다양한 유전자 재조합율 및 돌연변이율, 유전자 전환(gene conversion) 등이 있다(Ardlie KG et al, 2002).

5. 유전체 연관구조의 패턴

현재 존재하는 인간 집단에 대한 LD block 구조를 유전체 상에서 조사해 보면 매우 특이한 패턴을 확인할 수 있다. 예를 들면 그림 11-10에 제시된 바와 같이 제한된 수의 haplotype 다양성을 가진 LD block들이 재조합 hotspot에 의해 분리되어 있다. 블록 아래의 선들은 common haplotype (>5%)의 수를 나타내는 것이고 아래 부분의 그림은 거리에 따른 LD의 상태를 보여주고 있다. 특히 hotspot 지역에서는 거리에 따라 LD의 감소가 급격하게 일어남을 알 수 있다. 따라서 인간의 유전체는 일련의 연속적인 LD block 구조로 이루어져 있으며 block과 block 사이에는 재조합 hotspot이 존재하여 각각의 block을 구분시키고 있다. 그리고 각 block 내에는 제한된 haplotype의 다양성이 존재한다. 일반적으로 각 block 내에 존재하는 common haplotype (>5%)의 개수는 2~5 개 정도이다.

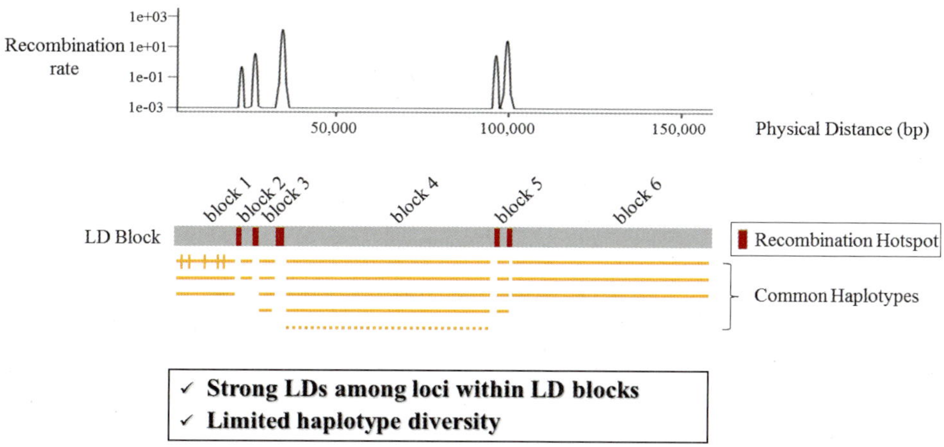

그림 11-10. **인간 유전체에 존재하는 LD block의 기본구조.** 출처: Modified from Goldstein DB. (2001). Nat Genet 29:109-111.

인간의 유전체에 존재하는 LD block의 구조는 유전체 지역에 따라 다르고, 또한 인종에 따라서도 아주 다양한 형태로 존재하고 있다. 예를 들면, Gabriel 등의 연구에 의하면 아프리카인 집단은 평균 LD block의 크기가 11 kb 였으나 아시아인과 유럽인들의 평균 LD block 크기는 22 kb로 보다 큰 block으로 분포하고 있음을 확인할 수 있다. 그리고 haplotype의 수는 block 내에서 SNP의 개수가 증가함에 따라 무한정 많이 존재하는 것이 아니라 약 6-8 개의 common SNP 마커에서 정점에 도달하였다. 이는 한 LD block 내의 haplotype 다양성이 제한적임을 나타내는 증거의 하나이다. 한편 전체 인간집단의 common haplotype의 개수가 평균적으로 5.3 개이지만 아프리카인은 5.0 개, 유럽인은 4.2 개, 그리고 아시아인은 3.5 개가 존재하는 것으로 나타났으며 이는 전체 인간 집단의 거의 모든 유전변이형이 아프리카인의 집단에 있음을 의미하고, 인류의 기원이 아프리카에서 시작되었다는 이론 ("out of Africa" origin)의 증거가 된다. 이러한 인종 간 LD block의 크기와 유전적 다양성의 분포가 다른 것을 바탕으로 전체 유전체를 모두 커버하는 유전체연관성연구(GWAS)에 인종별로 필요한 htSNP의 수는 아프리카인에서는 1,000,000 개, 아시아인과 유럽인에서는 300,000 개 정도가 될 것으로 추정했다(Gabriel SB et al, 2002).

평균 block 크기: **11 kb in African**

22 kb in Asian and European

Haplotype의 수는 한 block 안에 common SNP의 개수가 증가할수록 계속적으로 증가하는 것이 아니라 약 6-8 개의 common SNP 마커에서 최고정점에 도달함

인종별 block당 평균 Haplotype의 수:

5.0 common haplotypes (>5%) in African

4.2 common haplotypes (>5%) in European

3.5 common haplotypes (>5%) in Asian

5.3= Total Common Haplotypes

"*Out of Africa*" Origin

출처: Gabriel SB et al. (2002). Science 296:2225-2229.

한편 한 연구에서 아시아인, 유럽인, 아프리카인의 대표적인 3 인종의 71 명의 DNA 시료를 사용하여 1,586,383 개의 SNP를 genotyping하여 인종 특이적 유전체 구조 분석을 발표하였다. 표 11-1에 제시한 바와 같이 아프리카인은 약 23만 개의 LD block으로 구성되어 있으나 유럽인과 아시아인은 약 10만 개 내외의 LD block으로 구성되어 있음을 확인하였다. 그리고 각 인종별 LD block의 수와 common haplotype (>5%)을 대표하는 전체 유전체를 커버하는 tagging SNP의 수는 아프리카인에서는 57만 개, 유럽인에서는 27만 개, 아시아인(중국인)에서는 22만 개가 필요한 것으로 추정되었다(Hinds DA et al, 2005). 이러한 인종별 LD 구조 정보와 전체 유전체를 커버할 수 있는 tagging SNP의 정확한 추정 자료는 전체 유전체 상에서 질병에 관련된 유전자 탐색 연구에 매우 귀중한 기초 자료로 활용되고 있다.

표 11-1. **인종별 LD block 크기의 분포**

인종집단	Block의 수	평균 크기 (kb)	필요한 SNP의 수[1]
아프리카인	235,663	8.8	570,886
유럽인	109,913	20.7	275,960
중국인	89,994	25.2	220,809

[1] 5% 이상의 빈도를 지닌 common haplotype 패턴을 구별하기 위해 필요한 최소 SNP의 수. 출처: Hinds DA et al. (2005). Science 307:1072-1079.

인간 유전체에 대한 상세한 LD 및 haplotype 구조 정보에 대한 이해는 전장 유전체 연관성 연구를 통하여 질병에 관련된 질병 유전자를 발굴하는데 매우 유용하게 이용될 것이다. 질병 유전자 발굴을 위한 LD mapping은 다음과 같은 순서로 이루어진다. 우선 유전체 상의 LD block 구조를 분석하고 각 LD block에 존재하는 haplotype의 구성과 htSNP을 찾는다. 이렇게 선별된 htSNP을 가지고 질병군과 정상군 간의 연관성 분석을 수행하여 질병에 관련된 LD의 위치를 찾게 된다. 그러나 LD mapping은 질병에 관련된 원인 유전변이형을 바로 찾을 수 있는 것이 아니라 질병에 연관된 LD block을 찾는 방법이며 질병과 연관된 LD가 밝혀진다면 같은 LD block에 있을 질병 원인 유전변이형을 추가적으로 탐색하여 최종적으로 질병에 연관된 유전변이형을 밝혀야 한다. 그리고 LD mapping을 이용한 질병 원인 유전자를 찾고자 할 때 질병의 원인이 되는 유전변이형의 발생 시점이 역사적으로 얼마나 오래되었는지 고려해야 한다. 예를 들면, 질병을 유발하는 돌연변이가 인류의 역사상 아주 오래 전에 발생했다면 현재의 인간 집단에 존재하는 LD block이 매우 다양한 형태로 분포해 있어 보다 많은 SNP 마커가 필요하다(그림 11-11). 일반적으로 haplotype mapping 기술은 유전적 연관성을 규명하는데 매우 강력한 수단으로 사용될 수 있으며 특히 haplotype에 대한 phylogenetic 분석은 인간의 유전변이와 복합적으로 나타나는 표현형 간의 관계 규명에 보다 적합한 방법이 될 수 있을 것이다.

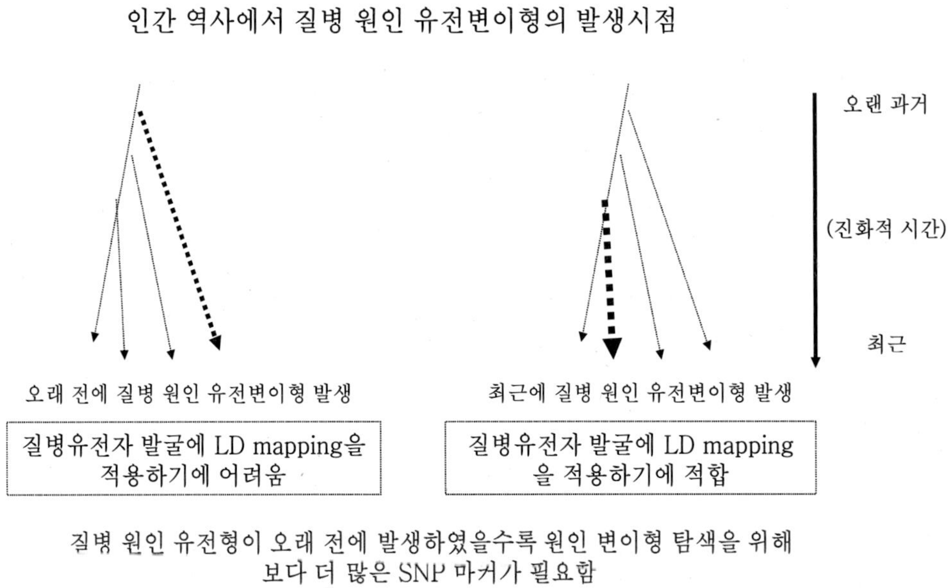

그림 11-11. 질병 원인 유전자의 발생 시기에 따른 LD mapping의 유용성 비교

6. 국제 일배체형 지도작성 사업 (International HapMap Project)

인간유전체사업 완료 이후에 선진국에서는 각 개인의 유전적 차이를 규명하여 질병의 발생과 치료를 조절-예측할 수 있는 맞춤의학 시대를 실현시키기 위해 노력하고 있다. 특히 인간 유전체를 구성하고 있는 LD block과 haplotype 지도 정보를 얻을 수 있다면 인간의 질병에 관련된 유전자 발굴에 매우 유용하게 사용될 것으로 판단하고 2002년 10월에 국제 일배체형 지도작성 사업(International Haplotype Map Project 이하 HapMap Project)을 추진하였다(그림 11-12).

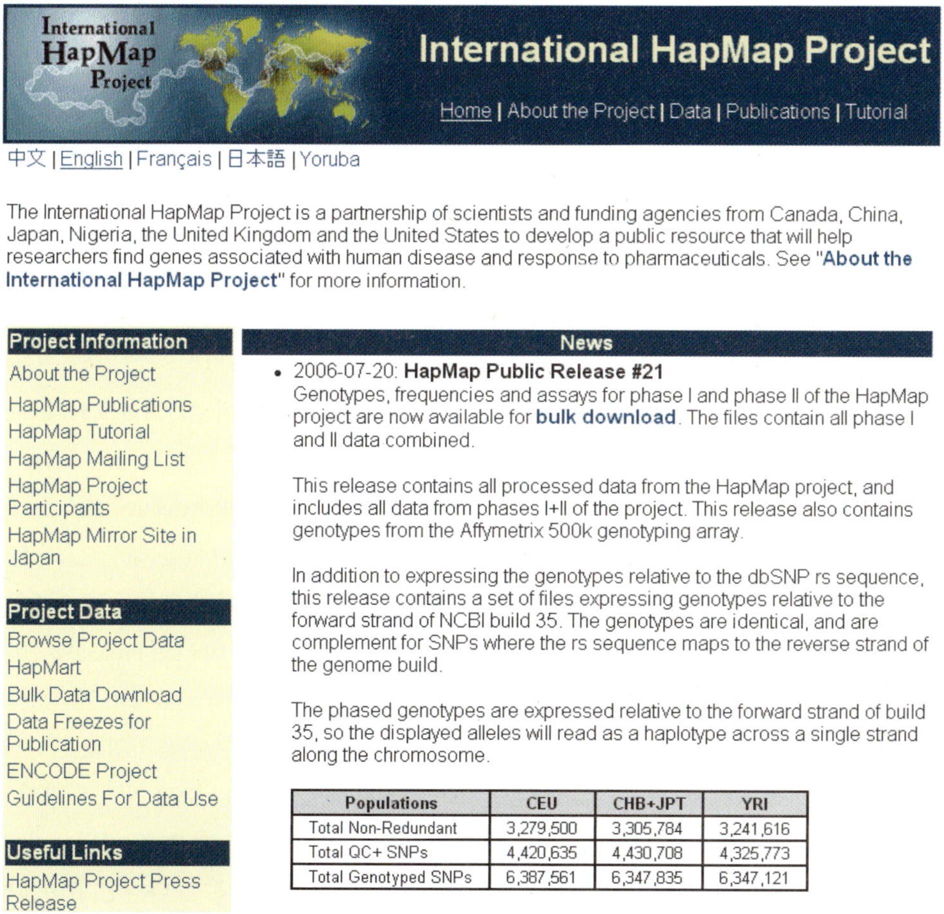
International HapMap Project

Home | About the Project | Data | Publications | Tutorial

中文 | English | Français | 日本語 | Yoruba

The International HapMap Project is a partnership of scientists and funding agencies from Canada, China, Japan, Nigeria, the United Kingdom and the United States to develop a public resource that will help researchers find genes associated with human disease and response to pharmaceuticals. See "**About the International HapMap Project**" for more information.

Project Information

About the Project
HapMap Publications
HapMap Tutorial
HapMap Mailing List
HapMap Project Participants
HapMap Mirror Site in Japan

Project Data

Browse Project Data
HapMart
Bulk Data Download
Data Freezes for Publication
ENCODE Project
Guidelines For Data Use

Useful Links

HapMap Project Press Release

News

- 2006-07-20: **HapMap Public Release #21**
  Genotypes, frequencies and assays for phase I and phase II of the HapMap project are now available for **bulk download**. The files contain all phase I and II data combined.

  This release contains all processed data from the HapMap project, and includes all data from phases I+II of the project. This release also contains genotypes from the Affymetrix 500k genotyping array.

  In addition to expressing the genotypes relative to the dbSNP rs sequence, this release contains a set of files expressing genotypes relative to the forward strand of NCBI build 35. The genotypes are identical, and are complement for SNPs where the rs sequence maps to the reverse strand of the genome build.

  The phased genotypes are expressed relative to the forward strand of build 35, so the displayed alleles will read as a haplotype across a single strand along the chromosome.

Populations	CEU	CHB+JPT	YRI
Total Non-Redundant	3,279,500	3,305,784	3,241,616
Total QC+ SNPs	4,420,635	4,430,708	4,325,773
Total Genotyped SNPs	6,387,561	6,347,835	6,347,121

그림 11-12. **International HapMap 홈페이지 (www.hapmap.org) 창**

HapMap Project의 목적은 아프리카인(Yoruban), 유럽인(CEPH), 아시아인(중국인/일본인)에 존재하는 haplotype block과 common haplotype을 규명하여 전체 인간 유전체를 모두 커버하는 haplotype map (genome-wide HapMap)을 만드는 것이었다. International HapMap Project에는 5 개국(미국, 영국, 캐나다, 일본, 중국)이 참여하였으며 각 나라별 분담은 표 11-2에 제시하였다.

표 11-2. **International HapMap Project에 참여한 국가 및 유전체 분석영역**

참여 국가	책임연구자	분석 염색체 부위	비율
일본	Nakamura	5, 11, 14, 15, 16, 17, 19	25%
영국	David Bentley	1, 6, 10, 13, 20	25%
캐나다	Thomas Hudson	2, 4p	10%
중국	The China HapMap Consortium	3, 8p, 21	10%
미국	Illumina	8q, 9, 18q, 22, X	30% (15%)
	Whitehead	4q, 7q, 18p, Y	(9%)
	Baylor	12	(4%)
	UCSF & Washington University	7p	(2%)

HapMap Project에는 인류의 대표적인 3 인종의 시료가 사용되었다. 아프리카인은 Nigeria의 Yoruban으로부터 30 가계를 부-모-자식의 trio로 구성하여 총 90 명의 DNA 시료를 확보하고, 유럽인은 미국의 Utah 지역에 살고 있는 CEPH(Centre d'Etude du Polymorphisme Humain collection) 30 가계의 trio인 총 90 명의 사람들을 대상으로 하였다. 그리고 아시아인은 중국 베이징에 살고 있는 45 명의 혈연관계가 없는 시료와 일본의 도쿄 지역에 살고 있는 45 명의 일본인이 사용되었다. 따라서 HapMap Project에는 총 270 명의 DNA 시료가 사용되었다. HapMap Project는 3 단계로 진행되었으며 제 1 단계는 약 3 kb 간격의 SNP을 genotyping하여 전체 총 1백만 개의 SNP를 사용하여 인간 유전체의 HapMap을 작성했다. 그리고 제 2 단계는 약 600 bp 당 하나의 SNP 마커를 가지고 인간 유전체 HapMap을 작성하였다(표 11-3). 그리고 3 단계는 11 개 인종 집단에서 총 1,301 명의 유전체에 대한 유전자형 분석을 수행하여 사람에 존재하는 다양한 유전체의 구조와 유전자형의 분포 정보를 확보하는 것이다. 한편 인간 유전체 전체를 커버할 수 있는 HapMap 정보는 LD 정보를 이용한 다양한 표현형에 관련된 유전적 원인을 찾아내는데(LD-based gene mapping studies) 강력한 파워를 가지게 된다.

표 11-3. **HapMap project의 단계별 목표**

단계	단계별 연구목표 및 내용
제 1 단계 (Phase 1)	• 인간 유전체 상에서 3 kb 간격의 SNP 마커 정보를 확보함 • 총 1 백만 SNP을 조사함 • 유전형 조사에 사용된 시료 (3 인종): 45 명의 일본인 + 45 명의 중국인 30 가계의 trio 쌍 총 90 명의 CEPH시료 (유럽인) 30 가계의 trio 쌍 총 90 명의 아프리카인
제 2 단계 (Phase 2)	• 460만 개의 SNP을 추가적으로 조사함 • 225만 개의 SNP을 HapMap에 추가함 • 600 bp 간격의 SNP 마커에 대한 데이터를 확보함 • 다른 인종 집단에서 추가적으로 genotype 데이터를 수집함
제 3 단계 (Phase 3)	• 11 개 인종 집단의 총 1,301 개의 분석 시료 수집 (최초 270 개 포함) • 수집된 시료에서 모든 유전자형 분석

다양한 인종 집단의 인간 유전체 구조에 대한 정보를 파악하기 위해 수행된 대규모 유전체 연구(HapMap & 1000 genomes project)는 인간의 유전체 구조(LD block)를 바탕으로 질병 원인 유전자 탐색을 용이하게 하기 위한 고집적 SNP chip 개발에 크게 기여하였다. 과거에 개발된 SNP chip 들은 지속적으로 개선되어서 지금은 Affymetrix회사의 Axiom 제품과 Illumina회사의 제품이 주로 사용되고 있다(표 11-4). Affymetrix 회사의 SNP chip은 인종집단의 유전체 구조적 특성을 고려하여 유럽인, 아시아인 및 아프리카인을 대상으로 다른 종류의 SNP들이 분석되도록 고안되었다. 주로 아시아인과 아프리카인을 대상으로 한 유전연구에 효율성이 높은 것으로 평가받고 있다. 이와는 대조적으로 Illumina회사의 SNP chip은 1000 genomes project의 결과에서 생산된 유전변이형 정보를 이용하여 개발되었으며 주로 유럽인을 대상으로 한 유전연구에 적합한 것으로 여겨지고 있다. 또한 특정 회사의 SNP chip 내에서도 칩에 올려진 SNP의 genome coverage와 분석 가능한 유전변이형 빈도의 차이가 존재하기 때문에 개별 연구 목적에 맞게 가장 적합한 SNP chip을 선정하여 유전연구에 사용할 수 있도록 선별시 세심한 주의가 필요하다.

표 11-4. 현재 시판되는 SNP chips 의 구성 내용

Chip	Chip size in No. (SNPs)	Lowest MAF	No. (nsSNP)	Based on	Note	Whole-genome coverage		
						EU	ASI	AFR
Affymetrix Chip								
Axiom Genome-wide Human EU	~600,000	1%	10,648	HapMap,dbSNP	Targeting European pop.	0.16	0.21	0.06
Axiom Genome-wide Human ASI	~600,000	1%	10,346	HapMap, dbSNP, 1KG	Targeting Asian pop.	0.17	0.21	0.06
Axiom Genome-wide Human CHB	~1,200,000	2%	10,560	HapMap, dbSNP, 1KG	Targeting CHB pop.	0.30	0.37	0.12
Axiom Genome-wide Human PanAFR	~2,200,000	2%	12,250	HapMap, dbSNP, 1KG, Southern African Genomes Project	Targeting African pop.	0.43	0.52	0.20
Illumina Chip								
Human OmniExpress	~700,000	5%	15,062	HapMap	Optimized tagSNP	0.21	0.26	0.08
Human Omni1S-8	~1,000,000	5%	5,641	1KG	Optimized tagSNP	0.22	0.29	0.10
Human Omni2.5-8	~2,500,000	2.5%	41,900	1KG	Targeting common & rare variants	0.44	0.53	0.20
Human Omni2.5S-8	~2,500,000	1%	57,360	1KG	Targeting rare variants	0.30	0.48	0.15

출처: Ha N-T et al. (2014). Eur J Hum Genet 22:1124-1130.

7. HapMap ENCODE Project

인간 유전체의 약 5% 정도가 기능적으로 중요한 역할을 하는 부위로 알려져 있다. 이 부위에는 인간 유전체의 약 1.5% 정도를 차지하는 단백질을 코딩하는 유전자 부위, 그리고 약 3.5% 정도는 유전자 조절 부위 및 염색체 기능 조절 부위 등이 포함된 유전체 기능 조절 부위가 포함되어 있다(그림 11-13). 특히 아직까지 그 기능이 잘 밝혀지지 않은 많은 중요한 기능적 유전체 부위가 계속적으로 밝혀지고 있어서 향후에 더 상세한 정보를 알 수 있을 것이다.

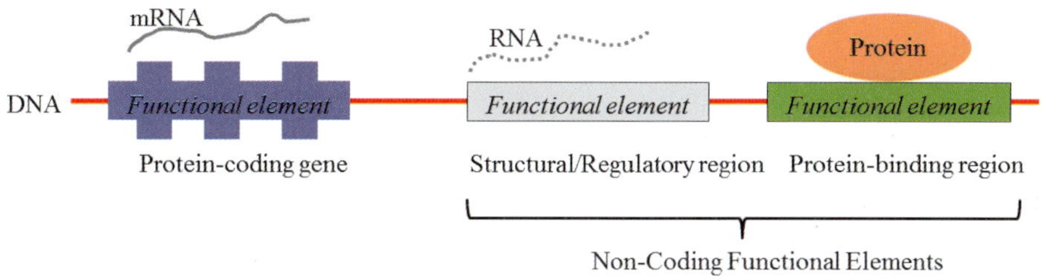

그림 11-13. 인간 유전체의 기능적 유전부위

한편 HapMap Project를 수행하면서 전체 유전체에 존재하는 다양한 유전체의 구조 및 유전변이형의 기능을 상세히 규명하기 위하여 「The ENCyclopedia Of DNA Elements (ENCODE) Project」가 추가적으로 진행되었다. 본 프로젝트의 목적은 인간 유전체 염기서열에 존재하는 모든 기능적 구성 요인(functional elements)을 찾기 위한 것이다. HapMap ENCODE Project에서는 500 kb 크기의 유전체 영역 10 곳(인간 유전체의 1%에 해당하는 약 30 Mb에 해당됨)이 선정되었다(표 11-5). 10 곳의 유전체 영역은 염색체의 범위, 유전자 재조합율, 유전자 밀도, 마우스 유전체와 비교하여 유전자가 발현되지는 않지만 유사성이 높은 영역 등을 고려하여 선별된 것이다. 선정된 영역에서 매우 촘촘한 유전변이형 정보를 확보하기 위해 2 개의 세부 프로젝트(resequencing project와 genotyping project)로 진행되었다. 우선 모두 10 곳의 500 kb 유전체 영역을 48 명의 DNA 시료(16 명의 아프리카인, 8 명의 일본인, 8 명의 중국인, 16 명의 유럽인)에서 resequencing을 수행하였다. 그리고 resequencing에서 밝혀진 모든 SNP뿐만 아니라 dbSNP에 이미 수록된 SNP을 269 명 (90 명의 아프리카인, 44 명의 일본인, 45 명의 중국인, 90 명의 유럽인)에서 genotyping하여 모든 유전변이형 정보를 확보하였다.

표 11-5. **ENCODE 프로젝트에서 선정된 10 개 유전체부위 (각 부위당 500kb 영역)**

Region No	Region Name	Chromosome band
1	ENr112	2p16.3
2	ENr131	2q37.1
3	ENr113	4q26
4	ENm010	7p15.2
5	ENm013	7q21.13
6	ENm014	7q31.33
7	ENr321	8q24.11
8	ENr232	9q34.11
9	ENr123	12q12
10	ENr213	18q12.1

본 연구의 결과물인 아주 상세한 유전형 정보는 유전체 분석 방법을 개발하는데 사용되었다. 그리고 ENCODE Project를 통하여 얻어진 상세한 유전변이형 정보는 인간 유전체에 존재하는 다양한 종류의 기능적 구성 요인(functional elements)을 규명하는데 (그림 11-14) 사용되어 향후에 인간 유전체 전체를 분석하기 위한 새로운 방향을 제시해 줄 것이다. ENCODE Project에 대한 상세한 추가적 정보는 HapMap 홈페이지 (www.hapmap.org) 및 UCSC genome browser (http://genome.ucsc.edu/ENCODE/)에서 찾아볼 수 있다.

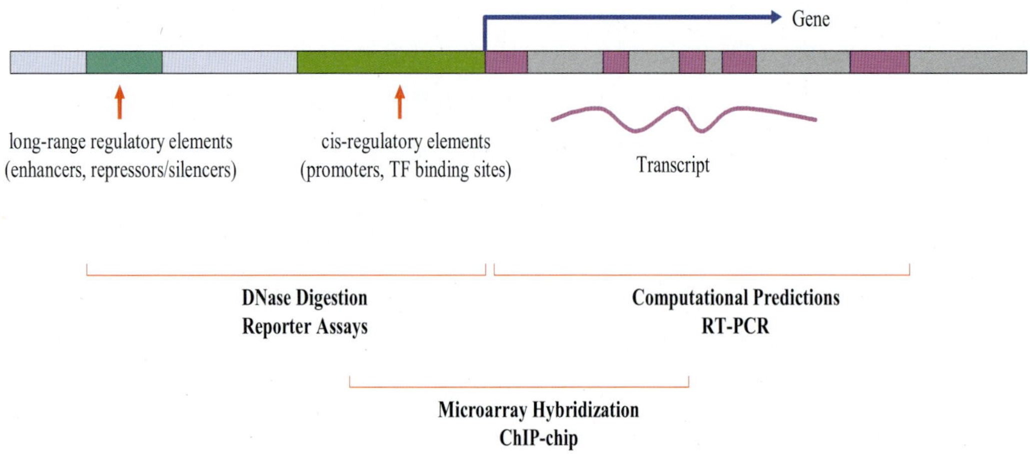

그림 11-14. **ENCODE Project에서 조사하는 기능관련 유전체부위 규명**

지금까지 ENCODE 프로젝트에서 밝혀진 내용을 살펴보면, 개별 세포주 단위에서는 약 39%의 유전체가 발현되고 15개 세포주에서 최소한 한번 이상 발현되는 유전체 부위는 총 74.7%에 달한다고 한다(Djebali S et al, 2012). 따라서 대부분 repetitive sequences로 알려진 junk DNA 부위도 유전자 발현 또는 유전자 조절 기능에 중요한 역할을 할 것으로 예상된다. 또한 ENCODE project에서 분석된 다양한 종류의 유전체 발현조절 기능에 대한 연구 결과(ENCODE Project Consortium, 2012)는 기존의 genome browser에 통합되어 누구나 유전자 구조와 유전자 발현 조절 기능 간의 연관성을 쉽게 파악할 수 있게 되었다(그림 11-15).

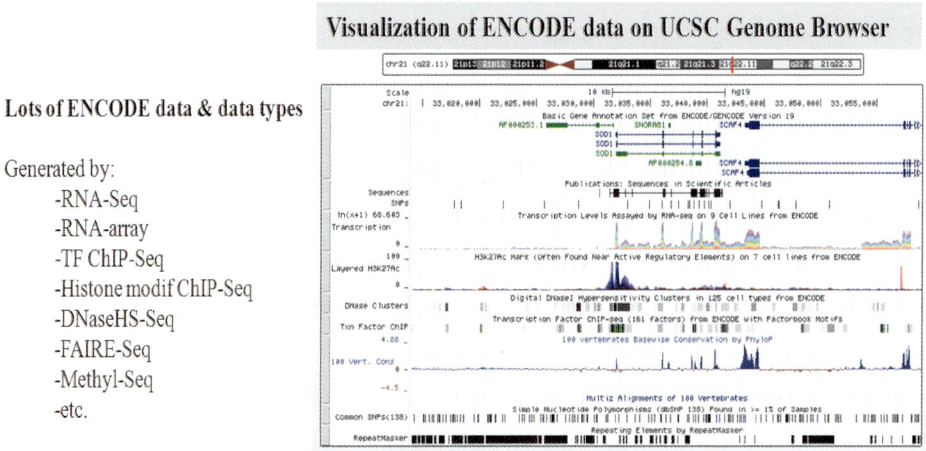

그림 11-15. **ENCOD 프로젝트: Genome Browser에 통합된 ENCODE data**

그리고 인간 유전체에서 발견된 다양한 종류의 유전변이형 정보와 ENCODE 프로젝트에서 밝혀진 유전자 발현조절 정보와의 통합을 용이하게 하는 다양한 종류의 응용 프로그램도 개발되었다. 대표적인 것으로 HaploReg 프로그램(HaploReg: http://www.broadinstitute.org/mammals/haploreg/haploreg.php/)의 경우에는 인간의 유전체에 존재하는 개별 SNP별로 유전자 발현 조절 정보를 통합하여 볼 수 있어서 유전연관성분석(GWAS)에서 연관된 특정 유전변이형에 대한 표현형(또는 질병)의 원인 유전변이형을 찾거나 예측하는데 매우 유용한 방법으로 활용이 가능하다(그림 11-16).

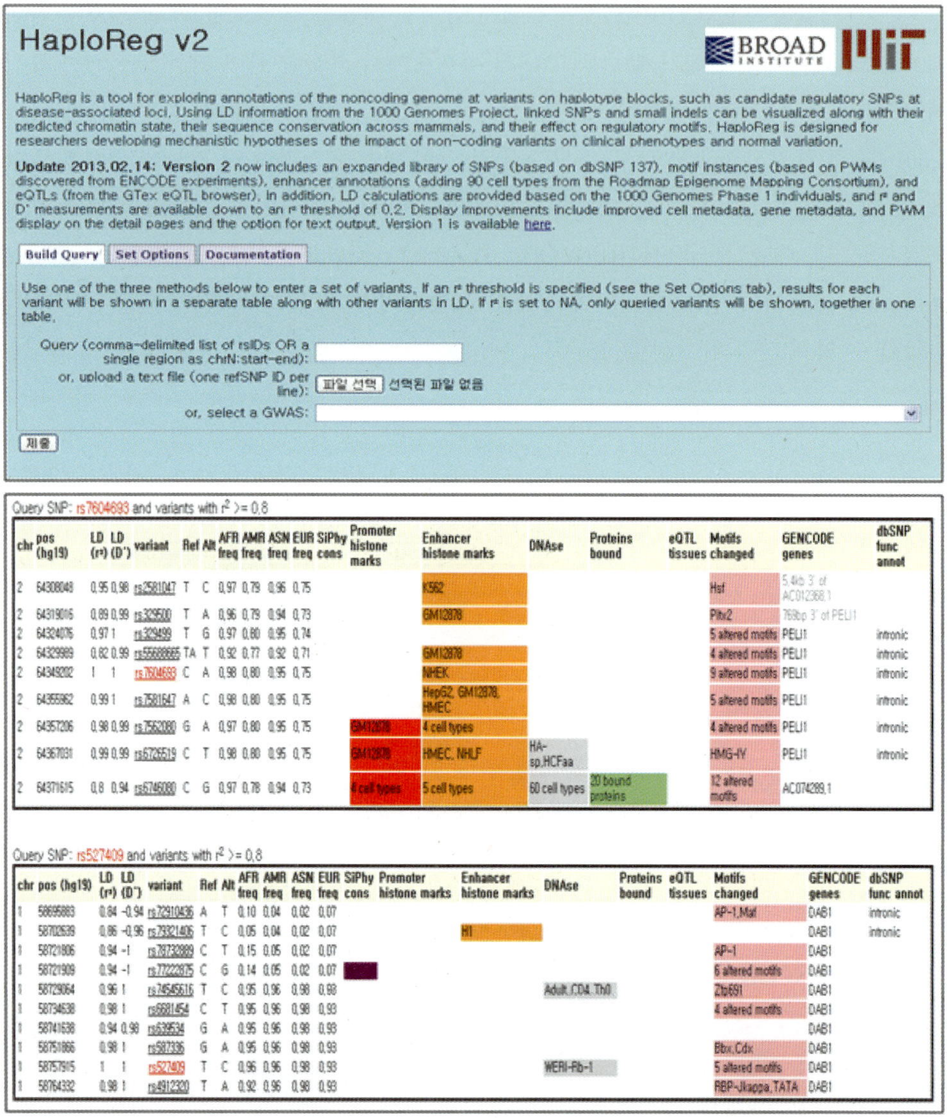

그림 11-16. **GWAS data와 ENCODE data의 통합을 통한 질병 원인 유전변이형 예측.**

출처: HaploReg: http://www.broadinstitute.org/mammals/haploreg/haploreg.php/

8. 1000 Genomes Project

최근에 인간 유전체 염기서열 분석 기술의 발전으로 개인 유전체에 대한 완전한 염기서열 분석이 아주 빠른 시간 내에 가능함에 따라 다수의 인간 유전체에 대한 개인 염기서열 유전체 정보를 분석하여 상세한 인간 유전 변이를 밝힐 수 있게 되었다. 특히 2008년에 영국, 중국 및 미국이 중심이 되어 시작된 1000 genomes project는 총 1,000명의 인간 유전체에 대한 완전한 염기서열 분석 사업이 국제 공동연구(http://www.1000genomes.org/)로 진행되었다(그림 11-17). 본 연구의 주목적은 인간의 유전변이에 대한 완전한 정보를 확보하여 질병 연관성 연구에 사용하는 것이다.

http://www.1000genomes.org/

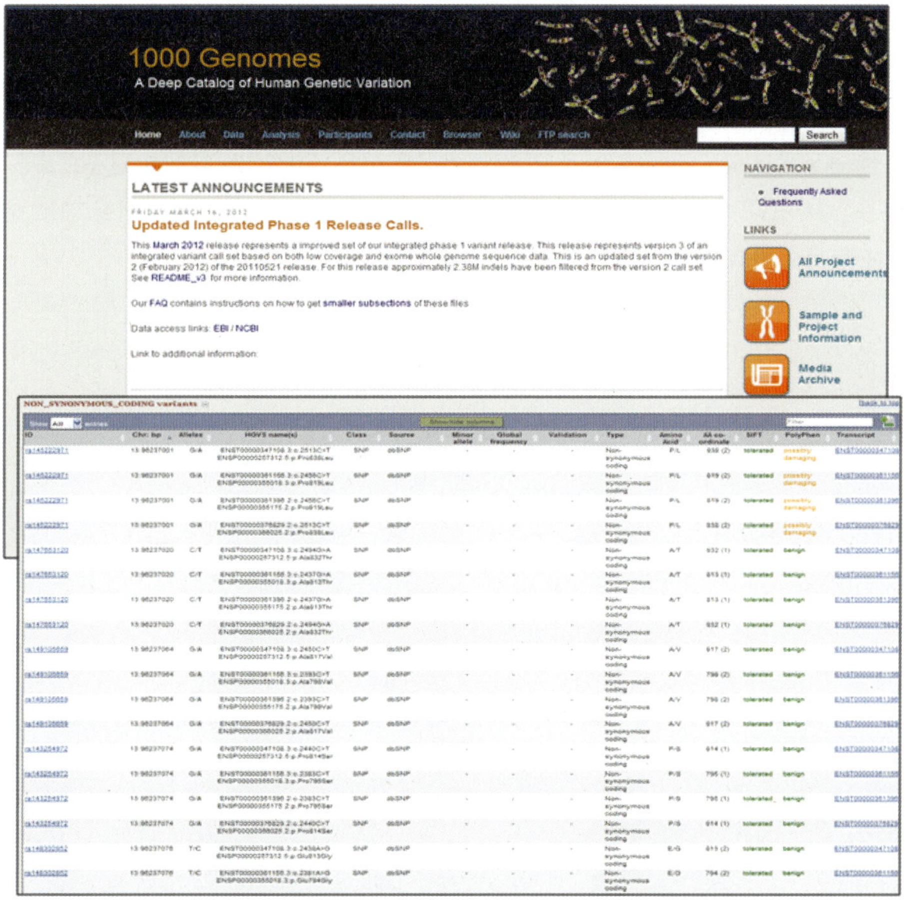

그림 11-17. **1000 genomes project 웹 사이트 (www.1000genomes.org)**

이 프로젝트에서는 유전체 전체 영역에서 1% 이상의 빈도를 가진 유전변이형과 유전자 영역에서는 0.1-0.5% 이상의 빈도를 가지는 유전변이형들(예, SNPs, CNVs, indels 등)을 95% 이상 발굴하고 발굴된 유전변이형에 대한 집단내 빈도, haplotype 및 linkage disequilibrium (LD) 패턴을 규명하는 연구였다. 특히 개인 유전체에 포함된 희귀 유전변이형(rare variants)에 대한 정보는 기존의 유전체 연관성 분석에 의하여 밝히지 못한 질병에 대한 원인 유전변이를 규명하는데 아주 중요한 정보로 활용될 것이다. 1000 genomes project는 총 1,092명(181명의 admixed American, 246명의 African, 286명의 East Asian, 379명의 European)의 전체 개인 유전체 정보를 분석하여 3,830만개의 단일염기서열다형성(SNP) 마커와 140만개의 삽입 및 결실(Indels) 마커를 포함한 총 3,970만개 이상의 유전변이형을 발굴하였다(The 1000 genomes project consortium, 2012). 지금까지의 연구결과에 따르면 9백만 개 이상의 새로운 SNP이 본 프로젝트를 통해 발굴되고 그 외에도 다양한 구조적 변이형들이 새롭게 밝혀지고 있다. 그리고 이 프로젝트에서 생산된 모든 결과는 일반 연구자들이 자유롭게 이용할 수 있도록 공개된다. 그리고 생산된 개인 유전체의 유전변이형 및 유전체 구조 정보는 다양한 종류의 GWAS 데이터를 이용한 메타 분석 연구에서 imputation용 표준 참조 데이터로 이용되고 있다. 다양한 인종으로 구성된 총 1,092명의 상세한 유전변이 정보는 거의 모든 개인 유전체 유전변이형 정보 분석의 표준 참고 자료로 활용되고 있다.

■ 참고문헌

- Ardlie KG et al. (2002). Patterns of linkage disequilibrium in the human genome. Nat Rev Genet 3:299-309
- Crawford DC and Nickerson DA. (2005). Definition and clinical importance of haplotypes. Ann Rev Med 56:303-320
- Djebali S et al. (2012). Landscape of transcription in human cells. Nature 489:101-110
- ENCODE Project Consortium. (2012). An integrated encyclopedia of DNA elements in the human genome. Nature 489:57-74
- Gabriel SB et al. (2002). The structure of haplotype blocks in the human genome. Science 296:2225-2229
- Goldstein DB. (2001). Islands of linkage disequilibrium. Nat Genet 29:109-111
- Ha N-T et al. (2014). Coverage and efficiency in current SNP chips. Eur J Hum Genet 22:1124-1130
- Hinds DA et al. (2005). Whole genome patterns of common DNA variation in three human populations. Science 307:1072-1079
- Patil N et al. (2001). Blocks of limited haplotype diversity revealed by high-resolution scanning of human chromosome 21. Science 294:1719-1723
- Rioux JD et al. (2001). Genetic variation in the 5q31 cytokine gene cluster confers susceptibility to Crohn disease. Nat Genet 29:223-228
- The International HapMap Consortium. (2005). A haplotype map of the human genome. Nature 437:1299-1320

The 1000 genomes project consortium. (2012). An integrated map of genetic variation from 1,092 human genomes. Nature 491:56-65

- Wall JD and Pritchard JK. (2003). Haplotype blocks and linkage disequilibrium in the human genome. Nat Rev Genet 4:587-597

- GOLD: http://www.sph.umich.edu/csg/abecasis/GOLD/
- HapAnalyzer: http://www.ngri.re.kr/HapAnalyzer/index.html
- HaploReg: http://www.broadinstitute.org/mammals/haploreg/haploreg.php/
- HAPLOVIEW: http://www.broad.mit.edu/mpg/haploview/
- HapMap: http://www.hapmap.org/

제 12장 기초 통계유전학

1. 유전자와 유전형

유전자는 부모로부터 자식에게 전달되는 유전의 단위로서, 일반적으로 단백질이나 RNA를 만들어 유전 형질을 발현시키는 특정 DNA의 영역을 의미한다. 통계 유전학에서는 각각의 유전자가 특정 염색체 상에 위치하고 있는 곳을 유전좌위(locus 복수는 loci)라고 한다. 일반적으로 유전자(gene)와 유전좌위(locus)는 거의 동일한 의미로 사용되고 있다. 하나의 유전자는 DNA 변이에 의해 2 개 이상의 형태를 가질 수 있는데 이를 대립 유전자형(allele)이라고 한다. 일반적으로 인간과 같은 고등생물체는 대부분 동일한 유전자를 2 개씩 가지고 있는데 - 하나는 아버지로부터 다른 하나는 어머니로부터 받음 - 이를 이배체(diploid)라고 한다. 이와는 달리 미생물과 같은 원시생물체는 동일한 유전자를 1 개만 가지고 있고 이를 일배체(haploid)라고 한다. 물론 사람의 난자와 정자 같은 생식세포는 일배체의 형태를 가지고 있다. 이배체의 경우 각각의 유전자는 2 개의 대립 유전자형으로 구성되어 있고 이들의 조합에 따라 3 가지 유전형(genotype)이 가능하다. 예를 들어, 상염색체 상에 있는 유전자 A에 대해 2 개의 대립 유전자형 A_1, A_2가 존재한다고 가정하면, A_1A_1, A_1A_2, A_2A_2의 유전형이 가능하다. 이 때 A_1A_1 또는 A_2A_2와 같이 2 개의 동일한 대립 유전자형을 가지고 있는 경우를 동형접합체(homozygote), A_1A_2와 같이 서로 다른 대립 유전자형을 가지고 있는 경우를 이형접합체(heterozygote)라고 한다.

유전자(gene): 부모로부터 자식에 전달되는 하나의 유전 단위

유전좌위(locus): 특정 유전자가 염색체 상에 놓여 있는 곳

대립 유전자형(allele): 유전자의 다른 형 (예, ABO 유전자의 A, B, O 대립유전자형)

유전형(genotype): 두 대립유전자의 조합 (diploid pair of alleles)
이배체 개체에서,
동형접합체 (homozygote)= 2 개의 동일한 대립 유전자형의 조합
이형접합체 (heterozygote)= 2 개의 다른 대립 유전자형의 조합

2. 표현형과 유전형의 관계

어떤 개체에서 관측된 많은 표현형은 그 개체의 유전적 요인에 의하여 결정된다. 표현형과 유전형 간의 관계를 혈액형을 가지고 설명해 보면 다음과 같다. 예를 들면, MN 혈액형의 경우는 간단히 3 종류의 유전형(genotype: MM/MN/ NN)과 3 종류의 표현형(phenotype: M형/MN형/N형)이 존재하게 되고, 이는 2 개의 대립 유전자형(M, N)에 의해 결정된다(그림 12-1). 그러나 ABO 혈액형의 경우에는 표현형은 4 가지(A형, B형, AB형, O형)가 있고 유전형은 모두 8 가지 서로 다른 조합(AA, AO, OA, BB, BO, OB, AB, OO)으로 구성된다. 8 가지의 유전형에 의해 표현되는 4 가지의 표현형은 3 개의 대립 유전자형(A, B, O)에 의해 결정된다.

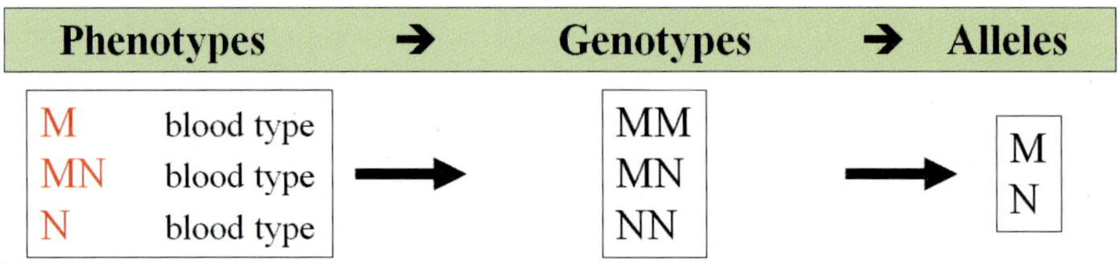

그림 12-1. **표현형과 유전형 간의 관계: 혈액형의 경우**

한편 유전형과 표현형 간의 관계는 유전모형(genetic mode)으로 표시된다. 두 대립 유전자형에서 특성 유전자형이 하나만 있더라도 동일한 표현형을 보일 때 이 표현형은 우성(dominant) 유전모형을 따른다고 하고 두 대립 유전자에서 특정 유전자형이 homozygote의 형태로 존재할 때만 표현형의 차이를 유발하는 경우를 열성(recessive) 유전을 따른다고 한다. 위의 ABO 혈액형에서 A와 B 유전자는 O 유전자에 대하여 우성의 표현형을 보이지만 O 유전자는 A 또는 B 유전자에 대하여 열성의 표현형을 보이는 것이 그 예가 될 것이다. 또 다른 하나의 형태는 두 대립 유전자형에서 3 가지 다른 유전형이 가능하며 특정 유전자의 유전량(gene dosage)에 비례하여 3 가지 다른 표현형으로 나타나는 경우인데, 이를 조우성(codominant) 유전양상을 보인다고 말하며 MN 혈액형이 이에 해당된다.

3. 유전자 빈도와 유전형 빈도의 계산

집단의 유전적 구성을 알아보기 위해서 DNA 상의 유전변이가 일어난 위치(locus)에서 그들의 유전형(genotype)이나 대립 유전자형(allele)을 구별하고 각각의 종류를 가지고 있는 개체가 어느 정도의 비율로 존재하는지를 조사할 수 있다. 예를 들어 N개의 개체가 존재하는 집단에서, A_1A_1 유전형을 가진 개체의 수를 N_{11}, A_1A_2 유전형을 가진 개체의 수를 N_{12}, A_2A_2 유전형을 가진 개체의 수를 N_{22}라 하면 ($N_{11} + N_{12} + N_{22} = N$), 이 집단에서 이들의 유전형 빈도(genotype frequency)는 전체 개체수에서 각각의 유전형을 가진 개체수의 비율로 나타낸다. 즉, A_1A_1, A_1A_2, A_2A_2의 유전형 빈도를 각각 P, Q, R이라 하면,

$$P = N_{11} / N$$
$$Q = N_{12} / N$$
$$R = N_{22} / N$$

와 같다. 마찬가지로 대립 유전자형 빈도 (allele frequency)는 전체 대립 유전자형의 개수에 대한 각각의 대립 유전자형의 개수가 차지하는 비율로 구할 수 있다. 여기에서 하나의 유전형은 2 개의 대립 유전자형으로 구성되어 있기 때문에 전체 대립 유전자형의 개수는 전체 개체수의 2 배인 2N이 된다. A_1 유전자형의 개수(N_1)는 A_1A_1 유전형을 가진 개체에서 $2N_{11}$, A_1A_2 유전형을 가진 개체에서 N_{12}, A_2A_2 유전형을 가진 개체에서 0이므로 $2N_{11} + N_{12}$이고, 마찬가지로 A_2 유전자형의 개수(N_2)는 $N_{12} + 2N_{22}$이다. 따라서 A_1, A_2 유전자형의 빈도 p, q는 다음 식과 같이 구할 수 있다.

$$p = (2N_{11} + N_{12}) / 2N$$
$$q = (N_{12} + 2N_{22}) / 2N$$

위의 식에 의해 $p + q = 1$ 임을 알 수 있고, 따라서 $q = 1 - p$와 같이 나타낼 수 있다. 또한 유전형 빈도 P, Q, R을 이용하여 대립 유전자형 빈도 p, q를 다음과 같이 표현할 수 있다.

$$p = P + (1/2)Q$$
$$q = (1/2)Q + R$$

MN 혈액형 유전자는 적혈구 표면의 당단백질 생성에 영향을 미치는 유전자인데 항원-항체 반응에 따라 MM, MN, NN의 3 가지 유전형을 가진다. 표 12-1은 1,000 명의 헌혈자를 대상으로 MN 혈액형을 조사한 결과이다. 앞의 식을 이용하여 유전형 빈도(genotype frequency)와 대립 유전자형 빈도(allele frequency)를 각각 다음과 같이 계산할 수 있다.

표 12-1. 헌혈자 1,000 명에 대한 MN 혈액형 조사 결과

유전형	사람수
MM	298
MN	489
NN	213
전체	1, 000

MM 유전형 빈도= 298 / 1,000 = 0.298

MN 유전형 빈도= 489 / 1,000 = 0.489

NN 유전형 빈도= 213 / 1,000 = 0.213

M 대립 유전자형 빈도= (2 × 298 + 489) / (2 × 1,000) = 0.5425

N 대립 유전자형 빈도= (489 + 2 × 213) / (2 × 1,000) = 0.4575

4. 하디-와인버그 법칙

(1) 하디-와인버그 법칙의 정의

멘델 유전 법칙의 재발견 후에 유전학자들은 한 세대에서 다음 세대에 걸쳐 유전형 빈도나 대립 유전자형 빈도에 어떤 변화가 일어나는지에 대하여 관심을 가지게 되었는데, 이에 대한 기본적인 법칙을 영국인 수학자 Godfrey Hardy (1908)와 독일인 의사 Wilheim Weinberg (1908)가 동시에 수립하였다. 그리고 후에 이 법칙에 두 사람의 이름을 붙여 하디-와인버그 법칙(Hardy-Weinberg principle)이라고 불려지게 되었다. 하디-와인버그 법칙은 ***"무작위적으로 교배(random mating)를 하는 큰 집단에서 이주***

(migration), 돌연변이(mutation), 선발(selection)과 같이 유전형 빈도를 변화시키는 요소가 없으면, 집단의 유전형 빈도 및 대립 유전자형 빈도는 세대가 바뀌어도 변하지 않고 일정하게 유지된다'는 법칙으로 유전자형 빈도를 이용하여 유전형 빈도를 설명할 수 있다.

이 법칙을 좀 더 구체적으로 살펴보자. 예를 들어 locus A의 두 대립 유전자형을 A_1, A_2라 하고 그 빈도를 각각 p, q ($p + q = 1$)라 하자. 그리고 남녀의 배우자(gamete)가 무작위적으로 교배하여 접합체(zygote)를 형성한다고 가정하자. 그러면 이 때 생겨나는 접합체의 빈도 즉, 자녀의 유전형 빈도는 그것을 구성하는 배우자의 빈도의 곱과 같고 이는 그림 12-2와 같이 나타낼 수 있다.

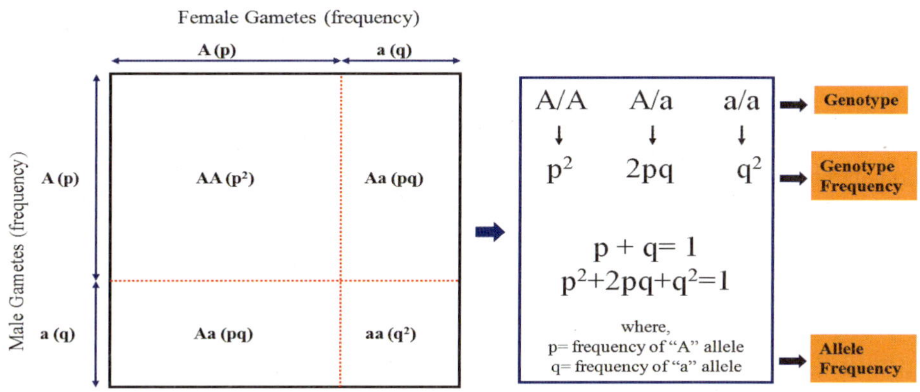

그림 12-2. **Gametes(정자/난자) 간의 임의 조합에 의해 생성된 Hardy-Weinberg** 비율

즉, 자녀의 유전형 빈도는 각각 $A_1A_1 = p^2$, $A_1A_2 = 2pq$, $A_2A_2 = q^2$와 같다. 이를 이용하여 자녀의 대립 유전자형 빈도 p', q'을 다음과 같이 구할 수 있다.

$$p' = p^2 + 1/2\,(2pq) = p\,(p + q) = p$$
$$q' = 1/2\,(2pq) + q^2 = q\,(p + q) = q$$

위의 식에서 자녀의 대립 유전자형 빈도가 부모의 대립 유전자형 빈도와 같다는 것을 알 수 있다. 이를 이용하여 다시 다음 세대의 유전형 빈도를 구하면 $A_1A_1 = p^2$, $A_1A_2 = 2pq$, $A_2A_2 = q^2$로 세대를 거듭해도 유전형 빈도 역시 달라지지 않는다는 것을 알 수 있다. 이 법칙에 적용되는 집단을 하디-와인버그 평형(Hardy-Weinberg Equilibrium) 상태에 있다고 말하고, 어떤 집단이 하디-와인버그 평형 상태에 있을 때 그 집단의 대립 유전자형 빈도와 유전형 빈도 사이에는 다음과 같은 관계가 성립한다. Locus A의 두 대립 유전자형 A_1, A_2의 빈도가 각각 p, q일 때, 유전형 A_1A_1, A_1A_2, A_2A_2의 빈도는 각각 p^2, 2pq, q^2와 같다. 그리고 어떤 집단이 하디-와인버그 평형상태에 있지 않다면 그 이유는 이 법칙이 성립되기 위한 여러 조건이 충족되지 않았기 때문이다. 예를 들어, 어떤 유전자가 호흡에 관련된 매우 중요한 유전자이고 A_2 유전형이 열성 돌연변이이여서 그 돌연변이를 homozygote의 형태로 갖게 되면 생존이 불가능한(lethal) 경우에 태아는 자연적으로 유산이 될 것이다. 결과적으로 A_2A_2 유전형을 가진 사람은 모두 도태되어 이 집단은 하디-와인버그 평형 상태로부터 벗어나게 된다.

(2) 하디-와인버그 평형(HWE) 검사

앞의 표 12-1을 참조하여 실제로 하디-와인버그 평형(HWE: Hardy-Weinberg Equilibirum) 검사를 시행해보면 다음과 같다. 유전형 MM, MN, NN의 관측치가 각각 298, 489, 213명이므로 이를 이용하여 M과 N 대립 유전자형의 빈도를 구하면 M 대립 유전자형에 대한 빈도 p= 0.5425이고 N 대립 유전자형에 대한 빈도 q= 1 - 0.5425 = 0.4575이다. 만약 하디-와인버그 평형상태가 유지된다면 MM, MN, NN 유전형의 기대값은 다음과 같다.

$MM = p^2 \times N = (0.5425)^2 \times 1{,}000 = 294.3$

$MN = 2pq \times N = 2\ (0.5425) \times (0.4575) \times 1{,}000 = 496.4$

$NN = q^2 \times N = (0.4575)^2 \times 1{,}000 = 209.3$

표 12-2. 헌혈자(1,000 명)의 MN 혈액형 조사에 대한 관측값과 하디-와인버그 평형상태에서의 기대값

유전자형	관측값	기대값
MM	298	294.3
MN	489	496.4
NN	213	209.3
전체	1, 000	1, 000

실제로 관측한 값과 하디-와인버그 평형상태에 있을 때의 기대값과의 차이는 χ^2 검정 방법을 이용하여 평가할 수 있다.

$$\chi^2 = \Sigma((\text{관측값} - \text{기대값})^2/\text{기대값})$$

$$\chi^2 = (298 - 294.3)^2 / 294.3 + (489 - 496.4)^2 / 496.4 + (213 - 209.3)^2 / 209.3 = 0.222$$

이 값은 χ^2 분포표에서 자유도가 1일 때(*3x2 table에서 자유도가 2 이지만 p+q=1 이므로 p 정보 하나만 알면 q 정보를 알기 때문에 -1을 더해 자유도가 1이 됨) 유의수준 5%에 해당하는 값 3.84보다 작으므로 유의적이지 않다. 즉, 관측값과 기대값 사이에는 유의적인 차이가 없으며 따라서 위 집단은 하디-와인버그 평형 상태에 있다고 말할 수 있다. 일반적으로 유전형 빈도만 알고 있다면 다양한 프로그램(예, Hardy-Weinberg 2-Allele Cauculator)을 이용하여 간단히 HWE-test를 확인할 수 있다(그림 12-3).

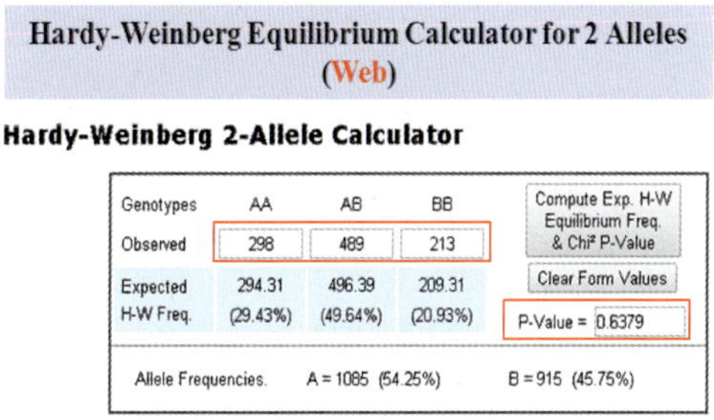

http://www.had2know.com/academics/hardy-weinberg-equilibrium-calculator-2-alleles.html

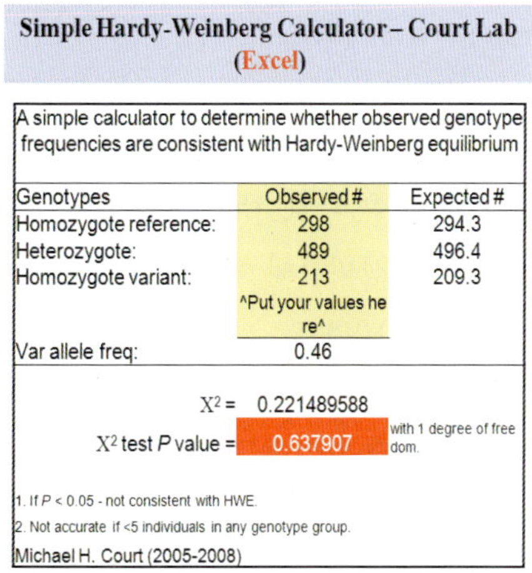

http://www.tufts.edu/~mcourt01/lab_protocols.htm

그림 12-3. 간단한 프로그램을 이용한 HWE test의 예

하디-와인버그 평형 검사를 하는 목적은 실제로 실험에 사용된 시료의 선별이 잘 이루어져 있는지 또는 특정 집단의 대립 유전자형 또는 유전형의 빈도가 일정하게 유지되고 있는지를 검사하기 위해 수행되고 있다. 만약 조사한 집단의 시료가 하디-와인버그 평형상태에 위배된다면 그것은 하디-와인버그 평형상태를 유지하기 위해 전제되는 조건이 위배되었을 가능성이 높다. 예를 들면, 1) 무작위 교배(random mating)가 전제되었지만 선별적 교배(assortative mating)나 근친교배(consanguinity)가 일어났을 가능성, 2) 큰 인구집단(large population)이 전제되었지만 유전적 변이 빈도를 수시로 변하게(genetic drift) 할 수 있는 작은 인구집단(small population), 3) 돌연변이가 없고 선발이 없으며 인구의 이동이 없음을 전제로 하였지만 실제로는 돌연변이(mutation), 선발(selection), 인구의 이동(migration)이 발생한 경우에는 하디-와인버그 평형상태가 유지되지 않을 것이다. 그러나 하디-와인버그 평형상태에 위배될 경우 유전형 검사 결과에 오류(genotyping errors)가 없었는지 우선적으로 확인해야 한다. 따라서 하디-와인버그 평형 검사는 genotyping data가 정확하게 수행되었는지를 점검하는데도 사용할 수 있다.

한편, 임상유전학 분야에서는 유전질병의 발생빈도를 알고 있을 때 관련된 유전자 빈도(gene frequency) 및 보인자(carrier, heterozygote) 빈도를 계산하는데 하디-와인버그 법칙이 이용되고 있다. α 1-antitrypsin deficiency의 경우 덴마크에서는 2,000 명당 1 명의 환자가 발생하는데 이 유전 질병을 유발하는 유전자가 homozygote의 형태로 존재할 때 질병으로 발전하는 열성 유전을 따르는 것으로 알려져 있다(표 12-3). 따라서 하디-와인버그 법칙을 적용해 보면 열성으로 발병하는 빈도(q^2)= 1/2,000 = 0.0005이고 q= 0.02236이 된다. 그리고 정상 유전자의 빈도 (p)= 1 - q = 0.97764로 계산되고 질병 유전자를 가지고 있는 보인자(carrier, heterozygote)의 빈도 (2pq)= 2 × 0.02236 × 0.97764 = 0.0437이 계산되는데 이는 약 22 명당 1 명의 빈도로 보인자(carrier)가 있음을 의미하게 된다(1/22= 0.04545).

표 12-3. 하디-와인버그 법칙을 이용한 질병 유전자의 빈도 추정

질병명	인구 집단	발생율 (q^2)	유전자 빈도 (q)	Heterozygote 빈도 (2pq)
α 1-antitrypsin deficiency	덴마크	1/2,000	0.023	1/22

질병 발생빈도 (q^2) =1/2,000 = 0.0005

질병 유전자 빈도 (q) = 0.02236

정상 유전자 빈도 (p) = 1 - q = 0.97764 (* p+q=1)

질병 유전자를 지닌 carrier의 빈도 (2pq) = 2 × 0.02236 × 0.97764 = 0.0437

➡ 1/22 (= 0.04545)

5. 유전변이의 측정

(1) 이형접합성(Heterozygosity) 검사

특정한 위치(locus)에서 유전변이의 정도를 알아보는 가장 간단한 방법은 이형접합성(heterozygosity) 정도를 측정하는 것이다. Heterozygosity는 특정 locus에 대해 무작위적으로 선정된 사람의 대립 유전자형이 이형접합(heterozygous)일 확률로 하디-와인버그 평형 상태를 가정했을 때 heterozygosity, H는 다음과 같이 구할 수 있다.

$$H = 1 - \sum p_i^2$$

위 식에서 p_i는 i번째 대립 유전자형의 빈도를 의미한다. SNP과 같은 bi-allele 마커의 경우 위 식은 다음과 같이 변환시킬 수 있다. 어떤 SNP 마커의 유전자형 빈도를 각각 p, q (q= 1 - p)라 하면,

$$H = 1 - p^2 - q^2 = 2p\,(1 - p)$$

예를 들어 대립 유전자형 빈도가 p=0.75, q=0.25인 SNP 마커의 경우,

$H = 1 - [(0.75)^2 + (0.25)^2] = 1 - [0.56 + 0.06] = 0.38$의 값을 가진다.

그림 12-4는 sm bi-allelic 마커에서 유전형 빈도에 따른 heterozygosity를 나타낸 것으로 대립 유전자형 빈도가 중간값(0.5)일 때 heterozygosity는 가장 큰 값(0.5)을 가진다. 일반적으로 대립 유전자의 개수가 많을수록 heterozygosity는 증가하는 것으로 알려져 있다. 예를 들면, MN 혈액형처럼 2 개의 대립 유전자형을 가질 때 최대의 heterozygosity는 50%이다. 그러나 ABO 혈액형처럼 3개의 대립 유전자를 가진 경우 최대의 heterozygosity는 50%를 초과하게 되고, microsatellite와 같이 다수의 대립 유전자로 구성된 마커의 경우는 최대 가능한 heterozygosity가 더욱 높아지게 되며 일반적으로 약 60 ~ 85% 정도의 값을 가지는 것으로 알려져 있다.

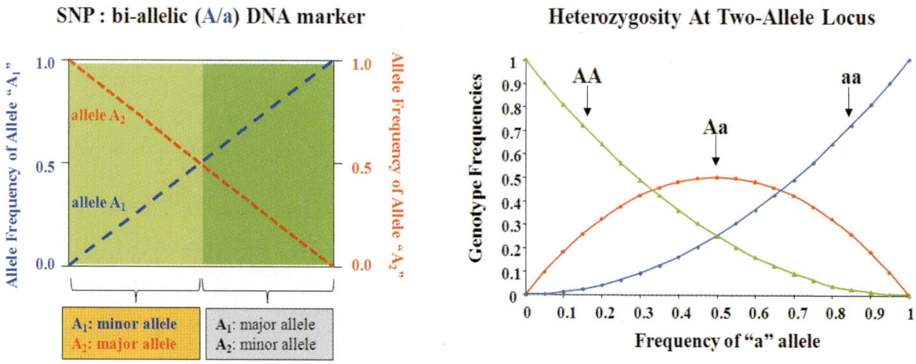

그림 12-4. 두 대립 유전자의 빈도에 따른 대립유전자형(allele) 및 이형접합성(heterozygosity)의 분포도

MN blood type,	2 alleles $(p+q)^2$	50%
ABO blood type,	3 allleles $(p+q+r)^2$	>50%
STR (microsatellites),	multi-alleles $(p+q+\text{----}+n)^2$	>60~85%

한편 마커에 대한 heterozygosity 정보는 유전분석에서 특정 마커가 부모로부터 자식에 전달되는 현상을 얼마나 상세히 잘 구분해 낼 수 있는지를 판별하기 위한 유전 정보력을 추정할 수 있는 하나의 수단으로 사용될 수 있다. 일반적으로 heterozygosity가 높은 마커일수록 정보력이 높은 마커라 할 수 있다. 그리고 이형접합성은 유전자의 다형성의 분포 상황을 알 수 있을 뿐만 아니라 유전체 또는 유전자의 자연선발이 가해진 유무를 판단하는데도 사용될 수 있다. 예를 들면, 그림 12-5에 제시한 바와 같이 유전자 부위에서 단백질을 코딩하지 않는 부위에 존재하는 SNP들의 heterozygosity는 약 20% 정도이지만 단백질을 코딩하는 부위에서 SNP에 의하여 아미노산이 변화되는 경우에는 heterozygosity가 급격히 감소함을 확인할 수 있다(그림 12-5). 이는 아미노산을 변화시키는 돌연변이는 생물의 정상적인 기능을 저해함으로써 자연적으로 다음 세대에 전달되지 못하도록 하는 자연선발이 가해졌음을 추론할 수 있다.

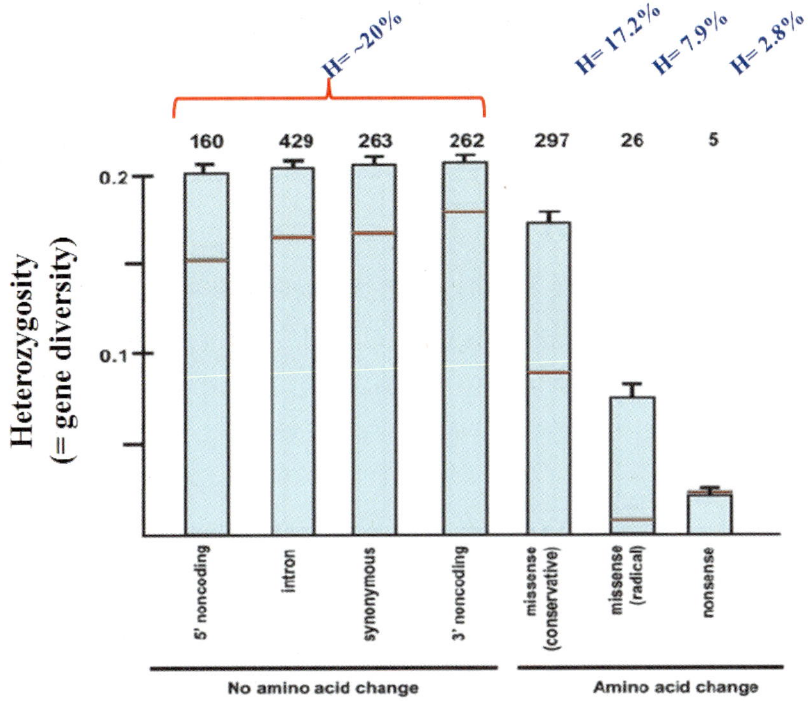

그림 12-5. **이형접합성(heterozygosity) 측정을 통한 자연선발(negative selection) 유무 검색.** 출처: Hughes AL et al. (2003). Proc Natl Acad Sci USA 100:15754-15757.

(2) 염기 및 아미노산의 다양성 측정

일정 영역에서 염기서열 변이(nucleotide variation)의 정도를 측정하는 방법에는 주로 다음과 같은 두 가지 방법이 사용된다.

1. 전체 염기서열에서 변이가 있는 locus의 비율을 측정하는 방법 (k)
2. 염기 site당 관측되는 평균 이형접합성(average heterozygosity)을 측정하는 방법 (π)

(* 위의 두 측정 방법은 아미노산의 변이 정도를 측정하는 데에도 이용될 수 있다)

DNA 변이의 양을 측정하는 가장 간단한 방법은 조사를 시행한 DNA 영역에서 발굴된 변이(segregating site)의 개수(K)를 세는 것이다. 이 때 발굴된 변이의 개수는 염기서열 길이(L)가 길어질수록 커지므로 이에 대하여 보정을 해줄 필요가 있다.

$$k = K / L$$

두 번째 방법은 한 쌍의 염기서열 사이에 서로 다른 염기의 비율을 구한 다음 각각의 염기서열의 빈도로 가중치를 주는 방법이 있다. 모든 가능한 염기서열 쌍에 대하여 이를 구하여 합하면 다음과 같이 nucleotide diversity (π)를 추정할 수 있다.

$$\pi = N/(N-1) \sum p_i p_j \pi_{ij}$$

이 때 N은 조사한 염기서열의 개수로 N/(N-1) 부분은 표본을 추출할 때 발생할 수 있는 bias를 보정하기 위한 것이다. p_i는 염기서열 i의 빈도를 의미하고, π_{ij}는 i번째와 j번째 DNA 염기서열 간의 차이를 전체 염기서열 길이(L)로 보정한 값을 의미한다. 염기의 다양성(nucleotide diversity)은 염기서열의 길이에는 큰 영향을 받지 않으나 표본 크기에는 영향을 받는다.

다음 9 개의 염기서열을 참고하여 k와 π를 구해보자.

Consensus	...	C	C	G	...	T	C	G	...	C	A	...
1	...				...				...	A		...
2	...			C	...				...			...
3	...	T			...				...	A		...
4	...				...		G	T	...			...
5	...				...	A	G	T	...			...
6	...			C	...				...		C	...
7	...			C	...				...	A	C	...
8	...	T	G	C	...	A			...			...
9	...	T	G	C	...	A			...			...

(Total sequence: 500bp)

위 염기서열에서 DNA 변이의 개수는 8, 총 염기서열 길이는 500 bp이므로 segregating site의 비율(k)은 다음과 같다.

$$k = 8/500 = 0.016$$

위의 9 개의 염기서열에서 염기서열 8과 9는 서로 같으므로 위 염기서열에는 총 8 종류의 대립 유전자형이 존재하고 이들의 빈도 p는 다음과 같다.

$p_1 \sim p_7 = 1/9 = 0.11$

$p_8 \sim p_9 = 2/9 = 0.22$

각각의 염기쌍 사이에 서로 다른 변이의 개수를 구하면 다음과 같다.

Seq.	1	2	3	4	5	6	7	8	9
1	-								
2	2	-							
3	1	3	-						
4	3	3	4	-					
5	4	4	5	1	-				
6	3	1	4	4	5	-			
7	2	2	3	5	6	1	-		
8	5	3	4	6	5	4	5	-	
9	5	3	4	6	5	4	5	0	-

위에서 구한 대립 유전자형 빈도와 염기변이의 개수를 이용하여 다음과 같이 $p_i p_j \pi_{ij}$ 를 구할 수 있다.

Seq.		1	2	3	4	5	6	7	8	9
	Freq.	**0.11**	**0.11**	**0.11**	**0.11**	**0.11**	**0.11**	**0.11**	**0.22**	**0.22**
1	**0.11**	-								
2	**0.11**	0.00005	-							
3	**0.11**	0.00002	0.00007	-						
4	**0.11**	0.00007	0.00007	0.00010	-					
5	**0.11**	0.00010	0.00010	0.00012	0.00002	-				
6	**0.11**	0.00007	0.00002	0.00010	0.00010	0.00012	-			
7	**0.11**	0.00005	0.00005	0.00007	0.00012	0.00015	0.00002	-		
8	**0.22**	0.00024	0.00015	0.00019	0.00029	0.00024	0.00019	0.00024	-	
9	**0.22**	0.00024	0.00015	0.00019	0.00029	0.00024	0.00019	0.00024	0.00000	-

따라서 nucleotide diversity (π) = $N/(N-1) \sum p_i p_j \pi_{ij} = (9/8) \times 0.0047 = 0.0053$.

그리고 일반적으로 nucleotide diversity는 약 0.004 ~ 0.02의 값을 가진다.

염기의 변이 정도를 측정하는 방법과 유사하게 아미노산 수준에서 발굴된 변이의 개수는 다음과 같이 추정할 수 있다.

$k_{aa} = K / L$

K= 변이가 있는 아미노산의 개수

L= 아미노산 서열의 길이

또한 아미노산의 다양성(amino acid diversity)은 다음과 같이 계산할 수 있다.

$\pi' = \sum p_i p_j \pi'_{ij}$

π'_{ij}= i번째와 j번째 아미노산 서열 간의 서로 다른 아미노산의 비율

아미노산의 변이는 단백질의 구조에 영향을 미쳐 기능 변화를 일으킬 수 있으므로 대부분의 유전자에서 아미노산의 변이 정도는 매우 낮은 편이다. 표 12-4는 유전자의 여러 영역별 DNA의 변이 정도를 나타낸 것이다. 이 표를 보면 아미노산을 코딩하는 영역과 아미노산을 코딩하지 않는 영역의 유전변이 정도는 비슷하다. 그러나 아미노산을 코딩하는 영역에서 아미노산 변이를 일으키는 DNA 변이는 아미노산 변이를 일으키지 않는 DNA 변이에 비해서 훨씬 적게 일어남을 알 수 있다.

표 12-4. 유전자의 영역별 유전변이의 발생빈도

Polymorphism type	bp screened	No. polys	Frequency (SNP/bp)	$\hat{\theta}$	Π
Non-coding	60,410	168	1/354	5.30±1.33	5.19±2.47
Coding:	135,823	392	1/346	5.43±1.36	5.00±2.38
-synonymous		207	1/656	2.86±0.72	3.05±1.45
-non-synonymous		185	1/734	2.56±0.64	1.96±0.93
-conservative		119	1/1,141	1.65±0.41	1.43±0.68
- non-conservative		66	1/2,058	0.91±0.23	0.53±0.25
-fourfold degenerate sites	21,645	112	1/193	9.73±2.46	11.18±5.31
-twofold degenerate sites	34,294	125	1/274	6.85±1.72	6.27±2.98
-nondegenerate sites	79,659	155	1/514	3.66±0.92	2.93±1.39
Total	196,233	560	1/348	5.39±1.36	5.05±2.40

출처: Cargill M et al. (1999). Nat Genet 22:231-238.

(3) Tajima Test

Nucleotide diversity π와 segregating site의 개수 k는 모두 parameter Θ ($\Theta = 4N_e\mu$, N_e는 effective population의 크기, μ는 돌연변이 비율)를 추정하는데 사용될 수 있다. Infinite sites model - DNA 염기서열의 길이가 매우 길어 새로운 돌연변이는 이전에 돌연변이가 일어나지 않았던 자리에서 발생함 - 을 가정하는 경우, π는 Θ로, k는 aΘ로 각각 추정된다. 즉,

$E(\pi) = \Theta$

$E(k) = a\Theta, \ \Theta = k / a$

$a = 1 + 1/2 + \cdots + 1/(n-1)$, n은 표본의 haplotype의 개수를 의미한다.

만약 어떤 집단이 neutrality equilibrium상태에 있다면, 유전변이가 일어난 locus에서 각각의 변이는 거의 같은 적응도(fitness)를 가진다. 즉 서로에 대하여 중립적(neutral)이다. 또한 집단의 유전적 변이에 영향을 미치는 요소는 주로 새로운 변이를 일으키는 돌연변이와 이를 제거시키는 유전표류(genetic drift)인데, 표본을 추출한 집단이 돌연변이와 유전표류에 대하여 평형상태(equilibrium)에 있다면 위 두 Θ는 비슷한 값을 가지게 된다. 앞의 Θ를 Θ_π, 뒤의 Θ를 Θ_k라 하면, Θ_π는 heterozygosity를 측정하는 것이므로 rare allele에 큰 영향을 받지 않는 반면, Θ_k는 모든 변이를 똑같이 계산하므로 rare allele에 의하여 크게 영향을 받는다. 이를 이용하여 Tajima (1989)는 이 두 추정값 사이의 차이 ($\Theta_\pi - \Theta_k$)를 비교하는 테스트를 개발하였다. 어떤 집단이 중립평형(neutrality equilibrium)상태에 있다면, 즉 DNA 변이가 중립적(neutral)인 특성을 가지고 있고 집단이 돌연변이와 유전표류에 대해 평형상태에 있다면 위 값은 0이 된다. 만약 집단에 해로운 돌연변이가 새로 생겼다면 이는 변이의 개수를 증가시키지만 purifying selection - 새로운 돌연변이는 종종 해로운 영향을 미치는데, 이 해로운 돌연변이의 빈도를 낮추는 선발 - 의 영향으로 그 빈도는 높지 않을 것이다. 따라서 Θ_k의 값을 증가시키지만 Θ_π에는 크게 영향을 미치지 않는다. 그러므로 Θ_π는 Θ_k보다 작아지고 그 차이는 음의 값이 된다. 이와는 반대로 heterozygote advantage가 있거나 집단이 최근에 bottleneck을 겪는다면 Θ_k가 감소하여 그 차이는 양의 값을 가진다. 또한 집단이 최근에 크게 팽창하고 있다면 발생한 돌연변이는 계속 유지가 되어 Θ_k는 증가하나 heterozygosity를 나타내는 Θ_π에 영향을 미치기까지는 오랜 시간이 걸리므로 음의 값이 된다. 결론적으로 이 검사는 특정 염기서열에 대한 진화적 역사(evolutionary history)를 살펴볼 수 있는 수단을 제공하지만, 선발(selection)과 인구학적 사건(demographic event)의 기여 정도를 구분하는 것은 쉽지 않으므로 제한적인 파워를 가진다.

(4) 집단간 유전적 차이: F_{ST}

앞에서는 한 집단 내에서 DNA 변이 정도를 측정하는 방법을 알아보았다. 대부분의 생물종에서는 지리적, 생태학적, 행동학적 요소들로 인하여 집단은 더 작은 단위로 나누어지고, 이들 소집단이나 다양한 종을 이용하여 유전변이를 조사함으로써 그들 간의 유전적 유사성이나 거리를 측정할 수 있다. 집단에서 유전변이의 빈도에 영향을 미치는 요소는 다양한데, 예를 들어 유전표류(genetic drift)는 희소 유전자형(rare allele)의 소실을 통해 변이를 감소시키는 방향으로 작용할 수 있다. 집단이 나누어지면 서로 다른 집단에서 서로 다른 대립 유전자형이 소실될 수 있고 그 결과 집단 간의 유전적 차이는 커지게 된다. 집단 간의 이동은 이러한 영향을 감소시키는 작용을 한다. 집단 간의 유전적 차이의 정도(genetic differentiation in the subdivision of a population)를 평가하기 위해 여러 가지 방법들이 사용되어 왔는데 가장 대표적인 방법으로 F_{ST}가 있다.

$$F_{ST} = \frac{V(q)}{\bar{q}(1-\bar{q})}$$

$V(q)$= A_2 유전자형빈도의 분산값으로 다음과 같이 구한다.

$$V(q) = \sum \frac{N_i}{N} q_i^2 - \bar{q}^2$$

N_i와 q_i는 각각 집단 i의 표본 크기와 A_2 유전자형의 빈도,

$\bar{q} = \sum w_i q_i$ 로 A_2 유전자형의 weighted frequency를 나타낸다.

위 값에 대한 통계적 유의성 검증을 위해서는 다음과 같은 χ^2 검정방법이 이용된다.

$$\chi^2 = 2NF_{ST}$$

여기에서 2N은 gamete의 수를 나타내고 이 분포는 자유도 1인 χ^2분포를 따른다.

F_{ST}는 0 ~ 1 사이의 값을 가지며 0에 가까운 F_{ST}는 집단의 분화가 조금 일어났음을 의미하고 값이 커질수록 분화가 더 많이 일어났음을 의미한다. 좀 더 구체적으로 말하자면,

$0 \leq F_{ST} \leq 0.05$: 무시할 정도의 유전적 분화,
$F_{ST} \geq 0.25$: 유전적 분화의 정도가 큼,
$F_{ST} = 1$: 완전한 고립을 뜻한다.

표 12-5. 인종 집단 간 또는 집단내의 F_{ST} 값 비교 (369 SNPs에 대한 결과)

	F_{ST} across regions				F_{ST} within regions		
	Africa-Europe	Africa-Asia	Europe-Asia	Europe-America	Africa	Europe	Asia
N	48	42	56	56	15	28	21
Mean	0.152	0.228	0.122	0.156	0.051	0.019	0.041
Median	0.147	0.223	0.115	0.154	0.051	0.020	0.040
Minimum	0.112	0.183	0.089	0.084	0.013	0.021	0.016
Maximum	0.202	0.283	0.182	0.223	0.097	0.031	0.079

출처: Tishkoff SA and Kidd KK. (2004). Nat Genet Supplement 36:S21-S27.

인간의 대표적인 인종집단 간의 F_{ST} 값은 표 12-5에 제시하였으니 참고하기를 바란다. 그리고 그림 12-6은 유전자에 속하는 일부 SNP 마커에 대해 한국인과 다른 인종간의 F_{ST}를 측정한 것으로 한국인은 유럽인이나 아프리카인과는 큰 차이를 보이나 아시아인 특히, 일본인과는 매우 유사함을 확인할 수 있다.

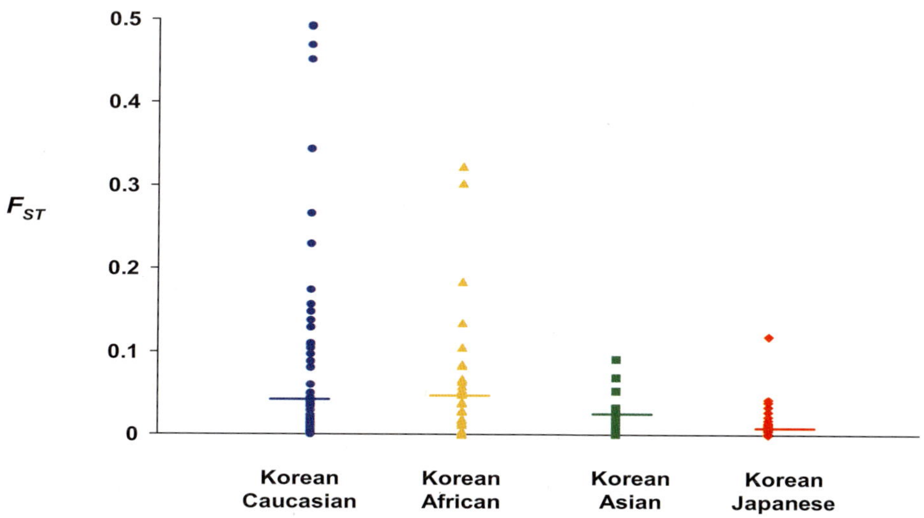

그림 12-6. **SNP 마커에 대한 한국인과 다른 인종들 간의 F_{ST}.** 출처: Ryu HJ et al. (2006). Intl Arch Allergy Immunol 139:209-216.

따라서 F_{ST} 값을 이용한 유전변이 연구는 다양한 종류의 집단 간 선발 및 집단 내에 존재하는 특정 유전자의 선발을 확인할 수 있는 유용한 분석 방법으로 활용될 수 있다.

6. 유전적 다양성에 영향을 미치는 요인들

(1) 집단의 크기가 유전적 다양성에 미치는 효과

집단의 크기는 유전적 다양성을 유지하는데 매우 중요한 역할을 한다. 일반적으로 집단의 크기가 매우 크면 유전적 다양성이 일정하게 유지된다. 그러나 집단의 규모가 작아지면(bottleneck) 세대가 지날수록 집단이 가지고 있는 다수의 대립유전자를 상실(allele loss)할 가능성이 높아진다(그림 12-7). 고립된 일부 집단의 경우에는 전체 집단의 모든 유전적 변이의 종류 중에서 일부만을 가진 조상(founders)에 의하여 새로운 집단이 구성될 수 있다. 이 처럼 작은 집단의 조상이 질병 원인 돌연변이를 가지고 있는 경우에는 해당 집단내에서는 돌연변이에 의한 유전질환의 발생빈도가 다른 집단에 비해 매우 높아지는 효과(founder effect)를 나타낼 수 있다. 한편 작은 집단에서는 집단이 보유하고 있는 대립유전자의 빈도가 일정하게 유지되지 못하고 세대가 지나면서 대립유전자의 빈도가 일정한 방향성없이 급격히 요동치게 된다. 이러한 현상을 유전표류(genetic drift)라고 한다. 유전표류는 작은 집단의 전형적인 특징이며 세대가 지날수록 heterozygosity의 빈도는 감소하고 특정 대립유전자를 상실(allele loss)함으로써 한 종류의 대립유전자형으로 고정(fixation)되는 효과를 나타낸다. 반대로 인간 집단에서 관찰되는 것과 같이 급격한 인구 팽창(population expansion)은 희소 대립유전자형(rare variants)의 빈도를 크게 증가시키게 된다.

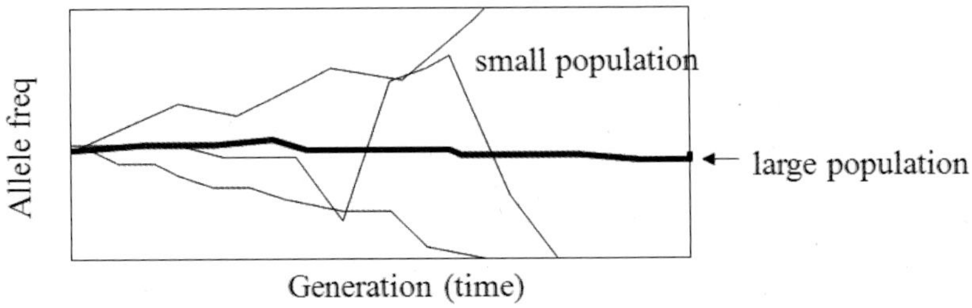

그림 12-7. 집단의 크기가 미치는 유전적 효과

(2) 인류의 이동이 유전적 다양성에 미치는 효과

인류의 기원은 아프리카로부터 유래한 것으로 알려져 있고 약 10 만년 전에 이 조상 인류가 이주를 시작하여 유럽인, 아시아인, 아프리카인으로 분화한 것으로 추측하고 있다. 또한 현재 대륙별로 분포하고 있는 인간 집단의 유전적 다양성을 조사해 보면 아프리카로부터 멀리 떨어진 집단에서 표현형적 변이의 정도와 유전적 다양성도 낮게 나타나고 있다(그림 12-8). 이는 현생 인류의 기원이 아프리카로부터 시작되었다는 강력한 유전적 증거가 된다. 그리고 지금 생존하고 있는 인간 집단의 유전변이 정보를 분석해 보면 오래된 유전변이형은 거의 모든 인간 집단에서 공통적으로 분포하지만 희소 유전변이들은 집단 특이적으로 특정 집단 내에서만 발견되고 있다. 이러한 사실은 인간의 이동과 급격한 인간 집단의 팽창을 확인할 수 있는 증거가 된다.

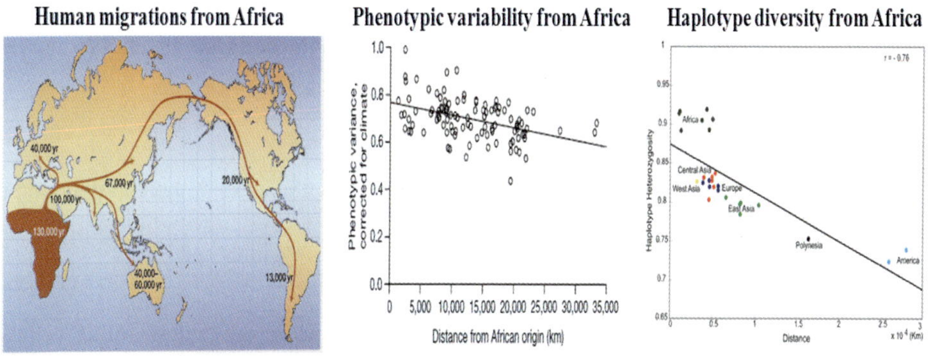

(Hedges. Nature 2000;408:652-3) (Manica A et al. Nature 2007;448:346-348) (Xing J et al. Genomics 2010;96:199-210)

그림 12-8. 인류의 이동과 유전적 다양성간의 관계

■ 참고문헌

- Cargill M et al. (1999). Characterization of single-nucleotide polymorphisms in coding regions of human genes. Nat Genet 22:231-238
- Falconer DS and Mackay TFC. (1996). Introduction to Quantitative Genetics. Prentice Hall
- Hedges SB. (2000). Human evolution. A start for population genomics. Nature 408:652-653
- Hedrick PW. (2000). Genetics of Populations. Jones and Bartlett Publishers
- Hughes AL et al. (2003). Widespred purifying selection at polymorphic sites in human protein-coding loci. Proc Natl Acad Sci USA 100:15754-15757
- Kim JJ et al. (2005). Large-scale identification and characterization of genetic variants in asthma candidate genes. Immunogenetics 57:636-643.
- Manica A et al. (2007). The effect of ancient population bottlenecks on human phenotypic variation. Nature 448:346-348
- Ryu HJ et al. (2006). Gene-based SNPs and linkage disequilibrium patterns of 29 asthma candidate genes in the chromosome 5q31-33 region in Koreans. Intl Arch Allergy Immunol 139:209-216
- Tishkoff SA and Kidd KK. (2004). Implications of biogeography of human populations for 'race' and medicine. Nat Genet Supplement 36:S21-S27
- Xing J et al. (2010). Toward a more uniform sampling of human genetic diversity: a survey of worldwide populations by high-density genotyping. Genomics 96:199-210

제 3부 질병 연관성 분석

제 13장 표현형(질병)의 분류와 질병유전자 탐색 전략

1. 표현형(질병)의 분류

우리가 관측하는 표현형은 크게 양적 형질(quantitative traits)과 질적 형질(qualitative traits)로 구분할 수 있다. 양적 형질은 키, 몸무게, 혈압 등과 같이 연속적인 수치로 측정되는 표현형을 말하고 질적 형질은 질병의 유무와 같이 비연속적인 그룹으로 분류되는 표현형을 말한다. 질병의 경우에 질병의 원인별로 분류하면 염색체 이상 질병, 단일유전자 유전질병, 복합질병, 감염성 질병, 환경 질병 등으로 분류할 수 있다(그림 13-1). 이 중에서 염색체 이상 질병과 단일유전자 질병은 유전 요인에 의해서 발생하는 질병이다. 그런데 복합질병은 다수의 유전자와 많은 환경적 요인에 의해서 영향을 받는다. 유전질환인 염색체 이상 질병은 주로 태아의 발생 단계에 관찰되고, 단일유전자 유전질병은 출생시 가장 많이 관찰된다(그림 13-2). 복합질병의 경우에는 다수의 유전자와 환경이 관여하여 질병의 감수성(susceptibility)을 결정하는 질병으로 주로 성인이 된 후에 발생하는 특징을 가지고 있다.

- **Chromosomal disorders**
  - Down syndrome
- **Single gene (=monogenic) disorders**
  - autosomal dominant
  - autosomal recessive
  - X-linked recessive

Genetic Diseases

Qualitative traits
Early onset (pediatric)
(~20%)

- **Complex (=polygenic) disorders**
  - cardiovascular
  - immune
  - metabolic

Quantitative traits (susceptibility)
Delayed onset (adult)
(~80%)

- **Infectious disease**
  - ie., HIV, cholera, malaria
- **Environmental disease**
  - ie., lead poisoning

그림 13-1. 원인별 질병의 분류 체계

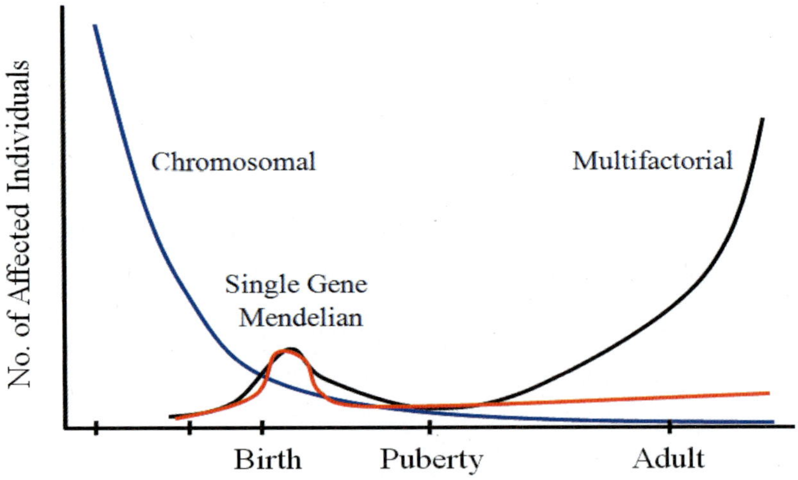

그림 13-2. 주요 유전질병의 종류별 발생시기

2. 표현형의 다양성에 관여하는 요인들

사람의 표현형(질병 포함)은 유전적 요인과 환경적 요인에 의하여 결정된다. 아래 그림 13-3에 제시된 바와 같이 한 유전자의 잘못으로 인해 발생하는 단일 유전자 질병의 경우에는 한 유전자의 유전적 차이에 의하여 질병의 발생이 결정되고 환경의 영향에 의해 질병의 발생 시기, 질병의 진행 속도 및 심각성이 다르게 표현될 수 있다. 이와는 대조적으로 다수의 유전자에 의해 영향을 받는 다유전자 질병 또는 복합질병의 경우에는 질병의 발생이 다수의 유전자에 의해 결정될 뿐만 아니라 많은 환경 요인이 동시에 영향을 미쳐 질병의 발생 및 진행 상태가 매우 다양한 형태로 나타나게 된다. 그러므로 질병의 유전적 요인을 규명하기 위해서는 대상 질병의 유전적 특성 및 유전적 영향력을 먼저 파악하고 질병에 영향을 주는 환경적 요인도 동시에 고려해야 한다. 따라서 다수의 유전적 요인과 환경적 요인이 함께 작용하는 복합질병의 경우에는 질병의 표현형에 대한 정확한 분류가 매우 중요하다.

X Gene(s) + *Y* Environment(s) = *Z* Phenotype(s):Disease

Monogenic Disease: *1* Gene + *Y* Environments = *Z* Disease Phenotypes (*X* genotypes)

Polygenic/Complex Disease: *X* Genes + *Y* Environments = *Z* Disease Phenotypes

그림 13-3. **표현형을 결정하는 유전자-환경의 상호작용**

한편 각 요인(표현형, 유전, 환경)별로 다양한 종류의 복합성이 존재하며 특히 질병과 같은 표현형에 대한 연구에서는 이들 요인들의 복합성(heterogeneity) 및 다양성(diversity)에 대한 이해가 충분히 이루어져야 한다.

(1) **표현형의 복합성** (phenotypic heterogeneity)

다수의 유전자에 의해 결정되는 복합 질병의 경우에는 특정 질병 그룹 내의 세부 유형으로 구분될 수 있다. 예를 들면, 당뇨병에서는 제1형 당뇨병(type 1 diabetes)과

제2형 당뇨병(type 2 diabetes)으로 분류되고 우울증(depression)의 경우엔 bipolar와 unipolar군으로 세분화될 수 있다. 이렇게 세분화된 질병군들은 같은 기관(organs)에서 발생하는 질병이지만 원인이나 병리학적 발병기전이 완전히 다르게 작용할 수 있는 것으로 알려져 있다. 다시 말해, 특정 질병의 세부 질병 유형에서는 서로 다른 진행 과정을 거치거나 다른 위험 요인에 의해 발병이 개시될 수 있다. 특히 다수의 유전자와 환경이 작용하는 복합질병의 경우에는 질병의 표현형적 복합성(phenotypic heterogeneity)을 동질적인 세부 표현형 그룹으로 세분화화는 작업이 필요하다. 세분화된 동질적 표현형 그룹 내에서는 유전적 동질성도 높아져서 특정 원인 유전변이형 발굴의 확률이 증가하는 장점을 지닌다. 표현형적 복합성을 감소시키는 방법으로는 다음과 같은 것이 있다:

- 표현형(질병)을 정확하고 일관된 기준으로 정한다.
- 세부 표현형(질병군)을 선정한다. 예를 들면,
    - 조기 발병군(early onset)
    - 심한 표현형(severe expression)
    - 특이한 표현형 (atypical expression)
- 가능한 좁고 엄격한 질병 집단을 정한다.

(2) **유전적 복합성** (genetic heterogeneity)

질병의 발생에 관여하는 유전적 요인도 매우 복잡한 형태로 존재한다. 하나의 질병에 다수의 유전자가 작용할 수 있으며 한 유전자의 작용에 의해 다양한 종류의 질병으로 발병하는 경우도 있다. 따라서 질병의 유전적 원인을 규명하기 위해서는 질병에 관련된 유전적 요인에 대한 복합성(genetic heterogeneity)을 이해할 필요가 있다. 유전적 요인의 다양성에는 2 가지 형태가 있다. 첫 번째는 동일한 유전자에서 다른 유전적 변이형(alleles)에 의해 질병의 발현 형태가 다르게 표출되는 경우이다. 예를 들면, dystrophin 유전자의 경우에 frame-shift deletion이 발생하면 Duchenne muscular dystrophy (severe)가 발생하며 in-frame change 돌연변이가 발생하면 Becker muscular dystrophy (mild) 질병이 유발되는 것으로 알려져 있다. 그런데 돌연변이가 dystrophin 유전자의 프로모터에 생긴다면 X-linked cardiomyopathy라는 또 다른 질병으로 발전한다(그림 13-4). 이렇게 질병 유전자의 다른 부위에서 생긴 돌연변이에 따라 다른 질병으로 표현되는 것을 **"allelic heterogeneity"**라고 한다.

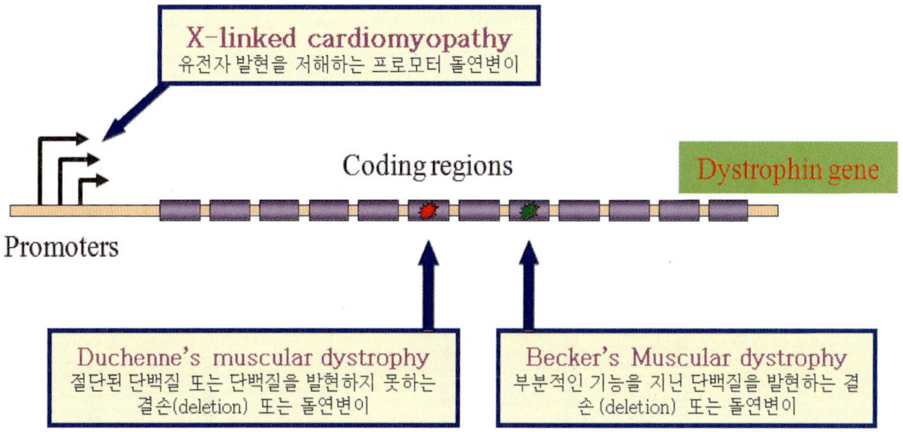

그림 13-4. **Dystrophin 유전자의 다양한 돌연변이에 의한 임상적 발현형태 (allelic heterozygosity의 예)**

두 번째의 경우는 동일한 질병의 발생이 2 가지 이상의 서로 다른 유전자의 돌연변이에 의해 발생하는 경우이다. 예를 들면, hereditary hemorrhagic telangiectasia (= Osler-Weber-Rendu disease; autosomal dominant disease) 질병은 서로 다른 두 유전자인 activin-receptor-like kinase 1 (ALK1) 또는 endoglin에 의해 발생하게 된다. 이렇게 동일한 질병이 서로 다른 두 유전자 중의 하나에 의해 발생할 때 이를 **"locus heterogeneity"**라고 한다. 그리고 대부분의 복합 질병들은 많은 유전자의 영향에 의해 발생하기 때문에 많은 유전적 복합성(genetic heterogeneity)에 의해 질병의 발생이 영향을 받을 것으로 예상된다. 또 다른 locus heterogeneity의 보기로는 유전성 청력 상실에 관련된 유전자로 지금까지 총 48 개의 원인 유전자가 밝혀져 있다(그림 13-5). 그 외에도 유방암을 유발하는 원인 유전자로 약 13개의 유전자가 밝혀져 있으며 특히 BRCA1 유전자에는 1,000개 이상의 유전변이형들이 발굴되었다. 기타 다른 질병에서도 다수의 원인 유전자에 의한 질병의 발생이 유발되는 경우가 매우 많이 보고되어 있다.

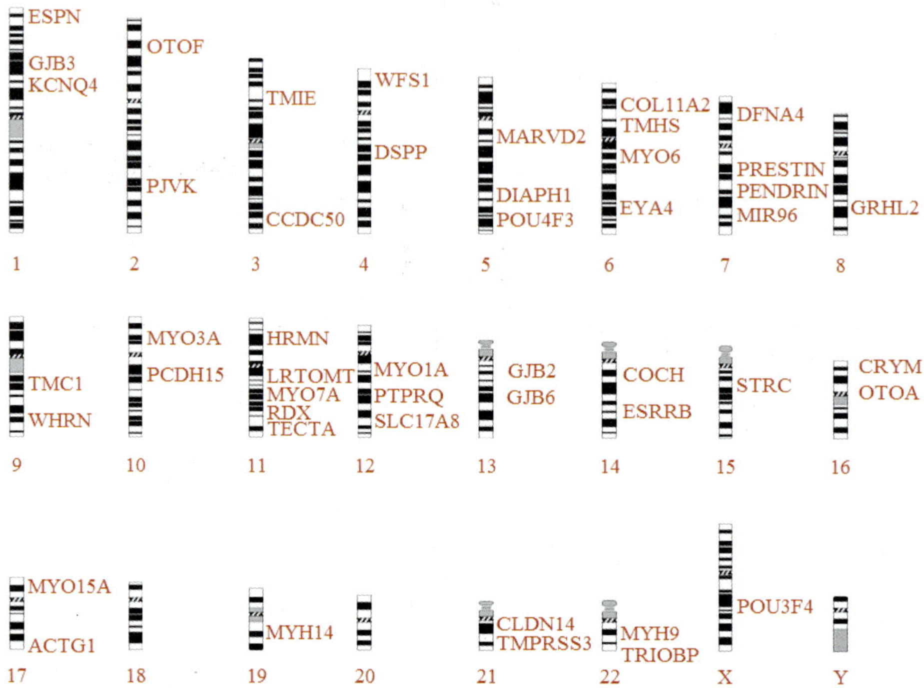

그림 13-5. **유전성 청력 장애에 관련된 48개 유전자(locus heterozygosity의 예.** 출처: modified from Jon McClellan and Mary-Claire King. (2010). Cell 141:210-217.

한편 동일한 유전자들도 다른 인종 집단에서는 다른 효과를 보이고 특히 인종 간에는 특정 유전자의 유전변이형의 빈도가 다르게 분포한다. 예를 들면, 빈혈을 유발하는 sickle cell anemia 유전자(hemoglobin 유전자)는 말라리아에 저항성을 지니고 있기 때문에 적도 부근의 인종집단에 많이 분포해 있다. 따라서 인종 집단에 따른 다양한 유전적 조성의 차이 (population heterogeneity; ethnic background)가 질병의 발생에도 큰 영향을 미치게 된다. 이처럼 유전연구는 사용되는 인구집단의 복합성(population heterogeneity)도 중요한 고려 사항이다. 일반적으로 분석에 사용되는 인구집단의 유전적 다양성이 증가(heterogeneous population)하고 질병의 원인되는 유전자 풀(pool)이 커지면 좋은 인구집단이라고 생각하기 쉽다. 그러나 실제 다양한 인종이 섞여있는 집단(admixture population)보다는 동질적인 유전적 배경을 가진 인구집단(homogeneous population)이 유전연구에서는 더 좋은 집단이 된다. 특히 가까운 친척간 결혼이 자유롭게 이루어지는 근친집단(inbred populations), 지리적으로 고립된 집단 (geographic isolates) 및 종교적으로 고립된 집단(예, Amish population)과 같이 유전적 다양성이 제한된 집단은 질병의 원인 유전자 숫자를 감소시키게 된다. 따라서 동질적이고 유전적 배경이 동일한 집단의 질병 원인 유전자 발굴이 더 용이하게 진행될 수 있다.

(3) 환경에 의한 발현의 복합성 (expression heterogeneity)

다른 환경 조건에서는 동일한 유전형이라도 유전적 발현이 조절되어 다른 표현형을 보일 수 있다. 이렇게 환경에 의한 표현형의 다름을 **"expression heterogeneity"**라고 한다. 예를 들면, Pi-Z locus (alpha 1-antitrypsin deficiency)의 특정 돌연변이는 흡연 유무에 따라 만성기도폐쇄성질환(chronic obstructive pulmonary disease; COPD)의 발생에 지대한 영향을 미치고 있다. 또 다른 예로는 APOE의 유전형과 흡연 간의 상호작용에 의해 심장병의 발생 위험도가 매우 다른 결과를 나타내는 것으로 알려져 있다. 위에서 언급된 유전적 요인과 환경적 요인에 의해 만들어지는 표현형의 다양성은 상호작용 모델(interaction models)을 사용하여 이해할 수 있다.

즉, 표현형 $Y= \alpha + \beta_1 G + \beta_2 E + \beta_3 G*E$

G= 유전자 (gene)

E= 환경 (environment)

G*E= 유전자-환경의 상호작용

그리고 다양한 요인들의 상호작용이 발생하는 경우에는 - 예를 들면, N 개의 독립된 요인이 존재한다면 2^N 개의 상호작용이 발생함 - 상호작용을 확인하기 위해서는 clustering 방법, partitioning 방법 또는 data mining 기술 등이 사용된다.

3. 표현형(질병)의 분류 기준

다수의 유전적 요인과 환경적 요인이 동시에 관여하는 복합 질병의 경우에는 많은 유전자가 서로 다른 조합의 형태로 질병의 발생에 영향을 미치게 되고 또한 각기 다른 환경적 원인에 의해 유전자의 효과가 다르게 영향을 받는다. 일반적으로 다수의 유전자와 다수의 환경 요인이 질병의 발생에 영향을 미치는 경우에는 각 유전자와 환경의 조합이 표현형에 미치는 영향을 잘 이해해야 한다. 예를 들면, 다수의 유전자가 관여하는 질병에서 한 유전자는 환경의 영향을 받지 않고 모든 유전적 효과를 표현형에 전달할 수 있지만 또 다른 유전자는 환경에 따라 유전적 영향력이 매우 다양하게 미칠 수 있다. 따라서 복합 질병의 경우에는 유전적 요인과 환경적 요인의 효과를 이해하기 위해 우선적으로 특정 질병의 표현형을 보다 상세히 세분화할 수 있어야 한다. 정확한 표현형 분류는 유전형이 표현형(질병)에 전달되는 정도(penetrance)를 추정하는데 매우 중요하게 사용된다(그림 13-6).

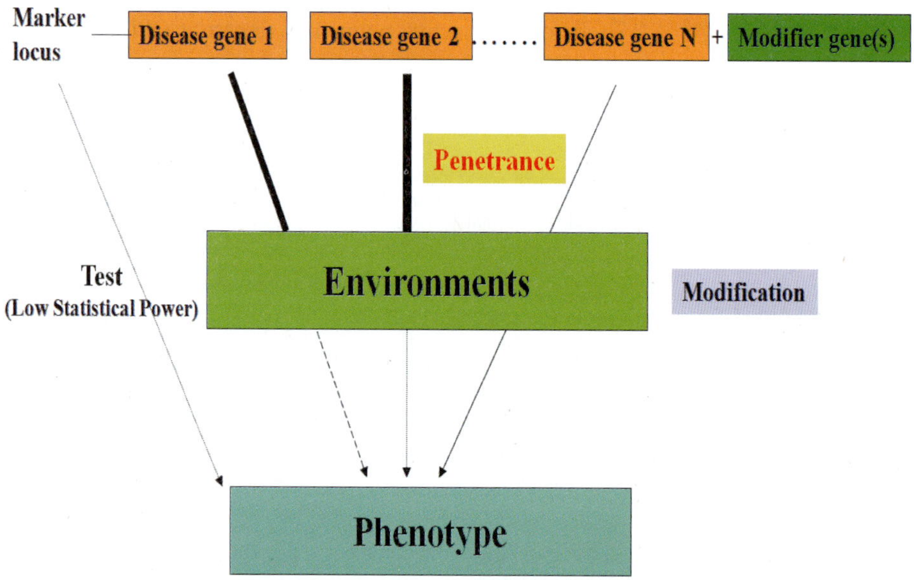

그림 13-6. **표현형에 영향을 미치는 유전자와 환경의 상호작용 모식도**

일반적으로 질병의 표현형 분류는 질병의 발생 시간을 기준으로 제 1기, 제 2기, 제 3기 등과 같이 수직적으로 분류할 수도 있고, 또 다른 방법은 제 1형, 제 2형, 제 3형 등과 같이 질병의 세부 표현형의 차이를 기준으로 수평적으로 분류하는 방법이 있다(그림 13-7).

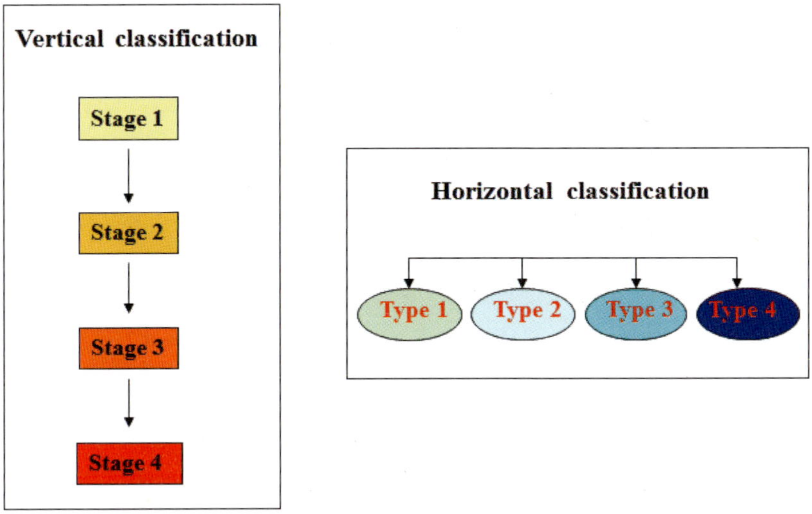

그림 13-7. 질병의 수평적 분류와 수직적 분류

그러나 대다수의 경우에는 수직적 분류와 수평적 분류가 혼재하는 형태로 존재할 가능성이 매우 높다(그림 13-8). 그리고 임상적으로 질병으로 판별되는 시기는 질병의 진행과정에서 나중에 이루어지므로 초기 단계의 표현형 정보는 거의 알 수가 없을 것이다. 실제적으로 특정 질병을 얼마나 정확하게 동질적인 그룹으로 세분화할 수 있는 가에 따라 특정 유전자가 관련하는 특정 세부 질병그룹에서는 질병에 관련된 유전자를 규명할 확률이 훨씬 높아질 것이다. 예를 들면, 그림 13-8에 제시된 바와 같은 경우에 type 1 그룹에서 유전자 3의 효과는 매우 직접적이고 강력하지만 전체 질병에서는 유전자 3의 효과는 아주 미약할 것이다. 이러한 경우는 실제적으로 특정 질병의 type 1에서는 매우 유의적으로 영향을 미치지만 전체 질병군에서는 유의적인 연관성을 확인하기 어려울 것이다. 그러므로 정확한 임상적 질병의 세부 표현형 분류는 유전 연관성 연구에 절대적으로 중요한 전제 조건이다.

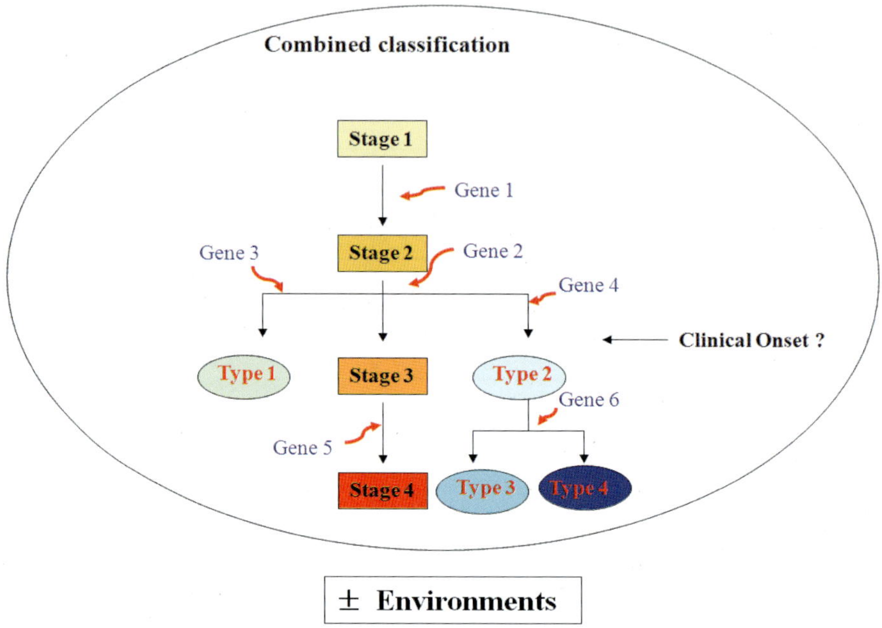

그림 13-8. 질병 발생의 단계별 분류 모식도

4. 질병의 유전학적 분류와 질병 유전자 발굴 전략

유전학 연구에서 특정 표현형(질병)의 원인 유전자를 유전체 지도상에 놓인 위치를 찾는 작업(gene mapping)은 오랜 역사를 가지고 있다. 유진자 지도(genc map)는 물리적 지도(physical map)와 유전적 지도(genetic map)로 나눌 수 있다. 물리적 지도는 유전체를 구성하고 있는 염색체상에 존재하는 실제 DNA 서열의 거리를 표시하며 유전적 지도는 정자와 난자가 만들어지는 과정에 두 염색체간에 발생하는 재결합(recombination)의 비율로 거리를 추정한 지도이다. 유전적 지도에서 두 구간 사이에 1% 재결합이 발생하면 1 centiMorgan (cM) 떨어져 있다고 하고 이는 물리적 지도로는 약 일백만 염기서열 ($1x10^6$ base) 정도의 거리가 된다. 그러나 재결합율이 높은 영역은 실제 거리보다 더 먼 거리로 추정되고 재결합율이 낮은 염색체 부위는 실제 거리보다 더 가까운 거리로 측정되는 문제점을 가진다. 그러나 일반적으로 물리적 지도와 유전적 지도 간에는 비례의 관계가 있다. 그래서 오랫동안 질병 가계 시료에서 유전연관(linkage) 지도를 통해 질병의 원인 유전자 발굴 연구를 수행해 왔다. 그리고 유전체 상에 위치한 질병 유전자 발굴 작업은 질병의 발병기전 및 병리생리학적 이해를 증진하고 더 나아가서는 질병의 진단 및 개선된 치료 타겟(therapeutic target)을 발굴하게 된다.

질병에 영향을 미치는 유전적 요인을 밝히기 위해서는 우선적으로 질병의 유전적 특성을 이해할 필요가 있다. 질병의 유전적 특성이 파악되면 질병의 유전적 특성에 따라 다른 분석 방법이 선택되어야 한다. 우선 연구하고자 하는 질병이 환경적 원인이 주로 작용하여 생기는 질병인지 또는 유전적 원인이 깊이 영향을 미쳐 생기는 질병인지를 파악해야 한다(그림 13-9). 질병의 종류에 따라서 유전적 요인과 환경적 요인이 다르게 작용하게 되고 두 요인의 작용 정도를 정확히 파악하는 것이 질병의 유전적 요인들을 규명하는데 반드시 필요하다.

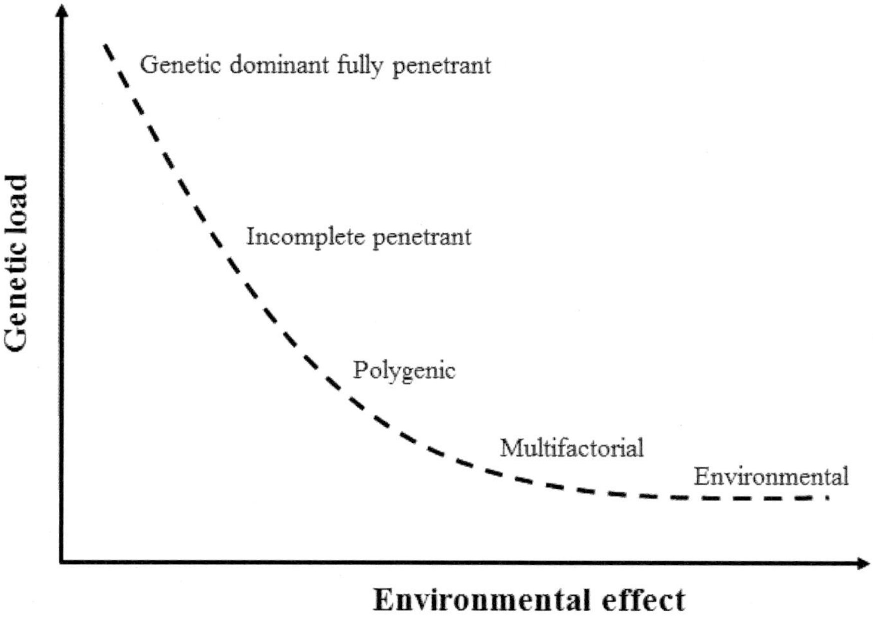

그림 13-9. **유전적 요인과 환경적 요인이 질병에 미치는 상대적 영향력.** 출처: Bomprezzi R et al. (2003). J Med Genet 40:553-559.

일반적으로 질병은 영향을 미치는 유전자의 수에 따라 크게 단일유전자 질병(monogenic disease)과 다유전자 질병(polygenic disease)으로 구분하고 있다. 질병의 유전적 특성에 따라 다유전자 질병의 경우에는 환자와 정상인의 집단(population)을 이용한 연관성 연구(association study)가 사용되며 1~2 개의 주요 유전자가 영향을 미치는 단일유전자 질병은 질환 가계(family)를 이용한 linkage 연구를 수행하여 질병 유전자를 찾게 된다(그림 13-10).

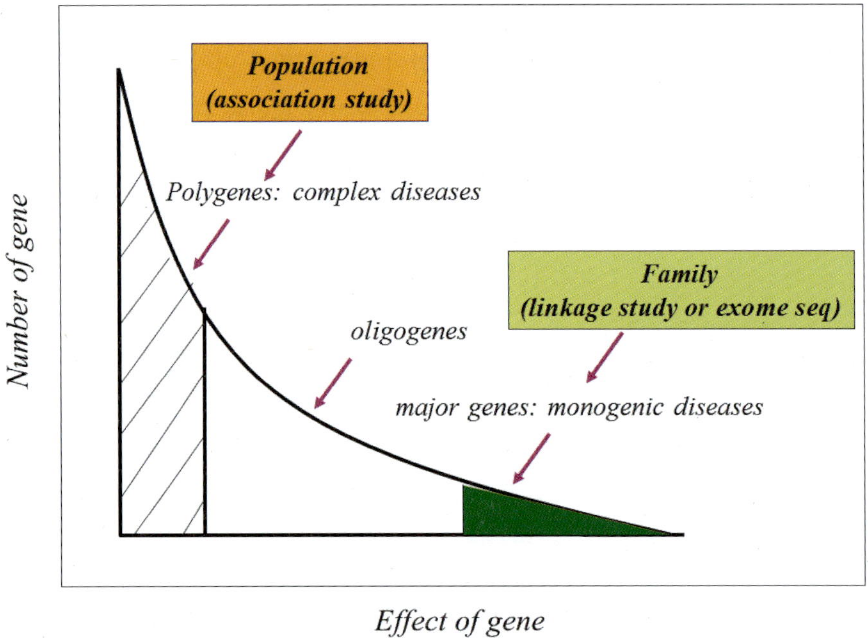

그림 13-10. **유전적 영향의 차이에 따른 질병 탐색 방법**

일반적으로 한 유전자의 돌연변이에 의해 발생하는 단일 유전자 질병의 경우는 질병 원인 유전변이형의 빈도는 낮지만 유전적 위험성은 매우 높다. 따라서 이러한 경우에는 질환 가계(family)를 이용한 linkage 방법을 사용하여 질병 유전자의 염색체상 위치를 밝히고 최종적으로는 관련된 유전자의 원인 유전변이형을 찾아내는 방법을 사용하게 된다(표 13-1; 그림 13-10). 그리고 최근에는 exome sequencing 분석 방법과 같은 차세대 염기서열 분석 기술을 이용한 희귀 유전질환 원인 유전자 발굴을 촉진하고 있다. 그러나 다수의 유전자가 영향을 미쳐 발생하는 다유전자 질병의 경우에는 가계 내 유전적 위험성은 낮지만 전체 집단의 유전적 위험성이 매우 크게 작용한다. 이러한 경우에는 환자와 정상인 집단 간의 유전적 연관성 연구를 통하여 질병에 관련된 유전자를 규명하는 방법을 사용하고 있다(표 13-1; 그림 13-10).

표 13-1. 유전적 분류에 의한 질병의 분류 및 연구 방법 비교

요인	단일 유전자 질병 (monogenic disease)	다유전자 (복합) 질병 (polygenic/complex disease)
유전자 빈도	매우 낮음 (희귀)	높음 (>1%)
전달 정도	높음	낮음
절대적/상대적 위험도	높음	낮음
집단내 위험도	낮음	높음
연구 재료	가계	집단
연구 방법	유전연관(linkage) 분석	연관성 연구(association study)
사용기술	STR genotyping	SNP chip

5. 질병의 유전적 특성에 따른 질병유전자 발굴 방법

인간의 유전체에서 특정 질병의 원인 유전자 위치를 찾아내고 원인이 된 유전 변이형을 규명하는 것은 질병 유전체 연구의 핵심적인 내용이다. 질병 원인 유전자를 찾는 작업은 앞에서 간략히 언급한 바와 같이 질병에 관련된 유전적 영향력의 크기와 질병 유전자의 수에 따라 유전연관(linkage) 분석 또는 연관성 연구(association study)를 사용할 수 있다(그림 13-11).

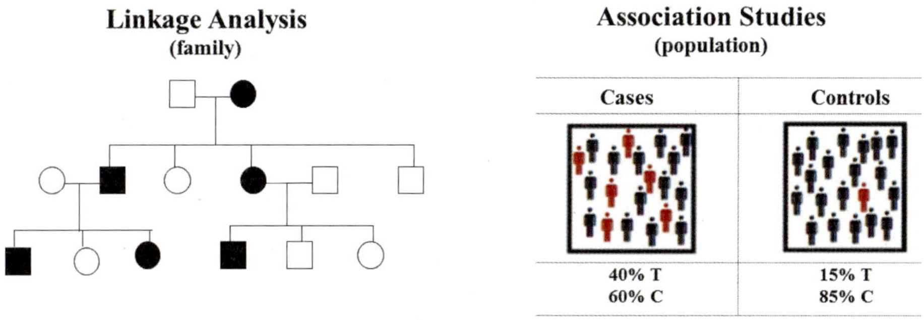

그림 13-11. 유전연관(linkage) 분석과 연관성 연구(association study)의 비교

여기서는 질병 유전자 발굴을 위한 전반적인 이해를 돕고자 유전적 질병 유전자 탐색에 주로 사용되는 두 연구 방법에 대해 좀 더 상세히 설명을 하고자 한다.

(1) **유전연관**(linkage)**을 이용한 질병유전자 탐색법** (positional cloning **방법**)

전통적으로 가계시료를 이용한 유전연구는 많은 장점을 가지고 있다. 우선 유전모형 정보를 이용한 통계적 파워를 높일 수 있고, 아주 희귀하게 발생하는 유전변이형도 동일 가계 내에서는 높은 빈도로 관측되기 때문에 빈도가 아주 낮은 대립유전자형 연구에도 매우 적합한 형태라 할 수 있다. 또한 가계의 구성원들은 유사한 유전적 배경을 가지고 있어서 유전적으로 동질적인 시료를 사용하게 됨으로써 통계적 파워를 높일 수 있는 장점이 있다. 가족 시료를 이용한 유전연관(linkage) 분석에 사용되는 가계도(pedigree)는 기본적으로 자식-부모-조부모에 걸쳐서 3 세대에 대한 유전정보와 임상정보가 확보되어야 한다(그림 13-12).

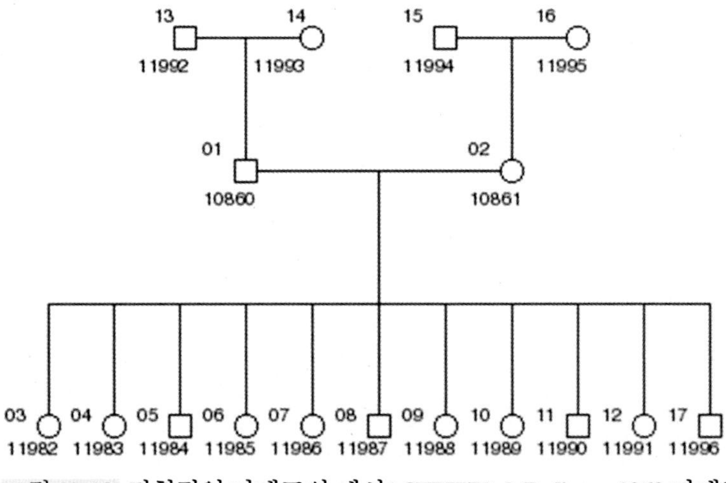

그림 13-12. **전형적인 가계도의 예시(CEPH/Utah Pedigree 1362 가계도)**

그리고 특정 질병에 대한 가계도 분석은 질병의 유전적 모형을 이해하고 적합한 통계적 분석 방법을 선택하는데 매우 중요한 정보를 제공한다. 예를 들면, 환자의 가계도를 분석하면 질병의 발생이 어떠한 유전모형(autosomal dominant, autosomal recessive, X-linked recessive 등)에 의하여 일어나는지 파악할 수 있다(그림 13-13). 질병의 유전정보는 질병 유전자의 위치를 파악하고 질병 발생에서 돌연변이형의 조합이 어떻게 질병에 영향을 미치는 지를 이해하는데 매우 중요한 정보가 된다.

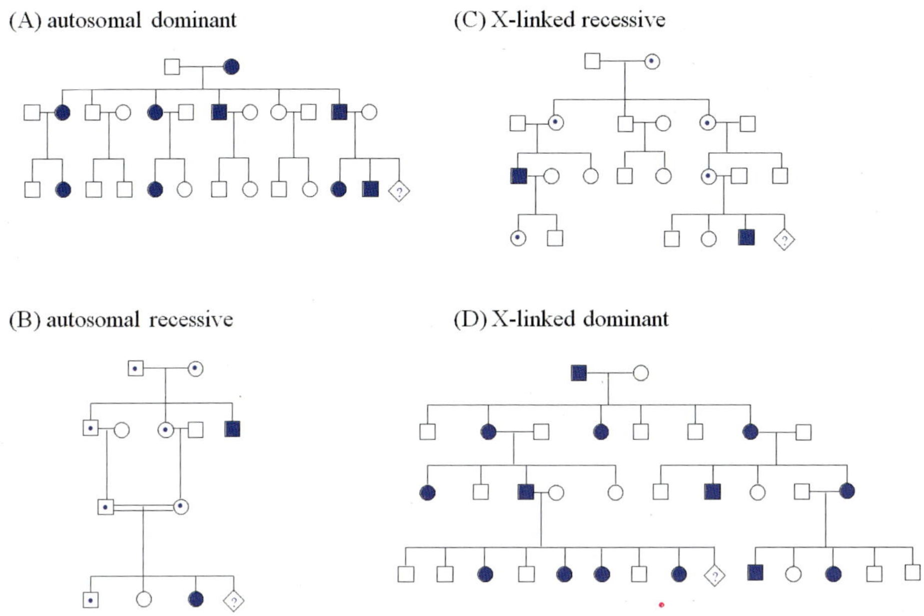

그림 13-13. 가계도를 이용한 질병의 유전모형 분석

가계도 작성에서 사용하는 다양한 심벌의 종류와 의미는 다음과 같다.

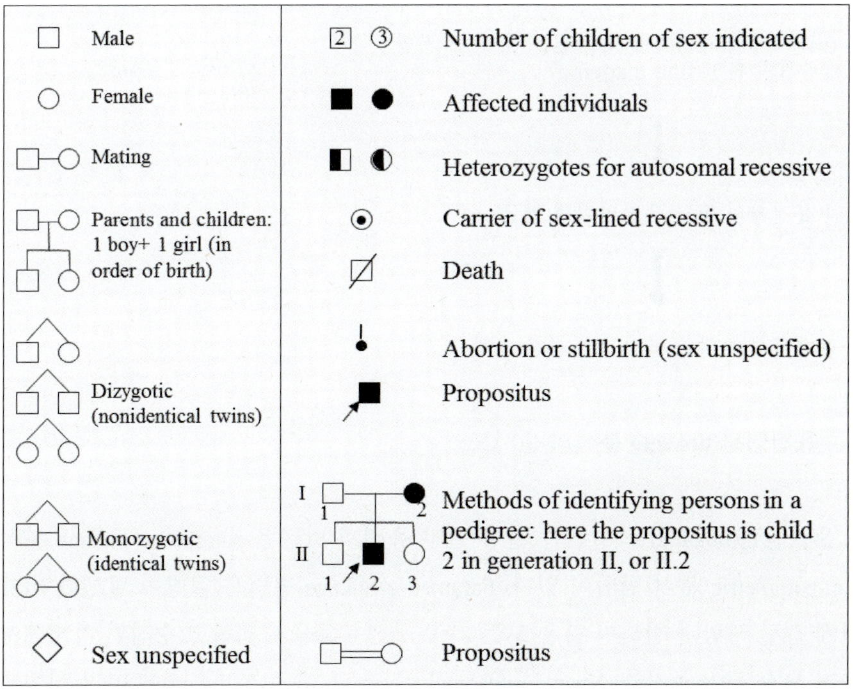

일반적으로 두 유전좌위(loci) 사이에 재결합율(recombination fraction, θ)이 0.5보다 작으면 서로 연관(linked)되어 있다고 한다. 그러나 만약 재결합율이 0.5가 되면 서로 연관되어 있지 않고 독립적으로 분리된다고 한다. 만약 가계(family) 내에서 질병의 표현형과 유전체에 존재하는 다수의 유전자 마커간의 연관(linkage) 존재 여부가 파악되면 분석에 사용된 유전자 마커 주변영역에 질병 원인 유전자가 놓여 있다는 신호가 된다. 따라서 유전연관(linkage) 연구는 가계내에서 질병의 전달과 동시에 함께 전달되는 유전자 마커를 찾는 작업이다. 본 연구방법은 우선 질병을 가지고 있는 가계(family)를 수집하고 수집된 질병 가계에서 microsatellite 마커를 이용하여 질병과 함께 전달되는 마커의 염색체상 위치를 확인한 후 보다 세밀한 위치를 찾아 질병에 관련된 유전자와 원인 유전변이형을 규명함으로써 특정 유전자가 질병의 발생에 미치는 발생 기전을 밝히는 연구 방법이다(그림 13-14).

질병가계수집

↓

유전체 전체에 균등하게 분포하는 microsatellite 마커를
이용한 질병의 유전연관(linkage) 분석

↓

질병에 연관된 유전체영역에서 고밀도 SNP 마커를
이용한 세부위치 확인(fine mapping)

↓

원인 유전자의 원인 유전변이형 발굴

↓

원인 유전변이형에 대한 병리학적 기작 이해

그림 13-14. **유전연관(linkage) 분석의 순서도**

유전연관(linkage)을 이용한 질병 원인 유전자 발굴은 parametric linkage 분석 방법과 non-parametric 분석 방법이 있다. Parametric linkage 방법은 질병이 발생한 가계에서 질병에 걸린 사람과 걸리지 않은 모든 가족 구성원들을 수집하고 수집된 가계에서 정해진 유전 모형(autosomal dominant, autosomal recessive, 또는 X-linked)에 따라 질병과

함께 전달되는 유전 마커의 위치를 확인하여 질병에 관련된 유전자의 위치를 알아내는 방법이다. 이와는 대조적으로 non-parametric linkage 방법의 일종인 affected sibpair 분석 방법은 한 가계 내에서 질병에 걸린 형제만을 수집하고 질병에 걸린 형제간에 공유하고 있는 유전적 위치를 밝혀 질병의 원인 유전자를 밝히는 방법이다(그림 13-15). 따라서 이 방법에서는 같은 가계 내에 질병이 발생하지 않은 사람은 포함되지 않고 질병이 있는 형제간에는 공통으로 갖고 있는 유전적 비율이 매우 높기 때문에 동일한 통계적 검정력(power)을 갖기 위해서는 많은 시료의 수집이 필요하다. 일반적으로 질병에 대한 유전모형 값을 알고 있는 parametric linkage 분석 방법이 분석 능력(power)이 크고 주로 단일유전자 질병의 원인 유전자 발굴에 사용된다. 그리고 non-parametric linkage 분석 방법은 복합 질병의 원인 유전자 발굴에 많이 사용되고 있다.

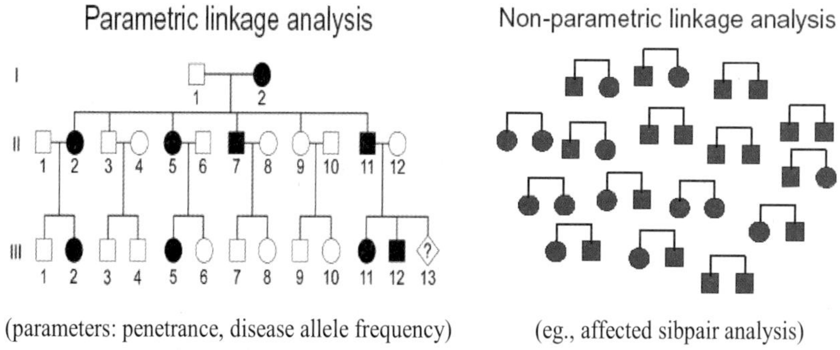

그림 13-15. 유전연관(linkage)분석의 parametric 방법과 non-parametric 방법의 비교

Linkage 분석을 수행하기 위해 LIPED, LINKAGE, MAPMAKER, FASTLINK 등의 linkage 분석 프로그램들이 개발되었으며 GENEHUNTER는 non-parametric 분석을 위해 사용할 수 있다. 그리고 최근에는 Merlin이라는 프로그램(http://www.sph.umich.edu/csg/abecasis/Merlin)을 많은 연구자들이 이용하고 있다. Linkage 분석을 통해 질병의 관련성을 밝히기 위해서는 분석 방법에 따라 다른 유의적 수준이 적용되며 분석 방법에 따라 나오는 유의적 수준(LOD score 또는 p-value)을 기준으로 질병 유전자가 존재할 유전체의 위치를 가늠할 수 있다. 일반적으로 parametric 방법을 이용한 linkage 분석의 경우에는 LOD score가 3.0 이상이면 질병 원인 유전자와 사용한 마커 사이에 매우 유의적인 linkage가 존재한다고 한다. 그리고 non-parametric 방법을 사용한 경우에는 p-value가 0.00002 이하로 떨어져야만 유의적인 linkage가 존재한다고 예상할 수 있다(표

13-2). 유전연관(linkage) 분석을 통하여 질병의 발생과 매우 유의적으로 연관되어 존재하는 유전 마커의 유전체상 위치가 밝혀지면 그곳을 중심으로 질병 원인 유전자 및 원인 유전변이형을 규명한다.

표 13-2. **유전연관(linkage) 분석에서 유의성 판단의 기준**

구분	p-value의 범위	LOD score의 범위
연관성(linkage) 없음	1.00-0.0008	0-2.1
연관성 암시	0.0007-0.00003	2.2-3.5
유의적인 연관성	0.00002-0.0000004	3.6-5.3
매우 유의적인 연관성	< 0.0000003	> 5.4
연관성 재확인	최초연구에서 유의적인 연관성이 독립된 다른 시료에서 재확인(confirmed)된 경우	

출처: Lander and Kruglyak. (1995). Nat Genet 11:241-247.

Linkage 분석 방법은 단일유전자 질병에 관련된 유전자 발굴에 매우 유용하게 활용되어 낭포성 섬유증(cystic fibrosis), 망막아세포종(retinoblastoma), 헌팅턴병(huntington) 등을 비롯한 다수의 원인 유전자를 밝히는데 기여했다(표 13-3). 그리고 일부의 연구에서는 복합 질병의 원인 유전자 탐색에도 이용되어 질병 원인 유전자 발굴을 위한 기초 자료로 활용되어 질병 원인 유전자 탐색 연구에 큰 기여를 하고 있는 연구 방법이다.

표 13-3. **유전연관(linkage) 분석방법으로 발굴된 질병 원인 유전자들**

Chronic granulomatous disease	Lowe syndrome
Duchenne muscular dystrophy	Norrie syndrome
Retinoblastoma	Menkes disease
Cystic fibrosis	X-linked agammaglobulinemia
Wilms tumor	Glycerol kinase deficiency
Neurofibromatosis type 1	Adrenoleukodystrophy
Testis-determining factor	Neurofibromatosis type 2
Choroideremia	Huntington disease
Fragile X syndrome	Multiple endocrine neoplasia type 2A
Familial polyposis coli	von Hippel-Lindau disease
Kallmann syndrome	Hemochromatosis
Aniridia	Myotonic dystrophy
Many others	

최근에는 고집적 SNP chip을 활용하여 소수의 가계 시료에서도 가족력이 있는 유전 질병의 원인 유전자를 성공적으로 발굴할 수 있게 되었다. 예를 들면, 가계 분석을 통해 familial glucocorticoid deficiency (FGD) type 2 질병이 상염색체 열성 질병(autosomal recessive disorder)임을 확인하고, 수집된 소수의 가계 시료에서 Affymetrix 10K SNP chip을 사용하여 homozygosity 영역을 지니고 있는 유전체 부위(약 2.2 Mb)를 찾고, 그 부위에 약 30 개의 유전자가 있음을 확인하였다(그림 13-16). 그 후에 30 개의 후보 유전자 중에서 질병 특이적인 유전자 발현 정보(adrenal-specific gene expression)와 기능적 연관성 등을 고려하여 후보 유전자를 선별하고 돌연변이를 검색하여 아주 짧은 시간 내에 MRAP라는 유전자의 돌연변이에 의하여 이 질병이 발생함을 규명하였다. 위의 예에서 설명한 바와 같이 유전성을 보이는 가계 시료에서 고집적 SNP chip genotyping 기술을 활용하면 단일 유전자에 기인된 질병 원인 유전자 발굴이 아주 쉽게 진행될 수 있다.

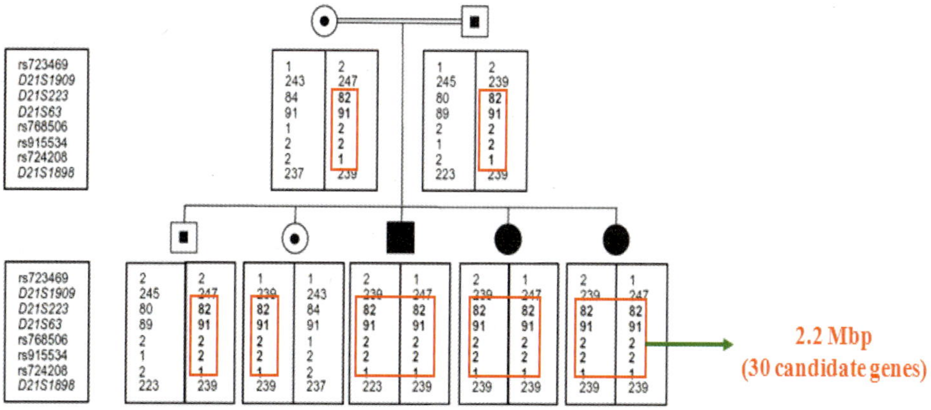

그림 13-16. **가족성 유전 질병의 원인 유전자 발굴을 위한 homozygosity mapping 기법.** 출처: Metherell LA et al. (2005). Nat Genet 37:166-170.

(2) **연관성 연구** (association study)

Linkage 분석 방법이 단일유전자 질병에서는 매우 유용한 연구 방법이지만 대부분의 복합 질병의 경우에는 linkage 방법으로는 질병에 관련된 유전적 위치를 확인하기가 매우 어렵다. 예를 들면, 단일유전자 질병의 경우에는 linkage 연구에 의해 유전체

상에 존재하는 질병의 원인 유전자 위치가 분명히 확인되지만(LOD >3.0 이상 영역) 복합 질병에서는 다수의 유전자가 관여하기 때문에 특정 유전체 위치에서 강한 신호가 관측되지 못한다(그림 13-17). 따라서 이러한 경우에는 환자와 정상인 그룹에서 유전 마커의 빈도 차이를 조사하여 특정 유전자 또는 유전체 위치를 규명하는 연관성 연구를 사용하게 된다.

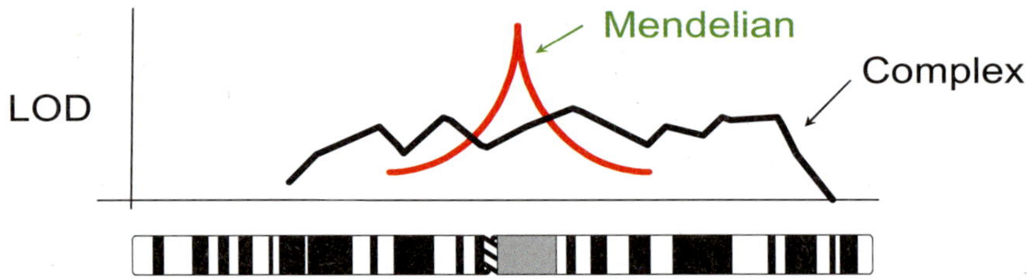

그림 13-17. **단일유전자 질병과 다유전자 질병에 대한 linkage 신호의 비교**

연관성 연구에서는 질병의 표현형이 알려져 있는 집단에서 특정 유전변이형을 조사하여 특정 유전변이형과 질병 간에 상관관계가 존재하면 우리는 이를 유전변이형과 질병 간에 연관성이 있다고 말한다. 연관성 연구는 전체 집단에서 일반적으로 많이 발생하는 질병은 집단 내에 높은 빈도로 존재하는 유전형에 의해 결정된다는 가설(common disease- common variant theory)을 전제로 하여 이루어지는 연구 방법이다. 따라서 이 방법을 사용하기 위해서는 특정 빈도 이상의 유전마커 (>5%)를 이용하여 질병 연관성 연구를 수행하게 된다. 연관성 연구는 매우 간단한 연구 방법이며 그림 13-18에 제시한 바와 같이 정상인과 환자군에서 특정 유전변이형(붉은색으로 표시된 개체)의 분포 차이를 조사하여 질병의 발생에 대한 위험도의 정도를 측정하게 된다.

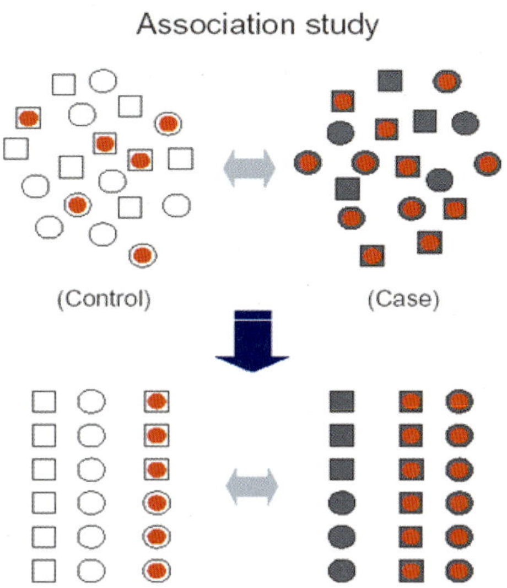

그림 13-18. **연관성 연구의 방법.** 위의 그림에서 붉은색은 질병 대립유전자형(disease allele)을 가진 것을 의미함.

한편 복합 질병에 대한 유전적 연구를 위해 다음과 같은 절차를 거치게 된다.

① 질병의 감수성이 유전적인지를 확인하기 위해 가계, 쌍둥이, 입양자 연구 등을 수행한다.
② 질병의 감수성에 관련된 유전자형의 종류와 빈도를 추정하기 위해 분리패턴 분석(segregation analysis)을 수행한다.
③ 일반적으로 affected sibpairs를 이용한 linkage 분석으로 감수성 유전자(susceptibility loci)에 대한 유전체에서의 위치를 확인한다.
④ 환자와 정상인 집단을 사용한 연관성 연구(population association)를 수행하여 유전체에서 후보 영역을 좁힌다.
⑤ 질병의 감수성을 유발하는 유전변이형을 규명하고 생화학적 작용 기전을 밝힌다.

최근에는 인간 집단 전체에 존재하는 대부분의 유전변이형 정보가 밝혀지고 대량의 유전변이형을 조사할 수 있는 SNP chip이 상업적으로 이용 가능해짐에 따라 복합질병 유전자 발굴을 위한 연구가 급진전되었다. 또한 다양한 연구 방법 및 새로운 탐색 전략이 시도되고 있어 연구 기법 및 전략에도 많은 발전이 예상되고 있다. 예를 들면, 전통적인 방법으로는 질병에 관련된 가계로 linkage mapping을 수행하여 질병에 관련된 유전체의 위치를 확인한다. 그리고 선별된 유전체 영역에서 보다 많은 유전변이형 마커를 사용하여 질병 후보유전자에 대한 질병 연관성 연구(association study)를 수행하고 질병과 연관된 유전변이형의 생물학적 원인을 밝힘으로써 질병에 연관된 유전자와 유전변이형을 최종적으로 규명할 수 있었다. 그러나 복합 질병에 linkage mapping 방법을 사용하는 경우에는 몇 곳의 가상적인 후보 유전체 위치를 확보하더라도 선별된 유전체 지역 내에 존재하는 질병 유전자를 규명하는데 실패하고 있다. 이러한 문제점을 극복하기 위하여 후보유전자 또는 유전체 전체에 골고루 분포하고 있는 대량의 SNP 마커로 질병 연관성 연구를 수행하여 질병에 관련된 유전자 및 유전변이형을 밝히려는 시도가 이루어지고 있다. 특히 수십만 개의 SNP 마커를 동시에 조사할 수 있는 SNP chip이 상용화되면서 이러한 연구 방법은 더욱 일반화되었다. 그리고 최근에는 전체 SNP 마커에서 기능적으로 중요한 SNP만을 선별하여 질병 연관성 연구를 수행함으로써 질병 유전자 발굴의 효율성을 증진하는 연구방법도 시도되고 있다. 따라서 최근의 유전체 분야의 기술 발달과 더불어 다양한 연구기법이 개발되고 있어 질병의 원인 유전자 발굴 가능성은 한층 높아지고 있다.

만성 질병(common diseases)은 원인 유전변이형에 대한 2 가지 다른 가설을 근거로 유전 연구가 진행되었다. 첫 번째 가설은 common disease-common variant 가설로 질병의 원인 유전변이형의 빈도는 일정 수준 이상 존재하며 각각의 효과는 매우 작을 것이리는 것을 가정하는 것이다. 또 다른 가설은 질병의 원인 유전자가 다수의 아주 희소한 유전변이형들(rare variants)에 의하여 결정된다는 것을 가정하는 것이다. Common disease-common variant 가설을 근거로 한 지금까지의 연구 결과에 의하면 질병의 원인 유전변이형은 아주 다양한 빈도로 존재하며 통상적으로 높은 빈도를 가진 유전변이형의 경우에는 질병의 상대적 위험도(odds ratio)가 약 1.2~1.5 정도로 매우 낮은 효과를 보였다(그림 13-19). 따라서 상대적 위험도가 낮은 유전변이형의 질병 연관성 연구에는 통계적 검정력을 갖기 위해 상대적으로 많은 시료를 이용한 유전 연관성 연구가 요구되었다. 그리고 희귀 유전변이형에 의하여 질병의 발생이 영향을 받는 경우에는 상대적 위험도는 높게 나타나지만 유전변이형의 빈도가 낮아서 제한된 수의 정보만이 분석에 이용 가능하기 때문에 통계적 검정력은 낮은 단점을 가지고 있다.

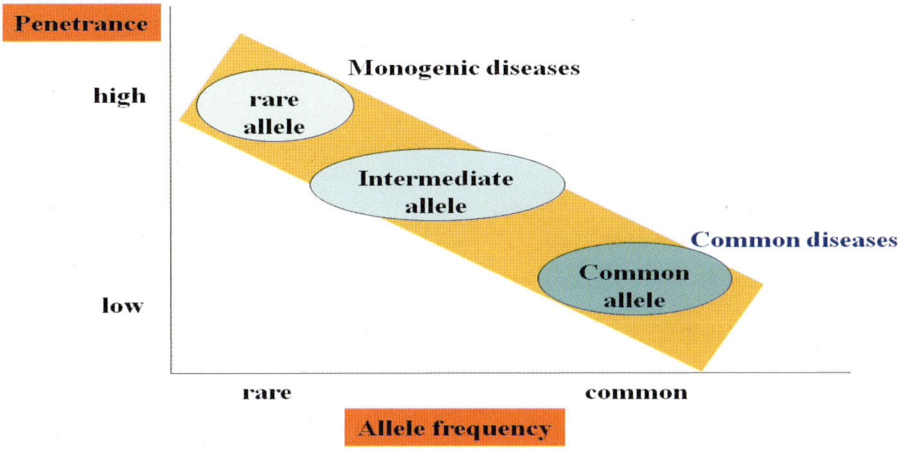

그림 13-19. **질병의 종류와 원인 유전변이형 빈도 간의 상관성**

실제로 지금까지의 연구 결과에 의하면 만성질병의 원인 유전변이형은 다양한 빈도로 존재하며 일반적으로 빈도가 높은 유전변이형(common variants)은 상대적 위험도(odds ratio)가 낮고, 빈도가 낮은 유전변이형(rare variants)은 질병에 대한 상대적 위험도(odds ratio)가 높게 나타난다(그림 13-20). 이러한 연구 결과는 질병의 종류에 따라서 아주 다양한 형태의 원인 유전자와 유전변이형이 존재함을 의미한다.

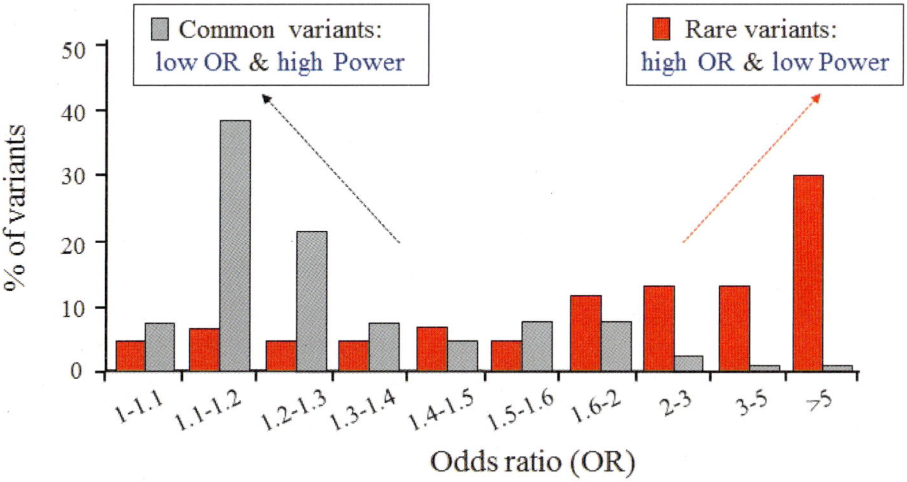

그림 13-20. **질병 원인 유전변이형의 빈도와 질병의 상대적 위험도(odds ratio)간의 상관관계.** 출처: Bodmer W and Bonilla C. (2008). Nat Genet 40:695-701.

실제로 지금까지 연구된 결과에 의하면 질병의 유전적 원인은 다수의 빈도가 낮은 대립 유전변이형(multiple rare variants)에 의하여 결정되는 것으로 알려지고 있다(표 13-4). 따라서 다양한 표현형적 다양성은 다수의 원인 유전자에 존재하는 다양한 종류의 유전변이형의 조합에 의하여 질병의 유전적 원인이 결정되는 것으로 이해된다.

표 13-4. 질병의 유전적 원인은 다수의 빈도가 낮은 대립 유전변이형에 의하여 결정된다는 염기서열 분석 결과들

Gene	Phenotype	Results
IFIH1	Type 1 diabetes	Multiple rare cSNPs are more frequent in T1D
MTHFR	Folate response	Multiple coding SNP effects are folate remedial
Salt handling genes	Blood pressure	Multiple coding SNPs for individuals with low BP
APC	Colorectal cancer	Multiple variations among colorectal cancer
CTRC	Pancreatitis	Multiple variations among pancreatitis patients
Toll-like receptors	Tuberculosis (TB)	Multiple coding variations influence TB
58 different genes	Obesity	Multiple variations among obese patients
ANGPTL4	Elevated HDL	Multiple variations among high HDL patients
PCSK9	Low LDL	Frequent nonsense mutations among low LDL
CSK9	Heart disease	Multiple sequence variations among HD patients
NPC1L1	Low LDL	Multiple rare variants among low LDL patients
PCSK9	Low LDL	Frequent nonsense mutations among low LDL
ABCA1, APOA1, LCAT	Low plasma HDL	Coding SNPs differences for low HDL patients

출처: Schork NJ et al. (2009). Curr Opin Genet & Dev 19:212-219.

■ 참고문헌

- Bodmer W and Bonilla C. (2008). Common and rare variants in multifactorial susceptibility to common diseases. Nat Genet 40:695-701

- Bomprezzi R et al. (2003). New approaches to investigating heterogeneity in complex traits. J Med Genet 40:553-559

- Burke W. (2003). Genomics as a probe for disease biology. N Engl J Med 349:969-974

- Freimer N and Sabatti C. (2004). The use of pedigree, sib-pair and association studies of common diseases for genetic mapping and epidemiology. Nat Genet 36:1045-1051

- Jon McClellan and Mary-Claire King. (2010). Genetic heterogeneity in human disease. Cell 141:210-217

- Metherell LA et al. (2005). Mutations in MRAP, encoding a new interacting partner of the ACTH receptor, cause familial glucocorticoid deficiency type 2. Nat Genet 37: 166-170

- Schork NJ et al. (2009). Common vs. rare allele hypotheses for complex diseases. Curr Opin Genet Dev 19:212-219

제 14장 연관성 연구

1. 연관성 연구의 의미

연관성(association)은 특별한 유전적 현상이 아니라 특정 유전자형(allele)과 표현형이 동시에 발생함을 나타내는 단순한 통계적 언급일 뿐이다. 어떤 집단에서 연관성이 발생하는 대표적인 원인들을 살펴보면 다음과 같다.

- **질병의 직접적 원인이 되는 경우 (direct causation)**: 질병을 유발하는 원인유전자의 돌연변이.
- **특정 유전자형과 질병이 자연적으로 선발(natural selection)을 받는 경우**: 말라리아가 만연한 지역에서 hemoglobin 유전자가 sickle cell anemia 유발 돌연변이를 가지고 있는 경우 heterozygote advantage에 의해 말라리아에 대한 저항성이 증가함에 따라 질병유전자의 자연선발이 이루어짐.
- **집단간 유전적 조성 차이에 의한 연관성(population stratification)**: 집단 간의 유전적 차이에 의하여 특정 표현형이 연관됨. 예를 들면, 미국과 같이 여러 인종이 혼재해 있는 집단에서 특정 유전형과 젓가락 사용과의 연관성을 조사하면 대부분의 연구에서 젓가락 사용에 관련된 유전자가 연관되기보다는 젓가락을 많이 사용하는 아시아인 집단의 특성이 연관될 확률이 매우 높음.
- **자연발생적으로 생기는 제 1형 오류에 의한 경우(type 1 error)**: 전체 검사에서 5% 또는 1%의 범위에서 발생하는 오류에 의해 실제 연관성이 없음에도 불구하고 연관성이 존재하는 것처럼 보이는 경우.
- **질병 원인유전자가 주변에 위치한 변이형과 LD 상태에 있는 경우**: 유전체 전체를 검색할 때에는 직접적인 원인 유전자를 발굴할 수도 있지만 대부분의 경우에는 연구에 사용된 마커와 동일한 LD block에 존재하는 연관된 다른 유전변이형과 연관성을 보일 수 있음.

일반적으로 질병 원인 유전자를 발굴하기 위해서는 질병의 직접적 원인이 되는 연관성이나 LD 관계로 질병의 원인 유전자와 가까이에 존재하는 유전마커 간의 연관성을 찾게 된다. 다른 종류의 연관성은 질병의 원인과 직접적인 관련성은 없는 경우이다.

질병 유전자 발굴을 위한 연관성 연구의 기본 개념을 소개하면 다음과 같다(그림 14-1). 우선 정상인과 질환자의 시료를 수집하고, 두 집단 간의 특정 변이형의 발생빈도를 비교하여 통계적 차이가 존재하면 특정 변이형과 질병 사이에는 유의적으로 연관되어 있음을 의미한다. 따라서 연관성 연구는 사용하기 용이하고 통계적으로도 매우 쉬운 방법이다. 두 집단 간의 유의성 검정은 χ^2-test를 사용하며 특정 유전형에 대한 질병의 상대적 위험도는 오즈비(OR: odds ratio)로 표시한다. 질병 유무에 따른 두 집단간 비교뿐만 아니라 양적인 데이터를 비교해야 할 경우에는 (예를 들면, 당뇨환자에서 비만도 또는 천식 환자에서 total IgE 농도 등) 연속형 변수를 분석할 수 있는 ANOVA (analysis of variance) 또는 직선회귀(linear regression) 분석 등이 사용될 수 있다.

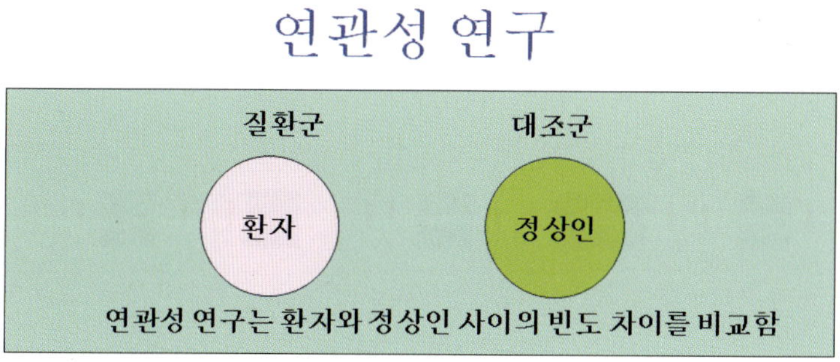

χ^2 test: (범주형 데이터) 대립유전자형 빈도의 차이를 검정하는 방법

$$\chi^2 = \frac{(\text{관측치} - \text{예측치})^2}{(\text{예측치})}$$

그림 14-1. 연관성 연구의 기본 개념

2. 연관성 연구의 개요

한편 연관성 연구는 유전마커의 선별 방법에 따라 두 가지로 나눌 수 있다(그림 14-2). 첫 번째는 기능적으로 중요한 유전변이형(cSNP 또는 rSNP)만을 선별하여 연관성 분석을 수행하는 방법으로 연관성을 보이는 유전변이가 직접적으로 질병의 원인이 될 확률이 높다. 이 방법은 후보유전자(candidate gene approach)를 이용한 질병 연관성 연구에 주로 사용하는 방법이다. 두 번째 방법은 전체 유전체 또는 특정 유전체 영역에 대하여 일정한 간격을 두고 유전변이형 마커를 선별하여 질병 연관성 연구를 수행하는 방법으로 질병과 연관된 유전 마커를 찾은 후에 다시 원인 유전자 및 유전변이형을 추가적으로 발굴하는 방법을 사용하고 있다. 두 번째 방법은 질병의 직접적 원인 유전자 및 유전변이형을 바로 찾을 수는 없지만 질병에 연관된 유전 마커는 찾을 수 있는 방법이다. 최근에는 대용량 SNP chip이 상용화되면서 전장유전체연관성연구(genome-wide association study; GWAS)에서 이 방법을 사용하고 있다.

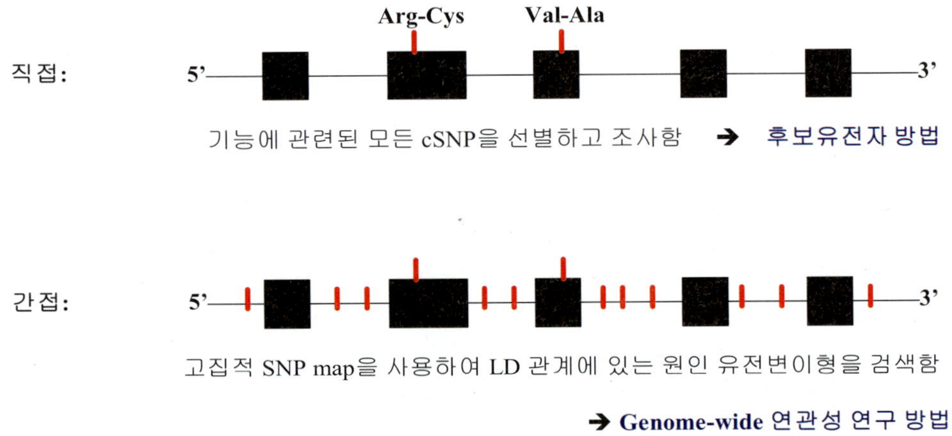

그림 14-2. 연관성 연구의 직접 방법(후보유전자 방법)과 간접 방법(genome-wide 연관성 연구방법)의 비교

과거에는 대부분 질병 후보유전자 1 개를 선별한 이후에 선별된 후보유전자에 존재하는 유전변이형 마커를 이용하여 질병과의 연관성 분석을 시도하였으나 최근에는 인간 유전체 전체에서 널리 분포하고 있는 대량의 유전변이형 마커를 조사할 수 있는 대용량 SNP chip을 이용하여 전장 유전체 연관성 연구를 수행하는 것이 일반화되었다. 그러나 너무 많은 수의 유전변이형 마커를 사용하게 되면 임의적으로 발생할 수 있는 오류(random error)도 비례적으로 증가하기 때문에 새로운 기술의 발전과 더불어 새로운 분석기법의 개발도 병행하여 추진되었다. 이러한 문제점을 극복하기 위해 개발된 방법의 하나가 다단계 접근방법(multi-stage approach)이다(그림 14-3). 본 연구 방법은 사용하는 시료의 수를 최소화할 수 있으며 대량의 변이형 마커를 사용함에 따르는 임의의 오류 가능성을 줄일 수 있는 좋은 연구 방법의 하나이다.

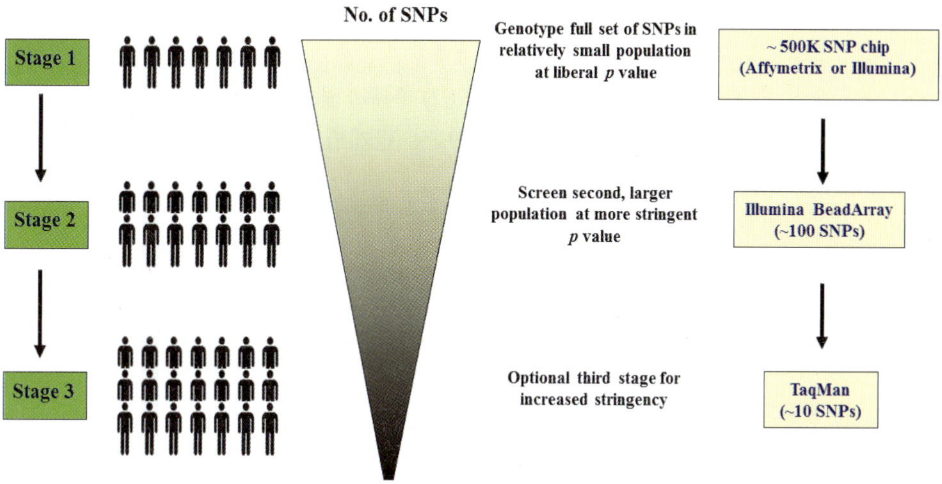

그림 14-3. 다단계 분석방법을 이용한 연관성 연구

다단계 분석방법은 우선 최소한의 정상인과 환자의 시료에서 대량의 유전변이형 마커(예, 500K SNP chip)를 이용하여 전 유전체에 분포하고 있는 유전변이형과 질환 간의 연관성을 조사한다. 제 1차 검사(screening)에서는 유의적인 유전변이형 마커만을 선별하고 좀 더 많은 시료를 사용하여 제 2차 검사(예, 1,00 SNP BeadArray)를 시도한다. 제 2차 검사에서도 동일한 유전변이형 마커에서 고도의 유의성이 반복된다면 대량의 정상인과 질환자 시료를 사용하여 임상적용 가능성을 검증함으로써 최종적으로 질병 연관성을 밝히게 된다. 이처럼 다단계 분석방법은 대량의 유전변이형 마커를 이용하여 유전체 전체를 검색할 때 사용할 수 있는 유용한 분석기법이다. 그러나 이 방법을 사용하더라도 질병의 직접적인 원인 유전변이형이 분석 마커에는 포함되지 않을 수도 있기 때문에 고도의 유의성이 확인된 마커 주변에 존재하고 있는 다른 유전변이형에 대한 연관성 분석이 추가로 수행될 필요가 있다.

3. 연관성 연구의 방법

질병 연관성 연구는 1) 실험계획, 2) 시료 및 데이터 수집, 3) 유전형 조사, 4) 통계 분석 등의 과정을 거치게 된다. 각 단계별 필요한 내용을 열거해 보면 다음과 같다.

- **실험설계 (study design)**
  - 연구대상 질환 선정
  - 연구대상 시료의 수 결정
  - 정상과 질환의 분류 기준 결정

- **시료 및 데이터 수집 (sample & data collection)**
  - 유전체 시료 수집
  - 임상 정보 및 표현형 분류 정보 수집
  - 환경 정보 수집

- **유전형 조사 (genotyping)**
  - 후보유전자 및 후보 SNP 선정 및 유전형 조사
  - 유전체 전체를 커버하는 SNP genotyping
  - 적합한 유전형 조사 방법 선별 (관심지역에 대한 고밀도 유전형 조사)

- **통계분석 (statistical analysis)**
  - 단일 SNP 연관성 분석 또는 haplotype 연관성 분석

(1) 연관성 연구를 위한 실험설계(study design)

전체 연관성 분석 과정 중에서 가장 중요한 단계가 바로 실험설계이다. 실험설계 단계에서는 연구대상 질환 선정, 적정 시료의 수, 정상과 질환의 분류 기준 등이 마련되어야 한다. 실험설계 단계에서 많은 부분들을 상세히 사전에 점검할 필요가 있다. 예를 들면, 대상 질환 선정에서 연구하고자 하는 질병의 유전적 성향(유전력)의 정도는 얼마인지, 연구에서 검정할 가설의 설정, 대상 표현형을 어떻게 선별하고 유전적 요인 분석을 위해 통계적 파워를 최대화시킬 수 있는 실험 방법, 연구하는 집단의 인종적 차

이와 반복 실험의 추가 여부 등과 같이 실험설계에서 얼마나 많은 부분을 정확하게 고려해서 시작하는 가에 따라 성공 확률이 결정될 것이다. 그러면 실험설계 단계에서 고려해야 할 내용을 항목별로 좀 더 상세히 살펴보도록 하자.

① **대상 질환의 선별 - 분석하고자 하는 형질의 유전력(heritability) 분석**: 질병에 관련된 유전자를 발견하기 위해서는 우선적으로 연구 대상 질병에 대해 유전적 요인이 얼마나 작용하는지 규명되어야 한다. 예를 들면, 유전력이 매우 강한 질병의 경우에는 유전적 변이에 따른 질병의 차이가 강하게 작용하여 유전적 분석이 매우 용이할 것으로 예상할 수 있다. 유전력은 전체 표현형에 미치는 요인들 중에서 유전적 요인의 비율을 나타내므로 특정 질병의 발생에서 유전적 차이에 따른 영향력을 가늠해 볼 수 있는 매우 중요한 요인이다. 예를 들면, 사람의 ABO 혈액형 등은 유전력이 100%다. 그리고 키, 체질량지수(BMI), 자폐증 등도 유전력이 매우 높아 약 80% 이상의 유전력을 보이고 있다. 또한 환경요인에 의해 매우 큰 영향을 받는 고혈압, 지방량 등과 같은 경우에는 약 50-80%의 유전력을 가지고 있는 것으로 밝혀져 있다. 그러나 결혼에 대한 선호도, 자살, 종교관 등과 같은 경우는 매우 낮은 유전력을 보이고 특히 자연적인 재해나 사고에 의해 발생하는 외상 등과 같은 경우는 개인의 유전적 요인이 관여하지 않을 것이다. 따라서 우리가 연구하고자 하는 대상형질(target phenotype/trait)의 유전력에 따라 연구 방법의 선정 및 질병 연관성 연구의 성공 가능성을 예측할 수 있다.

② **연구 대상 표현형(형질)의 선별 기준**: 질병 연관성 연구를 수행하기 위한 질병 또는 표현형이 결정되면 정상인과 질환자 시료를 수집하게 되는데 정상인과 질환자의 분류 기준을 명확히 할 필요가 있다. 이상적으로는 질환자와 정상인의 구분이 두 그룹으로 완전히 분리된다면 표현형과 유전형 간의 연관성 분석이 용이하겠지만 대부분의 정상인과 질환자 간의 분류는 연속선상에서 인위적으로 두 그룹으로 나누어지기 때문에 - 예를 들어 한국인에서 체질량지수(BMI)가 25 이상이면 비만으로 분류하는 경우처럼 - 실제 질환자의 그룹에 정상인이 포함되어 있거나 반대로 정상인의 그룹에 질환자가 포함될 가능성이 높다(그림 14-4). 이러한 경우엔 연관성 분석의 성공 가능성은 매우 낮아지게 된다. 특히 대부분의 연관성 연구(case-control study)는 특정기준(threshold)을 중심으로 질환자와 정상인을 구분하기 때문에 정상인 중에는 아직 발병하지 않았지만 여전히 질병 원인 유전자형을 지닌 사람이 포함될 수 있다. 그러므로 정상인과 질환자 그룹을 명확히 구분할 수 있는 엄격한 임상적 진단 기준을 적용할 필요성이 절대적으로 필요하다. 잘 선별된 정상인과 질환자의 시료 그룹이란 유전적 차이를 잘 설명할 수 있도록 표

현형이 뚜렷이 구분되는 그룹이어야 한다. 특히 환경적 요인이 많이 작용하거나 질병의 발생 시기에 따른 차이가 존재하는 경우는 이런 오류가 더욱 많아질 것이다. 이러한 문제점을 극복하기 위해서는 전체 집단 내에서 양 극단의 두 그룹(extreme case-control)을 선별하여 사용할 수 있으며 특히 천식 환자에서의 total IgE 농도와 당뇨병 환자에서의 비만도와 같은 연속적 변수에서는 이러한 시료의 선별이 더욱 용이하다. 기본적으로 case-control 연구에서 나이, 성별 및 지역적 배경(인종)이 같은 질환자와 정상인 집단을 선별해야하며 이러한 기본적인 사항이 일치하지 않은 경우에는 많은 false positive 결과를 낳게 된다. 또한 유전적 영향력(genetic effect size)을 극대화하기 위해서는 질환자 그룹은 보다 심한 증상을 보이는 환자(severe cases), 가족력이 있는 환자(familial cases), 어린 나이에 발병하는 환자(early onset cases) 등을 선별하고 정상인 그룹은 단순히 동일한 조건의 집단내 정상인 보다는 고위험 환경에 있더라도 질병 위험도가 더 낮은 정상인 집단을 선별하면 좋다. 한편 정상인과 질환자로 구분하는 이분법적 분류에서는 대부분 정상인은 전체 집단과 매우 유사한 구성을 보이고 질환자 그룹은 질병 특이적으로 선별될 것이기 때문에 질병에 연관된 유의적인 유전변이형은 질병의 감수성과 관련되어 있을 것으로 예상된다. 그러나 양 극단의 시료를 선별한 경우엔 각각 질병의 감수성 또는 저항성에 관련된 유전적 변이형이 분리되어 양 극단에 존재할 것이다. 그리고 비만도(BMI)도 같이 연속적인 변수에 대한 유전 연관성 분석은 직선회귀식(linear regression)과 같은 연속형 데이터 분석 방법을 사용하여 분석하게 된다. 과거에는 case-control 연구로 주로 질환자와 정상인 간의 유전적 연관성 분석이 주로 사용되었지만 최근에는 질환자 그룹내에서 특정 subphenotype 유무에 대한 유전연관성 연구가 진행되기도 한다. 이 경우에는 질병이라는 동일한 조건하에서 환자그룹내에서 차이를 보이는 원인 유전자를 발굴하는 연구로 환경의 변이를 최소한 상태에서 질병 반응성의 차이를 규명하기 매우 좋은 연구 방법이 될 수 있다(그림 14-4). 예를 들어, 정상인 집단내에서 면역반응성(혈액내 CRP 농도) 지표는 매우 낮지만 면역질환(예, 가와사끼병)을 가진 환자에서는 혈액내 CRP 농도가 급격히 증가한다. 따라서 CRP 농도를 결정하는 원인 유전변이형을 찾는 연구는 정상인 집단보다 소수의 환자 집단이 더 유용한 분석대상이 된다(Kim JJ et al, 2014).

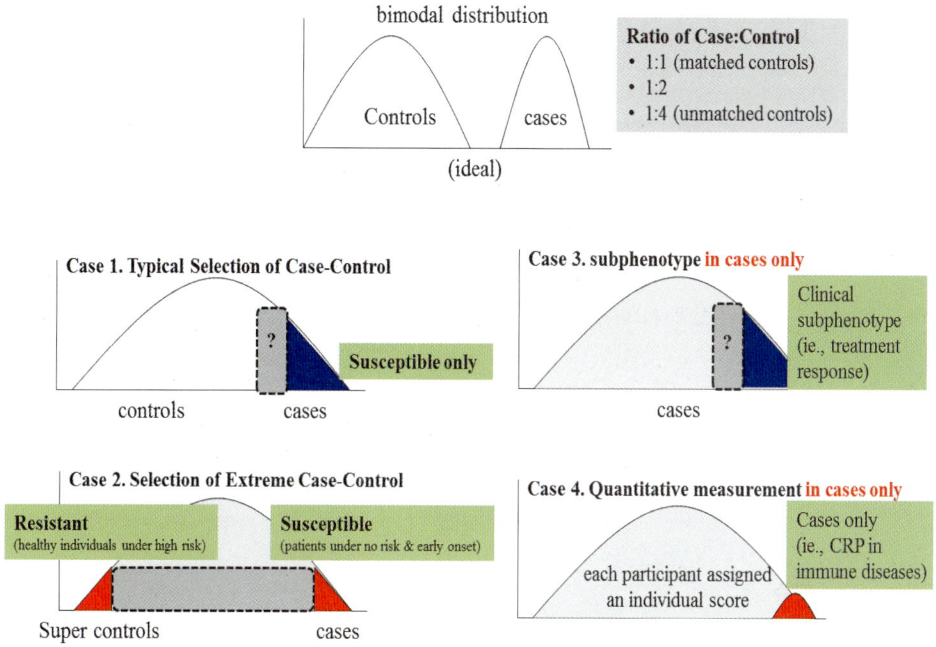

그림 14-4. **연관성 연구(case-control study)에서 대상시료의 선별기준**

특정 질병의 발생이 유전적 요인에 의해 대부분 결정된다면 연관성 연구가 매우 효과적인 연구 방법이 될 것이다. 그러나 일반적으로 대부분의 질병은 다수의 유전자와 많은 환경요인이 작용하여 발생하는 복합 질병의 성격을 지니고 있다. 따라서 한 유전자의 유전변이에 의해 설명될 수 있는 부분이 매우 제한적이다. 이러한 제한성을 극복하기 위해서 질병의 표현형을 보다 더 세분화해야 한다. 그러나 표현형을 세분화하면 각 그룹의 시료 수가 줄어 통계적 검정력이 감소할 수 있고 연구 대상 그룹을 늘리면서 발생하는 다중비교에 의한 오류의 증가가 예상된다. 한편 성공 가능성이 훨씬 높은 다른 한 방법은 질병 자체를 연구 대상 형질로 취급하지 않고 질병의 발생에 중요한 생화학적 표현형을 연구 대상으로 선별하여 연관성 연구를 수행하는 것이다. 예를 들면, 심근경색의 발생에 큰 영향을 미치는 혈액내 지방(LDL)의 농도, 당뇨병의 발생과 관련된 체질량지수(BMI) 등이 하나의 표현형으로 선정될 수 있다. 이러한 표현형을 질병에 관련된 중간 표현형(intermediate phenotype)이라고 부르고 있으며(그림 14-5), 많은 유전자와 환경에 의해 유발되는 질병보다는 특정 유전자와의 연관성이 보다 높게 나타날 것으로 기대된다. 따라서 특정 유전변이형과 중간형질 간의 유의적인 연관성 연구결과는 궁극적으로는 중간형질과 연계된 질병의 유전적 원인 규명에 크게 기여할 것이다.

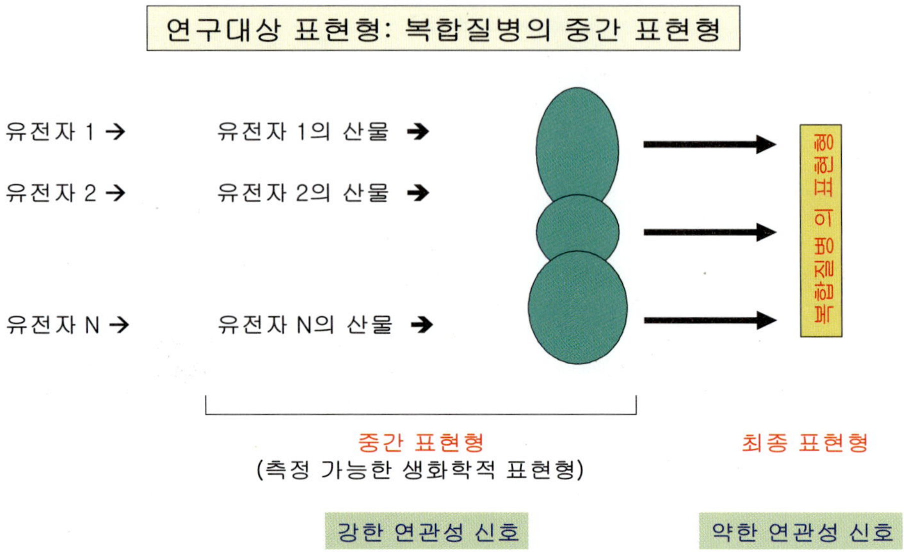

그림 14-5. **연구대상 표현형의 선별 기준.** 출처: Carson CS et al. (2004). Nature 429:446-452.

③ **분석에 사용할 시료의 수(sample size) 결정**: 앞에서 언급했듯이 연관성 연구의 기본 개념은 질병군과 정상인 간에 유의적인 빈도의 차이를 보이는 유전변이형을 발굴하여 질병에 관련된 유전자를 찾아내는 것이다. 즉 두 집단 간에 차이를 보이는 유전변이형의 빈도에 대한 통계적 유의성을 검정하는 것이며 사용되는 시료의 수(sample size)가 검정력에 결정적인 영향을 미치게 된다. 통계적 유의성은 전통적으로 5%의 유의수준에서 정하게 되는데, 이를 type I error(α)라 하고 질환과 실제로 연관이 없는 유전변이형을 통계적 검정을 통해 유의성이 있다라고 결론지을 확률(false positive)을 의미한다. Type II error(β)는 type I error와 반대로 질환과 관련이 있는 유전자를 유의성이 없다고 잘못 판단할 경우이며 다른 말로 false negative라고 한다. 그리고 확률 1에서 type II error (β)를 뺀 값이 파워(power)이다(power= 1 - β). 연관성 연구에서 실험의 파워는 1) 유전모델(dominant or recessive), 2) 유전자 빈도(allele frequency), 3) 질병에 대한 상대적 위험도(relative risk), 그리고 4) 가장 중요한 시료의 수(sample size)에 의해 결정된다. 특히 유전모델, 유전자 빈도 및 상대적 위험도는 우리가 임의로 조절할 수 없지만 일반적으로 사용되는 시료의 수는 조절이 가능하기 때문에 통계적 파워를 높이기 위해서는 시료의 수를 극대화할 필요가 있다.

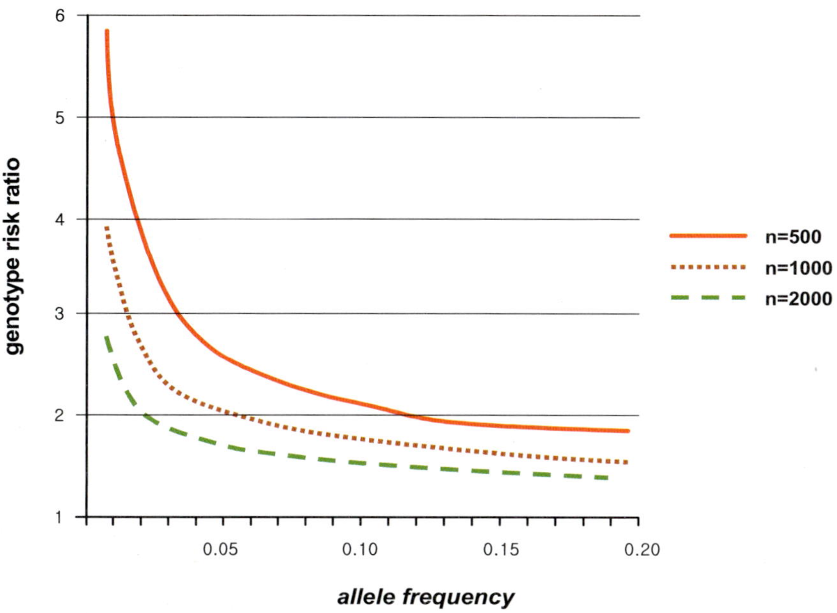

그림 14-6. **유전자 빈도와 질병의 상대적 위험도(relative risk)에 따른 적정 시료 수.** n=case-control pair의 수를 나타냄. 출처: Botstein D and Risch N. (2003). Nat Genet Supplement 33:228-237.

그림 14-6에서는 유전자형 빈도와 상대적 위험도(risk ratio)에 따라 사용해야 할 시료의 수를 나타내고 있다. 예를 들면, 특정 유전변이형의 상대적 위험도가 약 2라고 가정해 보면 사용하는 마커의 빈도가 2%인 경우 각각 약 2,000 명씩의 case-control 시료를 사용해야 하지만 마커의 빈도가 약 10% 정도가 되면 각각 약 500 명의 case-control 시료만을 사용하여도 동일한 파워를 가지게 된다. 따라서 일반적으로 빈도가 높을수록 시료의 수를 줄일 수 있음을 알 수 있다. 그리고 동일한 빈도를 가진 마커를 이용한다 하더라도 상대적 위험도에 따라 사용되는 시료의 수가 달라진다. 예를 들면, 빈도가 2%인 마커를 사용하는 경우 상대적 위험도가 2라면 약 2,000쌍의 case-control 시료를 사용해야 하지만 상대적 위험도가 3이라면 약 700 명 내외의 case-control 시료만을 사용해도 동일한 파워를 갖게 될 것이다. 그리고 상대적 위험도(relative risk)의 정도에 따라 질환자와 정상인 간의 빈도 차이가 달리 발생하게 되어 위험도가 높을수록 case-control 간의 빈도 차이가 많이 날 것이다. 예를 들면, 표 14-1에서와 같이 multiplicative risk model에서 전체 집단의 risk allele 빈도가 약 10%라고 가정하면, homozygous relative risk가 2이면 질병군에서는 약 13.6%의 빈도로 존재하고 homozyous relative risk가 4라면 질병군에서는 18.2%의 빈도로

존재함을 예측할 수 있다. 따라서 상대적 위험도가 2일 때는 3.6% 정도의 빈도 차이가 발생하고 상대적 위험도가 4일 때는 8.2% 정도의 빈도 차이가 발생하게 된다. 한편 대부분의 복합질병은 상대적 위험도가 4 이내이기 때문에 정상인과 질환자의 유전자 빈도 차이는 10% 이내의 차이를 보일 것으로 예상할 수 있다.

표 14-1. **상대적 위험도의 차이에 따른 집단(case-control)의 유전자 빈도 차이 추정치 (위험 유전자형: 집단 내 10% 존재하는 경우)**

Multiplicative risk model	Homozygous RR= 4 Heterozygous RR= 2	Homozygous RR= 2 Heterozygous RR= 1.4
질환자군 빈도	18.2%	13.6%
정상인 빈도	9.9%	9.96%

RR: relative risk (상대적 위험도)

일반적으로 대부분의 만성 질병들의 원인 대립 유전자형의 상대적 위험도(relative risk)가 4 미만이므로 검정력을 높이기 위해서는 사용하는 시료의 수를 극대화할 필요가 있다. 그리고 특히 상대적 위험도가 4 미만의 경우엔 1% 이상의 측정 오류는 시료 수가 많다고 하더라도 검정력을 급격히 감소시킬 수 있기 때문에 각별한 주의가 필요하다. 연관성 연구에서 적정 시료의 수를 결정하는 데는 아래와 같은 다양한 프로그램들이 개발되어 사용되고 있다.

1) "**Power**" : http://dceg.cancer.gov/power/
2) "**Quanto**" : http://hydra.usc.edu/gxe/
3) "**Genetic Power Calculator (GPC)**" : http://pngu.mgh.harvard.edu/~purcell/gpc/
4) "**CaTS**" : http://www.sph.umich.edu/csg/abecasis/cats/

④ **인종적 차이**: 연관성 연구에서는 인종간 차이(ethnicity; population stratification)를 반드시 고려해야 한다. 특히 다른 유전적 배경을 지닌 다수의 인종을 포함하는 경우, 특정 유전형의 빈도가 질환과의 관련성보다는 인종의 차이에 의해 기인될 확률이 매우 높아

지게 된다. 따라서 만약 case-control 시료 선발에서 특정 인종의 시료가 한쪽 그룹에 더 많이 포함되면 질병 특이적인 유의성이 아니라 인종 특이적인 유의성이 관측될 것이다. 특히 이질적 인종 집단으로 구성된 대규모의 연구에서는 집단 간의 유전적 차이에 의한 유전적 조성의 차이 및 유전체 구조의 차이는 case-control을 사용한 연관성 분석에서 방해 요인(confounding factor)이 될 수 있다. 그러나 집단간 차이(population stratification)는 한국인 집단과 같이 매우 동질적인 집단에서는 별 문제가 되지 않는 것으로 알려져 있다. 그리고 집단 간의 차이는 상호 자유로운 결혼을 하지 않는 다른 인종이나 집단들을 서로 합쳐 연관성 분석을 시도하는 경우에 발생하며 이러한 이질적 집단들은 특정 유전자형의 빈도와 질병의 발생 빈도에서도 차이를 보일 수 있다. 그리고 연관성 분석에서 잘못된 결과를 초래한다. 집단간 차이(population stratification)를 보정하기 위해서는 숨겨진 인종간 기원을 추론하기 위하여 서로 연관되지 않은 패널의 마커(unlinked markers)를 사용하여 보정해 주게 된다. 집단간 차이를 보정하는 방법으로는 genomic control 방법(Devin & Roeder, 1999; Bacanu et al., 2000)과 structured association 방법(Pritchard et al, 2000; Pritchard and Rosenberg, 1999)이 매우 유용하게 사용되고 있다.

⑤ **반복실험**: 연관성 분석은 하나의 통계적 유의성을 찾는 것이기 때문에 항상 오류를 포함할 수 있고 특히 대량의 마커를 검색하거나 시료 선별 상의 잘못(sampling bias)이 있는 경우에 오류는 더 많이 발생한다. 따라서 연관성 연구에서 유의적인 결과가 나온 경우에는 이것이 통계적 오류(false positive)가 아님을 증명하기 위한 반복실험(replication)이 요구된다. 우리가 시도할 수 있는 반복실험에는 통계적 반복 실험과 기능적 반복 실험이 있다.

- **통계적 반복실험 (statistical replication)**: 사용된 시료를 나누어 재분석하거나 다른 시료에서 동일한 실험 및 분석을 수행하여 재현성을 조사함.

- **기능적 반복실험 (functional replication)**: 두 대립 유전자형의 생물학적 기능의 차이를 조사함.

가장 간단한 반복 실험의 방법은 분석에 사용된 시료를 몇 개의 그룹으로 나누어 동일한 패턴의 유의성이 관측되는지를 보는 것이고 또 다른 반복 실험 방법은 기존 분석에 사용된 시료와는 독립적인 시료를 사용하여 동일한 실험과 분석을 수행하여 통계적 유의성이 반복적으로 관측되는지를 조사하는 것이다. 또한 연관성 분석에서 통계적으로 유의적인 마커가 만약에 질병에 직접적으로 관여한다면 생물학적으로도 기능의 차이를 보일 것이다. 따라서 질병과의 연관성이 관측된 유전변이형에 대한 생물학적 기능 변화를 연구하는 것 또한 반복 실험의 한 방법으로 자주 사용되고 있다. 만약 통계적으로 유의성이 관측된 유전변이형이 질병의 발생에 직접적인 원인이 된다면 통계적 반복 실험과 기능적 반복 실험에서 모두 유의적인 차이를 보일 것이다. 그러나 대부분의 기존 연구의 유의적인 결과는 반복 실험에서 재현성(reproducibility)을 나타내지 못하는데, 그 이유는 1) 최초의 연구가 잘못된 결과(false positive)이거나, 2) 반대로 반복 실험한 결과가 잘못되었거나(false negative), 또는 3) 두 실험에 사용된 시료에 대한 집단 간의 유전적 차이가 존재하기 때문일 수 있다.

(2) 시료 및 임상정보 수집

전체적인 실험설계가 끝나면 질병 연관성 분석에 사용하기 위해 다음의 정보들을 수집한다: 1) 유전체 시료 수집, 2) 질병과 관련된 임상 정보 및 표현형 분류 정보 수집, 및 3) 환경 정보 수집. 각 항목별로 고려해야 할 부분을 간략히 살펴보면 다음과 같다.

① **유전체 시료 수집**: 환자와 정상인의 혈액에서 DNA를 추출하여 유전체 분석에 사용하게 된다. 작은 규모의 실험은 소량의 혈액에서 추출된 DNA만으로도 충분하지만(일반적으로 약 20 ng DNA가 sequencing 또는 genotyping에 필요함), 많은 양의 유전체 분석이 필요한 경우에는 각 개인의 혈액세포를 Epstein Barr Virus(EBV)로 불멸화를 유도하여 EBV-transformed B cell line을 만들어 필요할 때마다 DNA를 계속적으로 뽑아내는 방법을 사용하기도 한다.

② **임상정보 및 표현형 분류 정보 수집**: 질병에 대한 유전적 연관성 분석을 위해서는 정상인과 환자에 대한 표현형 차이가 유전적 차이로 분류될 수 있다면 가장 이상적일 것이다. 그러나 많은 경우 유전적 복합성(genetic heterogeneity)과 표현형적 복합성(phenotypic heterogeneity)이 동시에 관여하기 때문에 정확한 임상정보의 수집과 질병의 세부 유형 분류는 연관성 연구에서 매우 중요한 단계이다. 이를 위해서는 임상 전문가가 참여하여 질병의 진행 단계 및 질병의 세부 유형에 대한 상세하고 정밀한 분류 기준을 만들어야 한다. 한편 임상정보 중에서 특히 질병(표현형) 분류에 대한 기준 및 중요성은 제 7장에서 이미 상세히 설명하였다.

③ **환경정보 수집**: 대부분의 복합 질병은 여러 요인에 의해 발생하게 되며 특히 다양한 종류의 환경적 요인이 질병의 발생과 진행에 많은 영향을 미치게 된다. 따라서 질병에 영향을 미치는 환경 요인에 대한 정보를 잘 수집해야 하고 이러한 환경 정보는 유전적 요인 분석뿐만 아니라 유전자와 환경의 상호작용 효과를 이해하는데도 매우 유용하게 쓰일 것이다.

유전 연관성 연구를 위하여 개체를 선별하는 방법에는 population-based (prospective) 방법과 hospital-based (retrospective) 방법이 있다(그림 14-7). 첫 번째 방법인 population-based 방법은 역학(cohort) 집단에서 많은 수의 사람을 수년간 지속적으로 모니터링(follow-up)하면서 정상인과 환자를 구분하여 환자로 발전하는데 기여한 특정요인(환경요인 또는 유전요인)의 상대적 위험도(relative risk)를 추정하게 된다. 두 번째 방법인 hospital-based 방법은 병원을 방문한 환자를 질환자 그룹으로 우선 선별한 이후에 정상인 집단의 대조군 또는 질환이 없는 친척 또는 병원을 방문한 다른 질환자를 대조군으로 사용하여 대조군에 대한 질환군의 상대적 질병 발생의 위험도(odds ratio)를 계산하게 된다. 정상 대조군과 환자군을 선별하는 방법에 따라 특정 요인의 질병 발생의 위험도는 같은 방법으로 계산되지만 다른 용어(relative risk 또는 odds ratio)를 사용하여 질병 발생에 미치는 상대적 위험성의 정도를 표시하게 된다.

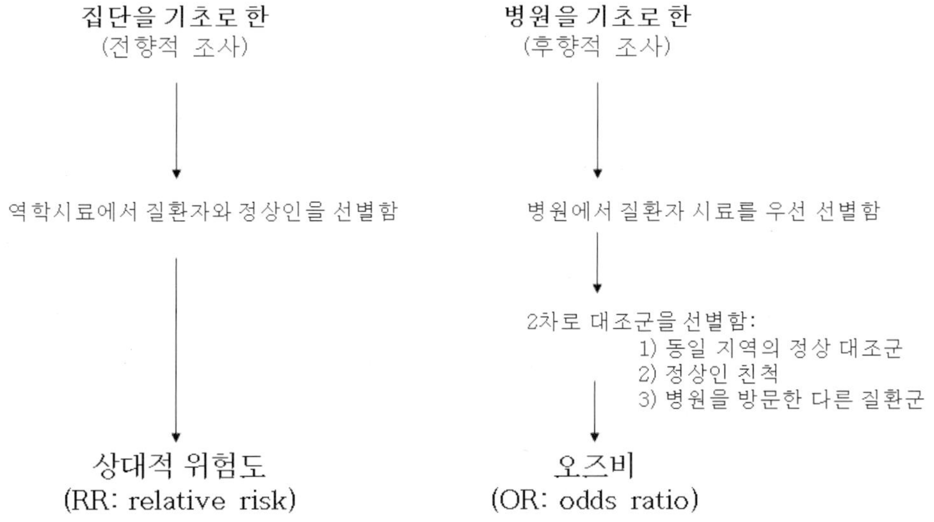

그림 14-7. **유전 연관성 연구에서 개체 선발의 2 가지 방법**

⑶ 유전형 조사

실험에 필요한 시료와 임상정보가 확보된 다음에는 질병에 연관되어 있을 것으로 판단되는 유전자를 선별하고 선별된 유전자의 SNP에 대한 유전형 조사(genotyping)를 수행한다. Genotyping에서 고려해야 할 내용을 간략히 살펴보면 다음과 같다.

① **genotyping용 후보유전자 및 후보 SNP 선정**: 질병에 관련된 유전적 요인을 이해하기 위해서는 후보유전자를 선별하고 선별된 유전자의 SNP을 genotyping함으로써 질병과의 연관성을 보게 된다. 이러한 여러 단계 중에서도 후보유전자를 선정하는 것이 가장 중요한 단계이다. 몇 가지 방법을 소개해 보면, 특정 질병에 관련된 유전체 위치 정보를 이용하여 특정 유전체 상에 있는 위치 후보유전자(positional candidate genes)를 선별하거나, 질병 특이적으로 유전자 발현의 차이를 보이는 유전자(functional candidate genes)를 선정할 수도 있다. 그리고 최근에는 다양한 생화학적 경로(biochemical pathway)에 관련된 유전자를 선정하는 방법과 위에서 언급된 다양한 후보유전자 선별의 방법을 통합하여 최적의 후보유전자를 선정하기 위한 방법들이 활용되고 있다. 후보유전자를 선별하는 방법이 가장 전통적인 방법 중의 하나이지만 최근에는 모든 유전체를 검색할 수 있는 고집적 SNP chip이 개발되어 보급됨으로써 단일 후보유전자 검색에 그치지 않고 전체 유전체를 검색하여 질병에 관련된 유전자를 탐색하는 기법이 널리 사용되고 있다. 한편 유전 연관성 연구에서 genotyping할 SNP을 선별할 때에도 여러 가지 사항을 고려하여 선별해야 한다. 예를 들면, 유전자 빈도(마커에 대한 정보력의 정도) 5% 이상을 가지고 있는 common SNP을 선별함으로써 통계적 파워를 높일 수 있다. 그리고 SNP 선별시 유전체의 구성부위 중에서 유사성이 높은 반복된 유전체 영역보다는 고유한 유전체 영역의 SNP를 선별하는 것이 통계적 파워를 높일 수 있다. 또한 기능적으로 차이를 유발할 수 있는 코딩 부위의 nonsynonymous SNP이나 프로모터 부위의 regulatory SNP을 우선적으로 선별할 필요가 있고 유전적 연관성을 고려하여 htSNP이나 이웃한 SNP 간의 상관계수가 높은 SNP를 선별하면 통계적 파워가 높아질 것이다.

② **SNP genotyping 실행**: genotyping할 유전자 및 SNP site가 선정되면 다양한 genotyping 방법을 사용하여 선별된 시료에서 genotyping을 수행할 수 있다.

③ **SNP genotyping data에 대한 정확성 점검**: 아무리 올바른 후보유전자가 선별되었더라도 genotyping 단계에서의 잘못은 심각한 오류를 유도한다. 따라서 정확한 genotyping이 매우 중요한데 이를 위해서는 genotyping에 대한 정확성을 항상 점검하여 실수를 최소화하는 노력이 필요하다. Genotyping data에 대한 정확성을 검정(quality control)하기 위한 기술로는 다음과 같은 몇 가지 방법이 이용되고 있다.

- **반복실험을 통한 오차율(error rates) 추정**: genotyping에 대한 정확성을 점검하기 위한 가장 간단한 방법은 동일한 시료를 반복적으로 조사하였을 때 동일한 결과가 나오는지를 조사하는 것이다. 이때 오차율(error rates)이 최소한 1% 이내여야만 한다. 동일한 시료(replicate)의 사용은 사용하는 시료의 plate가 잘못 사용되었거나 다른 방향으로 읽히는 등의 시료 작업시 발생하는 실수(sample handling errors)를 확인할 수 있는 좋은 방법의 하나로 이용되기도 한다.

- **하디-와인버그 평형 검사**: 대립 유전자형 A의 빈도= p, 대립 유전자형 B의 빈도= q인 경우에 하디-와인버그 법칙을 이용하면 유전형 AA의 빈도= p^2, 유전형 AB의 빈도= 2pq 그리고 유전형 BB의 빈도= q^2가 될 것이다. 일반적으로 시료의 선택이 바르게 이루어졌다면 하디-와인버그 평형 상태를 유지하게 될 것이다. 그러나 하디-와인버그 평형 상태가 깨져 불균형 상태를 이루는 경우에는 다음과 같은 상황이 존재할 수 있다. 첫 번째는 이형접합체가 매우 많이 발생하는 경우(heterozygote excess)로 생물학적으로 실제 발생하는 예는 heterozygote advantage가 있어 생존율에 이로운 경우에 발생할 수 있지만 정상적인 시료의 경우에는 두 대립 유전자형의 분리가 제대로 이루어지지 않은 genotyping error에 해당된다. 두 번째의 경우는 특정 동형접합체가 매우 비정상적으로 많이 나오는 경우(homozygote excess)로 이질적인 집단의 시료(population stratification)가 사용되었거나 특정 homozygote가 치사(null allele)를 유발하여 실제 집단에서는 그 유전형이 존재하지 않는 경우가 있으나 정상적인 집단의 시료가 사용되었다면 두 대립 유전자형 중에서 특정 유전자형의 genotyping이 제대로 이루어지지 않은 경우(allele dropout)에 발생하게 되는 genotyping error에 해당된다. 따라서 하디-와인버그 법칙 공식을 이용하여 genotyping error를 조사하는 것은 매우 유용한 검정 방법의 하나이다.

<하디-와인버그 불균형>

*** Heterozygote 초과:**

생물학적 원인: 다른 생존율의 차이에 기인 (differential survival)

기술적 원인: 두 유전자형의 구분이 제대로 안 이루어짐 (nonspecific assay)

*** Homozygote 초과:**

생물학적 원인: 집단의 유전적 차이(population stratification) 또는 치사 유전자(null allele)

기술적 원인: 특정 유전자형의 구분이 안 이루어짐

• **결측치(missing data) 조사**: genotyping을 실행할 때 항상 결측치(missing data)가 발생한다. 결측치는 전체 사용되는 시료의 수를 감소시키는 효과를 가지고 있어 통계적 파워를 떨어뜨리게 된다. 결측치가 발생하는 경우에는 결측된 데이터를 제거하고 분석하거나 LD 또는 haplotype 정보를 바탕으로 추정(imputation)해 분석할 수 있다. 하지만 우선적으로 실제 genotyping 단계에서 결측치를 최소화하는 노력이 필요하다.

• **유전자형 빈도 및 일배체형 빈도 검사**: genotyping의 오차를 확인할 수 있는 다른 방법으로는 유사한 민족 또는 인종의 유전자형 및 일배체형 빈도를 비교하여 유사한 빈도로 분포하는 지를 조사할 수도 있다. 그러나 특정 질환자의 시료인 경우에는 만약 질병 원인 유전자형이 genotyping된다면 다른 빈도를 보일 수 있다.

(4) **통계분석** (statistical analysis)

모든 genotype 데이터가 확보되면 다양한 분석이 가능하며 그림 14-8에 제시된 기본적인 분석 절차를 거치게 된다. 순차적인 분석절차를 각각 살펴보면 다음과 같다.

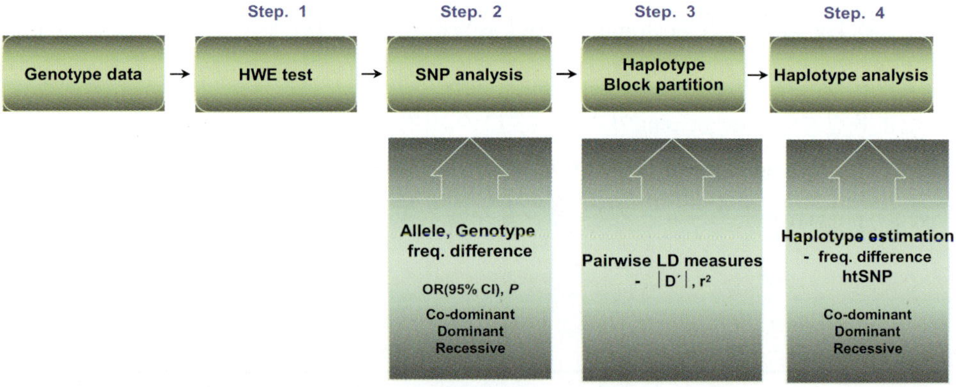

그림 14-8. **SNP genotype 데이터의 분석 흐름도**

• **HWE 검사**: genotyping이 정상적으로 수행되었는지를 점검하기 위해 우선적으로 하디-와인버그 평형 검사를 수행하여 정상 대조군에서 유전자형 빈도가 정상적인 분포를 보이는지 확인한다. 만약 하디-와인버그 평형상태를 위반하게 된다면 genotyping이 제대로 수행되었는지 재검정하고 genotyping error가 없다면 시료 선발에 사용된 특이성(population stratification, sample selection bias, etc)을 확인해야 한다.

- **SNP 분석**: 각 SNP site에 대한 유전자형 빈도(allele frequency) 및 유전형 빈도(genotype frequency)의 분포상태를 바탕으로 case-control 간의 유의성 검사(χ^2-test)를 수행하게 되며 각 SNP site에 대한 상대적 위험도(odds ratio)를 추정할 수 있다. 또한 다양한 유전 모델(열성, 우성, 조우성)에서 유전적 연관성 분석을 수행하여 가장 적합한 유전 유형을 추정해 볼 수 있다.

- **LD 또는 haplotype block 구조 분석**: haplotype 분석을 위해서는 우선 각 haplotype의 block을 추정하여야 한다. 이를 위해 각 SNP 간의 pairwise $|D'|$ 또는 r^2 값을 추정하여 유전체의 LD block 구조를 밝힌다.

- **Haplotype 분석**: 각 haplotype block 내에 존재하는 haplotype의 종류와 haplotype-tagging SNP (htSNP)을 파악하고 각 haplotype을 SNP 마커와 동일한 것으로 설정하여 SNP 분석에서 수행된 동일한 통계분석을 하여 질병 연관성에 대한 유의성을 조사한다. 간혹 특정한 유전변이형 또는 haplotype의 진화론적 시간대를 추정하기 위하여 haplotype clustering 분석을 사용하기도 한다.

한편 유전 연관성 연구에서 질병과 특정 유전변이형 간의 연관성 분석은 데이터의 종류와 특성에 따라 알맞은 분석기법을 사용해야 한다. 데이터의 특성별 통계적 분석방법을 간략히 살펴보면 아래의 표 14-2와 같다. 연관성 연구에서 생성된 데이터의 종류에 따라 범주형 데이터(categorical data)와 연속형 데이터(continuous data)로 구분할 수 있다. 각 데이터의 종류별로 분석방법에 대해 더 상세히 알아보고자 한다.

표 14-2. **유전 연관성 연구에서 데이터의 종류별 통계 분석 방법**

데이터의 종류	그룹의 특성	통계분석 방법
범주형 데이터 (case-control)	2 groups (case-control)	χ^2-test
	2 groups (N<6, too small; rare alleles)	Fisher's exact test
	2 groups (parameters required for correction)	logistic regression
연속형 데이터 (ie., total IgE, BMI, etc)	2 groups (case-control)	t-test
	Groups ≥ 3 (ie., by genotype)	ANOVA
	Groups ≥ 2 (parameters required for correction)	multiple regression

① **범주형 데이터의 통계 분석 방법**

가장 대표적인 유전 연관성 연구방법은 정상인과 환자군의 두 범주(category)로 구분하여 χ^2-test를 수행한다. 일반적으로 유전 연관성 분석에 사용되는 유전자형 빈도는 5% 이상의 빈도를 가진 SNP을 사용하기 때문에 그럴 가능성은 매우 낮지만 이따금 특정한 유전자형(allele)의 예측빈도(expected frequency)가 매우 낮은 경우에는 χ^2-test 대신에 Fisher's exact test를 수행해야 한다(2×2 table: Fisher exact test; n×p table: Fisher-Freeman-Halton exact test 수행). 그리고 만약 case-control 간의 범주형 데이터 분석에서 성별, 나이 및 흡연 등의 특정 변수의 효과를 보정하여 분석하고자 하는 경우에는 logistic regression 분석을 사용한다. 각 분석 방법의 구체적인 내용은 통계 관련 자료를 참고하기 바란다. 범주형 데이터 분석에서는 빈도간 유의성 검사뿐만 아니라 유전모형(우성, 열성, 조우성)별 유의성 검사가 가능하며 이를 위해서는 각 유전형 빈도를 유전모형별 유전형 빈도로 재구성하여 계산해야 한다(그림 14-9).

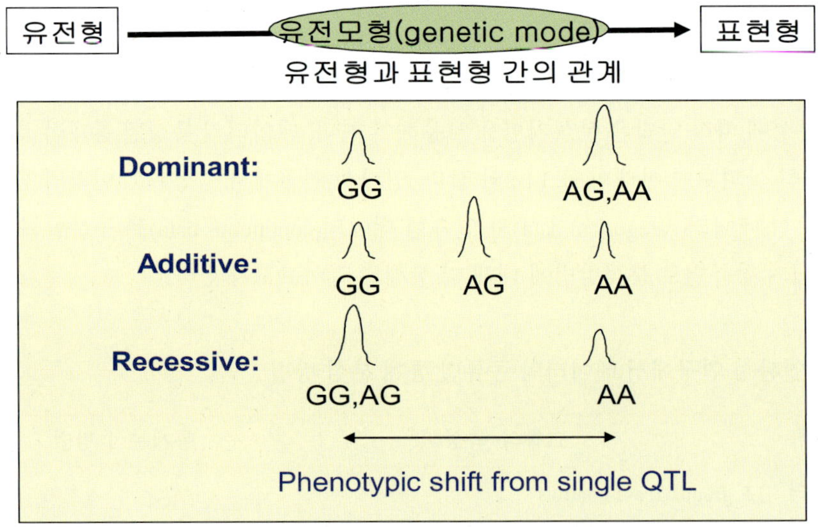

유전모형별 유전형 재구성 방법

Genotype	Dominant	Additive	Recessive
AA	2	3	2
AG	2	2	1
GG	1	1	1

그림 14-9. **유전모형(genetic mode)별 범주형 데이터 분석기법**

실제의 case-control 데이터를 이용하여 χ^2-test 방법을 설명하고자 한다. 만약 100 명의 환자와 100 명의 정상인 시료에서 유전형을 조사하여 아래 표와 같은 유전형의 분포를 확인하였다면,

	유전형 AA	**유전형 AB**	**유전형 BB**
100 cases	15	55	30
100 controls	30	50	20

각 그룹별 관측된 유전자형(allele) 및 유전형(genotype)의 수는 다음과 같이 계산된다.

1) 유전자형(allele):

	유전자형 A	**유전자형 B**
100 cases	85	115
100 controls	110	90

2) 유전형(genotype): 상동염색체 우성유전 모델(autosomal dominant 모델)의 경우만 보기로 제시함.

	유전자형 AA	**유전자형 AB, BB**
100 cases	15	85
100 controls	30	70

위에서 관측된 각 case와 control 그룹의 유전형(genotype) 빈도가 하디-와인버그 평형상태(HWE)에 있는지를 검사한다. 위의 경우 HWE 검사를 수행해보면, 다음과 같은 값을 가지게 된다.

Cases: $\chi^2 = 1.76$, $p = 0.210$

Controls: $\chi^2 = 0.01$, $p = 0.919$

따라서 case와 control 그룹은 하디-와인버그 평형상태를 유지하고 있다고 말할 수 있다.

다음 단계로는 위에서 얻어진 case-control 그룹에 대한 상대적 위험도(OR: odds ratio)를 아래의 공식을 이용하여 다음과 같이 계산할 수 있다.

	Allele 1 (risk allele)	**Allele 2 (non-risk allele)**
case	**a**	b
control	**c**	d

Odds ratio (OR)= ad/bc

1) 유전자형(allele)에 대한 상대적 위험도(OR) 추정:

	유전자형 B	**유전자형 A**
100 cases	115	85
100 controls	90	110

OR= (115×110)/(85×90)= 1.65

이 경우에는 유전자형 B를 가진 사람이 유전자형 A를 가진 사람보다 1.65배 더 빈번히 질병이 발생함을 의미한다.

2) 유전형(genotype)에 대한 상대적 위험도(OR)를 추정해 보면(autosomal dominant model 에서),

	유전자형 AB, BB	**유전자형 AA**
100 cases	85	15
100 controls	70	30

OR= (85×30)/(15×70)= 2.4

유전형을 근거로 한 상대적 위험도 계산의 경우(autosomal dominant model)에는 유전자형 B를 하나 이상 포함하는 유전형(AB, BB)은 유전형 AA를 homozygote 형태로 가지고 있는 경우보다 2.4배 더 빈번히 질병이 발생함을 의미한다.

다음 단계로 결과가 유의적인지를 조사하기 위하여 유전자형(allele)에 대한 χ^2-test를 수행하면 다음과 같다. 우선 위의 데이터에서 관측치(observed data)와 예측치(expected data)는 아래 표와 같다.

		B	A
관측치	case	115	85
	control	90	110
예측치	case	102.5	97.5
	control	102.5	97.5

위의 표에서 예측치에 대한 계산은 다음과 같이 이루어진다.

	B	A	
case	115	85	200
control	90	110	200
	205	195	400

예측치 계산:

a (case B allele의 예상치)= 205×200/400=102.5

b (case A allele의 예상치)= 195×200/400=97.5

c (control B allele의 예상치)= 205×200/400=102.5

d (control A allele의 예상치)= 195×200/400=97.5

위의 실제 유전자형(allele)에 대한 χ^2-test를 수행하기 위해 아래 공식을 사용하면,

$\chi^2 = \sum(\text{관측치-예측치})^2/\text{예측치}$, (1 degree of freedom: df)

$\chi^2 = (115-102.5)^2/102.5 + (85-97.5)^2/97.5 + (90-102.5)^2/102.5 + (110-97.5)^2/97.5$

$= 6.37$, $p=0.012$

따라서 유전자형(allele)에 대한 χ^2-test 결과는 유의수준 α=0.05에서 두 대립 유전자형 간의 차이에 따라 질병의 발생에 차이가 있음을 확인할 수 있다.

한편 case-control 연관성 연구에서 중요성을 표시하는 2 가지 지표(OR & P-value)가 있다. 오즈비(odds ratio; OR)는 특정 변이형이 미치는 유전적 영향력(effect size)을 나타내는 것으로 질병과 SNP 변이형 간의 연관성의 정도를 표시한다. 이 값은 logistic regression에 의해 계산되는 기술 통계치(descriptive statistic)이다. 반면에 측정된 오즈비(OR)값이 얼마나 유의적인 값인지 아닌지는 p-value로 판단하게 된다. 따라서 case-control 연구에서 2 가지 지표의 의미가 다름을 정확히 이해할 필요가 있다.

② 연속형 데이터의 통계 분석 방법

Case-control의 연관성 연구는 범주형 데이터의 통계 분석기법을 사용하지만 이따금 당뇨병 환자에서 체질량지수(BMI: body mass index)와 천식 환자에서 total IgE 농도와 같은 연속형 데이터를 분석할 경우도 있다. 이러한 연속형 데이터는 질병의 유무와는 직접적으로 연관되어 있지 않지만 질병의 한 표시인자로 질병 연관성 연구에서 빈번히 분석되는 데이터 종류의 하나이다. 연속형 데이터의 경우에는 두 집단 간의 단순 비교는 t-test를 이용하고 두 그룹 이상의 그룹간 유의성 검사는 ANOVA 검사를 한다. 또한 범주형 데이터에서 다양한 변수에 대한 보정을 위해 logistic regression 분석을 이용하듯이 연속형 데이터에서도 성별, 나이, 또는 흡연 등의 변수를 보정하기 위해서는 다중회귀(multiple regression) 분석을 사용하면 된다. 보다 상세한 분석 기법에 대한 내용은 통계학 관련 자료를 참고하기 바란다.

③ 다중검정

과거에는 단지 한-두 개의 유전자 또는 유전변이형 마커에 대한 연관성 분석을 수행하였기 때문에 다중비교(multiple comparison)에 의한 오류는 큰 문제가 되지 않았다. 그러나 최근에는 엄청난 수의 유전변이형 마커가 질병 연관성 연구에 활용되면서 다중검정(multiple testing)의 문제점이 발생하게 되었다(다수의 세부 표현형 분석에서도 동일한 문제점이 발생함). 일반적으로 검사의 개수(N)가 증가할수록 임의로 발생하는 오류(random error)가 증가하기 때문에 p-value의 의미도 점점 감소하게 된다. 예를 들면, 전장유전체연관성연구에 많이 사용되는 고집적 SNP chip의 경우에는 50만 개(500K SNP chip)의 SNP을 genotyping할 수 있다. 50만 개의 SNP에서 5% 수준으로 유의성 검사를 하는 경우 약 2만 5천 개의 SNP이 random error에 의해 유의적인 것으로 나타날 수 있다. 이러한 다중검정의 문제점을 극복할 수 있는 다양한 통계적 분석기법들이 개발되어 활용되고 있다. 대표적인 방법으로는 전통적인 Bonferroni correction 방법, false discovery rate(FDR) 방법 및 permutation test 등이 있으며 multi-stage approach 실험 방법도 한 가지 좋은 대안이 될 수 있다.

1) Bonferroni correction

최근에는 연관성 연구를 수행할 때 다중비교 검정의 문제점을 반드시 고려해야 한다. 가장 간단한 해결 방법이 전통적으로 사용되어온 Bonferroni correction 방법을 사용하는 것이다. 이 방법은 임의의 유의수준 α (= p-value)를 총 검사한 개수(N)로 나누어 주는 것이다. 예를 들면, 단일검사의 유의수준(false positive 율)을 5% (α= 0.05)로 설정하면 Bonferroni correction에 의한 새로운 유의수준 α (= p-value)= 0.05/N으로 표시된다.

단일검사의 false positive= α = 5% : family-wise type 1 error (FWE)

p-value= α = 0.05/N, where N= No. of tests: test-wise error rate (TWE)

No. of tests:	1 test	10 tests	100 tests	1K tests	100K tests	1M test
p-values:	0.05	0.005	0.0005	0.00005	5×10^{-7}	5×10^{-8}

위의 보기에서 제시된 바와 같이 조사하는 개수가 증가할수록 매우 빠른 속도로 유의수준이 급격히 감소함을 알 수 있다. 따라서 본 보정 방법은 수행하는 검사의 수가 많은 경우에는 너무 엄격하여 통계적 파워가 크게 감소하는 단점을 가지고 있다. 더구나 개별적인 SNP이 모두 독립적으로 관여하는 경우에는 N으로 나눌 수 있지만 많은 SNP는 LD block 내에 서로 연관되어 있기 때문에 N으로 나누면 너무 엄격하게 적용되는 것이다.

2) FDR (false discovery rate)

Bonferrroni correction은 사용하기 매우 간단하고 유용한 방법이지만 너무 엄격하여 대량의 마커를 사용하는 연관성 분석에서는 효용가치가 많이 떨어지고 있다. Bonferroni correction의 문제점을 극복하기 위해 false discovery rate(FDR)라는 새로운 통계 분석법이 개발되었으며 본 방법은 대량의 유전마커를 이용한 연관성 연구에 유용한 방법이다. FDR은 total positive에 대한 false positive의 비율을 의미한다.

False Discovery Rate (FDR) = false positives / total positives

FDR을 계산하는 방법은

① p-value의 값을 가장 큰 것부터 가장 작은 것 순서로 나열함

② 유의 수준 α= 0.05 k/N 공식을 이용하여 순차적으로 검정함

k= N, (N-1), (N-2), -----, 1

이 분석 방법은 순차적으로 p-value의 값을 줄여감으로써 통계적 파워가 적게 감소하게 되는 장점을 가지고 있다. 본 분석방법에 대한 상세한 내용은 Sabatti et al (2003)와 Benjamini and Hochberg (1995) 논문을 참고하기 바란다. Bonferroni correction과 FDR을 비교해 보면 Bonferroni correction은 검사 개수(N)가 증가할수록 p-value가 급격히 감소하여 많은 true positive가 유의하지 않게 나타날 수 있다. 그러나 FDR 방법은 검사 개수(N)가 증가하더라도 Bonferroni correction보다 p-value의 감소가 완만하여 true positive가 제거되는 비율이 낮아지는 장점을 가진다.

3) Permutation test

다수의 검사 개수(N)를 조사하는 경우에 다중비교의 문제점(multiple comparison issues)을 극복할 수 있는 또 다른 분석기법은 permutation test를 수행하는 것이다. 이 분석법은 다음과 같은 순서로 이루어진다(그림 14-10).

① 우선적으로 실제 case-control 데이터에서 분석된 유의성 수준을 계산함

② 분석에 사용된 모든 데이터를 가지고 가능한 다양한 조합을 만들고 각 조합에서 만들어진 case-control에 대한 유의성을 조사함

③ 실제 case-control 데이터의 유의성과 섞어서 만들어진 데이터(permuted data)에서 구한 유의성을 비교하여 실제 데이터에서 나온 결과에 대한 유의성 수준을 비교 검정함

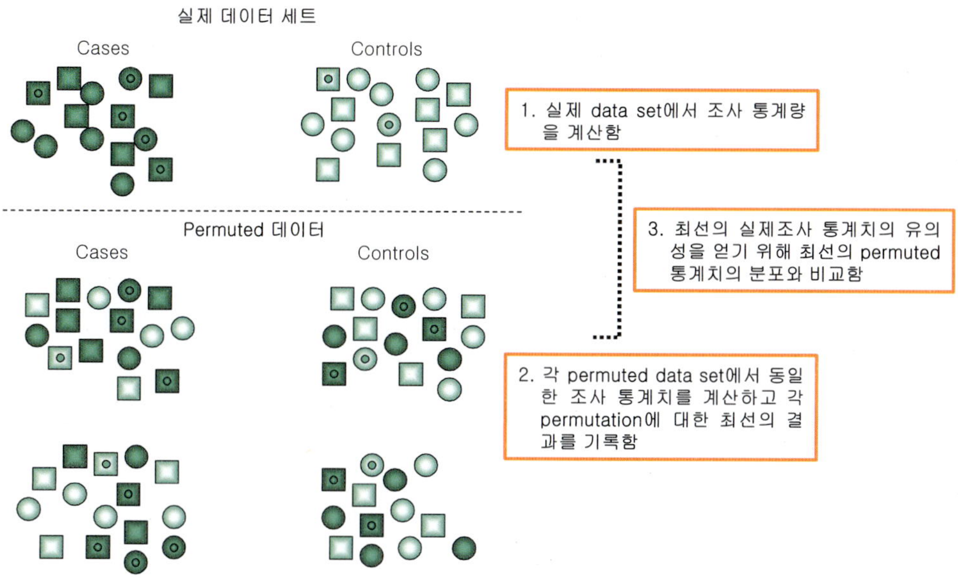

그림 14-10. **Permutation test의 방법.** 출처: Hirschhorm JN and Daly MJ. (2005). Nat Rev Genet 6:95-108.

대량의 SNP을 이용한 genome-wide 연관성 연구의 경우에는 엄청난 수의 SNP 마커를 사용하기 때문에 다중비교에 의한 유의성이 문제가 될 수 있다. 예를 들면, 500K SNP chip을 사용하는 경우에 Bonferroni corrected significance threshold (α)= 0.05/500,000= 10^{-7}이어야 한다. 이것은 너무나 엄격한 기준이며 실제로 이렇게 고도의 유의성이 나올 확률은 대규모 시료를 이용한 연구 또는 실험 오류에 의한 경우를 제외하고는 매우 희박하다. 따라서 이러한 문제점을 극복하기 위해 앞에서 설명된 다단계 실험방법(multi-stage approach)이 개발되었다(그림 14-3 참조). 다단계 실험 방법을 사용하면 각 단계별 반복 실험이 수행됨으로써 임의의 오류에 의한 유의성은 계속적으로 제거되고 최종적으로 질병과 직접적으로 연관된 유전 변이형만이 유의적인 마커로 남게 될 것이다. 그리고 본 연구방법은 통계적 파워를 증가시키지는 않지만 경제적으로 수행할 수 있는 장점이 있다.

4. 전장유전체연관성연구

(1) 전장유전체연관성연구의 개요

전장유전체연관성연구(Genome-wide association study; GWAS)는 인간의 유전체를 대표하는 많은 수의 SNP 마커를 사용하여 유전자의 기능에 근거한 가설없이 (hypothesis-free approach) 질병 또는 다수의 유전자가 관련한 양적형질(quantitative traits)에 연관된 유전변이형을 발굴하는 유전 분석법이다. 전장유전체연관성연구는 수집된 질병 및 정상인 시료를 고집적 SNP chip을 사용하여 대규모 유전형 데이터를 확보하고 정확하지 않은 시료와 SNP 정보를 제거한 이후에 분석용 프로그램 (예, Plink)을 이용하여 유의적인 SNP 정보를 확보한다(그림 14-11). 이때 시료의 숫자가 충분하지 않아서 genome-wide significance 수준($p\text{-}value < 5 \times 10^{-8}$)을 넘어가지 못하는 경우에는 임의적인 기준(예, $p\text{-}value < 1 \times 10^{-5}$)을 사용하여 유의적인 후보 유전변이형을 선별한다. 그리고 선별된 후보 유전변이형은 독립된 새로운 시료를 사용하여 반복성 검정을 수행한다. 반복성이 확인된 후보 유전변이형에 대해서는 imputation 또는 resequencing 방법을 이용한 원인 유전변이형 발굴 작업을 추가로 진행하면 된다.

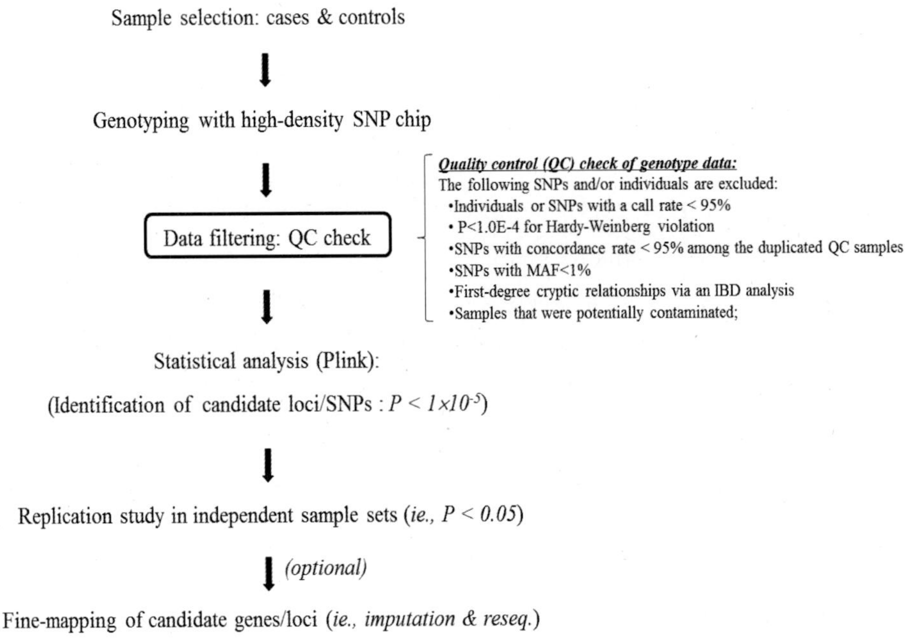

그림 14-11. GWAS 분석 과정

실제적으로 유전 연관성 분석은 다수의 질병 시료와 정상 시료를 이용하여 고집적 SNP chip에서 생산된 대량의 유전마커 data를 분석함으로써 진행된다. 이때 전체 유전체를 커버하는 대규모의 유전형 정보는 다양한 종류의 분석 프로그램을 이용하여 분석할 수 있는데, 일반적으로 Plink 프로그램을 가장 많이 사용하고 있다. Plink 프로그램(http://pngu.mgh.harvard.edu/~purcell/plink)은 전장유전체연관성연구(GWAS)를 위해 특별히 개발된 분석 프로그램으로 다양한 종류의 분석이 가능하다. GWAS 분석에서는 일반적으로 quantile-quantile plot (Q-Q plot)이라는 분석을 우선적으로 수행하게 된다. Q-Q plot 분석은 실제로 분석된 통계수치의 분포와 예측된 통계수치 간을 비교함으로써 분석에 사용된 시료에서 집단 차이(population stratification)가 존재하는지 또는 숨겨진 관련성(cryptic relatedness)이 존재하는지 등을 진단하는 검사 방법의 하나이다. 여기에서 질병의 위험도를 결정하는 감수성이 강한 유전좌위(susceptibility loci)는 Q-Q plot의 끝 부분에서 크게 차이가 나는 모양을 띠게 된다(그림 14-12 a-d). 그리고 또 다른 검정 작업으로 실제 유의적으로 나타나는 SNP 마커가 정확하게 genotyping된 마커인지를 확인하기 위하여 개별 SNP 마커의 유전자형 분석 이미지(signal intensity plot= cluster plot)를 확인하여야 한다(그림 14-12 e-h). 유전체 전체에 대한 맨하턴 이미지 (Manhattan plots)는 특정 유전체 위치에 존재하는 개별 SNP 마커들의 질병 연관성에 대한 유의성을 표시해 주는 그림으로 특정 유전체에 존재하는 유의적인 SNP 마커를 쉽게 식별할 수 있는 장점이 있다(그림 14-12 i).

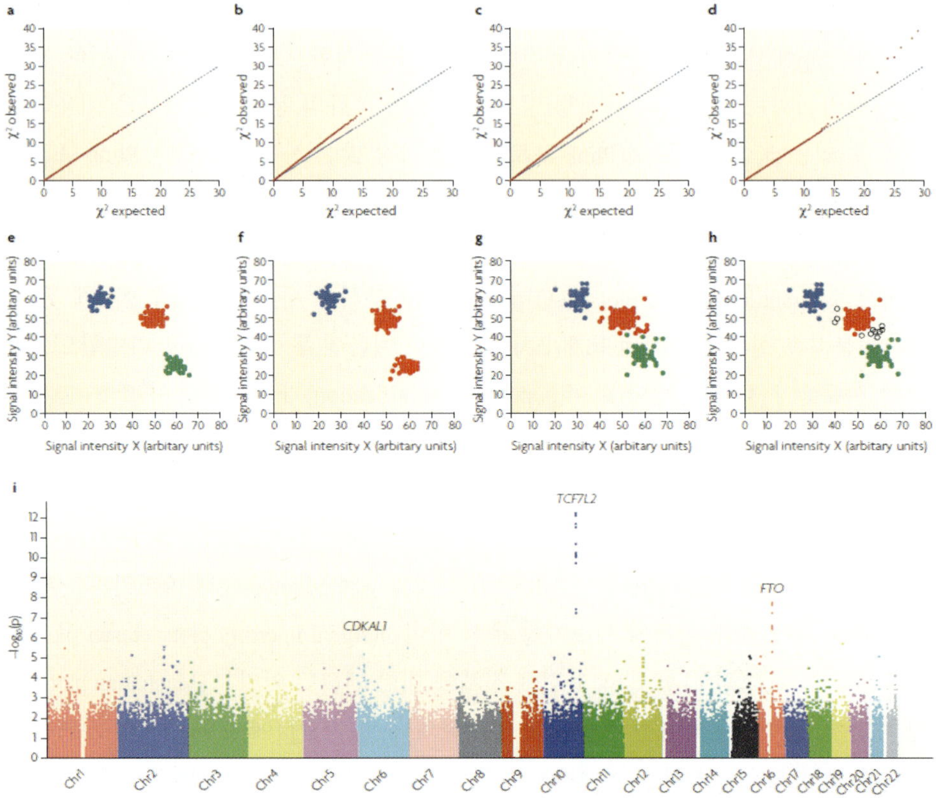

그림 14-12. **GWAS 분석의 진단 분석 결과들.** (a-d) Q-Q plot 분석에서 기대치와 실제치가 거의 동일한 경우로 연관성이 없는 경우(a), 실제치가 기대치 보다 크게 나타나는 경우로 사용된 시료가 집단 차이 또는 관련성이 있는 경우(b), 사용된 시료에서 집단 차이와 관련성이 있으면서 강한 연관성을 보이는 유전좌위가 있는 경우(c), 그리고 가장 이상적인 경우로 사용된 시료가 유전적으로 매우 동질적이라서 집단의 차이는 존재하지 않고 질병에 대한 유전 연관성이 강하게 작용하는 유전좌위가 있는 경우(d)의 전형적인 예를 제시함. (e-h) 유전자형 이미지 (cluster plot) 분석에서 가장 이상적으로 3 개의 유전자형이 잘 분리된 경우(e), 유전형이 3 개로 잘 분리되었으나 유전형을 잘못 읽은 경우(f), 3 개의 유전자형 사이에 중첩되는 경우가 많아서 잘못 유전자형이 읽혀진 경우(g-h)의 대표적인 이미지를 제시함. (i) 제2형 당뇨 분석에서 유의적인 SNP을 표시하는 Manhattan plot의 예로써 염색체 10번의 TCF7L2 유전자, 염색체 16번의 FTO 유전자 그리고 염색체 6번의 CDKAL1 유전자가 제2형 당뇨병과 연관되어 있음을 알 수 있다. 출처: McCarthy MI et al. (2008). Nat Rev Genet 9:356-369.

(2) 전장유전체연관성연구의 몇 가지 대표적인 보기

최초의 전장유전체연관성연구는 노인성 황반변성(age-related macular degeneration) 질환 유전자 발굴에 적용되었다. 이 연구는 96명의 환자 시료와 50명의 정상인 시료를 이용하여 Affymetrix 100K SNP chip을 사용하여 전장 유전체 분석을 수행하여 complement factor H (CFH) 유전자의 2개의 intronic SNPs (rs380390 & rs1329428)이 매우 강하게 연관됨을 발견하고, 96명의 시료에 대하여 CFH 유전자의 모든 exon 부위를 염기서열 분석하여 Tyr402His (exon 9 of CFH; rs1061170) 유전변이가 이 질환의 원인임을 규명하였다(그림 14-13).

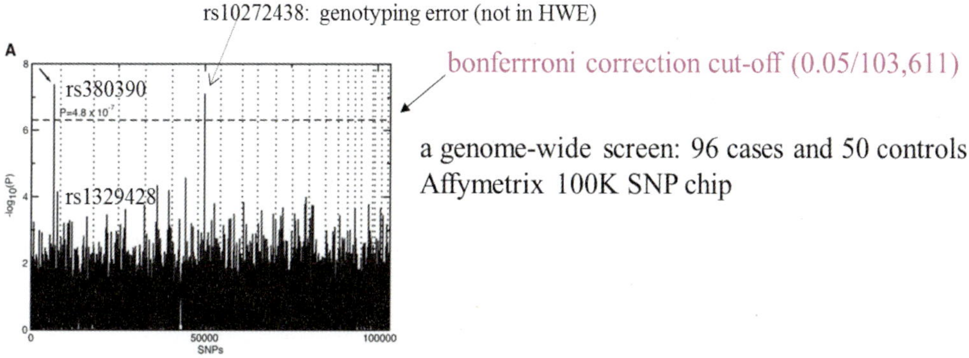

그림 14-13. **노인성 황반변성의 원인 유전자를 발견한 최초의 GWAS 분석.** 출처: Klein RJ et al. (2005). Science 308:385-389.

전장유전체연관성연구를 통해 노인성 황반변성 질환의 원인을 성공적으로 규명함에 따라 그 후에 보다 많은 SNP 마커를 분석할 수 있는 고집적 SNP chip의 개발과 더불어 다양한 질환의 원인 유전자 발굴이 가능하게 되었다. 특히 영국의 Wellcome Trust Case-Control Consortium과 같은 대규모 전장유전체 분석에서는 3,000명의 정상인 시료와 7개의 만성질환 각각 2,000명의 환자 시료를 사용하여 다수의 질병 원인 유전좌위를 찾아내는 성과를 거두었다(그림 14-14). 그 외에도 다양한 종류의 질병 및 양적 표현형에 대한 전장유전체연관성연구로 원인 유전좌위를 성공적으로 발굴하였다. 발굴된 모든 전장유전체연관성연구 결과는 database화하여 공개하고 있다(NHGRI Catalog of GWA Studies: http://www.genome.gov/gwastudies/)(그림 14-15).

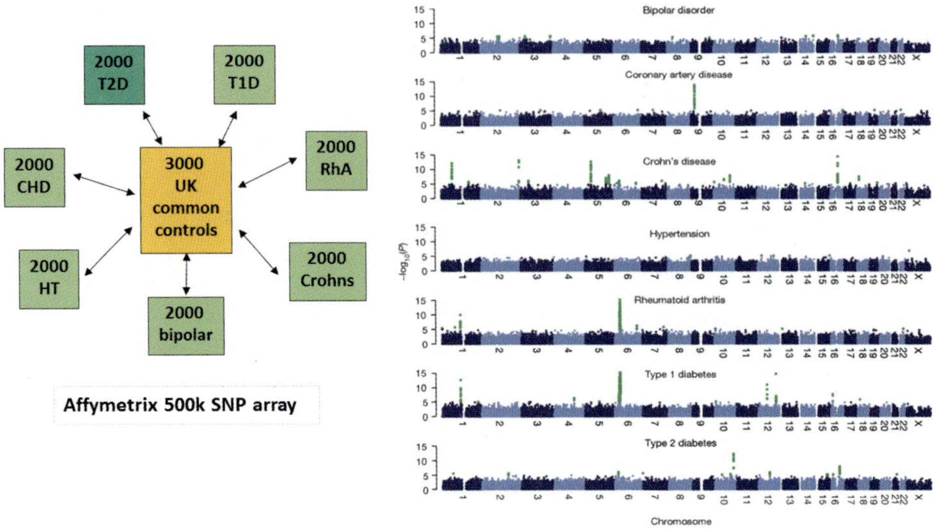

그림 14-14. 영국의 대규모 **case-control** 연구를 통한 **7**개 만성질환의 전장유전체 연관성 **분석.** 출처: Wellcome trust case control consortium. (2007). Nature 447:661-678.

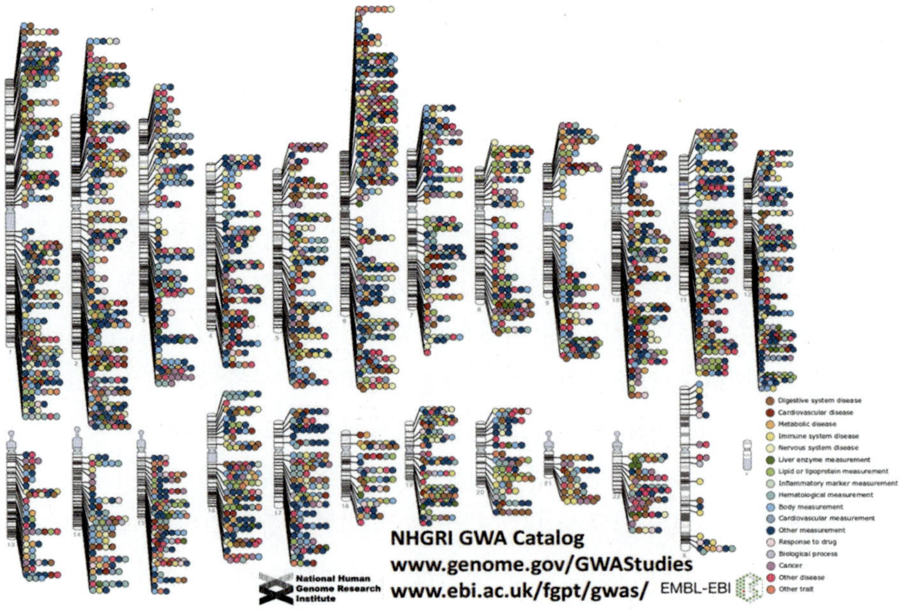

그림 14-15. **전장유전체연관성연구로 발굴된 질병 원인 유전자 지도.** 출처: NHGRI GWA Catalog: www.genome.gov/GWAStudies/

(3) 전장유전체연관성연구에 대한 메타분석

전장유전체연관성연구(GWAS)가 수행된 이후에는 여러 개의 GWAS data를 합쳐서 분석하는 메타분석(meta-analysis)을 수행할 수 있다. 메타분석은 개별 GWAS 분석에서는 검색되지 않은 유의적인 새로운 유전좌위(loci)를 발견할 가능성이 높아지게 된다. 그러나 개별 GWAS에 사용하는 genoytping platform이 다르고 또한 분석에 사용되는 SNP 마커의 정보가 달라서 단순히 데이터를 합치기는 어렵다. 그러나 다른 SNP chip을 사용하더라도 imputation 과정을 거쳐 공통된 새로운 SNP genotype data를 만들면 다른 개별 GWAS data를 합쳐서 메타분석이 가능하다. Imputation은 개별 GWAS 분석에서 genotyping되지 않은 유전변이형 정보를 추정하여 genotype data를 새롭게 생성하는 과정으로 연관성 분석에 사용하는 총 유전변이형 마커의 숫자를 증가시킴으로써 통계적 파워를 올릴 수 있는 장점이 있다(그림 14-16). 따라서 imputation은 메타분석과 유의적인 연관성이 있는 유전좌위에 대한 fine mapping 목적으로 주로 사용되고 있다. Imputation을 할 때 사용하는 표준 유전체 정보는 3백만의 SNP 마커를 가진 270명의 HapMap data를 이용하거나 또는 397만개의 SNP 마커를 가진 1000 genomes project data를 이용하게 된다. 한국인 데이터는 1000 genome project에서 생산된 286명의 아시아인 데이터를 이용하여 imputation을 한다. 그리고 다양한 프로그램(Plink, BEAGLE, MaCH, Minimac, fastPHASE & IMPUTE2)들이 imputation에 사용될 수 있지만 Minimac 또는 IMPUTE2 프로그램을 많이 사용하고 있다.

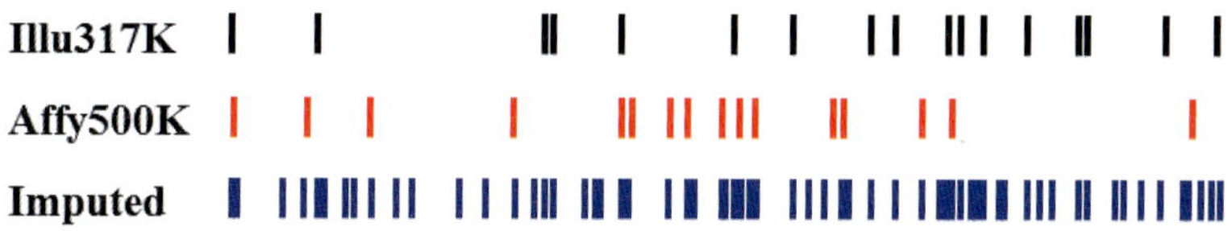

그림 14-16. **메타분석을 위한 개별 GWAS data에 대한 imputation data 생성.** 출처: Li Y et al. (2009). Ann Rev Genomics Hum Genet 10:387-406.

지금가지 질병 또는 표현형에 대한 GWAS data에 대한 메타분석이 많이 진행되었으며 작은 유전적 영향력을 가진 유전변이형 정보까지 규명하는 성과를 거두었다. 지금까지 메타분석에 의해서 발굴된 질병이나 표현형에 대한 대표적인 결과가 표 14-3에 제시되어 있다. 메타분석을 통해 많은 유전좌위가 추가로 발굴되었지만 발굴된 대부분의 유전좌위가 표현형에 대한 유전적 설명력이 낮은 것으로 나타났다.

표 14-3. **GWAS data를 이용한 메타 분석에서 발굴된 총 유전좌위(loci)별 설명가능한 유전변이의 정도(%)**

Disease/trait	SNPs discovered	Genetic variance explained >5% (%)
Alzheimer's disease	6	5.78
Ankylosing spondylitis	7	78.63
Asthma	6	5.71
Bone mineral density-lumbar spine	26	5.62
Coronary heart disease	13	9.01
Crohn's disease	52	71.21
Glioma	6	12.19
Gout	2	14.34
Height	115	6.56
IgE sensitization to grass	3	5.54
Intracranial aneurysm	6	12.20
Mean corpuscular hemoglobin	15	6.98
Mean corpuscular volume	15	6.56
Multiple sclerosis	9	49.08
Obesity (childhood)	7	10.15
Parkinson's disease	11	20.17
Renal cell carcinoma	6	5.38
Rheumatoid arthritis (study 1)	7	32.90
Rheumatoid arthritis (study 2)	6	51.65
Sudden cardiac arrest	2	6.757
Type 1 diabetes	19	36.42
Ulcerative colitis	33	39.17
Vitamin D insufficiency	3	12.86

참고사항: 전체 목록 중에서 5% 이상 유전변이 설명력이 있는 결과만 선별하여 표기함.

출처: Panagiotou OA et al. (2013). Annu Rev Genomics Hum Genet 14:441-465.

(4) 발굴된 GWAS loci에 대한 기능 분석 및 해석 과정

GWAS 또는 GWAS 메타 분석을 통해 발굴된 질병 또는 양적 표현형에 대한 후보 유전자 위치(loci)가 정해지면 다음과 같은 과정을 통해 기능 분석과 해석 과정을 거치게 된다(그림 14-17).

① **Fine mapping**: imputation 또는 추가적인 genotyping을 통해 보다 많은 유전자형 정보를 얻어서 보다 유의적이고 원인이 될 수 있는 유전변이형을 찾거나 인종 집단 간의 반복성을 확인한다. 또한 서로 연관된 유전변이형 마커를 제거하고 독립된 연관성 유전좌위를 결정하기 위한 conditional logistic regression 분석을 수행하고 관련성이 가장 낮은 후보 SNP 마커를 제거하기 위해서는 Likekihood ratio test를 수행한다.

② ***In silico* annotation**: 유전변이형 정보에 연계된 다양한 유전체 구조 정보 및 유전자 발현 조절 기능에 대한 정보가 통합된 다양한 응용 프로그램(예, RegulomeDB, HaploReg, GWAS3D, FunciSNP 등)을 사용하여 기능적으로 중요한 원인 후보 유전변이형 정보를 추출한다. 또한 GWAS에서 연관성을 보인 SNP이 위치한 영역의 유전체 구조(LD pattern) 정보를 분석할 수 있는 프로그램들(예, HaploView, SNAP, LocusZoom 등)을 활용한다. 그리고 유전자 발현 조절 부위에 위치한 SNP에 대해서는 전사조절인자 결합 여부를 예측하는 프로그램들(TRANSFAC, JASPER, MAPPER2 등)을 사용하여 분석하고 chromatin 부위와 상호작용하는 정보를 찾기 위해서는 ChiA-PET 또는 5C 와 같은 생물정보학적 툴을 활용할 수 있다.

③ **SNP 기능 및 타겟유전자 규명**: 유전연관성연구에서 찾아진 SNP 또는 제2차 분석(fine mapping 또는 *in silico* annotation)에서 발굴된 후보 SNP에 대한 기능을 규명하기 위해서는 후보 SNP에 대한 기능적 또는 위치적 구분에 따라 다음과 같이 세부 분석을 할 수 있다. 첫 번째로 noncoding regulatory variants의 경우에는 유전자 발현 조절 기능(eQTL) 및 대립유전자형 발현 차이(allelic imbalance) 에 대한 분석이 가능하다. 또한 chromatin의 기능 차이를 규명하기 위해서는 chromosome conformation capture (3C)-based technologies 및 reporter assays 방법을 활용한 기능연구도 가능하다. 그리고 전사조절 단백질 결합(protein binding)에 대한 연구는 electrophoretic mobility shift assay (EMSA), chromatin immunoprecipitation (ChIP), proteome-wide association studies (PWAS) 같은 분석을 수행할 수 있다. 두 번째로는 noncoding RNA variants의 경우에는 miRNAs 부위에 발견된 유전변이형은 TargetScan, miRanda, CLIP, PicTar와 같은 분석이 가능하고 long noncoding RNAs (lncRNAs)는 RNA-Capture-seq, REMSAs, RIPs와 같은 분석이 가능하다. 세 번째로 noncoding epigenetic variants의 경우에는 DNA methylationd에 대한 분석은 meQTL, EWAS 분석 등이 가능하고 chromatin 구조에 대한 분석은 ChIP-seq, FAIRE-seq과 같은 분석을 활용할 수 있다.

④ **타겟유전자 기능 연구**: 다양한 기능적 분석을 통해 최종적으로 원인 후보 유전자를 선별한 이후에는 선별된 후보 유전자의 질병 또는 표현형 연관성에 대한 생물학적 기전 규명이 필요하다. 이 경우에는 세포주 또는 인간 조직을 이용한 생물학적 연구를 비롯하여 마우스 유전자 조작(ZNFs, TALENS, CRISPR/Cas, knockout mouse) 실험을 통한 다양한 동물 모델에서 유전자 기능 연구가 가능하다.

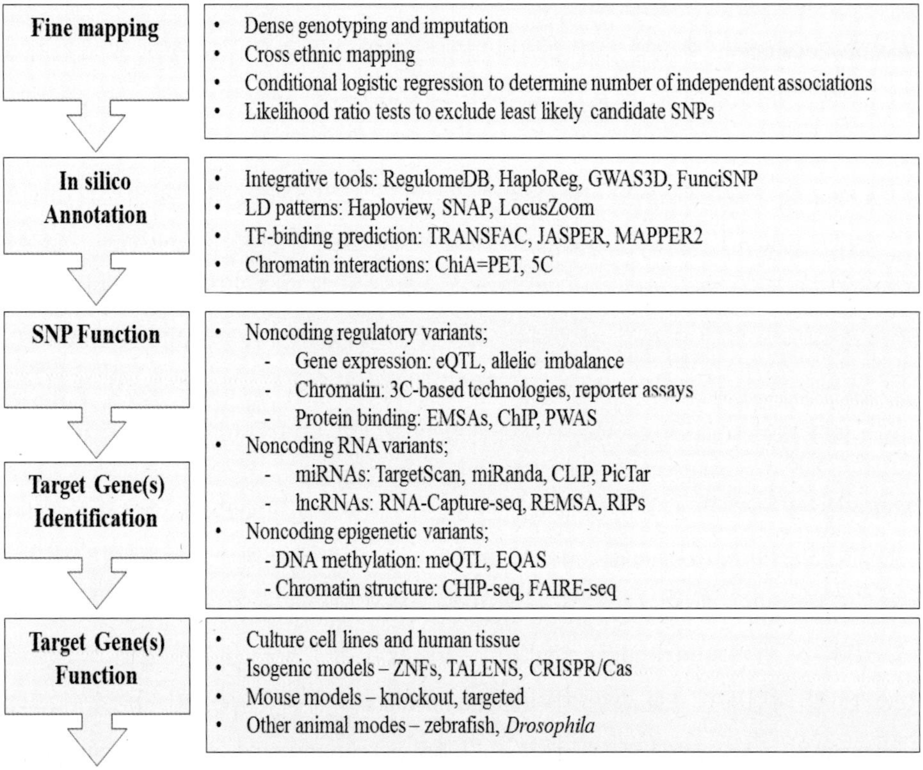

그림 14-17. **GWAS loci에 대한 기능 분석 및 해석 과정.** 출처: Edwards SL et al. (2013). Am J Hum Genet 93:779-797.

(5) 전장유전체연관성연구의 한계

지금까지 다양한 질환 및 표현형에 대한 전장유전체연관성연구가 진행되어 많은 유전좌위(loci) 정보가 알려졌다. 그러나 tagging SNP 중심으로 분석하는 SNP chip을 이용한 전장유전체연관성연구에서 찾아진 유전변이형은 대부분 intronic 또는

intergenic 영역에 존재하는 유전변이형(약 93.7%)으로 생물학적 기능 변화 또는 질병의 원인으로 작용할 가능성이 매우 낮다. 생물학적 기능의 변화를 보일 수 있는 coding SNPs (4.9%)과 regulatory SNPs in promoter (1.4%)는 연관된 SNP의 약 6.3%만을 차지하고 있다(Maurano MT et al, 2012). 더군다나 tagging SNP에서 발견된 LD 구역내에 존재하는 다양한 유전자에 대한 원인 유전자 발굴 작업이 성공적이지 못하고 또한 대부분의 연관된 유전변이형의 영향력도 아주 작은 것(median odds ratio= 1.2)으로 파악되었다. 그리고 많은 복합형질들에 대한 전장유전체연관성연구의 결과로 다수의 유전좌위 정보가 발굴되었지만 개별 표현형에 대한 유전적 설명력이 매우 제한적임을 확인하였다. 이렇게 유전적 영향력이 강한 표현형에서 전장유전체연관성연구에서 발굴된 유전변이형의 설명력이 낮은 현상을 missing heritability라는 용어로 설명하고 있다(표 14-4.). 이처럼 GWAS 분석에 사용된 common SNP을 이용한 표현형에 대한 유전적 설명력은 아주 작다.

표 14-4. GWAS 분석에서 발굴된 복합형질에 대한 유전좌위 숫자와 설명 가능한 유전력의 정도(%)

Disease	No. of loci	Proportion of heritability explained
Age-related macular degeneration	5	50%
Crohn's disease	32	20%
Systemic lupus erythematosus	6	15%
Type 2 diabetes	18	6%
HDL cholesterol	7	5.2%
Height	40	5%
Early onset myocardial infarction	9	2.8%
Fasting glucose	4	1.5%

출처: Manolio TA et al. (2009). Nature 461:747-753.

다수의 유전자와 환경의 영향을 받는 복합질병에서 GWAS 연구에서 찾아진 유전변이형에 대한 낮은 유전적 설명력은 아래와 같은 원인이 작용할 것으로 예상된다 (Dermitzakis ET and Clark AG, 2009).

- **희귀 대립유전자형(rare low-frequency alleles) 정보의 부재**: 인간 집단의 LD 구조를 바탕으로 한 htSNPs으로 구성된 SNP chip 데이터를 이용한 GWAS 연구에서는 원인으로 작용할 가능성이 높은 희귀 대립유전자형 정보가 모두 빠져 있어서 특정 표현형에 대한 유전적 설명력이 아주 낮은 것으로 판단하고 있다. 따라서 향후에 차세대 염기서열 분석방법과 가계를 이용한 유전연구에서는 빈도가 낮은 희귀 대립유전자형에 의한 질병 연관성 연구를 통해 유전적 설명력을 높일 수 있을 것이다.

- **표현형에 미치는 다수의 원인 유전좌위가 관여할 가능성(locus heterogeneity)**: 하나의 표현형에 영향을 미치는 유전자의 개수가 많은 경우에는 특정 유전좌위의 영향이 매우 작아서 실제 원인되는 유전좌위의 설명력이 낮다. 이러한 경우에는 보다 더 동질적인 인구집단이나 가계시료를 이용한 유전연구가 효과적일 것으로 예상된다.

- **유전자-유전자 또는 유전자-환경의 상호작용이 작용하는 경우**: 다양한 유전자 간의 상호작용, 또는 다수의 유전자와 다양한 종류의 환경 위험요인들 간의 상호작용이 관여하는 경우에는 특정 유전변이형의 유전적 설명력이 낮아진다. 상호작용이 관여하는 경우에는 많은 시료의 확보와 아주 상세한 subphenotype에 대한 분석이 효과적일 것이다.

- **epigenetic 변이가 작용하는 경우**: 유전적 설명력이 낮은 또 다른 이유로는 환경에 의한 후생유전학적 변화가 작용할 수 있을 것이다. 최근 유전적 요인과 에피제네틱한 정보의 통합을 통한 표현형의 변화에 대하여 설명력을 높이려는 연구도 활발히 진행되고 있어서 추후에 표현형에 대한 설명력을 높일 수 있는 새로운 기전 규명이 가능할 것으로 기대된다.

비록 전장유전체연관성연구가 실제 임상분야에서 질병의 진단, 예방, 예후 예측, 치료 등에 활용할 수 있는 맞춤의학의 구현이 어렵지만 발굴된 질병 감수성 유전변이형들은 질병 발생의 기전을 이해할 수 있게 하고 또한 새로운 치료 방법을 모색하는데 귀중한 정보를 제공하는 성과를 거두었다.

(6) 연관성 연구의 문제점 및 해결 방안

연관성 연구 방법은 실험에 대한 통계적 분석을 쉽게 수행할 수 있는 좋은 연구 기법이나 많은 경우에 잘못된 결론을 유도하기도 한다. 연관성 연구에서 빈번히 범하는 실수들(Bell and Cardon, 2001)을 나열해 보면 다음과 같다.

- 작은 수의 시료
- 표현형을 세분화하여 분석하거나 다중검정의 수행
- 임의로 발생하는 오류
- 질환자에 대응하는 정상인 그룹의 잘못된 선별
- 재현성의 결여
- 이웃한 SNP 간에 LD 관계의 결여
- 결과에 대한 과도한 강조 및 positive 결과만을 발표함으로써 발생하는 오류

특히 다양한 유전자와 환경이 관여하는 사람의 복합형질에 대한 유전분석의 어려움은 1) 유전적 다양성, 2) 표현형적 다양성, 3) 유전형 조사의 오류, 4) 작은 시료의 수, 5) 약한 유의성에 대한 지나친 강조 등에 원인이 있을 것이다. 또한 많은 경우에 한 연구에서는 매우 유의적인 결과도 다른 실험에서는 재현되지 않을 수 있다. 따라서 많은 거짓의 유의한 결과(false positive)로부터 진정 올바른 결과(true positive)를 구분하기 위해서는 다음과 같은 방법이 도입되어야 한다.

- 다른 집단에서 동일한 실험 결과를 보이는지 반복실험(replication)을 수행함
- 세포나 모델 동물에서 생물학적 차이(functional study)를 규명함

한편 연관성 연구에서 동일한 결과가 다른 실험에서 반복되지 않는다고 조사한 유전자가 관련되지 않는다고 결론을 내릴 수는 없다. 첫 번째 이유로는 다른 집단에서는 다른 유전자형 빈도나 LD 구조를 가질 수 있기 때문이다. 예를 들면, aldehyde dehydrogenase 2 (ALDH2) 유전자의 변이형인 low-activity variant ALDH2*487Lys는 동아시아 집단에서는 30%의 유전자 빈도를 가지고 있으며 이 변이형은 술을 먹었을 때 얼굴이 붉어지는 효과를 보이고 알코올 중독에 대해 저항성을 보인다. 그러나 유럽에서 이 유전자형은 매우 희귀하게 발견되고 있다(Neale BM and Sham PC, 2004). 또 다른 이유로는 실험에 사용된 집단의 차이(population stratification)와 유전자 및 유전자형 다양성 (locus heterogeneity and allelic heterogeneity) 등이 관여할 수 있다. 아울러 최근에는 많은 수의 유전 연관성 연구가 수행되어 많은 연구결과가 발표되고 있다. 따라서 이러한 연관성 연구결과를 database화하여 관련 연구자에게 제공함으로써 종합적인 이해와 분석이 가능하게 되었다. 가장 대표적인 유전 연관성 검색 데이터베이스로는 genetic association database와 HuGE Navigator를 들 수 있다(그림 14-18).

Genetic Association Database

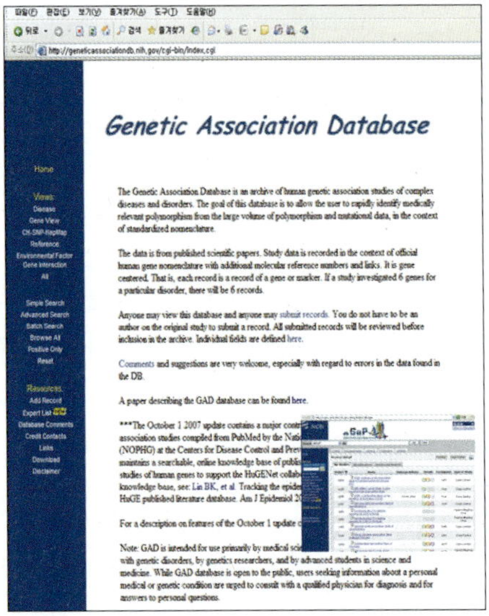

http://www.ncbi.nlm.nih.gov/sites/entrez?db=gap

HuGE Navigator

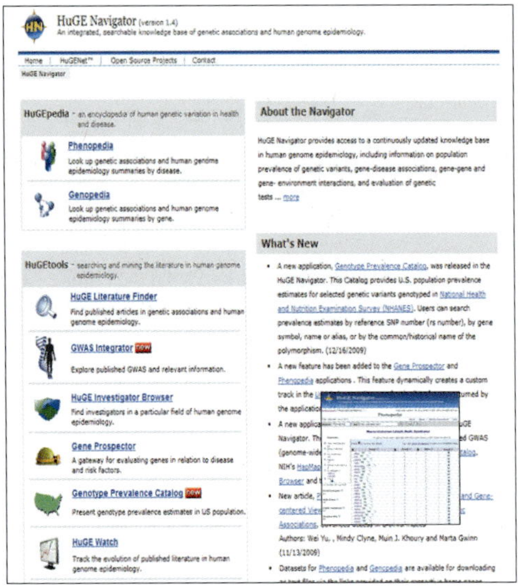

http://www.hugenavigator.net/

그림 14-18. **Genetic association database와 HuGE Navigator의 검색창**

한편 인간 유전체에 대한 상세한 정보의 빠른 보급으로 질병에 관련된 유전 연관성 연구가 여러 국가에서 활발히 수행되었다. 가장 대표적인 경우로 아이스랜드에서는 deCODE project를 시작하여 전 국민의 모든 의료 및 임상 기록 (유전적 가계 정보 포함)을 수집하고 각 개인이 가지고 있는 유전변이형 간의 상관성을 조사하는 국가 차원의 연구 프로젝트가 수행된 적이 있다. 영국에서는 BioBank 프로젝트를 수행하여 많은 임상 및 유전체 정보를 확보하여 질병에 관련된 유전 연구를 수행하고 있다. 또한 미국과 일본에서도 대형 유전체 역학 프로젝트를 수행하여 질병에 관련된 다양한 유전요인과 환경요인 간의 상호작용 연구에 많은 투자를 하고 있다. 한국에서도 질병관리본부 국립보건연구원 유전체센터를 중심으로 활발한 유전체 역학 및 질병 연관성 연구가 다수의 질환군별 유전체 연구센터와의 상호협력체계로 진행되고 있다. 따라서 앞으로 멀지 않은 시대에 질병에 대한 엄청난 유전정보와 환경정보의 확보가 가능할 것으로 기대되며 각 개인이 가지고 있는 유전정보와 환경정보는 질병의 예방, 치료 및 진단기술 개발에 큰 공헌을 할 수 있을 것이다.

■ 참고문헌

- Bacanu SA et al. (2000). The power of genomic control. Am Hum Genet 66:1933-44

- Becker KG et al. (2004). The Genetic Association Database. Nat Genet 36:431-432

- Botstein D and Risch N. (2003). Discovering genotypes underlying human phenotypes: past successes for mendelian disease, future approaches for complex disease. Nat Genet Supplement 33:228-237

- Carlson CS et al. (2004). Mapping complex disease loci in whole-genome association studies. Nature 429:446-452

- Dermitzakis ET and Clark AG. (2009). Genetics: Life after GWA studies. Science 326:239-240

- Devlin B and Roeder K. (1999). Genomic control for association studies. Biometrics 55:997-1004

- Edwards SL et al. (2013). Beyond GWASs: illuminating the dark road from association to function.. Am J Hum Genet 93:779-797

- Garcia-Closas M, Lubin JH. (1999). Power and sample size calculations in case-control studies of gene-environment interactions: comments on different approaches. Am J Epidemiol 149:689-693

- Gauderman WJ. (2002). Sample size requirements for matched case-control studies of gene-environment interaction. Stat Med 21:35-50

- Gauderman WJ. (2002). Sample size requirements for association studies of gene-gene interaction. Am J Epidemiol 155:478-484

- Hirschhorn JN and Daly MJ. (2005). Genome-wide association studies for common diseases and complex traits. Nat Rev Genet 6:95-108

- Kim JJ et al. (2014). Common Variants in the CRP Promoter are Associated with a High C-Reactive Protein Level in Kawasaki Disease. Pediatr Cardiol (in press)

- Klein RJ et al. (2005). Complement factor H polymorphism in age-related macular degeneration. Science 308:385-389

- Li Y et al. (2009). Genotype imputation. Annu Rev Genomics Hum Genet 10:387-406

- Lubin JH and Gail MH. (1990). On power and sample size for studying features of the relative odds of disease. Amer J Epidemiol 131:552-566

- Manly KF et al. (2004). Genomics, prior probability, and statistical tests of multiple hypotheses. Genome Res 14:997-1001

- Manolio TA et al. (2009). Finding the missing heritability of complex diseases. Nature 461:747-753

- Maurano MT et al. (2012). Systematic localization of common disease-associated variation in regulatory DNA. Science 337:1190-1195

- McCarthy MI et al. (2008). Genome-wide association studies for complex traits: consensus, uncertainty and challenges. Nat Rev Genet 9:356-369

- Neale BM and Sham PC. (2004). The future of association studies: gene-based analysis and replication. Am J Hum Genet 75:353-362

- Panagiotou OA et al. (2013). The power of meta-analysis in genome-wide association studies. Annu Rev Genomics Hum Genet 14:441-465

- Pritchard JK and Rosenberg NA. (1999). Use of unlinked genetic markers to detect population stratification in association studies. Am J Hum Genet 65:220-228

- Pritchard JK et al. (2000). Inference of population structure using multilocus genotype data. Genetics 155:945-959

- Pritchard JK et al. (2000). Association mapping in structured populations. Am J Hum Genet 67:170-181

- Storey JD and Tibshirani R. (2003). Statistical significance for genomewide studies. Proc Natl Acad Sci U S A 100:9440-9445

- Wang WYS et al. (2005). Genome-wide association studies: theoretical and practical concerns. Nat Rev Genet 6:109-118

- Wellcome Trust Case Control Consortium. (2007). Genome-wide association study of 14,000 cases of seven common diseases and 3,000 shared controls. Nature 447:661-678

- NCI "Power" program: http://dceg.cancer.gov/power/

- USC "Quanto" program: http://hydra.usc.edu/gxe/

- The "Structure" and STRAT software: http://pritch.bsd.uchicago.edu)

제 15장 유전자-유전자 및 유전자-환경의 상호작용

1. 유전자-유전자의 상호작용

(1) 유전자-유전자 상호작용의 개요

외부의 자극에 대하여 한 세포의 특정 수용체를 통한 반응도 무수한 유전자-유전자 상호작용을 유도한다. 또한 한 유전자 발현의 증감은 다른 유전자의 발현과 기능에 큰 영향을 줄 수 있다. 따라서 질병과 같은 심각한 생물학적 변화는 많은 수의 유전자 발현에 영향을 미칠 것이다. 질병의 발생도 다수의 유전자 간의 상호작용에 의하여 다양한 형태의 표현형으로 나타난다. 아래 그림 15-1에 제시한 보기와 같이 한 유전자의 변이형 조합에 따라 표현형의 차이에 대한 패턴이 다르게 나타날 수 있다. 예를 들면, 조우성(codominant) 유전의 경우에는 특정한 유전자형이 증가함에 따라 유전자의 숫자에 따라 표현형의 차이를 보이고, 우성(dominant) 유전의 경우에는 특정 유전자형을 하나 이상 기지게 되면 동일한 표현형을 나타내게 된다. 그리고 만약 2 개 이상의 유전자 간의 상호작용이 있으면 매우 다양한 형태의 유전자 간의 상호작용이 표현형의 발현 유형으로 관측될 것이다. 통계유전학에서는 다른 유전좌위에 위치한 다수의 유전변이형 간의 상호작용을 **epistasis**라고 한다. 이는 하나 이상의 유전변이를 가지고 있는 순수한 표현형적 효과가 각 변이형의 효과를 단순히 합한 것과 다를 경우를 말하며, 수학적인 의미로는 유전자-유전자 상호작용이 유의적임을 의미한다.

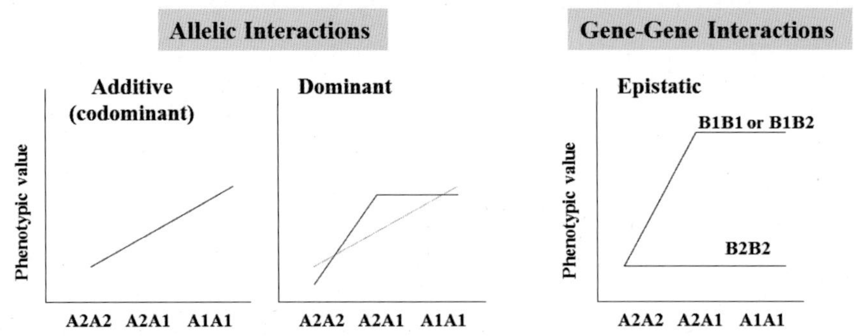

그림 15-1. 유전자-유전자의 상호작용

(2) 유전자-유전자 상호작용의 통계분석 방법

유전자-유전자의 상호작용 또는 유전자-환경의 상호작용을 분석하기 위한 몇 가지 통계적 방법이 있다. 일반적인 상호작용에 대한 효과는 일반 통계 분석 방법(예, 회귀분석)을 사용하면 분석이 가능하다. 그리고 유전자-유전자 상호작용을 위한 통계 분석기법도 개발되어 있다. 가장 대표적인 방법이 multifactor dimensionality reduction (MDR) 방법이다. 이 방법은 다수의 변수(multiple variables)간의 상호작용을 찾기 위해 필요한 test의 수를 감소시키기 위해 시도하는 분석방법이다. 상세한 내용은 관련 문헌을 참고하기 바란다(Hoh J and Ott J, 2003; Ritchie MD et al, 2001). 또 다른 방법은 각 위험 요인들의 단순조합을 이용하는 방법이다. 이 방법은 질병의 감수성(disease susceptibility)에 영향을 미치는 additive 또는 synergistic 효과를 알아보기 위해 risk factors의 조합을 이용하여 오즈비(OR: odds ratio)의 변화를 조사하는 간단한 분석법이다. 유전자-유전자 상호작용은 매우 흥미로운 주제이기는 하지만 실제로 분석하여 검정하기가 용이하지 않다. 더군다나 유전자-유전자 상호작용은 개별 상황에 따라서 다르게 나타난다. 예를 들면, 두 돌연변이 간의 특정 상호작용은 환경과 추가적인 유전변이 모두에 의해 영향을 받을 수 있다. 따라서 유전자-유전자 상호작용은 유전자-유전자-환경-유전적 배경 등이 모두 관여하는 보다 복잡한 상호작용의 결과물이다.

2. 유전자-성별 간의 상호작용

유전형이 표현형을 결정하는데 영향을 미치는 대표적인 요인 중에 하나가 성별에 대한 효과일 것이다. 남성과 여성의 다양한 표현형 또는 질병 감수성을 결정하는데 성 호르몬의 변화가 큰 영향을 미치는 것으로 알려져 있다. 일반적으로 성인이 되면 남성은 testosterone에 의하여 여성은 estradiol에 의하여 성별의 차이를 유발하게 된다. 그리고 노년기에 남성의 경우에는 testosterone의 분비가 약간 감소하는 경향은 있지만 지속적으로 분비되고 여성의 경우에는 약 50세 정도에 여성 호르몬의 분비가 급격히 감소하여 남자와 비슷한 수준까지 된다(그림 15-2).

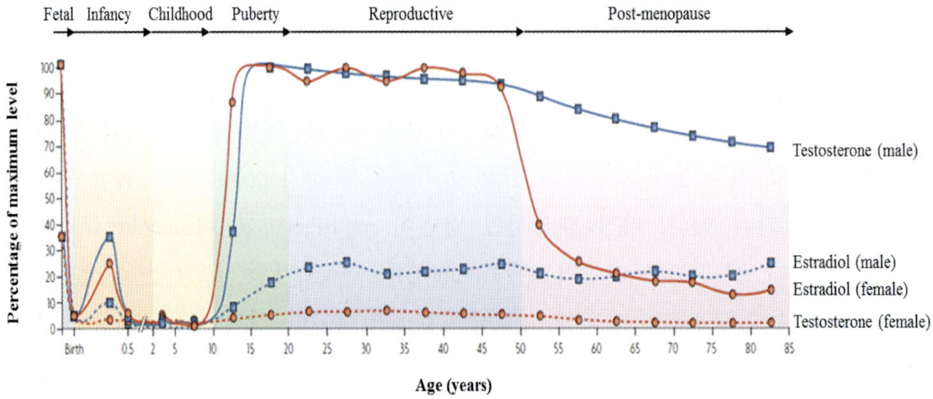

그림 15-2. 성별에 따른 혈액내 성호르몬 발현 수준. 출처: Modified from Ober C et al. (2008). Nat Rev Genet 9:911-922.

노년기에 오는 여성에서의 급속한 성 호르몬 분비의 감소는 다양한 종류의 질병들이 여성에서 높은 발생빈도를 보이는 원인이 된다. 따라서 질병에 연관된 유전자형이 표현형에 미치는 효과는 성별에 따라 다양한 형태로 표출될 수 있다. 예를 들면, 남성 특이적으로 발현되는 표현형, 여성 특이적으로 발현되는 표현형(질병 포함) 또는 양쪽 성별에서 반대의 효과를 보이는 경우도 있을 것이다. 그리고 유전형과 성별의 상호작용이 작용하여 특정 성별 그룹 내에서도 additive 또는 recessive 효과에 의하여 다른 표현형으로 세분화될 수 있다(그림 15-3).

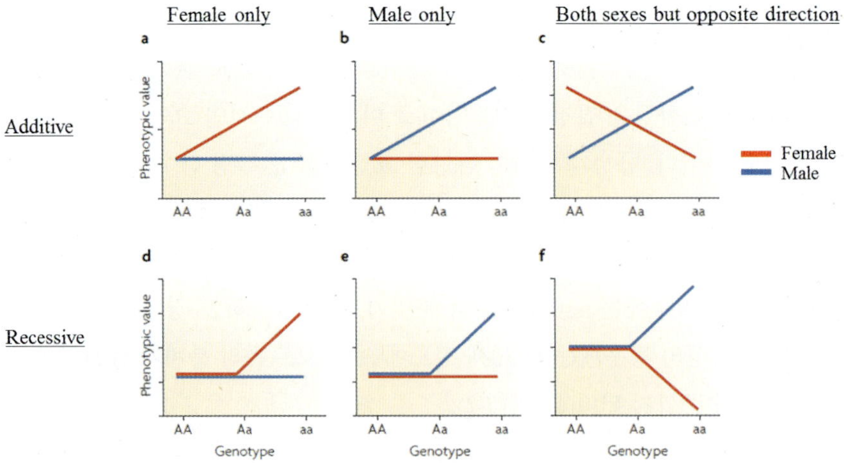

그림 15-3. **표현형에 영향을 미치는 유전형(genotype)과 성별(sex)의 상호작용 유형.** 출처: Ober C et al. (2008). Nat Rev Genet 9:911-922.

심혈관 질환의 경우는 성별에 큰 차이가 없이 나이가 증가할수록 발병율이 증가하는 효과를 보인다. 그러나 천식의 경우에는 소아 시기에는 남자가 여자 보다 더 많이 발생하지만 성년이 된 이후에는 여성의 발병율이 더 높다(그림 15-4). 그리고 상당히 많은 질병이 여성에게서 상대적으로 매우 높은 발병율을 보이는데 이는 여성 호르몬의 영향 때문인 것으로 예상된다.

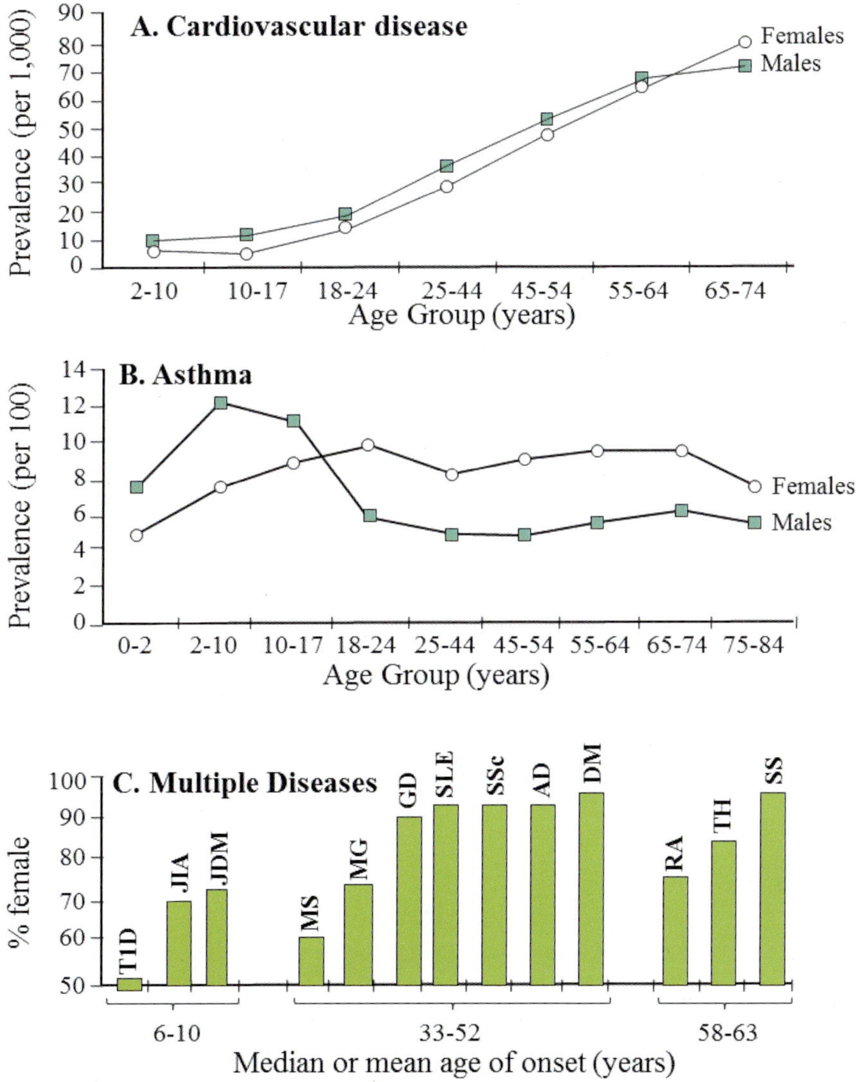

그림 15-4. **유병율과 발병시기에 유의적인 차이를 보이는 질병의 종류.** 출처: Ober C et al. (2008). Nat Rev Genet 9:911-922.

특정 유전형과 성별 간의 상호작용에 대한 대표적인 예로는 고혈압의 위험도에 ACE 유전자의 D (deletion) 대립유전자형과 성별 간의 상호작용을 들 수 있다. ACE 유전자에 존재하는 deletion 유전변이형을 homozygote의 형태로 가지고 있는 경우에 남성에서는 1.6~2 배 정도의 고혈압 발생 위험도를 증가시켰으나 여성의 경우에는 이 효과가 전혀 관측되지 않았다(그림 15-5). 그리고 또 다른 예로는 Reelin 유전자의 특정 SNP (rs75341475)은 남자에서는 영향이 없었으나 여자의 경우에는 정신분열증(schizophrenia)의 위험도를 유의적으로 증가시키는 효과를 보였다(Ober C et al, 2008). 따라서 실제로 다양한 종류의 유전형이 성별에 따라 질병 위험도에 영향을 미칠 수 있을 것이다. 그래서 GWAS data에서 성별 간의 차이를 보이는 유전 유형을 발견하면 연관된 SNP이 성별에 따라 대립유전자 발현의 차이(eQTL)에 기인된 기전임을 증명하는 분석 전략도 유용한 접근 방법이 된다.

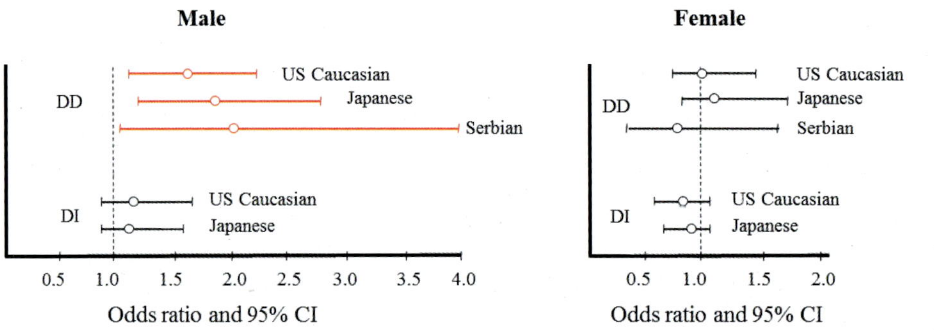

그림 15-5. **ACE 유전자에 존재하는 D-I 유전자형과 성별 간의 상호작용이 작용하는 고혈압.** 출처: Ober C et al. (2008). Nat Rev Genet 9:911-922. 3개의 독립된 연구에서 angiotensin converting enzyme (ACE)의 D allele이 남자에서만 고혈압의 위험도와 연관됨을 확인함.

3. 유전자-환경의 상호작용

질병의 발생은 다양한 유전적 영향과 환경적 영향에 의하여 결정된다. 그리고 유전적 영향력이 강하게 작용하는 질병에서부터 환경적 영향에 의해서만 발생하는 질병에 이르기까지 질병의 종류에 따라서 유전적 효과와 환경적 효과가 각기 다르게 작용한다(그림 15-6). 특수한 경우에는 환경의 차이에 따라 질병 발생의 유전적 요인의 영향이 변할 수도 있다. 따라서 질병에 따라 유전적 영향과 환경적 영향에 의한 유전과 환경의 상호작용을 정확히 파악하는 것이 매우 중요하다.

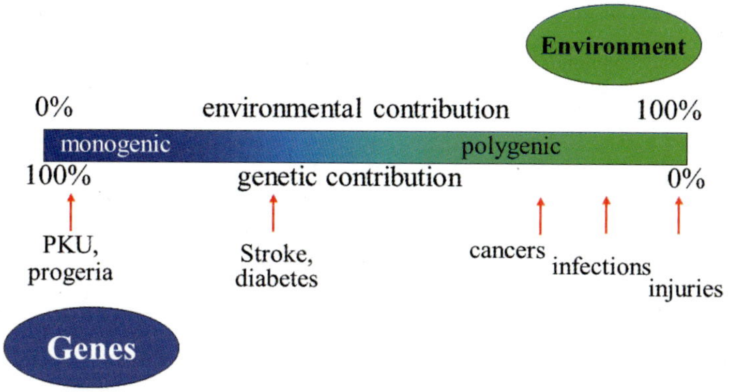

그림 15-6. 질병의 종류에 따른 유전과 환경의 상호작용

유전자와 환경의 상호작용을 설명하는 모델에서 다양한 종류의 상호작용이 나타날 수 있다. 가장 간단한 경우로는 유전자 효과 또는 환경 효과만 작용하는 것에서부터 유전자와 환경의 효과가 모두 작용하지만 유전자-환경의 상호작용이 없는 경우와 상호작용이 강하게영향을 미치는 경우가 발생할 수 있다(그림 15-7).

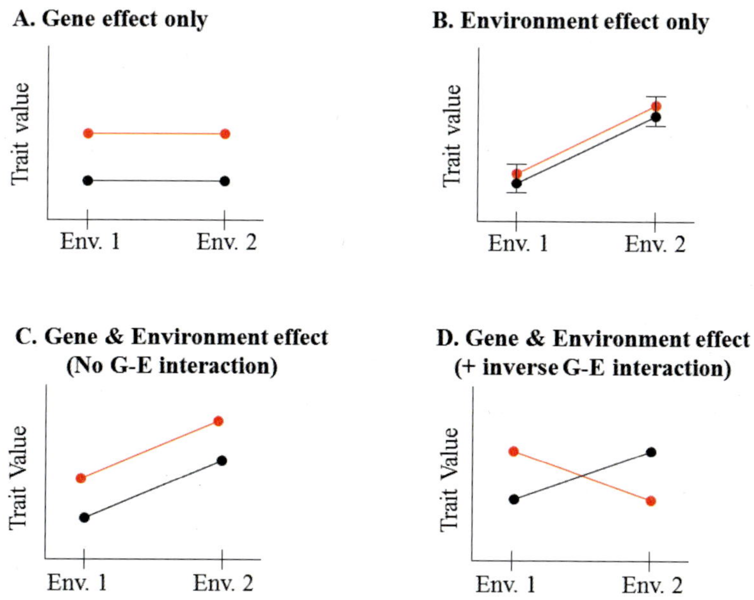

그림 15-7. Gene-Environment Interaction의 유형들

유전자-환경의 상호작용을 설명하기 위해 가장 단순한 2 개의 다른 유전형과 2 개의 환경 조건을 가지고 설명해 보자(그림 15-8). 만약 정상 유전형과 변이 유전형의 표현형 차이가 환경에 노출되지 않았을 때는 작은 차이를 보이지만 특정 위험 환경에 노출된 경우에는 두 유전형의 표현형 차이가 크게 증폭될 때 유전자와 환경의 상호작용이 있다고 말할 수 있다.

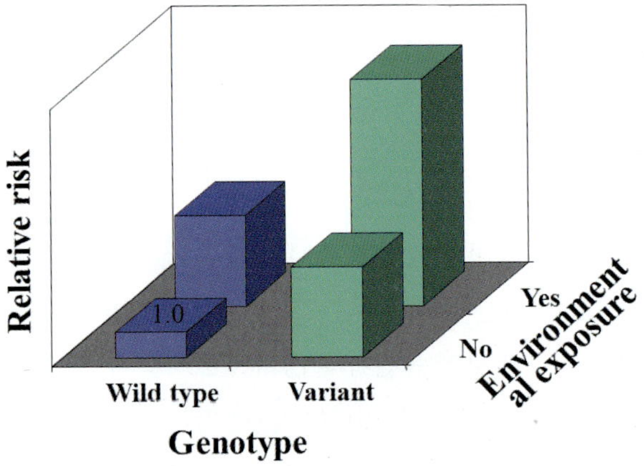

그림 15-8. **유전자-환경의 상호작용 : 단순 2 × 2 모델**

실제로 2 가지 유전형과 2 가지 환경조건(2 × 2 모델)에 의해 유전적 표현형의 차이를 보이는 예를 몇 가지 들어보면 다음과 같다(표 15-1). 색소성 건피증(Xeroderma pigmentosum) 질병은 환경에 노출되지 않았을 때는 유전변이형의 영향이 거의 없으나 환경에 노출되었을 때는 유전적 차이가 크게 영향을 미친다. 따라서 환경의 차이에 의해 유전적 요인의 발현 차이가 분명히 나는 경우이다. 페닐케톤뇨증(Phenylketonuria)의 경우에는 위험 유전변이형이 존재하지만 환경에 노출되지 않았거나 환경에 노출되었지만 위험 유전변이형(risk allele)이 존재하지 않는 경우에는 질병의 발생 위험이 없고, 환경과 위험 유전변이형을 모두 가지고 있는 경우에는 질병 발생의 위험성이 매우 높아진다. 그리고 또 다른 유형인 폐기종(emphysema)은 환경 또는 위험 유전자형 하나만을 가지고 있으면 중간 정도의 위험성을 가지게 되고 환경과 위험 유전자형 모두를 가지고 있으면 질병 발생의 위험성이 크게 높아진다. 위의 3 가지 경우에서와 같이 각 질병의 발생은 질병에 따라 서로 다른 패턴의 유전자-환경 간의 상호작용이 관여함을 알 수 있다.

표 15-1. 질병의 발생에 관여하는 유전자와 환경의 상호작용

위험 유전변이형	환경 노출	상대적 위험도 **(XP)**	상대적 위험도 **(PKU)**	상대적 위험도 **(emphysema)**
없음(X)	없음(X)	1.0	1.0	1.0
있음(O)	없음(X)	~1.0	1.0	중간
없음(X)	있음(O)	중간	1.0	중간
있음(O)	있음(O)	매우 높음	매우 높음	매우 높음

XP: xeroderma pigmentosum, PKU: phenylketonuria. 출처: Hunter DJ. (2005). Nat Rev Genet 6: 287-298.

유전자와 환경의 상호작용에 대한 보기는 그 외에도 아주 많이 있다. 다른 대표적인 보기로 1950년대 일본에서의 대장암 환자 발생은 미국의 1/5 수준이었으나 미국 이주 일본인은 미국인과 같은 발생 빈도를 보이고 현재 일본에서는 미국인과 거의 같은 대장암 발생 빈도를 보이고 있다. 이는 식습관의 서구화에 기인된 것으로 추측하고 있다. 많은 질병의 발생이 환경에 의해 큰 영향을 받고 있다. 따라서 환경의 조절을 통하여 질병의 발생을 조절할 수 있는 경우가 많이 있다. 예를 들면, 대장암과 뇌졸중(stroke)은 70% 이상, 관상동맥질환(coronary heart disease)은 80% 이상, 그리고 성인 당뇨병(adult onset type II diabetes)은 90% 이상 생활 습관을 바꿈으로써 예방이 가능한 것으로 밝혀져 있다(Willet WC, 2004).

한편 2 가지의 유전자형과 2 가지의 환경이 관여하는 경우(2 × 2 모델)에는 단순한 표현형을 보이지만 만약 2 가지의 유전자형과 3 가지의 환경이 관여하는 경우(2 × 3 모델)의 표현형들은 더 복잡한 패턴을 보이게 된다(그림 15-9). 더구나 환경의 조건이 연속적인 범위에서 유전자의 효과가 달라지는 경우(2 × 다중 모델)에는 보다 더 복잡한 표현형을 보이게 될 것이다. 최종적으로 만약 다수의 유전적 요인과 다수의 다른 환경이 관여하는 경우(다중 유전자 × 다중 환경 모델)에서는 매우 복잡한 표현형의 형태를 예상할 수 있다(표 15-2).

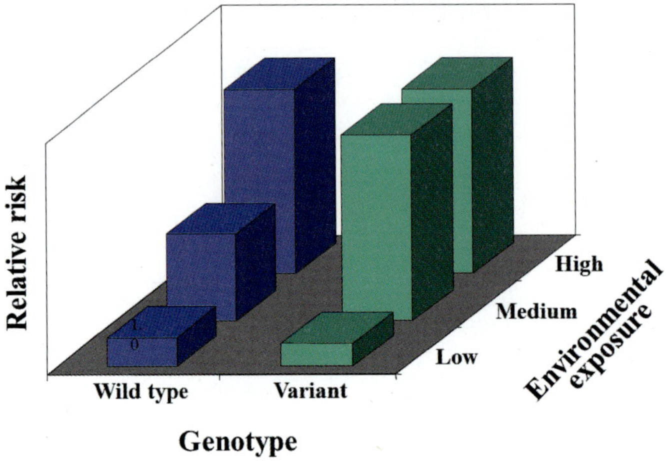

그림 15-9. 유전자-환경 상호작용: 2 × 3 모델

표 15-2. 유전자-환경의 상호작용 형태와 표현형의 유형

모델의 종류	표현형의 복잡성 정도
단순 2 × 2 모델	복잡한 표현형
단순 2 × 3 모델	더 복잡한 표현형
2 × 다중 모델	매우 복잡한 표현형
다중 유전자 × 다중 환경 모델	가장 복잡한 표현형

출처: Hunter DJ. (2005). Nat Rev Genet 6:287-298.

일반적으로 단순한 유전자-환경의 상호작용 분석을 위해서는 각기 다른 유전적 요인과 환경적 요인의 조합에 해당하는 적정한 수의 데이터가 필요하다. 그러나 유전자-환경의 상호작용의 조합의 수가 증가하면 더 많은 시료와 데이터가 필요하게 된다. 그림 15-10에 제시한 바와 같이 유전자와 환경의 상호작용 영향을 분석하기 위해서는, 예를 들면, 상대적 위험도(relative risk)가 1.5이라면 유전변이형의 빈도에 따라 차이가 있지만 환자군의 숫자가 최소 4,000 명 이상 확보되어야 한다. 따라서 유전적 효과가 적고 환경의 영향이 크게 작용하는 경우에 유전자-환경의 상호작용을 분석하기 위해서는 수천 명의 환자-대조군 시료가 확보되어야 가능하기 때문에 실험에 많은 어려움이 있다.

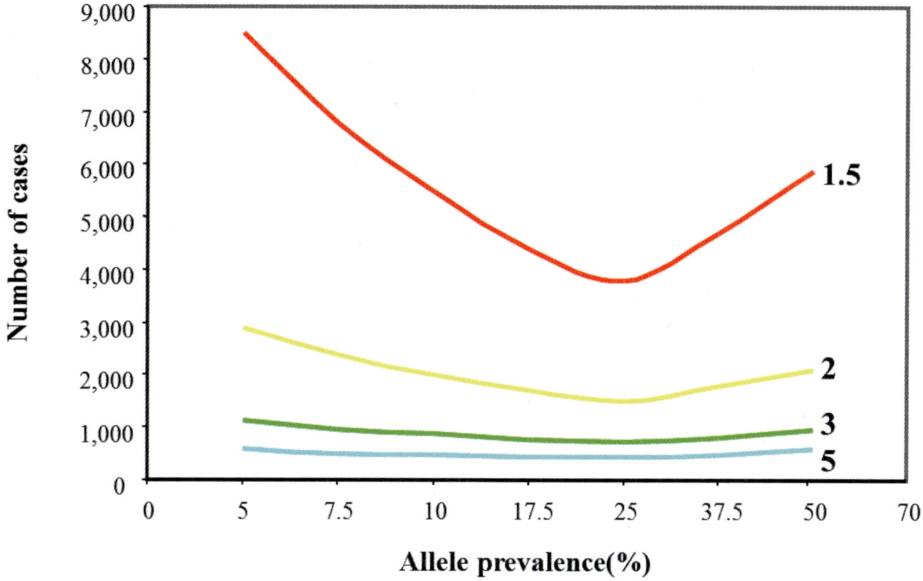

그림 15-10. **유전자형의 빈도에 따른 상호작용의 효과를 탐색하기 위해 필요한 환자군의 숫자.** (위 분석 결과는 우성유전모델, 환경에 노출된 경우가 10%이고, 대조군과 정상인의 비율은 1:1로 사용하는 것을 전제로 함). 출처: Hunter JD. (2005). Nat Rev Genet 6: 287-298.

다양한 종류의 질병에서 다수의 유전자-환경의 상호작용이 영향을 미치고 있으며 표 15-3에 대표적인 몇 가지 예들을 제시하였다.

표 15-3. **유전자-환경에 대한 상호작용의 보기들**

유전자	유전적 변이형	환경	상호작용의 결과 및 특성
MC1R	피부색 유전변이형	자외선	피부색 유전자의 변이형과 태양빛의 과다노출은 피부암 발생의 위험도를 높임
CCR5	Δ-32 deletion	HIV	32 bp deletion을 가진 보인자(carriers)에서 HIV 감염과 질병의 진행 속도가 낮음
MTHFR	Ala222Val	Folic acid 섭취	folate의 섭취량이 낮을 때 Ala222Val 변이형에서 활성도가 낮은 변이형의 동형접합체의 경우, 대장암에 걸릴 위험성의 차이를 보임

NAT2	rapid vs slow acetylator SNPs	요리된 고기의 heterocyclic amines	rapid acetylator SNP이 붉은 고기 섭취에 대한 대장암 발생의 위험도와 더 많이 연관됨
F5	Leiden prothrombotic variant	hormone replacement	Factor V Leiden 보인자는 외부적인 스테로이드 호르몬 치료를 받으면 venous thromboembolism의 위험성이 증대됨
UGT1A6	slow-metabolism SNPs	Aspirin	UGT1A6 유전자의 slow-metabolism 유전변이형을 지닌 보인자에서 아스피린을 사용하였을 때 건강에 좋은 효과를 보임
APOE	E4 allele	콜레스테롤 섭취	APOE 보인자에서 콜레스테롤 섭취를 바꾸었을 때 혈액의 콜레스테롤 농도가 더 크게 변화함
ADH1C	ɣ-2 alleles	알코올 섭취	알코올 섭취와 심근경색의 발생은 반대의 연관성을 보이고 slow-oxidizing ɣ-2 변이형의 보인자가 더 높은 위험성을 가짐
PPARG2	Pro12Ala	지방 섭취	PPARG2 유전자의 Pro12Ala 변이형의 보인자가 지방섭취와 간의 비만에 더 강한 관련성을 보임
HLA-DPB1	Glu69	직업적 beryllium 노출	Glu69 보인자가 chronic beryllium lung disease로 발전할 위험성이 더 높음
TPMT	Ala154Thr & Tyr240Cys	Thiopurine drugs	TPMT 유전자의 low-activity 변이형의 동형접합체는 thiopurine 약물에 노출되었을 때 보다 심각한 독성을 보임
ADRB2	Arg16Gly	Asthma drugs	Arg16Gly 동형접합체를 가진 사람이 albuterol 약물에 대해 반응성이 더 높음

ADH1C, alcohol dehydrogenase 1C (class Ⅰ), ɣ-polypeptide; ADRB2, adrenergic β2 receptor; CCR5, chemokine (C-C motif) receptor 5; APOE, apolipoprotein E; F5, coagulation factor V; HIV, human immunodeficiency virus; HLA-DPB1, major histocompatibility complex class Ⅱ, DPβ1; MC1R, melanocortin receptor 1; MTHFR, 5,10-methylenetetrahydrofolate reductase NADPH; NAT2, N-acetyltransferase 2; PPARG2, peroxisome proliferative activated receptor-ɣ; TPMT, thiopurine S-methyltransferase; UGT1A6, UDP glycosyltransferase 1 family, polypeptide A6. 출처: Hunter JD. (2005). Nat Rev Genet 6:287-298.

유전자-환경의 상호작용 정보를 활용할 수 있는 분야로는 다음과 같은 것이 있다(Thomas D, 2010).

① **생물학적 작용 기전 및 경로(pathways) 이해**: 예를 들면, 방광암에서 흡연, 머리 염색약, 및 다양한 종류의 직업적 환경 위험요인에 노출된 것과 N-acetyltransferase 2 (NAT2) 유전자 간의 상호작용은 방광암의 발생에 aryl amines이 중요하게 작용함을 암시한다.

② **작은 영향력을 나타내는 유전자-환경의 상호작용을 통해 작용하는 새로운 유전자 발굴**: 소아천식에서 대기오염에 감수성을 보이는 유전자를 찾거나 또는 대장암 발병을 촉진하는 식이요인(dietary factors)을 규명하는데 활용될 수 있다.

③ **환경 위험요인에 노출된 정도가 다른 연구들 간의 차이(between-study heterogeneity) 이해**: 예를 들면, 방광암 발생에 대한 NAT2 유전자와 GSTM1 유전자에 대한 연관성에 대한 메타분석을 통해서 중요한 효과에 대한 약간의 차이를 보였지만 NAT2 유전자는 모든 연구에서 흡연과 강한 상호작용 효과가 관찰되었지만 GSTM1 유전자와 흡연 간에는 상호작용이 존재하지 않았다.

④ **유전적으로 질병 감수성을 보이는 특정집단에서만 영향을 미치는 환경요인 규명**: 예를 들면, 임신기간중 산모의 흡연은 GSTM1 돌연변이형 유전자를 가진 어린이에게만 천식을 유발하는 것으로 알려져 있다.

⑤ **여러 요인이 혼합된 상태에서 다른 유전자에 의해 대사되는 세부 요인으로 분류**: 예를 들면, 대장암 발생에 영향을 미치는 붉은색 고기 섭취와 NAT2 유전자 간의 상호작용은 조리과정에 발생하는 heterocyclic amines이 암 발병의 주요 요인임을 암시한다.

⑥ **가장 위험성이 높은 개인을 보호하기 위한 환경 기준 설정**: 특정 환경 위험 요인에 노출되었을 때 위험성이 가장 높은 개인이나 집단을 보호하기 위해서 유전적인 요인과 환경적인 요인을 모두 고려해서 위험을 최소화할 수 있는 환경 위험 요인 기준을 설정할 수 있다.

⑦ **환경의 조건이 변화함에 따라 개인의 질병 발병 위험도 및 예후 예측**: 예를 들면, 유방암에 대한 강력한 가족력을 가진 여성에서 유방 초음파 검사를 통한 조기 암 검진 회수는 BRCA1 또는 BRCA2 유전자의 돌연변이 보유 여부에 따라 달라질 것이다. 또한 대장암 위험도를 낮추기 위해 섭취하는 엽산(folate supplementation)의 예방 또는 악화 작용은 엽산 대사 작용에 관여하는 methylenetetrahydrofolate reductase (MTHFR)의 유전형에 따라 달라질 것이다.

⑧ **유전적 소인을 기반으로 치료 반응성을 최대화하거나 또는 부작용을 최소화하는 치료법 선별**: 예를 들면, SLCO1B1 유전자의 SNP 마커는 스타틴(statins) 치료 이후에 발생하는 심장이상(cardiomyopathy)의 위험 유발에 큰 영향을 미칠 수 있다.

4. 환경에 의한 유전변이의 선발

(1) 환경에 의한 유전변이 선발의 종류

현재의 인간 집단을 구성하고 있는 다양한 유전적 및 표현형적 차이는 많은 종류의 유전적 변이와 환경적 요인의 상호작용으로 주어진 환경에 가장 적합한 유전적 변이들이 계속적으로 선발된 결과일 것이다. 특히 돌연변이에 의해 새로운 유전변이형이 발생하면 외부의 조건(특히, 환경)에 의해 선발이 이루어진다. 만약 새로운 유진변이형이 환경에 잘 적응하면 보다 많은 유전형이 다음 세대에 전달되어 해당 유전변이형의 빈도가 높아질 것이다.

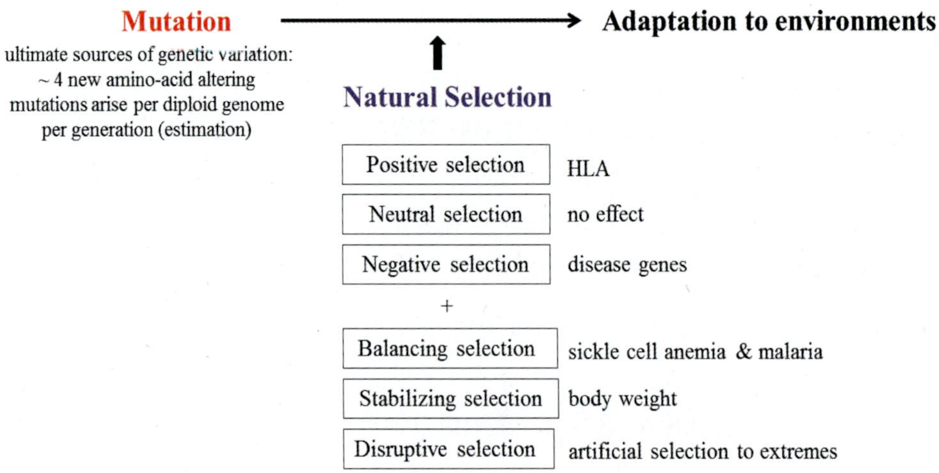

그림 15-11. 유전적 돌연변이의 선발 유형

선발의 종류에는 아래에 언급된 바와 같이 아주 다양한 형태가 있다(그림 15-11).

1) **Positive (=diversifying) selection**: 환경에 잘 적응할 수 있는 유전자형들의 빈도는 다음 세대에 더 많이 전달되도록 선발이 이루어진다. 예를 들면, 사람의 MHC 유전자들(HLA)은 다양한 외부의 항원을 면역세포에 전달하기 위하여 인간 집단에서 매우 다양한 변이형들이 존재하도록 계속적인 선발이 가해져 온 것으로 잘 알려져 있다.

2) **Negative (=purifying) selection**: 환경에 적응하기 불리한 새로운 유전형은 집단에서 빈도를 낮추거나 제거되도록 선발이 가해질 것이다. 고셔병(GBA 유전자 돌연변이), 크론병(NOD2 돌연변이), 가족성 hypertrophic cardiomyopathy병(CMH1, CMH2, CMH3 & CMH4 돌연변이)등 대부분의 질병 유전자들은 negative selection을 받게 된다.

3) **Neutral selection**: 돌연변이에 의해 새로운 유전변이형이 발생하였더라도 외부의 환경에 의해 영향을 전혀 받지 않고 선발도 전혀 가해지지 않은 경우를 말한다. 선발이 가해지지 않기 때문에 neutral selection이 가해지는 유전변이형은 유전적 변이가 크게 된다.

4) **Balancing selection**: 그 외에도 sickle cell anemia 원인 유전자의 경우에 이 질병은 negative selection이 가해지지만 sickle cell anemia 원인 유전자형을 가진 보인자들(carriers)은 말라리아에 저항성을 보이는 것처럼 positive selection과 negative selection이 동시에 가해져 일정한 빈도로 다음 세대에 계속적으로 전달하게 하는 balancing selection의 형태도 있다.

5) **Stabilizing selection**: 저체중과 과체중의 경우에는 출생시 사망률이 동시에 증가하고 적정 체중을 가진 태아만이 생존에 가장 적합하도록 하는 stabilizing selection이 가해진다.

6) **Disruptive selection**: 특수한 경우에는 체형이 아주 큰 경우와 아주 작은 경우로 양극단의 표현형이 선발되어 2 개의 아주 다른 표현형 집단으로 나누어지는 disruptive selection이 가해지는 경우도 발생한다.

새로운 유전변이형이 돌연변이에 의하여 발생한 이후에는 다양한 종류의 선발이 가해진다. 그리고 유전자 빈도의 변화를 초래하는 선발에 가장 많은 영향을 미치는 요인이 바로 환경이다. 따라서 유전자 빈도를 변화시키는 선발은 유전자와 환경의 상호작용에 의한 결과인 것이다.

한편 인종 집단 간의 자연선발이 가해진 유전자를 찾는 방법으로 1) long-range haplotype, 2) high frequency of derived allele, 및 3) high F_{ST} (differentiated) 값을 가지는 유전자를 규명함으로써 찾고 있다. 그리고 선발의 종류를 구분할 수 있는 다른 방법으로는 유전자를 코딩하는 부위의 유전변이형의 종류를 기준으로 분류하는 방법이 있다. 예를 들면, 유전자를 코딩하는 부위의 SNP(cSNP)은 아미노산의 변화를 초래하는 것(nonsynonymous SNP)과 초래하지 않는 것(synonymous SNP)으로 나눌 수 있다. Synonymous site당 유전 치환의 수를 Ks라 하고 nonsynonymous site당 유전 치환의 수를 Ka라고 하면 Ks와 Ka의 상대적 비율을 가지고 선발의 종류를 가늠할 수 있다. 예를 들면, negative selection을 받고 있는 유전자는 Ka보다 Ks의 비율이 훨씬 높겠지만 positive selection을 받고 있는 유전자의 경우는 그 비율이 약할 것이다.

cSNP= synonymous SNP + nonsynonymous SNP

Ks= No. of substitutions per synonymous site
Ka= No. of substitutions per nonsynonymous site
Median value of Ka/Ks (whole genome)=0.115

Genes under negative (purifying) selection: Ka << Ks
Genes under positive selection: Ka >> Ks

한편 nonsynonymous 돌연변이의 고정 가능성(fixation probability)을 측정할 수 있는 Ka/Ks의 비율은 선발의 강도와도 상관관계가 있다. 예를 들면, Ka/Ks 비율이 매우 높은 경우는 강한 positive selection이 일어나는 경우이고 Ka/Ks의 비율이 낮은 경우는 강한 negative selection이 있는 경우이다. 그리고 특정한 유전적 선발이 일어나지 않는 neutral selection의 경우는 Ka/Ks의 비율이 약 1의 값을 가질 것이다.

High Ka/Ks ratio:	strong positive selection
Low Ka/Ks ratio:	strong negative selection
Ka/Ks= ~1:	neutral selection

평균적으로 다른 유전체 부위보다는 단백질을 코딩하는 부위에서 유전변이의 발생이 적고 유전변이형의 빈도(minor allele frequency)도 낮은 것으로 알려져 있다. 이러한 사실은 아미노산 서열의 변화를 유발하는 유전변이형에 대한 강한 선발이 가해지고 있음을 시사한다. 그러므로 만약 특정한 단백질을 코딩하는 부위에서 synonymous SNP의 발생

보다는 nonsynonymous SNP의 발생 빈도가 상대적으로 높아지는 것은 positive selection의 표시로 받아들일 수 있다.

(2) 선발과 질병

질병을 유발하는 유전변이형은 선발에 의해 일반적으로 제거된다. 그러나 질환의 발생에 영향을 미치는 유전변이형(disease-predisposing allele)은 다음과 같은 경우에는 집단 내에서 계속 유지된다.

- **균형선발(balancing selection)**: 예를 들면, sickle cell anemia (β-globin gene)의 보인자(carriers)는 말라리아에 저항성을 보여 균형을 이루게 된다(heterozygote advantage).
- **나중에 질병이 발생하는 경우(late-onset diseases)**: 질병이 나중에 발생하기 때문에 선발강도(selection pressure)가 약하게 작용한다.
- **여러 원인이 복합적으로 관여하는 경우(complex aetiology)**: 질병 관련 유전변이형(allele)이 여러 다른 요인들 (다른 유전자, 환경 등)이 관여할 때만 제한적으로 불리하게 작용할 수 있다.
- **과거에는 유리한 대립 유전자형이였으나 최근에는 환경의 변화로 불리하게 작용한 경우**: 과거에는 유리한 유전자형이였으나 최근에 환경의 변화로 불리한 유전자형으로 바뀐 경우이며 비만과 고혈압이 여기에 해당될 것이다. 예를 들면, 비만에 관련된 유전자(thrifty gene)가 과거에는 에너지 효율을 증진할 수 있는 매우 이로운 유전자였으나 최근에는 과다한 영양섭취로 당뇨병을 유발하게 됨으로써 불리하게 작용하는 것을 예로 들 수 있다. 또한 과거에 해안으로부터 먼 지역에 살고 있는 사람들은 소금을 접할 기회가 적어서 체내에 소금 이온을 많이 보유할 수 있는 체질이 생존에 유리하였으나 교통의 발달로 소금의 이동과 섭취가 자유롭게 됨에 따라 체내에 많은 소금 이온을 보유하는 유전자형은 고혈압을 유발하는 부작용을 초래하게 되는 경우가 이에 해당된다.

일반적으로 질병을 일으키는 유전변이형이 환자의 번식 및 생존에 영향을 미치게 되면 유전변이형의 빈도를 감소시키는 선발이 가해지게 된다. 그러나 일부의 유전질병들은 질병 유전형을 지니고 있는 개체(carriers)에게 유리하게 작용(fitness advantage)

하여 집단에서 빈도가 증가하기도 한다. 가장 대표적인 보기가 β-globin 유전자와 glucose-6-phosphate dehydrogenase (G6PD) 유전자의 돌연변이이다. 질병을 일으키는 돌연변이 유전자 2 개를 가지고 있는 개체는 겸상 적혈구 빈혈증(sickle-cell anemia)을 유발하게 되지만 단지 1 개를 가지고 있는 보인자(carrier)는 말라리아에 대하여 부분적인 저항성을 보이게 된다. 유사한 경우가 낭포성 섬유증(cystic fibrosis)과 테이색스병(Tay-Sachs disease)을 유발하는 돌연변이로 1 개의 돌연변이 유전형(carrier)을 가지고 있을 때 각각 장티푸스(typhoid)와 결핵(tuberculosis)에 대한 저항성을 보이는 것으로 알려져 있다(Nielsen R et al, 2005).

5. 유전자-환경 상호작용에 의한 선발로 인종간 차이를 보이는 표현형

인종 간에 관측되는 다양한 표현형 차이는 다양한 유전자와 환경의 상호작용에 의해 만들어진 양적형질(quantitative traits) 및 질적형질(qualitative traits)로써 자연선발에 의해 영향을 받는다. 또한 질병에 관련된 돌연변이는 지금까지 받은 선발에 의해 각 인종 집단에서 다른 빈도로 존재할 것이다.

가장 잘 알려진 대표적인 보기들을 나열해 보면 다음과 같다.

- 감염성 질환에 대한 저항성 (sickle cell anemia, G6PD 효소 결핍 및 cystic fibrosis)
- 피부색 (MC1R)
- 말라리아 저항성 (G6PD, Duffy (FY) & HBE1)
- 후천성 면역결핍 바이러스 (HIV) 저항성 (CCR5)
- 락토스 분해능력 (LCT)
- 약물 대사 (CYP1A2)
- 색 인식 능력 (OPN1LW)
- 알코올 대사 (ADH1B & ALDH2)

위의 보기에서 인종간 차이를 유발하는 선발의 원인으로는 지역적으로 분포하는 기생충 (geographically restricted parasites: G6PD, Duffy & HBE1), 영양학적 및 문화적 요인 (nutritional and cultural factors: LCT), 그리고 알려지지 않은 요인들(unknown factors:

ADH1B, ALDH2, CCR5, and CYP1A2)이 있다(Tishkoff SA and Kidd KK, 2004). 그 외에도 인간 집단에서는 다양한 진화적 요인들(예, 유전적 표류, 이동, 지역내 적응 등)에 의하여 집단 간에 큰 차이를 가지는 유전변이형들이 존재한다. 표 15-4에는 인간 집단 간에 빈도의 차이가 크게 나는 아미노산의 변화를 초래하는 유전변이형에 대한 유전자 및 유전변이형의 종류를 나열하였다. 이러한 유전자들은 인간 집단에서 지역 간의 다양한 표현형적 차이를 유전적으로 설명해 줄 수 있는 증거가 된다.

표 15-4. 인종간 큰 차이를 보이는 non-synonymous SNPs

Chrom.	Gene	rs#
1	THEA	rs1702003 (G202D)
	FY	rs12075 (G42D)
2	COLEC11	rs7567833 (H219R)
	ALMS1	rs3813227 (R393C), rs6546837 (G1416A), rs6724782 (S2113R), rs6546839 (R2286P), rs2056486 (R2828S), rs10193972 (N2858S)
	EDAR	rs3827760 (V370A)
3	FXR1	rs11499 (A529V)
	MCF2L2	rs7639705 (I359L)
4	SLC30A9	rs1047626 (M50V)
	ADH1B	rs1229984 (H48R)
8	RP1L1	rs6601495 (T112S)
	SLC39A4	rs1871534 (L347V)
10	ERCC6	rs4253047 (G446D)
	NEUROG3	rs4536103 (F119S)
11	F2	rs5896 (T165M)
15	SLC24A5	rs1426654 (T111A)
	HERC1	rs7162473 (E3722D)
16	ZNF646	rs749670 (G327E)
	ABCC11	rs17822931 (G180R)
17	RNF135	rs7225888 (H71Q)
18	RTTN	rs3911730 (S126A)
19	FUT6	rs364637 (Q230K)
	CEACAM1	rs8110904 (A83V)
22	GNB1L	rs2073770 (W239G)
X	EDA2R	rs1385699 (R57K)

출처: The International HapMap Consortium. (2005). Nature 437:1299-1320.

일반적으로 인간 유전변이의 약 85%는 집단 내에서 발견되고 약 15% 정도가 집단 간에 발견되고 있다. 그러나 피부색에 관련된 유전변이(SLC24A5)는 약 88%가 집단 간에서 발견되고 있다. 이러한 높은 집단간 변이는 아마도 피부색은 다른 형질과는 달리 지역내 선발(local selection)이 강하게 가해진 결과로 추론된다(Myles S et al, 2007). 그리고 다양한 유전자들이 인종 집단 간에 큰 차이로 존재하는 유전자형들이 많이 있다. 아래에 다른 인종 집단에서 아주 다른 빈도로 존재하고 있는 질병 유전자들(표 15-5)과 기능 유전자들(표 15-6)의 종류와 특성을 제시하였다.

표 15-5. **집단에 따라 다른 빈도로 존재하는 질병 유전자들**

질병 (유전자형)	인종 집단 간 차이
β-globin 유전자의 β^s 대립유전자형 (sickle cell anemia)	아프리카에서는 빈도가 높으나 다른 지역에서는 매우 낮음
Cystic fibrosis	유럽에서는 빈도가 높지만 아시아나 아프리카 집단에서는 낮음
Tay-Sachs disease	일부 유대인에서는 빈도가 매우 높게 나타나지만 기타 다른 인종 집단에서는 매우 낮음
Choroideremia	핀란드에서는 매우 높은 빈도를 보이지만 다른 집단에서는 매우 희귀함
Myotonic dystrophy	대부분의 집단에서는 ~1/10,000-20,000의 빈도로 발생하지만 캐나다의 일부지역(Quebec)에서는 >1/1,000으로 발생함

출처: Thompson & Thompson. Genetics in Medicine. 5th edition.

표 15-6. 집단에 따라 다른 빈도로 존재하는 기능 유전자들

유전자	인종 집단 간 차이 (유전자형 변이)
ABO 혈액형	다양한 변이를 보이며 특히 B형은 아시아인에서는 매우 높은 빈도로 존재하지만 아메리카 원주민에서는 전혀 없음
Alpha1-antitrypsin	3 개의 주요 M 대립유전자의 빈도가 집단 간에 큰 차이를 보임 (예를 들면, M1: 0.51~0.98; M2: 0~0.20)
Alcohol dehydrogenase	3 개 유전자(ADH1, ADH2, ADH3)가 있음. ADH2 유전자의 변이형은 일본인에서는 매우 흔하지만(90%) 유럽인에서는 낮은 빈도(15%)로 관측되고 있음
Aldehyde dehydrogenase	약 50%의 아시아인에서는 ALDH1이 결핍되어있으나 미국 인디안에서는 5% 미만이 결핍되어 있음
HLA system	많은 유전자에서 다수의 대립유전자에 대하여 다양한 빈도로 분포하고 있음
Lactase activity	우유 속에 있는 유당(lactose)을 분해할 수 있는 효소로서 2 개의 주요 대립유전자가 존재함. 저효율의 대립유전자형은 아시아와 아프리카인에서 매우 높은 빈도(0.8-0.95)로 존재하고 유럽인에서는 낮은 빈도(0.17-0.48)로 분포하고 있음
Apolipoprotein A-I levels	혈장에서 매우 다양한 농도 (<10~>100 mg/dl)로 존재하고 심혈관계 질환의 발병 위험요인으로 작용함. 낮은 APOA-I 농도를 유도하는 유전자형은 중국인에서는 높은 빈도를 보이지만 다른 인종집단에서는 낮은 빈도로 분포하고 있음

출처: Thompson & Thompson. Genetics in Medicine. 5th edition.

■ 참고문헌

- Bamshad M and Wooding SP. (2003). Signatures of natural selection in the human genome. Nat Rev Genet 4:99-111
- Biswas S and Akey JM. (2006). Genomic insights into positive selection. Trend Genet 22:437-446
- Bustamante CD et al. (2005). Natural selection on protein-coding genes in the human genome. Nature 437:1153-1157
- Hoh J and Ott J. (2003). Mathematical multi-locus approaches to localizing complex human trait genes. Nat Rev Genet 4:701-709
- Hunter DJ. (2005). Gene-environment interactions in human diseases. Nat Rev Genet 6:287-298
- Myles S et al. (2007). Identifying genes underlying skin pigmentation differences among human populations . Hum Genet 120:613-621
- Nielsen R. (2005). Human genomics: disclosure of variation. Nature 434:288-289
- Nielsen R. (2005). Molecular signatures of natural selection. Annu Rev Genet 39:197-218
- Ober C et al. (2008). Sex-specific genetic architecture of human disease. Nat Rev Genet 9:911-922
- Rasmus Nielsen. (2005). Molecular signatures of natural selection. Annu Rev Genet 39:197-218
- Ritchie MD et al. (2001). Multifactor-dimentionality reduction reveals high-order interactions among estrogen-metabolism genes in sporadic breast cancer. Am J Hum Genet

69:138-147

• Sabeti PC et al. (2006). Positive natural selection in the human lineage. Science 312:1614-1620

• Sabeti PC et al. (2007). Genome-wide detection and characterization of positive selection in human populations. Nature 449:913-918

• The International HapMap Consortium. (2005). A haplotype map of the human genome. Nature 437:1299-1320

• Tishkoff SA and Kidd KK. (2004). Implications of biogeography of human populations for 'race' and medicine. Nat Genet Supplement 36:S21-S27

• Thomas D. (2010). Gene-environment-wide association studies: emerging approaches. Nat Rev Genet 11:259-272

• Willett WC. (2004). Balancing life-style and genomics research for disease prevention. Science 296:695-698

제 16장 유전변이형의 기능 연구

1. 유전변이형의 기능 연구에 대한 배경 설명

진핵세포(eukaryotic cells)의 유전자 구조는 유전자의 발현을 조절하는 enhancer와 promoter 부위, 전사개시(transcriptional initiation)에 관여하는 조절인자가 결합하는 TATA box 또는 initiator, 그리고 mature RNA transcripts의 코딩 부위를 구성하는 exon, splicing에 의해 제거되는 intron, 그리고 RNA transcript의 안정성에 중요한 3'-untranslated region(UTR)로 구성되어 있다(그림 16-1). 특히 유전자의 기능에 중요한 영향을 미치는 부분은 유전자의 발현을 조절하는 프로모터 영역과 단백질을 코딩하는 exon 부위이다. 그러므로 프로모터 부위의 유전변이는 유전자 발현을 조절하고, 아미노산을 코딩하는 부위의 유전 변이는 단백질 기능의 변화를 유발할 수 있다. 한편 대부분의 중요한 전사조절인자의 결합부위(transcription factor binding region)는 전사개시부위(transcriptional start site)로부터 약 300 bp 안에 위치해 있는 것으로 알려져 있다. 그 외에도 intron이나 3'-UTR은 각각 splicing이나 전사체(transcripts)의 세포 내에서의 안정성에 영향을 줌으로써 유전자 생성물의 기능이나 발현을 조절하는 역할을 할 수 있다.

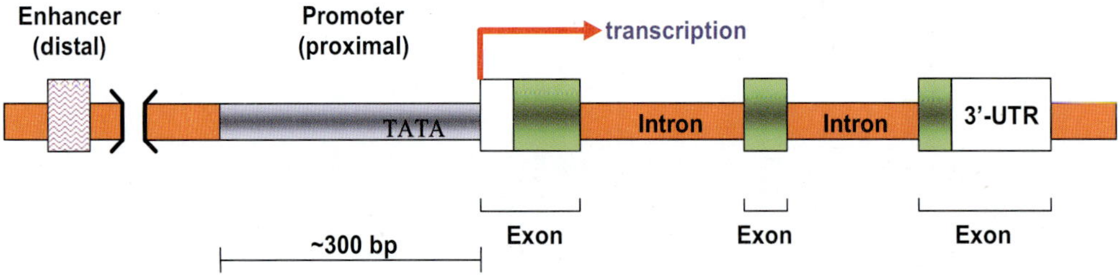

그림 16-1. 진핵세포의 전형적인 유전자 구조

위에서 언급한 바와 같이 프로모터에 위치하여 유전자의 발현을 조절하는 유전변이형(regulatory SNP; rSNP)과 exon에 위치하여 아미노산을 코딩하는 부위의 유전변이형(coding SNP; cSNP)은 기능적으로 중요한 역할을 수행하는데, 이들에 대한 대표적인 기능연구의 방법을 소개하면 표 16-1과 같은 것들이 있다.

표 16-1. 유전변이형의 종류에 따른 기능연구의 방법

SNP의 종류	분석 유형	분석 방법
rSNP (프로모터 부위)	• *In silico* TF binidng 분석 • 유전자 발현의 전사조절 연구 • *In vitro* TF binding 분석 • *In vivo* or *ex vivo* 기능분석 • 다른 분석법	• MATCH in TRANSFAC DB • Luciferase/β-lactamase 분석 • EMSA • 임상시료 분석 • siRNA 또는 과발현
cSNP (코딩 부위)	• 아미노산 변화의 *In silico* 분석 • *In vitro* 기능분석 • *In vivo* & *ex vivo* 기능분석	• PolyPhen 또는 SIFT • binding, cell signaling 등 • 임상시료 분석
splicing sites	• consensus splicing sites	• cDNA cloning & expression

TF, transcription factor; EMSA, electrophoretic mobility shift assay.

2. 유전자 발현을 조절하는 유전변이형의 기능 연구

유전자의 프로모터에 위치하면서 유전자의 발현을 조절하는 조절 유전변이형(rSNP)에 대하여 유전자의 발현에 영향을 미치는 정도를 분석할 수 있는 방법으로는, 1) TRANSFAC database의 응용 프로그램인 MATCH를 이용하여 염기서열 변화에 따른 가상의 전사인자(transcription factor)의 결합 강도 및 결합 유무를 예측하거나, 2) rSNP를 포함하고 있는 프로모터 영역의 DNA를 유전자 발현 벡터에 넣어 유전자의 발현 정도를 정량적으로 측정할 수 있는 "reporter" 시스템을 사용하는 방법, 3) 가상의 전사인자(transcription factors) 결합부위가 존재하는 경우에 특정 전사인자의 결합 유무 및 전사인자의 종류를 규명하기 위한 EMSA (electrophoretic mobility shift assay) 실험 방법 등이 있다. 각각의 실험 방법에 대하여 더 자세히 알아보도록 하자.

(1) TRANSFAC & MATCH

TRANSFAC은 2000년도에 처음으로 보고된 이후로 꾸준히 개선되어 널리 사용되고 있는 전사인자와 consensus binding sequence에 관한 데이터베이스이다

(Wingender E et al, 2000). 이 시스템은 이미 기존에 알려진 여러 전사인자들의 결합 부위에 대한 정보를 토대로 얻어진 'position-weighted matrices'를 기준으로 하여 분석하고자 하는 염기서열이 어느 정도 일치하는 가에 대해 점수(score)를 제공하게 된다. TRANSFAC 데이터베이스에서 제공하는 Match라는 응용 프로그램을 사용하면 단일염기서열의 차이를 제공했을 때 염기서열의 차이를 기준으로 어떤 전사인자가 결합하는지 또는 결합의 강도는 얼마나 되는지를 예측할 수 있다(그림 16-2).

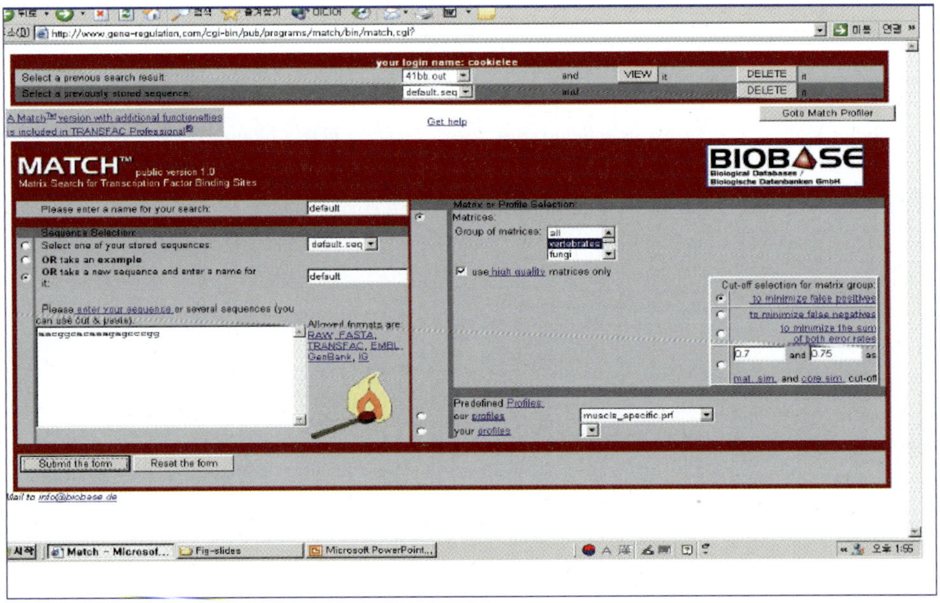

그림 16-2. **TRANSFAC의 Match 프로그램을 사용한 *in silico* 프로모터 분석**. 출처: http://www.gene-regulation.com/cgi-bin/pub/programs/match/bin/match.cgi/.

따라서 이 프로그램을 사용하여 프로모터에 존재하는 SNP의 2 가지 다른 유전자형에 대한 분석을 수행하여 특정 전사인자의 결합 여부를 예측한 후, 이 정보를 바탕으로 대상 유전변이가 유전자 발현에 차이를 유발할 수 있을지를 추정할 수 있다. 예를 들면, TNF-TNFR superfamily 유전자의 프로모터에서 발굴된 SNP에 대한 가상의 전사인자 결합 유무 및 결합 강도를 조사해본 결과, 일부는 결합 강도의 차이를 보이고 또 다른 일부는 SNP에 의해 특정 전사인자의 결합이 완전히 소멸되는 것으로 예측되었다(표 16-2). 예를 들면, Death receptor 6 (DR6) 유전자의 경우에 프로모터 -64 위치에 존재하는 G/C

SNP에서 G allele을 가진 경우에는 HNF-4 전사인자가 결합하지만 C allele을 가지고 있는 경우에는 HNF-4 전사인자가 결합하지 못하는 것으로 예측되었다(표 16-2). 따라서 DR6 -64G/C 위치에서 HNF-4 전사인자의 결합에 의해 유전자의 발현이 조절된다면 기능적으로 매우 중요한 유전변이형이 될 것이다(Kim JY et al, 2005). 그러므로 프로모터의 SNP에서 전사인자의 결합 강도 또는 결합의 유무 변화는 프로모터 부위의 단일염기서열 변화로 유전자의 발현량에 차이를 유발할 수 있을지를 예측하는데 도움이 된다.

표 16-2. **MATCH 프로그램을 이용한 TNF-TNFR superfamily 유전자의 프로모터 SNP 분석**

A. Partial effects of TF binding site by SNP

Gene	SNP location	Allele	TF binding	TF	Consensus sequences1)
BLYS	-247	T/C	+/+	LXR, PXR, CAR, COUP, RAR	ttagct(**t/c**)atcTGACCtt
BLYS	-86	G/C	+/+	COMP1	ccctt(**g/c**)actgtgcCAATCcaaact
CD40	-503	G/A	+/+ +/+	SRF NF-kB	cCCACAc(**g/a**)agggaatttc (**g/a**)aGGGAAtttcctt

B. Complete abolishment of TF binding site by SNP

Gene	SNP location	Allele	TF binding	Transcription Factor(s)	Consensus sequences1)
BLYS	+222 (5'-UTR)	G/T	+/-	AML1	TGT(**G/T**)GT
DR6	-64	C/G	-/+	HNF-4	aac(**c/g**)gcaCAAAGagcccgg
DCR1	-376	G/A	-/+ -/+ -/+	NERF1a c-Ets-2 Tel-2	ggcCAGGA(**g/a**)gagttcag gccAGGA(**G/A**)gtagtt cagGA(**G/A**)GTag
GITR	+57 (5'-UTR)	C/T	+/-	LXR,PXR,CAR,COUP,RAR	caGGTCAtgaa(**c/t**)ggtcc
LTA	-22	A/G	+/-	Muscle initiator sequence-20	caggggCTCC(**A/G**)cacagcaggt
TNFR1	-102	A/C	+/- +/-	SRF SRF	aaggcagccag(**a/c**)TCTGGg gCCAG(**A/C**)tctgggactcct

출처: Kim J-Y et al. (2005). Immunogenetics 57:297-303.

지금까지 전사인자의 결합 부위에 있는 consensus sequence 정보를 바탕으로 다수의 전사인자 결합 부위를 예측할 수 있는 프로그램들이 개발되어 실제로 활용되고 있으며 대표적인 프로그램으로는 다음과 같은 것이 있다.

- TESS: //www.cbil.upenn.edu/cgi-bin/tess/tess
- MatInspector: //anthea.gsf.de/biodv/matinspector.html
- cluster-buster: //zlab.bu.edu/cluster-buster/
- TFSearch: //molsun1.cbrc.aist.go.jp/research/db/TFSEARCH.html
- rVISTA: //pga.lbl.gov/rvista.html/
- TRANSFAC database (>200 TFs): //www.gene-regulation.com/
- HMMER program was used to screen potential TFBS up to 5 kb upstream

(2) 유전자 발현 reporter 시스템의 원리 및 활용

프로모터에 존재하는 SNP이 유전자 발현에 미치는 영향을 조사하기 위하여 일반적으로 유전자 발현 reporter 시스템을 이용하여 정량적으로 측정하는 방법을 사용하고 있다. 주로 사용되는 시스템으로는 luciferase, β-galactosidase 및 β-lactamase를 이용한 시스템 등이 있다. 이 시스템들은 유전자 발현량을 조절하는 프로모터 부위 대신에 유전자 변이를 포함하고 있는 DNA 조각을 reporter 벡터에 삽입하여 재조합 발현 벡터를 만들고 적절한 세포주에 주입하여 reporter 유전자의 생성물인 효소 단백질(luciferase, β-galactosidase, β-lactamase)의 활성을 측정함으로써 유전변이가 유전자 발현에 미치는 효과를 정량적으로 측정하게 된다. 가장 대표적인 유전자 발현 reporter 시스템의 원리를 아래에 간략히 설명하고자 한다.

① Luciferase reporter 시스템

흔히 사용되는 Fly luciferase는 ATP를 에너지원으로 사용하여 반응기질인 luciferin을 oxyluciferin으로 분해하며 동시에 빛을 생성한다(그림 16-3). 따라서 생성되는 빛의 양은 효소의 활성과 비례하므로 luminometer를 사용하여 빛의 양을 측정함으로써 유전변이에 의한 유전자 발현에 미치는 영향을 정량적으로 측정할 수 있다. 한편 transfection 효율의 차이에 의한 활성도의 차이는 Renilla luciferase를 발현하는 "control plasmids"를 세포에 함께 주입(co-transfection)하여 Fly luciferase 활성값을 Renilla luciferase의 활성값으로 나누어 주는 방법을 사용하여 보정하여 준다.

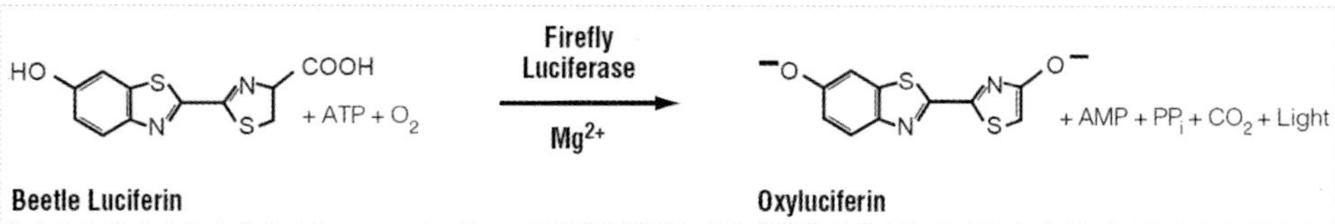

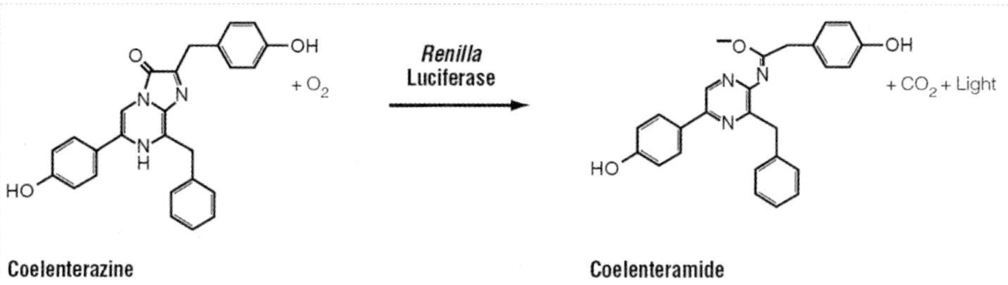

그림 16-3. **Firefly luciferase와 Renilla luciferase 효소에 의한 반응 기질과 생성물.** 출처: Promega 자료.

한 예를 들어보면, FCRL3 유전자의 프로모터 부위에 존재하는 2 개의 SNP sites (-169T/C 와 -110G/A)에서 각 SNP의 조합으로 구성된 haplotype 구조를 기준으로 3 개의 vector constructs를 만들어 luciferase assay를 수행하여 프로모터에 존재하는 SNP이 유전자 발현에 미치는 효과를 규명할 수 있었다(그림 16-4). 그리고 이따금 특정 프로모터가 1 copy SNP 만을 가지고 있을 때 *in vitro* 유전자 발현 실험에서 발현량의 변화가 미세하여 정량적으로 측정이 곤란한 경우에는 연구대상인 프로모터의 SNP을 가지고 있는 부위의 염기서열을 반복하여 연결한 "tandem repeat"를 삽입한 reporter 벡터를 제작하여 그 발현량을 분석함으로써 rSNP에 대한 기능적 변화를 증폭하는 실험적 전략이 사용되기도 한다(그림 16-4).

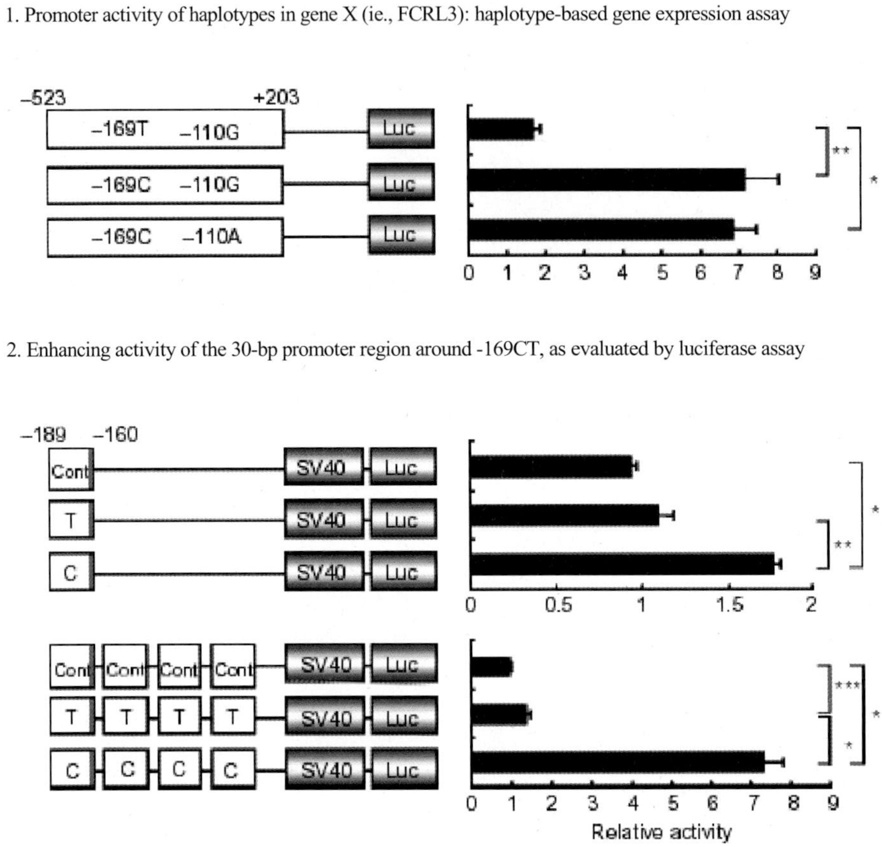

그림 16-4. **Luciferase 시스템을 이용한 유전자 발현 조절 기능 탐구의 예.** 출처: Kochi Y et al. (2005). Nat Genet 37:478-485.

② β-lactamase reporter 시스템

이 reporter 시스템은 Invitrogen 회사에서 개발된 것으로, β-lactamase는 ampicillin 저항성 물질을 생성하는 *E. coli bla* 유전자로부터 유도된 유전자 (*bla*(M))에 의해 만들어지며 mammalian 세포에서도 발현되도록 상업적으로 개발되었다. 그림 16-5는 β-lactamase reporter 시스템에서 사용되는 벡터와 효소활성을 측정하는 원리를 설명한 것이다. 이 방법은 FRET(fluorescence resonance energy transfer)의 원리를 이용하는 것으로 2 개의 fluorophores를 가진 반응기질을 첨가한 후 fluorescence reader를 이용하여 405 nm에서 여기(excited)된 기질이 바닥상태로 안정화되며 발생하는 형광의 파장을 각각 460 nm와 530 nm에서 측정하여 계산한다. 즉 lactamase가 발현하지 않은 경우는 FRET

현상에 의해 한 쪽의 fluorophore가 한 분자 내에 인접해 위치한 다른 쪽의 fluorophore로 에너지를 전달하여 여기시킨 후 바닥상태로 되면서 530 nm에서 형광 peak가 나타나는 반면 (그림 16-5A의 윗 그림), β-lactamase가 발현한 경우에는 이 효소에 의해 2 개의 fluorophores가 분리되므로 더 이상 FRET이 일어나지 않아 더 짧은 파장인 460 nm에서의 형광 peak을 발생하게 되는 것이다(그림 16-5A의 아래 그림). 따라서 발생하는 형광의 파장 차이를 이용하여 reporter 유전자의 발현 여부를 가늠할 수 있다는 장점과 더불어 형광 기질의 특성상 세포 내로 들어간 기질만 형광을 발산하기 때문에 530 nm에서의 형광값은 lactamase의 발현량 측정에 사용된 세포의 수를 간접적으로 나타냄으로써 reporter constructs가 세포 내로 주입된 정도(즉, transfection 효율의 차이)에 의한 발현량의 차이를 보정하는데 사용될 수 있다. 다시 말하면, luciferase 시스템에서 사용되는 "control plasmid"의 cotransfection을 생략할 수 있다는 것이 이 시스템의 또 다른 장점이다.

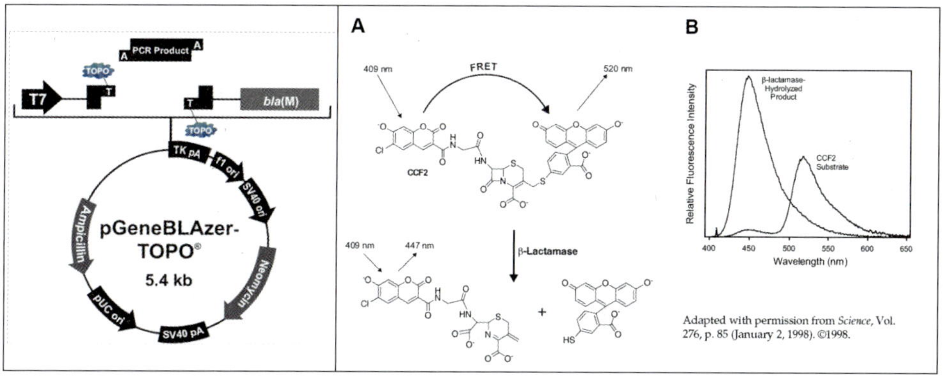

그림 16-5. **β-lactamase reporter 시스템의 벡터와 측정 원리.** 왼쪽은 reporter 시스템의 벡터 구조를 나타내고 오른쪽 (A와 B)은 β-lactamase 효소에 의한 반응을 도식화한 것임. 출처: Invitrogen 자료.

③ β-galactosidase reporter 시스템

세균 유전자인 *lacZ*에 의해 발현되는 이 효소는 mammalian 세포에서 reporter 시스템으로 널리 사용되어 왔다. X-gal이나 O-Nitrophenyl-β-D-galactopyranoside (ONPG)와 같은 반응기질을 가수분해할 때 생성되는 색소를 측정하여 그 활성을 정량하게 된다. 따라서 이 효소는 세포 추출물(cell lysate)을 분석에 사용할 경우 흔히 문제가 되는 단백질 분해 활성(proteolytic activities)에 저항성이 있다는 장점이 있다.

(3) EMSA (Electrophoretic Mobility Shift Assay)

이 방법은 일반적으로 단백질의 binding site를 포함한 25-300 bp의 DNA probe를 ^{32}P[ATP] 등의 방사성 동위원소나, digoxigenin, fluorescein 등과 같은 비동위원소 물질을 사용하여 DNA의 끝부분을 labeling하여 해당 결합 단백질과 상온에서 결합 반응시킨 후 polyacrylamide gel에서 전기영동하여 필름에 노출시키는 과정을 거치게 된다. 이 때 단백질과 결합을 한 probe는 결합하지 않은 것에 비해 gel에서 이동하는 속도가 떨어지게 되므로 shift가 일어나며 이렇게 shift된 band의 세기 정도가 단백질과 DNA 조각의 결합 정도를 나타내게 된다(그림 16-6). 따라서 유전변이를 포함한 염기 서열의 부근에 전사조절인자의 결합부위가 있다면 EMSA 실험을 통하여 전사인자의 결합을 정성적 및 정량적으로 측정할 수 있다.

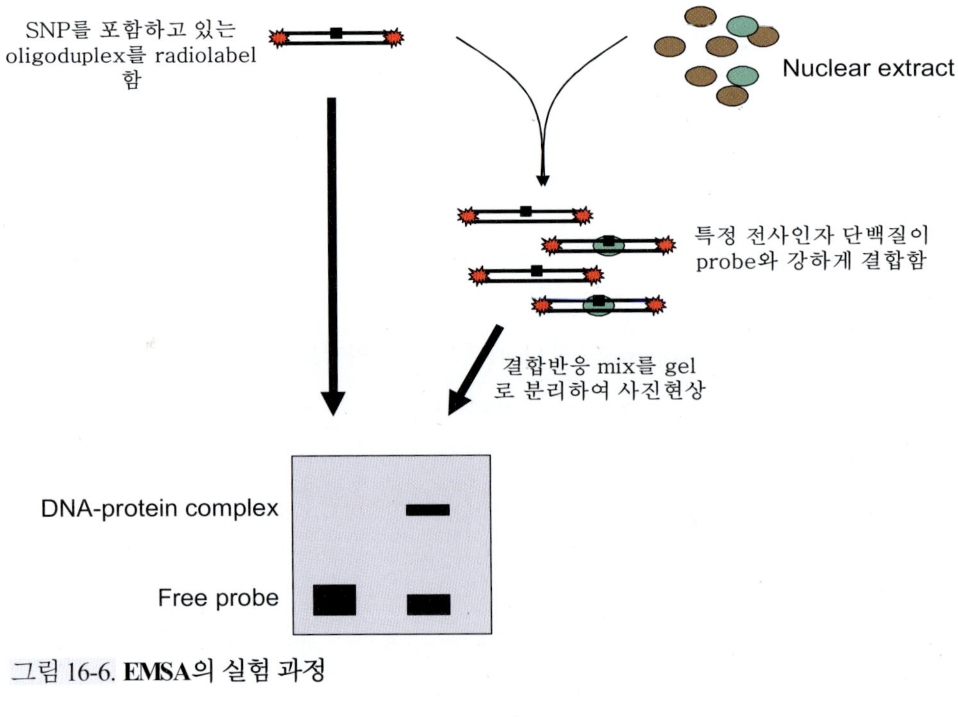

그림 16-6. **EMSA의 실험 과정**

그림 16-7에 제시된 예를 보면, 2 개의 다른 allele (T 또는 C)을 지닌 labeled oligo probe를 세포핵 추출물(nuclear extract)과 결합반응을 시켜 특정 전사인자가 결합하여 supershift가 일어나는지 확인(그림 16-7의 왼쪽 그림)이 가능하며, 전사인자 특이적인 항체를 사용하면 변이가 있는 allele에 결합하는 단백질의 band가 supershift되는 것을 확인함으로써 결합하는 전사인자의 종류까지도 규명할 수 있다(그림 16-7의 오른쪽 그림).

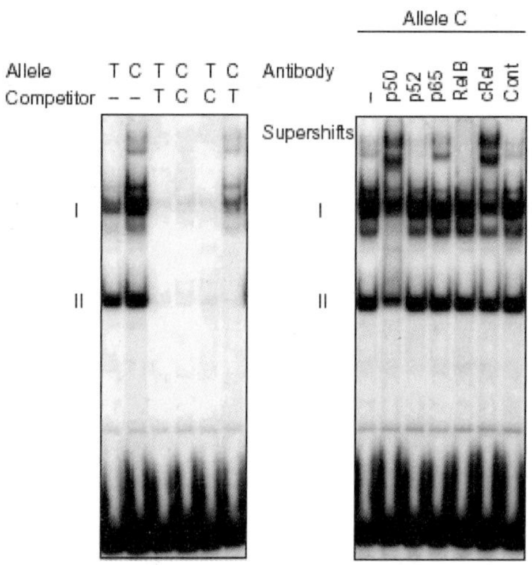

(left)
allelic difference and competition experiment

(right)
supershift experiment using Abs for NF-kB components

그림 16-7. **FCRL3 유전자의 프로모터 -169C/T SNP 부위의 전사인자 결합 EMSA 실험.**
출처: Kochi Y et al. (2005). Nat Genet 37:478-485.

(4) 유전자 발현을 조절하는 유전변이형의 *in vivo* 연구

*In vitro*에서 생물학적 기능 변화를 유발할 수 있는 유전변이형의 경우에는 실제로 개인의 생체(*in vivo*)에서도 동일한 또는 유사한 생물학적 기능의 변화가 있는지를 조사할 수 있으며 만약 생체 내에서도 동일한 결과가 관측된다면 선별된 유전변이형이 실제로 질병 또는 생물학적 기능 변화를 유발하는 원인 유전변이형일 가능성이 매우 높다. 실제의 예를 들어보면, FCRL3 유전자의 프로모터에 존재하는 유전변이형(-169C/T)에 따라 각 개인의 생체에서 분리된 B 세포에서도 유의적인 유전자 발현의 차이를 확인할 수 있었다(그림 16-8).

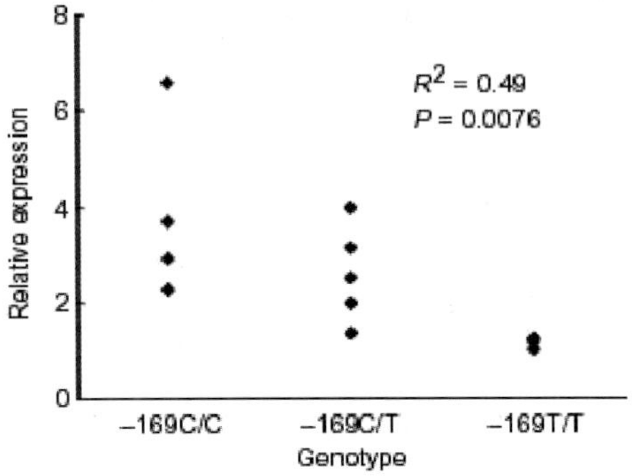

그림 16-8. **생체의 B 세포에서 각 개인이 가지고 있는 프로모터 SNP의 유전형에 따른 유전자 (FCRL3) 발현량의 차이 조사 (quantitative real-time PCR 기법 이용).** 출처: Kochi Y et al. (2005). Nat Genet 37:478-485.

또 다른 실험 방법으로는 2 개의 유전자형을 가지고(heterozygotes: -169C/T & +358C/G) 있는 개인의 특정 생체 세포에서 유전자의 발현량을 측정하기 위해 mRNA에서 cDNA를 만든 후에 2 개의 다른 유전자형의 양을 정량화함(allelic imbalance)으로써 프로모터에 있는 2 개의 다른 유전형에 따른 유전자 발현량을 측정할 수 있다. 그림 16-9에 제시된 예에서 122 bp와 85 bp 밴드는 +358C allele과 +358G allele의 발현량을 표시하고 있다. 위에서 언급된 몇 가지에서도 보듯이 실제로 유전자형의 차이에 따른 유전자 발현량의 차이를 *in vitro*뿐만 아니라 *in vivo*에서도 측정이 가능하며 특히 임상시료를 이용하여 특정 유전변이형과 유전자의 기능변화 측정도 가능한 경우가 많이 있다.

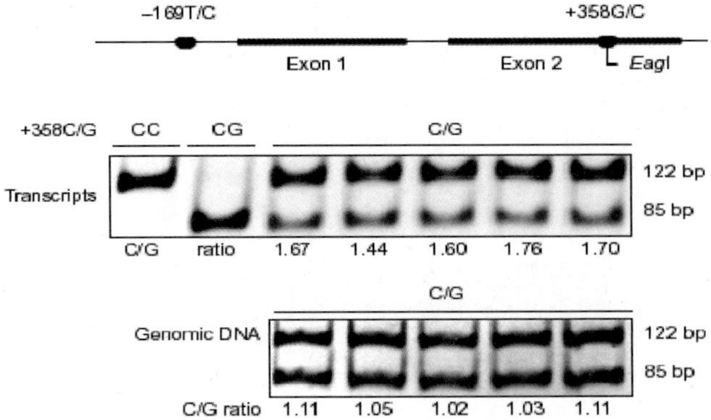

그림 16-9. **ASTQ (allele-specific transcript quantification) 실험법.** 출처: Kochi Y et al. (2005). Nat Genet 37:478-485.

3. 아미노산 서열을 변화시키는 유전변이형의 기능 연구

(1) 아미노산 변화에 의한 기능 예측 프로그램

단백질을 코딩하는 아미노산의 변화는 단백질의 구조와 특성을 변화시키므로 단백질 기능의 변화가 예상된다. 아미노산 치환에 의한 단백질 기능의 변화를 예측하기 위한 다양한 프로그램들(표 16-3)이 개발되어 이용되고 있으며 대표적인 것으로 PolyPhen2와 SIFT 등이 있다.

표 16-3. 아미노산 치환을 유발하는 코딩 SNP의 기능 예측 프로그램들.

Group	Program	nsSNVs	All SNVs	References
Methods based on seq homology and the physical properties of amino acids	PolyPhen2	O	X	Ramensky V et al (2002) & Adzhubei IA et al (2010)
	SIFT	O	X	Ng PC & Henikoff S (2003) & Kumar P et al (2009)
	MutationTaster	O	X	Schwarz JM et al (2010)
	A likelihood ratio (LRT) test	O	X	Chun S and Fay JC (2009)
	Grantham scores[1)]	O	X	Grantham R (1974) & Li WH et al (1984)
Conservation-based methods	GERP++[2)]	O	O	Davydov EV et al (2010)
	PhyloP	O	O	Pollard KS et al (2010)

[1)]Grantham scores: Grantham distance (d) between two amino acids is classified as conservative ($0<d \leq 50$), moderately conservative ($50<d \leq 100$), moderately radical ($100<d \leq 150$), or radical (>150).

[2)]Genomic Evolutionary Rate Profiling (GERP++): evolutionary conservation (GERP score range: -8~+4; score >2= highly evolutionarily conserved).

① **PolyPhen**: PolyPhen(***Poly***morphism ***Pheno***typing)은 아미노산 변화에 의한 인간 단백질의 구조와 기능에 미치는 영향을 예측하는 프로그램이다(Ramensky V et al, 2002) (그림 16-10).

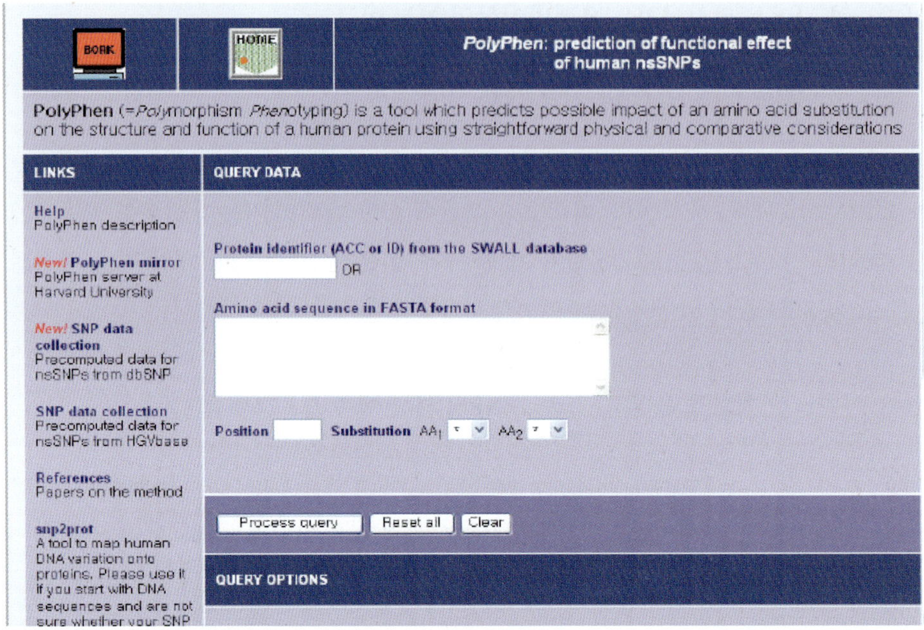

그림 16-10. **PolyPhen 프로그램의 창.** 출처: PolyPhen://coot.embl.de/PolyPhen/.

PolyPhen 프로그램에서 특정 아미노산의 치환 정보를 입력하면 아미노산의 변화에 따라 나타날 수 있는 기능 변화를 3 가지(probably damaging > possibly damaging > benign)로 구분하여 예측해 주고 있다.

probably damaging = 단백질의 기능과 구조에 유의적인 영향을 미칠 수 있음
possibly damaging = 단백질의 기능과 구조에 영향을 미칠 수도 있음
benign = 거의 표현형에 영향을 미치지 않음
* PolyPhen이 예측하기엔 데이터가 부족한 경우엔 unknown으로 표시됨

dbSNP(build 121)에 수록된 모든 rsSNP는 약 1,000만 개 (~10 million SNPs) 정도가 있으며 그 중에서 44,005 개의 unique nonsynonymous rsSNP을 PolyPhen으로 분석한 결과, probably damaging 5,521 개 (13.3%), possibly damaging 7,905 개 (19.1%), 그리고 benign 27,991 개 (67.6%)로 분류되었다(그림 16-11). 따라서 전체 nonsynonymous cSNP에서 약 32% 정도가 단백질의 기능과 구조에 영향을 미칠 것으로 예상되고 있다.

```
Statistics of PolyPhen predictions for dbSNP build 121

Total human refSNP entries in dbSNP..........9,856,125

44,005 unique ns rs entries in 16,746 sequences
50,919 entries in total
======================

 9,502  unknown
27,991  benign...............67.6%
 7,905  possibly damaging....19.1%
 5,521  probably damaging....13.3%
```

그림 16-11. **dbSNP에 수록된 모든 nonsynonymous SNP에 대한 PolyPhen 분석 결과**

② **SIFT**: SIFT(Sorting Intolerant From Tolerant) 프로그램도 인간의 nonsynonymous SNP에 의한 아미노산 변화가 단백질의 기능과 구조에 미칠 영향을 예측하는데 사용되고 있다(Ng PC & Henikoff S, 2003). 이 프로그램에서 아미노산 변화 정보를 입력하면 프로그램은 고유의 알고리즘을 사용하여 단백질의 변화가 예상되면 "damaging"으로 예측하고 특별한 기능의 변화가 예상되지 않으면 "tolerated"라고 예측한다(그림 16-12). 데이터베이스에서 제공되는 질병과의 관련성이 보고된 "missense" 아미노산 치환을 SIFT 프로그램으로 분석한 결과, 총 69%의 치환이 "damaging"한 영향을 미치는 것으로 추정되었다(Ng PC and Henikoff S, 2002).

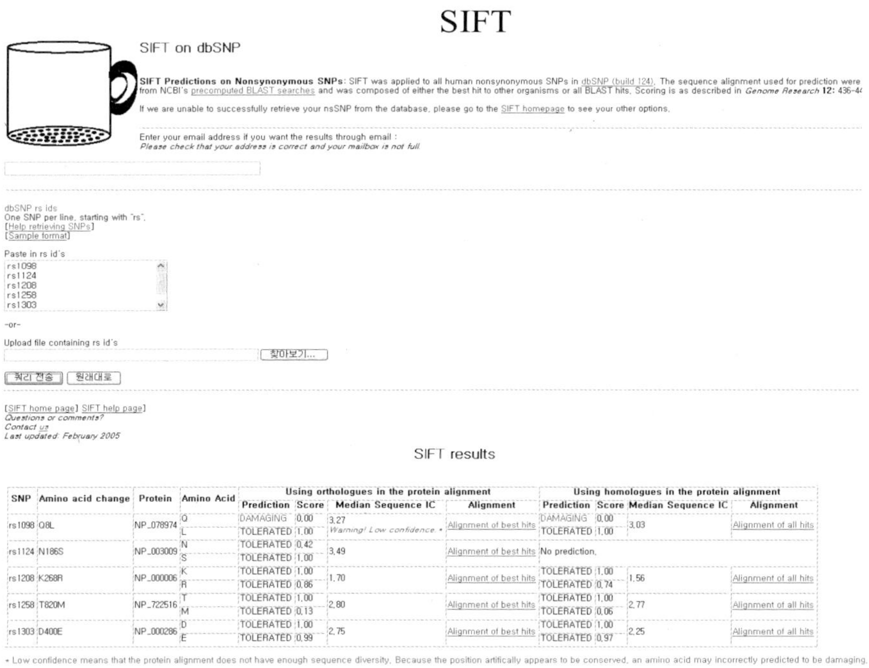

SNP	Amino acid change	Protein	Amino Acid	Using orthologues in the protein alignment: Prediction	Score	Median Sequence IC	Alignment	Using homologues in the protein alignment: Prediction	Score	Median Sequence IC	Alignment
rs1098	Q8L	NP_078974	Q	DAMAGING	0.00	3.27 Warning! Low confidence. *	Alignment of best hits	DAMAGING	0.00	3.03	Alignment of all hits
			L	TOLERATED	1.00			TOLERATED	1.00		
rs1124	N186S	NP_003009	N	TOLERATED	0.42	3.49	Alignment of best hits	No prediction.			
			S	TOLERATED	1.00						
rs1208	K268R	NP_000006	K	TOLERATED	1.00	1.70	Alignment of best hits	TOLERATED	1.00	1.56	Alignment of all hits
			R	TOLERATED	0.86			TOLERATED	0.74		
rs1258	T820M	NP_722516	T	TOLERATED	1.00	2.80	Alignment of best hits	TOLERATED	1.00	2.77	Alignment of all hits
			M	TOLERATED	0.13			TOLERATED	0.06		
rs1303	D400E	NP_000286	D	TOLERATED	1.00	2.75	Alignment of best hits	TOLERATED	1.00	2.25	Alignment of all hits
			E	TOLERATED	0.99			TOLERATED	0.97		

* Low confidence means that the protein alignment does not have enough sequence diversity. Because the position artifically appears to be conserved, an amino acid may incorrectly

그림 16-12. **SIFT 프로그램의 창.** 출처: SIFT: http://blocks.fhcrc.org/sift/

③ **아미노산 치환 변이에 대한 기능 예측 프로그램의 한계**: 특정 아미노산 치환 코딩 염기서열 변이가 단백질의 기능에 손상을 유발할 지를 예측하기 위해서는 PolyPhen이나 SIFT와 같은 생물정보학적 알고리즘이 가장 쉽게 사용할 수 있는 방법이다. 그러나 어떤 방법도 아미노산 치환의 기능적 변화를 완벽하게 예측할 수 없고 더군다나 다양한 예측 프로그램 간에 일치도가 매우 낮은 문제점을 가지고 있다(Brunham LR and Hayden MR, 2013). 따라서 아미노산 치환 유전변이형에 대한 예측 프로그램은 참고자료로만 활용하는 것이 좋겠다. 그리고 최근에는 단백질을 코딩하는 부위 중에서 아미노산 변화를 초래하지 않는 synonymous cSNP도 질병과 연관된 경우가 알려지고 있다(Sauna ZE and kimchi-Sarfaty C, 2011).

(2) 아미노산 치환에 대한 *in vitro* 및 *in vivo* 기능 연구

특정한 유전자의 단백질 기능 연구는 각 단백질의 기능과 특성에 따라 각기 다른 실험기법과 방법을 사용해야 하기 때문에 각 유전자의 특성에 맞는 기능 변화를 조사하면 될 것이다. *In vitro*에서 가장 일반적으로 사용될 수 있는 실험 방법으로는 아미노산을 달리하는 단백질을 발현 벡터를 이용하여 특정 세포주에 과발현하여 단백질의 기능을 비교 분석함으로써 아미노산 치환이 각 유전자의 고유한 기능에 어떤 영향을 미칠 수 있는지를 조사한다. 이 때 각 단백질의 기능을 분석하기 위해서는, 예를 들면, 수용체와 라이간드 간의 결합정도와 신호전달 기능 및 하위에 위치한 다른 유전자의 발현을 활성화시키는 기능 등과 같은 다양한 생물학적 반응을 탐색할 수 있다. 유전변이형이 실제로 생물학적 기능 변화 유발을 통하여 질병 발생의 차이를 유발하였다면 유전변이형의 차이에 의하여 *in vitro*에서의 생물학적 기능의 차이와 더불어 *in vivo* 상에서도 유의적인 기능의 변화가 관측될 것이다. 앞으로는 유전변이형의 발굴과 질병에 대한 통계적 연관성뿐만 아니라 *in vitro* 및 *in vivo*에서의 생물학적 기능 변화 데이터도 더 많이 요구될 전망이다.

4. Splicing sites를 변화시키는 유전변이형의 기능연구

진핵세포에서는 유전자가 exon과 intron으로 구성되어 있으며 mature mRNA을 만들때 splicing이라는 과정을 통해서 단백질을 코딩하지 않는 intron 영역은 제거된다. 한편 splicing이 일어나는 부위는 intron의 처음 부위에 존재하는 splicing donor site와 intron의 끝 부위에 존재하는 acceptor site가 중요한 역할을 수행한다. 특히 donor site인 GT 염기서열과 acceptor site인 AG 염기서열에 돌연변이가 발생하면 정상적인 splicing이 일어나지 않고 exon skipping과 같은 현상이 일어나서 다른 종류의 단백질이 만들어 질 수 있다(그림 16-13.). 따라서 splicing sites에 돌연변이 유무를 잘 살펴보아야 한다. 그 외에도 splicing이 일어나는 주변 부위 또는 branch sites 부위에서의 돌연변이도 splicing에 영향을 미치고 질병을 유발할 수 있는 가능성이 있다. 만약 splicing sites에 돌연변이가 발생하면 유전자 발현에 문제가 발생하는지를 mRNA(cDNA) 단계에서 확인해야 한다.

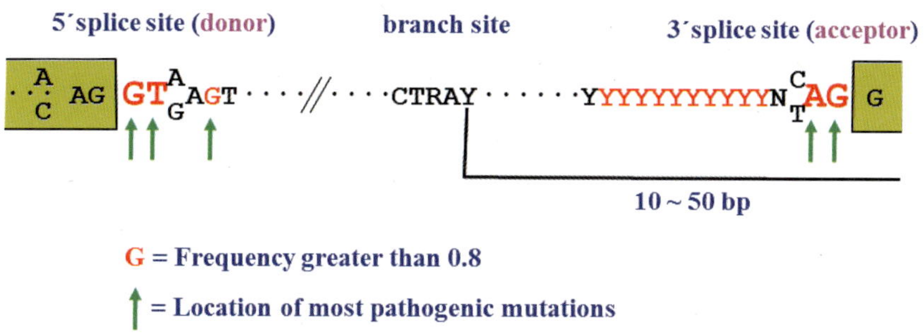

그림 16-13. **Consensus Splice Site Sequences**

5. Non-coding 유전 변이형과 질병 연관성

인간유전체사업 이후에 단백질을 코딩하는 유전자 이외에 다양한 종류의 유전체 조절 인자에 대한 연구가 활발히 진행되었다. 특히 ENCODE 프로젝트를 통해서 기능적인 유전체 인자에 대한 정보가 보다 명확해 지면서 이 영역에 대한 기능 분석 및 질병 연관성에 대한 내용을 더 정확히 파악할 수 있게 되었다. 지금까지 알려진 바로는 단백질을 코딩하는 유전자는 약 20,330개 정도인 것으로 알려져 있고, 기타 유전체의 기능 조절 기능이 있는 다양한 종류의 유전체 부위에 대한 정보도 전체 유전체에서 매우 많은 부분을 차지하고 있다(표 16-4)

표 16-4. **Numbers of Functional Genomic Elements**

Genomic element	Number
Protein-coding genes	20,330
Long non-coding RNAs	13,333
lincRNAs	6,020
Pseudogenes	14,154
Short non-coding RNAs	9,078
miRNAs	3,086
Promoters	70,292
Enhancers	399,124
TFBS (ChIP peaks)	636,336

lincRNAs, long intergenic non-coding RNAs; miRNAs, micro RNAs; TFBS, transcription factor binding sites. 출처: modified from Makrythanasis P and Antonarakis SE. (2013). Clin Genet 84:422-428.

인간의 질병에 관련된 연관성이 확인된 코딩하지 않는 유전체 부위로는 long noncoding RNAs, enhancer, promoter, small noncoding RNAs 및 microRNA 등이 있는 것으로 알려져 있다(그림 16-14.). 최근에는 코딩하지 않는 유전체 부위에서 다양한 유전질환 간의 연관성도 많이 규명되었다(표 16-5). 따라서 향후에는 코딩하지 않는 유전체 부위에 대한 더 많은 질병 연관성 분석 및 기능 연구가 있어야 할 것으로 예상된다.

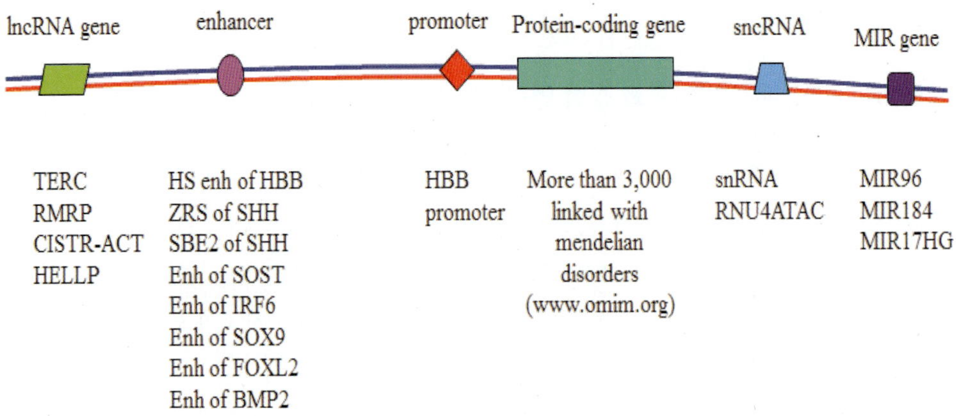

그림 16-14. **코딩하지 않는 유전체 부위에서 발견된 단일질병 원인 유전변이형들**

표 16-5. 유전질환을 유발하는 코딩하지 않는 부위의 유전변이의 대표적인 예

Genomic Element	Name	Disorder
MIR	MIR96	DFNA50 (Autosomal Dominant deafness 50)
	MIR184	EDICT syndrome
	MIR17HG	Feingold syndrome 2
Long ncRNA	TERC	AD dyskeratosiscongenita; susceptibility to aplastic anemia
	RMRP	CHH (cartilage hair hypoplasia) syndrome; anauxetic dysplasia; metaphyseal dysplasia without hypotrichosis
	CISTR-ACT lncRNA	Type E polydactyly
	HELLP lincRNA	HELLP (Hemolysis, Elevated Liver enzymes, Low Platelets) syndrome
	ATXN8/ATXN8OS	Spinocerebellar ataxia 8 (SCA8)
Small ncRNA	snRNA RNU4ATAC	MicrocephalicOsteodysplastic Primordial Dwarfism, type I (MOPD I)
Enhancer CNC	1 Mb from SHH	Postaxial polydactyly
	460 kb from SHH	Holoprocencephaly
	50 kb from SOST	Van Buchem disease
	Enhancer of IRF6	Cleft lip
	Up to 1.5 Mb 5′ or 3′ from SOX9	Pierre Robin sequence
	280 kb from FOXL2	BPES
	110 kb from BMP2	Brachydactyly type A2
	Intron of RET	Hirschprung disease (20× risk)

CNC: conserved noncoding. 출처: Makrythanasis P and Antonarakis SE. (2013). Clin Genet 84:422-428.

6. 빈도가 낮은 희귀 유전변이형에 대한 유전분석

인간유전체사업 이후에 인간의 복합질병에 대한 유전적 원인 유전자를 발굴하기 위한 연구가 활발히 추진되었다. 앞에서 설명한 바와 같이 복합질병의 원인 유전자 발굴을 위한 가설은 common disease-common variant (CDCV)이었다. 즉 많이 발생하는 질병은 빈번한 빈도로 존재하는 유전변이형에 의해 질병이 발생할 것이라는 가설이다. 이 가설이 맞다면 htSNPs이나 LD mapping 등의 기술이 원인 유전자를 규명하는데 매우 유용하게 사용될 수 있을 것이다. 그러나 많은 연구가 진행되고 결과가 나오면서 common disease-common variant 가설뿐만 아니라 common disease-multiple rare variant 가설도 가능함을 확인할 수 있었다. 일반적으로 common allele 들은 단백질 기능에 미치는 효과가 매우 작아서 질병에 기여하는 효과가 매우 제한적이다. 그러나 rare allele 들은 발생 빈도는 낮지만 단백질의 기능 변화에 영향이 커서 질병에 기여하는 효과가 클 것으로 예상된다(그림 16-15).

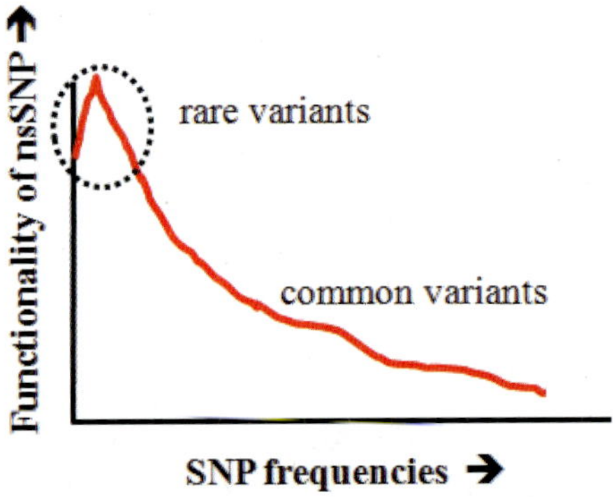

그림 16-15. **유전변이형의 빈도와 기능 간의 연관성**

따라서 htSNPs 또는 LD mapping 등의 기법이 common disease-common variant를 위해서는 매우 유용하게 이용될 수 있지만 common disease-multiple rare variant의 경우에는 적합한 분석 방법이 될 수 없다. 따라서 multiple rare variants에 대한 연구 방법으로는 rare allele을 용이하게 발굴할 수 있는 resequencing 방법이 매우 적합한 방법 중의 하나로 여겨지고 있다. 그러나 rare allele의 경우 빈도가 낮아 나온 결과에 대한 통계분석이 어려운 단점이 있다. 이러한 단점을 극복하고 rare allele을 효율적으로 연구하기 위한 일반적인 방법을 제시하면 다음과 같다(그림 16-16).

- 매우 극단적인 표현형을 보이는 두 그룹에서 후보 유전자에 대한 resequencing을 통하여 rare allele을 발굴함.
- 발굴된 rare allele을 집단 내의 보다 많은 시료에서 연관성 연구를 수행함.
- Rare allele과 표현형 간의 유전 양상을 가계 내에서 분석함.
- 임상시료를 사용하여 *in vivo* 또는 *ex vivo*에서 rare allele과 표현형 간의 연관성을 검증함.

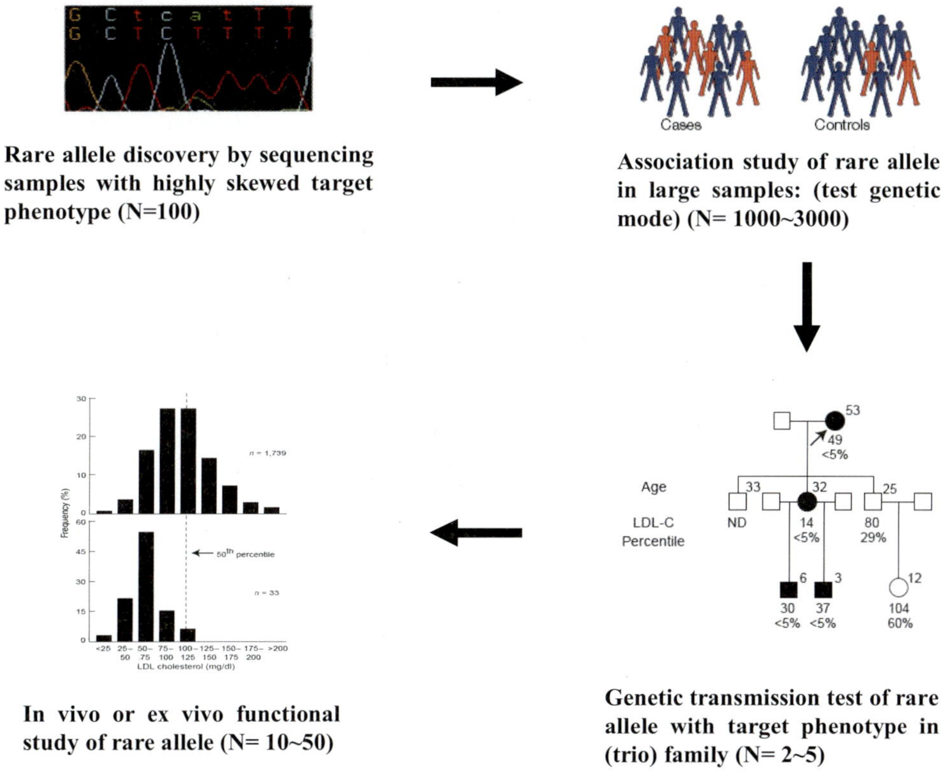

그림 16-16. **Resequencing을 통한 rare allele 연구를 위한 유전체 분석 방법**

Resequencing에 의한 rare allele 연구의 대표적인 경우를 소개해 보고자 한다. 콜레스테롤 농도가 매우 높은 hypercholesterolemia는 PCSK9 유전자의 missense 돌연변이에 의하여 발생하는 것으로 기존에 알려져 있었다. 한편 콜레스테롤의 농도가 매우 낮은 hypocholesterolemia 32 명의 시료를 사용하여 PCSK9 유전자를 resequencing한 결과, 2 개의 nonsense mutation (Y142X & C679X)이 추가로 발견되었다(그림 16-17). 새롭게 발견된 돌연변이는 아프리카인에서 약 2%의 빈도로 존재하고 있었다. 본 연구를 통하여 흥미롭게도 PCSK9 유전자의 missense mutations (S127R, F216L, D374Y)는 hypercholesterolemia

를 유발하였으나 nonsense mutations (Y142X & C679X)는 hypocholesterolemia를 유발함을 확인하게 되었다(그림 16-17). 본 연구 결과는 rare alleles과 질병 간의 연관성을 규명하기 위해 반대의 표현 형질을 보이는 시료군을 이용하여 resequecning 방법을 사용하였다는 것 이외에도 한 유전자의 nonsynonymous SNP의 종류에 따라 전혀 다른 형질이 나타날 수 있다는 것을 밝혔다는 점에서 그 중요성을 찾을 수 있을 것이다.

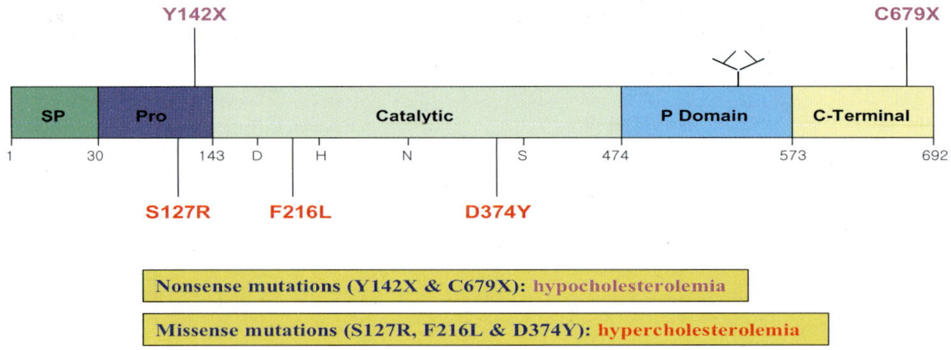

그림 16-17. **PCSK9 유전자의 rare alleles과 LDL 농도의 연관성.** 출처: Cohen et al. (2005). Nat Genet 37:161-165.

Resequencing에 의한 rare allele의 질병 연관성 연구는 단일 유전변이형의 빈도가 낮기 때문에 질병 연관성을 증명하기 위해서는 몇 가지 추가적인 과정이 요구된다. 예를 들면, synonynmous SNP과 nonsynonymous SNP 간의 비율에 대한 정보와 *in vitro*에서 생물학적 기능 차이 규명 및 컴퓨터 프로그램을 사용하여 기능 차이를 예측하는 것이 한 가지 방법이 될 수 있다. 표 16-6에 제시한 바와 같이 rare allele에 대한 기능적 변화에 대한 예측정보 (probably damaging > possibly damaging> benign)는 그 자체로써 생물학적 의미를 지닐 뿐만 아니라 *in vitro*에서 기능 연구를 위한 후보 유전변이형 선별에도 매우 유용하게 활용될 수 있다.

표 16-6. 콜레스테롤 농도에 대한 연관성 연구를 위한 **ABCA1, APOA1, LCAT** 유전자의 **nonsynonymous SNP**에 대한 기능적 차이 예측

Nucleotide change	Amino acid change	n	Race	Predicted effect
		Low HDL-C ABCA1		
C.593C>A	S198X	1	Black	NA
C.742G>A	P248A	1	Black	Benign
C.1201A>C	K401Q	1	White	Benign
C.1769G>C	W590S*	1	Black	Probably damaging
C.1913G>A	R638Q	1	Black	Possibly damaging
C.2320A>T	T774S*	4	Black	Benign
C.2320A>T	E815G	1	White	Probably damaging
C.2444A>G	S1181F	1	White	Possibly damaging
C.3542C>T	R1341T	1	Black	Possibly damaging
C.4022G>C	S1376G	1	Black	Benign
C.4126A>G	R1615Q	1	Black	Possibly damaging
C.4844G>A	A1670T	1	Black	Possibly damaging
C.5008G>A	N1800H*	1	White	Possibly damaging
C.5398A>C	D2243E	4	Black	Benign
		Low HDL-C APOA1		
C.152G>C	R51T	1	Black	Possibly damaging
		Low HDL-C LCAT		
		None		
		High HDL-C ABCA1		
C.1486C>T	R496W	1	White	Probably damaging
C.5039C>T	R1680Q	1	White	Possibly damaging
		High HDL-C APOA1		
		None		
		High HDL-C LCAT		
C.340G>A	V114M	1	Black	Benign

출처: Cohen et al. (2004). Science 305:869-872.

■ 참고문헌

- Adzhubei IA et al. (2010). A method and server for predicting damaging missense mutations. Nat Methods 7:248-249

- Brunham LR and Hayden MR. (2013). Hunting human disease genes: lessons from the past, challenges for the future. Hum Genet 132:603-617

- Chun S and Fay JC. (2009). Identification of deleterious mutations within three human genomes. Genome Res 19:1553-1561

- Cohen J et al. (2005). Low LDL cholesterol in individuals of African descent resulting from frequent nonsense mutations in PCSK9. Nat Genet 37:161-165

- Cohen JC et al. (2004). Multiple rare alleles contribute to low plasma levels of HDL cholesterol. Science 305:869-872

- Davydov EV et al. (2010). Identifying a high fraction of the human genome to be under selective constraint using GERP++. PLoS Comput Biol 6:e1001025

- Davydov EV et al. (2010). Detection of nonneutral substitution rates on mammalian phylogenies. Genome Res 20:110-121

- Grantham R. (1974). Amino acid difference formula to help explain protein evolution. Science 185:862-864

- Kel AE et al. (2003). MATCH: A tool for searching transcription factor binding sites in DNA sequences. Nucleic Acids Res 31:3576-3579

- Kim JY et al. (2005). Identification of regulatory polymorphisms in the TNF-TNF receptor superfamily. Immunogenetics 57:297-303

- Kochi Y et al. (2005). A functional variant in FCRL3, encoding Fc receptor-like 3, is associated with rheumatoid arthritis and several autoimmunities. Nat Genet 31:478-485
- Kumar P et al. (2009). Predicting the effects of coding non-synonymous variants on protein function using the SIFT algorithm. Nat Protoc 4:1073-1081
- Li WH et al. (1984). Nonrandomness of point mutation as reflected in nucleotide substitutions in pseudogenes and its evolutionary implications. J Mol Evol 21:58-71
- Makrythanasis P and Antonarakis SE. (2013). Pathogenic variants in non-protein-coding sequences. Clin Genet 84:422-428
- Ng PC and Henikoff S. (2002). Accounting for human polymorphisms predicted to affect protein function. Genome Res 12:436-446
- Ng PC and Henikoff S. (2003). SIFT: predicting amino acid changes that affect protein function. Nucleic Acids Res 31:3812-3814
- Odom DT et al. (2004). Control of pancreas and liver gene expression by HNF transcription factors. Science 303:1378-1381
- Pollard KS et al. (2010). Detection of nonneutral substitution rates on mammalian phylogenies. Genome Res 20:110-121
- Ramensky V et al. (2002). Human non-synonymous SNPs: server and survey. Nucleic Acids Res 30:3894-3900
- Sauna ZE and kimchi-Sarfaty C. (2011). Understanding the contribution of synonymous mutations to human disease. Nat Rev Genet 12:683-691
- Schwarz JM et al. (2010). MutationTaster evaluates disease-causing potential of sequence alterations. Nat Methods 7:575-576

- Wingender E et al. (2000). TRANSFAC: an integrated system for gene expression regulation. Nucleic Acids Res 28:316-319

- GERP++: //mendel.stanford.edu/sidowla/download/gerp/
- Match: //www.gene-regulation.com/cgi-bin/pub/programs/match/bin/match.cgi/
- MutationTaster: //www.mutationtaster.org/
- PolyPhen: //www.bork.embl-heidelberg.de/PolyPhen/
- SIFT: //blocks.fhcrc.org/sift/

제 17장 유전자 발현 조절의 유전분석

1. 유전자 발현의 유전 분석 필요성

유전자의 발현을 조절하는 기전은 매우 다양한 요인에 의해 결정된다. 유전자의 발현도 유전적 요인과 환경적 요인에 의하여 조절되며 특히 개인 간의 유전적 차이에 의한 유전자 발현의 차이는 다양한 표현형적 변이를 보이는 원인이 되고 있다. 최근 유전체 분석기술의 발전으로 대량의 유전자 발현 정보와 유전체 변이정보를 통합한 분석이 시도되고 있다. 유전자 발현을 조절하는 유전좌위(locus)와 원인 대립 유전형을 규명하기 위해서는 유전자 발현 데이터와 유전변이형 정보를 통합하여 분석하여야 한다. 이렇게 유전자 발현을 조절하는 유전좌위와 원인 대립 유전형을 찾는 연구를 유전체 데이터의 유전 분석(genetical genomics)이라고 한다(Li J and Burmeister M, 2005)(그림 17-1). 이 연구 방법은 유전자 발현의 차이를 조절하는 유전좌위의 위치(eQTLs)를 규명하는 연구이다. 최근에는 대량의 유전자 발현을 조사할 수 있는 cDNA Microarray 기술의 개발과 대량의 유전변이형을 조사할 수 있는 SNP chip 기술의 접목으로 유전자의 발현량을 조절하는 유전변이형에 대한 유전체 연구가 활발히 시도되고 있다. 따라서 이러한 통합적 접근은 유전자의 발현을 조절하는 대량의 조절 유전변이형 정보를 규명해 낼 수 있을 것이다.

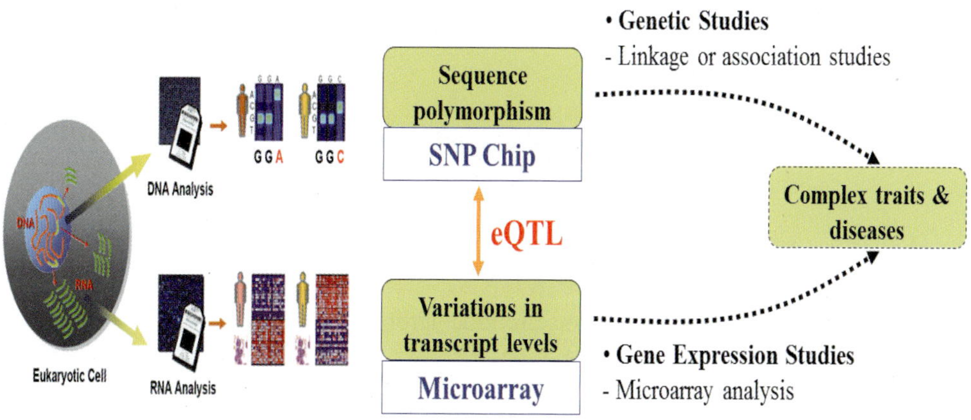

그림 17-1. 유전자 발현의 유전 분석

유전자 발현에 영향을 미치는 유전적 요인을 규명하기 위한 방법에는 크게 2 가지가 있다. 첫 번째는 가계를 이용하여 유전자 발현에 대해 유전 분석법을 적용하는 것이다. 이 방법은 유전자 발현의 정도를 하나의 표현형으로 보고 가계 내에서 유전적으로 전달되는 유형을 조사하는 방법이다. 두 번째 방법은 집단을 사용하여 유전자 발현에 대한 유전 분석을 수행하는 것이다. 집단의 시료를 대상으로 각 개체 간의 유전자 발현량과 발현 패턴을 조사하여 유전자 발현과 유전형 간의 연관성을 조사하게 된다. 유전자 발현에 대한 유전 연구는 질병이라는 복잡한 여러 요인이 관여하는 대상에 비해 더 직접적인 연관성이 존재할 가능성이 높기 때문에 매우 유의적인 결과가 나올 수 있다.

유전자의 발현량을 결정하는 2 가지 기전으로 특정 유전자의 프로모터 부위의 유전변이형이 유전자 발현에 필수적인 전사인자의 결합에 영향을 미쳐 발현량의 차이를 유발하는 기전(*cis*-acting regulation of gene expression)과 다른 유전자의 발현에 의해 특정 유전자의 발현을 조절하는 기전(*trans*-acting regulation of gene expression)이 있다 (Morley M et al, 2004)(그림 17-2). 대부분의 유전자 발현 조절은 유전자의 프로모터에 존재하는 유전변이형에 의해 직접적으로 영향을 받게 된다. 그러나 일부의 경우에는 다른 염색체에 존재하는 독립된 유전자의 발현에 의해 특정 유전자의 발현이 영향을 받을 수 있으며 대부분의 전사인자에 의한 유전자 발현 조절 기전이 여기에 해당된다. MHC class II transactivator (MHC2TA) 유전자에 의한 MHC class II 유전자의 발현 조절이 *trans*-acting하게 유전자 발현을 조절하는 기전의 좋은 예가 된다(Swanberg M et al, 2005)(그림 17-2).

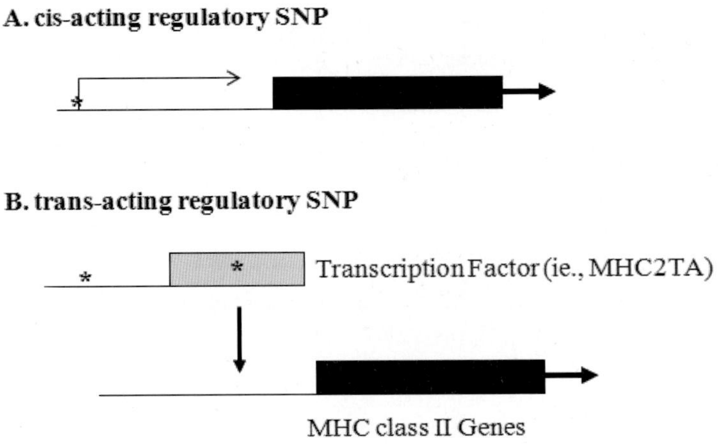

그림 17-2. **rSNP에 의한 유전자 발현의 조절 기전**

한편 유전자의 발현 조절은 유전자 전사 과정에 관련하는 다양한 작용 기전에 의하여 조절된다. 예를 들면, 유전자의 프로모터 부위에서 DNA methylation이나 전사인자의 결합 능력에 의하여 조절되거나 DNA와 결합하고 있는 histone의 acetylation이나 두 대립 유전자가 복제되는 시간적 차이에 따라 두 대립 유전자의 유전자 발현 차이를 유발할 수 있다(그림 17-3).

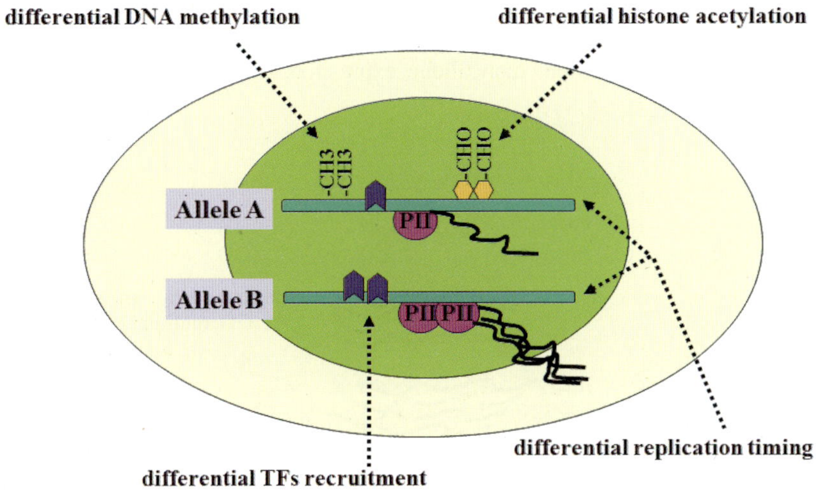

그림 17-3. 대립 유전자 발현의 세포적 원인 조절 기전

2. 대립 유전자 발현의 유형 분류

이배체로 구성된 한 개의 세포는 엄마에게서 받은 유전자 1 개와 아빠에게서 받은 유전자 1 개로 구성된 2 개의 다른 유전자형(alleles)이 존재한다. 따라서 2 개의 대립 유전자가 발현되는 유형은 동일한 조건에서는 2 개의 대립 유전자가 동일한 양(equal allelic expression)으로 발현될 것이다. 그러나 많은 경우에 2 개의 대립 유전자 발현에 차이가 존재한다. 가장 극단적인 경우에는 한 쪽 대립 유전자가 전혀 발현되지 못하는 단일 대립유전자 발현(monoallelic expression) 유형이 관측되기도 한다. 단일 대립유전자 발현의 대표적인 예로는 genomic imprinting에 관련된 유전자에서 부모의 기원에 따라 한쪽 대립 유전자만이 발현되거나 X 염색체에 존재하는 유전자의 random X chromosome inactivation 기전에 의하여 한쪽 대립 유전자만 발현되는 유전자들이 있다.

그리고 유전자의 발현을 조절하는 프로모터 부위에 유전변이형이 존재하는 경우에는 특정 전사인자의 결합에 영향을 미쳐서 2 개의 대립 유전자 발현의 차이를 만들게 된다. 이 경우에는 전사인자의 결합 능력에 따라 2 개의 대립 유전자 발현의 차이는 매우 다양한 형태의 불균형 대립 유전자 발현(allelic imbalance) 패턴을 보이게 된다. 그리고 위에서 언급된 경우 이외에도 RNA editing이라는 기전에 의하여 DNA에서 코딩하는 염기서열이 mRNA 상태에서는 다른 염기로 치환되는 현상이 발생하기도 한다. 따라서 2 개의 다른 대립 유전자를 가지고 있는 1 개의 세포에서 발생하는 대립 유전자 발현의 유형은 크게 4 가지의 유형(equal expression, monoallelic expression, imbalanced expression & RNA editing)으로 분류가 가능하다(그림 17-4).

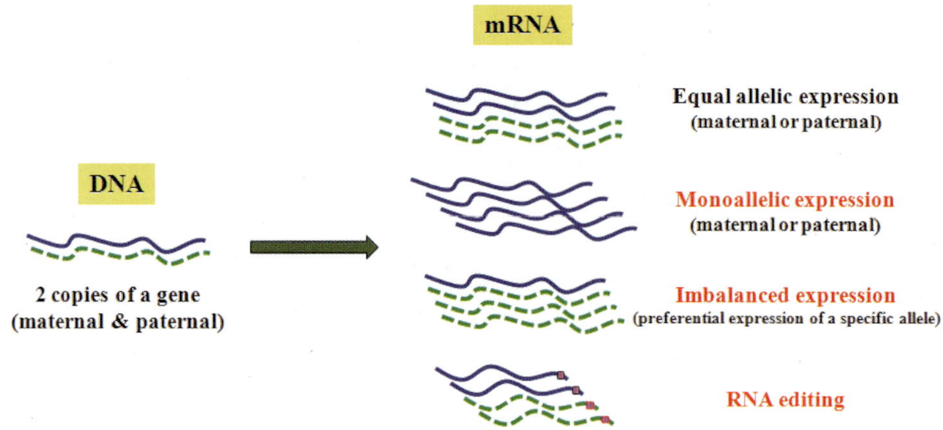

그림 17-4. **대립 유전자 발현의 4 가지 유형**

대립 유전자 발현 유형을 조사하기 위해서는 *in vitro* 방법과 *in vivo* 방법이 사용될 수 있다. 가장 많이 사용하는 방법으로는 특정 유전자의 비교적 짧은 크기의 프로모터 부위(< 1 kb)를 사용하여 *in vitro*에서 gene expression reporter assay를 수행하여 유전자 발현의 차이를 규명하는 것이다. 또한 *in vivo* 대립 유전자 발현을 조사하는 방법으로는 조사하고자 하는 유전자의 코딩 부위에 heterozygote의 형태로 존재하는 마커를 가진 개체의 조직이나 세포를 조사하여 2 대립 유전자의 상대적 발현 정도를 조사한다. 2 개의 대립 유전자 간의 유전자 발현 유형 조사는 genomic DNA에 존재하는 heterozygote의 유전자형이 cDNA에서 관측되는 유전자형의 정도와 비교함으로써 대립 유전자 발현의 유형을 파악한다. 예를 들면, genomic DNA에서는 heterozygote 유전자형을 가지고 있지만 cDNA 상태에서는 하나의 유전자형만 관측된다면 이 유전자는 monoallelic gene expression을 보이는 유전자일 것이다. 그러나 만약에 genomic DNA에서는 정확히 1:1의 비율로 heterozygote의 형태로 존재하는 대립 유전자가 cDNA 상태에서는 다른 비율로 한쪽 대립 유전자형에 치우쳐 관측된다면 이 유전자는 불균형 상태의 유전자 발현(allelic imbalance)을 보이는 유전자일 것이다.

(1) **단일 대립 유전자 발현** (monoallelic expression)

2 개의 유전 정보(diploid)를 지닌 개체에서는 대부분 2 개의 대립 유전자형이 모두 발현된다. 그러나 일부의 유전자에서는 2 개의 대립 유전자형에서 단지 한 개의 유전자형만이 발현된다. 단일 대립 유전자 발현(monoallelic gene expression)의 전형적인 예로는 포유류에서 발생하는 X 염색체의 불활성 기전(mammalian X inactivation), B 세포의 항체 유전자에서처럼 한 대립 유전자가 발현되면 다른 대립 유전자의 발현을 억제하는 현상(allelic exclusion)과 유전적 각인(genomic imprinting)에 의해 발현되는 유전자들이 있다(표 17-1).

표 17-1. **단일 대립 유전자형 발현(monoallelic gene expression) 유전자의 유형**

Group	Target Regions or Genes
Mammalian X inactivation	Random X chromosome inactivation
Allelic exclusion	Immunoglobulin genes in B cells
	T cell receptor (TCR) genes
	Olfactory receptor genes in neurons
	Pheromone receptor genes
	Interleukins
	Odorant receptors
	Protocadherin genes
Genomic imprinting	IGF2R (+ H19)
	KCNQ1
	GNAS
	PWS (Prader-Willi & Angelman syndrome) region

단일 대립 유전자형 발현은 아마도 발달 단계에서 특정 유전자의 발현을 감소시키기 위한 한 가지 방법으로 작용할 수 있거나 genomic imprinting 유전자의 근처에 존재하여서 동일한 기전으로 단일 대립 유전자형 발현이 가능할 것으로 추측된다. 한편 이러한 단일 대립 유전자형 발현은 매우 중요한 유전자에서 특정 유전자 수의 결핍(haplodeficiency) 또는 결손(deletion)이 있는 유전자와 조합을 이루는 경우에는 매우 심각한 유전 증상(deletion syndrome)을 유발할 가능성이 있다. 그리고 단일 대립 유전자형 발현은 DNA methylation, replication timing, chromatin structure, noncoding RNAs 및 nuclear positioning과 같은 비유전적 요인(epigenetic)에 의하여 조절되는 것으로 알려져 있다(Yang PK and Kuroda MI, 2007). 단일 대립 유전자 발현의 3 가지 대표적인 기전(Mammalian X inactivation, Allelic exclusion, Genomic imprinting)에 대하여 아래에 간략히 소개하고자 한다.

① Mammalian X inactivation

남성(XY)의 경우에는 X-염색체를 1 개 가지고 있지만 여성(XX)의 경우에는 2 개의 X-염색체를 가지고 있다. 따라서 X-염색체 불활성화는 여성에서 남자와 여자 사이의 X-linked 유전자의 양을 동일하게 맞추기 위한 과정이다. 그래서 여성의 개별 세포에서는 2 개의 X-염색체 유전자 중에서 1 개의 유전자가 임의로 선별되어 불활성화되고 다른 1 개의 유전자만이 발현(monoallelic expression)된다(물론 일부의 유전자는 이 과정을 벗어나는 예외의 경우도 존재함). 그리고 X-염색체 불활성화는 세포별로 각자 임의로 선별되어 진행되기 때문에 여성의 조직에서 X-염색체 유전자의 발현은 모자이크 형태를 띠게 된다. 한편 X-염색체 불활성화는 X-염색체에 존재하는 Xic (X-inactivation center) locus에 의하여 전사되는 Xist (X-inactivation-specific transcript) RNA에 의하여 유지되는 것으로 알려져 있다. 이 RNA는 불활성화된 염색체에서 존재하는 대립 유전자에서만 발현됨으로써 X-염색체 불활성화를 유지한다.

② Allelic exclusion

면역세포인 B 세포의 immunoglobulin 유전자와 T 세포의 T cell receptor 유전자는 2 개의 대립 유전자에서 단지 1 개만이 발현된다. 이 발현 기전은 항원 수용체(antigen receptor) 유전자인 immunoglobulin 유전자와 T cell receptor 유전자에서 한 염색체에 존재하는 하나의 대립 유전자가 다수의 유전체 조각의 조합(recombination)에 의하여 발현되면 다른 염색체에 존재하는 유전자의 유전자 재조합을 억제함으로써 이루어진다. 따라서 B 세포 또는 T 세포에서 발현되는 항체 수용체는 한 종류만 발현되어 오직 한 종류의 항원과 결합할 수 있는 특성을 가진다. 통상 monoclonal antibody가 만들어 지는 것도 B 세포에서 allelic exclusion에 의하여 항체가 생성되기 때문에 가능하다.

③ Genomic imprinting

엄마로부터 받은 대립 유전자인지 아빠로부터 받은 대립 유전자인지에 따라 단지 한 쪽에서 받은 유전자만이 발현되는 현상을 유전적 각인(genomic imprinting)이라고 한다. 포유류(사람과 마우스)에서는 약 70 개 정도의 각인된 유전자(imprinted genes)가 있는 것으로 밝혀져 있으며 이 유전자들의 발현 이상은 태아의 발생 또는 태반의 기능에 영향을 미치는 것으로 알려져 있다. 그리고 엄마로부터 전달받은 유전자가 발현되거나 아빠로부터 전달받은 유전자가 발현되는 유전자들은 다수의 염색체에서 imprinted regions으로 구성된 유전자 군락(gene cluster)을 이루어 존재한다. 유전적 각인은 각인이 일어나는 부위의 methylation에 의하여 유전자 발현을 조절한다. 한편 유전적 각인은 다음 세대에 전달되기 전에 정자와 난자를 생성하는 과정에서 제거되고 다시 설정되어 다음 세대에 전달된다. 특히 유전적 각인이 일어나는 유전자 부위에 다른 1 개의 유전자가 결손된 경우에는 유전자 발현이 완전히 소멸될 수 있어 유전자의 기능에 지대한 영향을 미칠 수 있다. 유전적 각인에 의한 가장 잘 알려진 질병으로는 Prader-Willi syndrome과 Angelman's syndrome이 있다. 유전체 15q11-13 영역에서 아빠에게서 받은 유전자가 결손된 경우에는 Prader-Willi syndrome이 발생하고 엄마에게서 받은 유전자가 결손된 경우에는 Angelman's syndrome이라는 2 개의 다른 임상적 표현형으로 나타난다. 또 다른 예로는 염색체 11p15 부위의 유전적 각인에 의하여 Beckwith-Wiedemann syndrome이 발생하는 것으로 알려져 있다. 사람에게서 유전적 각인으로 발현되는 유전자로는 약 50 개 정도가 있는 것으로 밝혀져 있다(hppt://igc.otago.ac.nz/home.html). 그리고 마우스의 각인 유전자 정보도 website (http://www.mgu.har.nrc.ac.uk/ research/imprinting/)에서 확인할 수 있다. 유전적 각인을 검색하는 방법은 적어도 3 세대 이상으로 구성된 대가계에서 엄마 또는 아빠에게서 물려받은 대립 유전자형이 다음 세대에 어떻게 발현되는지를 조사해야 한다. 일반적으로 유전적 각인은 엄마 또는 아빠에게서 물려받은 대립 유전자형 판별(paternal vs maternal), 조직 특이성, 발생단계 특이성 및 이웃한 유전자의 유전적 각인 구역(clustering) 등을 조사한다.

(2) **불균형적 대립 유전자 발현** (allelic imbalance in gene expression)

유전자의 발현은 유전적 차이 또는 외부의 환경적 차이에 의하여 영향을 받고 있다. 특히 유전자 발현량은 연속적인 값으로 다양한 발현량으로 측정된다. 최근에는 유전자 발현의 유전적 특성을 규명하기 위하여 유전자 발현량을 정량적 형질(quantitative trait)로 설정하고 특정 유전자 발현을 조절하는 유전적 위치(eQTL: Expression Quantitative Trait Loci)를 찾는 연구가 활발히 추진되고 있다. eQTL 분석은 유전체와 유전자 발현 전사체(transcriptome) 간의 관계를 연구한다. 따라서 eQTL mapping은 수천 개의 유전자 발현을 분석하여 유전자 발현 형질을 설명할 수 있는 유전체의 원인 변이를 찾는 작업이다. 대립 유전자 발현의 차이는 *cis*-acting factors 또는 *trans*-acting modulators에 의하여 조절될 수 있다. *cis*-acting factor로 작용하는 대표적인 예로는 특정 유전자의 프로모터 부위에 존재하는 유전변이형(예, regulatory SNP)이나 프로모터 부위의 methylation에 의하여 두 대립 유전자형의 발현 차이가 발생할 수 있다. 그리고 *trans*-acting modulator로 작용하는 대표적인 것으로는 전사인자 또는 enhancer 등에 의한 유전자 발현 조절 기전이 있다. 많은 eQTL 연구에 의하면, 대립 유전자 발현 차이는 주로 *cis*-acting 조절 유전변이에 의해서 발생하며 *trans*-acting 조절 유전변이 또는 epigenetic 조절 기전은 상대적으로 낮은 빈도로 발생하는 것으로 알려져 있다. 따라서 *cis*-acting 조절 유전변이형이 표현형적 차이의 주요 요인으로 작용하고 많은 질병과 연관되어 있다(Zhang S et al, 2014).

대립 유전자 발현의 불균형은 유전적 요인(genetic)과 비유전적 요인(epigenetic)에 의하여 결정된다. 유전적 요인에 의한 대립 유전자 발현의 불균형 현상은 가계 시료를 사용하여 발현되는 대립 유전자의 불균형(allelic imbalance) 정도를 조사함으로써 알 수 있다. 또한 다수의 시료를 이용한 집단간 또는 집단내 유전자 발현의 차이를 보이는 유전자와 유전변이형 간의 연관성을 조사함으로써 찾을 수 있다. 한편 유전적 요인에 의한 것이 아니라면 아마도 비유전적 요인에 의해 대립 유전자 발현의 불균형이 초래될 것이다. 이 경우에는 한 세포에 존재하는 2 개의 다른 유전체 복제의 시간적 차이(replication asynchrony) 또는 methylation의 차이(differential methylation) 또는 대립 유전자형 특이적으로 발생하는 histone 상태의 변화 등이 관여할 것이다. 한편 유전자의 발현은 집단 내 및 집단 간에 매우 다양한 형태로 관측되고 있다. 한 연구에 의하면 약 83%의 유전자가 사람 간에 유전자 발현의 차이를 보였으며 그리고 약 17%의 유전자는 인종 간에 유전자 발현의 차이가 있는 것으로 조사되었다(Storey JD et al, 2007). 특히 집단 간의 유전자 발현의 차이는 주로 유전자 발현에 관련하는 유전자형 빈도의 차이에 기인된 것으로 알려지고 있다(Spielman RS et al, 2007).

한 사람의 다양한 조직이나 다른 종류의 세포에서도 다른 패턴의 대립 유전자 발현 차이를 볼 수 있다. 예를 들면, 정상인 288명의 혈액으로부터 B 세포와 monocytes세포를 분리하여 대립 유전자 발현의 조절 기절을 분석해 보면 약 15,622개 유전자가 개별 세포 (B 세포 혹은 monocytes 세포) 또는 두 세포 모두에서 *cis*-acting하게 유전자 발현 조절이 이루어짐을 확인하였다. 그리고 195개 유전자는 *trans*-acting하게 대립 유전자 발현이 조절됨을 확인하였다(Gregersen PK et al, 2012; Fairfax BP et al, 2012). 그런데 흥미롭게도 B 세포와 monocytes에서 공통적으로 *cis*-acting하게 유전자 발현 조절 기전을 가진 1,323개 유전자에서 31개 유전자는 B 세포와 monocytes세포에서 반대 방향의 *cis*-acting 유전자 발현을 보이고 있어서 전체 혈액 세포를 이용한 분석에서는 *cis*-acting 유전자 발현 조절 기전을 확인할 수 없을 것으로 예상된다(그림 17-5). 따라서 한 개체 내에서도 세포의 종류에 따라 다른 유전자 발현 조절 기전이 작용함을 알 수 있다. 한편 monocytes 세포에서 LYZ 유전자의 프로모터 부위에 존재하며 *cis*-acting하게 LYZ 유전자 발현을 조절하는 유전변이형(rs10784774)은 다른 염색체에 있는 총 632 유전자의 발현을 *trans*-acting하게 조절하는 것으로 알려져 있다(그림 17-5). 이처럼 일부의 경우에는 *cis*-acting한 조절 유전자가 *trans*-acting하게 다수의 유전자 발현을 조절하기도 한다. 그리고 일부의 유전자 발현 조절 유전변이형들은 한 개체 내에서도 세포의 종류에 따라 다른 유전자 발현 조절 기전으로 작용하고 있다(Fairfax BP et al, 2012).

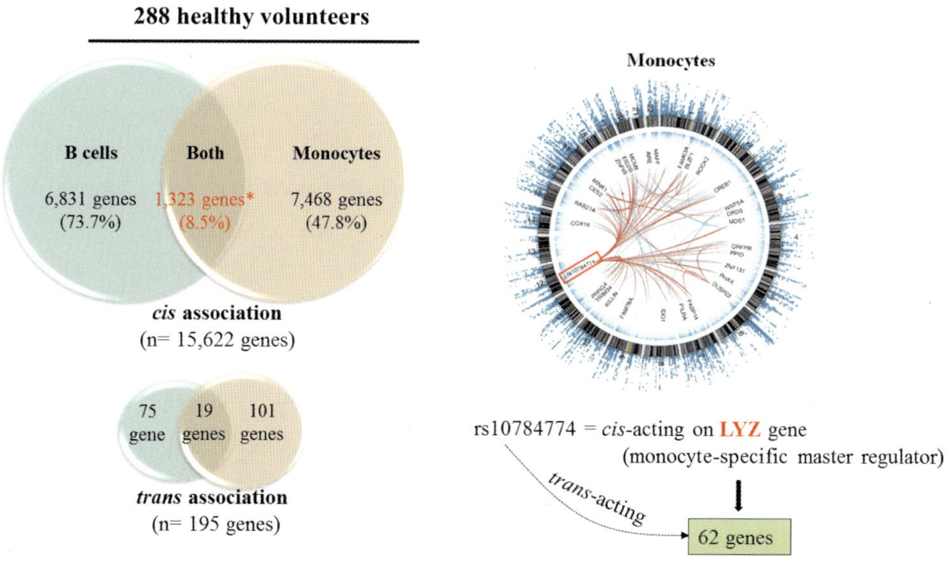

그림 17-5. **정상인 288명에서 분리된 B 세포와 monocytes 세포에서 대립유전자 발현의 차이를 보이는 유전자의 *cis*-acitng 또는 *trans*-acting 조절 유전자의 분포 상황.** 출처: Gregersen PK. (2012). Nat Genet 44:478-480 & Fairfax BP et al. (2012). Nat Genet 44:502-510.

(3) RNA 염기서열 편집 (RNA editing)

일부의 유전자에서는 RNA editing에 의하여 DNA로부터 mRNA가 만들어진 이후에 mRNA의 염기서열이 다른 염기서열로 치환된다. 그리고 RNA editing은 염기 치환(substitution) 또는 삽입/결손(insertion/deletion editing)의 2 가지 다른 기전으로 진행된다(표 17-2). 주로 포유류에서 일어나는 염기 치환은 cytidine deaminase에 의하여 mRNA에 존재하는 cytosine(C)이 urasil(U)로 변형되어 만들어진다. 또 adenosine deaminase의 경우에는 mRNA에 존재하는 adenosine(A)을 inosine(I)로 치환하고 치환된 inosine은 ribosome에서 guanosine (G)으로 인식하게 된다. 그리고 일부 기생충의 미토콘드리아 유전자나 홍역 바이러스(measles virus) 유전자들에서는 guide RNA에 의하여 염기서열 삽입 또는 결손에 의한 RNA editing 현상이 일어나기도 한다.

표 17-2. **RNA Editing 발생 기전**

Group	Mechanism	Examples
Substitution	C → U substitution (cytidine deaminase)	APOB
	A → I(=G) substitution (adenosine deaminase)	Neuronal glutamate & serotonin receptor subunits
Insertion/deletion editing	insertion or deletion by guide RNA (gRNA)	genes in the mitochondria of some parasites & genes in Measles virus

염기 치환에 의하여 발생하는 RNA editing의 대표적인 것으로는 조직 특이적으로 발생하는 인간 Apolipoprotein B (APOB) 유전자가 있다. APOB 유전자는 29 개의 exon으로 구성되어 있으며 총 4,564 개의 코돈을 가지고 있다. 이 유전자는 간(liver) 세포와 장(intestine) 세포에서 발현되는데 간 세포에서는 정상적으로 총 4,563 개의 아미노산을 코딩하는 단백질이 만들어지지만 장 세포에서는 2,153번 코돈인 CAA가 cytidine deaminase 효소의 작용으로 UAA로 변경되어 stop 코돈으로 바뀌게 된다. 따라서 코돈 2,153 번에서 RNA editing으로 아미노산 코딩이 중단됨에 따라 2,153 개의 아미노산을 가진 짧은 단백질을 만든다(그림 17-6).

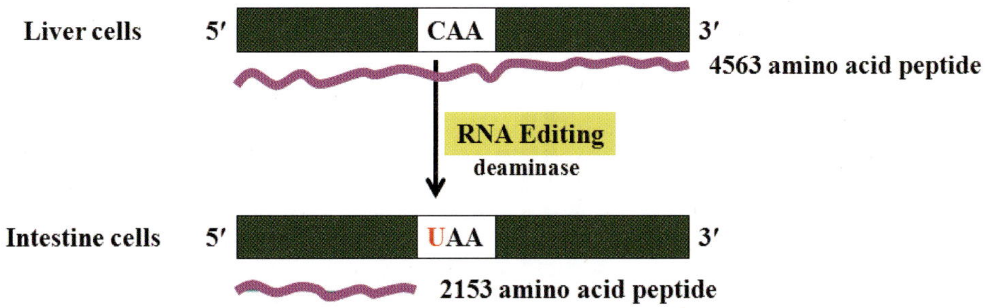

그림 17-6. 인간 **APOB 유전자에서 조직 특이적인 RNA editing 현상**

사람의 APOB 유전자 이외에도 다수의 유전자들이 RNA editing에 의하여 단백질의 아미노산 서열이 변화한다. 표 17-3에는 RNA editing이 일어나는 대표적인 유전자와 RNA editing의 종류를 보여주고 있다.

표 17-3. **포유류의 RNA editing 유전자의 보기**

Tissue	**Target RNA**	**Change**	**Effects**
Intestine	Apolipoprotein B	C→ U	Glutamine - Stop
Muscle	A-galactosidae	U→A	Phe - Tyr
Testis, tumors	Wilms tumor-1	U→C	Leu - Pro
Tumors	Neurofibromatosis T-1	C→U	Arg - Stop
B lymphocytes	Immunoglobulin	Various	Generating Ab diversity
Brain	Glutamate receptor	A→I	Various codon changes

RNA editing sites는 주로 A → G 치환이 가장 빈번(~90%)하게 일어나며 다른 종류의 염기 치환은 매우 작은 빈도로 발생하는 것으로 알려져 있다(그림 17-7). 그리고 RNA editing은 세포에 따라서 일어날 수도 있고 일어나지 않을 수도 있어서 다양한 비율로 RNA editing이 일어난다. 또한 RNA editing이 일어나는 부위로는 3-UTR 부위가 가장 많고 그 다음으로는 intron 부위와 알려지지 않은 부위에서 높게 발생하는데 5-UTR 부위 또는 coding 영역에서는 아주 낮은 빈도로 관찰된다(그림 17-7). 비록 RNA editing의 기능이나 생물학적인 역할에 대해서는 아직 제한적으로 알려져 있지만 향후에는 보다 구체적인 역할이 규명될 것이다.

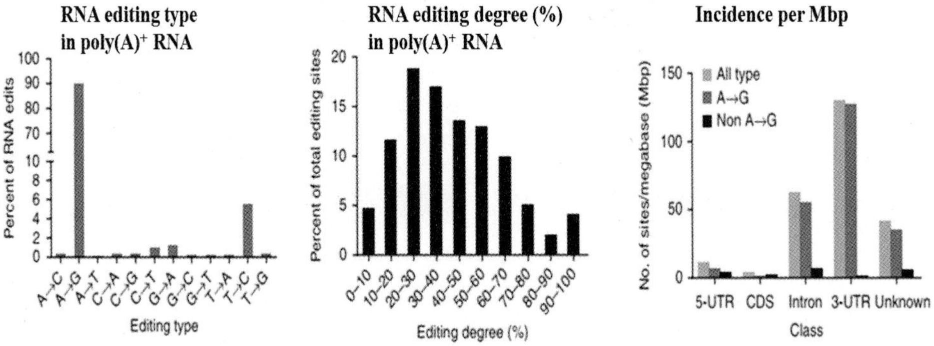

그림 17-7. **RNA editing sites의 특징.** 출처: Peng Z et al. (2012). Nat Biotech 30:253-260.

3. 대립 유전자 발현 조절 분석 기술

(1) 유전자 칩(DNA microarray)을 이용한 정량적 유전자 발현 차이 분석

대량의 유전자에 대한 유전자 발현 패턴을 조사하는 방법으로는 DNA microarray chip 분석 방법을 많이 사용하고 있다. 이 분석은 많은 수의 유전자가 올려진 DNA 칩을 사용하여 mRNA의 발현 정도를 정량화함으로써 두 그룹 간의 유전자 발현 차이를 비교하게 된다. 이 분석 기술에 대한 상세한 내용은 이 책의 제 5장을 참고하면 된다. 한편 DNA microarray 기술을 이용한 유전자 발현 분석은 특정 유전자의 발현량만을 조사할 수 있지만 2 개의 대립 유전자형에 대한 직접적 발현 분석은 조사가 어렵다. 한 가지 가능한 방법은 많은 수의 집단 시료를 이용하여 집단간 또는 집단내 유전자 발현의 차이를 보이는 유전자에 대하여 그 원인을 추가적으로 추적 조사하면 부분적으로 가능하다. 예를 들면, 다수의 시료에서 생산된 DNA microarray data에서 유전자 발현의 차이를 보이는 정도와 개별 시료의 SNP chip data에서 생산된 유전변이형 정보 간의 연관성을 찾아서 *cis*-acting 또는 *trans*-acting 하게 작용하는 유전변이형 정보를 검색할 수 있다. 일반적으로 유전자 칩을 이용한 유전자 발현 분석은 대량의 유전자들에 대한 정량적 발현량을 조사하고 gene ontology 또는 pathway 분석 등을 통하여 특정 조건에서 발현되는 유전자 그룹에 대한 정보를 분석하게 된다.

(2) SNP chip을 이용한 대립 유전자형의 발현 유형 분석

최근에는 SNP genotyping 기술을 활용하여 genomic DNA와 cDNA를 동시에 genotyping 함으로써 대립 유전자의 발현 유형 분석이 가능하게 되었다. 예를 들면, 그림 17-8에 제시한 바와 같이 genomic DNA와 cDNA의 genotype을 분석하여 비교함으로써 monoallelic expression, imbalanced expression 및 RNA editing에 의한 대립 유전자 발현 변화를 동시에 대량으로 조사할 수 있다.

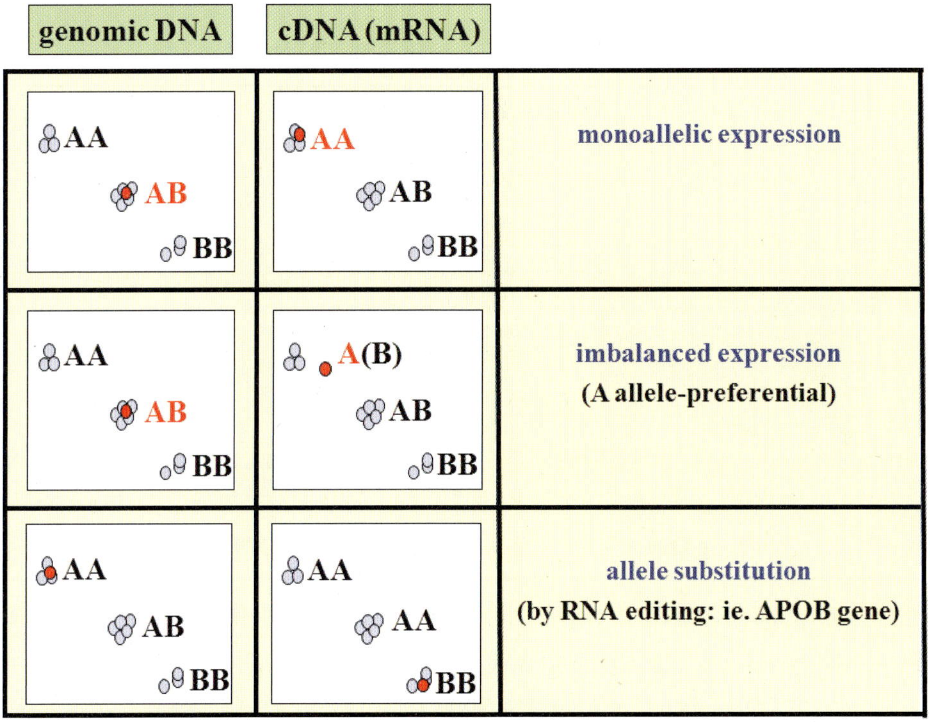

그림 17-8. **SNP genotyping 기술을 이용한 대립 유전자 발현 유형 분석**

인간의 유전체에 존재하는 많은 수의 SNP 마커를 genotyping할 수 있는 SNP chip 기술은 유전변이형 정보만을 제공하는 것이 아니라 사용하는 시료의 종류와 연구 방법에 따라 유전자 발현 조절의 기전 연구도 가능하다. 예를 들면, 최근에 SNP chip을 이용하여 genomic DNA에 존재하는 대립 유전자형과 mRNA에서 만들어진 cDNA에 존재하는 대립 유전자형을 비교하여 대립 유전자의 발현 유형을 조사하는 방법이 여러 연구자에 의해 시도되었다. 한 가지 예로서 SNP chip을 사용하여 EBV-transformed B 세포에서 분리된 genomic DNA와 cDNA에 존재하는 유전자형을 비교함으로써 다양한 종류의 대립 유전자형 발현 유형을 조사할 수 있다(그림 17-9).

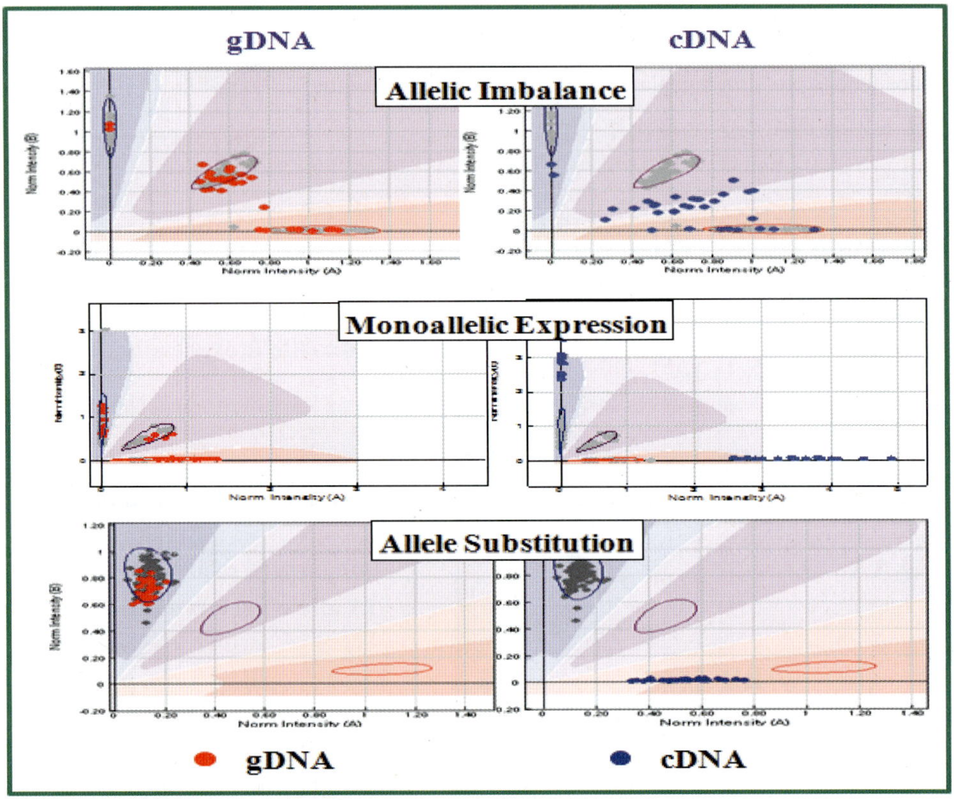

그림 17-9. **Illumina NS-12K SNP chip을 이용한 대립 유전자 발현 유형 검색.** 다수의 세포주를 이용하여 genomic DNA와 mRNA에서 만들어진 cDNA를 template로 사용하여 Illumina 회사의 coding SNP으로 구성된 NS-12K SNP chip을 이용하여 SNP genotyping을 수행한 이후에 genomic DNA와 cDNA에서 발현되는 3 가지 주요 대립 유전자형 발현 패턴을 조사함. 위의 그림에서 genomic DNA의 유전자형은 붉은색으로 표시하고 cDNA의 유전자형은 푸른색으로 표시함.

백혈구 세포에서 SNP chip을 이용하여 대립 유전자의 발현 유형을 조사해 보니 약 5%의 유전자가 단일 대립 유전자형 발현 (monoallelic expression) 유형을 보이고, 약 53% 정도의 유전자가 대립 유전자의 발현이 불균형 (allelic imbalance; 대립유전자형 발현이 1.5 fold 이상 차이를 보이는 유전자의 비율) 상태를 보이는 것으로 나타났다(Pant

PV et al, 2006). 이러한 결과는 매우 많은 수의 유전자들이 실제로 2 개의 다른 대립 유전자 발현에 차이를 보이고 있음을 나타낸다. 그리고 대립 유전자 불균형 발현(allelic imbalance in gene expression) 유형은 가계도를 가진 시료에서 관측해 본 결과, genomic DNA 상태의 유전자형과 발현되는 cDNA 상태의 유전자형 간에 발생한 불균형 유전자 발현 현상은 부모 세대로부터 다음 세대로 동일한 유형으로 전달됨을 알 수 있었다(그림 17-10). 이는 두 대립 유전자의 발현이 유전적으로 전달되고 있음을 의미한다. 따라서 SNP chip을 이용한 유전자 발현 연구는 다양한 종류의 유전자 발현 유형을 분석하고 그 기전을 이해하는데 많은 도움을 줄 수 있을 것이다.

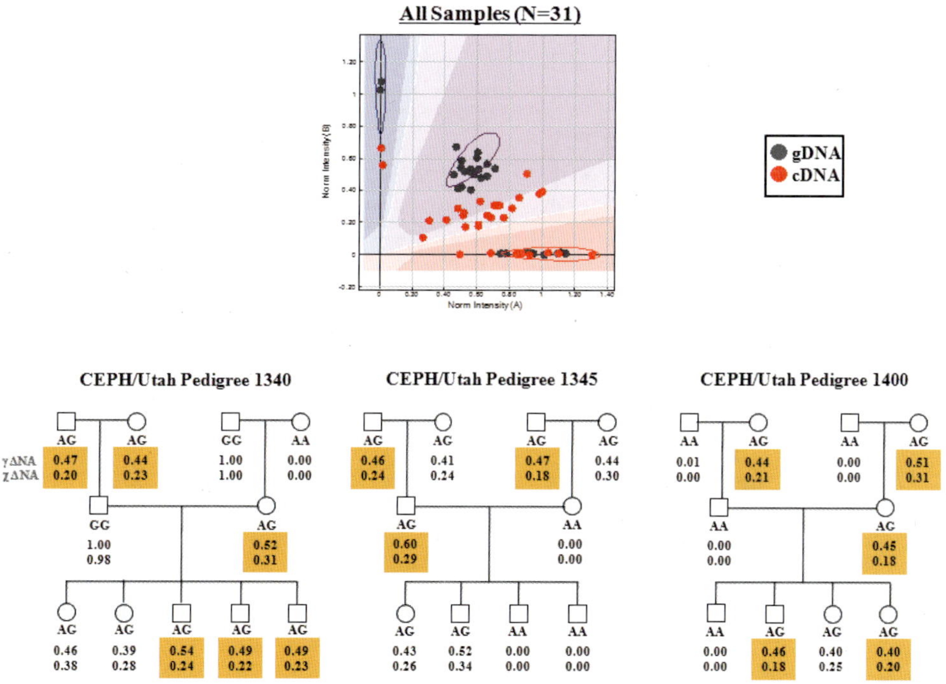

그림 17-10. **Illumina 회사의 NS-12KSNP chip을 이용하여 CEPH 가계의 B 세포주를 이용한 분석에서 관측된 대립 유전자 불균형 발현(allelic imbalance in gene expresssion)의 유전적 전달 상태 검정.** 위의 그림에서 genomic DNA시료에서 heterozygote 상태의 유전형이 모두 동일한 비율로 관측되지만 cDNA 에서는 한쪽 대립 유전자형이 더 많이 발현됨을 확인할 수 있다.

(3) 차세대 염기서열 분석기술을 이용한 유전자 발현 분석

최근 유전체 염기서열 분석 기술의 혁신적인 발전으로 유전자 발현 연구에도 새로운 방법으로 활용되고 있다. 예를 들면, 차세대 염기서열 분석 기술을 이용하여 발현되는 모든 유전자(cDNA library)를 대량으로 염기서열을 분석(RNA-Seq)하여 유전자 발현량을 정량화하고 두 대립 유전자형의 발현 차이를 조사하며 새로운 splicing 변이형들도 찾아낼 수 있게 되었다(그림 17-11). 이러한 유전자 발현에 대한 대량의 정보는 인간 유전체에 존재하는 유전변이형 정보와 통합적으로 분석함으로써 유전체의 DNA 정보로부터 mRNA 발현의 경로와 기전을 이해할 수 있는 새로운 정보를 제공하게 될 것이다.

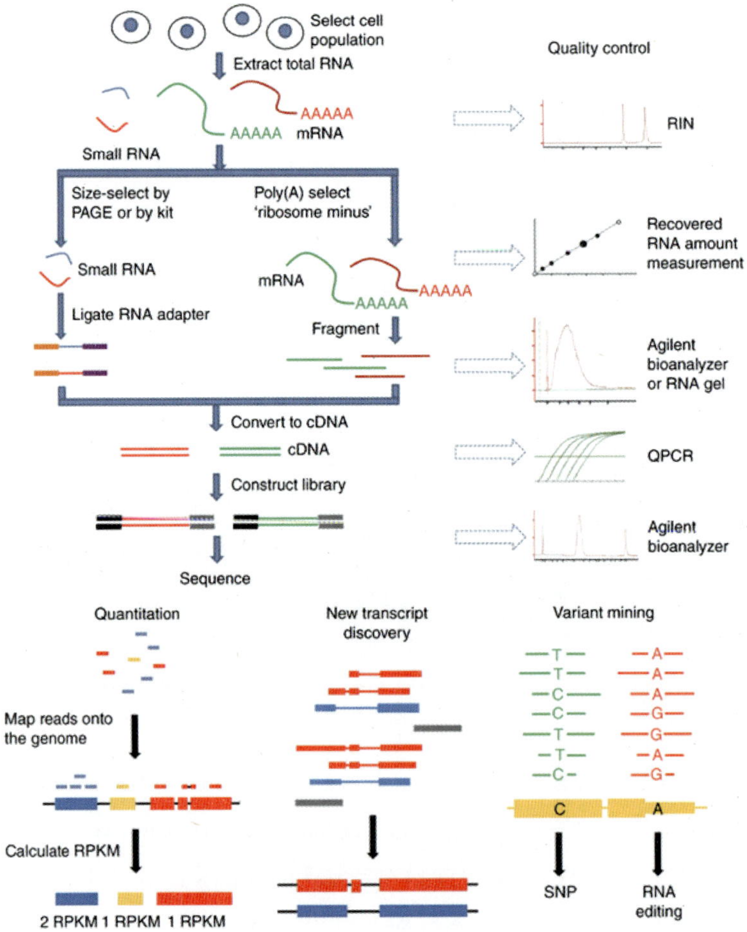

그림 17-11. **대립유전자 발현 연구를 위한 RNA-Seq 분석방법의 개요.** 출처: http://www.nature.com/ni/journal/v13/n9/fig_tab/ni.2407_F1.html. RPKM: reads per kilobase per million reads.

RNA-Seq 연구에 의하면, 한 개인에서 약 17% 유전자들이 대립 유전자 특이적인 유전자 발현을 보이는 것으로 보고되었다(Zhang S et al, 2014). 그리고 지금까지 다양한 유전체 분석 방법을 이용한 연구를 종합해 보면, 약 17%~25%의 인간 유전자들이 대립유전자 특이적인 유전자 발현(allele-specific gene expression) 패턴을 보이는 것으로 알려지고 있다(표 17-4).

또한 차세대 대용량 염기서열 분석 방법은 chromatin immunoprecipitation (ChIP) sequencing과 genome-wide methylation profiling을 통하여 유전체 전체에 걸친 DNA-protein 상호작용 정보를 파악함으로써 광범위한 유전자 발현의 조절 기전을 이해할 수 있는 길을 열어 주었다(Mardis ER, 2008). 따라서 차세대 염기서열 분석 기술은 다양한 분야에서 더 새로운 유전체 정보를 제공해 줄 매우 중요한 수단으로 활용될 전망이다.

표 17-4. **대립유전자 특이적인 유전자 발현(allele-specific gene expression)의 비율**

Study	% of allele-specific expression	Reference
Serial Analysis of Gene Expression (SAGE)	**>25%** of the human genes	Vidal DO et al, 2011
Illumina Allele-Specific Expression BeadArray platform	**~20%** of the human genes (European individuals)	Serre D et al, 2008
Illumina BeadChips	**~18%** of the human genes	Dimas AS et al, 2008
RNA-Seq	**~17%** of the human genes (in a single individual)	Zhang S et al, 2014
ENCODE Project	**~18%** of the human genes	Djebali S et al, 2012

한편 대립 유전자 발현 기전 분석은 유전자의 *cis*-acting 유전자 발현조절 유전변이형의 특성을 규명하는데 매우 유용한 분석기술이다. 그래서 이 분석 방법은 질병 연관성 분석에서 찾아진 질병 연관 LD 블록에 존재하는 다양한 유전변이형에서 질병의 원인 유전변이형을 찾아내는데 매우 유용할 것이다(Zhang S et al, 2014).

4. 통합 유전체 정보 분석을 통한 유전자 발현 조절 기전 연구

유전자의 발현 기전을 이해하는 것은 생물학 분야의 가장 핵심적인 연구 주제 중의 하나이다. 그런데 최근의 새로운 유전체 분석 기술들은 유전자 발현의 기전을 이해할 수 있는 새로운 방법을 제공하고 있다. 이러한 기술의 발전과 더불어 다양한 분석 방법과 data를 통합적으로 이해하려는 노력이 더욱 확대될 전망이다. 그래서 유전자 발현 기전을 연구하기 위해서는 인간 유전체 전반에 대한 DNA 변이 정보 분석, DNA-protein interaction 분석, methylation profiling과 같은 epigenetic data의 분석, mRNA expression profiling과 allelic gene expression에 대한 이해 등을 종합적으로 분석하고 이해하려는 노력이 요구된다. 이를 위해서는 SNP chip, DNA microarray chip, SAGE data, ChIP-chip 또는 CHIP-sequencing, epigenomics profiling data 등을 통합적으로 분석하고 이해하는 작업으로 진행될 것이다. 이러한 통합적 접근은 systems biology 분야의 발전을 수반하고 유전자 발현의 상세한 조절 기전을 이해할 수 있는 새로운 지식을 넓히게 될 것이다.

한편 유전자 발현(eQTL) 정보와 질병 연관성(GWAS) 정보를 통합적으로 분석하게 되면 질병에 연관된 특정 유전변이형의 발현 차이에 기인된 질병 감수성 또는 저항성의 기전을 이해하는데 큰 도움이 될 수 있다. 예를 들면, IRF7 유전자의 프로모터에 존재하는 *cis*-acting하게 작용하는 IRF7 유전자 발현 조절 유전변이형은 Lupus 질병의 위험 요인으로 작용함이 밝혀져 있다. 그런데 Lupus 위험 요인으로 작용하는 IRF7 유전자의 발현 조절 유전변이형이 감기 바이러스 감염의 경우에는 IRF7 유전자의 발현을 증진(*cis*-acting)시켜서 downstream 유전자인 인터페론 유전자들(IFNA4, IFNA5 및 IFNA13 등)의 발현을 촉진(*trans*-acting)하여 감기 바이러스 퇴치에 도움을 줄 수 있다(그림 17-12). 이 처럼 유전자 발현 정보와 질병 연관성 정보를 통합적으로 분석하게 되면 질병의 종류와 상황에 따라 질병에 연관된 특정 유전변이형이 어떻게 질병 발생 과정에 작용하는 지를 이해할 수 있게 된다.

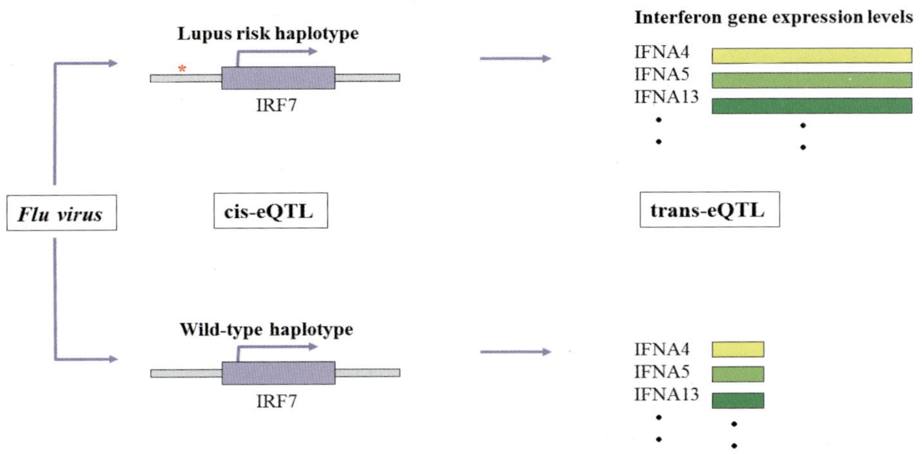

그림 17-12. **유전자 발현(eQTL) 정보와 GWAS 정보의 통합분석.** 출처: Gregersen PK. (2014). Science 343:1087-1088.

한편 지금까지 유전자 발현 조절에 대한 유전학적 정보(eQTL)는 데이터베이스화(eQTL browser; http://www.ncbi.nlm.nih.gov/gtex/GTEX2/gtex.cgl)되어 일반 연구자들이 쉽게 검색할 수 있도록 제공해 주고 있다. 그리고 The Genotype-Tissue Expression (GTEx) project가 추진되고 있어 genotype 정보와 조직 특이적인 유전자 발현 정보 간의 상관성을 파악하여 유전자 발현에 영향을 미치는 유전체 위치 정보가 파악될 예정이다. 이 프로젝트는 2015년까지 총 900명의 사후 기부자의 조직을 이용하여 다양한 유전변이형 정보와 유전자 발현 정보 간의 연관성을 규명하는 것이다. 그리고 생산된 모든 유전자 발현 조절 정보는 eQTL browser를 통해 공개된다고 한다(그림 17-13). 보다 많은 조직 특이적인 유전자 발현 조절 기전에 대한 정보는 질병의 유전적 감수성을 이해하는데 큰 도움이 될 것이다.

eQTL Database: eQTL Browser

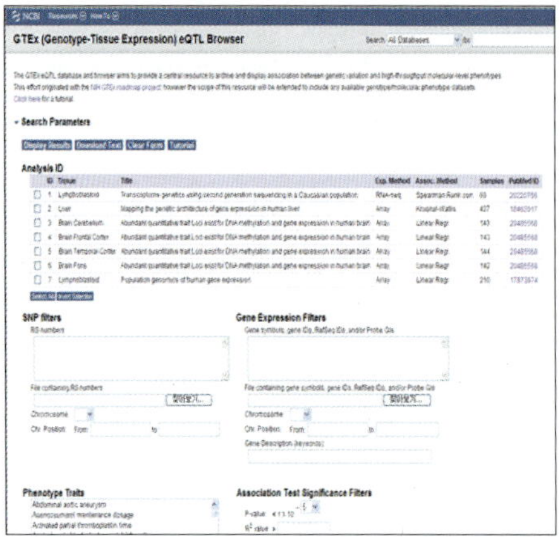

http://www.ncbi.nlm.nih.gov/gtex/GTEX2/gtex.cgi

The Genotype-Tissue Expression (GTEx) Project

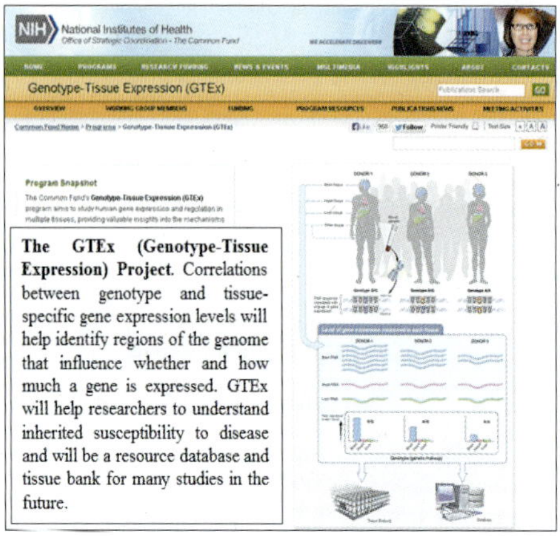

https://commonfund.nih.gov/GTEx/

- 900 post-mortem donors by the end of 2015
- eQTL data: GTEx-eQTL browser (NCBI)
- GTEx raw data: dbGAP

그림 17-13. **유전자 발현 조절 기전 규명 프로젝트 및 eQTL database.** 출처: Lonsdale J et al. (2013). Nat Genet 45:580-585.

■ 참고문헌

- Dimas AS et al. (2008). Modifier effects between regulatory and protein-coding variation. PLoS Genet 4:e1000244

- Djebali S et al. (2012). Landscape of transcription in human cells. Nature 489:101-108

- Fairfax BP et al. (2012). Genetics of gene expression in primary immune cells identifies cell type-specific master regulators and roles of HLA alleles. Nat Genet 44:502-510

- Gregersen PK. (2014). A genomic road map for complex human disease. Science 343:1087-1088

- Gregersen PK. (2012). Cell type-specific eQTLs in the human immune system. Nat Genet 44:478-480

- Li J and Burmeister. (2005). Genetic genomics: combining genetics with gene expression analysis. Hum Mol Genet 14:R163-R169

- Lonsdale J et al. (2013). The Genotype-Tissue Expression (GTEx) project. Nat Genet 45:580-585

- Mardis ER. (2008). Next-generation DNA sequencing methods. Annu Rev Genomics Hum Genet 9:387-402

- Morley M et al. (2004). Genetic analysis of genome-wide variation in human gene expression. Nature 430:743-747

- Pant PV et al. (2006). Analysis of allelic differential expression in human white blood cells. Genome Res 16:331-339

- Peng Z et al. (2012). Comprehensive analysis of RNA-Seq data reveals extensive RNA editing in a human transcriptome. Nat Biotech 30:253-260

- Serre D et al. (2008). Differential allelic expression in the human genome: a robust approach to identify genetic and epigenetic cis-acting mechanisms regulating gene expression. PLoS Genet 4:e1000006

- Spielman RS et al. (2007). Common genetic variants account for differences in gene expression among ethnic groups. Nat Genet 39:226-231

- Stamatoyannopoulos JA. (2004). The genomics of gene expression. Genomics 84:449-457

- Storey JD et al. (2007). Gene-Expression Variation Within and Among Human Populations. Am J Hum Genet 80:502-509

- Swanberg M et al. (2005). MHC2TA is associated with differential MHC molecule expression and susceptibility to rheumatoidarthritis, multiple sclerosis amd myocardial infarction. Nat Genet 37:486-494

- Vidal DO et al. (2011). Analysis of allelic differential expression in the human genome using allele-specific serial analysis of gene expression tags. Genome 54:120-127

- Yang PK and Kuroda MI. (2007). Noncoding RNAs and intranuclear positioning in monoallelic gene expression. Cell 128:777-786

- Zhang S et al. (2014). Genome-wide identification of allele-specific effects on gene expression for single and multiple individuals. Gene 533:366-373

제 18장 유전체 복제수 변이형(CNV) 분석

1. 유전체의 구조적 변이형의 종류

유전체에는 매우 다양한 종류의 구조적 변이형(structural variants)들이 널리 분포하고 있다. 구조적 변이형이라 함은 유전체에서 약 1 kb 이상 되는 DNA 조각에 생긴 유전체의 변화를 일컫는다. 일반적으로 구조적 변이형은 아주 다양한 형태로 존재하고 있으며(표 18-1), 특히 유전체 복제수 변이(copy number variation; CNV)는 2 개 이상의 유전체를 비교하여 발견된 복제수의 차이를 보이는 DNA 조각을 말한다. 복제수의 차이를 보이는 DNA 조각은 1 kb에서 수 Mb의 크기로 존재한다. 이배체의 유전체로 구성된 사람은 상염색체(autosome) 부위에서는 일반적으로 2 개의 유전자(염색체당 1 개)를 가지고 있다. 그러나 특정한 유전체 영역에서는 유전체상의 deletion이나 duplication에 의하여 복제수의 차이를 보이게 된다. 그리고 유전체 복제수 변이(CNV)는 부모로부터 다음 세대에 전달되기도 하며 때로는 없던 것이 새로 생기기(*de novo*)도 한다.

표 18-1. **유전체에 존재하는 구조적 변이형의 종류**

종류	설명
Copy number variant (CNV)	1 kb 이상의 DNA 조각 (예, 삽입, 결손, 증폭 등).
Copy number polymorphism (CNP)	집단에서 1% 이상의 빈도로 존재하는 CNV.
Segmental duplication (SD)	각각의 DNA 조각이 90% 이상의 염기서열이 일치하면서 한 개의 유전체(haploid genome)당 2 개 또는 그 이상의 숫자로 존재하는 1kb 이상의 DNA 조각.
Inversion	염색체 속에서 그 방향성이 거꾸로 배열되어 있는 DNA 조각.
Translocation	유전체 내에서 유전자 숫자의 변화없이 염색체 내에서 또는 염색체 간에 위치가 변경된 경우.
Segmental uniparental disomy	이배체를 가진 개인의 상동염색체가 모두 한 부모에게서 전달받은 경우.

유전체에는 가장 단순한 형태인 단일염기다형성(SNP) 변이형으로부터 특정 염색체 개수의 변이에 이르기까지 매우 다양한 종류의 유전적 변이형들이 존재하고 있다. SNP, microsatellite 및 VNTR과 같은 작은 크기의 유전변이형들은 분자유전학 방법을 이용하여 잘 연구되었으며 염색체 이상과 같은 큰 규모의 유전체 이상은 세포유전학 방법으로 분석이 가능하였다(그림 18-1). 그러나 약 1 kb 이상이면서 미세 염색체 이상에 해당하는 크기의 유전체 이상을 조사할 수 있는 방법이 마땅하지 않아 오랫동안 그 정보가 잘 알려지지 못하고 있었다. 그러나 array CGH 기술이나 SNP chip을 이용한 유전체 구조 이상을 조사할 수 있는 새로운 방법들이 개발되어 기존에 밝혀지지 않은 새로운 유전변이형들에 대한 정보 분석이 가능하게 되었다.

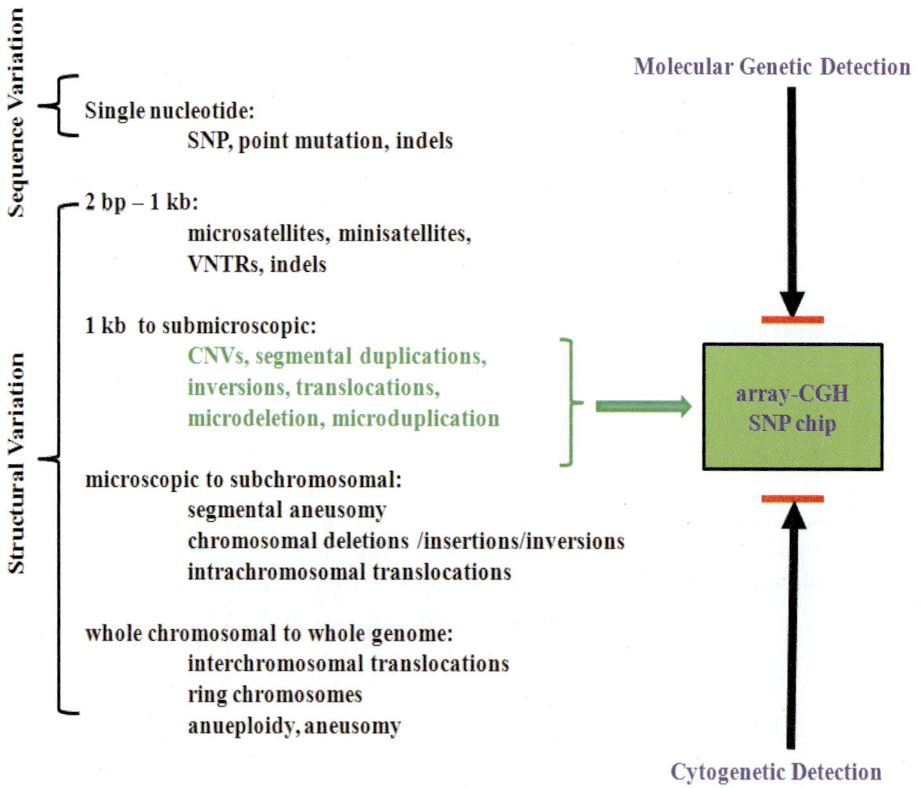

그림 18-1. **유전체의 구조적 변이형의 종류와 분석 방법.** 출처: Feuk L et al. (2006). Nat Rev Genet 7:85-97

2. 유전체의 구조적 변이형의 분석 방법

유전체의 구조적 변이형을 찾아내기 위한 다수의 방법이 개발되어 사용되고 있다(표 18-2). 크게 나누면 유전체 전체를 검색하여 유전체에 존재하는 구조적 변이형을 찾아내는 방법과 특정 영역이나 유전자를 대상으로 구조적 변이형을 찾아내는 두 가지 방법으로 나눌 수 있다. 첫 번째 유전체 전체에서 찾는 방법으로는 karyotyping, array-CGH, SNP chip, sequencing-based 방법 등이 있다. 이 중에서 oligo-based array CGH 방법과 SNP chip 방법이 주로 사용되고 있으며 최근에는 차세대염기서열분석법을 이용한 방법도 개발되고 있다. 그리고 특정 지역을 대상으로 조사하는 방법으로는 microsatellite genotyping, MAPH, MLPA, QMPSF, real-time qPCR, FISH 및 Southern blotting 방법 등이 있다(표18-2).

표 18-2. 유전체에 존재하는 구조적 변이형을 탐색하는 방법들

Method	Translocation	Inversion	LCV (>50kb)	CNV indel (1-50kb)	Small seq variants (<1kb)
Genome-wide scans					
• Karyotyping	Yes (>3Mb)	Yes (>3Mb)	Yes (>3Mb)	No	No
• Clone-based array-CGH	No	No	Yes (>50kb)	No	No
• Oligo-based array CGH	No	No	Yes (>35 kb)	Yes (>35 kb)	No
• SNP array	No	No	Yes (>35kb)	Yes (>35kb)	Yes (SNPs)
• Seq-assembly comparison	Yes	Yes	Yes	Yes	Yes
• Clone paired-end sequencing (fosmid)	Yes	Yes (breakpoints)	Yes (>8 kb del)	Yes (>8kb del; <40 kb ins)	No
Targeted scans					
• Microsatellite genotyping	No	No	Yes (deletions)	Yes(deletions)	Yes
• MAPH	No	No	Yes	Yes	Yes
• MLPA	No	No	Yes	Yes	Yes
• QMPSF	No	No	Yes	Yes	Yes
• Real-time qPCR	No	No	Yes	Yes	Yes
• FISH	Yes	Yes	Yes	Yes	No
• Southern blotting	Yes	Yes	Yes	Yes	Yes

CGH: comparative genome hybridization, CNV: copy-number variant, FISH: fluorescence in situ hybridization, Indel: insertion or deletion, LCV: large-scale CNV, MAPH: multiplex amplifiable probe hybridization, MLPA: multiplex ligation-dependent probe amplification, QMPSF: quantitative multiplex PCR of short fluorecent fragments, qPCR: quantitative PCR. 출처: Feuk L et al. (2006). Nat Rev Genet 7:85-97.

유전체의 구조적 변이형 중에서 변이형의 크기가 큰 경우에는 주로 세포유전학 방법인 chromosome banding, karyotyping 및 FISH 방법들이 사용된다. 그리고 유전체에 존재하는 다양한 종류의 구조적 유전변이 - 특히 복제수 변이형(CNV) - 검색을 위해서는 chip-based 구조적 유전변이형 탐색 방법 (예를 들면, array CGH 또는 SNP chip)이 많이 사용되고 있다(그림 18-2).

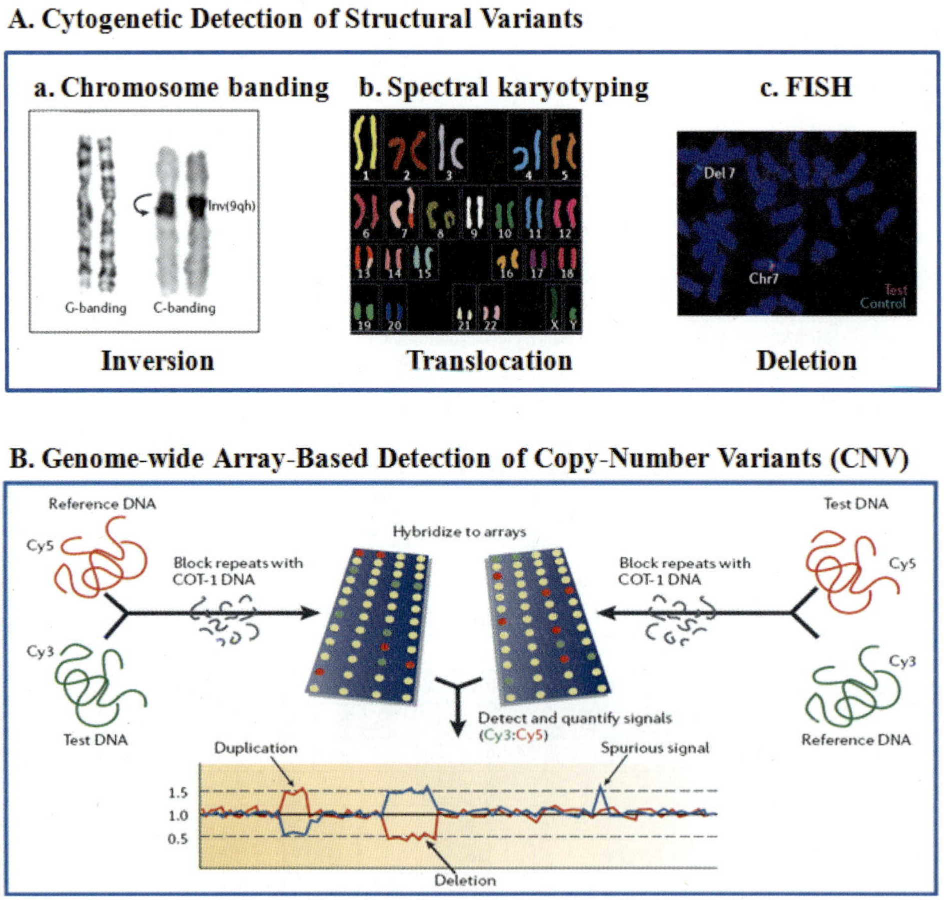

그림 18-2. **유전체의 구조적 변이형 탐색 방법의 대표적 보기.** 출처: Feuk L et al, (2006). Nat Rev Genet 7:85-97.

3. 유전체 복제수 변이형(CNV)의 분석 방법 비교

유전체에 존재하는 구조적 유전변이형인 복제수 변이형 (CNV) 조사는 array CGH 방법과 SNP chip을 이용한 방법이 주로 사용되고 있다. 우선 array CGH 방법은 전체 유전체를 커버하는 BAC clone을 사용하거나 oligo probe를 이용하여 tiling array chip을 제작하고 표준 유전체(reference genome) 시료와 조사하려는 유전체(test genome) 시료를 사용하여 두 유전체의 상대적인 양을 측정하게 된다. 이에 비하여 SNP chip 방법은 단일염기다형성(SNP)을 조사할 수 있는 SNP genotyping 기술을 이용하여 표준 유전체 시료와 조사 유전체 시료 간의 상대적인 양을 측정함으로써 유전체 복제수의 변이형을 조사하게 된다(그림 18-3). 그리고 최근에는 차세대 염기서열 분석방법을 이용한 유전체 복제수 변이형 방법도 개발되어 활용되고 있는데 주로 작은 크기의 복제수 변이형 검색에 효과적으로 것으로 알려져 있다.

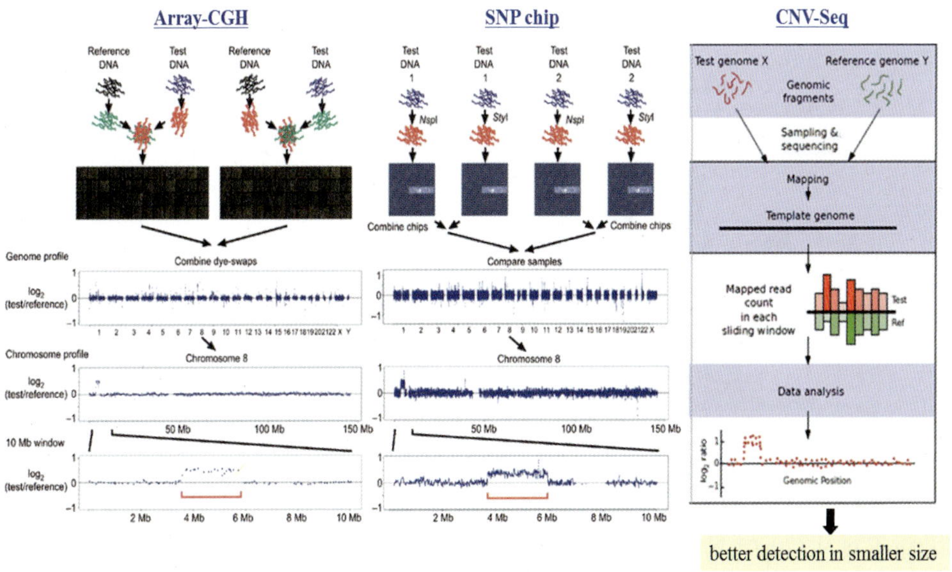

그림 18-3. 유전체의 구조적 변이형 탐색을 위한 **arrayCGH 방법, 500K SNP chip 방법 및 CNV-Seq 방법의 비교.** 출처: Redon R et al. (2006). Nature 444:444-454 & Girirajan S et al. (2011). Annu Rev Genet 45:203-226.

Array CGH 방법과 SNP chip 방법을 이용하면 다양한 형태로 존재하는 복제수 변이형을 검색할 수 있다. 예를 들면, deletion, duplication, deletion과 duplication의 혼합형, multi-allelic, complex 등의 형태로 유전체의 구조적 변이형들을 조사할 수 있다(그림 18-4).

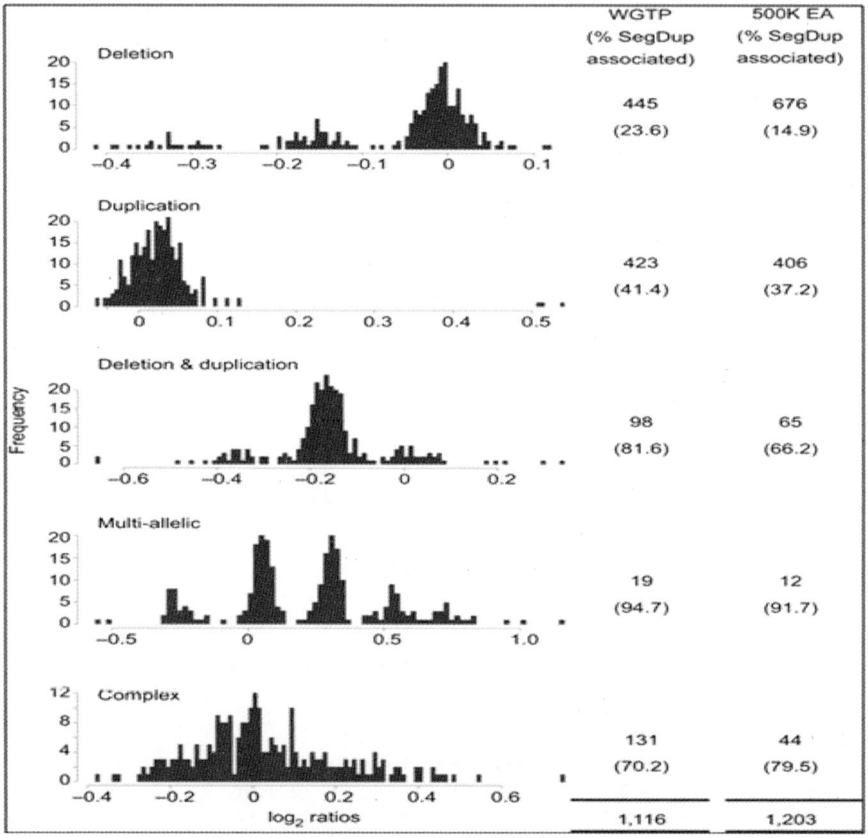

그림 18-4. **array CGH와 SNP chip에 의해 검색되는 복제수 변이형(CNV)의 유형.** 출처: Redon R et al. (2006). Nature 444:444-454.

일반적으로 array CGH와 SNP chip 방법으로 공통된 영역에서 동일한 CNV가 검색되지만 특정 CNV 들은 한 가지 방법에서만 검색되는 경우도 있다. 예를 들면, HapMap project에 사용된 총 270 명의 시료를 사용하여 array CGH 방법과 500K SNP chip 방법을 상호 비교해 본 결과에 의하면, 거의 유사한 숫자의 CNVR(copy number variation regions)

이 검색되었지만 많은 부분이 한쪽 방법에 의해서만 검색이 되었다(표 18-3). 특히 array CGH 방법은 duplicated genomic region처럼 큰 CNV 영역이 주로 검색되고 SNP chip 방법은 보다 작은 CNV 영역과 deletion에 의한 CNV 검색에 매우 효과적이였다. 지금까지 검정된 결과에 따르면 array CGH 방법과 SNP chip 방법은 서로 상호 보완적인 역할을 가지고 있으며 한 방법에 의해서는 검색되지만 다른 방법에 의해서는 검색되지 않는 CNV도 많이 존재함을 확인하였다.

표18-3. **Array CGH chip과 SNP chip의 CNV 검색 능력 비교**

Group	Array-CGH	500K SNP chip	Combined
No. of CNVR	913	980	1447
Better detection size	larger CNVs (duplicated genomic regions)	smaller CNVs	
Deletion:Duplication	~1 : 1	~2 : 1	
Homozygous deletion	0	33	

출처: Redon R et al. (2006). Nature 444:444-454.

한편 SNP chip을 이용한 CNV 검색 방법은 SNP genotype 정보와 더불어 CNV 정보도 동시에 함께 얻을 수 있는 장점을 가지고 있다. 그런데 CNV 영역의 SNP genotype은 deletion이 된 경우에는 집단 내에서 정상적인 SNP genotype 분포를 따르지 않게 된다. 따라서 CNV 영역의 SNP genotype 들은 하디-와인버그 평형(HWE)이 깨어져 genotyping 오류로 분류되는 경우가 자주 발생한다. 그래서 대부분의 상업적으로 판매되고 있는 SNP chip에 올려진 SNP들은 CNV 부위의 SNP 들이 chip을 구성하는 과정에서 빠지게 되었다. 일반적으로 SNP chip에서 관찰되는 CNV 부위는 1) 가계의 SNP genotyping data에서 멘델의 유전 형태를 따르지 않는 유전형이 자손의 세대에서 관측되고, 2) HWE에 벗어나는 SNP들이 일렬로 연속적으로 나타나며, 3) homozygote deletion이 일어난 부위에서는 null genotype(=missing genotype) 결과가 관측될 것이다.

다수의 SNP 마커를 이용하면 염색체 상에 존재하는 다양한 종류의 CNV를 검색할 수 있다. 예를 들면, Affymetrix 10K SNP chip을 이용하여 X 염색체의 복제수를 분석해 보면 정상의 여성(XX)에서는 정상적인 유전체 복제수를 보이지만 남성(XY)의 염색체에서는 deletion에 의한 LOH(loss of heterozygosty)가 관측됨을 확인할 수 있다. 또한 SNP chip을 이용하여 간암 세포에서 유전체 이상을 검색한 결과에 따르면 염색체 4번에서 deletion에 의한 LOH 현상을 확인할 수 있었다(그림 18-5). 따라서 SNP chip은 유전체에 존재하는 다양한 종류의 유전체 이상을 찾을 수 있는 장점을 가지고 있다.

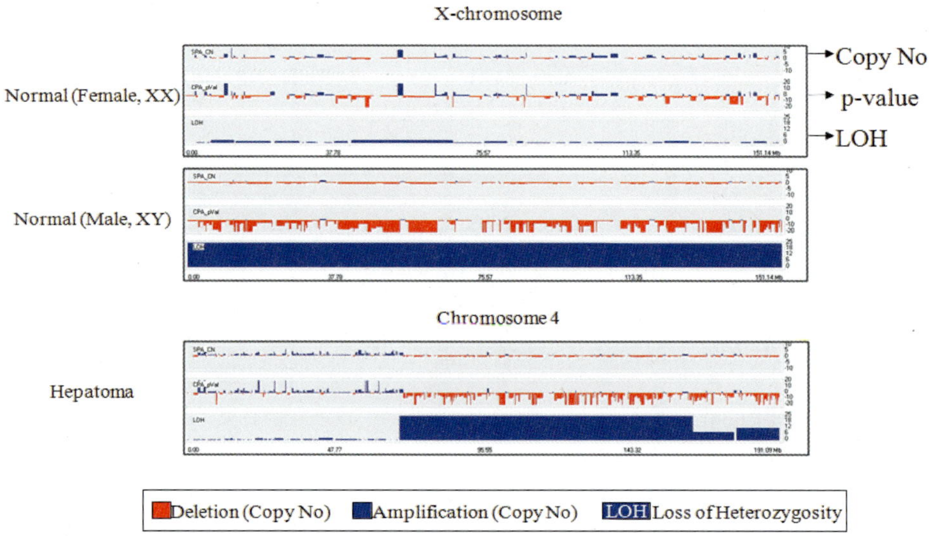

그림 18-5. **Affymetrix 10K SNP chip을 이용한 간암 세포에서 염색체 4번의 deletion에 의한 LOH 현상 확인.**

최근에는 SNP genotyping 기술을 이용하여 개별 SNP site에서 직접 DNA 복제수 상태를 검색할 수 있는 방법도 개발되었다. 예를 들면, Illumina SNP genotyping 방법을 이용하여 특정 SNP를 genotyping한 경우에 결손(deletion)이 존재하면 2 개를 가진 경우와 1 개만을 가진 경우의 genotype으로 구별된다(그림 18-6). 이러한 특정 SNP site의 genotyping을 통한 유전자 복제수 조사 방법은 다양한 방법으로 활용할 수 있다. 예를 들면, 간암 조직과 정상조직을 동시에 SNP genotyping을 조사하여 정상 조직에서 분리된 genomic DNA은 정상적으로 2 개의 유전자를 가지고 있지만 간암 조직에서는 다양한 개수의 유전자 증폭이 존재하는 경우에 매우 쉽게 검색이 가능하다(그림18-7).

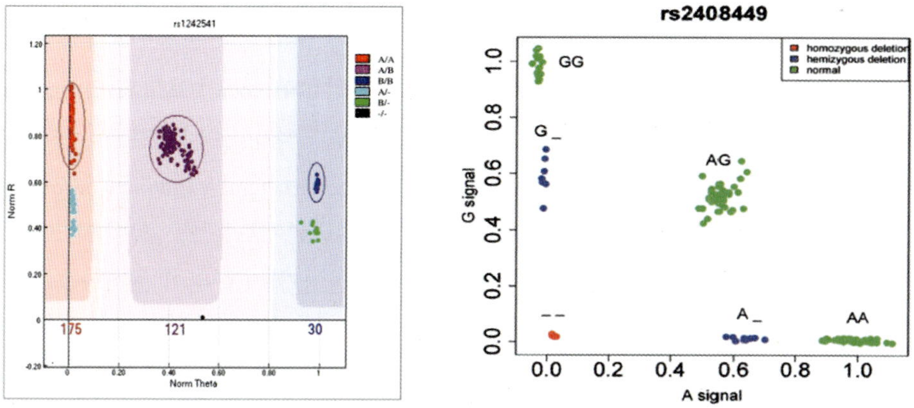

그림 18-6. **Illumina SNP genotyping 분석을 통한 deletion 검색의 예.** 출처: Bae JS et al. (2008). Biochem Biophys Res Commun 373:593-596 & LaFramboise T. (2009). Nucleic Acids Res 37:4181-4193.

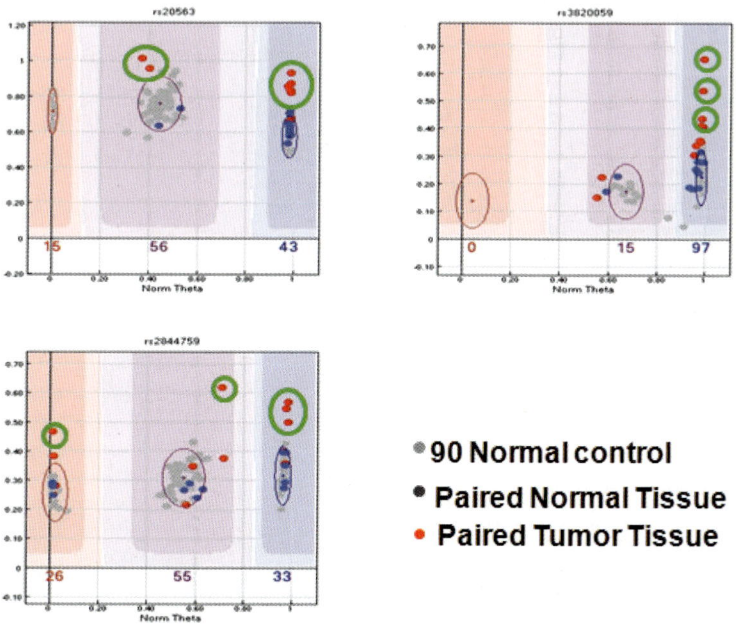

그림 18-7. **SNP chip을 이용한 간암 조직에서의 검색된 유전자 복제수의 증폭.** 암조직에서 복제수가 증가된 부위의 유전자형(붉은색 genotype)은 초록색 원으로 표시함. 정상적인 유전체 복제수를 가진 경우는 가운데 부분의 정상적인 유전자형 서클에 포함됨.

4. 인간 유전체에 존재하는 유전체 복제수 변이형(CNV)의 분포

지금까지 인간 유전체에서 약 353,126개 정도의 CNV loci가 보고되어(database of genomic variants; 2014년 11월 기준) 있으며 많은 CNV가 약 40-100 kb 정도의 크기로 존재하는 것으로 알려져 있다(그림 18-8). 그리고 Genome Structural Variation Consortium과 한국인 그룹에서 인간 유전체에 존재하는 인종별 CNV 분포도를 조사하여 보고하였는데(Park H et al, 2010) 인종 특이적인 유전체 복제수 변이가 매우 많이 존재함을 확인하였다. 특히 한국인을 포함한 아시아인에서 특이적으로 존재하는 3,5478 개의 CNV 정보는 이들 집단에서 질병 및 표현형 연관성 연구에 매우 유용하게 사용될 수 있을 것으로 예상된다.

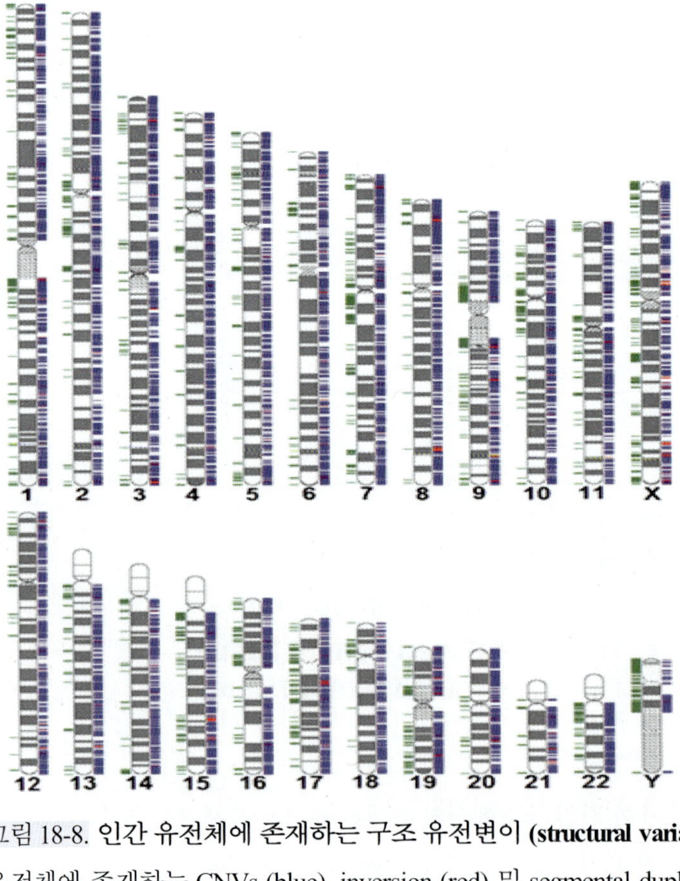

그림 18-8. **인간 유전체에 존재하는 구조 유전변이 (structural variation)의 분포도.** 인간의 유전체에 존재하는 CNVs (blue), inversion (red) 및 segmental duplication(green)을 염색체별로 표시하였으며 본 데이터는 Database of Genomic Variants (http://dgv.tcag.ca/)에서 확인이 가능함.

CNV 영역은 인간 유전체에서 약 600 Mb (~2%) 정도를 차지하고 있는 것으로 추정되고 있다. 다양한 복제수 변이로 존재하는 경우에는 결손이나 증폭의 형태로 존재하며 대립 유전자의 수는 2 개의 대립 유전자(bi-allelic)를 가지거나 다수의 대립 유전자(multi-allelic)를 가질 수 있다. 그리고 결손(deletion)이 있는 경우에는 복제수가 0, 1, 또는 2를 가지게 되고 증폭(duplication)이 있는 경우에는 복제수가 2, 3, 4의 값을 가진다. 한편 인간의 유전체에 존재하는 CNV는 인간 집단 간에 매우 다양한 차이를 보이고 있다. 예를 들면, UGT2B17 유전자는 아시아인에서는 정상적인 복제수를 가지고 있으나 서양인과 아프리카인에서는 유전자 수가 증폭되어 있다. 그리고 MAPT 유전자 부위는 아프리카인과 아시아인에서는 정상적인 2 개의 유전자를 가지고 있으나 서양인에서는 다양한 복제수 증폭이 관찰되었다(그림18-9). 이처럼 인간 유전체에 존재하는 CNV의 분포를 인종 집단에서 조사하게 되면 특정 CNV들이 인종집단별로 하나의 그룹을 이루고 있음을 확인할 수 있다. 이러한 결과는 CNV 유전변이가 인종 집단 간에 특이적으로 분포하고 있음을 의미한다(그림 18-10).

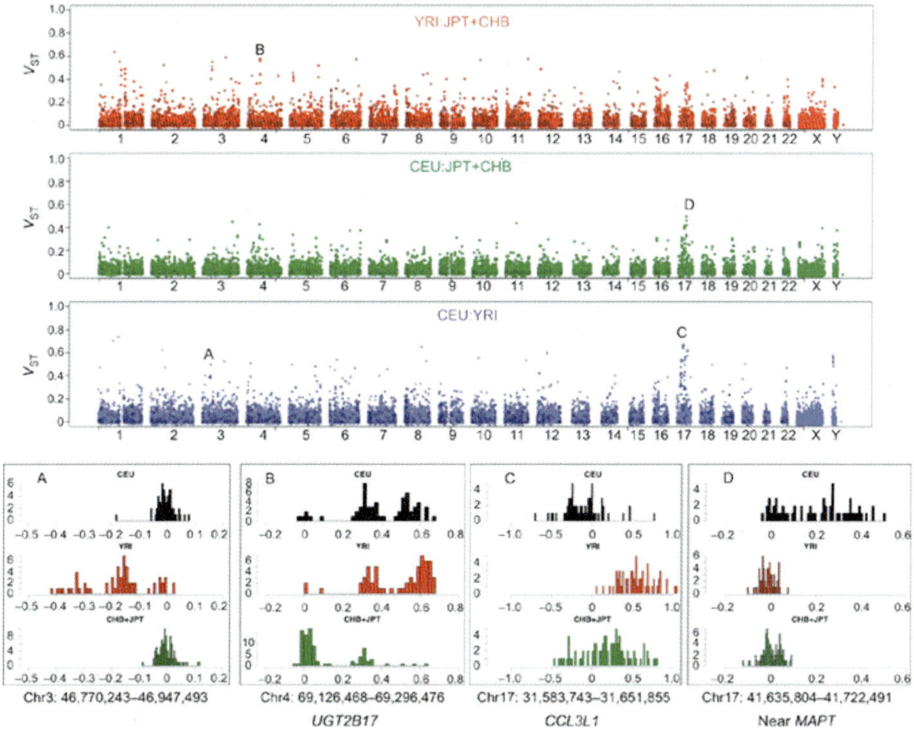

그림 18-9. **인종 집단간 차이를 보이는 CNV의 보기들.** 출처: Redon R et al. (2006). Nature 444:444-454.

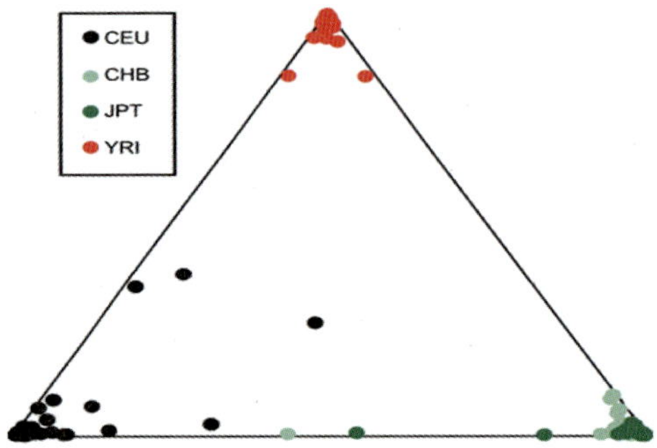

그림 18-10. **CNV genotyping을 이용한 인종집단의 그룹화 (clustering).** 출처: Redon R et al. (2006). Nature 444:444-454.

5. 유전체 복제수 변이형(CNV)과 질병의 연관성

CNV 변이형은 지금까지 총 353,126개 이상의 CNV들이 보고되었지만 대부분은 빈도가 매우 낮으며 또한 개별 CNV를 조사할 수 있는 정확한 genotyping 기술이 확보되어 있지 않다. 이러한 제한성 때문에 CNV와 다양한 표현형 간의 연관성 연구가 매우 제한적으로 이루어지고 있다. 그런데 CNV에 의한 유전자 복제수의 변화는 유전자 발현에 매우 심각한 이상을 초래하게 된다. 복제수 변이형이 표현형에 미치는 효과는 유전자 복제수의 양적 차이에 의한 효과(gene dosage effect)와 위치적 효과(position effect)에 의하여 영향을 받게 된다(그림 18-11). 예를 들면, 2 개의 유전자를 모두 가지고 있을 때는 정상적인 기능을 수행하지만 만약 deletion 등과 같이 한 유전자가 결여되어 있는 경우(haploinsufficiency)에는 비정상적인 표현형으로 나타날 수 있다. 특히 열성 유전을 따르는 질병의 원인 유전자와 같은 경우에는 열성 유전을 하는 돌연변이 유전자 한 개를 가지고 있고 다른 1 개의 유전자는 CNV의 형태로 유전자가 결여된 경우에는 매우 심각한 유전질병을 유발하게 될 것이다(그림 18-11a). 그리고 CNV 영역이 유전자의 프로모터 부위에 존재하는 경우에는 유전자의 발현을 조절하는 부위의 결손으로 인하여 중요한 유전자의 발현이 억제되어 심각한 문제를 유발하게 된다(그림 18-11b).

a. Gene Dosage Effect

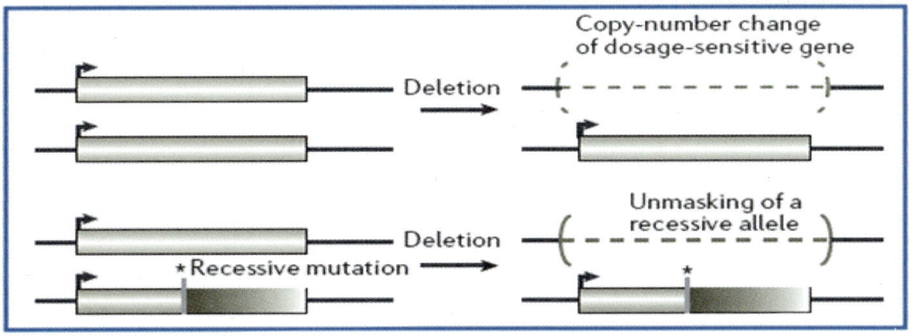

b. Position Effect

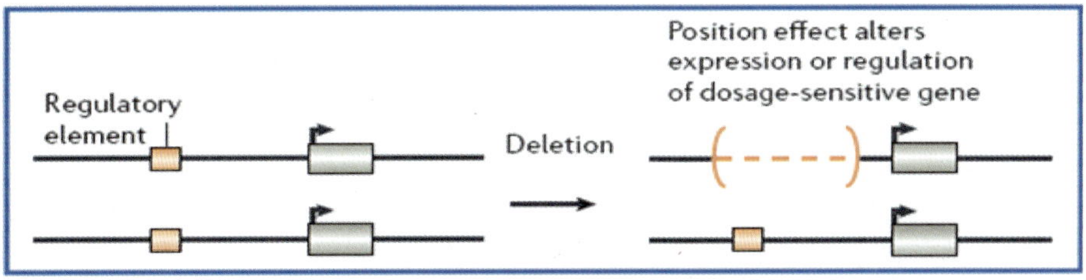

그림 18-11. **표현형에 미치는 CNV의 효과.** 출처: Feuk L et al. (2006). Nat Rev Genet 7:85-97.

복제수 변이형과 질병 간의 연관성을 밝히는 연구는 복제수 변이형의 빈도와 특성에 따라 다른 방법을 사용하게 된다. 예를 들면, 2 개의 유전체로 구성된 세포에서 1 copy 또는 2 copy 모두 결손(deletion)된 복제수 변이형의 경우에는 환자와 정상인 집단에서 0, 1 & 2 copy 복제수 빈도 분포의 차이를 비교하게 된다(그림 18-12). 그리고 gene duplication에 의해서 생성된 연속적인 복제수 변이형이 존재하는 경우에는 환자와 정상인 집단에서 환자 집단에서 더 낮은 또는 더 높은 복제수 빈도가 분포하는지를 조사한다. 만약 특정한 CNV를 genotyping할 수 있는 tagging SNP이 존재하는 경우에는 CNV genotyping 대신에 SNP genotyping 정보를 이용하여 환자와 정상인 간의 질병 연관성 분석을 한다.

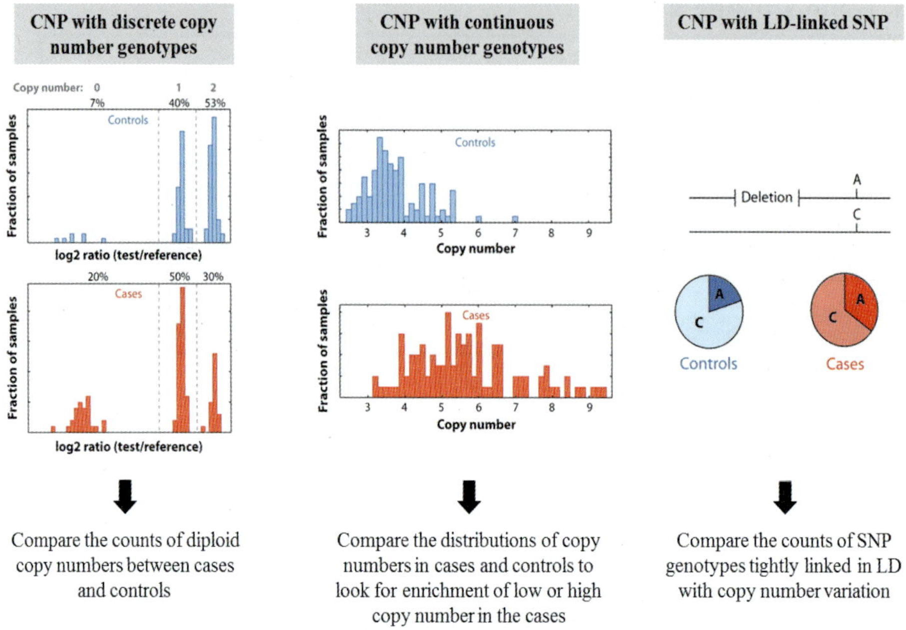

그림 18-12. **복제수 변이형(copy number polymorphism, CNP)과 질병간의 연관성 분석 방법.** 출처: Girirajan S et al. (2011). Annu Rev Genet 45:203-226.

유전체 복제수 변이형과 질병 간의 연관성은 희귀 유전질환에서 아주 잘 알려져 있다. 예를 들면, 다운 증후군(Down syndrome)이나 디조오지 증후군(DiGeorge syndrome)과 같이 아주 큰 유전체 부위에 존재하는 유전체 결손이나 증폭에 의해 발생한다(표 18-4). 일반적으로 큰 부위의 유전체에 존재하는 결손이나 증폭은 복합적인 표현형의 이상을 초래하며 대부분의 경우에는 증후군(syndrome)이라는 표현형 이상을 유발하고 있다. 그리고 기능적으로 중요한 역할을 수행하는 특정 유전자 부위에서의 유전체 결손이나 증폭도 다양한 종류의 유전질환을 유발하는 것으로 알려져 있다. 대표적인 것으로는 X 염색체에 존재하는 dystrophin (DMD) 유전자의 결손이나 증폭에 의해 발생하는 근위축증(muscular dystrophy), PMP22 유전자의 증폭에 의한 신경성 샤리토-마리-듀스병(Charcot-Marie Tooth Disease Type 1A) 등이 있다(표 18-4).

표 18-4. 유전체의 복제수 이상에 의해 발생하는 희귀 유전 질병

유전체 이상	**DNA** 복제수 변이의 종류
Down syndrome	Duplication of chromosome 21 (Trisomy 21)
Klinefelter syndrome	Duplication of chromosome X (47, XXY)
Turner syndrome	Monosomy X (45, X)
Chromosomal Microdeletions:	
DiGeorge syndrome (= CATCH22)	a 1.5 to 3.0-Mb hemizygous deletion of 22q11.2 (TBX haploinsufficiency) (mainly sporadic; autosomal dominant).
Prader-Willi or Angelman syndrome	Deletion of the paternal (Prader-Willi) or maternal (Angelman) segment 15q11.2-q12 (mainly sporadic; genomic imprinting disorder).
Williams-Beuren syndrome	Deletion of 7q11.23 (usually sporadic; autosomal dominant).
X-linked DMD	Genomic deletion (~65%) or duplication (~9%) of DMD gene (2 Mb).
Dominant neuropathy CMT1A	Duplication of PMP 22.
Recessive Anemia A-thalassemia	Deletions of the α-globulin gene cluster.

CMT1A: Charcot-Marie Tooth Disease Type 1A. 출처: modified from Sebat J. (2007). Nat Genet Supplement 39: S3-S5.

한편 최근에는 기존의 대규모 유전체 이상에 의한 유전질병뿐만 아니라 1 kb 이상의 크기로 존재하는 CNV와 다양한 복합질병 간의 연관성을 규명하기 위한 연구가 많이 수행되어 아주 흥미로운 연구결과들이 보고되고 있다(표 18-5). 다양한 종류의 복제수의 차이에 따라 다수의 질병에서 질병의 발생 위험도를 높이는 것으로 알려지고 있다.

표 18-5. 구조적 복제수 변이형과 복합질병(**complex diseases**)의 연관성

Gene	Disease/trait	Variant type	Associated allele
DEFB4, DEFB103, DEFB104	Psoriasis	Amplification	High copy number
DEFB4, DEFB103, DEFB104	Crohn's disease	Amplification	Low copy number
CCL3L1	HIV/AIDS	Amplification	Low copy number
C4	Lupus	Amplification	Low copy number
FCGR3B	Glomerulonephritis in Lupus patients	Amplification	Low copy number
FCGR3B	Lupus	Amplification	Low copy number
IRGM	Crohn's disease	Upstream deletion	Deletion
CFHR1, CFHR3	Age-related macular degeneration	Deletion	No deletion
CYP2D6	Reduced drug metabolism	Deletion	Deletion
RHD	Rh-negative blood group	Deletion	Deletion
OPN1LW, OPN1MW	Color blindness	Deletion	Deletion
LPA	Coronary heart disease	Amplification	Low copy number
SMN2	Severity of spinal muscular atrophy	Amplification	Low copy number
AZFc region	Spermatogenetic failure	Deletion	Deletion
CYP21A2	Congenital adrenal hyperplasia	Amplification	Two copies/chrom
UGT2B17	Osteoporosis	Deletion	No deletion
UGT2B17	Graft-versus-host disease	Deletion	Deletion
LCE3B, LCE3C	Psoriasis	Deletion	Deletion
NEGR1	Obesity	Upstream deletion	Deletion
NBPF23	Neuroblastoma	Deletion	Deletion
TSPAN8	Type 2 diabetes	Amplification	Low copy number
HLA	Crohn's disease, RA, type 1 diabetes	Multiple CNVs	Various
GPRC5B	Obesity	Upstream deletion	Deletion

RA: rheumatoid arthritis. 출처: Girirajan S et al. (2011). Annu Rev Genet 45:203-226.

복제수 변이형과 복합질병 간의 연관성에 대한 대표적인 예로는 amylase 유전자(AMY1) 복제수와 쌀 섭취 및 비만과의 연관성에 대한 연구가 있다(그림 18-13). 일반적으로 쌀을 많이 섭취하는 인종에게서는 amylase 효소 유전자의 복제수가 매우 많이 분포하는 것으로 알려져 있다(Perry GH et al, 2007). 그리고 amylase 효소 유전자의 복제수가 많을 수록 amylase 효소 단백질의 량도 비례하여 많이 생산되는 것으로 알려져 있다. 따라서 쌀을 많이 섭취하는 인종 집단에서는 amylase 효소 유전자의 복제수가 많은 방향으로 자연선발이 가해진 결과로 이해된다. 그런데 또 다른 최근 연구에 의하면 Amylase 효소 유전자의 복제수가 많은 경우에는 비만에 잘 걸리지 않지만 amylase 효소 유전자 복제수가 적은 경우에는 비만에 걸릴 위험도가 매우 증가함을 발견하였다(Falchi M et al, 2014). 예를 들면, amylase 효소 유전자 복제수를 4개 이하로 가지고 있는 사람들은 9개 이상 가진 사람들에 비해서 약 8배 이상 비만의 위험도가 증가한다. Amylase 유전자 복제수 1개 증가할 때 마다 비만의 위험도는 약 20% 정도 감소하는 것으로 추정되고 있다.

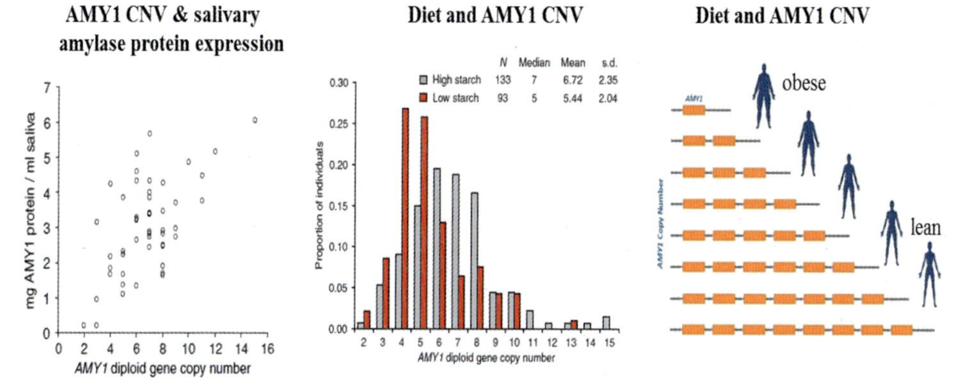

그림 18-13. **Amylase 유전자의 복제수 변이형(copy number polymorphism, CNP)과 식이 및 비만 간의 연관성 분석.** 출처: Perry GH et al. (2007). Nat Genet 39:1256-1260 & Falchi M et al. (2014). Nat Genet 46:492-497.

6. 유전체 복제수 변이형(CNV) 데이터베이스

지금까지 확보된 다양한 종류의 유전체 복제수 정보는 데이터베이스화되어 일반 연구자들에게 공개되고 있다. 가장 대표적인 것으로는 건강한 정상인에서 발굴된 CNV 정보를 가진 Database of Genomic Variants (DGV)가 있고 환자에게서 발견된 CNV 정보만을 취급하는 것으로는 DECIPHER라는 database가 있다(그림 18-14). DGV database에 따르면 지금까지 정상인에게서 총 353,126개 CNV와 1,645개 Inversion 변이형(DGV: 2014년)이 발굴되어 등록되어 있다. 그리고 한국인 집단에 대한 대규모 유전체 복제수 정보는 질병관리본부에서 수행된 연구내용을 Korean Genomic Variant Database (KGV)로 일반인에게 공개하고 있다(그림 18-14). 한국인 CNV database는 총 4,694명의 한국인에서 발견된 CNV 영역 지도와 CNV-tagging SNP 정보를 함께 제공하는 집단기반 유전체 지도로 한국인의 복제수 기반 질병 연구에 좋은 참고 자료로 활용될 수 있을 것이다.

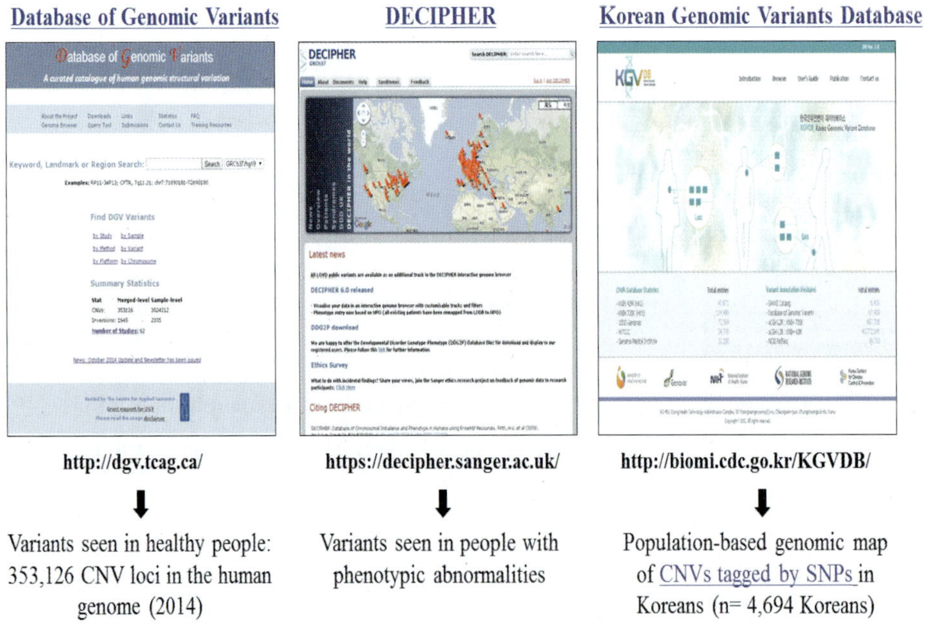

그림 18-14. 인간 유전체 **CNV database**

■ 참고문헌

- Bae JS et al. (2008). Identification of SNP markers for common CNV regions and association analysis of risk of subarachnoid aneurysmal hemorrhage in Japanese population. Biochem Biophys Res Commun 373:593-596

- Falchi M et al. (2014). Low copy number of the salivary amylase gene predisposes to obesity. Nat Genet 46:492-497

- Feuk L et al. (2006). Structural variation in the human genome. Nat Rev Genet 7:85-97

- Girirajan S et al. (2011). Human copy number variation and complex genetic disease. Annu Rev Genet 45:203-226

- Human Genome Structural Variation Working Group, Eichler EE et al. (2007). Completing the map of human genetic variation. Nature 447:161-165

- Park H et al. (2010). Discovery of common Asian copy number variants using integrated high-resolution array CGH and massively parallel DNA sequencing. Nat Genet 42:400-405

- Perry GH et al. (2007). Selection of CNV of the salivary amylase gene (AMY1) by high-starch diets. Nat Genet 39:1256-1260

- Redon R et al. (2006). Global variation in copy number in the human genome. Nature 444:444-454

- Sebat J. (2007). Major changes in our DNA lead to major changes in our thinking. Nat Genet Supplement 39:S3-S5

- Database of genomic variants: http://projects.tcag.ca/variation/

제 4부 질병 유전체 분석법의 활용

제 19장 엑솜 염기서열 분석을 통한 질병 유전자 발굴

1. 질병 유전자와 질병 원인 유전변이형의 종류

질병 발생의 차이는 각 개인이 가지고 있는 질병에 대한 원인 유전자의 유전변이형의 종류에 따라 결정될 수 있다. 우선 단일유전자 질병(monogenic/mendelian diseases)의 원인 유전변이형의 종류와 분포를 조사해 보면 어떤 종류의 유전변이형이 질병의 발생에 크게 영향을 미치는지 파악할 수 있다(표 19-1). 질병의 유전적 원인으로 가장 많은 부분을 차지하는 것은 아미노산을 코딩하는 부위의 missense 또는 nonsense 돌연변이로, 단백질의 아미노산 조성의 변화를 초래하여(전체 유전질병의 59%) 비정상적인 단백질이 생기기 때문이다. 다음으로는 유전자 결손(deletion)과 삽입(insertion)이 각각 21.8%와 6.8%를 차지하고 splicing 돌연변이도 9.8%를 차지하고 있다. 따라서 단일유전자의 돌연변이형은 대부분 질병 유전자의 단백질 서열 변화를 통해 정상적인 단백질 기능이 저해됨으로써 질병이 발생함을 알 수 있다. 다수의 유전자와 환경이 작용하는 복합질병의 경우에도 다양한 유전자의 아미노산 코딩 부위의 유전변이형이 질병의 위험도에 크게 작용하는 것으로 알려져 있다.

표 19-1. **단일유전자 질병(monogenic diseases)을 일으키는 돌연변이의 종류**

유전변이의 종류	개수	%
Deletion	6,085	21.8%
Insertion/Duplication	1,911	6.8%
Complex Rearrangement	512	1.8%
Repeat Variations	38	0.1%
Missense/Nonsense	16,441	58.9%
Splicing	2,727	9.8%
Regulatory	213	0.8%
Total	27,027	100%

출처: Botstein D and Risch N. (2003). Nat Genet Supplement 33:228-237.

최근에는 차세대 염기서열 분석 기술의 발전으로 개인 유전체 염기서열 분석이 가능하게 되었다. 그래서 다양한 종류의 질병 유전 연구에 차세대 염기서열 분석 방법이 활용되고 있다. 소수의 유전자에서 영향력이 큰 돌연변이에 의해 발생하는 희귀 유전질환의 경우에는 적은 숫자의 개인 유전체 분석으로도 질병 원인 유전자 및 원인 유전변이형 발굴이 가능하다(그림 19-1). 그러나 다수의 유전자와 환경이 작용하는 복합질병의 경우에는 차세대 염기서열 분석 방법을 사용하더라도 여전히 수천 또는 수만 명의 시료가 필요한 실정이다. 한편 차세대 염기서열 분석으로는 모든 유전체에 대한 염기서열 변이 분석(whole genome sequencing, WGS)도 가능하지만 질병 유전자 발굴 연구에서는 비용이 비싸고 분석이 어려워 단백질을 코딩하는 부위에 대한 엑솜 염기서열 분석(whole exome sequencng, WES) 방법을 주로 사용하고 있다.

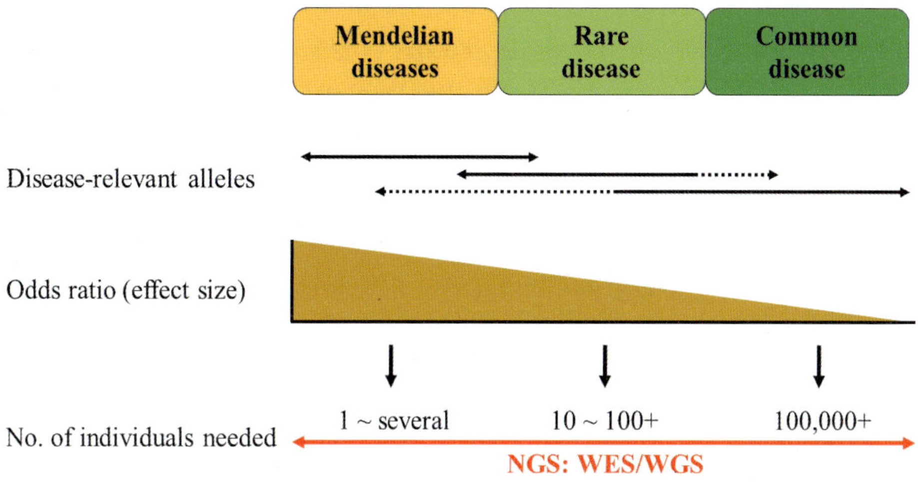

그림 19-1. **차세대염기서열 분석 방법을 이용한 질병 기전 연구 및 질병 유전자 발굴 연구.** WES, whole exome sequencing; WGS, whole genome sequencing. 출처: Majewski J et al. (2011). J Med Genet 48:580-589.

2. 엑솜 염기서열 분석 방법의 개요

개인 유전체 염기서열 분석 기술은 질병의 원인 유전자를 발굴하는 효과적인 방법으로 새롭게 인식되고 있다. 일반적으로 단일유전자의 돌연변이에 의하여 발생하는 유전 질병의 경우에는 이용 가능한 시료의 수가 매우 제한적이라서 유전 연구에 많은 어려움이 있다. 그러나 제한된 질병 유전체 시료의 경우에도 모든 유전자의 아미노산 코딩 부위(exome)에서 돌연변이를 검색하여 빠른 시간 내에 질병의 원인 유전자 및 원인 유전변이형 발굴이 가능하게 되었다.

엑솜(exome)은 인간 유전체에 존재하는 유전자의 모든 exon 부위를 지칭한다. 인간 유전체에는 약 2만 개의 단백질 코딩 유전자에 총 180,000개 정도의 exon이 있으며 이는 전체 인간 유전체의 약 1.5% 정도를 차지하고 있다. 일반적으로 지금까지 알려진 질병 원인 돌연변이형의 약 85%가 단백질을 코딩하는 부위에 있는 것으로 알려져 있어

exome sequencing 방법은 질병 원인 돌연변이 규명에 매우 효과적인 분석 방법이 될 수 있다. 일반적으로 한 개인의 유전체에는 약 300만 개 정도의 유전변이형을 보유하고 있는데 exon 부위에는 약 20,000개 정도의 유전변이형이 있는 것으로 알려져 있다. 따라서 전체 인간 유전체 부위 중에서 아주 작은 부위(1.5%)만을 집중적으로 분석함으로써 기능적으로 중요한 역할을 수행하는 희귀 유전질병 및 만성질병의 원인 돌연변이형을 효과적으로 발굴할 수 있게 되었다. 특히 희귀 유전질병의 경우에는 소수의 가계 시료를 이용한 엑솜 염기서열 분석을 통해 질병의 원인 유전변이형을 빠르고 쉽게 발굴할 수 있다(그림 19-2).

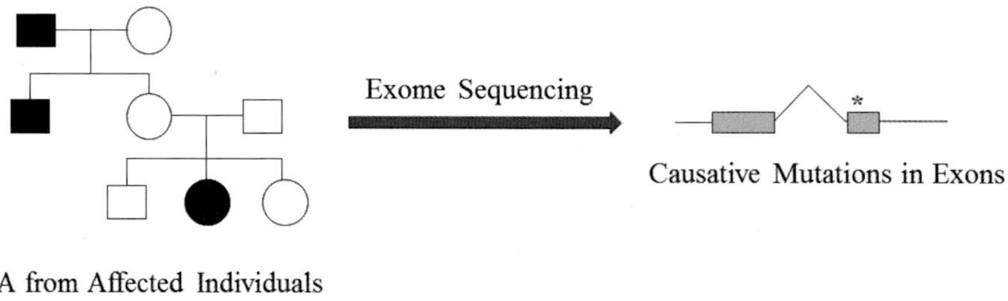

그림 19-2. **Exome sequencing 방법을 이용한 질병 원인 유전자 발굴**

Exome sequencing 실험 방법을 간략히 소개하면 다음과 같다. 우선 환자의 genomic DNA (예, 3 ug)를 사용하여 약 150 bp 크기로 자른 후, DNA library를 만든다. 그리고 만들어진 DNA 조각 library는 인간의 모든 exon 부위를 capture할 수 있는 kit (Agilent 또는 NimbleGen 제품)을 사용하여 약 150 bp 정도로 조각난 exon 부위를 선별하고 차세대 염기서열 분석기(예, Illumina HiSeq)를 이용하여 염기서열을 분석한다. 만약 Agilent human all exon capturing kit과 Illumina HiSeq 차세대염기서열 분석기를 이용하는 경우에는 한번 실험으로 약 100X 이상의 coverage를 지닌 exome sequence를 얻을 수 있다(그림 19-3).

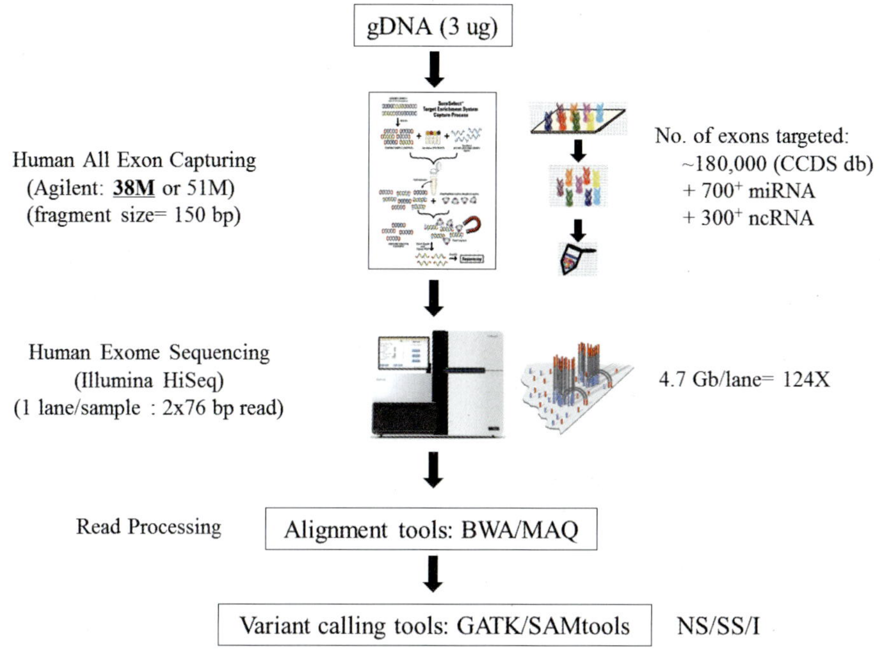

그림 19-3. **Exome sequencing 방법의 작업 순서도**

차세대 염기서열 분석 장비로 생산된 염기서열 정보(reads)는 인간 표준유전체 염기서열 정보(reference genome)에 맞추어 비교하게 된다. 인간 표준유전체 염기서열 정보는 NCBI build 37 (UCSC: hg19) 또는 최근에 새롭게 올려진 NCBI build 38 (UCSC: hg38)을 사용한다. 차세대 염기서열 분석기로 생산된 염기서열 정보를 인간 표준유전체 염기서열 정보에 맞추는 작업은 많은 양의 data를 다룰 수 있는 효과적인 다양한 종류의 프로그램들이 사용되는데, 주로 속도와 정확도를 고려해서 선택하게 된다(그림 19-4). 많이 사용하는 alignment tools로는 GSNAP/BWA/Bowtie/SOAP/MAQ 등이 있다. 그리고 표준유전체 염기서열 정보와 비교해서 다른 염기서열 변이형은 GATK/SAMtools/SOAPsnp 등과 같은 variant calling tools을 사용하여 선별된다. 발굴된 유전변이형은 기존의 SNP database와 비교하여 known SNPs인지 또는 novel SNPs인지를 확인하게 된다. 이때도 자신이 검색하는 SNP database의 build 번호는 꼭 확인해야 한다. 생산된 동일한 염기서열 정보도 사용하는 프로그램의 종류와 filtering 기준을 어떻게 사용하느냐에 따라 최종적으로 선별된 유전변이형 정보가 달라진다(Pabinger S et al, 2014). 따라서 대량의 염기서열 정보를 이용한 유전변이형 발굴을 위해서는 분석하려는 연구 내용을 정확히 파악하고 filtering 조건을 잘 설정해야한다. 그리고 선별된 염기서열 정보 중에서 질병에 연관성을 보이는 유전변이형은 Sanger DNA sequencing 방법 등을 사용하여 확인해야 한다.

- Read alignment to reference genome builds: - NCBI build 37.1 (UCSC: hg19)
  - NCBI build 38 (UCSC:hg38)
- Alignment tools (speed & accuracy): - **GSNAP/BWA/Bowtie/SOAP/MAQ**

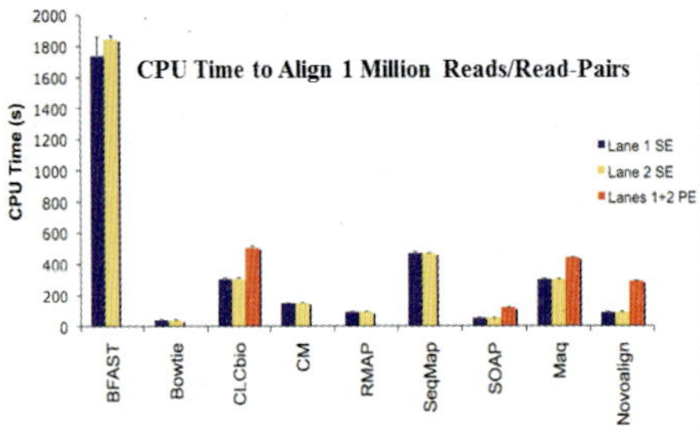

Alignment Need	Recommendation
Proven Functionality:	Maq
Speed:	Bowtie, SOAP
Sensitivity:	Novoalign, cross_match
Usability:	CLC bio, SeqMap
Flexibility:	BFAST
Variant Detection:	SOAP, Novoalign

http://www.massgenomics.org/short-read-aligners

- Variant calling tools: - **GATK, SAMtools, SOAPsnp**
- reference SNP database versions: - build 135 (52.3M rs#; Oct. 13, 2011)
  - build 137 (53.6M rs#, June, 2012)
  - build 138 (62.7M rs#, April 2013)
  - build 141 (62.4M rs#, May 2014)

그림 19-4. **Exome sequencing 분석방법에서 생산된 염기서열 정보를 이용한 유전변이형 발굴 과정**

Exome sequencing에 의하여 생산된 개인별 대량의 DNA 염기서열 data는 일련의 filtering 과정을 통해 질병 특이적인 원인 유전변이형을 발굴한다. 예를 들면, 2009년에 처음으로 4 명의 Freeman-Sheldon syndrome (FSS) 환자의 시료를 이용하여 whole exome sequencing을 수행하여 정상인에서 발견된 유전변이형과 기존에 보고된 dbSNP에 존재하는 유전변이형을 제거한 후에 질병의 원인 유전변이형(돌연변이)을 찾아냄으로써 단일 유전자 질병에서 exome sequencing이 질병의 원인 유전변이형 발굴에 매우 유용한 방법임을 증명하였다(Ng SB et al, 2009a) (그림 19-5). 그리고 발굴된 질병 유전변이형에 대해서는 Sanger sequencing 방법을 이용한 검정과 다양한 종 간의 단백질 코딩 영역에 대한 보존성(conservation)을 확인함으로써 기능적으로 얼마나 중요한 아미노산 영역인지를 추정하게 된다. 일반적으로 다양한 종 간에 동일한 유전자에서 동일한 염기서열을 가지는 아미노산들은 기능적으로 중요한 역할을 하고 질병의 원인 돌연변이로 작용할 가능성이 크다.

	Ind. 1	Ind. 1 Ind. 2	Ind. 1 Ind. 2 Ind. 3	Ind. 1 Ind. 2 Ind. 3 Ind. 4	Any 3 of 4: Ind. 1 Ind. 2 Ind. 3 Ind. 4
cSNPs	~17,000				
NS/SS/I	~4,500	~3,300	~2,800	~2,500	~3800
NS/SS/I not in dbSNP	~500	~130	~70	~50	~120
NS/SS/I not in controls	~800	~170	~50	~20	~160
NS/SS/I Neither in dbSNP nor control exomes	~350	~40	~8	1	**~20**
and Predicted to be damaging	~160	~10	~2	1	**~3**

그림 19-5. **Exome sequencing에 의한 단일 유전 질병의 원인 유전자 발굴 전략.** NS, nonsynonymous mutation; SS, splicing site mutation; I, indels in coding regions. 출처: Ng SB et al. (2009). Nature 461:272-276.

희귀 유전질환의 경우에 환자 시료를 이용한 엑솜 염기서열 분석에서 얻은 data에서 대조군인 정상인의 엑솜 염기서열 변이형 정보를 제거하면 열성(recessive)의 경우에는 질병 원인 후보 유전자를 수 개로 줄일 수 있다(그림 19-6). 그러나 우성(dominant)으로 작용하는 질병의 경우에는 한 환자에게서 수백 개의 후보 유전자가 선별된다. 따라서 질병의 유전모형에 따라 열성의 경우에는 적은 수의 환자도 질병 원인 유전자 발굴이 용이하지만 우성으로 작용하는 질병의 경우에는 보다 많은 환자 시료를 사용하여 엑솜 염기서열 분석을 해야 한다. 정상 대조군으로 filtering하는 엑솜 염기서열 정보는 기존에 database에 보고된 dbSNP 또는 1000 genomes project database 정보를 이용할 수도 있다. 그리고 인종간 차이와 실험 간 차이를 제거하기 위해서 대조군은 동일한 집단에서 선별된 정상인의 시료를 이용하여 같은 실험방법으로 얻어진 data를 사용하는 것이 바람직하다. 이때 사용하는 대조군은 일반적으로 5개 이상을 사용하며 총 15-20명 정도의 대조군 엑솜 data를 사용하면 충분하다(그림 19-6).

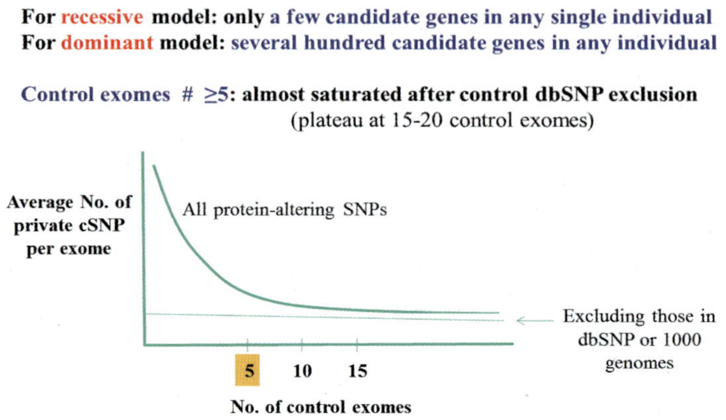

그림 19-6. **Exome sequencing에 의한 단일 유전 질병의 원인 유전자 발굴 전략.** NS, nonsynonymous mutation; SS, splicing site mutation; I, indels in coding regions. 출처: Ng SB et al. (2010). Hum Mol Genet 19:R119-R124.

엑솜 염기서열 분석방법을 이용한 질병 원인 유전변이형 발굴은 가족력을 지닌 희귀 유전질환의 경우에는 질병 가계에서 선별된 소수의 환자 시료와 정상인 시료만으로도 분석이 가능하다. 그러나 가계 시료에서 발굴된 후보 원인 유전변이형들은 더 많은 수의 동일 질환자와 정상인을 대상으로 추가 검정이 필요하다. 그리고 다수의 유전자가 관여하는 복합질병에 대한 엑솜 염기서열 분석 방법은 표현형 값의 차이가 큰 시료(extreme cases)에서 엑솜 분석을 하여 후보 유전변이형을 발굴하고 보다 큰 질병 집단에서 반복성 검정을 수행해야 한다. 한편 엑솜 분석에서 얻어진 data는 database의 형태(예, Exome Variant Server)로 수집되어 일반 연구자들에게 공개되고 있다(그림 19-7).

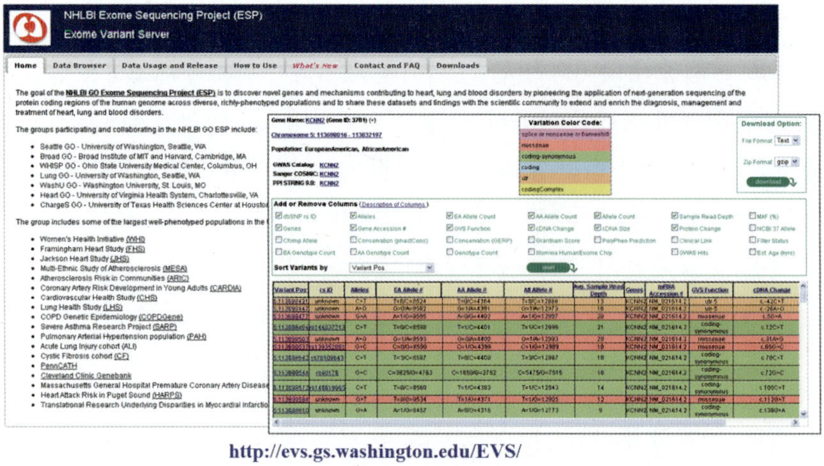

그림 19-7. **Exome Variant Server database.** 출처: http://evs.washington.edu/EVS/.

3. 엑솜 염기서열 분석방법을 이용한 희귀 유전질병 유전자 발굴

(1) 희귀 유전질병의 특성

희귀 유전질환은 환자의 발생율이 매우 낮고 유전적 요인에 의하여 발생하는 질병을 말한다. 미국의 경우에는 1,500명당 1명 이하의 빈도로 발생하는 경우를 희귀 유전질환이라고 정의하고 있으며 일본과 한국에서는 2,500명당 1명 이하로 발생하는 질환을 희귀 유전질환이라고 한다. 지금까지 전세계적으로 약 8,000 종류의 희귀 유전질환(Mendelian disorders)이 알려져 있다(표 19-2). 희귀 유전질환의 유전모형은 전체의 약 65%가 autosomal dominant 패턴을 따르고, 30%는 autosomal recessive 형태로 발생하며 약 6% 정도는 X-linked 유전질환이다. 그리고 대부분의 유전질환은 소아에서 주로 발견되고 신생아의 약 0.4%는 희귀 유전질환을 가지고 태어나는 것으로 알려져 있다. 그리고 대부분의 유전질환들은 부모에게서 존재하지 않는 새로운 돌연변이(*de novo* mutations)에 의해서 발생한다고 한다.

표 19-2. **희귀 유전질병(Mendelian disorders) 원인 유전자 발굴 현황**

Mendelian diseases	No. (%)
Gene known	4,137 (54%)
Gene unknown	1,698 (22%)
Suspected disorders	1,855 (24%)
Total	7,690 (100%)

출처: http://www.omim.org/statistics/entry (2014)

(2) 희귀 유전질병의 원인 규명을 위한 엑솜 분석의 필요성

과거에는 희귀 유전질환 원인 유전자 발굴은 전통적인 linkage 분석 방법을 이용하여 진행되었지만 최근에는 개인 유전체 전체를 분석할 수 있는 차세대 염기서열 분석방법들이 주로 사용되고 있다. 특히 경제성 및 분석의 효율성 등을 고려한 엑솜 염기서열 분석 방법이 많이 활용되고 있다. 전체 약 7,690 종의 희귀 유전질환(표 19-2)에서 아직 까지 유전자가 밝혀지지 않은 약 1,698개의 질병(22%) 또는 멘델의 유전방식을 따를 것으로 추정되는 약 1,855개의 희귀 유전질환(24%)이 엑솜 분석 대상 질병이 된다. 다시 말하면, 전체 희귀질환의 약 절반 정도(46%)는 아직도 원인이 밝혀지지 않은 상태이다. 미국에서는 희귀 유전질환의 원인 규명과 진단 기술 개발을 위해 3개의 희귀 유전질환 유전체 센터(Centers for Mendelian Genomics; http://mendelian.org/)를 지정하여 운영하고 있다. 그리고 국제적으로는 The International Rare Diseases Research Consortium (IRDiRC)(http://www.irdirc.org/)를 구성하여 발생빈도가 낮은 희귀 유전질환 연구를 지원하고 있다. 이제는 개인 유전체 분석 기술의 발전으로 희귀 유전질환에 대한 효과적인 진단 기술로 엑솜 염기서열 분석 방법이 임상에서 활용도가 높아지고 있다. 엑솜 분석 방법을 희귀 유전질환에 활용하는 것은 새로운 질병 원인 유전자를 발굴하거나 또는 알려진 원인 유전자를 찾아 질병 원인을 진단하는 목적으로 활용하고 있다.

(3) 희귀 유전질병의 원인규명을 위한 엑솜 분석 과정

희귀 유전질환의 원인 돌연변이를 발굴하기 위한 분석과정(그림 19-8)을 살펴보면, 우선 환자의 genomic DNA 시료를 사용하여 exome capture kit와 차세대염기서열 분석을 통해서 엑솜 부위에 존재하는 모든 염기서열 정보를 확보한다. 수집된 개별 엑솜 염기서열 정보는 인간 표준 유전체 염기서열 정보와 비교하여 유전변이 정보를 추출하고 기존에 보고된 유전변이형인지, 유전자의 어떤 부위에 존재하는 유전변이형인지, 기존의 질병 원인 유전변이형인지 등에 대한 정보를 추가로 수집한다. 이렇게 최종 수집된 유전변이 정보는 질환의 유전적 모형(genetic mode)에 따라서 상염색체 열성(autosomal recessive)의 경우에는 개인이 보유하고 있는 2 개의 유전체에서 공통으로 homozygote 형태의 유전변이형을 가지거나, 또는 동일한 유전자에서 서로 다른 2 개의 유전변이형(compound heterozygote)을 가진 것을 찾는다. 그리고 상염색체 우성(autosomal dominant)의 경우에는 환자에서 공통적으로 가지는 heterozygote 유전변이형을 찾으면 된다. 그리고 X-linked 유전모형을 따르는 유전질병의 경우에는 X 염색체에 존재하는 질병 특이적인 유전변이형을 찾는다. 많은 유전질환의 경우에는 부모로부터 전달되지 않은 새로운 돌연변이(*de novo* mutations)에 의해서 질병이 발생하는데, 이 경우에는 부모에게서 전달되지 않고 환자에게서 공통적으로 나타나는 새로운 돌연변이형을 선별하게 된다.

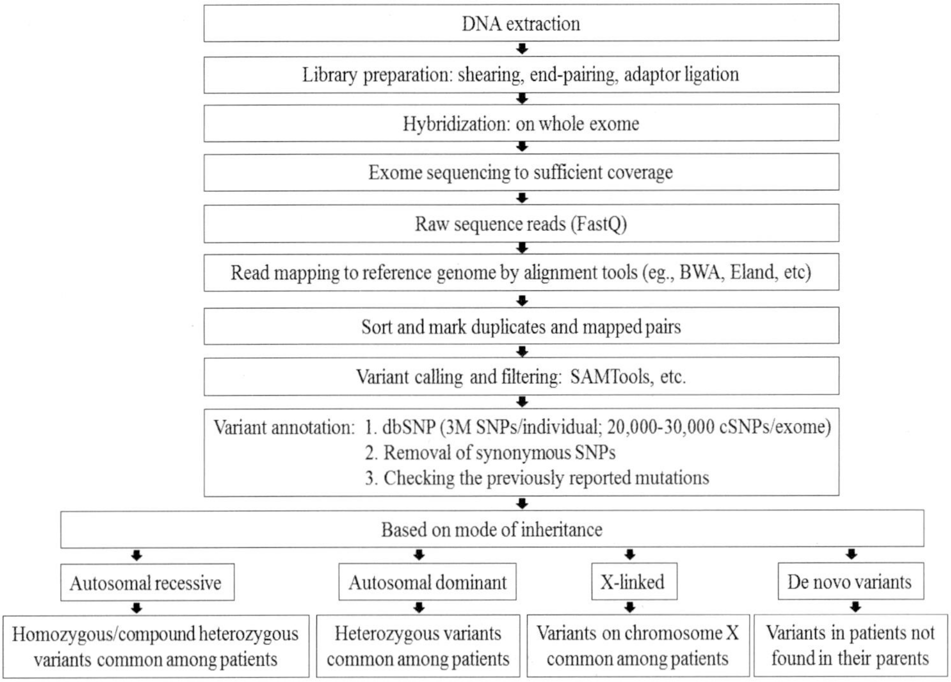

그림 19-8. **희귀 유전질환의 신규 원인 유전자 발굴을 위한 엑솜 염기서열 분석 과정.**
출처: Rabbani B et al. (2012). J Hum Genet 57:621-632.

아래의 실제 엑솜 염기서열 분석 과정의 예이다.

- Agilent 51 Mb Exome Capture kit & NGS DNA sequencing 수행
- Filtering variants 수행: autosomal recessive, compound heterozygote model, proband only
  - All: ~85K
  - Coding & splice sites: ~12K
  - Exclude synonymous: ~6K
  - Exclude dbSNP: ~750
  - Exclude MAF $\geq$0.01 in EVS and 1KG: ~450
  - Exclude inhouse exome db: ~260
  - *(optional): predict functionality of variants (PolyPhen & SIFT) & Conservation score (PhyloP/GERP)*
  - Genes with 2 hits: ~2
  - Links to OMIM, ClinVar, PubMed, Expession, Networks

- 추가적으로 확인이 필요한 내용:
  - NGS에서 생산된 염기서열 정보에 대한 sequencing error 점검
  (variant에 대한 quality scores가 낮으면 false positive일 가능성이 매우 높음)
  - 발굴된 후보 원인 유전변이형에 대해서:
    1) *de novo* mutation인지 부모로부터 전달받았는지(inherited) 확인
    2) genotype이 homozygote인지 compound heterozygote인지 확인
    3) 유전변이형의 위치 확인(autosomal vs. X-linked)

엑솜 염기서열 분석 data에서 질병 원인 유전변이형을 발굴할 때는 질병의 유전적 모형에 따라 다른 선별(filtering) 방법을 사용한다.

- **환자 1명만 관찰되는 질병의 경우 (sporadic disorders)**: 특정한 유전모형을 따르지 않고 1명의 환자만 발생하는 경우에는 *de novo* mutation일 가능성이 매우 높음. 이 경우에는 trio (부-모-환자) 시료를 이용히여 엑솜 분석을 수행함. 참고로 한 개인의 전체 유전체에서는 약 175개 *de novo* mutation이 발생하고 엑솜에는 약 1~2개의 *de novo* mutation이 발생할 것으로 예상됨(Nachman MW and Crowell SL, 2000).
- **열성 유전을 따르는 질병의 경우(recessive disorders)**: 한 개체 내에서 2 개의 유전자 모두에서 돌연변이가 관찰되는 homozygote 또는 compound heterozygote mutation을 엑솜 data에서 조사함. 열성유전을 따르는 희귀 유전질환의 원인 유전자 발굴은 한 가계 내 질병을 가진 형제 자매의 수가 많을수록 질병 원인 유전자 발굴의 성공 가능성이 높아짐.
- **근친 가계의 경우(consanguineous families)**: 가계 내에서 homozygote의 희귀 유전변이형을 찾음.
- **우성 유전을 따르는 질병의 경우(dominant disorders)**: 동일 가계 내에서 근친도가 상대적으로 낮은 다수의 시료를 우선적으로 선별하고 환자 공통적으로 가지고 있는 유전변이형을 찾음. 같은 가계 내에서 근친도가 멀수록 공유하는 유전변이형의 개수가 적기 때문에 다수의 후보 유전변이형을 가지는 우성 유전모형을 따르는 질병 원인 유전자 발굴에서는 매우 유용한 시료 선별 방법이 됨(그림 19-9).
- **암의 경우(cancer)**: 유전성을 보이는 암 가계 시료는 일반 유전 모형의 원리에 따라 분석함. 그러나 대부분의 암은 체세포 돌연변이에 의해서 발생하기 때문에 정상 조

직과 암 조직 간의 비교를 통해서 암 조직에서만 발견되는 체세포 돌연변이를 찾도록 함.

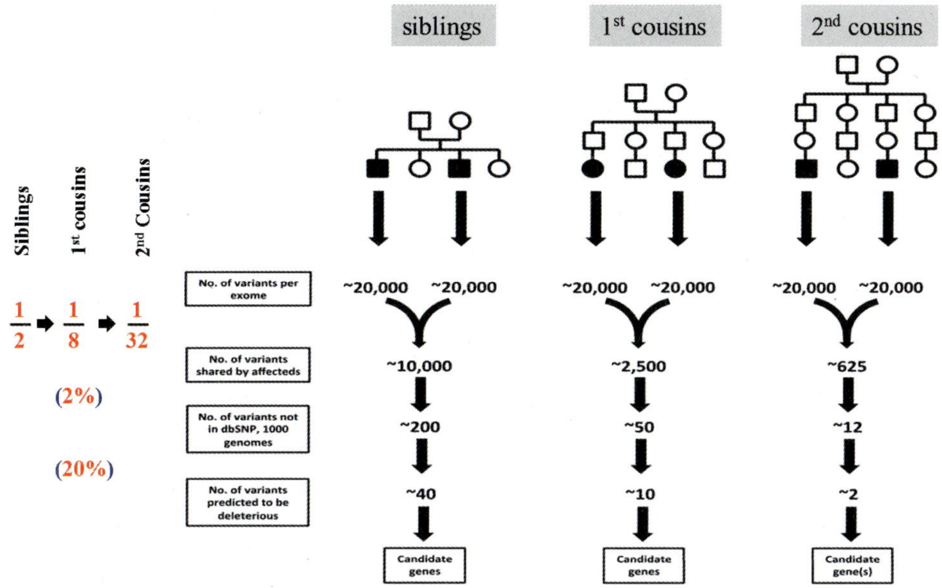

그림 19-9. **가계 시료의 근친도 차이에 따른 엑솜 분석의 예상 후보 유전변이형 개수.**

출처: Brunham LR and Hayden MR. (2013). Hum Genet 132:603-617.

2009년에 엑솜 염기서열 분석 방법이 희귀 유전질환의 원인 유전자를 규명하는데 매우 효과적임을 처음으로 입증(Ng SB et al, 2009a)하였고, 그 후에 많은 희귀 유전질환에서 엑솜 분석으로 질병 원인 유전자를 성공적으로 발굴하였다(표 19-3). 특히 초기에는 소수의 환자 시료(평균 2.24명)를 이용하여 2 개 유전자가 모두 돌연변이를 가진 autosomal recessive 유전질환의 원인 유전자 발굴이 주로 이루어지다가 나중에는 좀 더 많은 환자 시료(평균 4.90명)를 이용하여 엑솜 분석 방법으로 autosomal dominant 유전질환 유전자를 발굴하였다(표 19-3).

표 19-3. 엑솜 염기서열 분석에 의해 발굴된 희귀 유전질환 원인 유전자 **(2012년까지)**

Year	**Autosomal Recessive:** disease (gene)	**Autosomal Dominant:** disease (gene)
2010	Miller synd. (DHODH) Autoimmune lymphoproliferative synd.(FADD) Nonsyndromic hearing loss (GPSM2) Combined hypolipidemia (ANGPTL3) Perrault synd. (HSD17B4) Complex I deficiency (ACAD9) Hyperphosphatasia mental retardation synd. (PIGV) Sensenbrenner syndrome (WDR35) Cerebral cortical malformations (WDR62) 3MC synd. (MASP1)	Kabuki synd. (MLL2) Schinzel-Giedion synd. (SETBP1) Spinocerebellar ataxia (TGM6)
2011	Nonsyndromic mental retardation (TECR) Retinitis pigmentosa (DHDDS) Osteogenesis imperfecta (SERPINF1) Skeletal dysplasia (POP1) Combined malonic and methylmalonic acid uria (ACSF3) Amelogenesis (FAM20A) Chondrodysplasia & abnormal joint development (IMPAD1) Progeroid synd (BANF1) Infantile mitochondrial cardiomyopathy (AARS2) Heterotaxy (SHROOM3) Mosaic variegated aneuploidy synd. (CEP57) Hyypomyelinatingleukoencephalopathy (POLR3A/3B) Spastic ataxia-neuropathy synd (AFG3L2) Dilated cardiomyopathy (GATAD1) Gonadal dysgenesis (PSMC3IP) Progressive external ophthalmoplegia (RRM2B) Knobloch synd. (ADAMTS18) Spinocerebellar ataxia with psychomotor retardation (SYT14) Adams-Oliver synd. (DOCK6) Steroid-resistant nephrotic synd (MYO1E & NEIL1) Complex bilateral occipital cortical gyration abnormalities (LAMC3) Intellectual disability (AP4S1/AP4B1/AP4E1) Hypertrophic cardiomyopathy (MRPL3) Retinitis pigmentosa (MAK) 3M syndrome (CCDC8) Seckel synd (CEP152) ADK deficiency (ADK) Nephronophthisis-like nephropathy (WDR19) Psuedo-Sjogren-Larson synd (ELOVL4) Idiopathic infantile hypercalcemia (CYP24A1) EMARDD (MEGF10)	Ohdo synd (KAT6B) Paroxysmal kinesigenicdyskinesias (PRRT2) Hajdu-Cheney synd (NOTCH2) Bohring-Opitz synd (ASXL1) Hereditary diffuse leukoencephalopathy with spheroids (CSF1R) Spondyloepimetaphyseal dysplasia (KIF22) Adult neuronal ceroid-lipofuscinosis (DNAJC5) KBG synd (ANKRD11) Dendritic cel, monocyte, B and NK lymphoid deficiency (GATA-2). Late-onset Parkinson's disease (VPS35) Sensory neuropathy with dementia and hearing loss (DNMT1) Dilated cardiomyopathy (BAG3) High myopia (ZNF644) Autosomal dominant retinitis pigmentosa (RPE65) Charcot-Marie-Tooth disease (DYNC1H1) Hereditary hypotrichosis simplex (RPL21) Geleophysic and acromicric dysplasia (FBN1) Myhre synd (SMAD4)

	Gray platelet synd (NBEAL2) Immunodeficiency, centromeric instability and facial anomalies (ZBTB24) Leber congenital amaurosis (KCNJ13) Hereditary spastic paraparesis (KIF1A)	
2012	Split hand and foot malformation (DLX5) Global eye developmental defects (ATOH7) Primary hypertrophic osteoarthropathy (SLCO2A1) Bartsocas-Papas synd. (RIPK4) Familial aplastic anemia (MPL) Peeling skin synd. (CHST8) Sengers synd. (AGK) Hypertension (KLHL3) Congenital disorders of glycosylation (DDOST) Congenital stationary night blindness (GPR179) Autosomal recessive primary microcephaly (CEP135) Familial diarrhea (GUCY2C) Infantile cerebellar retinal degeration (ACO2) Joubert synd. (C5ORF42) Cerebroretinal microcephaly with calcifications and cysts (CTC1) Kohlschutter-Tonz synd. (ROGDI) UV-sensitive synd. (UVSSA)	Hypertension (CUL3) Weaver synd. (EZH2) Genitopatellar synd. (KAT6B) Hypothyroidism (THRA) Floating-Harbor synd. (SRCAP) Hereditary spastic paraplegia type 12 (RTN2) Microcephaly associated with lymphedema (KIF11) Congenital mirror movements (RAD51) Mandibulofacialdysostosis with microcephaly (EFTUD2) Limb-girdle muscular dystrophy (DNAJB6) Aplastic anemia and myelodysplasia (SRP72) Acrodysostosis (PDE4D/PRKAR1A) Olmsted synd. (TRPV3) Nager synd. (SF3B4) Multicantric carpotarsal osteolysis (MAFB) Coffin-Siris synd. (SMARCB1) Coffin-Siris synd. (ARID1B) Pulmonary arterial hypertension (CAV1)
Sum	Total No. of genes identified= **62 genes** Mean No. of samples used in exome seq= **2.24**	Total No. of genes identified= **39 genes** Mean No. of samples used in exome seq= **4.90**

출처: Rabbani B et al. (2012). J Hum Genet 57:621-632.

(4) 임상분야에서 희귀 유전질환 원인 규명을 위한 엑솜 분석

다양한 임상 연구기관에서 실제 진단되지 못한 희귀 유전질환자를 대상으로 대규모 엑솜 분석을 수행하여 원인 규명 및 질병 진단을 시도하고 있다. 대표적인 예로 미국의 베일러 의대에서는 총 250명의 진단되지 못한 희귀 유전질환자를 대상으로 WES분석을 수행하여 총 62명의 환자에 대해서 원인 유전자 발굴 및 분자유전학적 진단을 성공적으로 수행할 수 있었다고 한다(그림 19-10). 기존의 유전검사 방법으로는 원인을 알 수 없었던 희귀 유전질환자를 대상으로 약 25%의 희귀 유전질환자에서 분자유전학적 진단이 가능한 성과를 거두었다. 미국 위스콘신 대학에서도 진단되지 못한 희귀 유전질환자를 대상으로 WGS을 수행하여 27%의 분자 진단이 가능하였다(Jacob HJ et al, 2013). 이는 WES 방법과 WGS 방법이 거의 동일한 진단 능력을 가지고 있음을 의미한다. 그리고 미국 NHGRI에서는 Undiagnosed Disease Program을 추진하여 총 160건의 미진단 희귀 유전질환자를 대상으로 엑솜 분석을 수행하여 총 39건(24%)을 분자 진단하는데 성공하였다(Gahl WA et al, 2012). 이러한 결과를 종합해 보면 기존의 전통적인 유전검사 방법으로는 진단이 불가했던 희귀 유전질환자에서 약 25% 정도가 엑솜 분석을 통해서 질병의 원인 진단에 성공하였다. 그래서 이제는 많은 사람들이 엑솜 분석 방법이 희귀 유전질환의 원인 규명에 매우 효과적인 방법으로 인식하고 있다.

250 undiagnosed patients:
(~80% neurological disorders)

Whole Exome Sequencing(WES): >130X

62 diagnosed cases (25%):
- 33 autosomal dominant
- 16 autosomal recessive
- 9 X-linked

86 mutations identified:
- 20 small frameshift indels (23.25%)
- 2 in-frame indels (2.33%)
- 9 nonsense (10.47%)
- 9 splice (10.47%)
- 46 missense (53.49%)

그림 19-10. **미국 베일러 대학에서 수행한 엑솜 분석을 이용한 희귀 유전질환 진단 실적.**
출처: Yang Y et al. (2013). N Eng J Med 369:1502-1511.

미국의과대학 의학유전학 협회(The American College of Medical Genetics and Genomics, ACMG)에서는 엑솜 분석 결과에서 임상적으로 중요한 진단(incidental findings)에 관련된 56개 유전자 목록을 제시하였다. 일반적으로 전체 엑솜 분석 시료의 약 1%에서 임상적으로 중요한 56개 유전자 중에서 하나 이상의 질병 원인 돌연변이를 가지는 것으로 알려져 있다(Green RC et al, 2013). 따라서 엑솜 분석 정보를 통해 실제 기대치 못한 새로운 질병에 대한 유전 진단이 가능한 경우도 발생할 수 있다. 그리고 또 다른 연구에 의하면 ACMG 56개 유전자를 포함한 멘델 유전질환 유전자 총 114개에 대한 엑솜 분석에서 아프리카인은 분석 시료의 약 1.2%에서 그리고 유럽인에서는 약 3.4%에서 질병의 원인이 되는 하나 이상의 돌연변이형을 가지고 있음을 확인하였다 (Dorschner MO et al, 2013). 따라서 엑솜 분석은 유전질환의 진단에 효과적으로 활용될 수 있을 것이다.

(5) 임상분야에서 희귀 유전질환 원인 규명을 위한 엑솜 분석의 한계

엑솜 분석 방법이 희귀 유전질환의 진단에 매우 효과적인 분석방법이기는 하지만 여전히 많은 제한성을 가지고 있다. 우선 기존 exome capture kit의 경우에 약 90~95% 정도만 target exon을 커버할 수 있다. 따라서 약 5~10%의 인간 엑손(exon) 부위는 분석 대상에서 제외된다. 그리고 유전자 조절 기능을 지닌 유전체 구조 변이(structural variants)와 noncoding DNA 부위에 대한 정보를 전혀 얻을 수 없다. 또한 exome sequencing data에 대한 엄격한 quality control이 적용되더라도 생산된 엑솜 data양 (coverage), 사용하는 프로그램의 종류, 정확한 genotyping call을 위해 적용하는 기준 등에 따라 다수의 sequencing errors를 포함하고 있다. 특히 질병 원인 유전자 발굴을 위해 선별(filtering)된 후보 유전변이형에는 errors가 더 많이 포함되어 있다. 이러한 다수의 sequencing errors를 검정하는데 많은 추가적인 노력이 필요하다. 향후 유전체 분석 비용이 더 저렴해지고 유전체 전반에 대한 질병과의 연관성에 대한 이해가 높아지면 WGS 방법이 WES 방법을 대체할 것으로 기대된다.

(6) 희귀 유전질병 데이터베이스

희귀 유전질환에 대한 다양한 정보는 database의 형태로 저장되어 공개되고 있다. 가장 대표적인 희귀 유전질환 database로는 Online Mendelian Inheritance in Man (OMIM) database가 있다. 그리고 이미 보고된 논문에서 발표된 연구결과를 정리한 Human Gene Mutation Database (HGMD)가 있는데 이 database는 잘못된 연구 결과들도 포함하고 있어서 임상적으로 활용하는데 한계가 있고 이 database를 이용하려면 비용을 지불해야 하는 단점이 있다. 최근에 NCBI에서는 임상 활용 가능한 유전검사 정보를 하나로 통합한 ClinVar라는 새로운 database를 만들어 일반 연구자들에게 무료로 공개하고 있다. 향후에 ClinVar database에 기탁되는 정보가 많아질 것으로 기대되고 있고 정확도도 높은 것으로 알려져 있어서 개인 염기서열 분석 정보를 이용한 임상 활용시 매우 유용한 database로 사용될 것이다(표 19-4).

표 19-4. **희귀 유전질환 database**

Name	Contents	Website
OMIM	단일 유전자 질환 database	http://omim.org/
HGMD	논문 발표된 질병유전자 돌연변이 database	http://www.hgmd.cf.ac.uk/
ClinVar	인간 유전변이와 질병에 관련된 database	http://www.ncbi.nlm.nih.gov/clinvar/

OMIM: Online Mendelian Inheritance in Man; HGMD: Human Gene Mutation Database.

4. 엑솜 분석을 이용한 복합질병 유전자 발굴

(1) 엑손 부위에서 발견되는 유전변이형의 특성

엑솜 분석 방법이 희귀 유전질환의 원인 유전자를 발굴하는데 매우 효과적인 방법으로 확인되면서 엑솜 분석을 이용한 복합질병의 원인 유전자 발굴에도 많은 사람들이 관심을 가지게 되었다. 그런데 가계 시료를 이용한 희귀 유전질환과 달리 복합질병의 경우에는 다수의 집단 시료를 이용해서 단백질 코딩 영역의 희귀 유전변이형을 이용한 연관성 분석을 해야 한다. 이때 희귀 유전변이형의 빈도가 아주 낮아서 많은 시료를 모으지 않으면 유전 연관성 연구의 파워가 거의 없게 된다(그림 19-11). 단백질 코딩 영역에서 발견되는 대부분(97%)의 유전변이형은 대립유전자형 빈도가 0.5%보다 작은 singleton 또는 doubleton 형태의 유전변이형들이다(표 19-5).

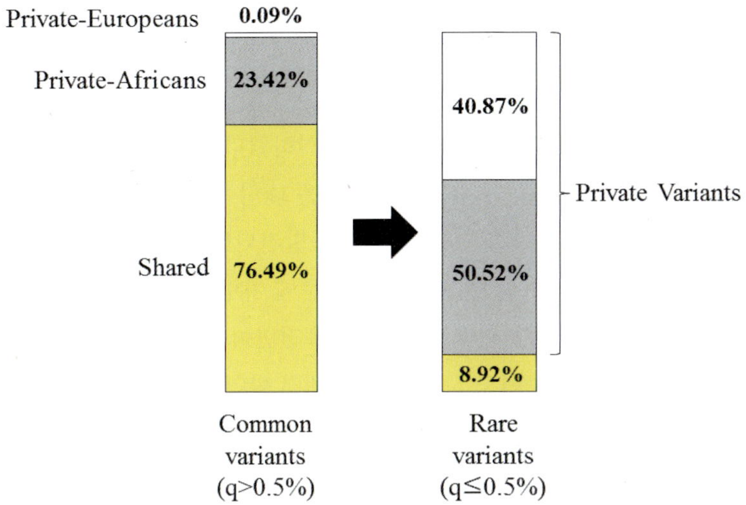

그림 19-11. 집단내 유전변이형 빈도의 차이에 따른 집단 분포의 특성

표 19-5. **25개 유전자의 단백질 코딩 영역에서 발견된 유전변이형의 종류**(41,911명)

Variant type	All variants	Rare (MAF < 0.5%)	Novel
Nonsynonymous SNV	1,792	1,758	1,379
Splicing SNV	86	85	65
Stopgain SNV	47	47	42
Synonymous SNV	1,024	972	674
Frameshift indels	31	31	31
Nonframeshift indels	10	10	10
Total variants	**2,990**	**2,903**	**2,201**
Singleton	1,602	1,598	1,411
Doubleton	470	468	378

출처: Hunt KA et al. (2013). Nature 498:232-235.

지금까지는 다수의 유전자가 관련된 복합질병의 경우에는 여러 인종에서 공통적으로 존재하는 common SNP을 이용한 전장유전체연관성연구 방법을 주로 사용하였다. 그러나 빈도가 높은 common SNP을 이용한 유전 연관성 연구를 통해서는 복합질병의 유전적 원인에 대한 설명력이 매우 낮은 한계점을 확인하였다. 그리고 유전자의 기능에 중요한 단백질 코딩 부위에 존재하는 유전변이형들은 대립유전자형의 빈도가 매우 낮은 것으로 알려져 있다. 따라서 단백질 코딩 영역에서 발견되는 유전변이형을 이용한 질병 연관성 분석에서는 유전변이형의 빈도가 낮기 때문에 아주 많은 시료를 사용해야 한다. 그리고 분석의 파워를 높이기 위해서는 희귀 유전변이형에 대한 gene-based aggregate 효과를 분석하는 통계분석 방법도 하나의 좋은 해결 방안이 된다. 그리고 빈도가 낮은 희귀 유전변이형들은 대부분 집단 특이적으로 존재하기 때문에 다른 집단을 합쳐서 분석할 수 없기 때문에 동일한 유전 배경을 지닌 집단을 이용하여 반복성 검정을 해야 한다.

(2) 염기서열 분석 방법을 이용한 복합질병 유전자 발굴 방법

복합질병 연구에서 빈도가 낮은 유전변이형을 이용한 유전연관성 분석의 파워를 높이기 위해서는 낮은 빈도로 존재하는 유전변이형이 많이 포함될 수 있는 연구방법을 사용해야 한다. 대표적인 연구 방법은 다음과 같다.

① **GWAS 유전좌위에 대한 염기서열 분석**: 복합질병에서 빈도가 낮은 원인 유전변이형을 발굴하기 위해서 기존에 연구된 GWAS data와 WES/WGS data를 통합한 분석이 많이 시도되고 있다. 예를 들면, 다수의 case-control 연구에서 밝혀진 GWAS loci에 대한 WES/WGS 또는 targeted resequencing 방법을 이용하여 원인이 될 수 있는 단백질 코딩 부위의 기능 후보 유전변이형을 먼저 발굴하고 정상인과 환자 시료에서 유전 연관성 분석을 수행하는 것이다(그림 19-12). 이러한 분석 방법이 합리적인 방법이라고 생각되지만 대규모 염기서열 분석 방법으로는 GWAS에 의해 발굴된 유전좌위에서 원인 유전변이형을 찾지 못했다(Hunt KA et al, 2013).

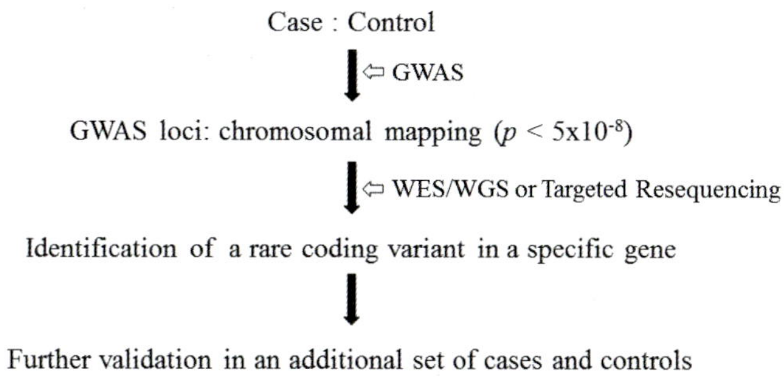

그림 19-12. **희귀 원인 유전변이형 발굴을 위해서 환자와 정상인 시료에서 WES/WGS 분석(보고된 GWAS loci 중심으로 분석함)**

② **표현형 차이가 큰 두 집단 시료를 이용한 염기서열 분석:** 연속형 표현형(예, BMI, lipid & glucose levels)의 연관된 희귀 원인 유전변이형을 발굴하기 위해서는 유전적 요인이 많이 작용할 것으로 기대되는 양 극단의 표현형 시료를 선별하여 염기서열을 분석하면 표현형을 결정하는데 큰 영향을 미치는 원인 유전변이형 발굴이 가능할 것이다(그림 19-13). 이렇게 발굴된 원인 후보 유전변이형은 보다 큰 집단 시료에서 반복성 검정을 하게 된다.

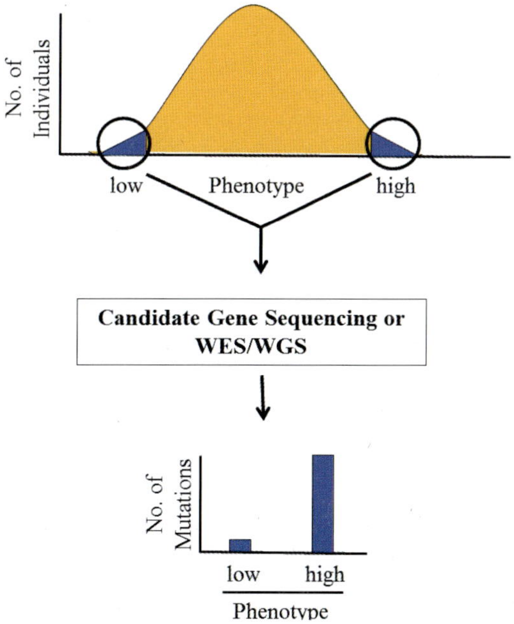

그림 19-13. **연속형 표현형에서 희귀 원인 유전변이형 발굴을 위한 양 극단 표현형 시료의 염기서열 분석.** 출처: Brunham LR and Hayden MR. (2013). Hum Genet 132:603-617.

③ **근친도가 높은 가계 또는 집단 시료를 이용한 염기서열 분석**: 근친도가 높은 가계 시료 또는 지역적으로 고립된 소규모 집단에서는 특정 희귀 원인 유전변이형의 빈도가 높고 원인 유전변이형이 있는 유전체 부위의 LD가 상당히 길어서 원인 유전변이형 발굴이 용이한 장점을 가지고 있다. 대표적인 예로 최근에 소규모 인구 집단으로 구성된 그린랜드 지역에서 수집된 총 2,733명의 인구집단에서 SNP chip을 이용하여 염색체 13번에 있는 특정 SNP (rs7330796, SNP located in intron of TBC1D4)이 혈액 내 당의 농도와 인슐린 농도에 매우 유의적으로 연관됨을 확인하고 엑솜 염기서열 정보에서 발굴된 4개의 후보 coding SNP을 대상으로 동일한 인구집단 시료에서 검정하여 TBC1D4 유전자의 기능상실 유전변이형(p.Arg684Ter, rs61736969)이 원인 유전변이형임을 확인하였다(그림 19-14). 이 유전변이형은 제2형 당뇨의 발병 위험율을 10배 이상 증가시키는 효과를 보였다. 그런데 이 원인 유전변이형은 다른 집단에서는 찾아볼 수 없는 유전변이형이지만 그린랜드에서는 약 17%의 높은 빈도로 존재하고 있어서 특정 표현형과의 유전 연관성 분석이 가능하였다. 그리고 이 유전변이형은 그린랜드 집단에서 40-60세 사이의 성인에서는 homozygote를 가진 사람의 약 60% 이상은 제2형 당뇨병이 발생하고 60세 이상에서는 80% 이상이 제2형 당뇨병이 발생하는 효과가 아주 큰 당뇨병 위험인자로 작용한다. 위에 제시한 바와 같이 근친도가 높거나 오랫동안 고립된 소규모 집단이 희귀 원인 유전변이형 발굴에 매우 좋은 연구 대상이 된다.

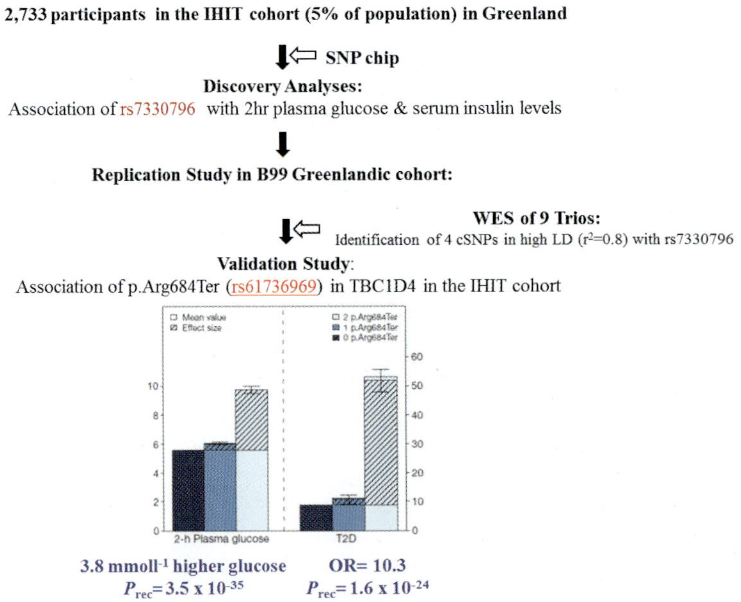

그림 19-14. **근친도가 높은 소규모 집단에서 엑솜 분석을 활용한 희귀 원인 유전변이형 발굴의 예.** 출처: Moltke I et al. (2014). Nature 512:190-193.

④ **대규모 집단의 희귀 기능손실(Loss of Function; LOF) 변이형을 이용한 PheWAS 연구**: 최근 개인 유전체 염기서열 분석 기술의 발전으로 대규모 개인 유전체 염기서열 분석이 진행되었고, 그 결과로 한 개인에 포함된 다양한 종류의 유전변이형 정보 파악이 가능하게 되었다. 한 개인 유전체는 총 60억 개 정도의 염기로 구성되어 있고 집단에 따라 조금 다르지만 개인별로 총 3~5백만 개의 단일염기서열변이형(single-nucleotide variants, SNV)을 가진다. 그리고 추가적으로 약 1-2만 개의 구조 변이형(structural variants)을 보유하고 있다. 그런데 유전자 기능 손실을 유발하는 유전변이형(disruptive or Loss of Function variants)도 약 100개 정도 있으며 특히 2 개 유전자 모두 손실된 (completely inactivated genes) 변이형도 약 20개 정도 있다고 한다(MacArthur DG et al, 2012). 따라서 개인별로 발견되는 희귀 유전자 기능손실 유전변이형을 이용한 특정 질병 또는 표현형 유전 연관성 연구에 대한 관심이 커지고 있다. 유전자 기능 손실 유전변이형과 질병 간의 연관성이 잘 밝혀진 대표적인 것으로는 PCSK9 유전자의 기능손실 유전변이형이 low-density lipoprotein cholesterol (LDL-C)을 낮추는 기능이 밝혀진 이후에 심장병 예방을 위해 PCSK9 저해제(inhibitor)를 약물로 개발하고 있다(http://en.wikipedia.org/wiki/PCSK9). 또 다른 최근 연구에 의하면 SLC30A8 유전자의 기능손실 유전변이형이 제2형 당뇨병 발병을 낮추는 역할(Odds ratio= 0.34)이 있다고 한다(Flannick J et al, 2014). 따라서 SLC30A8 저해제(inhibitor)도 제2형 당뇨병을 예방해 줄 수 있는 좋은 후보 약물 타겟이 될 수 있다.

<Genetic Variation in a Personal Genome>

~6	billions nucleotides
~3-5	millions single nucleotide variants (SNV):
	- 150K not in database
	- 60 not in either parent
~10-20K	structural variants
~100	"disruptive" (LoF) variants in genes
~20	completely inactivated genes (both copies)

기능손실 유전변이형의 또 다른 대규모 연구로는 기존에 생산된 모든 엑솜분석 data를 통합하여 분석하는 Exome Aggregation Consortium 프로젝트(http://exac.broadinstitute.org/)가 있다. 이 프로젝트에서는 개인별로 희귀하게 발생하는 유전자 기능 손실(Loss of Function, LOF) 희귀 유전변이형에 대한 질병 및 표현형

유전 연관성 분석을 추진하고 있다. 그리고 대규모 코호트 시료를 가지고 있는 연구자들도 유전자 기능손실 희귀 유전변이형을 이용한 질병 및 표현형 유전 연관성 분석을 진행 중이다. 만약 대규모 시료 집단을 가지고 있는 경우에는 희귀하게 발생하는 유전자 기능손실 유전변이형에 대한 유전 연관성 분석이 가능하리라 생각된다. 기존의 관심 질병에 대한 유전체 연관성 분석(GWAS 연구)에서 특정 희귀 기능손실 유전변이형에 대한 다수의 표현형 분석(PheWAS) 방법으로 연구의 패러다임이 새롭게 변화하고 있다. 그리고 phenome 분석을 위한 다양한 종류의 database 및 응용 프로그램도 활발히 개발되고 있다(표 19-6).

<기존 연구 방법>

GWAS (genome-wide association study): 관심 질병에 대하여 환자-정상인 시료의 모든 유전변이 분석.

↓

<새로운 연구 방법>

PheWAS (phenome-wide association study): 생물학적으로 중요한 기능손실 유전변이형에 대해서 대규모 표현형 정보 데이터 분석.

표 19-6. **Phenome 분석을 위한 database**

Name	Contents	Website
PhenomeCentral	유전변이 정보를 올려서 유사한 환자 검색	/phenomecentral.org/
DECIPHER	임상 정보를 올려 유사한 환자 및 임상 진단명 검색	/deccipher.sanger.ac.uk/
PhenoDB	임상 정보에 대한 수집, 저장, 및 분석용 툴	/phenodb.net/
Gene Matcher	임상 정보를 이용한 원인 유전자 검색	/genematcher.org/
CAGI	예측 알고리즘	/genomeinterpretation.org/

(3) 복합질병 연구를 위한 희귀 유전변이형 통계 분석 방법

다수의 유전자가 영향을 미치는 복합질병의 원인 유전변이형을 발굴하기 위해서 발생 빈도가 낮은 희귀 유전변이형을 이용한 질병 연관성 연구는 분석 가능한 유전변이형을 가진 데이터가 충분하지 않아서 유전 연관성 분석을 위한 통계 분석에 많은 어려움이 있다. 지금까지 알려진 몇 가지 대표적인 경우의 데이터를 가지고 예측해 보면 극단적인 표현형(phenotypic extremes)을 가진 시료를 사용하더라도 약 1만 명 가까운 시료가 필요하다(그림 19-15).

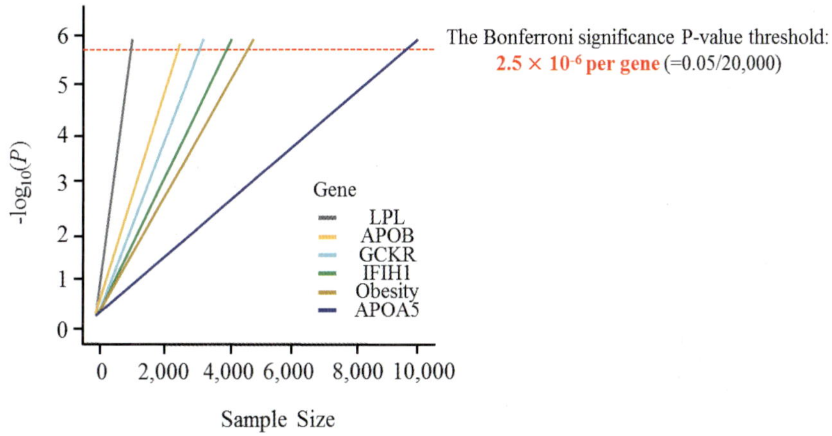

그림 19-15. 엑솜 염기서열에서 발굴된 희귀 유전변이형에 대한 통계적 파워 산정. 출처: Kiezun A. (2012). Nat Genet 44:623-630.

희귀 유전변이형을 이용한 유전 연관성 연구에서 단일 유전변이형(single-variant test)은 발생 빈도가 낮은 희귀 유전변이형에 대한 직접적인 연관성을 규명할 충분한 통계적 파워를 가지지 못한다. 그래서 희귀 유전변이형을 이용한 질병 연관성 통계 분석은 유전자 또는 유전체 영역 단위로 다수의 희귀 유전변이형을 합쳐서 분석하는 통계 분석 방법을 주로 사용하고 있다. 그리고 Bonferroni correction (p-value= 0.05/20,000 genes)후 유전자 단위의 유의수준은 2.5 x 10^{-6}에서 설정하게 된다(그림 19-15). 그리고 희귀 유전변이형을 이용한 통계 분석 방법으로는 다양한 분석방법과 응용 프로그램들이 개발되어 있다(표 19-7). 한편 이들 분석 방법과 응용 프로그램들은 개별적으로 장점과 단점을 모두 가지고 있으므로 잘 검토해 보고 이용하는 것이 바람직하다.

표 19-7. 희귀 유전변이형을 이용한 유전 연관성 통계 분석 방법

Test Name	Description	Methods	Software Packages
Burden tests	collapse rare variants into genetic scores	ARIEL test, CAST, CMC method, MZ test, WSS	EPACTS, GRANVIL, PLINK/SEQ, Rv tests, SCORE-Seq, SKAT, VAT
Adaptive burden tests	use data-adaptive weights or thresholds	aSum, Step-up, EREC test, VT, KBAC method, RBT	EPACTS, KBAC, PLINK/SEQ, Rv tests, SCORE-Seq, VAT
Variance-component tests	test variance of genetic effects	SKAT, SSU test, C-alpha test	EPACTS, PLINK/SEQ, SCORE-Seq, SKAT, VAT
Combined tests	combine burden and variance-component tests	SKAT-O, Fisher method, MiST	EPACTS, PLINK/SEQ, MiST, SKAT
Exponential-combination (EC) test	exponentially combines score statistics	EC test	no software available yet

출처: Lee S et al. (2014). Am J Hum Genet 95:5-23.

■ 참고문헌

- Botstein D and Risch N. (2003). Discovering genotypes underlying human phenotypes: past successes for mendelian disease, future approaches for complex disease. Nat Genet Supplement 33:228-237

- Dorschner MO et al. (2013). Actionable, pathogenic incidental findings in 1,000 participants' exomes. Am J Hum Genet 93:631-640

- Gahl WA et al. (2012). The National Institutes of Health Undiagnosed Diseases Program: insights into rare diseases. Genet Med 14:51-59

- Green RC et al. (2013). ACMG recommendations for reporting of incidental findings in clinical exome and genome sequencing. Genet Med 15:565-574

- Hunt KA et al. (2013). Negligible impact of rare autoimmune-locus coding-region variants on missing heritability. Nature 498:232-235

- Jacob HJ et al. (2013).Genomics in clinical practice: lessons from the front lines. Sci Transl Med 5:194cm5

- Kiezun A. (2012). Exome sequencing and the genetic basis of complex traits. Nat Genet 44:623-30

- Lee S et al. (2014). Rare-variant association analysis: study designs and statistical tests. Am J Hum Genet 95:5-23

- MacArthur DG et al. (2012). A systematic survey of loss-of-function variants in human protein-coding genes. Science 335:823-828

- Majewski J et al. (2011). What can exome sequencing do for you? J Med Genet 48:580-589

- Moltke I et al. (2014). A common Greenlandic TBC1D4 variant confers muscle insulin resistance and type 2 diabetes. Nature 512:190-193

- Nachman MW and Crowell SL. (2000). Estimate of the mutation rate per nucleotide in humans. Genetics 156:297-304

- Ng SB et al. (2010). Massively parallel sequencing and rare disease. Hum Mol Genet 19:R119-124

- Ng SB et al. (2009a). Targeted capture and massively parallel sequencing of 12 human exomes. Nature 461:272-276

- Ng SB et al. (2009b). Exome sequencing identifies the cause of a mendelian disorder. Nat Genet 42:30-36

- Pabinger S et al. (2014). A survey of tools for variant analysis of next-generation genome sequencing data. Brief Bioinform 15:256-278

- Yang Y et al. (2013). Clinical whole-exome sequencing for the diagnosis of mendelian disorders. N Engl J Med 369:1502-1511

- Exome Aggregation Consortium: http://exac.broadinstitute.org/

제 20장 암 유전체 정보 분석

1. 유전 변화에 의한 암 발생 기전

암은 인간의 수명연장과 더불어 인간의 건강에 치명적인 영향을 미치는 질병으로 이해되고 있다. 암의 발생은 정상적인 한 개의 세포로부터 유전적 체세포 돌연변이의 발생으로 시작되어 연속적으로 암 유발 유전자에서 체세포 돌연변이가 일어남으로써 진행(정상세포--hyperplasia--dysplasia--in situ cancer--invasive cancer)된다(그림 20-1). 이러한 체세포 돌연변이는 오랫동안 돌연변이가 누적되고, 또한 초기 개별 암 세포들이 서로 다른 방향으로 진화하여 최종적인 암 조직에 존재하는 암 세포들은 유전적으로 매우 다양한 형태를 가진다. 암이 발생한 최초의 조직으로부터 전이가 이루어져 다른 조직으로 암 세포가 옮겨가는 경우에는 새로운 환경에서 암 세포가 또 다른 유전변이를 유발하게 된다. 그리고 항암제 치료 이후에는 초기 암 세포에서 관찰되지 않은 새로운 돌연변이들이 나타나기도 한다. 암 세포의 이러한 유전적 체세포 다양성이 암을 치료하거나 관리하는데 매우 어렵게 만드는 근본적인 원인으로 작용한다.

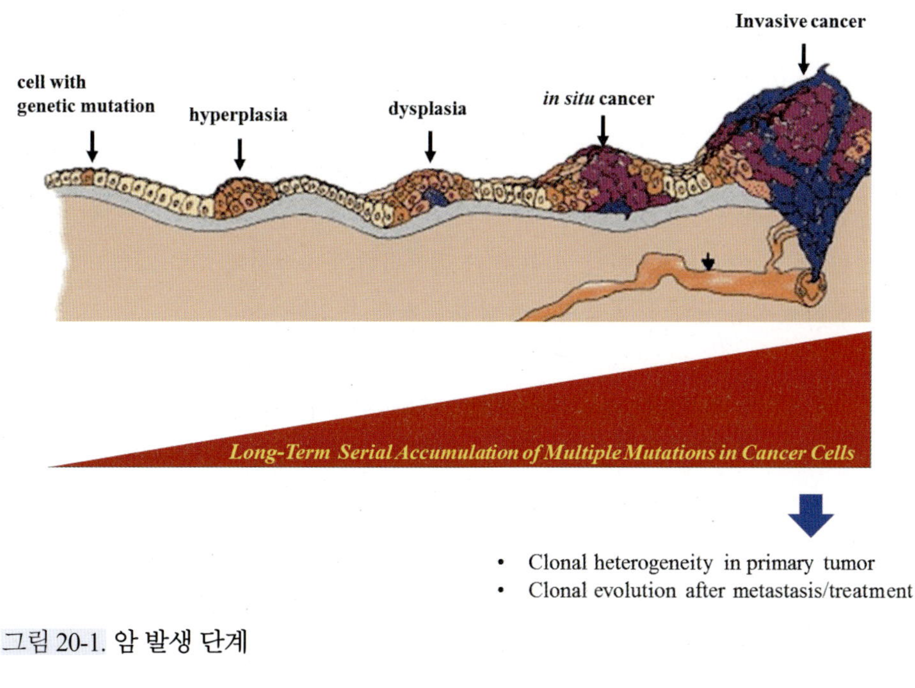

그림 20-1. 암 발생 단계

암세포에서 발생한 다양한 체세포 돌연변이(somatic mutations)들은 암이 있는 위치에 따라 다른 돌연변이형을 보유하게 된다. 한 환자에서 발생하는 암 세포의 유전적 다양성을 암 세포의 유전적 복합성(genetic heterogeneity)이라고 부른다. 암 세포의 유전적 복합성은 크게 4 종류로 분류 가능하다(Vogelstain B et al, 2013).

- **초기 암 조직에서 암 세포간 복합성(Intratumoral heterogeneity within a primary tumor)**: 오랜 기간 동안의 연속적인 돌연변이의 누적과 개별 암 세포들의 다른 돌연변이 발생에 의한 진화 과정을 거치면서 임상적으로 확인된 암 조직 내에 있는 암 세포들도 아주 다른 암 세포 덩어리(clonal heterogeneity)들로 구성되어 있다.

- **다른 전이 암 간의 암세포 복합성(Intermetastatic heterogeneity between two metastases)**: 초기 암 발생 조직으로부터 다른 조직으로 전이된 경우에 다른 조직 또는 같은 조직 내에서도 다른 부위로 전이한 암 세포들은 유전적 다양성을 지닌다. 따라서 전이된 암 세포 간에도 다른 종류의 돌연변이들을 가진 암 세포들로 암 덩어리를 구성한다.

- **동일한 부위의 전이된 암 세포내 복합성(intrametastatic heterogeneity within metastatic lesions)**: 초기 발생 암조직에 존재하는 암세포 돌연변이 다양성과 마찬가지로 전이된 암조직 내에서도 개별 암 세포들은 다른 유전적 다양성을 지닌 돌연변이들로 구성된 다른 암 세포 덩어리들로 이루어져 있다.

- **암 환자 간 암세포의 복잡성(Interpatient heterogeneity)**: 동일한 암 환자 내 존재하는 다양한 암 체세포 돌연변이의 존재와 더불어 다른 환자 간에도 다른 돌연변이들로 구성된 암 세포들이 존재한다. 암환자 간 돌연변이의 다양성에 대한 개별 암환자의 돌연변이 분석을 통해 암 맞춤치료의 방법을 찾을 수 있다.

암세포에 존재하는 다양한 종류의 암 체세포 돌연변이는 주로 염색체 이상과 단일염기서열 치환에 의해서 발생하는데 암 세포 돌연변이의 종류는 아래에 언급된 바와 같이 크게 3 가지로 나눌 수 있다(그림 20-2, 표 20-1).

- **단일염기 돌연변이(point mutation)**: 암 유발 유전자에서 가장 많이 발생하는 체세포 돌연변이의 형태로 주로 sequencing 방법으로 돌연변이의 종류를 확인한다. 단일염

기 돌연변이를 많이 가지고 있는 유전자로는 EGFR, BRAF, PIK3CA, AKT1 등이 있다. 그리고 EGFR 단일염기 체세포 돌연변이를 표적으로 하는 항암제들(Gefitinib or Erlotinib)도 개발되어 항암 치료제로 사용되고 있다.

- **융합 유전자(fusion gene)**: 염색체의 재배열(chromosomal rearrangement)에 의하여 염색체간 또는 염색체내 재조합(inter-/intra-chromosomal translocation)이 일어나고 그 결과로 2 개의 다른 유전자 간에 융합이 일어나 새로운 유전자(fusion gene)가 만들어진다. 암세포의 융합 유전자는 FISH 기법이나 paired-end sequencing 방법으로 발견할 수 있다. 대표적인 예로는 백혈병에서 관찰되는 BCR-ABL 융합 유전자와 전립선 암에서 많이 발생하는 TMPRSS2+ETS-family genes (ERG/ETV1/ETV4)들이 있다.
- **유전자 수 증폭 또는 소실 (gene copy number)**: 유전자 증폭이나 소실(gene amplification or loss)에 의하여 암 유전자의 숫자가 증가하거나 감소하는 체세포 돌연변이형이 암 세포에서 자주 발생하고 있다. 대표적인 예로 유방암에서 Her-2 (ERBB2) 유전자의 숫자가 크게 증가하는 현상이 자주 발생하고 있다. 또한 Her-2 유전자 수 증폭을 억제하는 표적 항암제로 Herceptin(=Trastuzumab)이라는 약물도 개발되어 유방암 표적 치료제로 사용되고 있다.

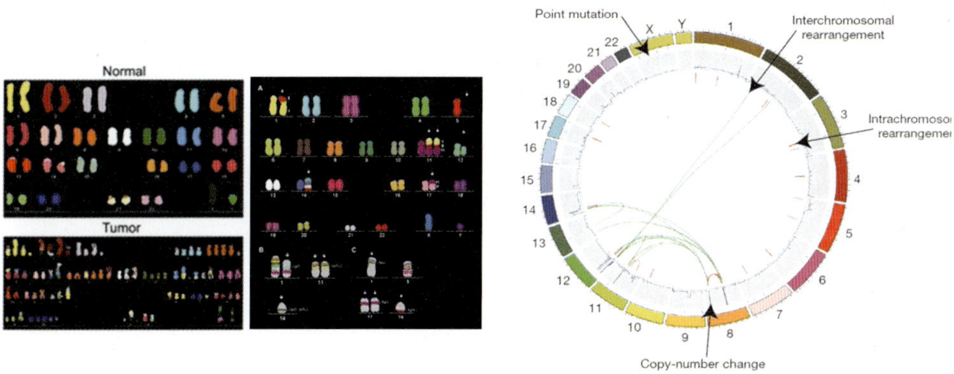

그림 20-2. 암 세포의 체세포 돌연변이의 종류

표 20-1. 암 체세포 돌연변이의 분류 및 돌연변이별 대표적인 표적 치료제의 예

Group	Mechanism	Typical genes	Targeting drug(s)
Point mutation	Somatic mutation	EGFR, BRAF, PIK3CA, AKT1	Gefitinib or Erlotinib (EGFR inhibitors)
Fusion gene	Inter-/intra-translocation	BCR-ABL, TMPRSS2+ETS-family genes (ERG/ETV1/ETV4)	Imatinib mesylate (ABL inhibitor)
Gene copy number	Gene amplification	ERBB2(=Her2)	Trastuzumab (ERBB2 mAb)

출처: Stratton MR et al. (2009). Nature 458:719-724.

암 세포에서 발생하는 다양한 종류의 체세포 돌연변이의 발생 유형이나 발생 빈도는 암의 종류에 따라서 매우 다른 패턴을 보이고 있다. 예를 들면, DNA repair 유전자의 돌연변이가 주요 원인으로 작용하는 대장암에서는 다른 종류의 암에서보다 더 많은 체세포 돌연변이가 발생하고 있다. 다음으로는 흡연이나 UV와 같은 돌연변이 유발 요인이 주로 작용하는 폐암 또는 피부암에서 체세포 돌연변이가 많이 발생한다(그림 20-3). 그리고 대부분의 성인 고형암(solid tumors)에서도 암 세포의 종류에 따라서는 약간의 차이가 있지만 아주 많은 돌연변이를 보이고 있다. 그러나 세포 주기가 빠른 백혈구에서 주로 발생하는 암(백혈병 및 림파종)과 주요 암 유발 요인에 노출되지 않은 소아에서 발생하는 암들은 체세포 돌연변이의 숫자가 적고 제한된 종류의 돌연변이들이 발생하고 있어서 치료 효과가 높은 것으로 알려져 있다.

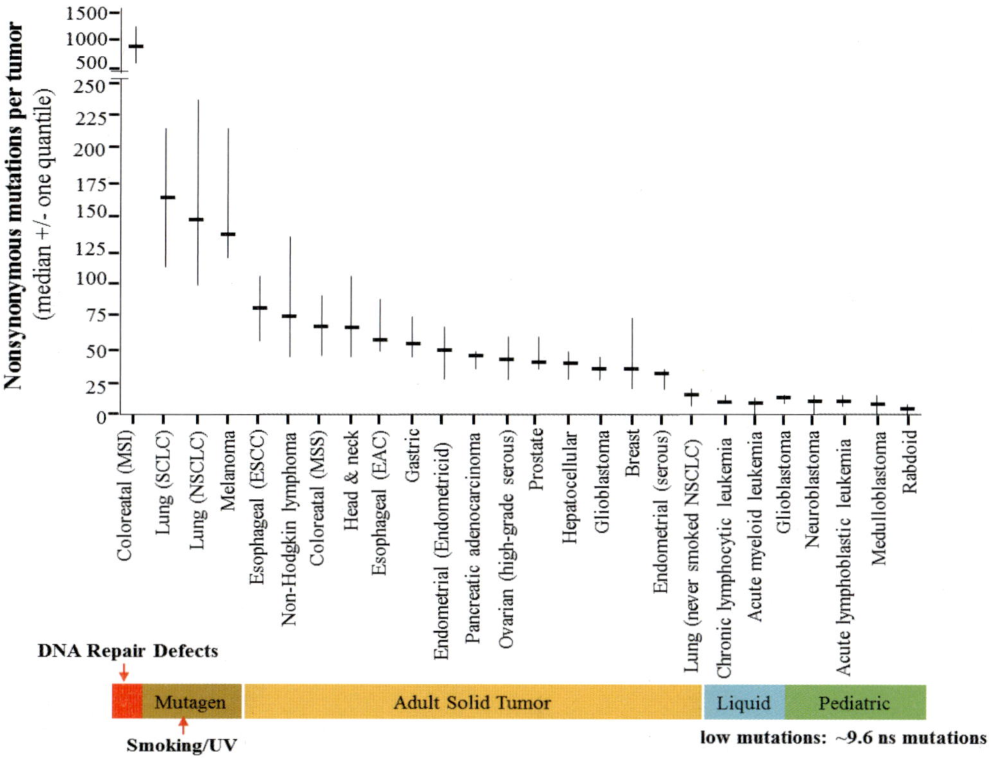

그림 20-3. **암 세포 종류별 체세포 돌연변이 발생 빈도의 차이.** 출처: Modified from Vogelstein B et al. (2013). Science 339:1546-1558.

체세포 돌연변이에 의해서 암을 일으키는 암 유전자는 암 유발 유전자(oncogenes)와 암 억제 유전자(tumor suppressor genes)로 나눌 수 있다(그림 20-4). 최근 암 유전체 분석 연구결과에 의하면, 약 18,000여 종의 유전자에서 체세포 돌연변이가 발생하고 있으며 그 중에서 암을 유발하는 driver mutations을 가진 유전자는 총 125개 이다(Vogelstain B et al, 2013). 발굴된 총 125개 암 유전자는 54개 암 유발 유전자(oncogenes)와 71개 암 억제 유전자(tumor suppressor genes)로 구성되어 있었다. 그리고 발견된 총 125개 암 유전자는 3개의 세포공정(cellular process)을 조절하는 12개 세포경로(cell pathways)에 관련되어 있다. 3개의 세포공정은 세포생존(TGF-β, MAPK, STAT, PI3K, RAS, cell cylce/apoptosis 경로), 세포운명(NOTCH, HH, APC, chromatin modification, transcriptional regulation 경로)과 유전체 유지(DNA damage control 경로)로 구성되어 있다(Vogelstain B et al, 2013).

그리고 돌연변이 발생도 암 유발 유전자와 암 억제 유전자에서 다른 패턴을 보인다. 예를 들면, 암 억제 유전자는 해당 유전자 전체에서 임의의 돌연변이에 의해 유전자의 암 억제 기능 소실로 암 발생을 촉진하게 된다. 그러나 암 유발 유전자는 돌연변이가 많이 발생하는 특정한 부위(mutation hotspot)가 있다. 그리고 암 억제 유전자는 이미 기능이 소실된 유전자로 항암제(inhibitor)로는 치료가 불가능하다. 그러나 암 유발 유전자에서 특정 부위에 발생한 돌연변이는 항암 치료제의 주 타겟이다. 염색체 이상과 암 억제 유전자 돌연변이에 대한 치료 방법이 없는 상황에서 암 유발 유전자만을 억제하는 항암 치료 전략이 제한적인 효과만을 가지게 되는 이유이다.

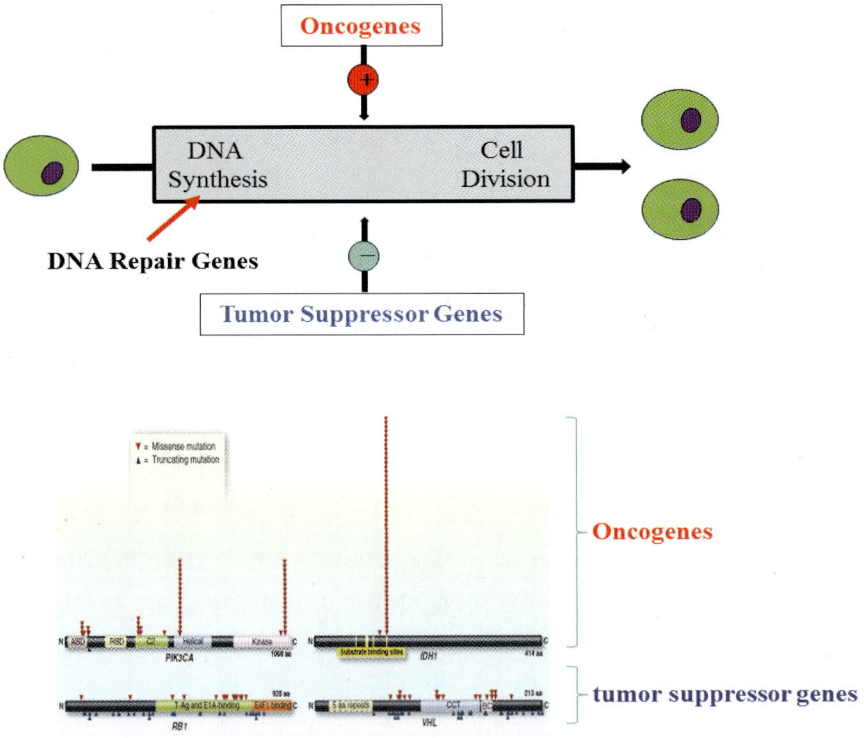

그림 20-4. **암 발생에 관련된 유전자 그룹의 돌연변이 발생 패턴.** 출처: modified from Vogelstein B et al. (2013). Science 339:1546-1558.

2. 암 유전체 정보를 이용한 표적 항암 치료

항암제의 치료 반응율은 약 20% 정도로 어떤 종류의 다른 약물보다도 치료 효과가 낮은 약물군에 속한다. 이는 거의 모든 암세포가 너무나 다양한 돌연변이를 가지고 있기 때문으로 이해하고 있다. 또한 초기 항암 효과를 보이던 약물도 나중에 저항성을 보이는 암세포 증식에 의해서 치료 효과를 상실하게 되고 암은 재발하게 된다. 그러나 최근에 암 환자의 암세포에서 발생한 암유발 유전자 돌연변이를 표적으로 하는 항암제들이 많이 개발되어 좋은 치료 효과를 보이고 있다. 가장 대표적인 표적 항암 치료제로는 Gleevec과 Iressa를 들 수 있다(그림 20-5). 만성 골수성 백혈병(CML)은 BCR-ABL 융합 유전자가 주 원인이며 이를 억제하는 약물(Gleevec)이 효과적인 치료제로 사용되고 있다. 그리고 폐암에서 빈발하는 EGFR 유전자의 돌연변이를 표적으로 하는 Iressa 약물도 좋은 표적 치료제로 사용되고 있다. 앞으로는 암 돌연변이 분석을 통해 개인별 맞춤 표적 치료제 사용이 더 보편화될 것으로 예상된다.

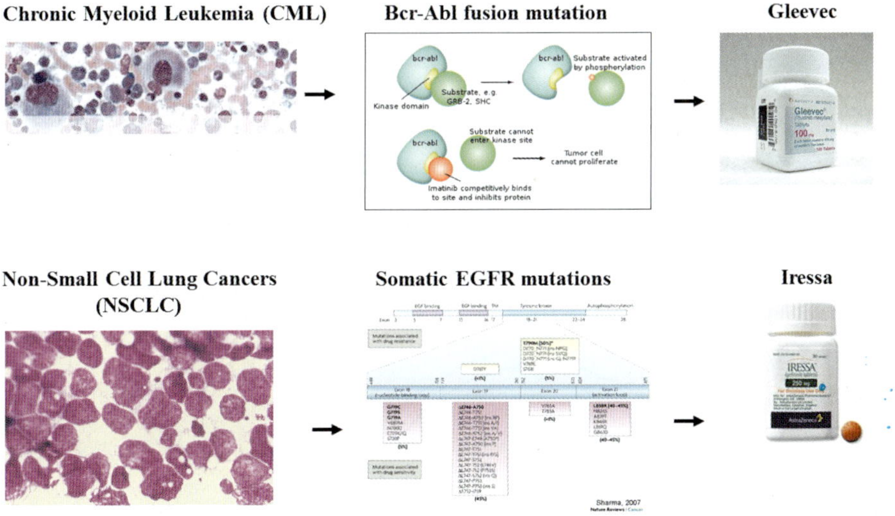

그림 20-5. **대표적인 표적 항암 치료제: Gleevec & Iressa**

개인 암 유전체 분석을 통해 치료 방법을 모색한 대표적인 사례로 애플사의 창립자인 스티브 잡스(Steve Jobs)를 들 수 있다. 그는 췌장암(pancreatic cancer)에 걸렸으며 대체로 췌장암은 예후가 매우 나쁜 암 종류로 알려져 있는데 그는 다행히도 치료 가능한 췌장암에 걸린 것으로 판명되어 수술을 하고 항암 치료를 수행하였다. 그런데 약 6년 후에 암이 재발하고 치료에 저항성을 보여서 2009년에 차세대 염기서열 분석 방법을 사용한 whole genome analysis가 시행되었다. 그러나 불행하게도 그는 표적 치료 타겟을 찾을 수 없었다고 한다. 비록 스티브 잡스의 경우에는 표적 치료 타겟을 찾을 수는 없었지만 개인의 암 유전체 분석을 통해 항암 치료 타겟을 찾는 분석을 시도한 첫 번째 경우로 기억되고 있다. 암 유전체 분석을 통한 표적 항암 치료제 발굴의 성공적인 예는 미국 워싱턴대학(Washington University)의 Lukas Wartman 박사의 경우이다. 그는 acute lymphoblastic leukemia (ALL)에 걸렸는데 2년 간 항암제 치료를 받고 5년 후에 재발하여 다시 형제의 골수 이식을 수행하였지만 3년 후에 재발했다고 한다. 최종적으로 암 세포의 DNA와 RNA에 대한 모든 유전체 분석을 수행하여 FLT3 유전자가 과발현된 것을 알고, FLT3 유전자 억제 항암제로 신장암 치료에 사용되던 Sutent (화이자 제품)를 2 주간 투여하여 완치되는 놀라운 효과를 볼 수 있었다고 한다. 이러한 성공적인 치료 결과는 개인 암 유전체 분석을 통한 표적 치료제 기술 개발을 가시화하는 하나의 계기가 될 수 있었다. 암이라는 임상 진단이 있고 난 후에는 환자의 암세포에 대한 유전체 분석을 통해 암의 원인 유전자에 대한 돌연변이 정보를 수집하여 표적 치료제로 사용 가능한 것이 있는지 확인한다. 그리고 개인별 돌연변이 정보를 바탕으로 맞춤형 표적 치료제를 사용할 수 있다(그림 20-6). 재발하는 경우에는 재발한 환자의 암세포를 이용하여 유전체 분석을 시행하여 재발의 원인 돌연변이형 정보를 확인하고 사용 가능한 새로운 표적 치료제가 있는지 확인한다. 이처럼 한 환자로부터 초기 암세포와 재발 암세포를 순차적으로 유전체 분석을 시행하고 수집된 돌연변이 정보를 이용하여 표적 치료제를 선별하는 과정은 최근 가장 각광받고 있는 암 유전체 연구 분야이다.

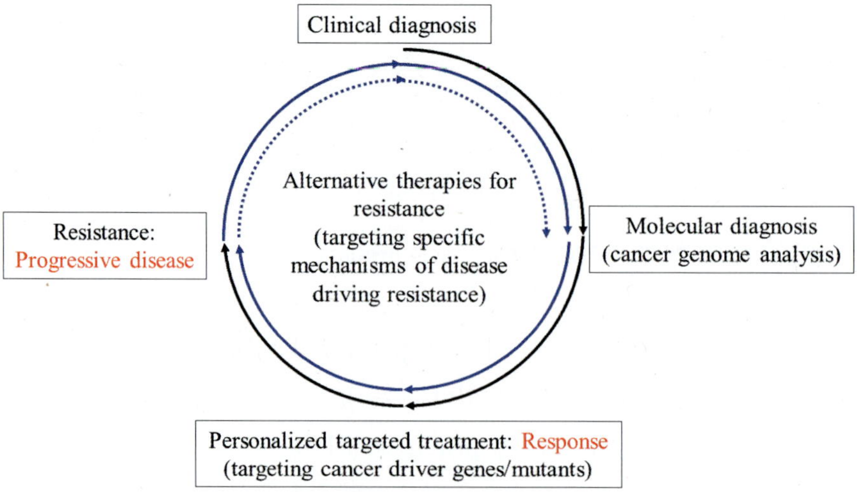

그림 20-6. 암 유전체 분석과 돌연변이 정보를 이용한 표적 치료제 선별 체계

암 환자의 유전체 분석을 통한 개인 암 진단 및 맞춤 치료 기술 체계는 다음과 같은 방식으로 진행될 수 있다(그림 20-7). 우선 암 환자의 암 조직 또는 암 세포를 사용하여 다양한 종류의 유전체 분석(예, arrayCGH, WGS/WES, RNA-Seq)을 시행하고 수집된 암 유전체 정보를 관련 분야 전문가들이 함께 취합하여 임상 적용 가능한 표적 유전자를 선별한다. 그리고 선별된 표적 유전자를 억제할 수 있는 항암제를 골라서 암 환자 치료에 사용한다. 최근에는 회사(예, Foundation Medicine)에서 임상의가 의뢰한 암 환자의 조직 시료로부터 차세대 염기서열 분석 방법을 이용하여 암 유발 유전자에 대한 돌연변이 분석을 수행하여 돌연변이의 정보와 맞춤 표적 치료제 정보도 함께 제공하는 서비스를 개발하여 시판하고 있다.

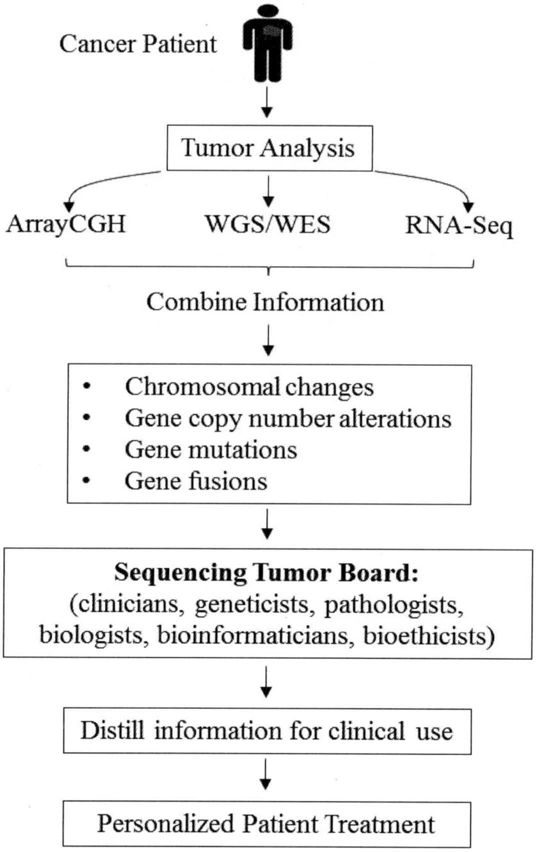

그림 20-7. 개인별 암 진단 및 맞춤 치료 모식도

암 유전체 분석을 통해 다양한 체세포 돌연변이 정보와 암 특이 과발현 유전자 정보를 바탕으로 암 치료용 후보 유전자 및 세포 경로 등을 파악하고 해당 유전자 또는 해당 세포 경로를 억제할 수 있는 약물을 다수의 database 검색을 통해 찾게 된다. 후보 약물을 검색하는 database로는 dGene, DrugBank, Therapeutic Targets Database (TTD), MyCancerGenome과 같은 것을 활용하면 효과적으로 후보 표적 항암제를 선별할 수 있다(그림 20-8).

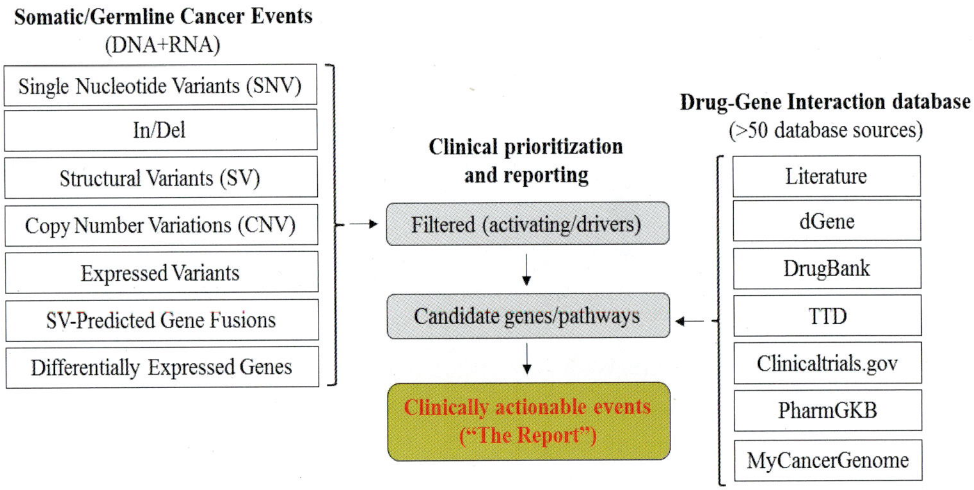

그림 20-8. **암 유전체 정보로부터 표적 치료 약물 선별 과정**

최근에는 암 세포에서 분석된 암 특이적인 돌연변이 정보를 이용하여 종양면역 치료 기술 개발에도 활용하고 있다. 예를 들면, 암세포에서 특정 유전자의 돌연변이 정보를 찾고 돌연변이에 의해 생성되는 peptides를 만들어서 환자에서 분리 배양된 dendritic cells에 항원을 인식하도록 처리한 이후에 다시 환자 몸 속으로 암 특이 항원을 인식할 수 있는 dendritic cells을 주입해 준다. 이처럼 암 특이적인 peptide 정보를 확인하고 외부에서 암 항원으로 활성화된 면역세포를 자극하여 항암 치료 효과를 유도할 수 있다.

차세대 염기서열 분석 기술을 활용한 암 돌연변이 발굴은 맞춤 항암 치료를 위해 매우 유용한 방법이기는 하지만 아직까지 여전히 많은 장애 요인들이 있다. 근본적으로는 암 조직이 가장 문제로 지적된다(McCarthy JJ et al, 2013). 암 유전체 분석을 위해 수집 가능한 암 조직이 매우 제한적이거나 암 조직내에 암 세포들의 종류가 다르게 분포하고, 또한 어떤 암에서는 염색체의 개수가 다른 경우(aneuploidy)도 많아서 분석에 많은 어려움이 있다. 그리고 암 조직 시료 채취시 정상 세포들도 함께 수집될 수 있어서 정상 세포와 암 세포가 섞여 있는 조직으로부터 생산된 유전정보 분석은 매우 어려운 실정이다. 그리고 암 조직에서 분석된 다양한 종류의 돌연변이로부터 단순히 일어나는 돌연변이(passenger mutations)와 암 유발 돌연변이(driver mutations)를 식별해 내기 위해서는 추가적인 생물정보학적 분석과 실험 검정이 필요하다. 또한 기존에 개발된 돌연변이형 기반 표적 치료제의 경우에도 암이 고유하게 가지고 있는 유전적 다양성 및 복잡성으로 인해서 제한된 치료 효과를 보이고 있다. 가장 대표적인 EGFR 유전자 돌연변이를 기반으로 한 Iressa (=Gefitinib) 약물의 경우에도 폐암에서는 어느 정도 치료 효과가 있는 것으로 보고되어 있지만 그 효과가 암 환자의 생존율을 몇 개월 정도 연장하는 효과만을 보인다(그림 20-9). 더군다나 또 다른 최근 연구에 따르면 폐암에서 치료 효과가 표준 항암치료제에 비해서 유의적인 차이를 나타내지 못하기도 했다. 따라서 암 유전체 정보를 이용한 개인별 돌연변이를 표적으로 하는 개인 맞춤 표적 치료제 사용의 효과는 제한적일 것이다.

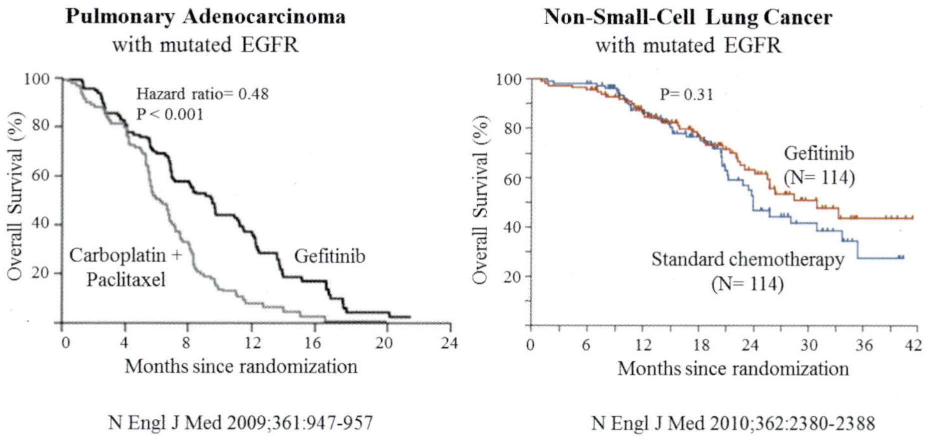

그림 20-9. 암 맞춤 치료의 한계

3. 혈액내 암 DNA 정보를 이용한 암 조기진단 및 치료반응성 검사

암을 극복하기 위한 방법으로는 예방, 조기진단 및 치료의 3 가지 영역이 각각 동일한 비율로 그 역할을 수행한다. 따라서 암이라는 질병의 사회적 부담을 경감하기 위해서는 예방법이 가장 좋은 수단이다. 그리고 다음으로는 조기 진단을 통해 가능한 이른 시기에 암이 다른 조직으로 전이되기 전에 암을 진단하고 외과적인 방법으로 제거하거나 또는 항암 치료를 하는 것이 효과적이다(그림 20-10). 그런데 대부분의 경우에는 암이 아주 많이 진행된 이후에 진단되기 때문에 이미 암 세포가 아주 다양한 유전적 돌연변이를 가진 다수의 암 덩어리로 진화해서 치료가 매우 어려운 상황이 된다. 따라서 암의 유전적 특성을 이용한 암 조기 진단은 개인 맞춤형 암 치료보다도 더 중요한 분야일 것이다.

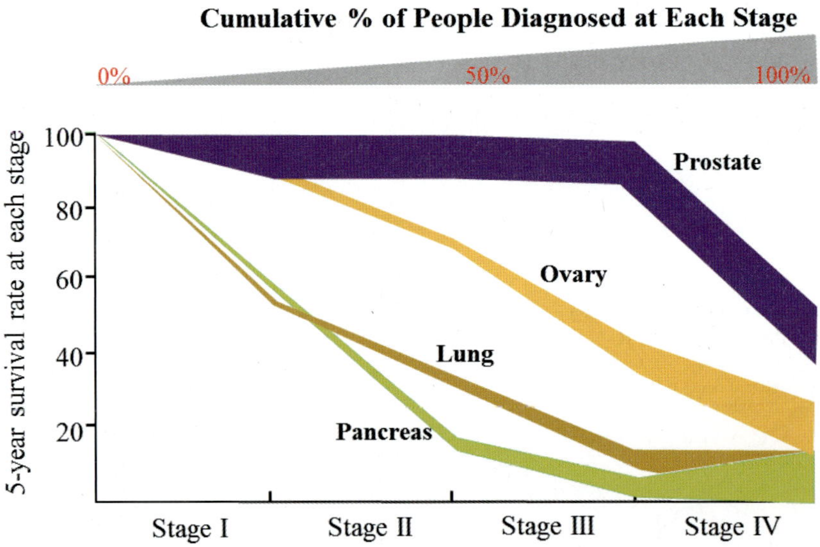

그림 20-10. **암 조기 진단의 중요성.**

출처: http://www.wired.com/images/article/magazine/1701/ff_cancer8_f.jpg

이상적인 암 조기 진단 기술로는 혈액 내에 떠돌고 있는 암 특이적인 circulating tumor DNA (ctDNA)를 조기에 검색하는 방법이 있다(그림 20-11). 실제로 전이 유방암(metastatic breast cancer)에서 3가지 다른 암 표지자(암 항원, 암 세포, 암 DNA) 검색 능력을 비교 분석해 본 결과에 의하면, 혈액 내 떠도는 암 DNA가 가장 높은 검색

능력이 있음을 확인하였다(표 20-2). 대장암에서도 암 항원(cancer antigen CEA)보다 circulating tumor DNA가 더 우수한 암 진단 바이오마커로 확인되었다(Diehl F et al, 2008). 그리고 최근에는 암의 진행이 많이 된 유방암, 난소암 및 폐암 환자의 혈장에 떠돌고 있는 암 DNA 조각을 차세대 염기서열 분석으로 항암제 저항성을 결정하는 돌연변이를 검색하는 것도 가능하다(Murtaza M et al, 2013).

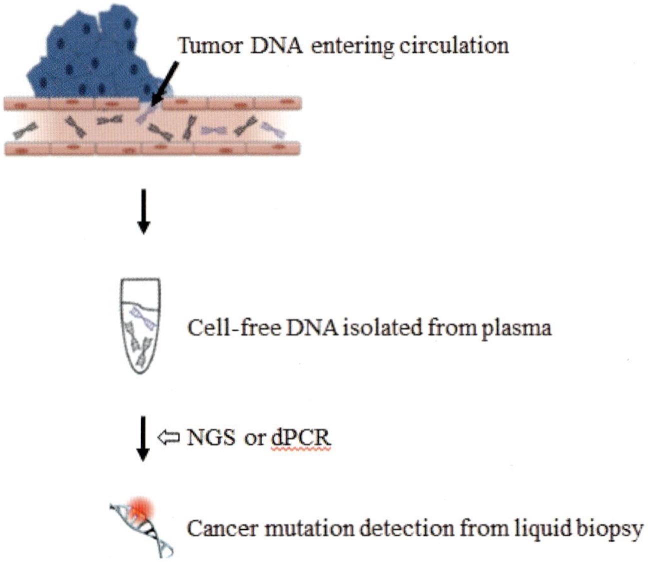

그림 20-11. **혈액에서 암 DNA 검색 과정**

표 20-2. **전이성 유방암에서 3 가지 혈액 내 바이오마커의 암 검색 능력 비교**

Biomarker	No. of case detection	%
• Cancer antigen, CA 15-3	21/27	78%
• Circulating tumor cells	26/30	87%
• Circulating tumor DNA	29/30	97%

출처: Dawson SJ et al. (2013). N Engl J Med 368:1199-1209.

한편 혈액에 있는 암 DNA 조각은 암 세포의 괴사 또는 세포사멸에 의해서 만들어진 tumor-derived DNA이다(Pantel K and Alix-Panabieres C, 2013). 혈액 내 떠돌아 다니는 암 DNA 조각은 주로 차세대 염기서열 분석 방법을 사용하여 검색하지만 최근에는 digital PCR 장비와 같은 복제수가 적은 DNA 조각도 검색이 가능한 장비를 사용하여 분석을 한다. 약 100 gr 또는 3 x 10^{10} tumor cells의 경우에 tumor DNA의 약 3.3%가 매일 혈액 속으로 들어간다고 한다. 혈액에 떠돌고 있는 암 DNA는 주로 70~200 bp 사이의 작은 DNA 조각들이지만 일부의 경우에는 21 kb 정도로 큰 DNA 조각도 있다고 한다(Schwarzenbach H et al, 2011). 혈액 내 떠도는 암 세포 DNA를 이용한 활용 분야로는 다음과 같은 것이 있다.

- 조기 암 진단 및 검색
- 질병 진행 상황 모니터링
- 환자의 예후 결정
- 치료 반응성 예측
- 재발 및 저항성 여부에 대한 조기 진단

혈액에 떠돌고 있는 암 DNA 조각을 분석하여 암 진단 및 암 진행 상황을 모니터링하는 연구가 활발히 진행되어 많은 성과를 거두고 있다(표 20-3). 연구 방법은 주로 암 환자의 혈장 또는 혈청으로부터 PCR 또는 차세대 염기서열 분석 방법 등을 이용하여 암 특이적인 돌연변이형을 검색하는 내용들이다. 혈액 내 암 DNA 정보는 염색체 이상 또는 암 유발 유전자의 돌연변이 hotspot 부위에 대한 조사가 주로 이루어지고 있다. 정상인의 유전정보와 구별되는 암 특이적인 유전변이형 정보를 어떻게 선별하느냐가 매우 중요한 이슈가 된다. 그리고 최근에는 암 환자의 혈장이나 혈청으로부터 치료 후 표적 치료제에 대한 저항성 돌연변이(표 20-4) 발생 유무도 함께 검색할 수 있는 연구들도 활발히 진행되고 있다. 지금까지 항암제 치료 후 환자의 혈액에 떠돌고 있는 항암제 저항성 원인 돌연변이 판별은 표적치료제가 잘 알려진 폐암, 피부암 등에서 많이 연구되고 있다. 이러한 연구는 항암제 치료에 대한 재발 유무와 항암제 내성 원인 파악에 많은 도움을 줄 수 있는 임상검사 기술이다. 그리고 지금까지 분석된 다양한 암의 체세포 돌연변이 정보는 COSMIC database (http://cancer.sanger.ac.uk/cancergenome/projects/cosmic/)에서 검색할 수 있다(그림 20-12).

표 20-3. 다양한 종류의 암에서 연구된 혈액 내 암 **DNA** 연구 내용

Tumor type	Tumor-specific aberration	Source	Technique
Colorectal cancer	APC, KRAS, PIK3CA, TP53	Plasma or serum	BEAMing, PCR-SSCP, ME-PCR
Breast cancer	PIK3CA, TP53	Plasma or serum	ARMS-Scorpion PCR, BEAMing, TAm-Seq and dPCR
Ovarian cancer	TP53, PTEN, EGFR, BRAF, KRAS, PIK3CA	Plasma or serum	Tam-seq, Digital PCR, Fluorescent-PCR
Hepatocellular carcinoma	SNV	Plasma	WGS
Pancreatic cancer	KRAS	Plasma	MASA PCR, RFLP-PCR
Oral squamous-cell carcinoma	Microsatellite loci	Serum	PCR
Non-small-cell lung cancer	KRAS	Plasma	ARMS-qPCR
Breast and osteosarcoma	Genomic alterations	Plasma & serum	Nested-real time PCR
Colorectal and breast cancer	Chromosomal alterations	Plasma	WGS

출처: Crowley E et al. (2013). Nat Rev Clin Oncol 10:472-484.

표 20-4. 혈액 내 암 DNA에서 표적 치료제 저항성을 보이는 원인 돌연변이 검색

Gene	Genetic aberration*	Tumor type	Acquired drug resistance
EGFR	T790M	Advanced NSCLC	Gefitinib, Erlotinib
KRAS	Codon 12, 13, and 61	Colorectal cancer	Cetuximab
KT	T670I	GIST	Imatinib
PIK3CA	NS (not specified)	NSCLC	Erlotinib, Gefitinib
ALK	C1156T, L1196M	NSCLC	Crizotinib
MEK1	C121S	Melanoma	Vemurafenib
BRAF	Amplification	Melanoma	Vemurafenib
NRAS	Q61K	Melanoma	Vemurafenib

*Detection of the genetic alterations has been technically achieved in circulating DNA of patients with cancer. NSCLC, non small cell lung cancer; GIST, gastrointestinal stromal tumor.

출처: Crowley E et al. (2013). Nat Rev Clin Oncol 10:472-284.

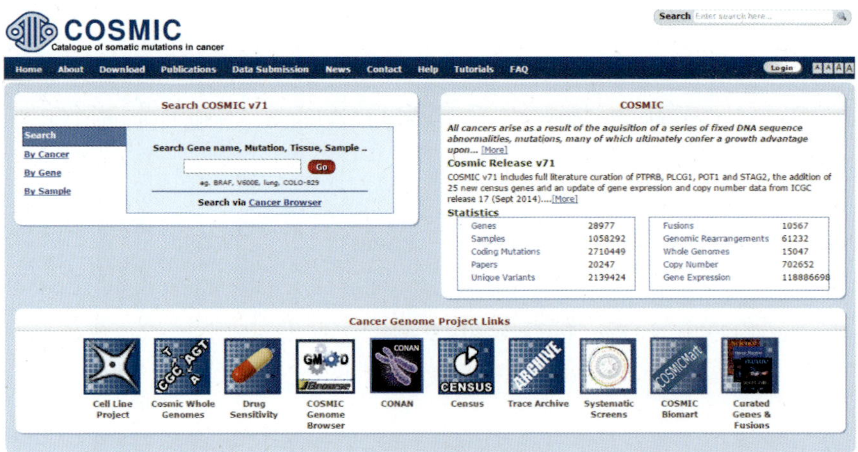

그림 20-12. 암 돌연변이 database: COSMIC.

출처: http://cancer.sanger.ac.uk/cancergenome/projects/cosmic/

■ 참고문헌

- Crowley E et al. (2013). Liquid biopsy: monitoring cancer-genetics in the blood. Nat Rev Clin Oncol 10:472-484
- Diehl F et al. (2008). Circulating mutant DNA to assess tumor dynamics. Nat Med 14:985-990
- Maemondo M et al. (2010). Gefitinib or chemotherapy for non-small-cell lung cancer with mutated EGFR. N Engl J Med 362:2380-2388
- McCarthy JJ et al. (2013). Genomic medicine: a decade of successes, challenges, and opportunities. Sci Transl Med 5:189sr4
- Mok TS et al. (2009). Gefitinib or carboplatin-paclitaxel in pulmonary adenocarcinoma. N Engl J Med 361:947-957
- Murtaza M et al. (2013). Non-invasive analysis of acquired resistance to cancer therapy by sequencing of plasma DNA. Nature 497:108-112
- Pantel K and Alix-Panabieres C. (2013). Real-time liquid biopsy in cancer patients: fact or fiction? Cancer Res 73:6384-6388
- Schwarzenbach H et al. (2011). Cell-free nucleic acids as biomarkers in cancer patients. Nat Rev Cancer 11:426-437
- Stratton MR et al. (2009). The cancer genome. Nature 458:719-724
- Vogelstein B et al. (2013). Cancer genome landscapes. Science 339:1546-1558
- http://www.wired.com/images/article/magazine/1701/ff_cancer8_f.jpg

제 21장 비침습적 산전태아 유전검사

1. Circulating Nucleic Acids(CNA)의 특성

사람의 혈액 속에는 세포들이 죽은 이후에 방출된 DNA 및 RNA 조각들이 떠돌아 다닌다. 이렇게 혈액 속에서 떠돌아 다니는 DNA 또는 RNA 들을 Circulating Nucleic Acids(CNA)라고 한다. 혈액 속에 있는 CNA의 대부분은 혈액 세포가 죽어서 만들어진 DNA 또는 RNA 조각들이고 일부는 다른 조직의 세포가 죽어서 만들어진 것이다. 그리고 혈액 속에 존재하는 CNA의 종류는 genomic DNA, mitochondrial DNA, mRNA, microRNA 등이 있다. 혈액에는 평균적으로 약 30 ng/ml 정도의 CNA가 존재하는 것으로 알려져 있다. 혈액 속의 CNA는 대부분 세포 사멸로 만들어져서 크기는 보통 170 bp 이하의 작은 조각으로 구성되어 있다. 그리고 CNA들은 혈액 속에서 아주 빠른 속도로 제거되는데 평균 반감기가 RNA는 약 14분이고 DNA는 약 16분 정도이다. 그런데 세포 사멸을 동반한 다양한 질병 상태에서는 혈액 속에 존재하는 CNA의 양이 증가한다. 예를 들면, 외상의 정도에 비례하여 혈장 내 mtDNA와 nuclear DNA 농도가 증가한다(Lam NYL et al, 2004). 당뇨병 환자에서는 혈액 내 DNA의 농도가 증가할 뿐만 아니라 당뇨망막병증(diabetic retinopathy)을 가진 환자에게는 혈액 내 rhodopsin mRNA 농도가 증가하고 당뇨신장병증(diabetic nephropathy) 환자에서는 혈액내 nephrin mRNA 농도가 증가함을 확인할 수 있었다(Butt AN et al, 2006). 이러한 연구 결과는 혈액 속에 떠돌아다니는 CNA의 종류와 양을 분석하면 특정 질병의 상태를 알 수 있는 유용한 바이오마커로 사용될 수 있음을 나타낸다. 특히 최근에는 적은 양의 핵산을 분석할 수 있는 차세대 염기서열 분석 방법과 digital PCR 기술이 개발되어 이 분야에 대한 연구가 활발히 진행되고 있다.

CNA 분석은 주로 혈청(serum) 또는 혈장(plasma)을 많이 사용한다. 혈청은 혈액을 자연 상태로 실온에 몇 시간 방치하면 혈액세포들이 응고된 이후에 맑은 혈청을 분리할 수 있다(그림 21-1). 혈장은 항혈액응고제(EDTA 또는 heparin)가 들어 있는 튜브에 혈액을 채혈하고 원심분리하게 되면 혈장(plasma, 55%), 백혈구층(buffy coat= white blood cells, <1%), 적혈구층(RBC, 45%)으로 각각 분리된다(그림 21-1). 혈청이나 혈장 속에는 혈액세포의 사멸로 생산된 CNA가 대부분을 차지하고 있고 다른 조직에서 죽은 세포에 의해서 생산된 소량의 CNA도 함께 포함되어 있다. 그런데 질병의 종류와 상태에 따라서 혈액 세포 또는 다른 조직 세포에서 생산된 CNA의 종류와 양에 변화가 생긴다.

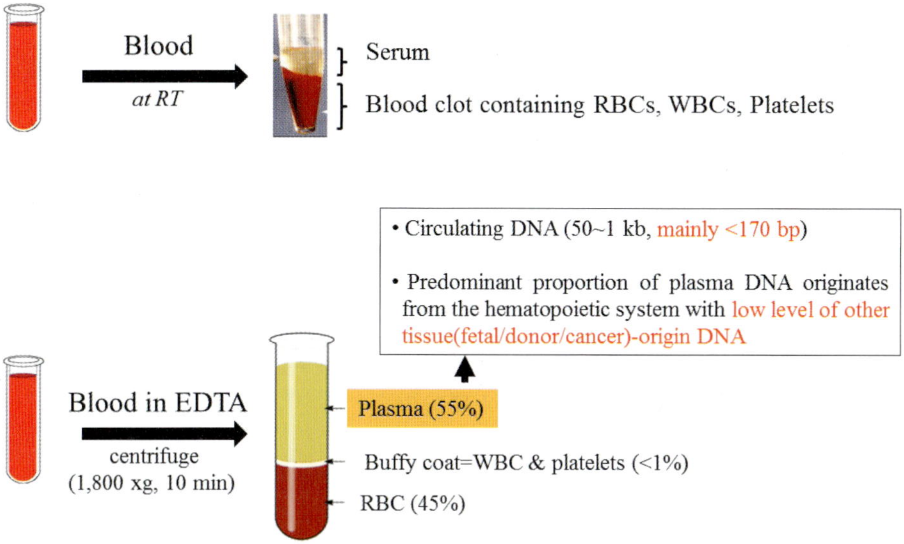

그림 21-1. **혈액에서 CNA 분석을 위한 혈청 및 혈장 분리과정**

혈청과 혈장을 비교해 보면 혈청에는 혈장에 비해서 mitochondrial DNA (mtDNA)는 12배 더 많고 nuclear DNA(nDNA)는 45배 더 많이 포함되어 있다(표 21-1). 이는 혈액으로부터 혈청과 혈장이 만들어지는 과정이 다르기 때문에 생기는 결과이다. 예를 들면, 혈청을 만들 때는 혈액을 실온에서 몇 시간동안 그대로 방치하게 되는데 이 과정을 통해 정상적인 백혈구 세포들의 추가적인 세포 사멸이 동반되기 때문에 더 많은 핵산이 포함된다. 이에 비해서 혈장의 경우에는 혈액을 바로 원심 분리하여 분리하기 때문에 추가적인 혈액세포의 사멸이 없어서 적은 핵산이 포함된다. 따라서 다른 조직의 세포에서 생산된 핵산을 정량하고자 하는 경우에는 혈청보다는 혈장이 더 유용한 형태의 시료가 된다. 또한 혈장의 경우에는 처리 과정에 따른 변이가 거의 없지만 혈청의 경우에는 처리 과정에 따른 시료 간 변이가 많이 생길 수 있는 단점이 있다. 한편 혈장 내 CNA 분석시 주로 nDNA을 정량하지만 혈장 내 존재하는 양이 매우 제한적이라는 단점이 있다. 이에 비해서 한 세포당 수백에서 수천 개를 가진 mtDNA는 더 많은 양이 혈액 내 존재하기 때문에 필요에 따라서는 nDNA보다는 mtDNA의 양을 정량하는 것이 더 용이한 경우도 있다(혈장에서 mtDNA는 nDNA보다 34배 더 많음).

표 21-1. **혈청과 혈장 내 존재하는 mtDNA와 nDNA의 정량 비교**

	mtDNA	nDNA	mtDNA/nDNA
Serum	**2,491,364** (33,787-11,720,914)	**273,337** (14,845-1,426,767)	**9 fold**
Plasma	**208,184** (8,027-2,618,508)	**6,106** (465-61,722)	**34 fold**
Serum/plasma	**12 fold**	**45 fold**	

Circulating Cell-Free mtDNA and nDNA represented in genome equivalent (GE)/mL in serum and plasma. 출처: Xia P et al. (2009). Genet Mol Biol 32:20-24.

혈장 속에 있는 CNA의 종류와 양을 정량함으로써 다양한 질병의 진단 및 질병 상태 모니터링이 가능하다. 예를 들면, 세포 사멸이 동반되는 다양한 종류의 질병 상태(예, 외상, 면역질환, 퇴행성 질환 등)에서 혈장에 존재하는 CNA를 측정하는 진단 기술 개발이 가능하다. 그러나 무엇보다도 많은 관심을 가지고 연구되고 있는 분야는 2개의 다른 유전체가 섞여 있는 질병 상태를 진단하는 것이다. 예를 들면, 산모의 혈액에 떠돌고 있는 태아의 핵산을 분석하여 태아의 유전 질병 상태를 진단하거나, 또는 장기 이식 환자에서 이식된 기증자의 DNA를 이식 환자의 혈액에서 측정함으로써 급성 이식 거부 반응을 예측할 수도 있다. 그 외에도 암 환자에서 체세포 돌연변이 분석을 통한 암 조기진단 및 치료 반응성 검사와 바이러스 감염시 바이러스 유전체 복제수를 측정함으로써 바이러스 감염의 종류와 진행 상태를 검사할 수 있다. 향후에는 환자의 혈액 내 존재하는 CNA 분석을 통해 비침습적 방법으로 다양한 조직의 건강 상태를 모니터링할 수 있는 새로운 진단 기술의 개발이 기대되고 있다.

2. Circulating Fetal DNA의 특성

(1) Circulating fetal DNA의 생성 원리

CNA는 산모의 혈액에 떠돌고 있는 태아의 DNA에서 가장 잘 연구되어 있다. 임신 기간 중에 태반 세포(trophoblasts)들은 산모와 태아 간의 면역반응 등을 통해서 세포사멸이 진행되고 많은 양의 태아에서 나온 핵산들이 산모의 혈액으로 방출된다. 따라서 산모의 혈액 속에는 산모 자신의 DNA뿐만 아니라 많은 양의 태아 DNA 조각들도 함께 포함되어 있다. 임신 약 10주령 전후에는 산모 혈액에 떠돌고 있는 DNA의 약 10% 정도가 태아에서 유래한 것이라고 한다. 그리고 산모 혈액 내 떠돌아 다니는 태아 DNA의 반감기(half-life)는 약 16분 정도로 출산 후 2 시간이 지나면 산모 혈액 내 태아 DNA는 거의 측정되지 않는다.

(2) Circulating fetal DNA의 크기

산모의 혈액내 존재하는 circulating fetal DNA의 크기는 차세대 염기서열 분석 장비를 이용하여 측정 가능하다. 산모의 혈장으로부터 분리된 circulating DNA를 차세대 염기서열 분석 방법으로 조사해 본 결과에 의하면 가장 높은 빈도로 존재하는 것은 약 166~169 bp에 위치하고 있으며 나머지는 모두 약 10 bp 단위로 짤려진 형태로 존재하고 있다(Dennis Lo YM et al, 2010; Fan HC et al, 2008) (그림 21-2). 그리고 산모 DNA보다는 태아 DNA가 조금 더 작은 크기를 가진다. 그리고 골수이식과 간이식 환자에서 측정된 혈액 내 circulating DNA의 크기 분석에 따르면 다른 장기에서 유래한 DNA 조각의 크기가 혈액세포에서 유래한 DNA 조각 크기보다는 약간 더 짧은 형태로 존재한다(Zheng YWL et al, 2012). 이는 혈액 세포의 세포사멸은 혈액 내에서 바로 진행되지만, 다른 장기의 경우에는 세포사멸 이후에 혈액으로 방출되기까지 더 많은 시간이 걸려서 DNA 분해가 더 많이 이루어졌기 때문으로 생각된다.

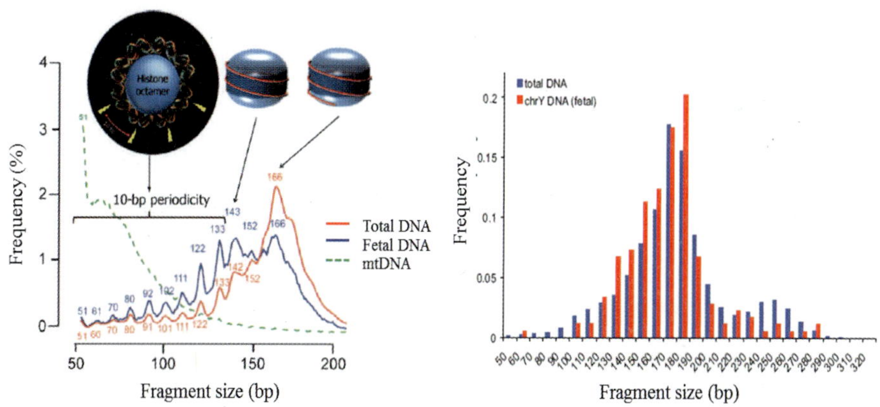

그림 21-2. **혈액 내 산모 DNA와 태아 DNA의 크기 비교.** 출처: Dennis Lo YM et al. (2010). Sci Transl Med 2:61ra91 (왼쪽 그림) & Fan HC et al. (2008). Proc Natl Acad Sci USA 105:16266-16271 (오른쪽 그림).

(3) Circulating fetal DNA의 농도

산모의 혈액에서 발견되는 태아의 DNA는 측정시기, 측정방법, 태아의 성별 등에 따라서 그 농도가 다를 수 있다. 태아 DNA의 비율(fetal DNA fraction)은 산모의 혈장에 포함된 DNA 조각에서 태아 특이적인 DNA 조각(주로 태아 특이 Y 염색체 변이 정보를 이용함)의 비율로 계산한다. 태아의 DNA 비율은 산모 DNA의 약 10% 내외로 존재하며 산모의 혈액에서 비침습적 태아 유전검사시 태아 DNA 비율은 진단의 성공을 결정하는 중요한 요소이다(그림 21-3). 차세대 염기서열 분석기를 이용하여 산모 혈액에서 태아 염색체 이상을 진단할 때, 태아 DNA 비율이 6% 이하면 산전 진단이 어렵다고 한다(Zimmermann B et al, 2012). 따라서 비침습적 산전 진단에서는 사용하는 산모의 혈장 시료에서 태아 DNA의 비율이 얼마인지 꼭 확인할 필요가 있다.

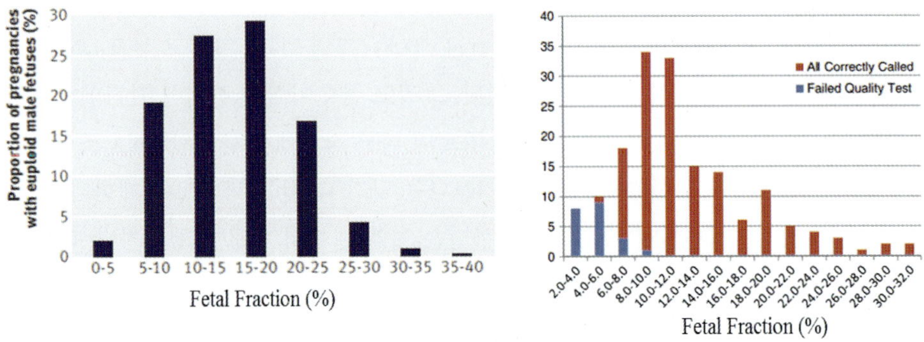

그림 21-3. **산모 혈액 내 태아 DNA의 비율 분포.** 출처: Chiu RWK et al. (2011). BMJ 342:c7401 & Zimmermann B et al. (2012). Prenat Diagn 32:1233-1241.

다양한 요인들이 circulating fetal DNA 농도를 결정하는 것으로 알려져 있다(그림 21-4). 일반적으로 임신 주령이 커질수록 circulating fetal DNA의 농도는 비례적으로 증가한다. 그리고 염색체 이상 진단용 혈청 바이오마커인 PAPP-A와 free β-hCG의 농도와도 양의 상관 관계를 가지고 있다. 따라서 산모의 혈장 내 존재하는 fetal DNA 농도만으로도 비침습적 염색체 이상을 스크린하는 바이오마커들을 대체해 주는 효과도 기대된다. 위에 언급된 임신 주령, 혈청 바이오 마커(PAPP-A & free β-hCG)는 fetal DNA 농도와 양의 상관 관계를 가지지만 산모의 체중은 fetal DNA 농도와 음의 상관 관계를 가진다. 이는 산모의 체중 증가로 전체 혈액 부피가 늘어남에 따라 fetal DNA의 농도가 희석되는 효과에 의한 결과로 이해하고 있다.

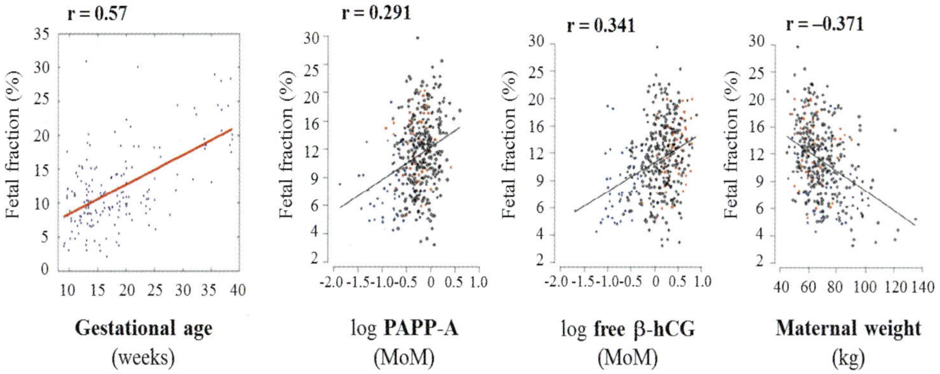

그림 21-4. **산모 혈장 내 fetal DNA 농도를 결정하는 임상 요인들.** 출처: Zimmermann B et al. (2012). Prenat Diagn 32:1233-1241 (첫번째 그림) & Ashoor G et al. (2012). Fetal Diagn Ther 31:237-243 (나머지 그림).

태아의 염색체 상태도 산모 혈장 내 태아 DNA 농도를 결정하는 요인으로 알려져 있다(그림 21-5). 태아가 trisomy 21 (Down syndrome)인 경우에는 정상 태아보다 fetal DNA 농도가 약 9% 이상 증가한다. 그런데 trisomy 18과 trisomy 13의 경우에는 정상 태아보다 fetal DNA 농도가 약 30% 정도 감소한다. 그리고 monosomy X 의 경우에도 fetal DNA 농도가 정상 태아보다 약 16% 정도 감소하는 것으로 알려져 있다. 이러한 결과는 염색체 이상에 의하여 태아의 발육 상태에 따라 fetal DNA 농도가 변할 수 있음을 나타낸다. 또 다른 연구에 의하면 3 배체(triploidy) 상태를 유지하는 태아의 경우에 부모의 어떤 쪽으로부터 비정상적인 염색체 수 이상을 받았느냐에 따라 다른 fetal DNA 농도를 보인다고 한다. 특이하게도 엄마쪽 염색체 이상의 경우는 fetal DNA 농도가 정상에 비해서 매우 낮고(fetal fraction 5% 이하) 아빠쪽 염색체 이상의 경우는 정상에 비해서 매우 높은 fetal DNA 농도(fetal fraction 20%이상)를 보인다(그림 21-5). 이는 아마도 태아와 산모 간의 면역 반응이 일어날 때 아빠 쪽으로부터 전달받은 유전자가 많을수록 면역 반응이 강하게 일어나기 때문이 아닐까 추측된다. 이런 원리가 적용된다면 아마도 태아의 성별에 따라서도 fetal DNA 농도값도 약간 차이를 보일 수 있을 것으로 예상된다. 그런데 염색체 이상을 일으키는 trisomy의 경우에 아빠에게서 추가로 받은 경우(paternal origin)는 약 10% 정도 되고 나머지 90%는 엄마쪽으로부터(maternal origin) 염색체를 하나 더 받아서 trisomy가 된다. 따라서 대부분의 trisomy는 엄마쪽에서 받은 것이라서 fetal DNA 농도가 상대적으로 낮아 fetal DNA를 이용한 진단이 어려워진다.

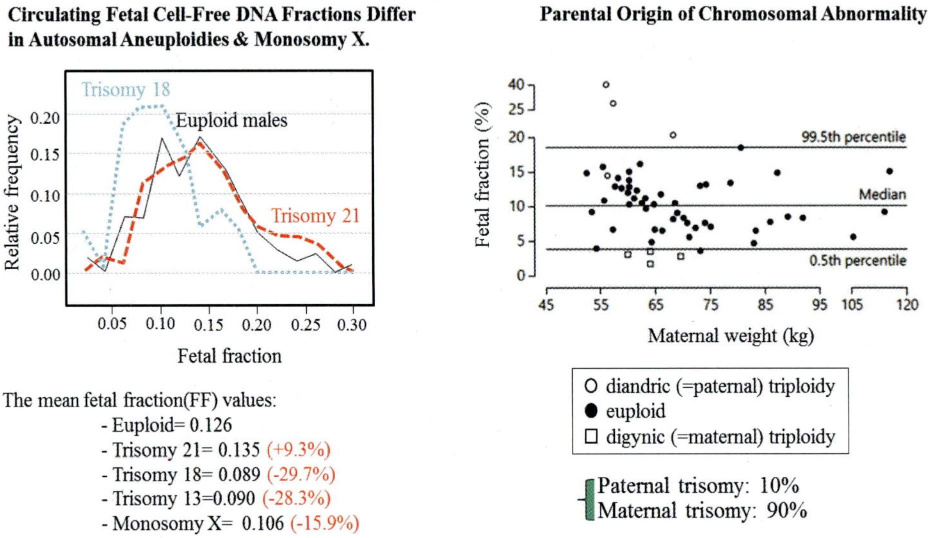

그림 21-5. **산모 혈장 내 fetal DNA 농도를 결정하는 염색체 요인들.** 출처: Rava RP et al. (2014). Clin Chem 60:243-250 (왼쪽 그림) & Nicolaides KH et al. (2014). Fetal diagn ther 35:212-217 (오른쪽 그림).

3. Circulating Fetal DNA를 이용한 산전진단

(1) 산전진단 대상질병

전체 임신된 태아의 약 15%는 자연 유산에 의하여 제거되고, 자연 유산된 태아의 절반(50%)은 염색체 이상에 의해 발생하는 것으로 알려져 있다(그림 21-6). 그리고 임신한 태아의 약 85%는 태어나고, 태어난 아이의 약 0.5%는 다양한 종류의 염색체 이상을 가지고 있다(Zimmermann B et al, 2012). 따라서 임신한 산모에서 가장 많이 시행하는 산전 진단으로는 태아 염색체 검사다. 산전 태아 염색체 이상의 약 60~70%는 상염색체 trisomy이며, 상염색체 이상의 절반(48%)은 trisomy 21 (Down syndrome)이 차지하고 있다(표 21-2).

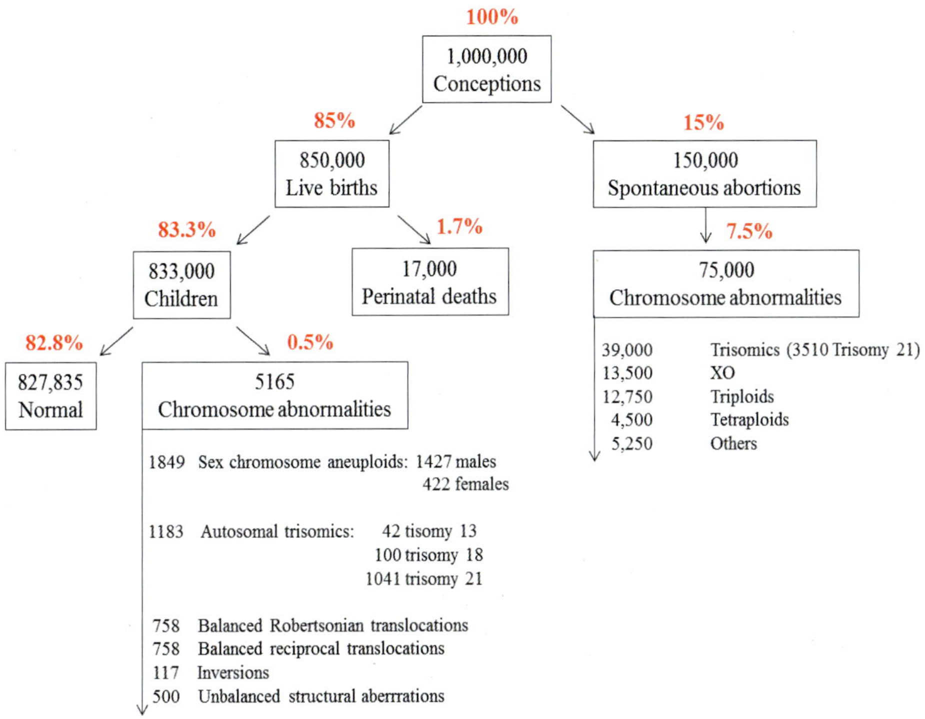

그림 21-6. **임신된 태아의 운명.** 출처: Sankaranarayanan K. (1979). Mutat Res 61:1-28.

표 21-2. **침습적 산전진단에서 발견된 염색체 이상의 종류와 빈도**

Type	Alamillo et al (N=97 cases)	The California screening program (N=1316 cases)
Down syndrome (trisomy 21)	48%	48%
Edwards syndrome (trisomy 18)	16%	14%
Patau syndrome (trisome 13)	6%	2%
Turner syndrome (45, X)	9%	8%
other sex chromosomal aneuploidies	4%	Klinefelter syndrome (47, XXY) (1%)
other aneuploidies including mosaics	9%	Triploidy (2%)
chromosomal rearrangements	6%	Others (25%)

출처: Benn P et al. (2013). Ultrasound Obstet Gynecol 42:15-33.

(2) 침습적 산전진단

산모에서 시행되는 태아 산전검사에는 혈청 바이오마커와 초음파 검사가 있으며 이를 통해 고위험 산모를 선별하고 있다. 혈청 바이오마커 검사는 임신 10-13주 또는 16-17주 사이에 진행되고 초음파 검사는 11-13주 사이에 시행된다. 그런데 혈청 바이오마커와 초음파 검사는 고위험 산모를 식별하는 정확도는 높지만 여전히 높은 위양성 반응(high false-positive)을 보인다. 그리고 혈청 바이오마커와 초음파 검사 결과를 바탕으로 태아 염색체 이상 고위험 산모를 식별한 이후에는 침습적 방법으로 산모의 융모막(chorionic villus sampling; CVS) 또는 양수(amniocentesis) 시료를 채취해서 태아의 염색체 이상을 조사한다(그림 21-7). 침습적 방법(invasive prenatal diagnosis)을 이용한 태아 염색체 이상 검사는 정확도가 매우 높지만 약 1% 정도의 유산 또는 사산을 일으킨다(fetal loss). 그래서 침습적 태아 유전검사를 대체할 새로운 진단 기술이 필요하다.

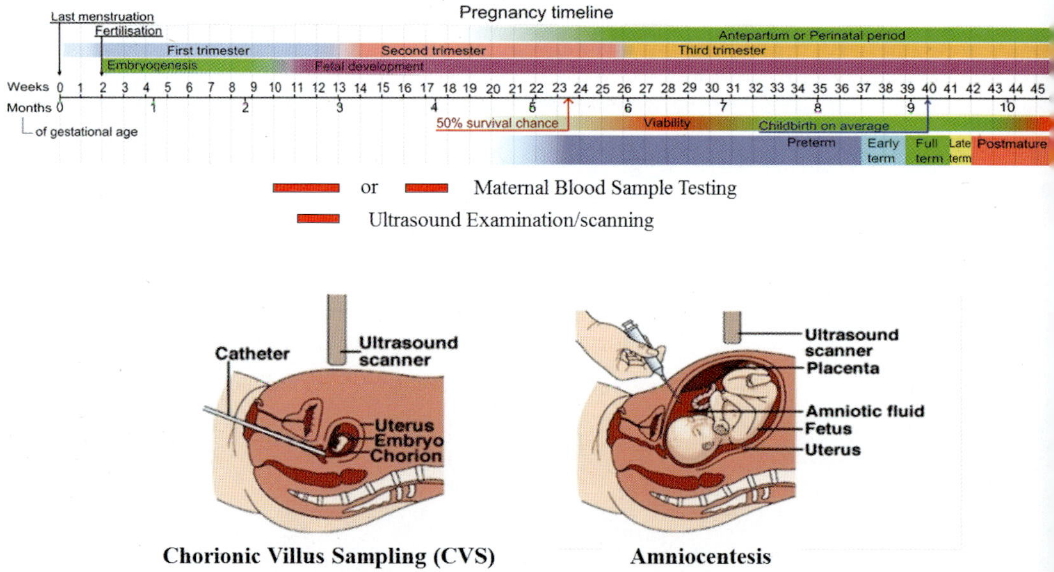

그림 21-7. **임신기 태아 염색체 산전진단 검사과정.**

출처: http://upload.wikimedia.org/wikipedia/commons/1/1f/Pregnancy_timeline.png

침습적 산전 진단에 사용되는 융모막(CVS) 시료는 임신 초기(1st trimester)에 사용되고 양수 시료는 임신 15주 이후(2nd trimester)에 주로 사용된다. 일반적으로 양수를 이용한 산전진단이 더 많이 시행되고 있다. 이 두 종류의 시료를 이용한 산전진단의 정확도는 약 98~99% 정도이고 약 0.5~1.0%의 태아 손실(fetal loss)의 위험이 있다(Chachkin CJ, 2007). 침습적 방법으로 채취된 태아의 시료를 이용하여 수행하는 염색체 이상 검사는 다음과 같은 분석 방법을 사용한다(Fan HC and Quake SR, 2007).

- **Karyotyping (표준 검사 기술)**: 정확하지만 시간이 많이 소요됨(약 2주). 융모막을 이용한 검사가 양수를 이용한 검사보다 검사 오류율이 상대적으로 더 높음.
- **FISH**: 노동력이 많이 들고 완전한 세포가 필요함.
- **Quantitative fluorescence PCR (GF-PCR)**: 집단 내에 다형성을 보이는 유전변이형 정보를 이용하여 분석하며 homozygotes를 가진 사람에게서는 검사가 불가함. 또한 증폭 이후에 전기영동으로 분리하는 과정이 요구됨.
- **Quantitative PCR (Q-PCR)**: 한 번에 증폭과 검색을 동시에 수행하며 2:1 비율로 DNA가 섞여 있을 때는 분석이 용이하지만 약 3:2 정도의 비율로 섞여 있는 DNA를식별하는 것은 매우 어려움.
- **Digital PCR (dPCR)**: DNA 한 분자 단위로 정량할 수 있는 분석 방법으로 Q-PCR 방법보다 더 정확히 측정할 수 있음. 그리고 분석 시간도 6 시간 이내에 수행 가능한 장점을 가짐.

(3) 비침습적 산전진단

비침습적 산전검사에 사용되는 circulating fetal DNA는 태아가 자라면서 태반세포(trophoblasts)의 세포사멸로 생성된 DNA 조각들이 산모의 혈관을 통해 배출될 것이다(그림 21-8). 산모의 혈액에 있는 태아 DNA는 임신 약 5 주령부터 측정 가능하기 때문에 이 시기부터 비침습적 산전검사가 가능하다. 그러나 태아의 유전체와 산모의 유전체가 섞여 있고, 더군다나 산모의 유전체에 비해 적은 비율(약 10%)로 존재하며 DNA 조각도 작아서 실제 비침습적 산전 진단에 사용하기에는 기술적인 어려움이 있다(표 21-3). 그러나 산모의 혈장에 존재하는 태아의 DNA 농도를 높일 수 있는 방법이 있다면 산모 혈장내 태아의 DNA를 이용한 산전 진단 효율이 크게 개선될 것이다.

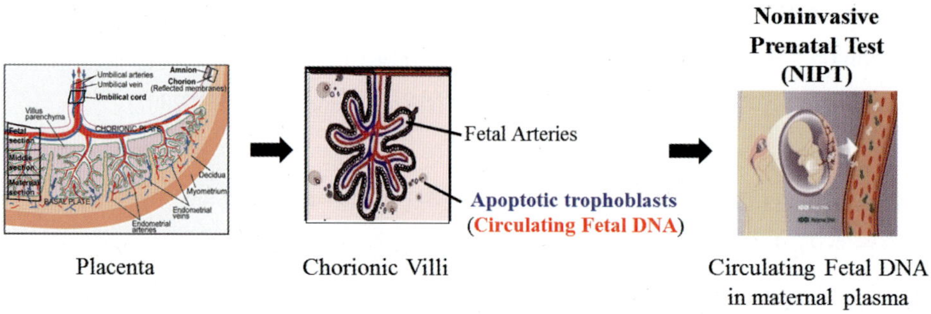

그림 21-8. 비침습적 산전검사에 사용되는 **circulating fetal DNA의 생성 원리**

표 21-3. **Circulating fetal DNA의 특성과 비침습적 산전진단에 미치는 효과**

Circulating fetal DNA의 특성	비침습적 산전진단(NIPD에 미치는 효과)
태아의 모든 유전체가 있음	태아의 모든 유전체 부위 검사 가능
태반세포(trophoblasts)에서 생산	순환 주기가 빠름
출산 후 빠른 소멸	이전 임신에서 생성된 태아 DNA가 없음
조기 검색(임신 약 5주령부터)	빠른 비침습적 산전진단 시행 가능
산모 DNA와 섞여있음	엄마에게서 전달받은 유전체 부위 검색 곤란
낮은 태아 DNA 비율 (~10%)	아주 정밀한 분석 기술이 요구됨
조각난 DNA (<313 bp)	PCR 증폭 크기가 작은 것을 선호함

출처: Bustamante-Aragones A et al. (2012). Gene 504:144-149.

Circulating fetal DNA를 이용한 비침습적 산전검사 방법으로는 차세대 염기서열 분석 방법(shotgun or targeted massively parallel sequencing)을 이용한 염색체 이상 진단 기술이 새롭게 개발되어 실제 임상에 활용되고 있다. 이 방법 이외에도 SNP 기반 검사, methylated DNA 기반 검사, digital PCR 기반 검사 및 RNA 기반 검사 등이 개발되고 있다(Benn P et al, 2013).

여기에서는 최근 개발되어 정확도가 매우 높아 임상에 직접 활용되고 있는 차세대 염기서열 분석 방법을 이용한 비침습적 산전검사 방법에 대해서 알아보도록 하자. 이 방법은 산모의 혈장 DNA를 분리하여 대규모 유전체 염기서열 정보를 얻어서 염색체별 총 염기서열(reads) 개수를 정상 염색체와 염색체 이상(예, trisomy)을 가진 염색체 간에 수적인 차이를 비교 분석하는 방법이다. 이 방법은 모든 유전체 부위에 대한 염기서열을 분석(예, Sequenom 회사의 MaterniT21 검사, Verinata회사의 Verifi 검사)하거나 또는 특정 염색체 부위만을 선택적으로 대량의 염기서열을 분석한다(예, Ariosa회사의 Harmony 검사, Natera회사의 Panorama 검사)(그림 21-9). 그 외에도 다수의 회사들(BGI Health회사의 NIFTY 검사, Femina HealthCare회사의 SafeT21 검사, LifeCodexx 및 Berry Genomics회사 등)이 유사한 종류의 산전검사 방법으로 경쟁하고 있다.

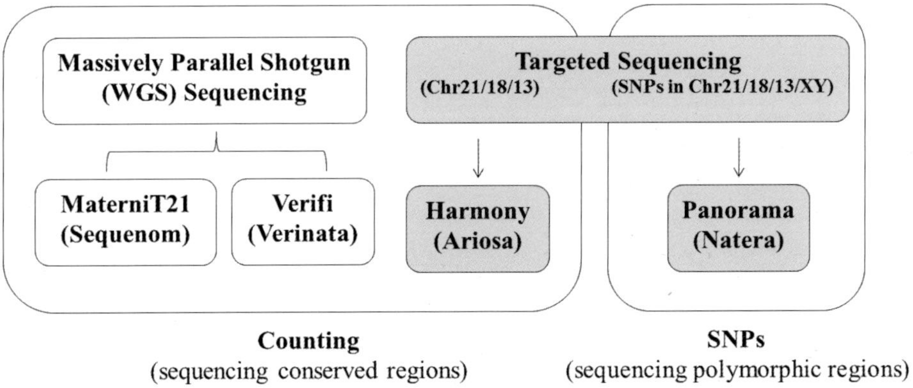

그림 21-9. **차세대 염기서열 분석 방법을 이용한 비침습적 산전검사의 원리와 종류**

차세대 염기서열 분석 방법을 이용한 산모 혈장 DNA에서 태아 염색체 이상을 진단하는 분석 방법들에 대해서 좀 더 자세히 살펴보면 다음과 같다(그림 21-10). 우선 Sequenom회사의 MaterniT21 검사법은 산모의 모든 유전체 염기서열 정보를 정상인 염기서열 정보에 있는 해당 염색체 정보의 개수와 비교하여 z-score값이 3 이상인 경우에는 trisomy로 판정한다. 그리고 Verinata회사의 Verifi검사법은 Sequenom 방법과 거의 동일하게 모든 유전체 염기서열(WGS) 정보를 수집하지만 대조군으로 사용하는 것이 산모 자신의 다른 염색체의 염기서열 정보 개수와 비교하는 방법을 사용하고 z-score와 거의 동일한 normalized chromosome value (NCV)값이 4 이상이면 trisomy로 판별한다. 세번째 방법인 Ariosa 회사의 Harmony 검사법은 trisomy 검사 대상 염색체만을 선택하여 차세대 염기서열 분석 방법으로 data를 수집해서 risk score (0~100%)를 계산하여 trisomy를 판정한다. 위에 언급된 3 가지 검사 방법은 차세대 염기서열 분석법을 사용하여 해당 염색체의 총 염기서열 개수를 정상인과 비교하여 판정하는 방법(counting method)이다. 그리고 네 번째 방법인 Natera 회사의 Panorama 검사법은 염색체 이상을 보이는 해당 염색체를 대상으로 약 4,000여 개의 SNP마커에 대해서 차세대 염기서열 분석방법으로 SNP allele ratio 정보를 이용하여 risk를 산정하여 trisomy 여부를 판정한다(SNP-based method). 차세대 염기서열 분석 방법을 이용한 산모의 혈장 DNA에서 태아의 염색체 이상을 조기 진단하는 기술은 정확도가 매우 높고 지금 바로 임상 적용 가능한 기술로 알려져 있다. 그리고 최근에 Illumina가 Natera회사를 합병하고 Roche는 Ariosa회사를 합병함으로써 대규모 진단 전문회사가 서로 경쟁하는 체제로 발전해 가고 있다.

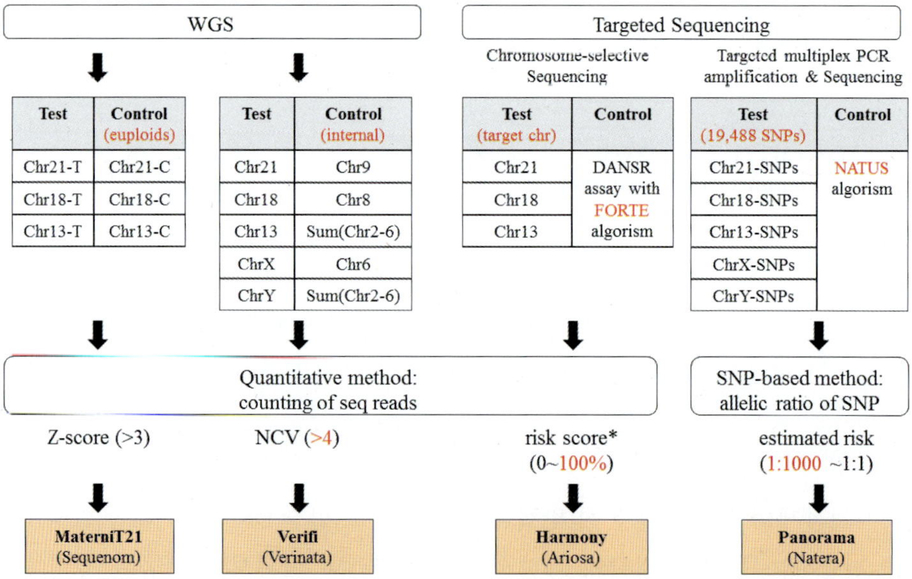

그림 21-10. 차세대 염기서열 분석 방법을 이용한 비침습적 산전검사의 분석 방법.

DANSR: Digital Analysis of Selected Regions, FORTE: fetal-fraction optimized risk of trisomy evaluation, NATUS: Next-generation Aneuploidy teting Using SNPs. NCV: normalized chromosome value (equivalent to a statistical z-score for the ratios). *individualized risk score that incorporates: chromosome counts, fetal fraction of cfDNA, maternal age and gestational age.

가장 대표적인 4 가지 비침습적 산전검사 방법에 대한 결과를 비교해 보면 모두 정확도가 매우 높은 것으로 알려져 있다(그림 21-11). 그런데 차세대 염기서열 분석 방법을 이용한 비침습적 산전검사의 성공 여부는 산모 혈액 내에 존재하는 태아 DNA 농도(fetal fraction)가 중요한 요인으로 작용한다. 특히 태아 DNA 농도가 6% 이하의 경우에는 진단이 거의 불가하다.

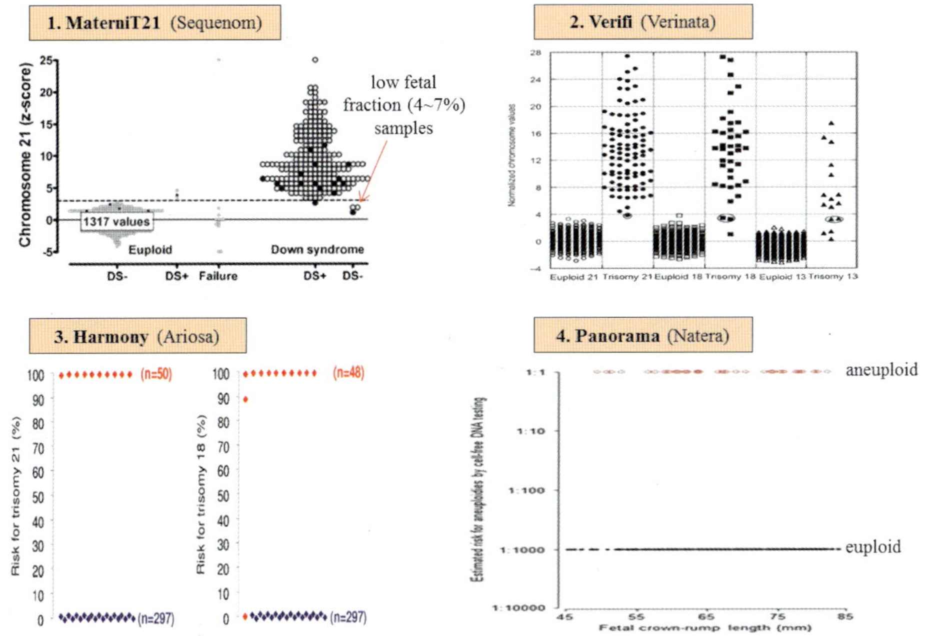

그림 21-11. **차세대 염기서열 분석 방법을 이용한 비침습적 산전검사법의 결과 비교**

지금까지 보고된 비침습적 산전검사의 정확도는 대부분 99% 이상이며 trisomy 18과 trisomy 13의 경우에는 태아의 성장 속도가 느리고 태아 DNA 농도가 낮아서 정확도가 상대적으로 낮은 것으로 알려져 있다(표 21-4). 차세대 염기서열 분석 방법을 이용한 산전 진단 기술은 2014년 초에 60여 개국에서 상업적으로 시판되고 있다(Chandrasekharan S et al, 2014). 그런데 가장 문제점은 비용이다. 예를 들면, 인구가 많은 중국이나 브라질의 경우에 가구 월수입이 500~600불 정도인데 NIPT 검사법이 중국에서는 500불, 브라질에서는 약 1,500불 정도라고 하니 대부분의 산모가 부담하기에는 어려운 실정이다.

표 21-4. 비침습적 산전검사법의 성능비교 결과

Sensitivity False Positive Rate	**Sequenom MaterniT21**	**Verinata Verifi**	**Ariosa Harmony**	**Natera Panorama**
Trisomy 21	**99.1%**	**>99.9%**	**>99%**	**>99%**
	0.2%	0.2%	0.1%	0%
Trisomy 18	**>99.9%**	**97.3%**	**98%**	**>99%**
	0.3%	0.4%	0.1%	<0.1%
Trisomy 13	**91.7%**	**87.5%**	**80%**	**>99%**
	0.9%	0.1%	0.05%	0%
Monosomy X	94.7%	95.0%	96.7%	91.7%
	0.5%	1.0%	unreported	<0.1%
Sex Chr. Trisomies	>99.9%	67-100%	67-100%	>99%
Female	97.9%	97.6%	>99%	>99%
	0.5%	0.8%	unreported	0%
Male	99.4%	99.1%	>99%	>99%
	2.1%	1.1%	unreported	0%
Cost	**$2,762**	**$1,200**	**$795**	**$1,495**

출처: http://www.panoramatest.com/why_panorama_test & Morain S et al. (2013). N Engl J Med 369:499-501.

지금까지 회사에서 개발된 비침습적 산전진단 기술의 성능은 혈청 스크린에서 태아의 염색체 이상이 의심되는 산모(high-risk women)를 대상으로 분석한 결과이다. 최근에 일반 산모(low-risk women)를 대상으로 한 검사의 성능 비교에서도 기존에 시행되는 혈청 바이오마커를 이용한 산전 스크린 방법에 비해서 약 10배 정도 정확도가 개선된 효과를 보였다(표 21-5). 그러나 의사가 검사 결과를 바탕으로 결정하는데 사용하는 양성 예측도(positive predictive value)는 기존 표준 스크린 방법에 비해서 크게 개선되었지만 trisomy 21의 경우에 약 45.5%로 절반 이하의 정확도를 가진다. 따라서 차세대 염기서열 분석 방법을 이용한 비침습적 산전검사가 기존 표준 스크린 방법보다 약 10배 정도 정확도가 높아졌지만 여전히 스크린 방법의 하나로 사용이 가능하고 진단 목적으로는 사용이 불가하다. 그래서 비침습적 산전검사에서 염색체 이상이 의심되면 침습적인 방법으로 다시 확진 검사를 시행해야 하는 문제점을 가지고 있다.

표 21-5. 일반 산모(low-risk women)를 대상으로 한 비습적 산전검사법의 성능검정

Type	Method	Sensitivity	Specificity	Positive Predictive Value	Negative Predictive Value
Trisomy 21	Standard screening	100%	96.4% (FPR=3.6%)	**4.2%**	100%
	Verifi (Verinata)	100%	99.7% (FPR=0.3%)	**45.5%**	100%
Trisomy 18	Standard screening	100%	99.4% (FPR=0.6%)	**8.3%**	100%
	Verifi (Verinata)	100%	99.8% (FPR=0.2%)	**40.0%**	100%

FPR: false positive rate. 출처: Bianchi DW et al. (2014). N Engl J Med 370:799-875.

차세대 염기서열 분석방법을 이용한 비침습적 산전검사는 산모의 혈장에서 태아 DNA 검사를 통해 태아 염색체 이상을 진단함으로써 유산의 위험없이 조기에 태아의 유전적 이상을 진단할 수 있는 장점이 있다. 그러나 이 방법은 고가의 장비와 많은 양의 염기서열 정보를 처리하는 복잡한 생물정보학적 분석 과정을 거쳐야 하는 단점을 가지고 있다. 또한 비침습적 산전검사에 염색체 이상 결과가 나오더라도 확진을 하지 못하고 다시 침습적 방법으로 산전 진단을 해야 한다. 따라서 산모의 혈액에 낮은 농도로 존재하는 태아 DNA를 이용한 효율성이 높은 새로운 진단법 개발이 요구된다. 예를 들면, 태아 세포 특이적으로 발현되는 mRNA 정보를 이용한 염색체 이상 진단, 태아 세포 특이적인 methylation DNA 부위 정보를 이용한 태아 염색체 이상 진단, digital PCR 기법을 이용한 태아 염색체 이상 진단 등을 고려해 볼 수 있다.

비침습적 산전검사는 태아 염색체 이상 진단을 위한 방법 뿐만 아니라 다양한 목적으로 사용될 수 있다(표 21-6). 대표적인 것으로는 열성유전을 따르는 X-linked hemophilia(혈우병) 돌연변이를 하나 가진 산모(carrier)가 임신을 하는 경우에는 모든 여자 태아는 정상이거나 또는 보인자(carrier)로 질병의 위험이 없으나 남자 태아의 경우에는 절반은 정상이고 절반은 유전질병을 가질 수 있다. 이러한 경우에는 조기 태아 성별 진단이 추가적인 유전질병 진단이 필요할지를 결정하는데 유용한 검사법으로 활용될 수 있다. 그리고 임신과 관련된 문제점(임신중독증, 조산 및 유산)의 위험도를 진단하거나 태아의 멘델 유전질병을 진단하는데도 활용할 수 있다.

표 21-6. **비침습적 산전검사의 종류와 활용 가능한 질병**

검사의 종류	활용 가능한 질병
• 성별 진단(임신 7주령부터)	X-linked hemophilia질병 carrier 여성에서 태아의 성별진단을 통한 추가 유전검사 필요성 확인(여:검사 불필요, 남: 검사필요)
• 태아 염색체 이상 진단	염색체 이상 진단(예, trisomies & Prader-Willi syndrome)
• 임신 관련 문제 진단	태아 DNA 농도 측정을 통한 임신중독증, 조산 등 임신 관련 위험성 진단
• 부계 유래 멘델유전질병 진단	부계에서 전달받은 단일유전자 멘델 유전질병 진단: (예, 태아 혈액형, 근육병, 신경계 유전병, 기타 단일유전자 질병)

출처: Bianchi DW. (2004). Placenta 18:S93-S101 & Lo YMD and Chiu RWK. (2012) Annu Rev Genomics Hum Genet 13:285-306 & Lo YMD. (2012). Open Biol 2:120086 & Bustamante-Aragones A et al. (2012). Gene 504:144-149.

4. Circulating Fetal RNA를 이용한 산전진단

산모의 혈액에는 DNA 뿐만 아니라 RNA 조각들도 함께 떠돌고 있다. 특히 RNA는 조직 특이성을 가지고 발현되기 때문에 산모의 혈액 내에서도 태아 특이적인 유전자(mRNA)를 선별적으로 진단에 활용할 수 있는 장점이 있다. 따라서 산모의 혈액 속에서 산모세포에서는 발현되지 않고 태아의 세포(태반)에서만 발현되는 유전자(mRNA)를 산모 혈액에서 분석하면 침습적 산전검사와 동일한 효과를 얻을 수 있다. 이러한 이유로 연구자들은 태아 조직 특이적인 유전자 발현에 대한 정보를 수집해 왔었다. 산모의 혈장 내에 존재하는 태아(태반 유래) 특이적인 mRNA로는 CSH1, CGB, CRH, TFPI2, KISS1, PLAC1 등이 알려져 있다(Tsui NBY et al, 2004). 태아 조직(태반)에서만 발현되는 유전자를 expressed sequence tags (EST) database에서 검색해 보면, 총 92 개 유전자가 태아 조직(태반) 특이적으로 발현된다(그림 21-12). 특히 CSH 유전자, PSG 유전자를 비롯하여 산전진단용 혈청 바이오마커로 사용되는 PAPPA, CYP19A1 및 hCG 등의 유전자들이 태반 특이적으로 많이 발현되는 유전자이다.

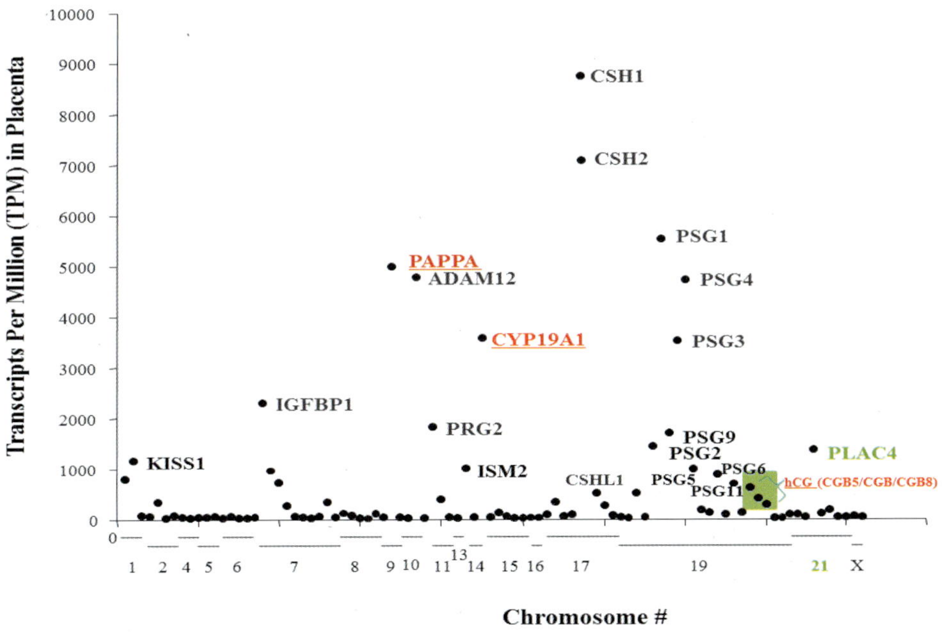

그림 21-12. **태반 특이적으로 발현되는 유전자 정보.** 출처: expressed sequence tags (EST) database

한편 산모의 혈액 내에 떠돌아 다니는 태아 유래 mRNA는 산모의 혈액 내에서 절반으로 소멸되는 시간은 14.1분이다(Tsui NBY and Lo YMD, 2006). 그리고 산모의 혈액에 떠돌고 있는 태아세포 유래 mRNA는 3' 말단 부위보다는 5' 부위 mRNA 조각이 더 많이 존재하고 있다. 그래서 산모의 혈액에서 태아 유래 mRNA 분석은 5' mRNA 부위를 분석하는 것이 유리하다. 한편 태아의 융모막(태반) 조직과 산모의 혈액에 떠돌아 다니는 mRNA는 매우 높은 양의 상관관계를 가지고 있다(r= 0.452)(그림 21-13). 따라서 산모의 혈액에 떠돌고 있는 태아의 mRNA 유전변이형 정보를 이용하면 침습적 유전검사와 동일하게 태아의 유전적 상태를 정확히 검사할 수 있을 것이다. 예를 들면, PLAC4 유전자는 염색체 21번에 있는 유전자이면서 동시에 태반 조직에서만 발현되는 유전자이다. 그래서 산모의 혈장에 떠돌고 있는 PLAC4 유전자(mRNA)의 유전변이형(SNP) 정보는 산모의 유전변이형 정보가 아니라 태아의 유전변이형 정보와 완전히 일치한다(그림 21-14). 이 원리를 이용하여 산모의 혈액에 떠돌고 있는 PLAC4 mRNA에서 SNP allele ratio를 계산하면 정상태아는 두 개의 대립유전자형이 각각 1:1로 존재하지만 21번 염색체를 3개 가진 trisomy 21의 경우에는 1:2의 비율로 존재한다. 따라서 PLAC4 mRNA-SNP genotyping을 동해 산모의 혈장으로부터 쉽게 trisomy 21을 진단할 수 있다(그림 21-14). 이 분석 방법은 차세대 염기서열 분석법을 이용한 태아 염색체 이상 진단보다는 정확도가 낮고 태아가 PLAC4 유전자 coding 부위에 heterozygote SNP을 가진 경우에만 분석이 가능하다는 단점을 가지고 있다(Tsui NBY et al, 2010).

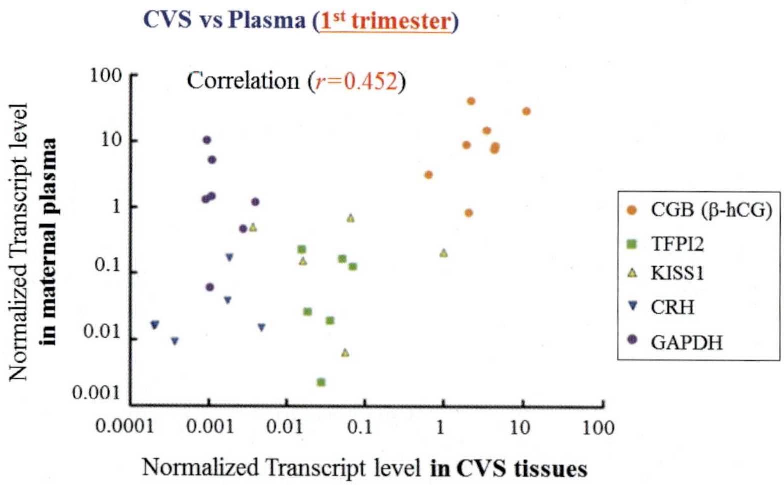

그림 21-13. **태반 유전자의 태반과 산모 혈장에서 발현량의 상관관계.** 출처: Tsui NBY et al. (2004). J Med Genet 41:461-467.

PLAC4 SNP Genotype

Sample #	gDNA: Fetus	gDNA: Mother	cDNA: Maternal Plasma
1	AA	AG	AA
2	AA	AG	AA
3	AG	AA	AG
4	AG	AA	AG
5	AG	AA	AG
6	AG	AA	AG
7	AG	GG	AG
8	AG	AA	AG
9	GG	AG	GG

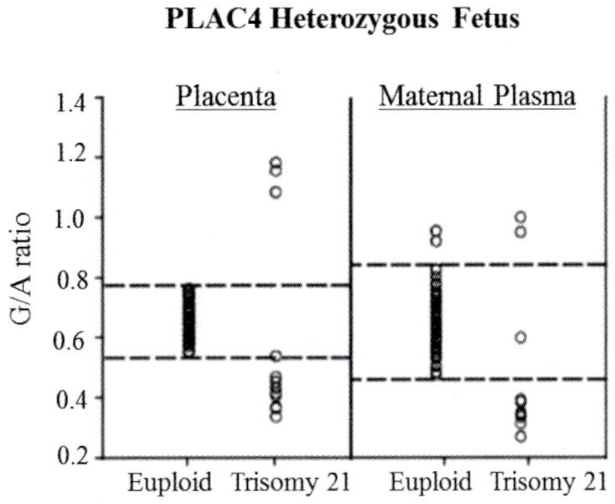

그림 21-14. **염색체 21번에 있으면서 태반 특이적으로 발현되는 PLAC4 유전자의 SNP 정보를 이용해서 산모 혈장 RNA에서 trisomy 21 검사**. 출처: Heung MMS et al. (2009). Prenat Diag 29:277-279 (왼쪽 그림) & Lo YMD et al. (2007). Nat Med 13:218-223 (오른쪽 그림).

산모의 혈액에 떠돌아 다니는 PLCA4 mRNA의 유전변이형 비율의 차이(RNA-SNP allele ratio)를 이용하면 태아의 염색체 이상(예, trisomy 21)을 진단할 수 있다. 또한 산모의 혈액에 떠돌아 다니는 다른 태반 유전자 특이적인 mRNA 농도의 변화도 다양한 임신 관련 질환을 모니터링하는데 유용하게 사용될 수 있을 것이다. 예를 들면, CRH mRNA 농도는 정상 산모에 비해서 임신중독증 산모에서 약 10.5배 이상 증가한다(Ng EKO et al, 2003). 그리고 hCG mRNA 농도는 trisomy 21에서는 2.2배 증가하고 trisomy 18에서는 약 9.4배 감소하는 것으로 관찰되었다(Ng EKO et al, 2004). 이러한 태반 특이적인 RNA 정보를 잘 분석하면 임신 관련 질환의 위험성을 예측하는 중요한 바이오마커로 활용이 가능할 것이다. 또한 산모의 혈액에 떠돌고 있는 태아 DNA 정보와 mRNA 정보를 통합적으로 사용하는 새로운 진단 기술 개발도 의미있는 시도가 될 것이다.

■ 참고문헌

- Benn P et al. (2013). Non-invasive prenatal testing for aneuploidy: current status and future prospects. Ultrasound Obstet Gynecol 42:15-33
- Bianchi DW et al. (2014). DNA sequencing versus standard prenatal aneuploidy screening. N Engl J Med 370:799-808
- Bianchi DW. (2004). Circulating fetal DNA: its origin and diagnostic potential-a review. Placenta 18:S93-S101
- Bustamante-Aragones A et al. (2012). Non-invasive prenatal diagnosis of single-gene disorders from maternal blood. Gene 504:144-149
- Butt AN et al. (2006). Circulating nucleic acids and diabetic complications. Ann NY Acad Sci 1075: 258-270
- Chachkin CJ. (2007). What potent blood: non-invasive prenatal genetic diagnosis and the transformation of modern prenatal care. Am J Law Med 33:9-53
- Chiu RWK et al. (2011). Non-invasive prenatal assessment of trisomy 21 by multiplexed maternal plasma DNA sequencing: large scale validity study. BMJ 342:c7401
- Dennis Lo YM et al. (2010). Maternal plasma DNA sequencing reveals the genome-wide genetic and mutational profile of the fetus. Sci Transl Med 2:61ra91
- Fan HC et al. (2008). Noninvasive diagnosis of fetal aneuploidy by shotgun sequencing DNA from maternal blood. Proc Natl Acad Sci USA 105:16266-16271
- Fan HC and Quake SR. (2007). Detection of aneuploidy with digital polymerase chain reaction. Anal Chem 79:7576-7579

- Heung MMS et al. (2009). Development of extraction protocols to improve the yield for fetal RNA in maternal plasma. Prenat Diagn 29:277-279
- Lam NYL et al. (2004). Plasma mitochondrial DNA concentrations after trauma. Clin Chem 50:213-216
- Lo YMD. (2012). Non-invasive prenatal diagnosis by massively parallel sequencing of maternal plasma DNA. Open Biol 2:120086
- Lo YMD and Chiu RWK. (2012). Genomic analysis of fetal nucleic acids in maternal blood. Annu Rev Genomics Hum Genet 13:285-306
- Lo YMD et al. (2007). Plasma placental RNA allelic ratio permits noninvasive prenatal chromosomal aneuploidy detection. Nat Med 13:218-223
- Ng EKO et al. (2004). Evaluation of human chorionic gonadotropin beta-subunit mRNA concentrations in maternal serum in aneuploid pregnancies: a feasibility study. Clin Chem 50:1055-1057
- Ng EKO et al. (2003). The concentration of circulating corticotropin-releasing hormone mRNA in maternal plasma is increased in preeclampsia. Clin Chem 49:727-731
- Nicolaides KH et al. (2014). Prenatal detection of fetal triploidy from cell-free DNA testing in maternal blood. Fetal Diagn Ther 35:212-217
- Rava RP et al. (2014). Circulating fetal cell-free DNA fractions differ in autosomal aneuploidies and monosomy X. Clin Chem 60:243-250
- Sankaranarayanan K. (1979). The role of non-disjunction in aneuploidy in man. An overview. Mutat Res 61:1-28
- Tsui NBY et al. (2010). Synergy of total PLAC4 RNA concentration and measurement of

the RNA single-nucleotide polymorphism allelic ratio for the noninvasive prenatal detection of trisomy 21. Clin Chem 56:73-81

• Tsui NBY and Lo YMD. (2006). Placental RNA in maternal plasma: toward noninvasive fetal gene expression profiling. Ann NY Acad Sci 1075:96-102

• Tsui NBY et al. (2004). Systematic micro-array based identification of placental mRNA in maternal plasma: towards non-invasive prenatal gene expression profiling. J Med Genet 41:461-467

• Xia P et al. (2009). Simultaneous quantitative assessment of circulating cell-free mitochondrial and nuclear DNA by multiplex real-time PCR. Genet Mol Biol 32:20-24

• Zheng YWL et al. (2012). Nonhematopoietically derived DNA is shorter than hematopoietically derived DNA in plasma: a transplantation model. Clin Chem 58:549-558

• Zimmermann B et al. (2012). Noninvasive prenatal aneuploidy testing of chromosomes 13, 18, 21, X, and Y, using targeted sequencing of polymorphic loci. Prenat Diagn 32:1233-1241

• http://upload.wikimedia.org/wikipedia/commons/1/1f/Pregnancy_timeline.png

제 22장 약물 반응성 유전자 발굴

1. 약물 반응성과 유전

약물에 대한 반응성은 개인 간에 큰 차이를 보이고 있다. 일반적으로 약물의 종류에 따라 다르지만 대부분의 약들이 약 40~60%의 평균 반응율(average response rate)을 보인다. 특히 항암제의 경우에는 개인간 차이가 매우 크고 약물에 반응하는 정도도 약 20% 내외로 매우 낮은 수치를 보이고 있다(그림 22-1). 약물 반응에 대한 개인 간의 차이는 주로 유전적 요인에 의한 경우가 큰 부분을 차지하고 있으며 이러한 유전적 차이에 기인된 약물 반응성을 연구하는 학문이 약물유전(체)학이다. 따라서 약물유전(체)학은 각 개인의 유전적 변이와 약물 반응성 간의 상관성을 이해하는 학문이다. 예를 들면, 어떤 약은 특정 환자 그룹에서 효과를 보이지만 다른 환자 그룹에서는 전혀 효능을 보이지 않을 수 있다. 따라서 약물 반응성에 대한 유전 변이 정보는 특정 약물에 대한 부작용을 보이는 환자를 식별하거나 특수한 치료에 더 잘 반응하는 환자를 구분하는 기술 개발로 이어질 수 있다. 또한 약물 치료에 대한 환자 반응에 대한 유전 연구는 약 개발자들이 보다 더 효과적으로 치료할 수 있는 방법을 찾는데도 기여할 것이다.

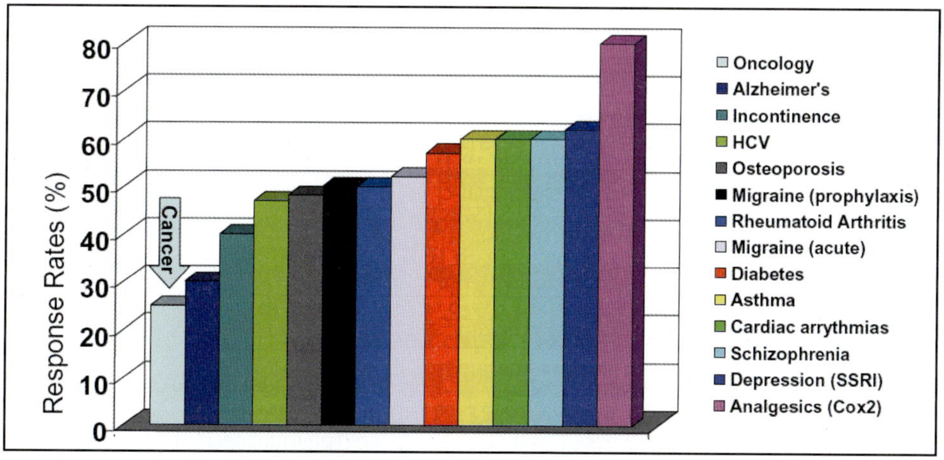

그림 22-1. 질병별 약물의 평균 반응율

과거에는 약물 반응에 대한 효과 및 안전성 판별은 성별, 나이 및 인종에 따라 어떤 반응을 보이는가와 같이 집단별 약물 반응성에 초점을 맞추어 약물이 개발되었다. 그러나 현재는 개인의 유전적 차이에 근거하여 개별 약물의 반응성을 예측하고 처방하는 개인 맞춤약의 관점으로 바뀌어 가고 있다(그림 22-2). 개인별로 약물에 대한 반응성의 차이를 유발하는 유전적 요인을 연구하는 약물유전체 연구는 우리에게 많은 혜택을 가져다 줄 것이다. 예를 들면, 분자 진단 기술을 이용하여 보다 우수하고 안전한 약물을 선택할 수 있으며 가장 적합한 용량을 결정하고 약물의 개발과 승인 과정을 개선하여 전체 의료 비용을 절감할 수 있을 것이다.

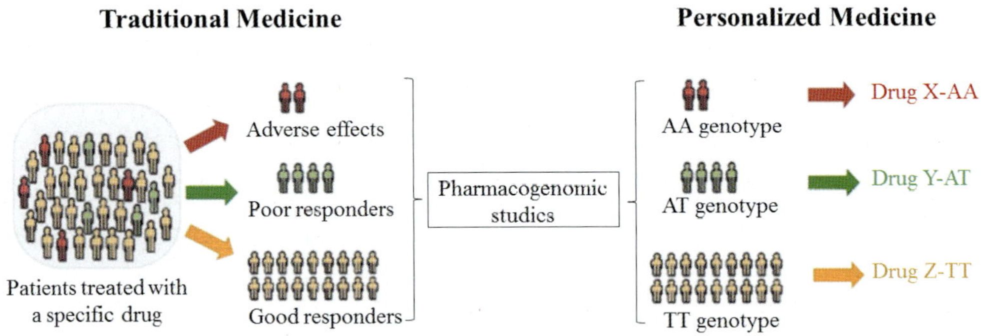

그림 22-2. **약물 유전체 연구를 통한 맞춤의학의 실현**

2. 약물 유전체 연구 방법

약물 반응성을 결정하는 것은 약물의 종류에 따라 소수의 유전자에서부터 다수의 유전자가 영향을 미치는 표현 형질이다. 또한 나이, 성별, 신체적인 특성과 같은 환경적인 요인들도 함께 고려되어야 한다. 약물 반응성을 연구할 때 약물 대사 및 약물 반응에 대한 유전적 차이를 연구하는 것을 약물 유전학(pharmacogenetics)이라고 하며 약물 반응성을 결정하는 다수의 유전자 전체를 연구하는 것을 약물 유전체학(Pharmacogenomics)이라고 한다. 그러나 많은 경우에 약물 유전학과 약물 유전체학은 거의 같은 의미로 사용되고 있다.

약물 유전체 연구는 약물의 효능과 독성 등에 영향을 미치는 유전 변이(DNA 또는 RNA의 변이)를 규명하기 위하여 후보 유전자 또는 전체 유전체 부위에 대하여 유전 변이를 분석하게 된다. 약물 반응성에 대한 유전체 연구도 질병을 대상으로 하는 유전 연관성 연구와 동일한 방법으로 진행되며 다음과 같이 간략히 요약할 수 있다.

- 연구하고자 하는 약물과 약물 반응 선정: 약물 임상 정보 수집
- 환자나 가족의 DNA 수집: 환자의 유전체 시료 수집
- 약물 반응성을 결정하는 유전자 발굴: 유전 연관성 연구 (후보유전자 또는 전장 유전체 분석)
- 약물 반응을 결정하는 후보 유전자의 원인 유전변이형 규명
- 약물 반응을 결정하는 유전자의 변이형과 표현형 간의 생물학적 작용 기전 규명

약물 반응성을 결정하는 유전자 발굴 방법으로는 후보 유전자 연구 또는 전장유전체연관성연구(GWAS) 방법을 주로 사용하고 있다(그림 22-3). 만약 약물 반응성에 관련된 특정 표현형의 빈도가 일정 수준 이상으로 분포하고 있으면 이는 집단내 약물 반응성에 관련된 빈도(시료의 개수)가 충분하기 때문에 전장유전체연관성 분석 방법을 사용하여 원인 유전자 및 원인 유전변이형 발굴이 가능하다. 그러나 심각한 약물 부작용과 같은 경우에는 발생 빈도가 낮고 유전적 원인이 되는 유전변이형의 빈도가 매우 낮아서 많은 시료를 이용하는 전장유전체연관성연구는 적합하지 않다. 이러한 경우에는 약물 대사 경로를 바탕으로 특정 후보 유전자의 유전변이형을 탐색하거나 whole exome sequencing과 같은 방법을 활용하는 것이 바람직하다. 지금까지 아주 많은 유전자들이 후보 유전자 연구와 전장유전체연관성연구에 의해서 약물 반응성에 관련되었음이 규명되었다(표 22-1). 그리고 항암제 약물의 경우에는 주로 암세포 특이적으로 암의 발생을 촉진하는 체세포 돌연변이형에 작용해서 억제하는 기능을 가지고 있다. 이러한 경우에는 약물이 작용하는 체세포 돌연변이형 정보 분석을 수행하여 적합한 표적 항암제를 사용하면 된다. 그러나 일부 항암제는 암세포에 작용함과 동시에 정상 세포에서도 작용하여 다양한 종류의 부작용을 유발한다. 이러한 경우에는 정상조직 세포가 가진 항암제 반응성 유전변이형도 함께 분석해야 한다(표 22-2). 약물도 외부에서 주입되는 외부항원으로 개인의 항원 전달 유전자(HLA genes)의 유전적 변이형의 종류에 따라 특정 약물에 대해서 아주 심각한 면역 거부반응을 유발한다. 심각한 약물 부작용과 HLA 유전자 간의 연관성에 대한 연구가 많이 이루어져 있다(표 22-3). 어떤 약물은 특정 집단에서 약물 거부반응을 유발하는 HLA 원인 대립유전자형 빈도가 높아서 약물을 투여하기 전에 유전자 검사를

해야 한다. 지금까지 많은 종류의 약물에 대하여 개체 간의 유전적 요인에 의하여 발생하는 다양한 종류의 약물 유전 정보가 축적되었다. 이러한 개인별 유전적 차이에 기인된 약물 반응성에 대한 정보는 개인별 맞춤의약의 개발로 연결되어 실제 약물 사용시 매우 유용하게 활용될 것이다.

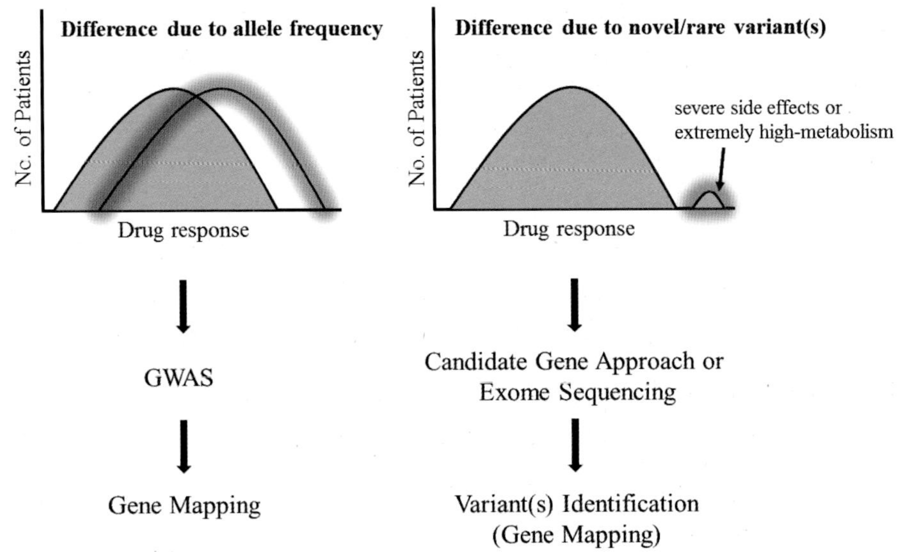

그림 22-3. **약물 유전체 연구 방법: 후보유전자 연구 vs. 전장 유전체 연관성 연구**

표 22-1. 후보 유전자 연구와 전장유전체연관성연구로 발굴된 약물 반응성 유전자들

Group	Drug	Phenotype (drug response)	Causal gene(s)
Candidate gene study	Azathioprine	Bone-marrow suppression	TPMT
	Irinotecan	Neutropenia	UGT1A1*28
	Abacavir	Hypersensitivity reactions	HLA-B*5701
	Anti-depressant drugs	Adverse reactions	CYP2D6
	Clopidogrel	Drug response	CYP2C19
	Tamoxifen	Drug response	CYP2D6
Genome-wide association study (GWAS)	Ximelagatran, Flucloxacillin, Lumiracoxib, Amoxicillin-clavulanate	Drug-induced liver injury (DILI)	HLA class I and II variants
	Carbamazepine	Hypersensitivity reaction	HLA-B*1502, HLA-B*3101
	Simvastatin	Myotoxicity	SLCO1B1
	Clopidogrel	Lack of efficacy	CYP2C19
	Peginterferon-α	Treatment Efficacy	IL28B
	Warfarin, Acenocoumarol, Phenprocoumon	Drug response	VKORC1, CYP2C9, CYP4F2
	Metformin	Drug response	ATM
	Tamoxifen	Drug response	C10orf11
	Methotrexate	Drug response	SLCO1B1

Abbreviations: ATM, ataxia telangiectasia mutated; CYP, cytochrome P450; HLA, human leukocyte antigen. 출처: Daly AK. (2010). Nat Rev Genet 11:241-246 & Meyer UA et al. (2013). Annu Rev Pharmacol Toxicol 11:475-502.

표 22-2. 항암제 치료 효과에 영향을 미치는 정상조직 및 암조직의 항암 치료 반응성 유전자

Germline	Somatic	Drugs	Effect
TPMT	-	Mercaptopurine, thioguanine	Neutropenia risk
UGT1A1	-	Irinotecan, nilotimin	Neutropenia risk; underdosing risk
G6PD	-	Rasburicase	Anemia
CYP2D6	-	Codeine, oxycodone; tamoxifen	Altered pain control; altered drug dose
-	**JAK2**	Ruxolitinib	Altered drug activity
-	**EGFR**	Cetuximab, Erlotinib, Gefitinib, Panitumumab	Altered drug activity
-	**KRAS**	Cetuximab, Panitumumab	Lack of drug activity
-	**ABL**	Imatinib, dasatinib, nilotinib	Altered drug activity
-	**KIT**	Imatinib	Altered drug activity
-	**HER2**	Lapatinib, Trastuzumab	Enhanced drug activity
-	**BRAF**	Vemurafenib	Enhanced drug activity
-	**ALK**	Crizotinib	Altered drug activity

출처: McLeod HL. (2013). Science 339:1563-1566.

표 22-3. 심각한 약물 부작용 반응과 HLA 유전자 간의 연관성

Drug	HLA allele	Severe ADR	Ethnicity	OR
Abacavir	HLA-B*5701	HSS	Western Australian	117
Allopurinol	HLA-B*5801	SCAR	Han Chinese	580
		SJS/TEN	Japanese	41
		SJS/TEN	European	80
Aminopenicillin	HLA-A2	DHS	Italian	7
	HLA-DRW52	DHS	Italian	9
Amoxicillin-clavulanate	HLA-A*0201	DILI	Caucasian	2.3
	DRB1*1501-DQB1*0602	DILI		2.8
Aspirin	HLA-DRB1*1302-DQB1*0609	Urticaria	Korean	4
Carbamazepine	HLA-B*1502	SJS/TEN	Han Chinese	2504
	HLA-A*3101	MPE	Han Chinese	17
		SCAR	Japanese	11
		cADR	Northern European	9
Clozapine	HLA-DRB5*0201	Agranulocytosis	Caucasian	22
Flucloxacillin	HLA-B*5701	DILI	Caucasian	81
Lamotrigine	HLA-B*3801	SJS/TEN	European	32
Lumiracoxib*	HLA-DRB1*1501-DQB1*0602-DRB5*0101	DILI	Multiple populations	5
Methazolamide	HLA-B*5901	SJS/TEN	Korean	250
Nevirapine	HLA-Cw8-B14	DHS	Italian Sardinian	15
	HLA-Cw8	DHS	Japanese	6.2
	HLA-B*3505	DHS	Thai	49
	HLA-DRB1*0101	DHS	Western Australian	18
Oxicams	HLA-B*7301	SJS/TEN	European	152
Phenytoin	HLA-B*1502	SJS/TEN	Thai	36
Sulfomethoxazole	HLA-B*3802	SJS/TEN	European	76
Ximelagatran*	HLA-DRB1*0701	DILI	Northern European	4

cADR, cutaneous adverse drug reaction; DHS, delayed-type hypersensitivity reaction; DILI, drug-induced liver injury; HSS, hypersensitivity syndrome; SCAR, severe cutaneous adverse drug reaction; SJS, Stevens-Johnson syndrome; TEN, toxic epidermal necrolysis NA, not available; OR, odds ratio. *Withdrawn from the markets.

출처: Wei CY et al. (2012). Hum Mol Genet 21:R58-R65.

3. 약물 반응성에 대한 인종간 차이

약물 반응성에 대한 인종간 차이는 아주 오래전부터 잘 알려진 사실이다. 또한 많은 약물들에 대하여 인종 집단에 따른 약물 반응성 차이가 보고되어 있다. 그러나 인종 집단 간의 약물 반응성 차이는 대부분 인종 집단 간에 약물 반응성 차이를 유발하는 원인 유전변이형의 빈도(frequency) 차이에 기인된 것으로 밝혀지고 있다. 예를 들면, angiotensin-converting enzyme (ACE) inhibitor 약물을 투여하면 혈압이 감소하게 되는데 감소하는 반응의 정도가 인종 집단 간에 차이를 보이고 있다. 특히 아프리카 사람들은 백인에 비하여 ACE inhibitor나 beta-blocker에 의한 혈압의 감소 능력이 낮게 나타나고 있다(그림 22-4).

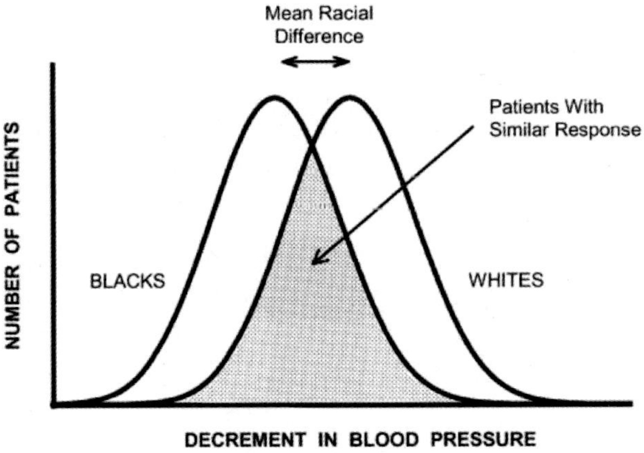

그림 22-4. **Angiotensin-converting enzyme (ACE) inhibitor에 의한 혈압 반응의 인종간 차이.**
출처: Sehgal AR. (2004). Hypertension 43:566-572.

또 다른 인종 간의 차이를 보이는 대표적인 약물의 예가 폐암 치료제인 Iressa(=Gefitinib)이다. Iressa는 epidermal growth factor receptor (EGFR)의 kinase 활성을 저해하는 약인데 서양인에서는 10%만 효과를 보이고 아시아인(일본인, 중국인, 한국인)에서는 30%가 효과를 나타내고 있다. 그런데 이러한 인종 간의 차이는 서양인 폐암 환자의 10%에서 EGFR 유전자의 체세포 돌연변이(somatic mutation)가 발견되지만 아시아인 폐암 환자에서는 30%에서 체세포 돌연변이가 관측되었다(Johnson BE and Janne PA, 2005). 다시 말하면, 폐암 환자에서 인종간 EGFR 유전자의 체세포 돌연변이 발생율의 차이가 Iressa 약물에 대한 인종간 반응의 차이에 대한 유전적 원인으로 작용한 것이다. 또한 EGFR 유전자의 체세포 돌연변이를 보인 환자의 80%에서 Iressa 약이 효과를 보였으나 돌연변이가 관측되지 않은 폐암 환자에서는 10%만이 Iressa 약물에 효과를 보였다. 이러한 인종 집단간 Iressa 약물에 대한 반응의 차이는 인종 집단 간에 발생하는 돌연변이율의 차이에 기인됨을 확인할 수 있다.

4. 약물 유전체학의 임상 적용

지금까지 약물 유전체 연구에 의하여 많은 종류의 약물 반응성에 관련된 유전적 바이오마커들이 발굴되었다. 특히 효과가 우수한 약물 반응성 바이오마커들은 실제 임상에 활용되고 있다(표 22-4). 항혈액응고제인 와파린(warfarin; 상품명 Coumadin)은 약물의 용량을 개선하기 위한 약물유전체학의 임상 적용의 좋은 예가 된다. 와파린은 개인 간의 반응성 차이가 커서 개별 환자에게 사용할 때는 아주 주의하여 적정 용량을 사용해야 한다. 과다 용량이나 부적정 용량은 심각한 출혈을 유발할 수 있다. 와파린 약물 대사에 관여하는 유전자로는 vitamin K epoxide reductase (VKORC1)와 cytochrome P450 2C9 (CYP2C9)이 있으며 이 유전자의 유전변이형들이 환자의 약물 반응성 차이를 결정한다(Gage BF and Lesko LJ, 2007). 특히 CYP2C9*2, CYP2C9*3, 또는 VKORC1 -1639A 유전형을 가지고 있는 환자들은 보다 적은 양의 와파린을 투여해야 하는 것으로 알려져 있다. 그리고 와파린에 관련된 유전자형 정보와 임상적 요인들이 서양인과 아시아인에서는 와파린 정량을 결정하는 것의 약 50~60%를 설명할 수 있으나 아프리카인에서는 25~40%만이 설명 가능하다. 이러한 인종간 차이는 인종간 원인 유전형의 빈도 차이 또는 비유전적 요인 때문인 것으로 알려져 있다(Cavallari LH and Limdi NA, 2009). 또 다른 예는 마취제인 코데인(codeine)이다. 코데인(codeine)을 몰핀(morphine)으로 전환해 주는 효소인 cytochrome P450 2D6 (CYP2D6) 유전자는 사람에 따라 다양한 수의 유전자를 가지고 있는데 많은 수의 유전자를 가지고 있는 경우에는 코데인 대사를 촉진하게 된다. 따라서 이러한 유전형을 가지고 있는 사람이 어린 아기에게 모유를 주는 경우에는 수유를 받는 유아는 몰핀 과다 위험에 노출되기 때문에 각별한 주의가 요구된다(Koren G et al, 2007). 이 외에도 HLA 유전자 중에서 HLA-B*1502 유전자형을 가지고 있는 사람은 항경련제(antiepileptic drug)인 carbamazepine을 투약한 경우에 Stevens-Johnson syndrome과 toxic epidermal necrolysis라는 매우 위험하고 심각한 피부 반응을 유발하게 된다(Chung WH, 2004). 그리고 HLA-B*1502 유전자형은 아시아 전역에 걸쳐 존재함으로 의

사는 carbamazepine을 처방하기 전에 위험 인종 집단에서는 꼭 HLA-B*1502 유전자형 검사를 해야 한다. 위에서 언급된 와파린, 코데인, carbamazepine에 대한 유전형 조사를 위한 검사법이 개발되어 상업적으로 이용되고 있으며, 그 외에도 다양한 종류의 약물에 대한 유전 검사 기법이 개발되어 실제 임상에서 사용되고 있다(표 22-5).

표 22-4. 임상활용 약물 반응성 바이오마커들

Genetic biomarkers	Drug(s)	Indication	Drug-response phenotype
BCR-ABL	Imatinib; Dasatinib; Nilotinib	CML	Efficacy
BRAF	Vemurafenib	Melanoma	Efficacy
CCR5 (tropism)	Maraviroc	HIV-1	Efficacy
CYP2C9, VKORC1	Warfarin	Thrombosis	Efficacy,Adverse reactions
CYP2C19	Clopidogrel	Antiplatelet therapy	Efficacy
CYP2D6	Codeine	Pain	Efficacy, Adverse reactions
EGFR	Cetuximab; Erlotinib; Gefitinib; Panitumumab	CRC; NSCLC; NSCLC; CRC	Efficacy
EML4-ALK	Crizotinib	NSCLC	Efficacy
ER	Fulvestrant; Tamoxifen	Breast cancer	Efficacy
ER & PR	Exemestane; Letrozole	Breast cancer	Efficacy
G6PD	Nitrofurantoin; Rasburicase	Urinary infection; Hyperuricemia	Hemolysis
HER2/ErbB2	Trastuzumab; Lapatinib	Breast cancer	Efficacy
HLA-B*5701	Abacavir	HIV-1 infection	Hypersensitivity reaction
HLA-B*1502	Carbamazepine	Epilepsy, bipolar disorder, neuralgias	Hypersensitivity reaction in some Asian populations
HLA-B*3101	Carbamazepine	Epilepsy, bipolar disorder, neuralgias	Hypersensitivity reaction in Europeans, Japanese
IL28B	Peginterferon-α	HCV infection	Efficacy
KIT (C-KIT)	Imatinib	GIST	Efficacy
KRAS	Cetuximab; Panitumumab	CRC	Efficacy
SLCO1B1	Simvastatin	High cholesterol	Myotoxicity
TPMT	Mercaptopurin; Thioguanine	ALL, AML, IBD	Myelotoxicity
UGT1A1	Irinotecan	CRC	Neutropenia

Abbreviations: ALL, acute lymphoblastic leukemia; AML, acute myeloid leukemia; CML, chronic myeloid leukemia; CRC, colorectal cancer; CYP, cytochrome P450; EGFR, epidermal growth factor receptor; GIST, gastrointestinal stromal tumor; HCV, hepatitis C virus; HIV-1, human immunodeficiency virus type 1; HLA, human leukocyte antigen; IBD, inflammatory bowel diseases; NSCLC, non-small-cell lung carcinoma.

출처: Meyer UA et al. (2013). Annu Rev Pharmacol Toxicol 11:475-502.

표 22-5. 임상에서 약물 유전체 검사가 필요한 약물

Drug name	Pharmacogenetic test	Test name
Abacavir	HLA-B*5701	HLA-B5701 test
5-FU	DPYD	TheraGuide 5-FU
Irinotecan	UGR1A1*28	Invader UGT1A1 molecular assay
Azathioprine & 6-mercaptopurine	TPMT	Prometheus TPMT Genetics
Warfarin	CYP2C9 & VKORC1	Cytochrome P450 2C9 & VKORC1 warfarin genotyping
Tamoxifen	CYP2D6	Tamoxifen response
Carbamazepine & Phenytoin	HLA-B*1502	HLA-B*1502 carbamazepine sensitivity
Clozapine	HLA-DQB1	Clozapine
Trastuzumab	HER2	PathVysion HER2 DNA probe kit
Dasatinib & Imatinib	BCR-ABL	BCR-ABL quantitation in CML; BCR-ABL mutations in CML
Tetrabenazine & Codeine	CYP2D6	AmpliChip CYP450 test

출처: Flockhart DA et al. (2009). Clin Pharmacol & Ther 86:109-113.

약물유전체 연구는 보다 효과적인 치료 환자군을 선별(targeted therapy)하는데도 유용하게 사용되고 있다. 항암제의 전임상 및 임상 연구 단계에서 유전체 분석 기술을 접목하여 새로운 약물의 개발에 상당한 진전을 이루고 있다. 특히 targeted therapy는 정상 세포와 암 세포 특이적인 단백질을 타겟으로 하는데 암 세포만을 타겟하는 약물은 정상 세포에게는 독성을 줄이게 된다. 일부의 targeted therapy의 경우에는 약물의 개발과

더불어 치료에 반응하는 암을 식별하는 진단용 유전 검사 기술도 함께 개발되어 사용되고 있다. 몇 가지 예를 들어보면 다음과 같은 것들이 있다.

- 다양한 암에서 bcr-abl tyrosine kinase를 타겟으로 하는 Imatinib (=Gleevec)
- 두경부암과 대장암에서 epidermal growth factor receptor (EGFR)를 타겟으로 하는 Cetuximab (=Erbitux)
- 유방암에서 Her2 수용체의 변이형을 타겟으로 하는 Trastuzumab (=Herceptin)

그리고 약물유전체 정보는 바이러스에서 약물 저항성을 검색하는데도 이용되고 있다. 예를 들면, HIV 유전체는 일정한 속도로 아주 빠르게 진화하고 있다. 따라서 항바이러스 약물을 타겟으로 하는 바이러스 단백질의 유전 변화는 항바이러스 제제나 백신에 대하여 저항성을 띠게 된다. HIV 환자에서 바이러스가 특정 약물에 대하여 저항성을 띠게 되면 다른 조합의 약물 치료를 받게 된다. 그래서 현재 미국 FDA가 승인한 TRUGENE HIV-1 Genotyping Kit이라는 제품이 시판되고 있는데, 이 진단 kit은 HIV 바이러스의 protcase와 reverse transcriptase 유전자 부위의 다양한 약물 저항성 유선변이를 검색하는데 사용되고 있다. 만약 위의 두 유전자 부위에서 유전변이형이 발견되면 의사는 치료 방법을 달리할 수 있게 된다.

미국 FDA에 따르면 승인된 약물의 약 10% 이상에 대하여 약물 반응성 검사용 약물유전체 바이오마커 정보가 있다고 한다. 약물 반응성에 대한 유전체 바이오마커는 독성과 부작용을 제거하면서 최적의 효과와 안전성을 보이는 약물의 용량을 찾아 약물의 반응성을 가진 사람과 가지지 않은 사람을 구분하게 된다. 현재 미국 FDA에서는 FDA에서 승인된 약물 중에서 약물 사용에 관련된 유전체 바이오마커 정보를 정규적으로 업데이트해서 제공하고 있다(Table of Valid Genomic Biomarkers in the Context of Approved Drug Labels : /www.fda.gov/Drugs/ScienceResearch/ResearchAreas/Pharmacogenetics/ucm083378.htm). 약물반응성에 대한 유전적 바이오마커에 대한 database로는 미국 FDA에서 제공하는 것과 PharmaGKB database가 가장 대표적인 것이다(그림 22-5). 미국 FDA 약물 database는 시판되는 총 140개 약물에 대한 약물유전체 바이오마커 정보를 제공하고 있다. 지금까지 연구된 방대한 약물 유전체 연구에 대한 종합적인 data는 PharmGKB database를 활용하면 유용한 정보를 아주 상세히 얻을 수 있다. 최근에는 임상적으로 중요한 약물 반응성 예측을 위한 다양한 앱 또는 응용 프로그램들도 개발되어 임상의사 또는 일반인도 쉽게 개인의 약물 반응성 정보에 접근할 수 있는 방식으로 발전해 가고 있는 상황이다.

FDA-approved drugs with Pharmacogenomic Information in their labels (140 Drugs)

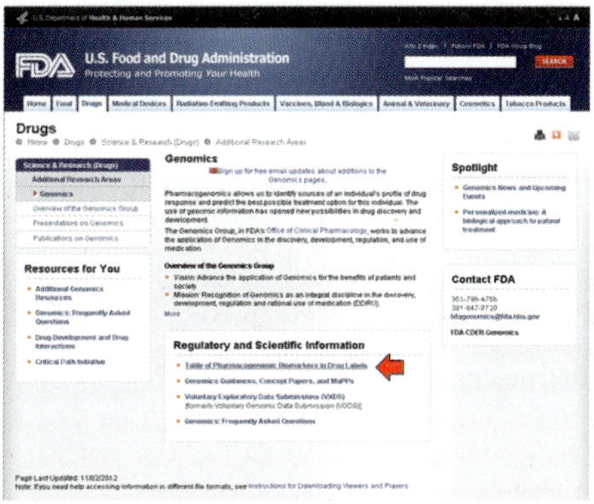

http://www.fda.gov/Drugs/ScienceResearch/ResearchAreas/Pharmacogenetics/default.htm

PharmGKB database

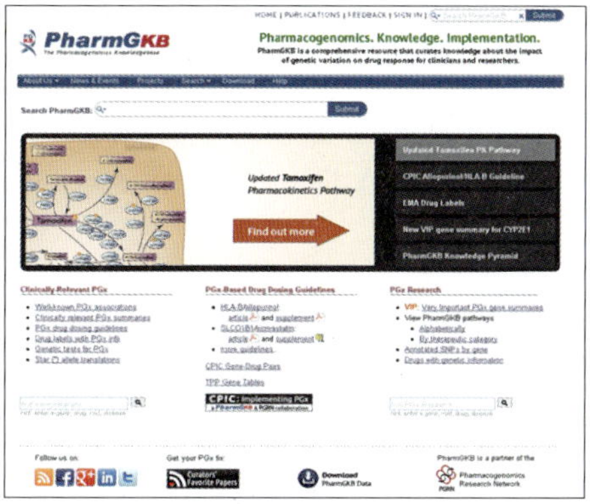

http://www.pharmgkb.org/

그림 22-5. **약물 유전체 database**

■ 참고문헌

- Cavallari LH and Limdi NA. (2009). Warfarin pharmacogenomics. Curr Opin Mol Ther 11:243-251
- Chung WH et al. (2004). Medical genetics: a marker for Stevens-Johnson syndrome. Nature 428:486
- Daly AK. (2010). Genome-wide association studies in pharmacogenomics. Nat Rev Genet 11:241-246
- Flockhart DA et al. (2009). Clinically available pharmacogenomics tests. Clin Pharmacol & Ther 86:109-113
- Gage BF and Lesko LJ. (2007). Pharmacogenetics of warfarin: regulatory, scientific, and clinical issues. J Thromb Thrombolysis 25:45-51
- Johnson BE and Jänne PA. (2005). Epidermal growth factor receptor mutations in patients with non-small cell lung cancer. Cancer Res 65:7525-7529
- Koren G et al. (2007). Pharmacogenetics of morphine poisoning in a breastfed neonate of a codeine-prescribed mother. Lancet 368:704
- McLeod HL. (2013). Cancer pharmacogenomics: early promise, but concerted effort needed. Science 339:1563-1566
- Meyer UA et al. (2013). Omics and drug response. Annu Rev Pharmacol Toxicol 11:475-502
- Sehgal AR. (2004). Overlap between whites and blacks in response to antihypertensive drugs. Hypertension 43:566-572

- Table of Valid Genomic Biomarkers in the Context of Approved Drug Labels, available at : /www.fda.gov/Drugs/ScienceResearch/ResearchAreas/Pharmacogenetics/ucm083378.htm, Accessed on January, 2015

- Wei CY et al. (2012). Pharmacogenomics of adverse drug reactions: implementing personalized medicine. Hum Mol Genet 21:R58-R65

- Werner Kalow. Chapter 55. Pharmacogenetics, Excogenetics, and Pharmacogenomics. In "The Genetic Basis of Common Diseases". Edited by RA King, JI Rotter and AG Motulsky (2nd edition). 2002. Oxford University Press

제 23장 개체식별용 유전검사법

1. 개체식별용 유전검사의 발전 과정

개체식별 유전검사는 매우 다양하게 이용될 수 있다. 예를 들면, 범인 식별용 유전검사, 친자 검사, 전사자 식별, 재난이나 테러시 개인식별용 유전검사, 그리고 가계도를 확인하고 조상의 기원을 추적하는데도 사용되고 있다. 우선 개체식별용 유전검사의 역사를 간략히 살펴보고자 한다(표 23-1). 초기에는 단순한 ABO blood group 마커나 혈액 단백질 마커 정도가 발굴되었으나 다양한 개체를 식별할 수 없어 거의 사용되지 못했다. 그러나 DNA 구조가 밝혀지고 DNA 염기서열을 인식할 수 있는 제한효소가 발견되면서 유전자 염기서열의 차이를 구별할 수 있는 Souther blotting 기술을 이용한 RFLP 방법 등이 개발되어 개체 식별에 사용되기 시작했다. 그리고 인간 유전체에 존재하는 다양한 종류의 염기서열 변이형 마커가 발굴되었으며 대표적인 것으로 VNTR의 형태로 존재하는 STR (short tandem repeat) 마커가 발굴되어 개체식별용 마커로 사용되었다. 특히 STR 마커는 인간 집단에서 다양한 종류의 대립 유전자형을 가지고 있어 개체 식별 능력이 매우 높아 지금도 많이 이용되고 있는 개체식별용 DNA 마커이다.

표 23-1. 개체식별용 유전검사 발전의 역사

년도	개체식별용 유전검사의 발전내용
1900:	ABO blood groups
1950's:	Red blood cell enzymes & serum proteins
1970:	Type II restriction enzymes
1975:	Southern blotting
1980:	VNTRs
1983:	PCR
1984:	Multilocus probes
1985:	First RFLP DNA Case
1986:	First PCR Case
1987:	Automated Sequencer
1988:	DNA working groups; FBI begins DNA Casework
1990's:	STRs & mtDNA Offender DNA Databases
1997:	Y STRs
2004:	Real-time PCR DNA quantification

출처: Budowle B and van Daal A. (2008). BioTechniques 44:603-610.

2. STR 마커를 이용한 개체 식별 기술

개체식별용 DNA 마커로는 식별력이 매우 높은 STR 마커가 주로 사용되고 있다. STR 마커는 5 bp 이하의 DNA 염기서열이 반복적으로 배열되어 있고 이배체의 유전체를 가지고 있는 한 사람에서는 2 개의 변이형 조합을 가지고 있으나 전체 인간 집단에서는 매우 다양한 대립 유전자형을 가지고 있어 개체 식별에 매우 유용하게 사용될 수 있다(그림 21-1). STR 마커를 이용한 개체식별용 DNA 분석기술은 상업용 제품으로 출시되어 전 세계에서 사용되고 있다. 현재 Promega회사에서 출시한 PowerPlex 16과 ABI 회사에서 출시한 Identifiler라는 제품이 가장 많이 사용되고 있다(표 23-2).

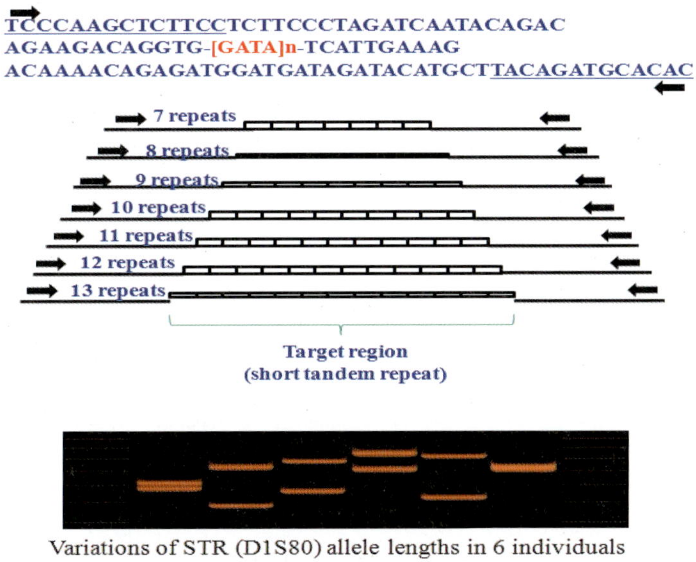

그림 23-1. **개체식별용 STR DNA 마커**

STR 마커를 이용하여 개체식별용으로 사용되고 있는 PowerPlex와 Identifiler 제품은 모두 15 개의 autosomal STR 마커와 1 개의 성별 판정용 DNA 마커로 총 16 개의 DNA 마커 세트로 구성되어 있다(표 23-2). 특히 성별 판정용으로 사용되는 1 개의 DNA 마커는 X 염색체와 Y 염색체에 존재하는 Amelogenin 유전자의 염기서열에서 AMELX에는 존재하지 않지만 AMELY유전자의 intron 1에 삽입된 6-bp 염기서열의 차이를 이용하여 성별을 식별한다.

표 23-2. **STR 마커를 이용한 개체식별용 DNA kit의 구성 및 식별력**

Kit (company)	STR loci included	Power of discrimination
PowerPlex 16 (Promega)	CSF1PO, FGA, TH01, TPOX, VWA, D3S1358, D5S818, D7S820, D8S1179, D13S317, D16S539, D18S51, D21S11, Penta D, Penta E, Amelogenin	1 in 3.4×10^{17}
Identifiler (ABI)	CSF1PO, FGA, TH01, TPOX, VWA, D3S1358, D5S818, D7S820, D8S1179, D13S317, D16S539, D18S51, D21S11, D2S1338, D19S433, Amelogenin	1 in 2.5×10^{17}

출처: John Butler. (2007). "Genetic variation- a laboratory manual". pp439.

한편 PowerPlex 16 제품과 Identifiler 제품에 공통적으로 사용하는 STR 마커는 표 23-3에 제시하였다. 그리고 개체식별에 사용되는 공통된 15 개의 STR 마커에 대한 한국인 집단의 유전자 빈도 정보도 보고되어 있다(Hong SB et al, 2006).

표 23-3. **개체식별용 상염색체 STR 마커의 특성**

STR marker	Chr. location	Repeat motif	Allele range	PCR product size	Random match probability
SF1PO	5q33.1	TAGA	6-15	305-342 bp	0.112
FGA	4q31.3	CTTT	17-51.2	215-355 bp	0.036
TH01	11p15.5	TCAT	4-13.3	163-202 bp	0.081
TPOX	2p25.3	GAAT	6-13	222-250 bp	0.195
VWA	12p13.31	[TCTG][TCTA]	11-24	155-207 bp	0.062
D3S1358	3p21.31	[TCTG][TCTA]	12-19	112-140 bp	0.075
D5S818	5q23.2	AGAT	7-16	134-172 bp	0.158
D7S820	7q21.11	GATA	6-15	255-291 bp	0.065
D8S1179	8q24.13	[TCTA][TCTG]	8-19	123-170 bp	0.067
D13S317	13q31.1	TATC	8-15	217-245 bp	0.085
D16S539	16q24.1	GATA	5-15	252-292 bp	0.089

STR marker	Chr. location	Repeat motif	Allele range	PCR product size	Random match probability
D18S51	18q21.33	AGAA	7-27	262-345 bp	0.028
D21S11	21q21.1	[TCTA][TCTG]	24-38	185-239 bp	0.039
D2S1338	2q35	[TGCC][TTCC]	15-28	307-359 bp	0.027
D19S433	19q12	AAGG	9-17.2	102-135 bp	0.087
Penta D	21q22.3	AAAGA	2.2-17	376-449 bp	0.059
Penta E	15q26.2	AAAGA	5-24	379-474 bp	0.030
Amelogenin	Xp22.22	not applicable		X= 107 bp	
(sex-typing)	Yp11.2			Y= 113 bp	

출처: John Butler. (2007). "Genetic variation- a laboratory manual". pp439.

3. SNP 마커를 이용한 개체 식별 기술

기존에는 개체식별용 마커로 식별능력이 우수한 STR 마커가 주로 이용되었다. 그러나 최근에는 SNP 마커를 이용한 개체식별 기술이 개발되어 향후에 활용가치가 더욱 증대될 것으로 기대된다. 여기에서는 개체식별용으로 사용되고 있는 STR 마커와 SNP 마커의 장-단점을 비교해 보겠다. 지금 보편적으로 사용되고 있는 STR 마커는 한 유전좌위(locus)당 대립 유전자의 수가 집단 내에 다수가 있어 식별능력이 높아 많이 사용되고 있다. 그러나 STR 마커는 SNP 마커에 비교해 돌연변이율이 높고, 유전자형 조사방법이 복잡하고, 유전자형 분석을 위해 증폭해야 하는 유전자 부위가 상대적으로 크고, 다수의 마커를 동시에 genotyping하기 어려운 단점을 가지고 있다. 그래서 최근에는 STR 마커를 대체하기 위하여 SNP 마커를 이용한 개체식별 기술 개발이 활발히 추진되고 있다.

◆ SNP 마커의 장점 (STR 마커에 대한 비교):

- 낮은 돌연변이율: SNP (10^{-8}) vs. STR (10^{-3} ~ 10^{-5})
- 정확한 자동화 대립 유전자형 분석 가능
- 보다 작은 유전자 부위 증폭: 분해된 DNA 시료 분석에 적합
- 다수의 DNA 마커에 대하여 동시에 유전자형 분석(multiplexing)이 가능함

(1) SNP 마커를 이용한 성별 판별 기술

사람의 성별 판별은 X 염색체와 Y 염색체에 동시에 존재하는 유전자의 유전변이형 차이를 근거로 이루어진다. 가장 대표적으로는 Amelogenin 유전자와 ZF 유전자의 유전변이형을 이용한다(그림 23-2).

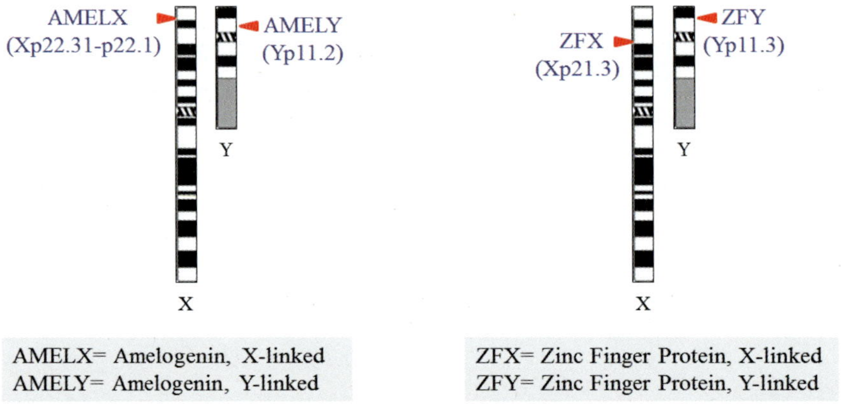

그림 23-2. **성별 판별에 사용되는 Amelogenin 유전자와 ZF 유전자의 염색체 위치**

전통적인 방법으로는 X 염색체와 Y 염색체에 동시에 존재하는 Amelogenin 유전자의 PCR 증폭 산물의 크기 차이를 이용하여 성별을 판별하는 방법이 개발되어 사용되기도 했다(Sasaki S and Shimokawa H, 1995) (그림 23-3).

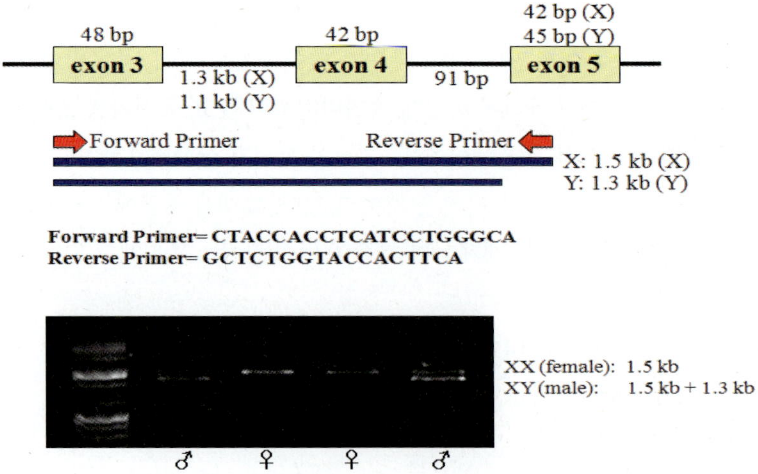

그림 23-3. **PCR 증폭에 의한 성별 판별 기술의 예.** 출처: Sasaki S and Shimokawa H. (1995). Int J Dev Biol 39:127-133.

그러나 최근에는 SNP 정보를 이용한 성별 판별 기술들이 개발되고 있다. 이 방법은 성염색체에 존재하는 2 개의 Amelogenin 또는 ZF 유전자에서 염기서열의 유사성이 매우 높은 부위를 선별하고 다수의 시료에서 염기서열을 분석하여 성별의 차이를 보이는 부위를 판별하여 성별 판별용 단일염기서열변이형 6 개(AMEL-1, AMEL-2, AMEL-3 & ZF-1, ZF-2, ZF-3)가 발굴되었다(Kim JJ et al, 2010) (그림 23-4).

```
a   AMELX    ACTGCTGCTTCTCTGGTTGGAGTCACCTGAGCCAATGGTAAACCTGCCTCTCTGTTTCTC
    AMELY    ACTGCTGCTTCTCTGGTTGGAGTCACGTGAGCCAATGGTAAACCTGCATCTCTGTTTCTC
             ************************* ********************* ************

    AMELX    ACCAGTACCCTTCCTATGGTTACGAGCCCATGGGTGGATGGCTGCACCACCAAATCATCC
    AMELY    ACCAGTACTCTTCCTATGGTTACGAGCCCATGGGTGGATGGCTGCACCACCAAATCATCC
             ********_***************************************************
                     AMEL-1
    AMELX    CCGTGCTGTCCCAACAGCACCCCCCGACTCACACCCTGCAGCCTCATCACCACATCCCAG
    AMELY    CCGTGGTGTCCCAACAGCACCCCCTGACTCACACCCTGCAGTCTCATCACCACATCCCAG
             *****_****************** ****************_******************
                  AMEL-2                                AMEL-3
    AMELX    TGGTGCCAGCTCAGCAGCCC
    AMELY    TGGTGCCAGCTCAGCAGCCC
             ********************

b   ZFX      ACCAACAAGAAGATAAGTTTACACAACCACCTGGAGAGCCACAAGCTGACCAGCAAGGCA
    ZFY      ACCAATAAGAAGATAAGTTTACATAACCACCTGGAGAGCCACAAGCTGACCAGCAAGGCA
             ***** ***************** ************************************

    ZFX      GAGAAGGCCATTGAATGCGATGAGTGTGGGAAGCATTTCTCTCATGCAGGGGCTTTGTTT
    ZFY      GAGAAGGCCATTGAATGTGATGAGTGTGGGAAGCATTTTTCTCATGCAGGGGCTTTGTTT
             ***************** ********************_*********************
                                                   ZF-1
    ZFX      ACTCACAAAATGGTGCATAAGGAAAAAGGAGCCAACAAAATGCACAAGTGTAAATTCTGT
    ZFY      ACTCACAAAATGGTGCATAAGGAAAAAGGGGCCAACAAAATGCACAAGTGTAAATTCTGT
             ***************************** ******************************

    ZFX      GAATACGAGACAGCTGAACAAGGGTTATTGAATCGCCACCTCTTGGCAGTCCACAGCAAG
    ZFY      GAATATGAGACAGCTGAACAGGGGTTATTGAATCGCCACCTCTTGGCAGTCCACAGCAAG
             *****_**************_***************************************
                  ZF-2          ZF-3
    ZFX      AACTTTCCTCATATTTGTGTGGAGTGTGGTAA
    ZFY      AACTTTCCTCATATTTGTGTGGAGTGTGGTAA
             ********************************
```

그림 23-4. **성별 결정용 단일염기서열 변이형 위치 정보.** 출처: Kim JJ et al. (2010). Int J Legal Med 124:125-131.

한편 Amelogenin 유전자와 ZF 유전자의 SNP 마커를 이용한 성별 결정용 SNP genotyping을 수행하게 되면 XX 염색체를 가진 여성은 모두 homozygote를 가지고 XY 염색체를 가지고 있는 남성은 모두 heterozygote의 유전자형을 가지게 된다(그림 23-5). 따라서 STR 마커 세트의 6-bp insertion 마커를 이용한 성별 결정보다 SNP 마커를 이용한 판별법이 보다 쉽게 이용 가능하다.

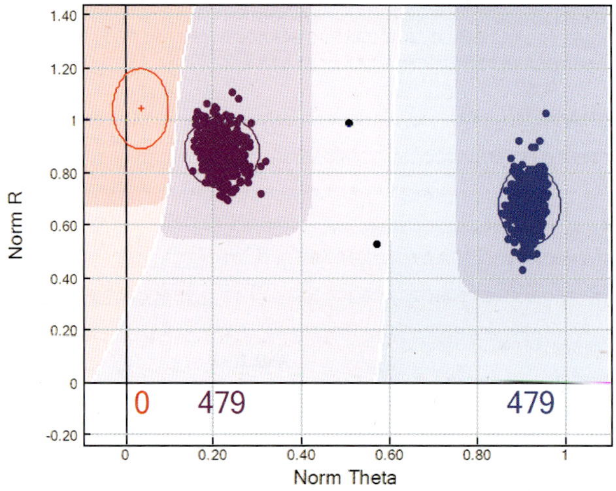

그림 23-5. **Amelogenin 유전자에 존재하는 단일염기서열 변이형 (AMEL-2) 정보를 이용한 성별 결정용 SNP genotyping 결과 이미지 (n= 960).** 여성=CC 유전형 & 남성=CG 유전자형을 가짐.

(2) SNP 마커를 이용한 개체 식별 기술

① 개체식별용 SNP 마커의 판별 능력 예측

개체식별 능력을 극대화하기 위해서는 사용하는 마커가 대립 유전자형의 숫자를 많이 가지고 있거나(STR 마커의 경우), 2 개의 대립 유전자형(biallelic)으로 구성된 SNP 마커와 같은 경우에는 3 개의 다른 유전자형의 빈도가 가장 잘 분산될 수 있는 대립 유전자형 빈도를 가진 마커를 사용하는 것이 바람직하다. 일반적으로 SNP 마커의 경우는 두 개의 다른 대립 유전자형 빈도가 각각 0.5 정도(이 경우에 heterozygosity는 50%로 최대값을 가짐)를 가지는 경우에 식별능력이 최대가 된다.

예를 들어 설명하면, 한 마커를 사용하여 집단을 식별할 경우의 일치할 확률(locus match probability)은 다음과 같이 계산된다.

Locus match probability (p= q= 0.5 인 경우)= $p^2 + 2pq + q^2 = (0.25)^2 + (0.5)^2 + (0.25)^2 = 0.375$

Overall match probability (여러 개의 SNP 마커를 사용하는 경우)= 사용하는 SNP 마커의 모든 locus match probability값을 곱하면 됨.

만약에 사용하는 모든 SNP 마커의 대립 유전자형 빈도가 각각 0.5라면 N 개의 SNP 마커를 사용한 경우의 overall match probability=~ $(0.375)^N$이 될 것이다.

위의 식을 이용하여 SNP 개수별로 식별 가능한 최대의 match probability를 계산해 보면 다음과 같다.

N= 10 SNPs,	$(0.375)^{10} = 0.000054993$	→	1 in 1.818×10^4
N= 20 SNPs,	$(0.375)^{20} = 0.000000003$	→	1 in 3.3065×10^8
N= 30 SNPs,	$(0.375)^{30} = 1.663 \times 10^{-13}$	→	1 in 6.0126×10^{12}
N= 40 SNPs,	$\mathbf{(0.375)^{40} = 9.146 \times 10^{-18}}$	**→**	**1 in $\mathbf{1.0933 \times 10^{17}}$**
N= 50 SNPs,	$(0.375)^{50} = 5.030 \times 10^{-22}$	→	1 in 1.9881×10^{21}

위의 결과를 STR 마커의 식별능력과 비교하기 위해 STR 마커의 식별능력에 대한 내용을 살펴보면 다음과 같다.

<Promega 회사의 PowerPlex 16의 경우>

- 일치할 확률(the combined power of identity, CPI)
  = (개별 마커의 일치할 확률의 합)= $\mathbf{8.04457 \times 10^{-18}}$

- 식별능력 (the combined power of discrimination, CPD)
  = 1 - CPI = **1 in $\mathbf{1.243074454 \times 10^{17}}$**

<ABI회사의 Identifiler의 경우>

- 일치할 확률(the combined power of identity, CPI)

  = (개별 마커의 일치할 확률의 합)= **$1.683983153 \times 10^{-17}$**

- 식별능력 (the combined power of discrimination, CPD)

  = 1 - CPI = **1 in $5.938301689 \times 10^{16}$**

두 제품 모두 매우 유사한 식별 능력을 보유하고 있다. 그런데 SNP 마커를 이용한 개체 식별 능력의 경우에는 만약 2 개의 대립 유전자형 빈도가 각각 0.5 정도인 SNP 마커 40 개 정도를 사용하면 기존 사용되고 있는 16 개의 STR 마커와 거의 동일한 식별능력을 가지게 된다. 따라서 약 40 개의 SNP 마커를 사용하면 기존 사용하고 있는 STR 마커를 이용한 개체식별 기술을 대체할 수 있을 것이다.

② 개체식별용 SNP 마커의 선별 기준

개체식별용 SNP 마커는 다음과 같은 기준을 충족하는 것이 바람직하다.

- 대립유전자형의 빈도 (minor allele frequency, MAF): > 0.45
- Heterozygosity (H): > 0.45
- Hardy-Weinberg Equilibrium (HWE) Test (*p*-value): > 0.1
- Genotype call rate: >0.999
- Physical distance between markers: >50 Mb (50 cM)
- Inclusion of sex-determining SNP markers (ie., SNPs in Amelogenin or ZF genes)

다시 설명하면, 가능하면 모든 인종 집단에서 매우 고도의 유전적 다형성을 보이고 (MAF >0.45) 집단 내 대립 유전자형의 분리가 정상적으로 이루어지며(*P*-value of HWE >0.1) 선별된 마커는 genotyping call rate가 높아야 한다. 그리고 유전마커 간의 거리는 임의의 조합으로 이루어질 수 있는 약 50 cM (또는 50 Mb) 이상 떨어진 거리를 가진 마커를 선별하고 성별 결정을 위한 SNP 마커도 추가되어야 한다. 이러한 조건을 모두 충족한다면 매우 좋은 개체식별용 SNP 마커 세트로 사용될 것이다.

③ SNP 마커를 이용한 개체식별 능력 검정

여러 인종 집단에서 공통적으로 고도의 다형성을 보이는 SNP 마커를 이용한 개체식별 기술 개발이 여러 차례 시도되었다. 특히 한국인 집단의 SNP 마커 정보를 이용한 개체식별 기술이 개발되어 있다. 예를 들면, 한국인 집단에서 고도로 다형성을 보이는 SNP 마커 30 개를 선정하여 실제 개체식별 능력을 검정해 본 결과에 의하면 선별된 30 개의 결합 평균 일치 확률(combined power of identity)은 1.77×10^{-13} 이며, 이는 결합 식별력(combined power of discrimination) 0.99999999999982300000에 해당된다(표 23-4). 그리고 30 개 SNP 마커로 개체 식별 능력을 비교해 보니 SNP 마커의 개수가 5 개 증가할 때마다 개체식별 능력이 10배 정도 증가함을 알게 되었다. 즉, 10 개와 15 개 SNP 마커를 사용하면 각각 100 명과 1,000 명의 개체를 식별할 수 있었다. 그리고 총 20 개의 SNP 마커를 사용한 경우에는 시험에 사용한 총 8,842 명의 개체 모두를 완벽하게 식별할 수 있었다(Kim JJ et al, 2010). 그리고 40 개의 SNP 마커를 사용하면 한국인 집단에서 STR 마커 16 개를 사용하는 표준 개체식별용 마커 세트와 동일한 개체식별 능력을 가질 것으로 예상된다.

표 23-4. 개체식별에 사용된 30 개의 SNP 마커

SNP (rs#)	Chr.	Position	Allele_1/2	Korean (n=2,000)			
				Freq_1	Heterozygosity	HWE_P	Match Probability
rs7532151	1	89161532	A/C	0.492	0.500	0.868	0.375
rs4846468	1	216462550	C/T	0.502	0.500	0.857	0.375
rs6751657	2	33258655	C/T	0.508	0.500	0.377	0.375
rs10185531	2	106105267	C/T	0.479	0.499	0.678	0.375
rs7652776	3	2716024	C/G	0.467	0.498	0.800	0.376
rs6443222	3	9138267	A/G	0.481	0.499	0.704	0.375
rs17497475	4	18851337	A/C	0.455	0.496	0.932	0.377
rs1350191	4	155026774	A/G	0.486	0.500	0.991	0.375
rs2565007	5	53856024	A/C	0.458	0.496	0.557	0.377
rs4607417	6	42086252	C/T	0.531	0.498	0.412	0.376
rs1790006	6	162297818	A/G	0.470	0.498	0.204	0.376
rs2813838	7	24115817	C/G	0.457	0.496	0.514	0.377
rs2267708	7	124179748	C/T	0.511	0.500	0.607	0.375
rs1293288	8	11755937	A/G	0.482	0.499	0.611	0.375
rs7849782	9	103467085	C/G	0.466	0.498	0.803	0.376
rs7907658	10	92782368	A/C	0.524	0.499	0.552	0.376
rs550840	11	63958215	C/T	0.473	0.499	0.999	0.376
rs543840	11	115269696	C/T	0.525	0.499	0.271	0.376

SNP (rs#)	Chr.	Position	Allele_1/2	Korean (n=2,000)			
				Freq_1	Heterozygosity	HWE_P	Match Probability
rs734075	12	4367308	A/C	0.469	0.498	0.585	0.376
rs1151849	12	119824982	A/G	0.454	0.496	0.352	0.377
rs7328030	13	111067445	A/C	0.517	0.499	0.248	0.375
rs978511	14	61773670	C/G	0.455	0.496	0.463	0.377
rs7164801	15	22608408	G/T	0.503	0.500	0.324	0.375
rs955665	15	77603212	C/T	0.535	0.498	0.303	0.376
rs4791495	17	12130882	A/G	0.502	0.500	0.532	0.375
rs4647887	17	72070401	A/G	0.532	0.498	0.245	0.376
rs1785745	18	21671131	A/G	0.486	0.500	0.993	0.375
rs7230112	18	71610565	C/T	0.535	0.498	0.467	0.376
rs8113496	19	34512369	A/G	0.482	0.499	0.919	0.375
rs2327088	20	8714882	A/G	0.491	0.500	0.940	0.375
CPI (combined power of identity)				1.76828E-13			
CPD (combined power of discrimination)				0.99999999999982300000 (1 in 5.65522E+12)			

출처: Kim JJ et al. (2010). Int J Legal Med 124:125-131.

다수의 SNP 마커를 이용한 개체식별 분석법은 여러 개의 SNP 마커를 동시에 genotyping (multiplexing)할 수 있는 SNPlex 시스템(45 개 SNP multiplexing 가능) 또는 MassArray 기술을 이용한 iPLEX 시스템(40 개 SNP multiplexing 가능)을 이용하면 용이하게 분석이 가능할 것이다. 물론 범인 식별 등과 같은 목적으로 사용하기 위해서는 총 40 개의 SNP 마커가 필요하지만 많은 양의 생물자원을 다루는 자원은행(biobank)과 같은 곳에서는 유전자원 관리를 위한 개체식별을 위해 보다 적은 수의 SNP 마커로도 원하는 목적을 충분히 성취할 수 있다. 따라서 SNP 마커를 이용한 생물자원 관리는 SNP 마커를 이용한 개체식별 기술을 활용할 수 있는 여러 분야 중의 하나가 될 것이다. 최근에는 여러 개의 개체 식별용 SNP 마커를 사용자가 쉽게 사용할 수 있도록 상품화(HID SNP panel)하여 판매하고 있다. 또한 차세대염기서열 분석기기를 이용해서 총 124개의 SNP 마커를 한 번에 분석 가능한 패널(예, Life Technologies회사의 HID-Ion AmpliSeq Identity Panel)도 개발하여 시판하고 있다.

4. SNP 마커를 이용한 표현형 식별 기술

법의학 분야에서 사용되는 SNP 마커는 주로 4 가지 목적으로 사용할 수 있다(그림 23-6). 첫 번째는 개인 식별용으로 사용되는 것으로 이 경우에는 여러 인종 집단에서 고도의 다형성을 보이는 마커가 사용된다. 두 번째는 알 수 없는 사람의 계통 관계를 확인하기 위한 목적으로 사용되며 친족 간에 공통으로 가지고 있는 mtDNA 또는 Y 염색체의 SNP 마커가 주로 사용된다. 세 번째는 자신의 조상을 알아내기 위한 목적으로 쓰일 수 있으며, 이 경우에는 집단 간의 다형성의 차이가 많이 나는 SNP 마커가 주로 사용된다. 마지막으로는 개인의 다양한 표현형을 식별할 수 있는 SNP 마커가 사용될 수 있다. 이 경우에는 개인의 피부색, 머리 색깔, 눈동자 색깔 등과 같은 것을 구별할 수 있는 SNP 마커가 이용된다. 그리고 앞으로의 개체식별 기술은 단순 개체식별뿐만 아니라 다양한 종류의 표현형과 유전적으로 결정되는 개인적 성향까지도 검색이 가능할 것이다. 또한 개인 유전체 염기서열 분석 기술의 발전과 더불어 다수의 DNA 마커를 동시에 판별할 수 있는 기술의 개발은 DNA 마커를 이용한 개체식별 기술을 더욱 발전시킬 것이다. 여기에서는 사람의 표현형을 결정해 주는 대표적인 몇 가지 내용을 소개하고자 한다.

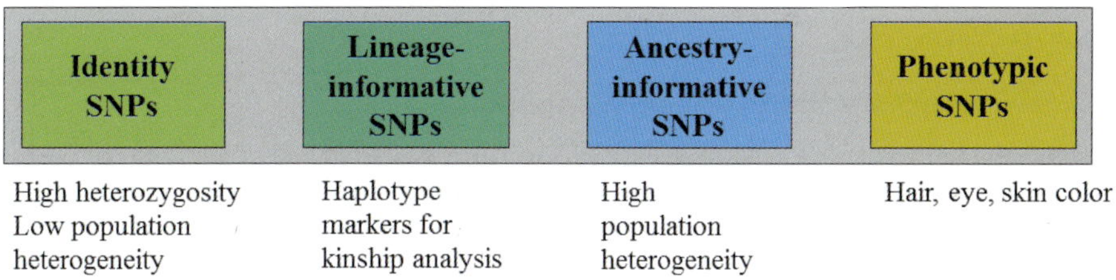

그림 23-6. **법의학 분석에 사용되는 4 가지 SNP 활용 분야**

(1) 색소변이(피부색, 눈동자색, 머리카락 색) 식별

사람의 표현형 중에서 색소 변이에 관련된 표현형(피부색, 눈동자색, 머리카락색 등)들을 결정하는 유전자들에 대해서 많은 연구가 이루어졌다. 색소 변이를 결정하는 유전자들은 하나의 유전자가 다양한 색소 관련 표현형에 영향을 미치기도 하고 하나의 색소 관련 표현형을 결정하는데 다수의 유전자가 연관되어 있기도 하다(표 23-5). 더군다나 색소 변이에 관련된 유전자는 일부의 암(melanoma & basal cell carcinoma) 발생 위험 요인으로 작용하기도 한다(표 23-5). 색소 변이에 의한 표현형 중에 유전적 요인으로 식별이 가능한 대표적인 몇 가지 표현형에 대해 좀 더 구체적으로 살펴보자.

표 23-5. 색소 변이를 결정하는 유전자들

Gene neighborhood	Hair color	Eye color	Freckling	Tanning ability	Skin color	Melanoma	BCC
ASIP	+		+	+		+	+
TYR S192Y **			+				
TYR R402Q **	+	+		+		+	+
TYRP1 **	+	+				+	
SLC24A4	+	+					
TPCN2	+						
MC1R	+		+	+			
OCA2/HERC2 **	+	+					
KITL (SCF)	+						
IRF4	+	+	+	+	+		
SLC45A2 (MATP) **	+			+	+		

** Genes associated with albinism. BCC: basal cell carcinoma.

출처: Bastian BC and Pinkel D. (2008). Pigment Cell Melanoma Res 21:507-508.

① **피부색(skin pigmentation)**: 태양 빛이 강한 적도 부근에 사는 사람들은 검고 짙은 피부색을 가지고 태양 빛이 약한 지역에 사는 사람들의 피부색은 옅은 색을 가지고 있다. 이는 사람이 살아가는 주변 환경에 적합하도록 선발에 의한 효과로 이해되고 있다(그림 23-7). 한편 인간의 피부색 변이를 결정하는 유전적 기전에 대한 이해는 아직 완전하지 않지만 인간의 피부색을 결정해 주는 원인 유전자들은 다양한 인간 집단에서 발굴되었다. 짙은 피부색(dark skin)은 MC1R 유전자에 의해 영향을 받고 옅은 피부색(light skin)은 KITLG & ASIP 유전자에 의해 결정되는 것으로 알려져 있다. 그런데 KITLG & ASIP 유전자의 경우에는 전장유전체연관성연구에서 유의성을 확인할 수 없어서 실제로 인간 피부색을 결정하는데 얼마나 큰 영향을 미치는지는 확실하지 않다. 그리고 유럽인 집단에서 SLC24A5, SLC45A2 & TYR 유전자가 피부색을 결정하고 아시아 집단에서는 OCA2 유전자가 피부색을 결정하는데 크게 작용하는 것으로

알려져 있다(그림 23-7). 그리고 피부색을 결정하는 것으로 알려진 유전자 중에는 TYR, OCA2, TYRP1 & SLC45A2 유전자는 albinism을 유발하는 유전자로도 알려져 있다. 지금까지 밝혀진 인간의 피부색을 결정해 주는 원인 유전자 및 원인 유전변이형 정보로 특정 개인의 피부색을 예측할 수는 아직 없지만 피부색을 결정하는데 유전적 요인이 크게 작용하고 있음은 확실한 사실이다.

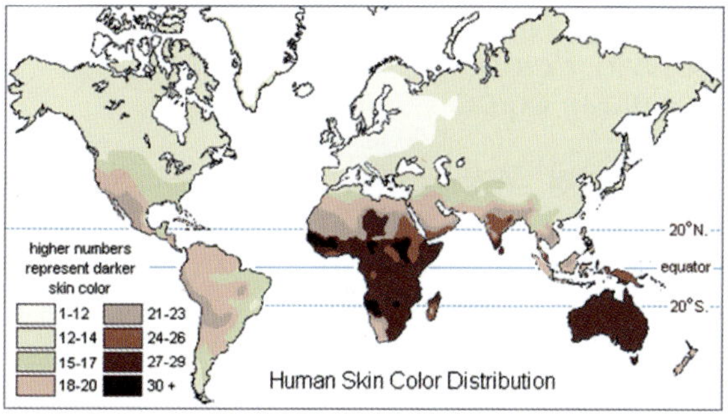

(Data for native populations collected by R. Biasutti prior to 1940)

	Causal genes/variants
Dark skin	MC1R
Light skin	KITLG & ASIP *(not confirmed by GWAS)*
Europe	SLC24A5 (rs1426654: Ala111Thr) SLC45A2 (rs16891982: Phe374Leu) TYR (rs1042602: Ser192Tyr)
East Asia	OCA2 (rs1800414: His615Arg)
Albinism	TYR, OCA2, TYRP1 & SLC45A2

그림 23-7. **인간 피부색 분포도 및 원인 유전자.**

출처: http://en.wikipedia.org/wiki/Human_skin_color

② **눈동자색(eye color)**: 인간의 눈동자색을 결정하는 유전자 및 원인 유전변이형에 대한 정보는 매우 잘 알려져 있다(그림 23-8). 총 6개의 유전자(HERC2, SLC24A4, SLC45A2, OCA2, TYR & IRF4)에서 유전자별로 1개의 SNP 마커로 인간 집단내 존재하는 눈동자색을 파악할 수 있다. 우선 푸른색(blue)과 갈색 눈동자(brown)는 HERC2 유전자의 rs12913832 (GG/CC= blue, AA/TT=brown) 대립유전자형(SNP)에 의해서 결정된다. 그리고 푸른색 눈동자내 차이(blue vs. dark blue)는 SLC24A4 유전자의 rs12896399 (TT/AA allele)과 SLC45A2 유전자의 rs16891982 (GG/CC allele)에 의해서 결정된다. 갈색 눈동자내 차이(brown vs. dark brown)는 OCA2 유전자의 rs1800407 (CC/GG allele), TYR 유전자의 rs1393350 (CC/GG allele), IRF4 유전자의 rs12203592 (GG/CC allele)에 의해서 결정된다.

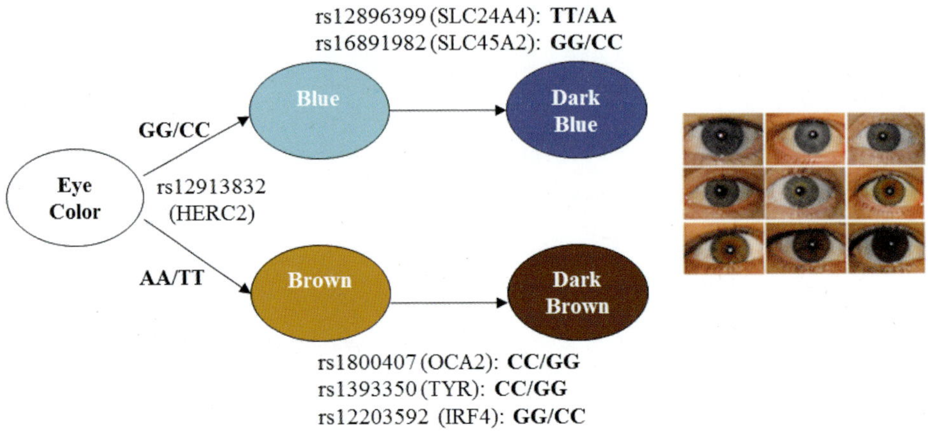

그림 23-8. **유전변이형에 의한 눈동자색 결정 과정.** 출처: Liu F et al. (2009).Curr Biol 19:192-193 & Walsh S et al. (2011). Forensic Sci Int Genet 5:464-471.

③ **머리카락색(hair color)**: 머리카락 색을 결정하는 것도 유전적인 요인이 매우 강하게 작용한다. 그러나 여러 유전자가 관련되고 환경적인 요인에 의해서 변경된 머리카락 색을 가지는 경우도 있어서 유전변이형 정보만으로 개인의 머리카락색을 예측하는데 한계가 있다. 그러나 일부의 보고에 의하면 총 11개 유전자에 존재하는 13개 유전변이형 마커를 이용해서 red, brown, blond 또는 black 머리카락 색을 약 90% 정확도로 예측했다는 보고(Branicki W et al, 2011)도 있다. 그리고 머리카락 색과 눈동자 색을 함께 예측하는 HIrisPlex라는 유전검사 방법도 개발되어 있으며 이 검사방법을 사용하면 금발(blond)은 69.5%, 갈색(brown)은 78.5%, 붉은색(red)은 80.0%, 검은색(black) 머리카락은 87.5%의 정확한 예측이 가능하다고 한다(그림 23-9). 또한 HIrisPlex 표현형 검사법은 Web tool의 형태로도 제공하고 있다(http://www.erasmusmc.nl/fmb/resources/).

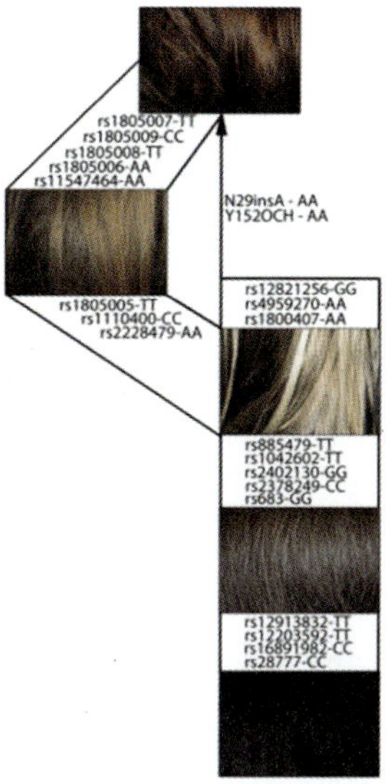

"HIrisPlex" system using SNPs for hair color prediction

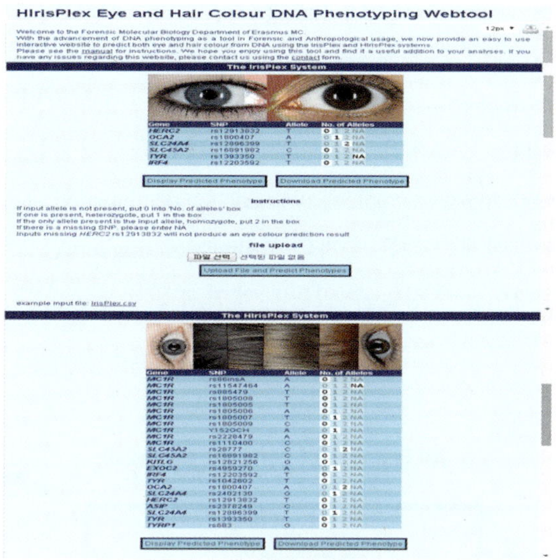

http://www.erasmusmc.nl/fmb/resources/

그림 23-9. **유전변이형에 의한 머리카락 색 및 눈동자 색을 예측하는 HIrisPlex system.** 출처: Walsh S et al. (2013). Forensic Sci Int Genet 7:98-115 & Walsh S et al. (2014) Forensic Sci Int Genet 9:150-161.

(2) Methylation DNA 마커를 이용한 나이 예측

사람들은 오랫동안 인체 유래물 시료(사람 조직 및 세포)에서 사람의 나이를 측정할 수 있는 바이오마커를 찾아왔었다. 나이 예측을 위한 마커로는 후생유전학 바이오마커(epigenetic biomarkers)에 큰 관심을 기울이고 있었다. 최근 한 연구에 의하면 Illumina DNA methylation array chip data로부터 총 353 CpG methylation sites (=193 hypermethylated with age + 160 hypomethylated with age) 마커를 이용하여 약 3.6년의 오차 범위 내에서 정확히 사람의 나이를 예측할 수 있었다(Horvath S, 2013)(그림 23-10). 이 방법은 기존 telomere 길이와 나이 간의 상관계수가 약 0.5인 것에 비해서 총 353개 methylation 마커와 사람 나이 간에는 0.96의 높은 상관계수를 보였다. 그리고 사람 나이 예측에 사용된 methylation 유전자들은 세포사멸, 세포 성장과 증식, 조직 발달, 암 등과 연관된 유전자들로 구성된 것이다. Illumina methylation chip data만 있으면 해당 시료의 나이를 정확히 예측할 수 있으며 해당 분석 프로그램도 web상으로 제공하고 있다(http://labs.genetics.ucla.edu/horvath/dnamage/). 그러나 이 방법은 총 353개의 methylation sites 정보를 모두 가지고 있어야만 정확한 나이 예측이 가능한 단점을 가진다. 최근 또 다른 연구에 의하면 3개의 유전자(ASPA, ITGA2B & PDE4C)에 있는 3개의 methylation site 정보만으로 4.49년의 오차범위 내에서 정확히 사람의 나이를 예측할 수 있었다(그림 23-11). 3개의 methylation 마커를 이용한 사람의 나이 예측용 프로그램도 web(http://www.molcell.rwth-aachen.de/epigenetic-aging-signature/)으로 이용 가능하다. 따라서 이제는 적은 숫자의 methylation markers만으로도 인체 유래물로 부터 정확한 사람의 나이를 추정할 수 있는 단계까지 발전하고 있다.

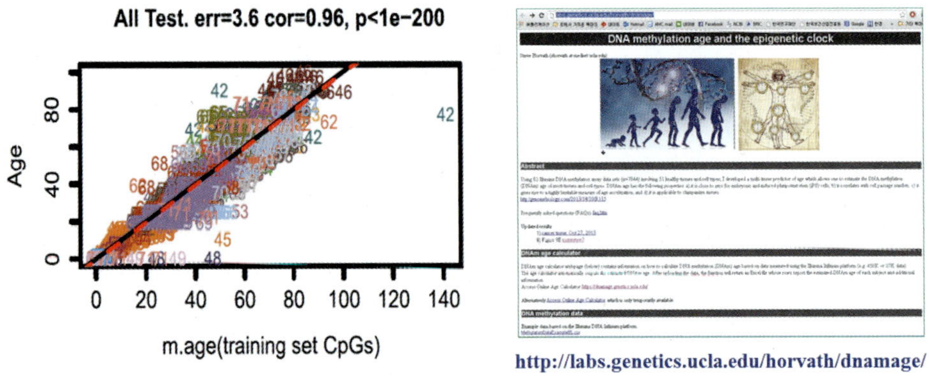

http://labs.genetics.ucla.edu/horvath/dnamage/

그림 23-10. **총 353개 methylation sites 정보를 이용한 사람 나이 측정.** 출처: Gibbs WW et al. (2014). Nature 508:169-170 & Horvath S. (2013). Genome Biol 14:R115.

Predicted age (yr) = 38.0 – 26.4α – 23.7β + 164.7 γ

α= cg02228185 (ASPA)
β= cg25809905 (ITGA2B)
γ= a CpG site upstream of cg17861230 (PDE4C)

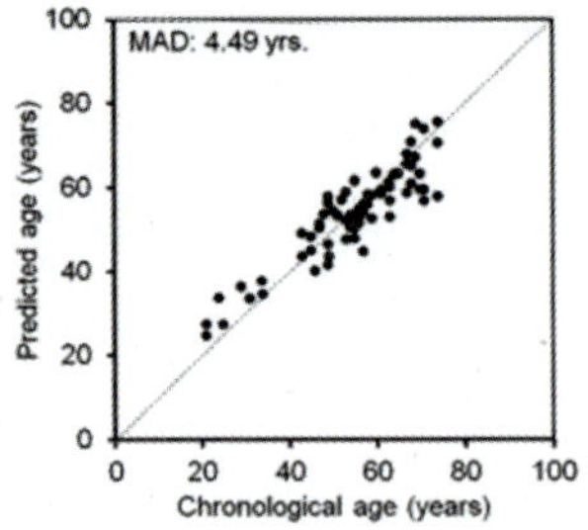

그림 23-11. **3개의 methylation sites 정보를 이용한 사람 나이 측정.** MAD, median absolute deviation. 출처: Weidner CI et al. (2014). Genome Biol 15:R24.

(3) 고대 인류 DNA 시료에서 WGS으로 개인 표현형 예측

차세대 염기서열 분석방법이 보편적으로 사용됨에 따라 다양한 종류의 개인 유전체 염기서열 정보로부터 바로 표현형에 대한 정보 분석도 가능하게 되었다. 대표적으로 고대 인류의 인체 유래물 시료(모발, 유골 등)로부터 DNA를 추출하고 개인 유전체 염기서열 분석을 수행하여 개인이 가진 다양한 종류의 유전변이형 정보를 분석할 수 있게 되었다. 예를 들면, 그린랜드 만년설 속에서 발견된 약 4,000년전 인류의 모발로부터 개인 유전체 분석을 통하여 이 사람의 표현형을 알 수 있었다(그림 23-12). 이 사람은 남성이며, A 혈액형을 가지고 있고, 검고 굵은 머리카락과 대머리 위험성이 높고, 넓적한 치아와 건조한 귀지를 가진 사람으로 추정하였다. 최근에 또 다른 연구에 의하면 스페인에서 발견된 약 7,000년 전의 인류 유골로부터 개인 유전체 염기서열 분석을 통해 이 사람이 푸른 눈과 검은 피부를 가진 것을 알 수 있었고 이미 현대 유럽인들이 가진 질병 저항성 관련 새로운 유전변이형을 보유하고 있음도 확인할 수 있었다고 한다(그림 23-12). 개인의 유전체 정보만으로도 다양한 종류의 사람 표현형을 결정할 수 있을 정도로 이 분야의 발전이 빠르게 진행되고 있다. 최근 개인 유전체 분석이 활발히 진행되고 있어서 개인 유전체 염기서열 정보만으로도 개인의 다양한 표현형 분석이 가능할 것이다.

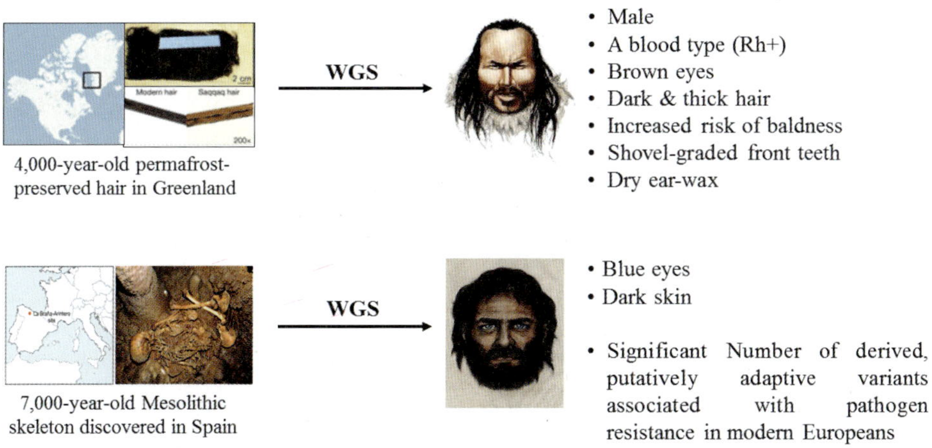

그림 23-12. **고대 인류 DNA 시료의 개인 유전체 분석을 통한 개인 표현형 조사.** 출처: Rasmussen M et al. (2010). Nature 463:757-762 & Olalde I et al. (2014). Nature 507:225-228.

5. 개체식별용 SNP 마커를 이용한 임상진단 기술

혈액내 떠돌고 있는 DNA 조각을 분석할 수 있는 유전체 분석기술(차세대 염기서열 분석 기술 또는 digital PCR 기술)의 발전으로 개인식별용 SNP 마커를 이용한 임상 진단 기술 개발도 가능하게 되었다. 가장 대표적인 활용 분야로는 다른 사람의 DNA를 가진 장기이식 분야가 될 것이다. 예를 들면, 장기이식 이후에 면역 거부 반응이 진행되면 이식된 다른 사람의 조직에서 세포사멸이 진행되고 이어서 기증자 조직의 DNA 조각들이 환자의 혈액 속으로 방출된다. 방출된 기증자 DNA의 농도가 높을수록 면역거부 반응의 정도가 심하다는 것을 나타내며 이 경우에는 환자에게 맞는 적절한 치료와 관리가 필요하다. 이러한 개념은 2011년 차세대 염기서열 분석방법으로 심장 이식 환자의 혈액 내 떠돌아 다니는 장기 기증자 DNA의 농도를 측정함으로써 상당히 정확한 수준으로 장기이식 거부반응 상태를 모니터링할 수 있었다(그림 23-13). 이 분석 방법은 장기를 제공하는 사람과 제공받는 사람 간의 유전적으로 동일한 관계가 아닌 모든 환자를 대상으로 분석이 가능하다는 장점을 가지고 있지만 차세대 염기서열 분석 비용이 비싸고 생물정보학적 분석이 복잡하다는 단점을 가지고 있다.

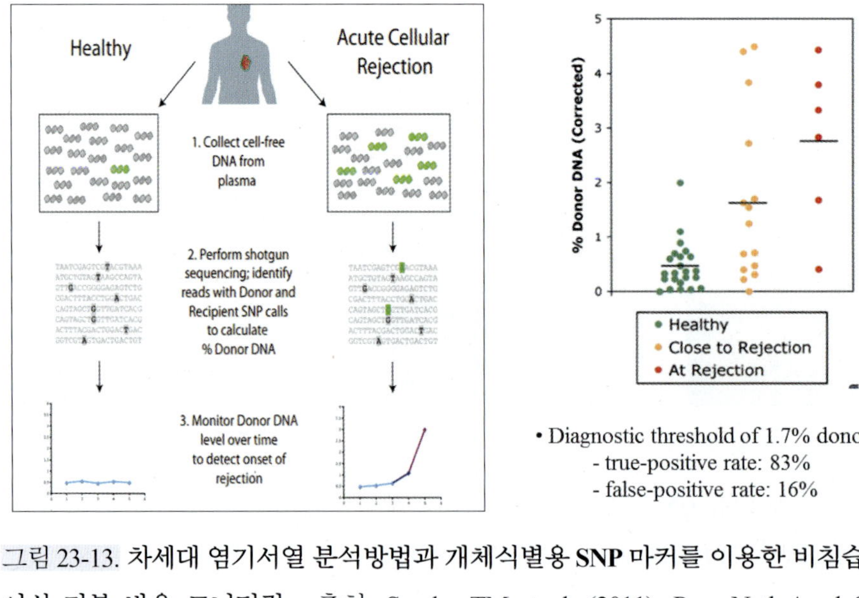

• Diagnostic threshold of 1.7% donor DNA:
- true-positive rate: 83%
- false-positive rate: 16%

그림 23-13. **차세대 염기서열 분석방법과 개체식별용 SNP 마커를 이용한 비침습적 장기이식 거부 반응 모니터링.** 출처: Snyder TM et al. (2011). Proc Natl Acad Sci USA 108:6229-6234.

최근에는 차세대 염기서열 분석 방법이 가지는 고비용 및 분석의 복잡성을 극복하기 위해서 선별된 개체식별용 SNP 마커 패널과 digital PCR 분석 장비를 이용하여 다양한 장기이식 환자 혈액에서 기증자 DNA의 농도를 측정하여 장기이식 거부반응 예측력을 분석하였다(Beck J et al, 2013). 장기별 크기에 따라서 신장은 약 4% 이내, 심장은 약 2% 이내, 간은 약 8% 이내가 정상적인 수준으로 관측되었다. 만약 정상 범위를 넘어서는 기증자 DNA가 환자 혈액에서 측정된다면 적절한 치료와 관리가 필요하다. 가까운 장래에 개체식별용 SNP 마커 패널과 digital PCR과 같은 간편한 장비를 이용하여 최적화된 장기이식 거부반응 모니터링 방법(그림 23-14)이 임상 분야에서 보편적으로 사용할 수 있을 것으로 기대된다. 또한 다른 유전체 염기서열 정보를 가진 감염성 질환의 경우에 병원균 특이 유전변이형 정보를 이용하여 감염 상태를 모니터링하는 진단 기술도 동일한 원리를 사용하면 될 것이다. 향후 보다 간소화된 유전체 분석 기술이 개발된다면 개체식별용 유전변이형 마커를 활용한 새로운 임상 진단 기술 개발을 촉진할 것이다.

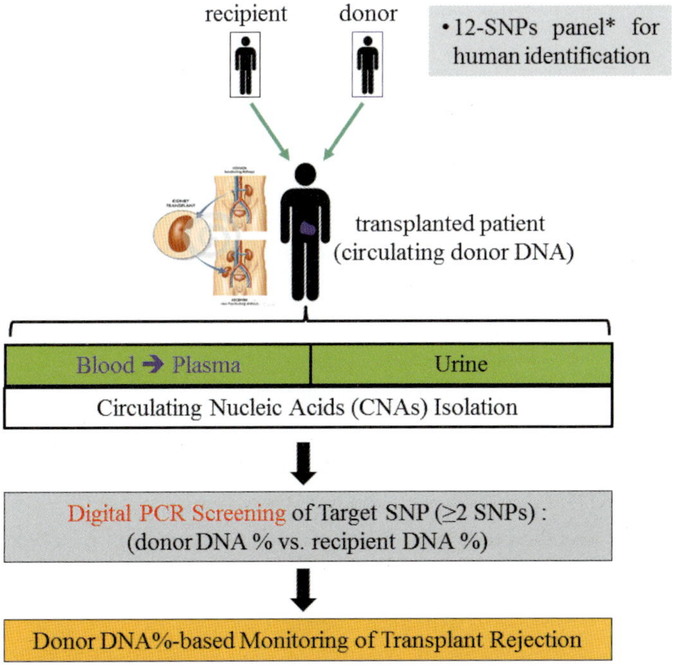

그림 23-14. **Digital PCR 기술과 개체식별용 SNP 마커를 이용한 비침습적 장기이식 거부반응 모니터링**

■ 참고문헌

- Bastian BC and Pinkel D. (2008). Expanding the genetic spectrum of pigmentation. Pigment Cell Melanoma Res 21:507-508

- Beck J et al. (2013). Digital droplet PCR for rapid quantification of donor DNA in the circulation of transplant recipients as a potential universal biomarker of graft injury. Clin Chem 59:1732-1741

- Budowle B and van Daal A. (2008). Forensically relevant SNP classes. BioTechniques 44: 603-610

- Butler J. (2007). Forensic DNA testing. In "Genetic variation- a laboratory manual". pp439.

- Gibbs WW. (2014). Biomarkers and ageing: The clock-watcher. Nature 508:168-170

- Hong SB et al. (2006). Genetic population data on 15 autosomal STR(PowerPlex 16) loci for forensic DNA profiling in Korean. Kor J Foren Science 7:1-4

- Horvath S. (2013). DNA methylation age of human tissues and cell types. Genome Biol 14:R115

- Kim JJ et al. (2010). Development of SNP-based Human Identification System. Int J Legal Med 124:125-131

- Liu F et al. (2009). Eye color and the prediction of complex phenotypes from genotypes. Curr Biol 19:R192-193

- Olalde I et al. (2014). Derived immune and ancestral pigmentation alleles in a 7,000-year-old Mesolithic European. Nature 507:225-228

- Rasmussen M et al. (2010). Ancient human genome sequence of an extinct Palaeo-Eskimo.

Nature 463:757-762

- Sasaki S and Shimokawa H. (1995). The amelogenin gene. Int J Dev Biol 39: 127-133

- Snyder TM et al. (2011). Universal noninvasive detection of solid organ transplant rejection. Proc Natl Acad Sci USA 108:6229-6234

- Walsh S et al. (2014). Developmental validation of the HIrisPlex system: DNA-based eye and hair colour prediction for forensic and anthropological usage. Forensic Sci Int Genet 9:150-161

- Walsh S et al. (2011). Developmental validation of the IrisPlex system: determination of blue and brown iris colour for forensic intelligence. Forensic Sci Int Genet 5:464-471

- Weidner CI et al. (2014). Aging of blood can be tracked by DNA methylation changes at just three CpG sites. Genome Biol 15:R24

제 24장 유전체 바이오마커 발굴과 미래 맞춤의학

1. 유전체 바이오마커 발굴

개인의 유전체 분석 기술의 발전으로 개인의 유전정보를 기반으로 한 새로운 맞춤의학의 시대가 가능하게 되었다. 개인 맞춤의학 실현을 위해서 지금까지 거쳐온 과정을 간단히 살펴보자. 우선 2003년에 인간유전체사업의 완성을 시발점으로 하여 국제배수체 지도작성 프로젝트(Intl HapMap project)와 고집적 SNP chip을 이용한 전장유전체연관성연구(GWAS)는 새로운 질병 연관 유전자 및 유전변이형을 대량 발굴하였으나 개별 유전변이형의 영향력이 매우 약해서 임상에 활용할만한 성과를 거두지 못했다. 이는 아마도 빈도가 낮은 생물학적으로 중요한 기능 유전변이형을 이용한 질병 유전연구가 이루어지지 못한 결과로 사료된다. 그 이후에 개인 유전체 정보를 모두 분석할 수 있는 차세대 염기서열 분석 방법이 2009년부터 출시되고 2012년에 완료된 ENCODE 프로젝드 등의 도움으로 유전변이형 정보와 생물학적인 정보 간의 연계성을 확보할 수 있게 되었다. 더군다나 개인 유전체 정보 분석으로부터 개인이 가진 모든 유전변이형 정보를 바탕으로 다양한 표현형 간의 연관성을 이해할 수 있는 정보가 수집되었다. 이제는 개인이 가진 모든 유전변이형 정보와 표현형(질병) 간의 연관성을 좀 더 완전히 이해하고 질병의 진단, 예측, 예방 및 치료법 개발을 위한 노력을 기울여야 할 단계이다(그림 24-1).

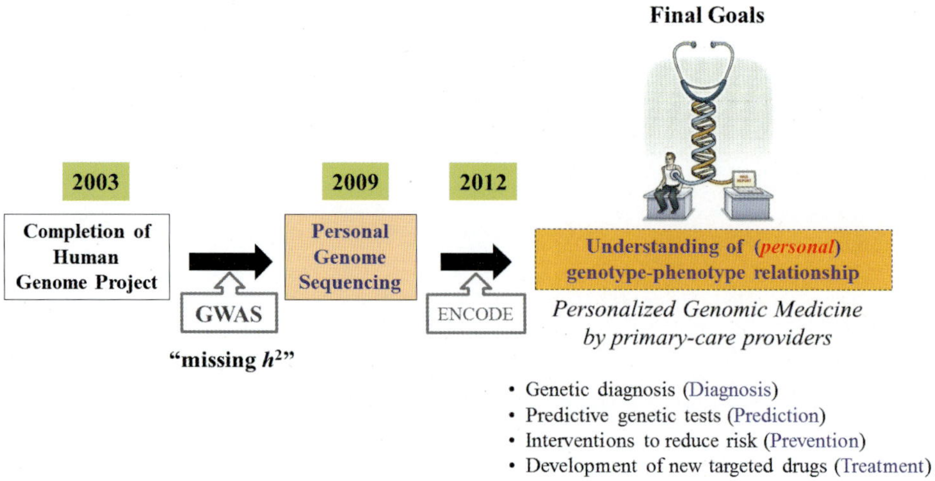

그림 24-1. 맞춤의학을 위한 주요 발전 단계

개인의 다양한 표현형뿐만 아니라 질병의 감수성, 치료 반응성 및 예후 진단을 위한 유용한 유전체 바이오마커의 개발은 많은 경제적 이익과 국민 보건의료의 질적 향상을 위해 아주 유용하게 사용될 것이다. 특히 유전체 분석 기술의 발전으로 개인의 모든 유전적 차이를 결정할 수 있는 유전정보가 밝혀질 것이므로 유전체 바이오마커에 대한 유용성 및 활용 영역은 점차 확대될 것이다. 그리고 맞춤의학의 시대를 맞이하여 개인의 유전적 차이 정보를 이용한 유전체 바이오마커로 질병의 진단, 치료 및 예방 기술의 개발은 더욱 향상될 예정이다. 일반적으로 **"유전체 바이오마커(genomic biomarker)는 정상적인 생물학적 반응 과정, 질병의 발생 과정 또는 치료 반응성을 알려줄 수 있는 측정 가능한 DNA 또는 RNA 정보"**를 의미한다. 따라서 각 개인의 유전적 차이를 식별해 줄 수 있는 DNA와 RNA 마커는 매우 많은 수가 존재하며 이 중에서 특정 질병의 발생, 진행 및 치료 예후에 대한 경과를 식별해 줄 수 있는 유전체 바이오마커는 경제적 가치가 매우 클 것이다. 바이오마커의 종류에는 조기 검진, 진단, 예후, 예측, 치료 표적 등이 있다.

유전체 바이오 마커의 개발 과정도 일반 바이오마커의 개발 순서(target identification → target validation → lead development → preclinical → clinical →market)와 유사한 과정을 거치게 된다(그림 24-2). 가장 우선적으로 이루어지는 바이오마커 발굴은 유전 연관성 연구를 통해 질병 특이적인 DNA 또는 RNA 마커 정보를 찾아내어 임상 적용 가능성을 검정하고 유용성을 확인한 이후에 실제 임상에 적용 가능한 형태로 시장에 판매된다. 이러한 바이오마커는 또한 새로운 약물의 개발 과정에 유전체 바이오마커로 약물 반응성을 결정하거나 부작용을 최소화할 수 있는 환자를 선별하는데 이용될 수 있다.

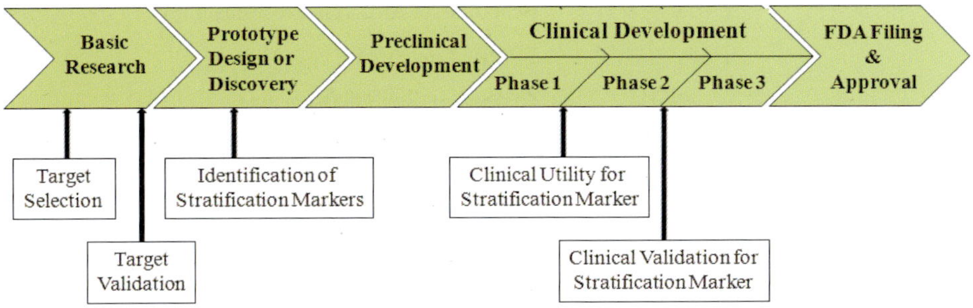

그림 24-2. **바이오마커 개발 과정**

유전체 바이오마커의 대표적인 예로 유방암에서 Her-2 발현과 Herceptin 약물 반응성이 있다. 일반적으로 Her-2를 발현하지 않는 유방암에서는 Herceptin의 반응율이 10%이지만 Her-2를 발현하는 유방암에서는 Herceptin의 반응율이 50%로 높아진다. 일반 항암제의 반응율이 20%에 그치는 수준에서 Her-2 바이오마커의 사용으로 반응율을 50% 까지 크게 향상시킴으로써 경제적 이익뿐만 아니라 보다 많은 환자에게 더 효과적인 약물을 치료함으로써 생존율을 크게 개선할 수 있게 된 것이다. 또 다른 예로는 Irinotecan 항암제의 반응성을 결정하는 UGT1A1 유전변이형 정보, 그리고 EGFR을 타겟으로 하는 항암제에서 EGFR의 발현 마커가 있다. 한편 유전체 바이오마커는 크게 3 가지 목적으로 사용되고 있다(표 24-1). 첫 번째는 질병의 진단과 치료를 더 효과적으로 하기 위한 질병 바이오마커로 사용하는 것이다. 급성 백혈병(acute myeloid leukemia; AML)에서 관측되는 BCR-ABL translocation 마커는 Gleevec 항암제 사용을 위한 매우 중요한 질병 마커로 사용되고 유방암에서 estrogen receptor 유전자의 발현은 유방암 치료제인 Tamoxifen 약물 사용을 위한 중요한 질병 진단 및 치료를 위한 바이오마커로 사용되고 있다. 두 번째 경우는 약물 치료에 대한 효과를 예측하기 위하여 환자를 선별하거나 적정 용량을 결정하기 위한 유전체 바이오마커이다. 이 목적으로 사용되는 예로는 Herceptin 사용을 위한 Her-2 발현, Erbitux 사용을 위한 EGFR 발현, 그리고 Irinotecan 사용을 위한 UGT1A1 유전자의 다형성 마커가 있다. 세 번째로는 특정 환자에서 발견되는 심각한 부작용을 제거하기 위한 안전성 예측 바이오마커로 사용하는 경우이다.

표 24-1. 유전체 바이오마커의 사용 목적

분류	목적	보기
질병 바이오마커	보다 효과적인 질병의 진단 및 치료	BCR-ABL in AML (Gleevec=Imatinib) ER/PR (Tamoxifen) 5q deletion (Revlimid)
환자 및 용량 선별 바이오마커	임상적 효과 및 반응 예측	Her-2 expression (Herceptin=Trastuzmab) EGFR expression (Erbitux=Cetuxima) UGT1A1 polymorphism (Camptosar= Irinotecan) CYP450 polymorphism (multiple)
안전성 예측 바이오마커	부작용(독성) 배제	EGFR mutation (Tarceva=Erlotinib, Iressa) BCR-ABL mutation(Gleevec=Imatinib)

실제 임상에 사용되고 있는 유전검사 또는 유전체 검사로는 다음과 같은 다양한 종류가 있다(McCarthy JJ et al, 2013).

- **질병 감수성 검사**: 유방암 및 난소암 원인 유전자인 BRCA1/BRCA2 검사. 대장암 가계에서 Lynch syndrome (또는 hereditary nonpolyposis colorectal cancer, HNPCC라고도 부름) 유전검사. Celiac disease 진단을 돕는 HLA typing 등.
- **NGS를 활용한 유전진단**: 단일유전자 질병 진단 및 비침습적 태아 염색체 유전검사.
- **전임상 진단 및 예후 검사**: Oncotype DX (유방암용 21개 유전자 RNA 검사 및 대장암용 12개 유전자 RNA 검사), MammaPrint (유방암용 70개 유전자 RNA 검사), OVA1 (난소암용 5개 단백질 검사), AlloMap (심장이식후 거부반응 모니터링용 11개 혈액 RNA 검사), Corus CAD (관상동맥질환용 23개 혈액 RNA 검사) 등.
- **항암제 약물유전검사**: Her-2 검사(Trastuzumab), EFGR 검사(Gefitinib), KRAS 검사(Cetuximab and Panitumumab), ALK 검사(Crizotinib), BRAF 검사(Vemurafenib).
- **약물 용량 유전검사**: CYP2D9 & VKORC1 검사(Warfarin) 등.
- **약물 부작용 유전검사**: HLA-B*5701 검사(Abacavir; HIV infection), HLA-B*1502검사(Carbamazepine; epilepsy & bipolar disorder) 등.
- **약물 유효성 유전검사**: CYP2C19검사(Clopidogrel; coronary artery disease), IL28B검사(pegylated interferon/ribavirin; HCV infection) 등.

2. 유전검사의 원리

표현형(질병)에 영향을 미치는 각 개인의 모든 유전정보를 수집하여 임상에 활용하기 위해서는 특정 바이오마커에 대한 유전검사(genetic testing)를 한다. 유전검사의 목적은 각 개인의 질병에 대한 유전적 감수성 및 저항성에 대한 정보를 수집하거나 유전 질병의 진단을 확인하기 위한 것이다. 따라서 환자의 질병 위험도와 치료에 대한 반응성을 예측하기 위해서는 유전검사가 필요하다. 특히 유전검사를 통하여 특정 질환의 원인이 되는 돌연변이 유전자를 조사함으로써 질병을 진단하고 예후를 예측할 수 있다. 실제로 유전검사는 현재에도 다양한 형태로 이루어지고 있다. 예를 들면, 가장 많이 알려진 유전검사는 신생아 선별검사(neonatal screening)로, 매년 수십만 명의 신생아들을 대상으로 유전적 대사이상 및 선천성 기형에 대한 검사가 시행되고 있다. 최근에는 유전변이형 분석 기술의 발전으로 대량의 유전변이형을 아주 저렴한 비용으로 신속히 처리할 수 있게 되었다. 이러한 기술의 발달로 질병에 대한 유전적 원인 규명이 한층 더 가속화되었으며 이렇게 밝혀진 질병에 대한 새로운 유전정보는 질병의 진단, 치료 및 예방법 개발에 활용되고 있다. 미래에는 유전검사를 통하여 각 개인이 특정 질병에 걸릴 가능성과 특정 환경에 노출되었을 때 질병 발생에 미치는 상대적 위험성의 정도를 예측하게 될 것이다. 그래서 질병의 발생 이전에 이미 발병 가능성을 예측할 수 있어 운동과 식습관을 조절함으로써 질병의 발생 위험성을 현격히 줄일 수 있을 것이다. 질병의 발생 이후에는 각 개인의 유전적 특성에 맞추어 적합한 약물을 선택하여 치료하거나 유전자 치료를 통해 문제를 일으키는 유전자를 고치거나 치환해 줄 수도 있을 것이다. 따라서 미래에는 개인별 유전적 특성에 따라 질병의 예방, 진단, 치료가 이루어지는 "맞춤의료"의 시대가 가능할 전망이다.

(1) 유전검사의 정의 및 목적

다양한 유전체 바이오마커가 실제로 임상에 적용되어 질병의 진단, 치료, 예후 판정 및 약물 반응성을 결정하는데 사용되기 위해서는 유전체 바이오마커를 판정하는 유전검사가 필요하다. 유전검사는 다양한 표현형(질병 포함)을 결정하는 유전적 원인이 되는 DNA, RNA 및 단백질 마커를 조사하는 것이다. 여기서는 주로 DNA 수준에서 이루어지는 유전자 검사(DNA-based test) 부분을 기술하고자 한다. 유전자 검사는 연구용 검사(research test) → 조사용 검사(investigational test) → 임상용 검사(clinical test)의 단계를 거친다. 유전검사가 사용되는 영역으로는 친자 감별과 법의학에서 사용되는 개체식별용 DNA profiling, 단일 유전자에 의해 발생하는 유전질병의 조기 질병 진단용(diagnostic test), 그리고 다수의 유전자에 의해 결정되는 질병 감수성 및 저항성에 대한 질병 예측용(risk assessment test) 등이 있다. 따라서 유전검사의 목적은 1) 유전질병의 진단 및 예측, 2) 개인의 유전적 차이에 근거한 약물의 처방 및 용량 결정과 같은 치료방법 결정, 3) 다수의 유전자에 의해 결정되는 만성질병의 발병 예측용 등으로 사용되고 있다.

(2) 유전검사의 종류

유전검사의 종류에는 유전검사의 목적이나 사용되는 시기에 따라 다음과 같은 다양한 검사가 가능하다(표 24-2).

- **태아 유전 진단 검사 (prenatal diagnostic testing):** 다운 증후군과 같은 유전질병 검사로 사용.

- **신생아 검사 (newborn screening)**: PKU, cystic fibrosis, hereditary cancer 등에 대한 검사 수행.

- **증상이 있는 개인의 확진 진단**: 질병의 증상을 보이는 환자의 유전 확진 검사.

- **보인자 검사(carrier screening)**: 2개의 유전자에 문제가 생겨 발생하는 질병에서 1 개의 유전자에 이상을 가진 사람(carrier)을 찾아내는 검사.

- **유전질병의 증상전 검사**: 헌팅턴병처럼 성인이 되어서 발병하는 질병의 발생 예측 검사.

- **만성질병의 증상전 검사**: 암이나 치매처럼 성인이 되어서 발병하는 만성 질병의 위험도 검사.

- **약물 유전검사**: 약물의 용량이나 부작용에 연관된 유전변이형 검사.

- **착상전 유전 진단(preimplantation genetic test)**: 시험관 인공수정(in vitro fertilization) 이후 시행함.

- **법의학 검사**: 범인 확인 및 친자 검사 등의 개체식별 검사.

표 24-2. 유전검사의 종류

Test	Description	Example
• Prenatal testing	Prenatal tests for chromosomal abnormalities	• Down syndrome
• Newborn screening	Targeted tests for recessive genetic disorders	• Phenylketonuria • Cystic fibrosis • Sickle-cell anemia
• Diagnostic testing	Confirmatory test or differential diagnosis testing for a symptomatic individual	• Skeletal dysplasias • Thalassaemias • Craniosynostoses
• Carrier testing	Targeted testing for asymptomatic individuals potentially carrying one or more recessive mutation	• Cystic fibrosis • Thalassaemias • Craniosynostoses
• Predictive testing	Tests for variants causing or associated with diseases with a hereditary component, usually with adult-onset symptoms	• Most cancers • Cardiovascular disease • Diabetes
• Pre-symptomatic testing	Tests for variants causing or associated with diseases or disorders known to be inherited in the family, often with adult-onset symptoms	• Huntington's disease • Haemochromatosis • Alzheimer's disease
• Pharmacogenetics	Targeted tests for variants associated with pharmaceutical dosage choice or adverse reactions	• abacavir • warfarin • carbamazepine

출처: Katsanis SH and Katsanis N. (2013). Nat Rev Genet 14:415-426.

다양한 종류의 유전검사가 시행되지만 실제 유전검사가 임상에 활용되기 위해서는 여러 요인들을 만족해야 한다. 그러나 질병이 가지는 고유한 특성들 때문에 유전검사에 많은 어려움이 있다. 첫 번째는 한 유전자 내에서 다른 돌연변이형에 의해 다른 표현형(질병)이 발생(allelic heterogeneity)하거나, 또는 여러 개의 다른 유전자가 같은 표현형(질병)을 유발(locus heterogeneity)하기도 한다. 또한 원인 유전변이형 또는 유전자를 가지고 있다고 하더라도 환경적인 요인이나 기타 다른 요인에 의해서 질병의 발생에 미치는 효과가 개인마다 다른 차이(penetrance)를 보일 수 있다. 이러한 질병의 다양한 장해 요인이 질병 관련 유전검사를 실제 임상에 적용하기 매우 어려운 이유가 된다.

(3) 유전검사의 필요조건

유전검사가 실제 임상에 적용되기 위해서는 다음과 같은 4가지 주요 항목을 모두 만족시켜야 한다. 유전검사가 갖추어야 할 4가지 항목은 분석적 검정력(**A**nalytic validity), 임상적 검정력(**C**linical validity), 임상적 유용성(**C**linical utility)과 윤리적-법적-사회적 영향(**E**thical, legal and social implications)이다. 이 4가지 요건은 개별 항목의 영어 첫 글자를 따서 **ACCE**로 간단히 줄여서 표현하기도 한다. ACCE에서 요구하는 4가지 영역을 좀 더 자세히 살펴보자(그림 24-3).

- **분석적 검정력(analytic validity)**: 유전검사로 분석하는 유전자형(genotype)이 얼마나 정확하고 신뢰성있게 측정되는지 평가. 분석적 검정력은 민감도(sensitivity)와 특이도(specificity) 값으로 판단함.

- **임상적 검정력(clinical validity)**: 임상시료에서 유전검사로 분석하고자 하는 중간 또는 최종 결과가 얼마나 정확하고 동일하게 검색되거나 예측되는지 평가. 임상적 검정력도 분석적 검정력과 동일하게 임상진단의 민감도와 특이도 값으로 평가함.

- **임상적 유용성(clinical utility)**: 유전검사가 환자의 최종 결과에 얼마나 큰 개선효과를 미칠 수 있는지 주관적인 지표로 평가함.

- **윤리적-법적-사회적 영향(ethical, legal and social implications)**: 유전검사시 발생할 수 있는 윤리적, 법적 및 사회적 영향에 대한 평가.

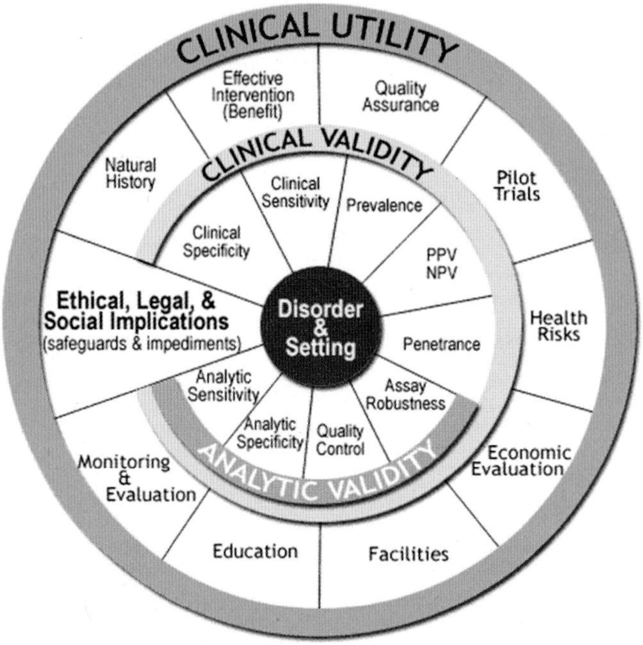

그림 24-3. **ACCE의 구성요소들.** 출처: McCarthy JJ et al. (2013). Sci Transl Med 5:189sr4.

그리고 유전검사의 4가지 조건을 모두 만족하기 위해서는 개별 항목별 다수의 세부 요건들이 존재한다(그림 24-3). 이러한 세부 항목까지 상세히 충족해 줄 수 있어야만 좋은 유전검사가 된다. 유전검사에서 자주 언급되는 기본 용어에 대한 설명을 간단히 추가하면 다음과 같다.

- **민감도**(sensitivity): 주어진 유전변이가 존재할 때 검사에서 양성일 확률
- **특이도**(specificity): 주어진 유전변이가 없을 때 검사에서 음성일 확률
- **양성 예측도**(positive predictive value; PPV): 검사 결과가 양성일 때 질병일 확률
- **음성 예측도**(negative predictive value; NPV): 검사 결과가 음성일 때 질병이 아닐 확률

		Disease +	Disease -	
Test	+	**A** True Positive	**B** False Positive	*T(test positive)*
	-	**C** False Negative	**D** True Negative	*T(test negative)*
		T(disease)	*T(non-disease)*	*Total*

그림 24-4. 진단 검사의 유효성 측정을 위한 구성 요소

임상 진단 검사의 유효성을 측정하기 위해서는 검사(test)의 결과와 질환(disease)의 유무에 대한 정확한 정보를 가지고 있어야 한다(그림 24-4). 검사의 유효성을 측정하기 위한 지표 계산은 그림 24-4의 값으로 일반화하면 다음과 같다.

- **유병율(prevalence of disease)**= T*(disease)* ÷ Total x 100(%)
- **민감도(sensitivity)**= Pr(positive test|disease)= A ÷ (A+C) x 100(%)
- **특이도(specificity)**= Pr(negative test|no disease)= D ÷ (D+B) x 100(%)
- **양성예측도(positive predictive value)**= Pr(disease|positive test)= A ÷ (A+B) x 100(%)
- **음성예측도(negative predictive value)**= Pr(no disease|negative test)= D ÷ (D+C) x 100(%)

위의 일반화된 공식을 이용하여 실제 예제를 이용하여 검사의 유효성 지표들을 계산해 보면 다음과 같다.

		Disease +	Disease -	
Test	+	**A** 10	**B** 40	*50*
	-	**C** 5	**D** 45	*50*
		15	*85*	*100*

- 유병율= T*(disease)* ÷ Total x 100 (%) = 15 ÷ 100 x 100 = 15 %
- 민감도= A ÷ (A+C) x 100 (%) = 10 ÷ (10+5) x 100 = 67 %
- 특이도= D ÷ (D+B) x 100 (%) = 45 ÷ (45 + 40) x 100 = 53 %
- 양성예측도= A ÷ (A+B) x 100 (%) = 10 ÷ (10 + 40) x 100 = 20 %
- 음성예측도= D ÷ (D+C) x 100 (%) = 45 ÷ (45 + 5) x 100 = 90 %

민감도와 특이도는 검사의 특성을 나타내는 값이다. 그래서 집단 내 유병율이 민감도와 특이도의 결과에 영향을 미치지 않는다. 그러나 양성예측도와 음성예측도는 검사하는 집단의 질병 유병율에 의해서 영향을 받는다. 예를 들어 설명하면, 아래와 같이 동일한 민감도와 특이도를 가진 검사라 하더라도 검사하는 집단의 유병율 차이에 따라 양성예측도의 값은 매우 큰 영향을 받는다.

민김도	특이도	유병율	양성 예측도
80%	80%	0.1%	**0.4%**
80%	80%	1.0%	**3.9%**
80%	80%	10%	**30.8%**

특히 양성예측도와 음성예측도는 임상에서 실제 환자의 검사 결과를 바탕으로 의사가 어떤 결정을 내릴지를 판단하는 척도가 되기 때문에 아주 높은 신뢰 수준의 값을 제시할 수 없다면 진단의 목적으로 사용하기 어려운 검사가 된다. 예를 들면, 양성예측도가 30%라면 검사의 결과가 양성일지라도 실제 이 사람이 질병을 가질 확률은 30%밖에 되지 않는다. 따라서 특정 검사법의 민감도 및 특이도가 높아도 질병의 유병율에 따라서 양성예측도와 음성예측도가 영향을 받으므로 이에 대한 추가적인 평가도 필요하다(그림 24-5).

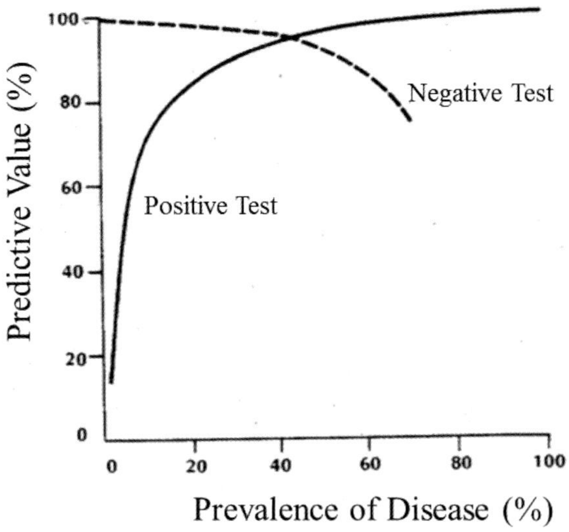

그림 24-5. **95% 민감도와 85% 특이도를 가진 검사에서 질병의 유병율 차이가 양성 예측도 및 음성 예측도에 미치는 효과.**

출처: https://onlinecourses.science.psu.edu/stat507/node/71

국내에서 유전검사는 의료 기관 또는 비의료기관에서 시행할 수 있다. 그런데 유전 검사 기관이 누구냐에 따라 승인 절차가 다르다(그림 24-6). 의료기관에서의 유전검사는 우선 식약처에서 의료기기 승인을 받은 이후에 한국보건의료연구원(NECA)에서 신의료기술 유효성 및 안전성 평가를 받는다. 그 후에 심평원에 해당 유전검사에 대한 수가를 등재하고 건강보험급여 항목에 포함되어 실제 의료기관에서 승인된 유전검사를 시행할 수 있다. 현재 의료기관에서 승인을 받은 유전검사는 약 300여 종이 있다고 한다. 비의료기관(예, 회사)의 경우에는 질병관리본부에 유전자검사 기관신고를 해서 검사항목과 항목승인을 받고 유전검사는 의사가 주문하고 해당 기관(업체)에서 생명윤리법 금지항목인 20여 개 항목을 제외한 모든 유전검사 시행이 가능하다. 의료기관에서는 질병 진단 유효성이 검정된 제한된 유전검사가 시행되는 반면에 비의료기관(업체)에서는 질병에 미치는 영향이 아주 작은 다양한 표현형에 대한 유전검사까지 이루어지고 있다. 현재 국내에서 기관의 차이에 따른 승인 절차와 다양한 유전체 기술을 활용한 새로운 임상 적용 가능한 영역이 확대되고 있어서 승인 항목 및 승인 절차에 대한 개선이 필요한 실정이다.

의료기관

의료기기 승인 (식약처)

↓

신의료기술 유효성-안전성 평가 (NECA)*

↓

수가등재 (심평원)

↓

건강보험 요양급여 항목시행 (약 300항목)

비의료기관

유전자검사 기관신고 (검사항목 및 항목승인) (질병관리본부)

↓

(의사주문에 의한) 유전자검사 시행 (생명윤리법 금지항목: 20여개 항목을 제외한 모든 검사 시행 가능)

그림 24-6. **국내 유전자 검사 시행기관 및 승인절차**

(4) 단일유전자 질병의 유전검사

단일유전자 질병들은 희귀하게 발생하므로 치료약은 제한적으로 이용 가능하고 치료약이 있더라도 매우 고가로 판매된다. 그러나 원인 유전자 정보와 유전자 검사 방법에 대한 정보는 많이 알려져 있다. 그리고 다양한 유전질병의 원인 유전자에 대한 돌연변이 정보는 database화되어 있어 유전검사에 이용할 수 있다. 가장 대표적인 단일유전자 질병에 대한 유전변이형 정보를 database화하여 가지고 있는 Human Gene Mutation Database (HGMD)의 자료에 의하면 2009년을 기준으로 하여 약 3,337개 원인 유전자에서 총 88,317개의 돌연변이 정보가 보고되어 있다(표 24-3). 앞으로 더욱 많은 질병 원인 유전변이형들이 밝혀질 것이다. 이러한 유전질병 정보는 질병 원인 유전자 진단 및 치료를 위한 최적의 환자 선별을 위한 맞춤 치료법 기술 개발에도 활용될 수 있을 것이다.

표 24-3. 유전 질병의 원인 돌연변이의 종류와 발생 빈도

돌연변이의 종류	숫자 (n)	비율(%)
Micro lesions:	**(80,922)**	**(91.6%)**
missense/nonsense	49,806	56.4%
splicing	8,548	9.7%
regulatory	1,459	1.7%
small deletions	14,063	15.9%
small insertions	5,751	6.5%
small indels	1,295	1.5%
Gross lesions:	**(7,395)**	**(8.4%)**
repeat variations	267	0.3%
gross insertions/duplication	1,053	1.2%
complex rearrangements	772	0.9%
gross deletions	5,303	6.0%
합계	**88,317**	**100%**

* **Statistics for the 2009.1 release of HGMD (human gene mutation database)**: HGMD professional release 2009.1 contains 88,317 mutations and disease-associated/ functional polymorphisms in 3,337 genes taken from 26,769 journal articles and provides 3,078 reference cDNA sequences.

유전질병의 원인 중에서 가장 쉽게 식별 가능한 것이 염색체의 수적 이상이나 구조적 이상에 의한 유전질병이다(표 24-4). 염색체 이상에 의한 유전질병은 1,000명당 약 2명 정도로 발생하는 것으로 알려져 있다. 염색체 수의 이상에 의하여 발생하는 대표적인 유전질병으로는 다운 증후군(Down syndrome; trisomy 21), Klinefelter syndrome(47, XXY), Turner syndrome(45, X; monosomy X) 등이 있다. 그리고 염색체의 특정 부위의 미

세결손(microdeletions)에 의하여 발생하는 것으로는 22q11.2 미세결손에 의한 velo-cardio-facial syndrome(또는 CATCH22 혹은 DiGeorge syndrome 이라고도 불림), 15q11-13 부위의 미세결손에 의한 Prader-Willi syndrome, 그리고 7q11.23 부위의 미세결손에 의한 Williums syndrome 등이 있다.

표 24-4. 염색체 이상에 의한 유전질병의 종류와 원인

분류	질병명	유전적 원인
염색체의 수적 이상	• Down syndrome	trisomy 21
	• Klinefelter syndrome	47, XXY
	• Turner syndrome	45, X; monosomy X
염색체의 미세결손	• velo-cardio-facial syndrome (=CATCH22 or DiGeorge syndrome)	22q11.2 부위의 미세결손
	• Prader-Willi syndrome (genomic imprinting disorders)	15q11-13 부위의 미세결손
	• Williums syndrome (=Idiopathic hypercalcemia)	7q11.23 부위의 미세결손

그리고 현재 약 1,000개 이상의 다양한 유전검사가 유전검사실에서 시행되고 있으며 단일유전자 질병에 대한 유전검사가 이루어지는 대표적인 경우로는 다음과 같은 것이 있다(출처:http://www.ornl.gov/sci/techresources/Human_Genome/ medicine/genetest.shtml).

- **Alpha-1-antitrypsin deficiency** (AAT; emphysema and liver disease)
- **Amyotrophic lateral sclerosis** (ALS; Lou Gehrig's Disease; progressive motor function loss leading to paralysis and death)
- **Alzheimer's disease*** (APOE; late-onset variety of senile dementia)
- **Ataxia telangiectasia** (AT; progressive brain disorder resulting in loss of muscle control and cancers)
- **Gaucher disease** (GD; enlarged liver and spleen, bone degeneration)
- **Inherited breast and ovarian cancer*** (BRCA 1 and 2; early-onset tumors of breasts

and ovaries)

- **Hereditary nonpolyposis colon cancer*** (CA; early-onset tumors of colon and sometimes other organs)
- **Central Core Disease** (CCD; mild to severe muscle weakness)
- **Charcot-Marie-Tooth** (CMT; loss of feeling in ends of limbs)
- **Congenital adrenal hyperplasia** (CAH; hormone deficiency; ambiguous genitalia and male pseudohermaphroditism)
- **Cystic fibrosis** (CF; disease of lung and pancreas resulting in thick mucous accumulations and chronic infections)
- **Duchenne muscular dystrophy/Becker muscular dystrophy** (DMD; severe to mild muscle wasting, deterioration, weakness)
- **Dystonia** (DYT; muscle rigidity, repetitive twisting movements)
- **Emanuel Syndrome** (severe mental retardation, abnormal development of the head, heart and kidney problems)
- **Fanconi anemia, group C** (FA; anemia, leukemia, skeletal deformities)
- **Factor V-Leiden** (FVL; blood-clotting disorder)
- **Fragile X syndrome** (FRAX; leading cause of inherited mental retardation)
- **Galactosemia** (GALT; metabolic disorder affects ability to metabolize galactose)
- **Hemophilia A and B** (HEMA and HEMB; bleeding disorders)
- **Hereditary Hemochromatosis** (HFE; excess iron storage disorder)
- **Huntington's disease** (HD; usually midlife onset; progressive, lethal, degenerative neurological disease)
- **Marfan Syndrome** (FBN1; connective tissue disorder; tissues of ligaments, blood vessel walls, cartilage, heart valves and other structures abnormally weak)
- **Mucopolysaccharidosis** (MPS; deficiency of enzymes needed to break down long chain sugars called glycosaminoglycans; corneal clouding, joint stiffness, heart disease, mental retardation)
- **Myotonic dystrophy** (MD; progressive muscle weakness; most common form of adult muscular dystrophy)
- **Neurofibromatosis type 1** (NF1; multiple benign nervous system tumors that can be disfiguring; cancers)
- **Phenylketonuria** (PKU; progressive mental retardation due to missing enzyme; correctable by diet)

- **Polycystic Kidney Disease** (PKD1, PKD2; cysts in the kidneys and other organs)
- **Adult Polycystic Kidney Disease** (APKD; kidney failure and liver disease)
- **Prader Willi/Angelman syndromes** (PW/A; decreased motor skills, cognitive impairment, early death)
- **Sickle cell disease** (SS; blood cell disorder; chronic pain and infections)
- **Spinocerebellar ataxia, type 1** (SCA1; involuntary muscle movements, reflex disorders, explosive speech)
- **Spinal muscular atrophy** (SMA; severe, usually lethal progressive muscle-wasting disorder in children)
- **Tay-Sachs Disease** (TS; fatal neurological disease of early childhood; seizures, paralysis)
- **Thalassemias** (THAL; anemias - reduced red blood cell levels)
- **Timothy Syndrome** (CACNA1C; characterized by severe cardiac arrhythmia, webbing of the fingers and toes called syndactyly, autism)

그리고 유전검사에 대한 보다 상세한 내용은 Gcnctic Test Registry 웹사이트 (http://www.ncbi.nlm.nih.gov/gtr/)를 참고하면 유용한 정보를 많이 얻을 수 있다.

(5) 다유전자 복합질병의 유전검사

여러 유전자가 관여하는 암, 당뇨, 고혈압 등과 같은 질병은 주로 성인이 되어 발병하고 아울러 정상인을 대상으로 질병이 일어날 가능성을 예측하는 것이라서 실제로 질병의 감수성이 있는 유전변이형을 가지고 있다고 하더라고 질병이 발생하지 않을 수 있기 때문에 정확도가 매우 낮은 편이다. 이러한 만성 질병은 과거에는 정확성이 낮아서 유전검사에서는 거의 취급하지 않던 부분이나 최근에는 여러 유전자가 관여하는 만성 질병의 위험도를 결정하는 유전변이 정보가 많이 밝혀지면서 유전검사의 새로운 영역으로 고려되고 있다. 특히 저위험도를 가진 유전변이형에 대한 유전검사가 중요하게 취급되는 이유는 개인이 자신의 질병 위험도를 알면 일반적으로 질병의 다른 위험요인을 극소화하기 위하여 나쁜 식습관과 생활양식을 변경하여 질병을 예방하기 위한 유용한 수단으로 활용될 수 있기 때문이다. 이러한 저위험도에 대한 일반인의 인식은 전체적으로 보다 많은 사람들이 건강한 삶을 영위하고 국민건강과 보건의료의 질적인 개선에 기여할 수 있을 것으로 기대된다. 향후에는 다양한 질병에 대한 보다 많은 위험요인에 대한 이해와 더불어 질병에 영향을 미치는 환경과 생활 습관에 대한 바른 이해가 이루어진다면 질병을 예방하기 위한 새로운 방법의 개발도 가능할 것이다.

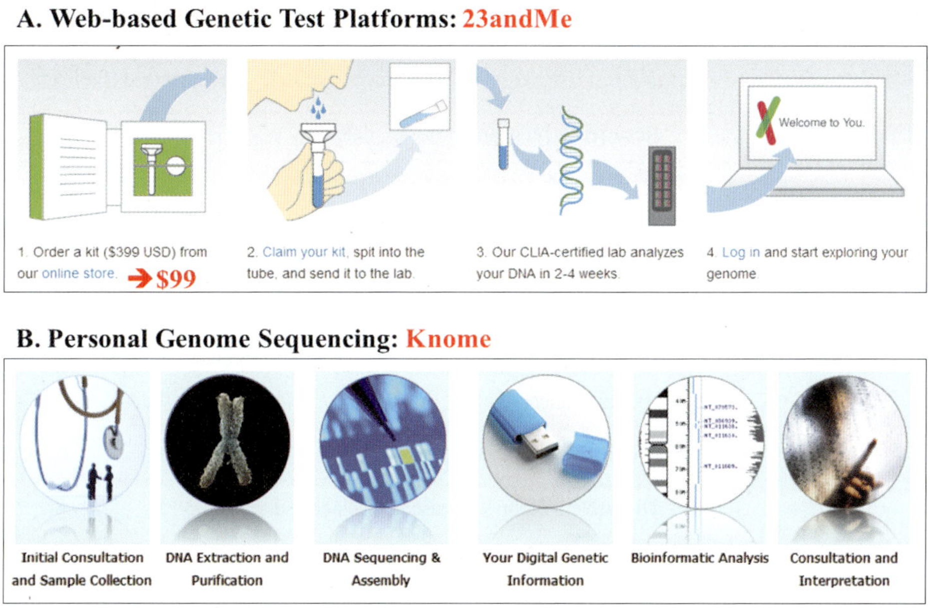

그림 24-7. 새로운 유전검사 방식 (Direct-to-Consumer Genetic Test): 23andMe 회사와 Knome 회사에서 이루어지는 유전검사의 형태

과거에는 고위험 유전변이형에 대한 유전검사만이 의료 기관에서 제한된 범위에서 이루어졌으나 최근에는 저위험 유전변이형에 대한 유전검사까지 일반인을 상대로 직접 유전자 검사(Direct-To-Consumer Genetic Test)가 이루어지고 있는 실정이다. 예를 들면, 미국의 23andMe라는 회사에서는 인터넷을 통해서 399 달러를 지불하고 유전검사를 신청하면 시료 채취를 위한 간단한 도구가 배달되고 본인의 시료를 보내면 유전검사 결과를 인터넷으로 확인 가능한 시스템을 갖추고 일반인 대상으로 유전검사 서비스를 제공하기도 한다(그림 24-7). 그리고 개인 유전체 염기서열 분석도 비용을 지불하면 분석이 가능한 상황이라 누구나 희망하는 다양한 종류의 유전검사를 받을 수 있다. 현재 유전검사를 수행하는 회사가 직접 개인 소비자를 상대로 하는 유전검사가 많이 생겼으며 고위험도 유전질병 검사에서부터 저위험도 만성질병에 대한 감수성 유전 분석, 개인 유전체 염기서열 분석, 조상 확인 유전검사, 개인의 유전적 차이를 이용한 식품 섭취의

패턴을 결정하는 영양 유전체 검사(nutrigenomics) 등과 같이 매우 폭넓은 분야에서 유전검사가 시행되고 있다(표 24-5).

표 24-5. 소비자를 직접 상대하는 유전검사들(**Direct-to-Consumer Genetic Tests**)

검사항목	보기	회사수
염색체 이상	Recurrent pregnancy loss, deletion of a piece of chromosome 22q (DiGeorge syndrome)	2
단일 유전자 질병	Cystic fibrosis, haemochromatosis	7
암 감수성	High risk: variants of tumour-suppressor genes BRCA1, BRCA2, PTEN	3
	Low risk: variants of genes associated with lung cancer or prostate cancer	7
만성질환의 감수성	Cardiovascular: thrombosis	15
	Digestive : Crohn's disease, gall-bladder disease	8
	Endocrine: obesity, type 2 diabetes	6
	Immune: allergies, lupus	6
	Nervous: amyotrophic lateral sclerosis, epilepsy	10
	Reproductive: endometriosis, infertility	4
	Respiratory: asthma, emphysema	4
	Skeletal: arthritis, back pain	9
	Skin: psoriasis	3
	Urinary: kidney stones	2
정신질환 관련 질병	Depression, schizophrenia	4
산화스트레스의 위험도	Coenzyme Q10 efficiency	3
약물대사 반응	Caffeine metabolism, β-blocker response	13
약물의존성	Nicotine dependence, heroin addiction	4
감염성 질환의 위험도	Norovirus resistance, HIV infection progression	3
건강지표	Fatigue, body composition	9

출처:Javitt G. (2010). Nature 466:817-818.

일반인을 대상으로 직접 유전검사를 제공하는 저위험도 유전 검사의 질병 위험도 계산은 다음과 같은 원리로 계산된다. 우선 검사 대상자의 타액으로부터 분석 대상 유전변이형 정보를 얻고 알려진 질병 위험 마커를 대상으로 특정 마커의 질병 위험도(예, 1.5배 위험도 증가)와 대상 질병의 집단 내 발병 확률(예, 10% 유병율)을 곱해서 분석 대상자의 개인적인 질병 발병에 대한 절대적인 위험도(예, 1.5 x 10%= 15%)를 추정한다(그림 24-8). 개인 유전변이형 정보가 대량으로 발굴되고 전장유전체연관성연구의 성과로 많은 저위험도 질병 연관 유전변이형이 밝혀지면서 미국을 중심으로 일반인을 대상으로 저위험도 유전 검사가 큰 관심을 끌었다. 대표적인 기업으로 Navigenics, deCode Genetics, 23andMe 등과 같은 기업이 있다. 그런데 현재 이들 기업은 모두 초창기 제공하던 저위험도 유전검사를 더 이상 제공하지 않고 있다. 이러한 결과는 저위험도 질병 유전검사가 실제 개인의 건강에 크게 개선 효과가 없고 상업적인 목적에 이용되는 부정적인 효과가 강하게 작용한 결과로 이해되고 있다.

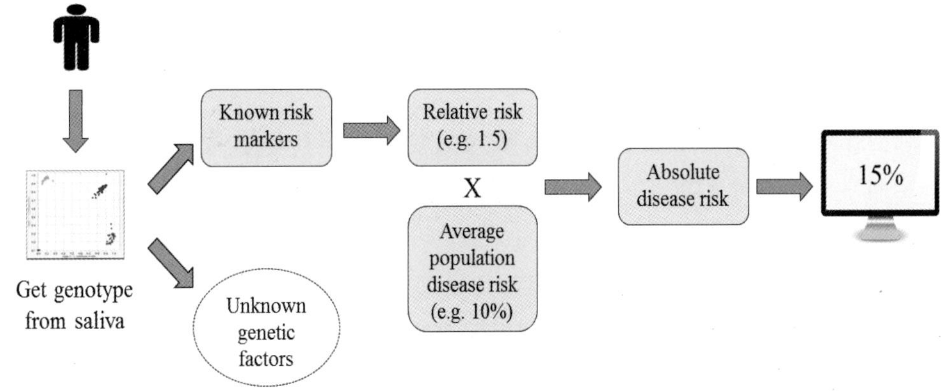

그림 24-8. 저위험도 유전검사 방식 (Direct-to-Consumer Genetic Test)의 질병 위험도 계산 원리

3. 개인 유전체 분석을 통한 유전검사

차세대 염기서열 분석기술의 발전으로 개인의 모든 유전변이 정보 분석을 통한 개인 유전체 유전검사가 가능하게 되었다. 한 개인의 유전체에는 약 3~3.5백만 개 정도의 유전변이형이 있으며 이렇게 많은 유전변이형 정보로부터 특정 표현형에 관련된 원인 유전변이형을 찾아내는 것은 매우 어려운 일이다. 개인 유전체 염기서열 분석을 통해 특정 표현형의 원인 유전변이형을 찾는 것은 다양한 databases, 기능 예측 알고리즘, 가계 연구, 기능 연구 및 논문 검색 등을 통해서 진행할 수 있다. 그러나 차세대 염기서열 분석을 통한 개인 유전체 유전검사도 기존 유전검사에서 요구하는 4가지 필요조건(Analytic validity, Clinical validity, Clinical utility and ELSI)을 만족해야 한다. 지금의 기술 수준에서는 차세대 염기서열 분석 방법만으로는 완전하지 않고 다른 분석 방법으로 보완이 필요하다. 임상 유전검사에 차세대 염기서열 분석 기술의 활용분야는 다음과 같은 것이 있다(Chrystoja C and Diamandis EP, 2014).

- **질병의 분자적 특성 규명**: 멘델 유전질환의 돌연변이 검색 (예, 미진단 희귀 유전질환자의 분자진단 및 거대한 DMD 유전자의 돌연변이 검색)

- **비침습적 산전 태아 유전검사**: 산모 혈액(혈장)에서 태아 DNA 분석을 통해 태아의 염색체 이상을 차세대 염기서열 분석 방법을 이용하여 검색.

- **다수의 질병 위험도 집단 검진**: 개인의 질병 감수성 및 질병 위험도를 파악하기 위해서 다수의 유전자를 대상으로 유전변이형 정보 분석.

- **암 유전변이 분석을 통한 맞춤 암 치료**: 다양한 암 세포로 구성된 환자의 다양한 체세포 돌연변이 분석을 통한 개인 맞춤형 표적 치료.

- **약물유전체학**: 개인의 약물 반응에 관련된 다수의 원인 유전자 및 유전변이형 정보 분석.

차세대 염기서열 분석 방법을 이용하여 임상 활용도가 가장 높은 분야는 전통적인 방법으로 진단되지 못한 희귀 유전질환자의 개인 유전체 분석(주로 WES 방법)으로 분자 진단하는 것이다. 이 분석 방법은 가족력이 있는 유전질환자 또는 산발적으로 발생한 희귀 유전질환자를 대상으로 기본적으로 trio 시료 (부-모-환자)의 임상정보와 유전체 시료를 확보한다. 물론 같은 가계 내에 추가적인 환자가 있는 경우에는 전체 가계를 포함하는 임상정보 및 시료 수집이 요구된다. 그리고 다음 순서로는 가장 일반적인 염색체 이상이 있는지 없는지를 확인하는 세포유전학적 검사(예, arrayCGH 검사 등)를 시행한다. 이 검사에서 질병의 원인으로 작용하는 염색체 이상을 발견하지 못하면 엑솜 염기서열 분석 방법과 같은 개인 유전체 염기서열 분석을 수행한다(그림 24-9). 많은 경우에 부모에서는 존재하지 않고 환자에게서 새롭게 생성된 돌연변이(*de novo* mutation)가 원인으로 작용하는 경우가 많기 때문에 경제적 부담이 되지 않는다면 trio 시료를 이용해서 분석하면 좋다. Trio 시료분석 방법은 질병의 원인이 *de novo* mutation이 아니더라도 부모의 유전변이형 정보를 대조군으로 사용하거나 autosomal recessive model 등을 이용하여 희귀 유전질병 분석을 수행할 수 있는 장점이 있다. 한편 특정 희귀 유전질환에서 원인 유전자 개수가 많은 경우에는 수십~수백 개 유전자를 하나의 패널로 묶어서 NGS 방법으로 유전검사를 수행하기도 한다(표 24-6). 그러나 전체 엑솜을 모두 스크린하는 비용이나 특정 유전자 패널을 스크린하는 비용의 차이가 거의 없어 일반적으로 엑솜 분석 방법을 많이 사용하고 있다.

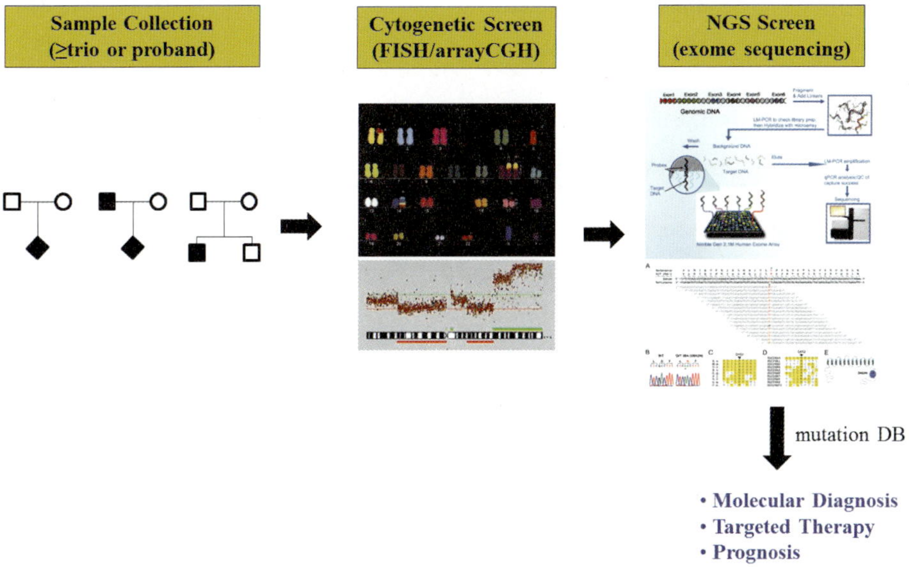

그림 24-9. 희귀유전질환의 원인 돌연변이 발굴을 위한 유전검사 체계

표 24-6. 임상 이용 가능한 질병 특이 NGS 유전검사: **Multi-Gene NGS Panel**

Disease area	Disease type	Genes
Cancer	• Hereditary cancers (ex, breast, colon and ovarian)	10-50
Cardiac diseases	• Cardiomyopathies	50-70
	• Arrhythmias (ex, long QT syndrome)	10-30
	• Aortopathies (ex, Marfan's syndrome)	10
Immune disorders	• Severe combined immunodeficiency syndrome	18
	• Perodic fever	7
Neurological, neuromuscular and metabolic disorders	• Ataxia	40
	• Cellular energetics, metabolism	656
	• Congenital disorders of glycosylation	23-28
	• Dementia (ex, Parkinson's disease &Alzheimer's disease)	32
	• Developmental delay, autism, intellectual disability	30-150
	• Epilepsy	53-130
	• Hereditary neuropathy	34
	• Microcephaly	11
	• Mitochondrial disorders	37-450
	• Muscular dystrophy	12-45
Sensory disorders	• Eye disease (ex, retinitis pigmentosa)	66-140
	• Hearing loss and related sydnromes	23-72
Others	• Rasopathies (ex, Noonan's sydnrome)	10
	• Pulmonary disorders (ex, cystic fibrosis)	12-40
	• Short stature	12

출처: Rehm HL. (2013). Nat Rev Genet 14:295-300.

임상분야에서 NGS 기반으로 가능한 유전검사 분야로는 임신전 유전질환 보인자 검진(preconception carrier testing), 비침습적 태아 염색체 검사, 신생아 검사 등이 있다(그림 24-10). 임신전 유전질환 보인자 검진으로는 Baylor 대학에서 개발한 "GeneAware" 임신 보인자 검사($399)가 있으며 총 161개의 유전자와 45개 full gene sequence를 검색하는데 총 2,333 amplicons을 증폭하여 NGS 기반으로 유전검사를 시행한다. 그리고 Counsyl 회사에서는 약 100개 정도의 희귀 열성 돌연변이 검색($350) 서비스를 제공하고 있다. 그리고 최근에 NGS 기반으로 태아의 산모 혈액(혈장)에 떠돌고 있는 태아 DNA 조각을 대량으로 분석해서 태아의 염색체 이상을 진단하는 비침습적 태아 유전검사(noninvasive prenatal test; NIPT)도 임상에서 많이 사용한다. 이렇게 임신-출산 전후에 시행되는 유전검사는 유전질병을 예방하거나 또는 조기에 적절한 약물 치료를 시행할 수 있는 방법을 알려줄 수 있다.

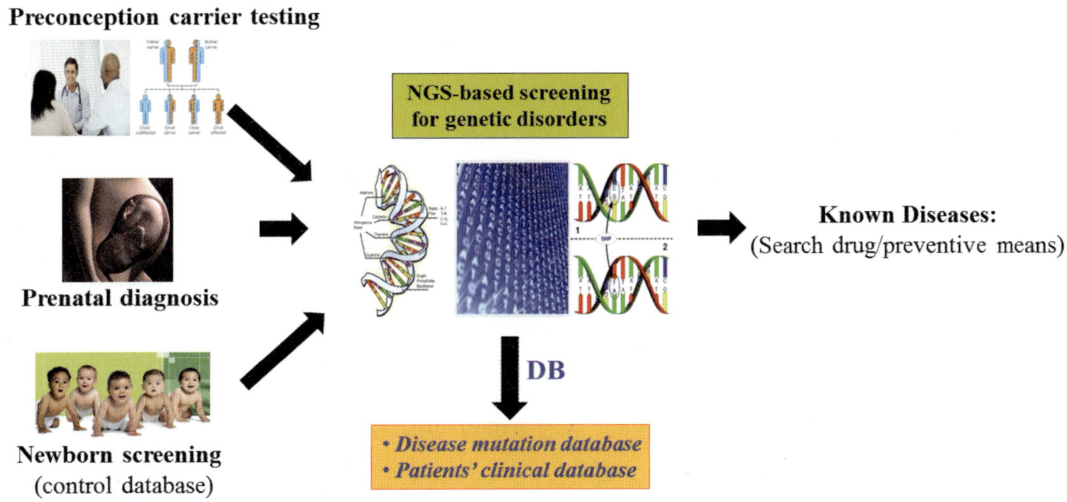

그림 24-10. NGS 기반 임신-출산 전후의 유전검사

임상분야에서 개인 유전체 염기서열 분석(WGS)이 통상적인 유전검사로 활용되기 위해서는 여러 가지 장애요인들을 해결해야 한다(그림 24-11). 우선 기존의 NGS 분석 방법의 오류율을 최소화하고 생물정보학적 분석 방법도 개선해야 하며 NGS 분석 비용들도 감소시켜야 한다. 그리고 고품질의 표준화 작업 구축과 윤리적 문제와 유전변이형과 표현형 간의 연관성에 대한 해석을 용이하게 해 줄 수 있는 정보가 충분해야 하고 이를 바탕으로 임상에서 유효성이 입증되어야 한다. 개인 유전체 염기서열 분석은 개인 유전체에 대해서 2 x 100 bp로 약 125 Gb 정도 염기서열 정보를 생산하면 단일염기서열 변이형 발굴에 필요한 약 40X 유전체 커버리지 분석이 가능하다.

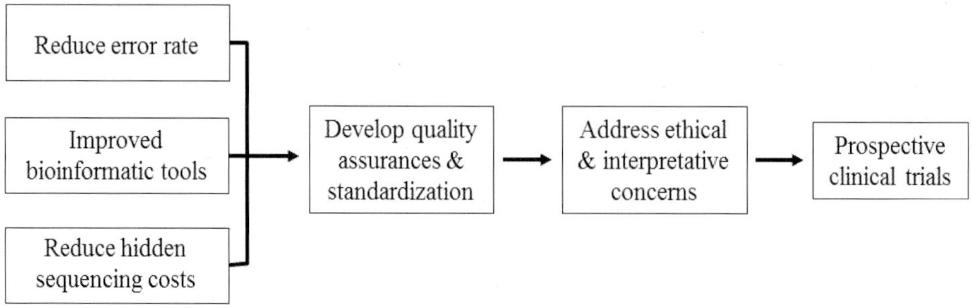

그림 24-11. **개인 유전체 분석이 통상적인 임상 유전검사로 사용되기 위해 해결해야할 장애요인들.** 출처: Chrystoja C and Diamandis EP. (2014). Clin Chem 60:724-733.

다양한 유전체 변이형 정보와 표현형(질병 또는 약물 반응성)에 대한 연관성 database들이 유전검사에 유용한 정보들을 제공하고 있다(표 24-7). 미국 NCBI 기관에서도 기존의 OMIM, GeneReviews, Locus-Specific Mutation Database 등을 통합하여 **ClinVar** (http://www.ncbi.nlm.nih.gov/clinvar)라는 새로운 genotype-phenotype database를 구축하여 운영하고 있다(McCarthy JJ e t al, 2013). 최근에는 의사가 희귀 유전질환을 진단하거나 후보 원인 유전자를 검색하기 위한 온라인 database들도 개발되어 이용 가능하다(표 24-8). 이와 같이 다양한 유전질환의 원인 유전변이형 검색 및 임상 진단을 도와주는 유용한 도구들은 임상 활용도가 높은 새로운 맞춤의료의 시대를 촉진할 것으로 기대해 본다.

표 24-7. 임상 유전체 검사와 관련 정보를 제공하는 유전체의학 웹사이트

웹사이트 이름	주소(URL)	내용
CPIC	http://www.pharmgkb.org/page/cpic	임상 적용을 위한 상세한 유전변이형과 약물에 대한 가이드라인 제시
EGAPP	http://www.egappreviews.org/	임상 사용 가능한 적절한 유전검사 추천
Evidence aggregator	http://www.hugenavigator.net/GAPPKB/evidencerStartPage.do	유전검사 및 유전체 활용을 위해 관련된 정보와 가이드라인을 찾을 수 있는 검색엔진.
FDA biomarkers	http://www.fda.gov/drugs/scienceresearch/researchareas/pharmacogenetics/ucm083378.htm	시판되고 있는 약 레이블에 표시된 약물유전체 바이오마커 관련 정보 제공
GAPP Finder	http://www.hugenavigator.net/GAPPKB/topicStartPage.do	개발되어 실제 임상 가능하기 위한 과도기 단계에 있는 유전검사 database(현재 519 검사).
Genetic testing registry	http://www.ncbi.nlm.nih.gov/gtr/	전세계적으로 시행되고 있는 다양한 유전검사 전반에 대한 상세한 정보를 수록한 database (1,200종 이상의 유전검사 방법 수록)
PharmGKB	http://www.pharmgkb.org	임상 적용 가능한 유전자-약물 연관성 정보 database
PLoS currents: evidence on genomic tests	http://currents.plos.org/genomictests/	기존에 보고된 유전체 검사들에 대한 리뷰 및 추천사항 정보 제공(23 유전체 검사 수록)

출처: McCarthy JJ e t al. (2013). Sci Transl Med 5:189sr4.

표 24-8. **의사가 희귀 유전질환 진단 및 후보 원인 유전자 검색을 위해 제공하는 온라인 database들**

Access Type	Database Name	Website
Free Access	Genetic Testing Registry	www.ncbi.nlm.nih.gov/gtr
	HuGE Navigator	http://hugenavigator.net/HuGENavigator
	HGMD	www.biobase-international.com/product/hgmd
	OMIM	www.omim.org
	Phenomizer	http://compbio.charite.de/phenomizer
	SimulConsult	www.simulconsult.com
Subscription or fee required for access	Isabel	www.isabelhealthcare.com/home/default
	London Medical Databases	http://lmdatabases.com
	POSSUM	www.possum.net.au

HGMD, Human Gene Mutation Database; OMIM, Online Mendelian Inheritance in Man

출처: Biesecker LG and Green RC. (2014). N Engl J Med 370:2418-2425.

4. 미래 맞춤의학

미래의 사회는 인간이 건강한 삶을 영위하기 위하여 질병으로부터 자유롭기 위한 다양한 방법들이 모색될 것이다. 질병의 발생은 유전적 요인과 환경적 요인으로 결정된다. 그리고 최근에는 주변 환경의 변화로 새로운 유전적 요인에 의한 질병 발생의 위험성이 증대될 수도 있다. 예를 들면, Pima Indian의 경우에는 1901년 경의 생활 환경은 당뇨병을 유발하지 않았지만 최근에는 풍부한 음식으로 세계에서 제 2형 당뇨병이 가장 많이 발생하는 집단으로 발전하게 되었다(그림 24-12). Pima Indian의 경우와 같이 어떤 질병의 발생은 항상 환경적 요인과 유전적 요인이 동시에 작용하며 두 요인을 동시에 고려할 때에 보다 정확한 예측이 가능하다. 예를 들면, 영양 상태가 불량한 환경에서는 제 2 형 당뇨병이 거의 발생하지 않으며 유전적 위험 요인의 영향도 거의 없을 것이다. 그러나 과다한 영양 공급은 비만에 기인된 제 2형 당뇨병의 발생을 급격히 증대시킬 것이며 유전적 위험 요인의 효과도 크게 증대될 것이다. 따라서 미래의 새로운 환경에서는 다른 유전변이형이 질병의 위험요인으로 작용하는 것도 예상된다.

그림 24-12. **Pima Indian에서 환경 변화에 따른 제2형 당뇨병 발생 변화**

미래의학은 각 개인이 가진 유전적 요인과 환경적 요인에 대한 정확한 정보의 수집으로 개인별 질병의 발생 위험도 예측을 가능하게 할 것이다. 그림 24-13에 제시한 바와 같이 각 개인의 질병에 대한 위험도는 모든 환경적 위험 요인, 모든 유전적 위험 요인, 그리고 환경과 유전의 상호작용 효과를 통해 정확히 예측할 수 있을 것이다.

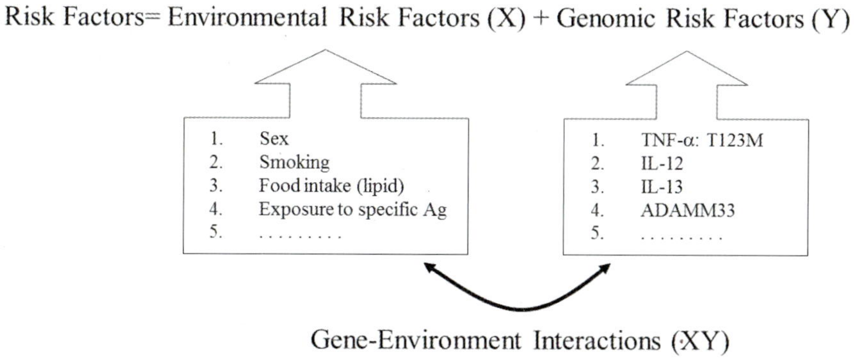

$$\textbf{Total Risk Factors} = \sum X_i + \sum Y_j + \sum X_i Y_j$$

그림 24-13. **미래의학 - 예측 가능한 유전체 의학**

또한 예측 유전체 의학의 도래는 각 개인의 기본 정보(성별, 나이 등)와 더불어 다양한 환경 위험요인 정보 및 다수의 유전적 위험요인 정보를 입력하면 전체 집단의 발병 위험도에 대한 각 개인의 상대적 발병 위험도를 예측하는 프로그램의 개발로 가능할 것이다(그림 24-14). 이러한 각 개인의 위험도 예측 정보는 개인의 질병 발생을 최소화할 수 있는 예방법(생활 습관 변화 등)을 제시하여 질병의 진단과 치료뿐만 아니라 질병 예방을 위한 다양한 방법들이 실제 생활에 적용될 수 있을 것이다.

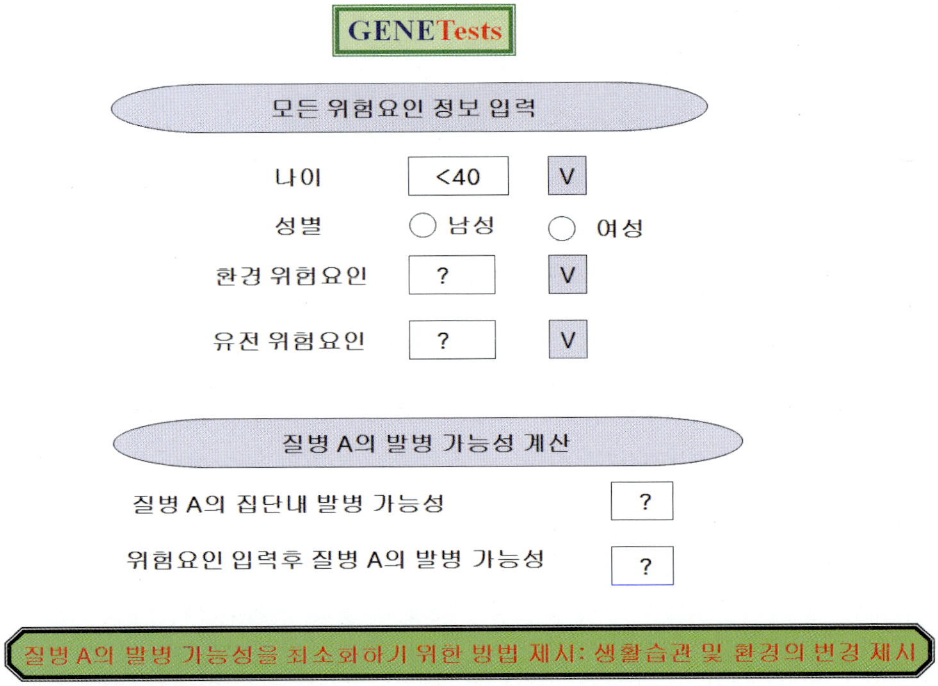

그림 24-14. **미래의 질병 예측용 유전검사의 예**

유전체학 분야의 발전은 질병의 진단, 치료 및 예방법 개발에 큰 영향을 미칠 것으로 예상된다. 그리고 최근에는 유전체 지식과 유전체 분석기법이 다양한 분야에 활용되어 새로운 학문영역을 개척해 나가고 있다. 또한 다양한 표현형과 질병에 관여하는 많은 종류의 유전정보가 새로이 밝혀지면서 이를 이용한 유전검사가 보편화되고 있다. 특히 개인의 모든 유전체에 대한 완전한 염기서열 정보는 암 맞춤치료, 비침습적 산전 유전검사, 약물 유전체학, 희귀 유전질병의 분자진단 등과 같은 분야에서 큰 발전을 이루고 있다. 향후에는 개인 유전체 염기서열 정보로부터 아직 임상 활용도가 검정되지 않은 새로운 유전 바이오마커의 발굴도 가능하리라 생각한다. 따라서 인간 유전체 분야에 대한 연구는 앞으로 더욱 많은 발전이 예상되고 인간 유전체와 질병에 대한 상관성에 대한 이해는 보다 건강한 삶을 살아가려는 인간의 노력에 값진 선물을 안겨줄 것이다.

유전검사는 질병 진단을 위한 검사뿐만 아니라 개인의 유전적 정보를 바탕으로 질병 예방, 특정 치료에 가장 적합한 환자의 식별 및 치료후 반응에 대한 예측 등을 위한 다양한 검사가 행하여 질 수 있다(그림 24-15). 예를 들면, 질병 유발 위험 유전변이형을 가진 사람을 식별하고 고위험군에 속하는 사람을 대상으로 조기 검진을 수행하여 질병을 조기에 찾아낼 수 있을 것이다. 그리고 가장 적합한 치료법 및 환자를 찾아 치료하고 치료에 대한 예후를 판정할 수 있는 유전검사도 가능할 것이다. 이러한 질병 진단, 질병 예방을 위한 조기 진단 및 최적의 치료를 위한 유전검사는 맞춤의학을 구현하기 위한 가장 기본적인 밑거름이 될 것이다.

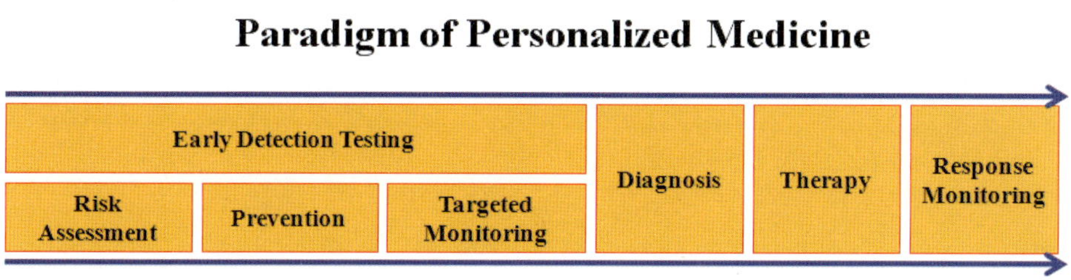

그림 24-15. 맞춤의학 시대를 위한 유전검사

한편 유전검사는 동시에 다양한 사회적 문제를 유발할 수 있다. 예를 들면, 전통적으로 희귀 유전질병의 경우처럼 한 유전자의 이상이 심각한 질병을 유발하는 경우에는 개인의 건강보험 가입과 고용 과정에 남용될 수 있는 가능성이 매우 높아 이에 대한 사회적 안전장치 마련이 필요한 실정이다. 그리고 개인의 조상에 대한 기원을 알고자 하는 유전검사는 인종 차별을 유발할 수 있으며 특히 다문화 사회로 변하고 있는 현실에서는 개인의 유전정보가 개인을 차별할 수 있는 도구로 사회적 문제를 초래할 수 있다. 또한 친자 확인 등의 유전검사도 개인의 인권을 침해할 수 있고 최근에 다수의 유전자가 관여하는 저위험 감수성 유전자에 대한 만성 질병의 유전검사는 정확도가 낮고 예측력이 부족함에도 이에 대한 이해 부족에서 오는 과장된 해석이 우려되는 실정이다. 그래서 개인의 유전정보 공개에 따르는 문제점을 해결하기 위한 방법으로는 유전정보 생산에 사용된 개체 또는 시료에 대한 익명화 작업을 거치고 잘못 사용할 가능성이 있는 경우에는 유전정보 비공개 서약서를 작성하도록 하며 관련 연구자 또는 검사자에 대한 교육을 강화하는 프로그램이 필요할 것이다. 그리고 유전검사로 인해 야기될 수 있는 다양한 피해를 예방하고 개인의 유전적 차이에 따른 차별을 받지 않도록 하는 법적 장치 마련도 준비되어야 할 부분이다.

■ 참고문헌

- Bell J. (2004). Predicting disease using genomics. Nature 429:453-456
- Biesecker LG and Green RC. (2014). Diagnostic clinical genome and exome sequencing. N Engl J Med 370:2418-2425
- Botstein D and Risch N. (2003). Discovering genotypes underlying human phenotypes: past successes for medelian disease, future approaches for complex disease. Nat Genet Supplement 33:228-237
- Chrystoja C and Diamandis EP. (2014). Whole genome sequencing as a diagnostic test: challenges and opportunities. Clin Chem 60:724-733
- Javitt G. (2010). Which way for genetic-test regulation? Assign regulation appropriate to the level of risk. Nature 466:817-818
- Katsanis SH and Katsanis N. (2013). Molecular genetic testing and the future of clinical genomics. Nat Rev Genet 14:415-426
- McCarthy JJ e t al. (2013). Genomic medicine: a decade of successes, challenges, and opportunities. Sci Transl Med 5:189sr4
- Rehm HL. (2013). Disease-targeted sequencing: a cornerstone in the clinic. Nat Rev Genet 14:295-300
- Tate SK and Goldstein DB. (2004). Will tomorrow's medicines work for everyone? Nat Genet Supplement 36:S34-S42
- Clinvar: http://www.ncbi.nlm.nih.gov/clinvar

[부록] 유전체 연구 관련 선진기술의 동향 및 신기술 소개

(국내 유전체 관련 회사 소개)

1. Real-Time PCR 및 반도체 차세대 시퀀서 기술

Thermo Fisher Scientific 한국지사 최정룡·박근준

(1) Real-Time PCR을 이용한 질병유전체 분석 기술

질병과 관련된 유전자는 한 가지가 결정적으로 발병에 관여하기도 하지만 하나의 유전자 내에서도 질병의 원인이 되는 돌연변이의 염기서열 위치가 달라지기도 하고 또 질병에 따라서는 여러 가지 유전자가 복합적으로 관여하기도 한다. 동일한 질환 증세를 가지고 있더라도 그 원인이 다르면 치료를 위한 접근이 달라야 하는데 이것을 맞춤형 의료라고 한다. 유전체를 이용한 질병의 분석이나 치료는 이러한 맞춤형 의료를 실현하기 위해서 필요한 개인적인 차이를 빠르고 정확하게 분석할 수 있게 한다. 질병과 관련이 있는 유전체의 분석 방법은 매우 빠르게 종류와 방법 등이 개발되고 있으며 대표적인 것으로는 유전자 발현의 정량적인 분석이나 유전자의 복제수 그리고 유전자의 유무나 genotyping과 같은 정성적인 분석 등을 통해서 질병의 유무나 진행 상태 또는 발병을 예측할 수 있다. 이러한 것들은 Real-Time PCR을 이용하여 분석할 수 있는데 이 장비는 실시간으로 유전자의 증폭을 확인할 수 있는 장비로 몇 가닥의 DNA를 한 두 시간 안에 수십억 배 이상으로 증폭시킬 수 있는 장비이다. 이러한 요구에 맞추어 Thermo Fisher Scientific의 대표 브랜드인 Life Technologies™에서는 한 대의 장비로 여러 장비의 성능을 구현할 수 있고 또 한 번에 최대 12,000개의 PCR 반응을 할 수 있는 Real-Time PCR인 QuantStudio™ 12K Flex를 출시하였다. 이 장비는 일반적으로 많이 사용하는 96 well이나 Fast 96 well, 384 well, TaqMan® Array Card 그리고 OpenArray® block을 간편하게 서로 교체할 수 있다(그림 1).

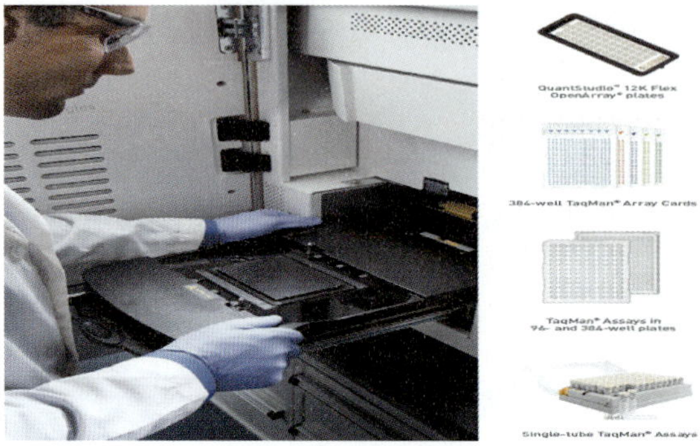

그림 1. 다섯 가지의 block 교체가 가능한 QuantStudio™ 12K Flex Real-Time PCR System. 한 개의 PCR 반응부터 최대 12,000개의 PCR이 가능한 OpenArray® block 까지 간편하게 block을 교체할 수 있다.

Real-Time PCR에서 한 번의 반응으로 여러 가지 유전자의 정보를 확인할 수 있는 multiplex 시험은 유전체의 분석을 좀 더 빠르고 효율적으로 가능하게 해준다. 이러한 multiplex를 실시하기 위해서는 서로 다른 색의 형광을 검출할 수 있는 optic system이 장착되어야 한다. QuantStudio™ 12K Flex는 excitation filter와 emission filter가 모두 6개이면서 서로 조합이 가능한 OptiFlex® System을 적용하여 최대 21개의 검출 가능한 색상 조합을 만들어 낼 수 있기 때문에 파장이 다른 여러 형광 물질을 적용하여도 각 형광 물질들의 특징을 가장 잘 살릴 수 있으므로 multiplex application에 이상적인 장비이다. 또한 대용량의 데이터를 생산할 수 있는 OpenArray® technology는 nanoliter fluidic platform으로 33 nl의 PCR 반응을 한 번에 3,072개를 수행할 수 있기 때문에 Real-Time PCR의 우수한 실험 결과와 microarray의 샘플을 대량으로 처리할 수 있는 장점을 모두 갖추었다. OpenArray® plate는 64개의 through-hole이 있는 48개의 subarray로 되어있고 표면은 소수성이면서 내부는 친수성이어서 PCR 반응액이 through-hole 안에 잘 유지되도록 하였다(그림 2). 이러한 OpenArray® plate를 이용하여 cancer mutation이나 바이러스 검출과 같은 rare target의 감도 높은 결과를 얻는데 적합한 digital PCR application을 가능하도록 하였다. 그리고 미세한 nanoliter 수준의 PCR 반응액을 OpenArray® plate에 분주하는 장비인 AccuFill™ System은 매우 간편한 조작으로 PCR 반응액의 양적인 편차 없이 일정한 분주가 가능하도록 하여 대량의 실험 결과를 얻을 수 있도록 하였다.

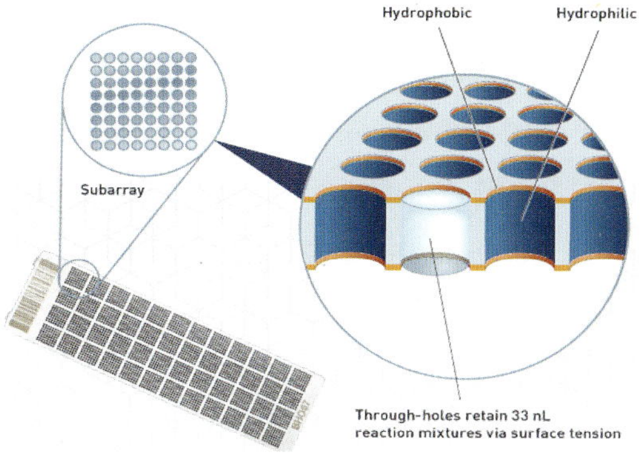

그림 2. OpenArray® plate의 구조 및 원리. OpenArray® plate는 반응액의 volume이 33 nl인 8x8개의 through-hole로 구성된 subarray가 12x4 배열로 이루어져 있다.

질병 유전체를 분석할 때, 정밀하며 감도가 뛰어난 Real-Time PCR을 수행하기 위해서는, 검출 시약이 매우 중요하다. Thermo Fisher Scientific은 target에 대한 특이성이 매우 뛰어나며 여러 application에 적합한 TaqMan® Assay를 공급하고 있다. TaqMan® Assay를 이용한 application 별로 살펴보면 다음과 같다.

TaqMan® Gene Expression Assay는 가장 포괄적으로 사용되고 있는데, 23개 생물종에 대하여 130만 개 이상의 primer/probe set이 이미 디자인되어 공급되고 있으며 FAM™ 이나 VIC® dye로 표지되어 4가지 size로 공급되고 있다. 또한 TaqMan® Probe는 매우 정밀한 실험 결과를 재현해 내어 하나의 염기서열 차이를 구별할 수 있도록 해준다. 이러한 특징을 이용한 TaqMan® SNP Genotyping Assay는 human SNP에 대하여 450만 개 이상의 assay set이 제공되고 있다. 특히 TaqMan® DME Genotyping Assay는 약물 대사에 관련된 유전자만을 별도로 구별하여 약 2,700개가 제공되고 있다. 유전적 다양성은 염기서열의 차이뿐만 아니라 복제수의 차이에서도 기인하는데 TaqMan® Copy Number Assay는 유전자의 복제수를 측정하기 위하여 사용되는 assay로 인간의 게놈에 대하여 160만 개가 디자인되어 공급된다. 그리고 TaqMan® Mutation Detection Assay는 DNA mutation의 정도를 확인하기 위하여 사용되고 있으며 wild type genomic DNA의 높은 background에 대하여 mutation이 된 DNA만을 매우 특이적으로 검출할 수 있도록 한다. 이 Assay는 competitive allele-specific TaqMan® (CAST) PCR technology를 적용하여 genomic DNA에서 0.1% 이하의 mutation까지도 검출이 가능하다. 마지막으로 혁신적인 디자인 기술로 20 base 내외의 microRNA에 대한 TaqMan® Assay의 적용이 가능하여

miRNA 프로파일링이나 long noncoding RNA의 정량, pri-miRNA의 정량, 그리고 small RNA의 정량분석 등에 대하여 TaqMan® Assay를 공급하고 있다. 이러한 TaqMan® Assay들은 미리 디자인된 assay pool에서 찾을 수 없는 경우에 custom design으로도 assay를 공급하고 있다. 최근에 특이성과 정확도가 매우 우수한 digital PCR의 응용이 점차 확대되고 있다. Digital PCR 전용 장비인 QuantStudio™ 3D Digital PCR에서 genomic DNA의 rare allele을 검출하는 능력이 탁월한 TaqMan® Rare Mutation Assay도 공급하고 있다.

Digital PCR technology는 PCR 반응액을 수천에서 수만 개의 작은 PCR well에 나누어 반응한 뒤에 각 well의 PCR 양성 반응 여부를 확인하는 기술로 특이성과 정확도가 우수하며 표준물질이 없이 정량이 가능한 장점이 있다. Thermo Fisher Scientific은 이러한 digital PCR이 가능한 두 가지 platform을 제공하고 있다. 하나는 앞서 소개한 QuantStudio™ 12K Flex OpenArray® plate이고(그림 3) 다른 하나는 QuantStudio™ 3D digital PCR system이다. QuantStudio™ 3D digital PCR은 1 nanoliter 수준의 PCR이 가능한 약 20,000개의 well로 이루어진 silicon chip에 PCR 반응액을 분주한 뒤 sealing을 하고 PCR 반응을 실시한다(그림 4). FAM과 VIC® dye를 검출할 수 있으므로 하나의 칩에서 두 가지 target을 동시에 검출할 수 있다. Rare target detection이나 pathogen detection 또는 바이러스 정량 등에 적용할 수 있다.

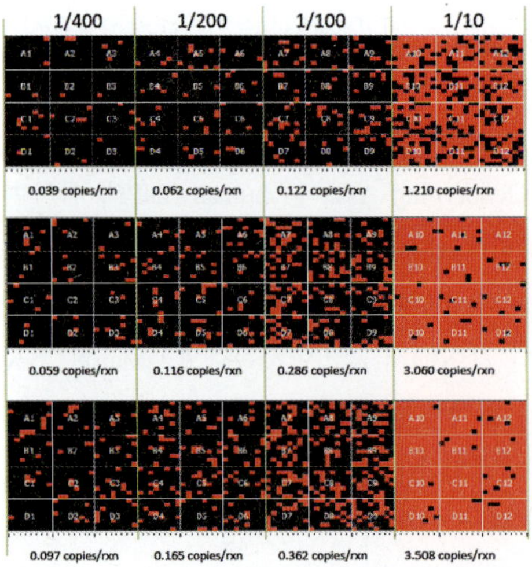

그림 3. OpenArray® plate를 이용한 digital PCR 응용. 바이러스를 농도별로 희석하여 DigitalSuite™ Software로 분석한 그림.

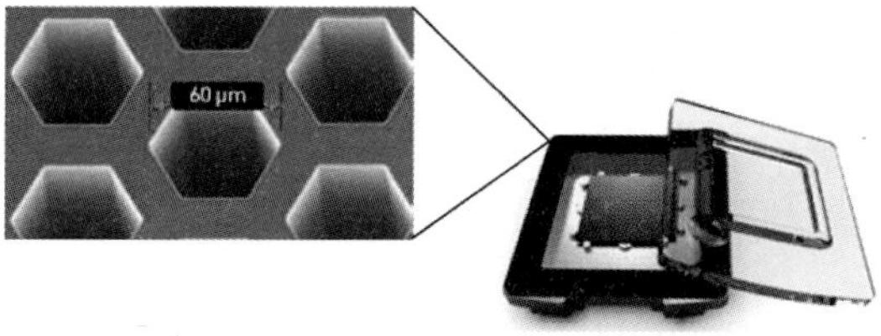

그림 4. QuantStudio™ 3D Digital PCR 에 사용되는 chip. Chip은 base와 lead로 구성되었고 875 picoliter로 PCR이 가능한 20,000개의 well이 있다.

(2) 반도체 차세대 시퀀서 Ion Torrent™ PGM과 Ion Proton™

Thermo Fisher Scientific의 대표 브랜드인 Life Technologies™에서는 기존의 광학방식에서 벗어나, 반도체를 사용하는 차세대 시퀀서(Next Generation Sequencer, NGS)인 Ion Torrent를 제공하여 desktop (benchtop) sequencer의 본격적인 시대를 이끌고 있으며, 현재 2 Gb 정도까지의 데이터 생산이 가능한 Ion PGM™ (Personal Genome Machine)과 10~15 Gb 정도가 가능한 Ion Proton™ 두 종류의 장비가 수천 대 규모로 전 세계에서 활약하고 있다. 현재 대부분의 NGS 기술들처럼 분석하고 싶은 DNA 서열을 그대로 읽는 것이 아니고, 그 서열에 대해서 상보적으로 DNA를 합성해 가면서 읽는 방식을 취하는데, Ion Torrent의 경우는 다른 장비들과 달리 형광 등이 결합된 인공 DNA 염기를 사용하지 않는 점이 특징이다(그림 5). DNA 염기가 상보적으로 결합할 때는 수소이온(H+)이 방출되고 그 결과 주위의 pH가 낮아지는데, 바로 그러한 변화를 반도체의 각 well에서 센서로 잡아냄으로써 매우 빠른 시퀀싱을 실현시켰으며, 게다가 서로 다른 집적도의 반도체들을 준비하였기 때문에, 각 연구 실험에 가장 적절한 용량의 칩을 선택하여 매우 신속한 NGS 분석을 경제적으로 부담 없이 할 수 있다는 장점을 가지게 되었다(그림 6).

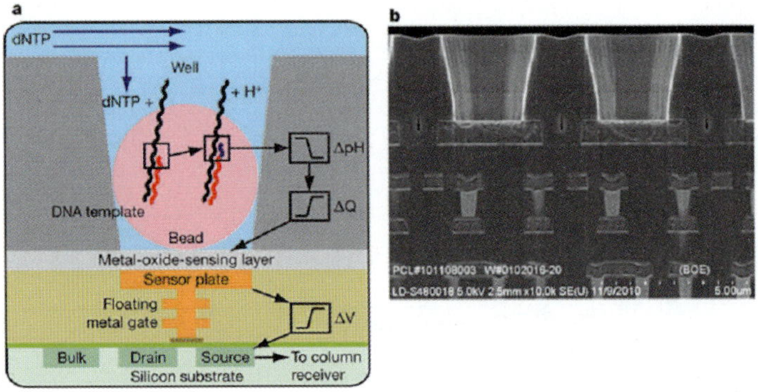

그림 5. Ion Torrent 반도체 칩의 모양과 원리. 반도체 칩의 Well에는 한 개씩의 bead가 들어가고, 그 bead에 결합된 DNA 주형을 따라 상보적인 DNA 서열 합성이 일어나면서 나오는 수소이온을 pH 변화로 탐지한다(Nature 475, 348 - 352.에서 인용).

Ion Torrent	Chip	Run Time		Output		Reads
		200 bp	400 bp	200 bp	400 bp	
Ion PGM	314 Chip	2.3 hrs	3.7 hrs	30 - 50 Mb	60 - 100 Mb	0.40 – 0.55 M (1.3 M wells)
	316 Chip	3.0 hrs	4.9 hrs	300 - 600 Mb	600 Mb - 1 Gb	2 - 3 M (6 M wells)
	318 Chip	4.4 hrs	7.3 hrs	600 Mb – 1 Gb	1.2 – 2 Gb	4 - 5.5 M (11 M wells)
Ion Proton	PI Chip	3 hrs		10 – 15 Gb		60 - 80 M (149 M wells)

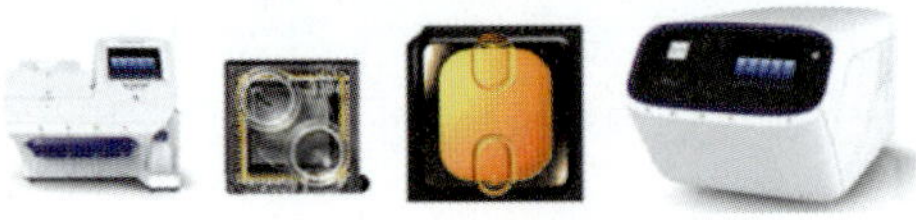

그림 6. Ion PGM과 Proton의 반도체 칩 사양. Ion PGM에서는 314, 316, 318칩 세 종류 중에서 read length 200 bp, 400 bp 선택이 가능하고, Ion Proton에서는 PI칩에서 200 bp 시퀀싱이 가능하다. 이러한 사양은 칩과 시약, 소프트웨어 등의 버전 업그레이드로 계속 향상되는 중이다(2014년 12월 기준).

Ion Torrent™는 소형 NGS에 속하기 때문에 공장형 대형 NGS들이 장점을 가지는 human whole genome 시퀀싱을 목적으로 하지는 않으며, 주로 미생물 시퀀싱과,

clinical sequencing에도 많이 활용되는 (panel) targeted sequencing 등에서 많은 성과를 올리고 있다. Ion Torrent에서는 AmpliSeq™ 기술의 패널(panel) 시퀀싱을 구현시켰는데, 각 패널에서 디자인된 target 영역만을 게놈의 DNA로부터 PCR 증폭한 시퀀싱이 가능하다. 예를 들어 50개 암 관련 유전자의 2,800개 이상의 변이를 살펴보는 Ion AmpliSeq Cancer Hotspot Panel v2의 경우는 10 ng 이하 DNA, 특히 FFPE (Formalin-Fixed Paraffin-Embedded) 샘플에서도 매우 좋은 결과를 보이고, Ion Proton™을 사용할 경우에는 가장 큰 targeted sequencing이라고 할 수 있는 Ion AmpliSeq™ Exome (294,000 amplicons) 시퀀싱까지 2~3명의 샘플을 동시에 3시간 미만의 run time으로 생산할 수 있다. Ion AmpliSeq™에 대한 모든 정보는 www.ampliseq.com에서 얻을 수 있으며, 다양한 생물종에서 무료로 여러 가지 유전자 조합의 자신만의 panel 디자인도 가능하다.

Ion Torrent™는 기존의 비싸고 어렵고 다루기 힘든 대형 장비라는 인상의 NGS로부터 소형의 다루기 쉽고 간편하고 저렴한 NGS라는 시장을 새로 개척한 셈이며, 한국에서만도 '12년에 5편, '13년에 10편, '14년에 12편 이상의 논문들이 나왔고, 전 세계적으로는 2014년 말 기준으로 이미 누적 논문이 약 1,000편에 도달하였다. 소형 NGS임에도 불구하고 경제적이고 정확하고 신속한 성능들이 인정을 받아, 전 세계적인 대형 프로젝트들에서 선택되기도 하였다. 미국 퇴역군인 100만 명을 대상으로 하는 세계 최대 규모의 medical database를 구축하는 미국 국가보훈부의 MVP (Million Veteran Program), 사우디아라비아의 국민 10만 명 시퀀싱 프로그램, '14년 5월에 전이성 유방암 환자 1,300명 시퀀싱으로 시작된 유럽의 AURORA 국제 프로젝트, 미국 NCI (National Cancer Institute)가 수십 개 제약회사들과 연계하여 진행하는 M-PACT study와 NCI-MATCH(Molecular Analysis for Therapy Choice)의 대규모 암환자 시퀀싱 프로젝트들, 미국 Mt. Sinai에서 '14년 8월에 시작한 100만 명 시퀀싱이 목표인 Resilience Project 등에서 Ion Torrent™가 채택되었다. 2014년 9월에는 의료용 장비인 Ion PGM™ Dx가 등장하여 미국 FDA 승인을 받았으며, 10월 유럽 CE-IVD 마크 획득, 11월 일본의 의료장비 등록이 완료되면서, 의료장비로서의 NGS 활약도 본격적으로 시작되어서 환자 개개인의 유전적인 특성에 맞춘 치료를 구현하는 21세기 맞춤의학을 현실화시키고 있다.

2. Agilent Target Enrichment System과 Library QC

㈜엘앤씨바이오　김자은 · 김민주

(1) Target Enrichment System

Next generation sequencing 기술의 발전으로 방대한 whole genome sequencing data가 축적되었고 이로 바탕으로 많은 연구결과를 확보할 수 있었다. 그러나 3.2Gb의 human whole genome의 방대한 dada를 저장하고 분석할 수 있는 system이 부족하게 되면서 분석되지 못하고 쌓이는 data가 점점 증가하였다. Agilent Technologies사에서는 최초로 3.2Gb의 정보 중에서 필요한 일부 targeted region sequencing을 위해 long-oligonucleotide를 이용한 Solution hybrid 기술을 개발하였고 이를 2009년 Nature Biotechnology 논문에 개재하였다(그림 1). 이로써 Sequencing 비용과 분석 시간을 효과적으로 질약, 단축할 수 있게 되었다.

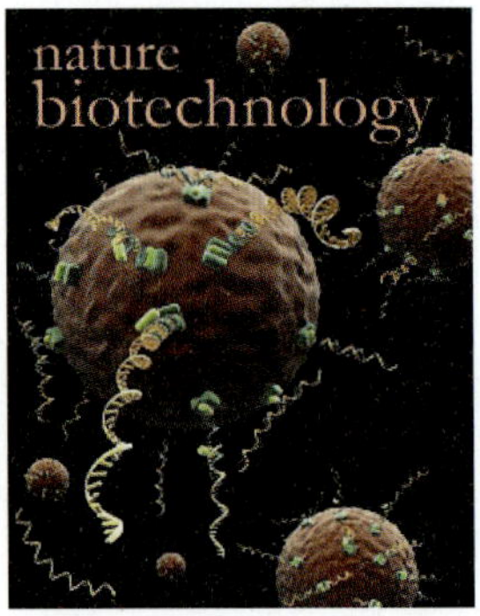

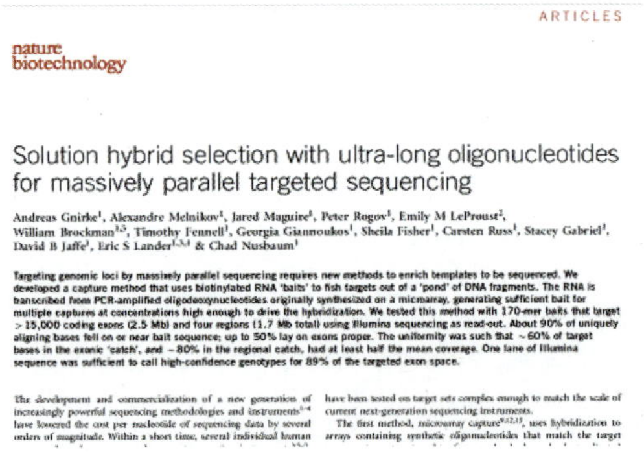
ARTICLES

nature biotechnology

Solution hybrid selection with ultra-long oligonucleotides for massively parallel targeted sequencing

Andreas Gnirke[1], Alexandre Melnikov[1], Jared Maguire[1], Peter Rogov[1], Emily M LeProust[2], William Brockman[1,5], Timothy Fennell[1], Georgia Giannoukos[1], Sheila Fisher[1], Carsten Russ[1], Stacey Gabriel[1], David B Jaffe[1], Eric S Lander[1,3,4] & Chad Nusbaum[1]

Targeting genomic loci by massively parallel sequencing requires new methods to enrich templates to be sequenced. We developed a capture method that uses biotinylated RNA 'baits' to fish targets out of a 'pond' of DNA fragments. The RNA is transcribed from PCR-amplified oligodeoxynucleotides originally synthesized on a microarray, generating sufficient bait for multiple captures at concentrations high enough to drive the hybridization. We tested this method with 170-mer baits that target >15,000 coding exons (2.5 Mb) and four regions (1.7 Mb total) using Illumina sequencing as read-out. About 90% of uniquely aligning bases fell on or near bait sequence; up to 50% lay on exons proper. The uniformity was such that ~60% of target bases in the exonic 'catch', and ~80% in the regional catch, had at least half the mean coverage. One lane of Illumina sequence was sufficient to call high-confidence genotypes for 89% of the targeted exon space.

The development and commercialization of a new generation of increasingly powerful sequencing methodologies and instruments[1-4] have lowered the cost per nucleotide of sequencing data by several orders of magnitude. Within a short time, several individual human

have been tested on target sets complex enough to match the scale of current next-generation sequencing instruments.

The first method, microarray capture[9,12,13], uses hybridization to arrays containing synthetic oligonucleotides that match the target

그림 1. Solution hybrid selection with ultra-long oligonucleotides for massively parallel targeted sequencing

Agilent Target enrichment system인 SureSelect는 120 base의 RNA-oligo로 구성되어 있다. DNA-DNA보다 RNA-DNA binding이 안정적이며 120mer의 log-nucleotide로 이루어져 있기 때문에 SNP, addition, deletion된 DNA fragment를 hybridization할 때 훨씬 효과적으로 binding할 수 있다(그림 2).

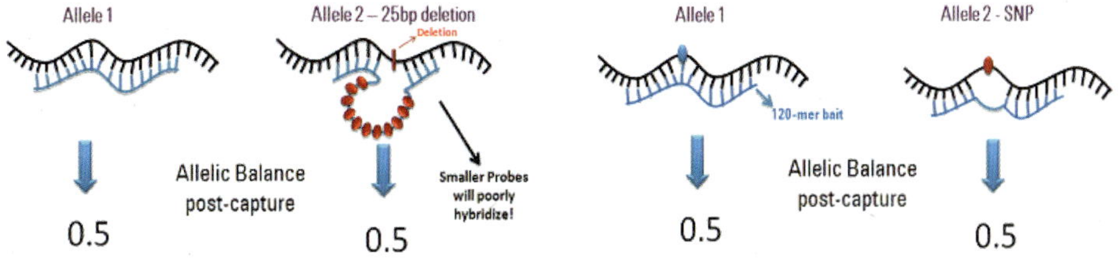

그림 2. Long RNA Baits Tolerate Mismatches (even long ones)

1) SureSelect Human Exon

- Human All Exon V5 : Hg19 database 기반으로 한 51Mb의 coding region으로 이루어져 있다. 별도로 UTR region이 포함된 75Mb의 product가 있으며 실험 목적에 따라 V5 또는 V5+UTRs를 이용해 capture 가능하다(그림 3). Database update 등에 따라 제품이 지속적으로 update되고 있다. capture efficiency와 uniformity가 높아 적은 sequencing 양으로 충분한 sequencing 결과를 확보하였다(그림 4).

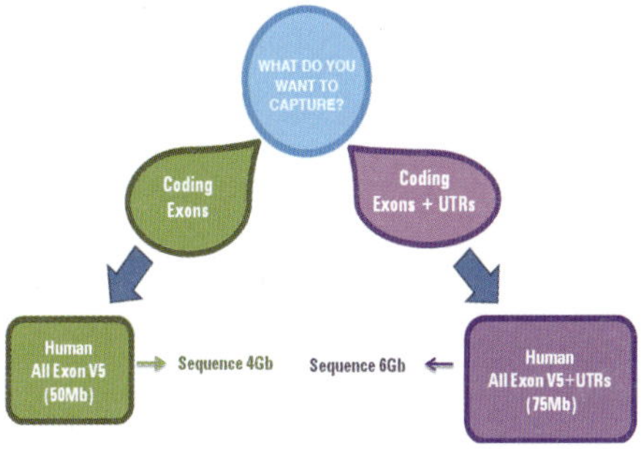

그림 3. SureSelect Human All Exon V5 vs. V5+UTRs

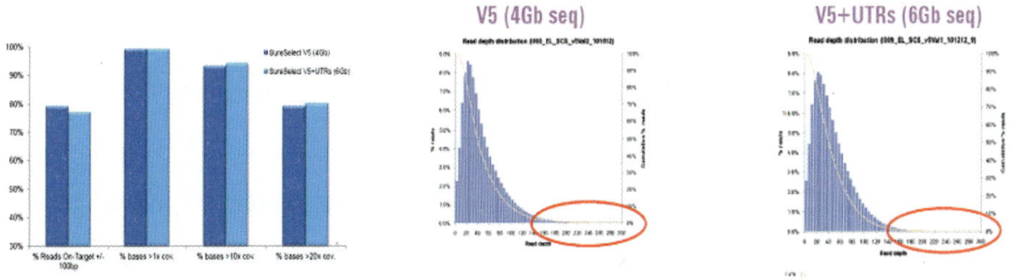

그림 4. Excellent % on target and coverage with the least sequencing and Improved Uniformity

- Clinical Research Exome : Emory University과 The Children's Hospital of Philadelphia와의 collaboration으로 확보된 contents가 추가되었다. Human V5 exon(50Mb)에 4 Mb의 질병관련 loci와 SNP site가 추가되었고 7.5 Mb의 질병관련 region의 coverage를 높였다(그림 5).

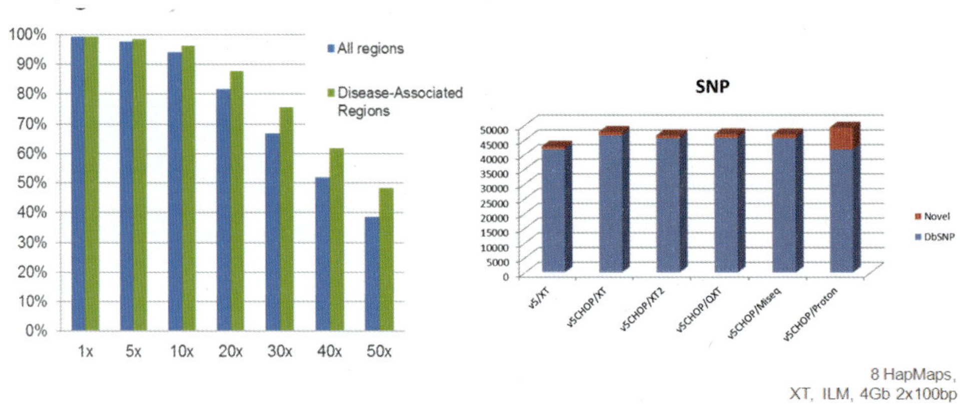

그림 5. Increased depth of coverage of disease-associated targets provides better variant calling performance within these regions

- Inherited Disease Panel: Medical Genetics, Charite Berlin와의 collaboration으로 선별된 rare inherited diseases content로 구성되어 있다. 2,742 개의 유전자 구성으로 HGMD, OMIM, ClinVar targets의 coverage를 높였다. 10 Mb로써 Deep sequencing이 가능하고 benchTop sequencer에 적합하다.

2) SureSelectXT Human Methyl-Seq, 84Mb

Methylation은 이미 mental disease에 관여한다는 많은 연구결과가 있으며 이외의 질병에도 관해서도 많은 연구가 진행되고 있다. SureSelect Human Methyl-Seq은 효과적인 Methylation sequencing을 위해 methylation에 관련된 region인, CpG Islands, Tissue-specific DMR region, Gencode promoter, CpG Islands shores/shelves, Enhancer, regulation region, DNase I hypersensitive sites 등을 포함하는 84 Mb library로 구성되어 있다. Whole genome seqencing에 비해 38X sequencing이 가능하고 10 G input Sequencing으로 Whole genome sequencing보다 높은 coverage의 data를 얻을 수 있다(그림 6).

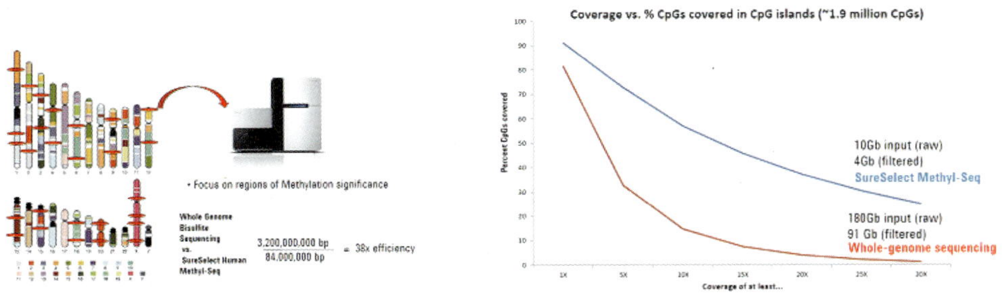

그림 6. SureSelect vs. Whole Genome bisulfite Sequencing

(2) Agilent 2200 TapeStation System

1) 자동전기영동장비의 필요성

DNA 또는 RNA의 Quality를 측정하기 위해, 일반적으로 정량장비를 통해 농도를 측정하고 gel running을 통해 정성을 분석하고 있다. 하지만 이러한 과정은 gel 준비에서부터 분석까지 많은 과정을 거치게 되고 결과의 재현성 또한 낮은 것이 현실이다. 따라서 자동전기영동장비를 사용하여 더 적은 양의 sample로 더 정확하고 빠르게, 재현성 높은 결과를 얻을 필요가 있다.

2) Agilent 2200 TapeStation의 특징

자동전기영동장치의 필요성과 함께 Agilent Technologies에서는 2100 Bioanalyzer라는 Lap-on-a-chip 기반의 자동전기영동장비가 출시되었으며, 현재는 sample QC의 gold standard로 자리매김하고 있다. 최근 Desktop sequencer의 등장과 수요의 증가에 발맞추어 High throughput 장비인 2200 TapeStation을 선보이게 되었다(그림 7).

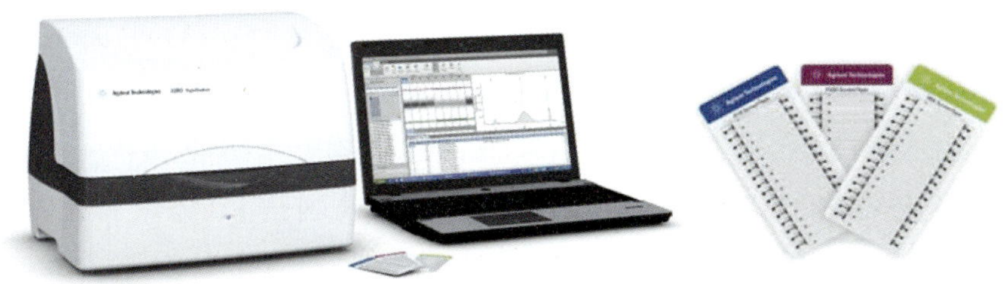

그림 7. Agilent 2200 TapeStation system 구성 및 다양한 종류의 ScreenTape(DNA, protein, RNA)

Agilent 2200 TapeStation은 sample input부터 gel running, data생성까지 자동으로 진행된다. Pre-packaged acrylamide gel로 만들어진 ScreenTape라는 소모품을 사용하며, 하나의 ScreenTape에 16개 lane으로 구성되어 있다. 한 lane에는 각각 독립적으로 gel과 buffer가 충진되어 있다. 다른 lane과는 물리적으로 분리되어 있기 때문에 sample간의 오염이나 carry-over를 원천적으로 차단할 수 있는 구조이다(그림 8).

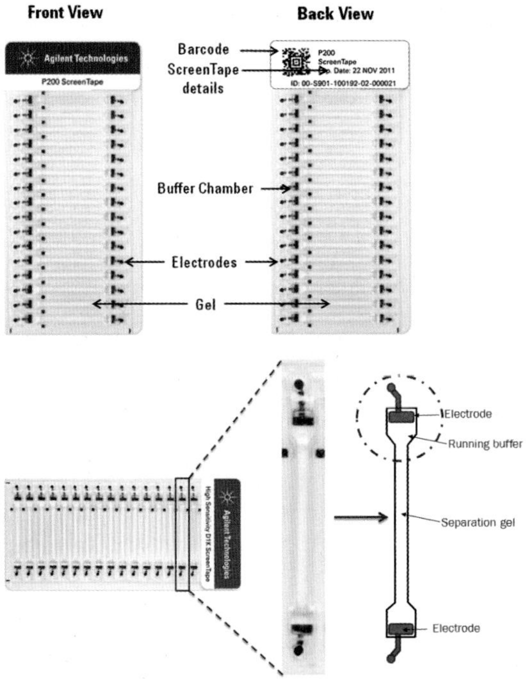

그림 8. ScreenTape 구조.

3) Genomic DNA QC

Agilent 2200 TapeStation system은 genomic DNA ScreenTape를 이용하여 FFPE(Formalin Fixated Paraffin Embedded), LCM(Laser Capture Microdissection), FF(Fresh Frozen), blood 등 다양한 sample로부터 추출된 genomic DNA의 Quality를 분석할 수 있다. 또한 genomic DNA의 quality를 판단하기 위해 DNA Integrity Number(DIN)를 제공하고 있다. 육안으로만 판단했던 genomic DNA의 intactness를 1~10 까지의 수치로 표현하여 객관적으로 파악할 수 있도록 했다(그림 9).

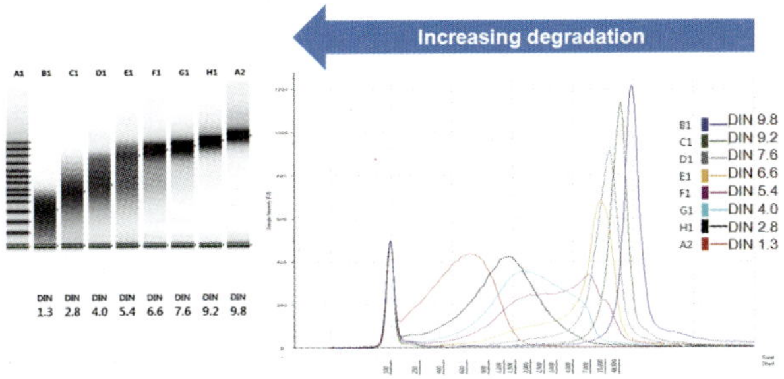

그림 9. Genomic DNA의 DIN값

4) DNA QC

genomic DNA 뿐만 아니라 35~1000 bp의 DNA fragment, sheared DNA, PCR product의 size 및 농도를 측정할 수 있다. 최소 5pg/㎕의 농도까지 검출할 수 있다. 또한 2200 TapeStation system은 최근 활발하게 진행되고 있는 NGS의 실험 과정에서 필요한 QC step마다 사용할수 있는 다양한 kit를 제공할 수 있다(그림 10).

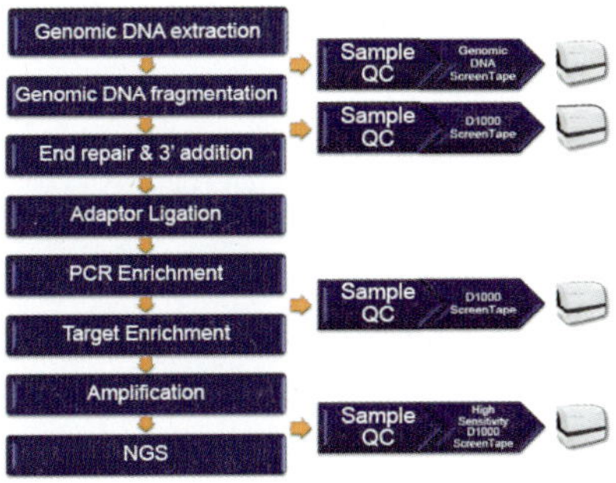

그림 10. NGS protocol의 QC step

5) RNA QC

RNA의 intactness의 측정을 위해 이미 2100 Bioanalyzer 의 RIN(RNA Integrity Number) 값은 공식화된 단위로 여겨지고 있다. 2200 TapeStation도 이에 상응하는 RIN^{e}값(1~10)을 제공하고 있다. 18S/28S ratio를 비롯하여 전체적인 패턴을 분석하여 Quality를 객관적으로 나타낼 수 있다(그림 11).

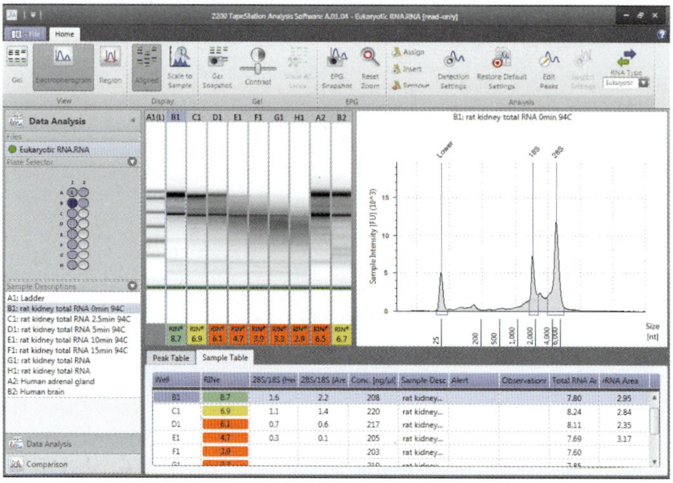

그림 11. RNA ScreenTape을 이용한 RIN^{e}값 측정

3. 최신 Genome Mapping System을 활용한 유전체 해독 기술

(주)천랩 김남일

(1) Long-range information을 이용한 genome mapping의 필요성

Genome 연구의 첫 단계는 전체 genome의 물리적, 또는 유전적 지도를 만드는 것이다. 특히 넓은 지역에 걸친 유전적 정보를 파악하는 것은 genome 내 존재하는 기능적 요소들 사이의 관계를 정확하게 이해하기 위해서 뿐만 아니라, 심도 깊은 genome 이해를 위한 보다 세부적인 후속 연구들을 진행함에 있어서도 필요하다. Next-Generation Sequencing (NGS) 기술로 대표되는 sequencing 기술의 발달은 genome 연구 분야 전반에 걸쳐 큰 변화를 야기했고, 오늘날 생명 과학 분야의 연구자들은 NGS 기술을 이용하여 genome sequencing, exom sequencing, RNA sequencing 등의 다양한 실험들을 진행하고 있다. 이와 같은 genome 연구의 원활한 진행과 신뢰도 높은 분석 결과의 생성을 위해서는, 다양한 연구 대상 생명체에 대한 정확한 genome map을 구축하여 제공해주는 작업이 필요하다. 그 동안 많은 연구자들의 노력 덕분에 다양한 모델 생명체에 대한 genome map들이 구축할 수 있었으며, 아직까지 미해독 상태로 남아있는 생명체에 대해서도 genome map을 만들고자 하는 시도가 끊임없이 이어지고 있다. 고품질의 genome 분석과 structural variation에 대한 광범위한 이해를 위해서는 완벽한 genome map을 완성하는 것이 반드시 필요하다. 그동안의 관련 연구를 통해 상당한 양의 genome 분석 정보가 쌓여있는 오늘날에도, 기존에 구축된 genome 내부의 gap을 파악하여 보다 신뢰성 있는 map으로 발전시키는 작업이 필요하다(그림 1). 또한 연구자들은 translocation이나 insertion, deletion 등과 같은 structural variation을 밝혀내기 위한 genome map 연구도 지속하고 있다.

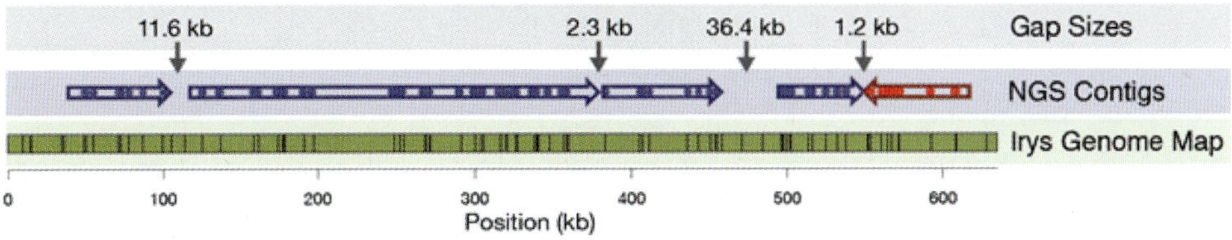

그림 1. NGS를 이용한 genome 분석 결과와 최신 Long-range Genome Mapping 기술에 의한 genome 정보와의 비교를 통한 gap 확인

(2) 최신 long-range information 추적 기술을 이용한 genome mapping

천랩이 자체 연구 데이터와 다양한 서비스 경험을 통해 파악한 바에 따르면, NGS 장비에 의존한 genome mapping은 다음과 같은 문제점을 내포하고 있다. 첫 번째, 일반적으로 사용하는 genome map 구축 방식은 높은 비용이 들어갈 뿐만 아니라 오랜 시간이 걸린다. 이 때문에 현재까지는 주로 reference genome project 등과 같은 특정 목적이 있는 경우에만 genome map을 만들어 사용해왔다. 두 번째는 기술적인 문제이다. 현재의 다양한 high-throughput genomic technology들은 일반적으로 DNA를 조각낸 후 증폭하는 방법을 사용한다. 이 과정을 거치면 긴 범위에 걸친 정보들이 손상되는 까닭에, 연구자들은 genome의 넓은 부분에서 발생하는 rearrangement, inversion, copy-number variation 등과 같은 structural variation들을 확인하는데 어려움을 겪고 있다. 시간과 비용 소모적인 기존의 genome map 구축 방식에서 나타난 문제점을 해결하기 위해, 최근 들어 다양한 기술이 개발되고 있다. 이러한 기술들은 일반적인 실험실 단위에서 생물체의 genome map을 분석하고 관련 연구를 수행할 수 있도록 도움을 주고 있다. 천랩은 상기 기술한 바와 같은 genome mapping의 문제점을 해결해주고 보다 정확한 분석을 가능하도록 도와줄 여러 해법 중에서, Bionano 사의 기술에 주목하였다. 이 기술은 타 기술들에서 사용하던 DNA 조각의 길이 대비 수십 배 이상 더 긴 길이를 가지는 DNA를 이용한다. 시료 내의 매우 긴 DNA들은 나노 기술을 이용한 가공 및 분석 단계를 거쳐 해당 생명체의 genome 정보로 변환, 데이터로 저장 및 표시된다(그림 2).

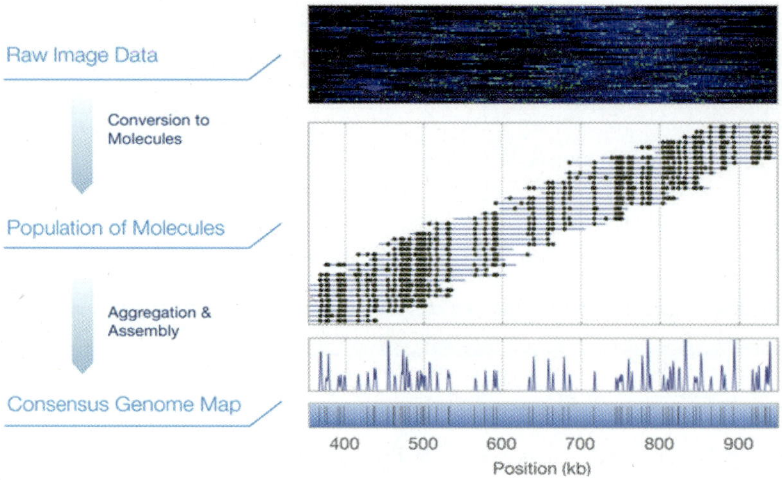

그림 2. *De novo* genome map assembly 작업

특히, DNA를 증폭 과정 없이 최초 상태 그대로를 이용하여 분석하므로 PCR bias에 의한 잘못된 결과 도출을 막아준다. 이러한 기술적 특징 덕분에, 본 기술은 실제와 가장 유사한 genome map을 높은 효율로 얻어낼 수 있도록 해 준다. DNA 염기서열 하나하나를 읽어내는 다른 기술들과는 달리, 이 기술은 매우 긴 DNA에 대해 분자 수준에서의 시각화를 통한 정보를 생산해준다. 매우 긴 DNA를 얻기 위해, 천랩에서는 agarose plug 내에서 cell lysis 반응을 수행하는 실험 과정을 통해 얻어진 DNA 시료를 이용한다. 이렇게 얻어낸 시료에 특수한 반응 시약을 처리하여 특정 염기 서열들에 형광 신호를 표지한 후, 신호 분석 장비를 이용하여 긴 DNA 상에서 보이는 표지 형태를 인식 및 분류한다(그림 3).

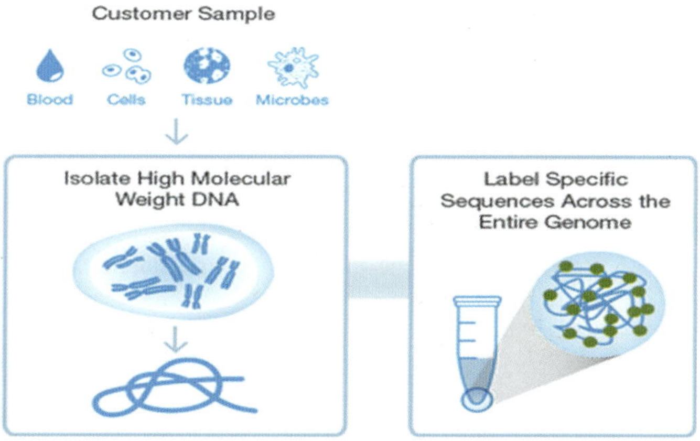

그림 3. Long-range genome mapping을 위한 시료준비

오랜 기간 동안 해당 기술의 발전을 추적해온 바 있는 천랩은 시료 내 DNA에 대한 신호 인식 결과의 효율적인 가공을 이루어 줄 수 있는 자체 분석 파이프라인을 구축, 이를 통해 재조합 및 데이터 가공을 수행하는데, 이 과정에서 *de novo* assembly 작업이 함께 이루어진다. 이와 같은 생화학적 실험 기술, 나노 기술, 광학 기술, 컴퓨터 분석 기법 등의 공동 작업에 의한 신호 분석은 base-pair 단위의 sequencing 결과가 없이도 매우 정확한 genome map을 구축할 수 있도록 도와준다(그림 4).

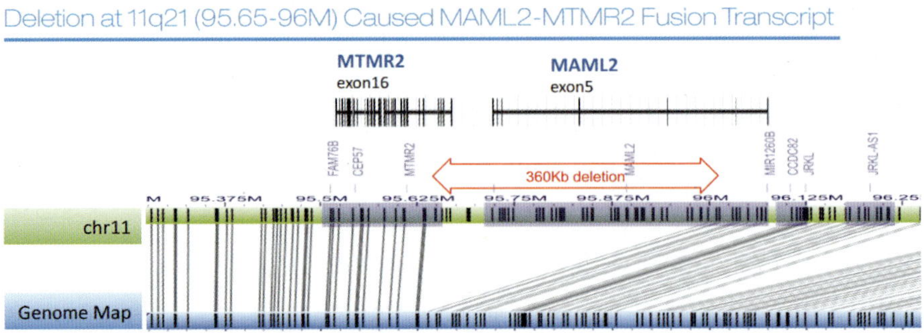

그림 4. Deletion의 확인

이 기술을 통해 얻어낸 결과는 sequencing contig 및 scaffold 배열 위치 및 방향 설정에 도움을 주어 *de novo* assembly 시 정확도와 완성도를 높일 수 있다. 또한 긴 read 내에서 구조 변형과 반복적인 염기 서열 관측을 가능하게 해 주므로 구조 분석 연구에 유용하게 사용할 수 있다(그림 5).

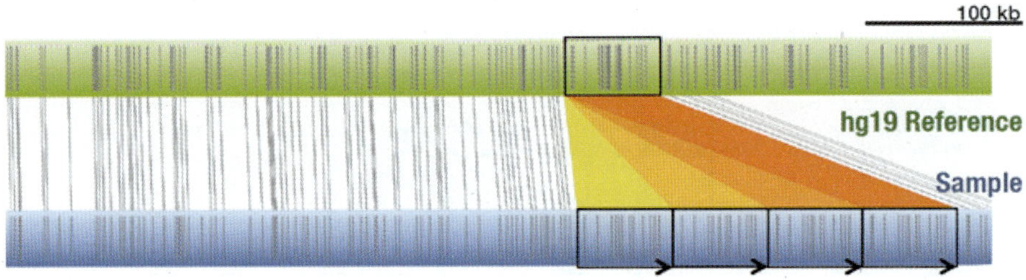

그림 5. Repeat sequence의 확인

이와 더불어, genome의 순서 및 배치에 관한 정보에 손실이 일어나지 않으므로 유전자 재배열 현상의 포괄적 검출이 가능하다(그림 6).

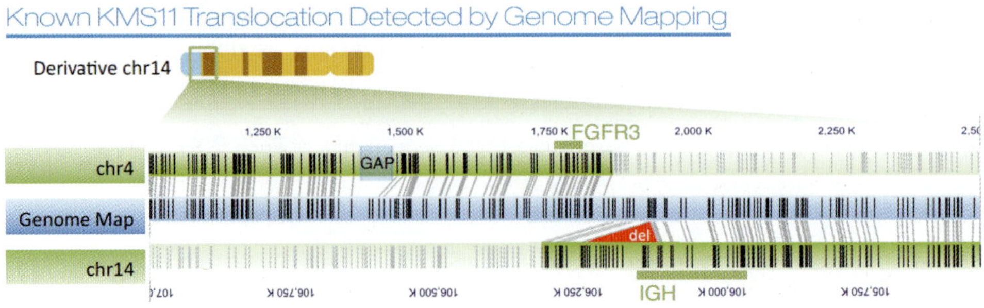

그림 6. Translocation의 확인

본 기술은 여러 개의 genome에 대한 단시간 내 비교를 통하여 보다 경쟁력 있는 연구를 가능하게 해 주고, 1 % 이내 오차율을 보이는 매우 높은 품질의 빅데이터 정보를 샘플 당 50 ~ 100 Gb 씩 생산해준다. 기존에 상용화된 genome 분석 장비들의 결과와도 폭넓은 호환이 가능하도록 설계되어 있어, 현재 human, mouse, bacteria 등을 망라한 85종 이상의 생명체에 대한 genome 분석에 이용되고 있다.

천랩은 genome 연구 분야에서 전례 없는 통찰력을 제공해 줄 것으로 보이는 본 기술을 국내 최초로 도입, 천랩 고유의 분석 파이프라인과 결합시켜 다양한 생명체를 대상으로 한 genome mapping 서비스를 제공하고 있다.

4. 차세대 게놈 해독 (Next Generation Sequencing) 기술 기반의 암패널

㈜테라젠이텍스　이승연

(1) 유전체 정보를 이용한 암 임상연구 트렌드

2011년 10월, 췌장암의 재발로 투병하다 생애 마지막 순간에 맞춤형 암치료를 받고,세상을 떠나면서 스티브 잡스가 남긴 명언은 "나는 이 방식으로 암을 극복하는 최초의 사람이거나, 혹은 이 방법을 썼음에도 죽은 마지막 사람 중 한 명이 될 것이다 (I'm either going to be one of the first to be able to outrun a cancer like this, or I'm going to be one of the last to die from it)"입니다. 스티브 잡스는 2011년, 10만 달러를 들여 전장 유전체 시퀀싱(whole genome sequencing)으로 자신의 게놈 전체를 분석함으로써 암 치료법을 찾기 위해 노력을 하였으나, 결국 운명을 달리하고 말았습니다. 그 이유는 암 유전자 변이를 찾았으나, 그 변이를 치료할 치료제가 없었던 것으로 알려져 있습니다. 특정 유전자 변이를 표적으로 하는 표적 항암제의 개발이 활발히 진행되고 있으며, 이미 다수의 항암제가 FDA 승인 받았거나, 임상시험 중입니다. 앞으로 이러한 유전체 정보를 이용하여 암을 진단하고, 환자 치료에 도움을 주기 위해서는 비용과 빅데이터 처리속도 면에서 실용적인 임상연구가 진행되어야 할 것입니다. 이를 극복할 수 있는 최선의 방법이 타겟 시퀀싱(targeted deep sequencing)입니다. 타겟 시퀀싱이란, 원하는 유전자 영역만을 증폭한 후, 1,000배 이상으로 깊게 해독하는 NGS 기술 중 하나입니다. 종양 이질성(tumor heterogeneity)과 10% 이하의 낮은 돌연변이 대립유전자 빈도(mutant allele frequency)를 극복할 수 있을 뿐만 아니라, 경제적인 비용으로 이용이 가능하기 때문에 최근 학술저널에 게재되는 논문 편수가 가장 급격히 증가되고 있는 방법입니다. 이러한 방법으로 만들어진 FoundationOne 등의 NGS 기반의 서비스를 해외에서는 실제로 환자들이 받고 있으며, FoundationOne 테스트 정확도에 대한 검증 결과 및 2,221명 환자들의 분석 결과가 2013년 Nature Biotechnology 논문에 게재되었습니다. 체세포 변이뿐만 아니라, 가족성 유전암 등 생식세포 변이 스크리닝을 목적으로 사용 빈도가 높은 Ambry Genetics사의 BreastNext, OvaNext, ColoNext, CancerNext 등도 타겟 시퀀싱 기술 기반의 서비스들입니다.

(2) 테라젠이텍스의 타겟 시퀀싱 기술 소개

멀티플렉스 PCR (Multiplex-PCR)에 기초한 엠플리콘 (amplicon) 시퀀싱 방식과, 하이브리다이제이션 (hybridization)하여 타겟 영역을 캡쳐하는 두 가지 방법으로 타겟 영역만을 얻어낼 수 있으며, 각 방법의 특징은 아래와 같습니다.

표 1. 타겟 시퀀싱 특징 비교

	Amplicon-based	Hybridization-based
목 적	Common and rare mutation 발굴 - Point mutations - Insertions/deletions (indels) - Copy number variations (CNVs)	Common and rare mutation 발굴 - Point mutations - Insertions/deletions (indels) - Copy number variations (CNVs) - Gene rearrangements
타겟 사이즈	타겟영역 1 Mb 이하가 이상적임	타겟영역 1~5 Mb 가 이상적임
Input DNA 량	10~50 ng	100~500 ng
처리시간	12 샘플 당 2주 이내	12 샘플 당 4주 이내

타겟 시퀀싱의 전체적인 워크플로우는 아래 그림과 같습니다. 먼저, 타겟 유전자를 선별 후, 프로브를 제작합니다. 샘플 수집이 완료되었다면, 조직 (tissue), 파라핀 조직(FFPE), 혈액(blood)등의 시료에서 DNA를 추출 한후 품질관리 (QC)과정을 거쳐 타겟 영역을 증폭 또는 캡쳐한 다음 라이브러리를 만들고, 시퀀싱 하는 순서로 진행됩니다.

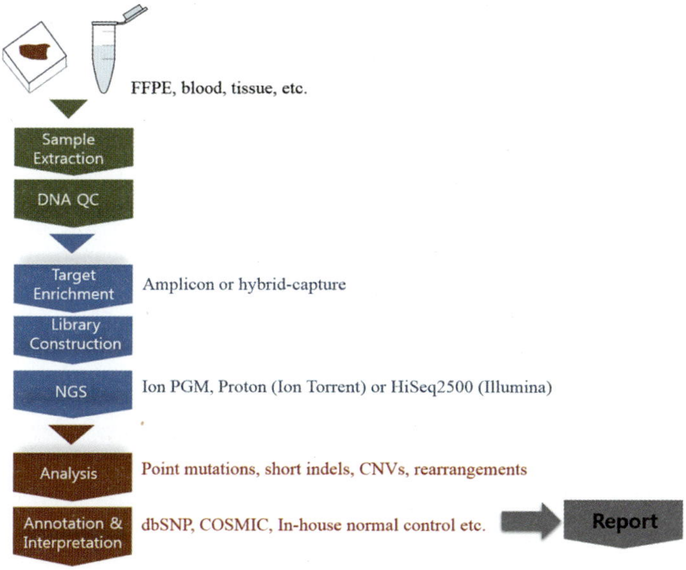

그림 1. 타겟 시퀀싱 워크플로우

(3) 테라젠이텍스의 타겟시퀀싱 기반 암패널 (온코믹스, Oncomics)

1) 온코믹스 (Cancer panel) 서비스 : 타겟 시퀀싱 기술을 이용하여 암유전자 변이를 찾아낼 수 있는 연구 용역 서비스로서, 멀티플렉스 PCR에 기초한 Ion Torrent Ampliseq 방식을 이용합니다. 10~20ng의 DNA만 있으면 분석 가능하기 때문에, 조직, 혈액, 혈장(Plasma)은 물론, FFPE, 생검(Biopsy) 에서도 분석 가능하며, 연구자가 원하는 대로 커스터마이징 디자인도 가능합니다.

① Oncomics_50: 50개 유전자의 핫스팟 변이 확인 가능, 샘플필요량: 10ng DNA
② Oncomics_Lung: 폐암과 관련된 유전자의 핫스팟 변이의 확인이 가능하며, 특히 중요한, EGFR exon 18-21 영역은 모두 커버, 샘플필요량: 20ng DNA
③ Oncomics_Thyroid: 갑상선암과 관련된 유전자의 핫스팟 변이의 확인이 가능, 샘플필요량: 20ng DNA
④ Oncomics_Head and Neck: 두경부암과 관련된 유전자의 핫스팟 변이의 확인이 가능, 샘플필요량: 20ng DNA
⑤ Oncomics_409: 각종 cancer 관련된 409개 유전자 변이의 확인이 가능, 샘플필요량: 50ng DNA
⑥ 커스텀 패널 (암질환): 연구자들이 원하는 대로 디자인 가능하기 때문에, 임상연구에 널리 사용, 샘플필요량: 20ng DNA
⑦ 타겟 RNA 패널: 퓨전 유전자 (Fusion gene) 또는 발현량 확인이 가능한 커스텀 RNA 패널, 샘플필요량: 10ng RNA

2) 기타 희귀질환 패널
① Oncomics_Inherited: 각종 유전성 질환과 관련된 300여개 유전자의 코딩 영역을 커버 가능한 패널, 샘플필요량: 50ng DNA
② 커스텀 패널 (유전성 질환): 연구자들이 원하는 대로 디자인 가능하기 때문에, 임상연구에 널리 사용, 샘플필요량: 20ng DNA

표 2. 온코믹스 기술적 특징

기술적 특징	
샘플 요구조건	• 10~50ng DNA • FFPE의 경우, ≥ 40um tissue가 포함되어 있는 5~8장의 unstained slide 또는, FFPE block • Fine needle biopsy • Frozen tissue • Blood • Plasma • Bone marrow
민감도	• Point mutation의 경우, > 99% (mutant allele frequency 5% 이상일 경우) • Indel일 경우, > 98% (mutant allele frequency 10% 이상일 경우)
특이도	> 99%
평균 해독배수	> 500X

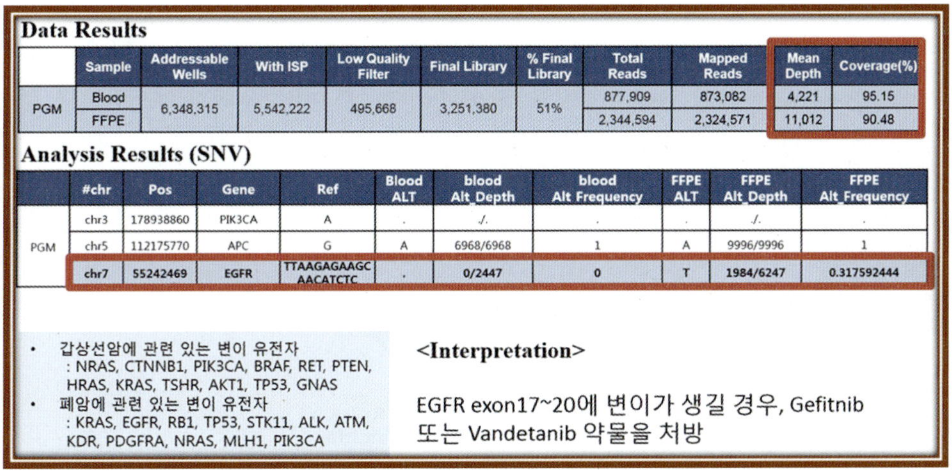

Data Results

	Sample	Addressable Wells	With ISP	Low Quality Filter	Final Library	% Final Library	Total Reads	Mapped Reads	Mean Depth	Coverage(%)
PGM	Blood	6,348,315	5,542,222	495,668	3,251,380	51%	877,909	873,082	4,221	95.15
	FFPE						2,344,594	2,324,571	11,012	90.48

Analysis Results (SNV)

	#chr	Pos	Gene	Ref	Blood ALT	blood Alt_Depth	blood Alt Frequency	FFPE ALT	FFPE Alt_Depth	FFPE Alt_Frequency
PGM	chr3	178938860	PIK3CA	A	.	./.	.	.	./.	.
	chr5	112175770	APC	G	A	6968/6968	1	A	9996/9996	1
	chr7	**55242469**	**EGFR**	**TTAAGAGAAGC AACATCTC**	**.**	**0/2447**	**0**	**T**	**1984/6247**	**0.317592444**

- 갑상선암에 관련 있는 변이 유전자
  : NRAS, CTNNB1, PIK3CA, BRAF, RET, PTEN, HRAS, KRAS, TSHR, AKT1, TP53, GNAS
- 폐암에 관련 있는 변이 유전자
  : KRAS, EGFR, RB1, TP53, STK11, ALK, ATM, KDR, PDGFRA, NRAS, MLH1, PIK3CA

<Interpretation>

EGFR exon17~20에 변이가 생길 경우, Gefitnib 또는 Vandetanib 약물을 처방

그림 2. 온코믹스 레포트 예시

5. Bio-Rad사, QX200^{TM} Droplet Digital^{TM} PCR System

㈜비엠에스 장미현

(1) Digital PCR의 배경

Digital PCR이라는 새로운 개념의 기술이 도입되면서 PCR을 3세대로 구분할 수 있다. 기존의 일반 PCR을 1세대, 2세대는 정량 PCR (Real-time PCR)이라고 보고 있으며, 제 3세대 PCR을 디지털 PCR이라고 구분하여 이야기 한다. 앞선 1세대 PCR은 agarose gel 전기영동을 통해 유전자의 정성분석이 가능한 시스템으로, 정량적인 분석은 힘들었다. 이러한 정량적인 부분을 보완하기 위해 개발된 2세대 PCR인 Real-time PCR은 상대정량분석을 기반으로 Ct value를 통해 유전자 발현의 정량 및 정성분석이 가능한 시스템이다. 하지만 Real-time PCR의 경우, 절대정량 분석을 위해서는 표준곡선이 필수이며 PCR의 효율에 따라 결과 값에 편차가 생길 수 있는 단점을 가지고 있다. 이러한 정량분석의 한계를 극복하기 위한 방법으로 Digital PCR의 개념이 적용되기 시작하였다.

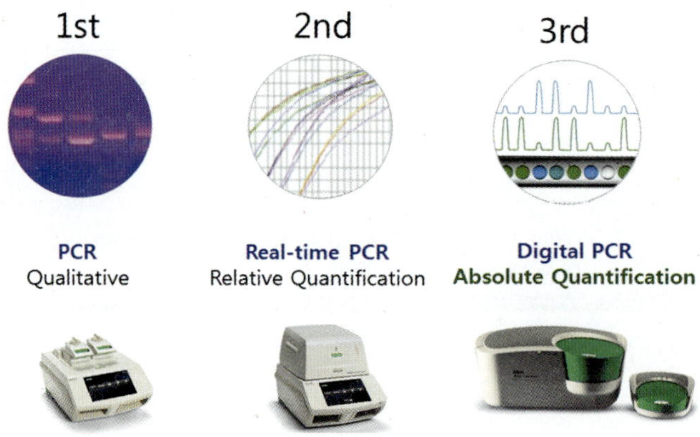

그림 1. PCR 기법의 흐름

(2) Droplet Digital™ PCR이란?

Droplet Digital™ PCR System은 20ul의 PCR 반응을 2만개 droplet으로 쪼개어 증폭시킨 후, target DNA를 계수하는 시스템이다. Droplet에서의 target DNA의 증폭 여부에 따라 positive droplet (1)과 negative droplet (0)으로 digital signal처럼 받아들여 계수하고, 프아송 분포를 통해 target DNA의 copy를 계산해 최종적으로 샘플 ul당 Copy 수로 결과 값을 확인할 수 있다.

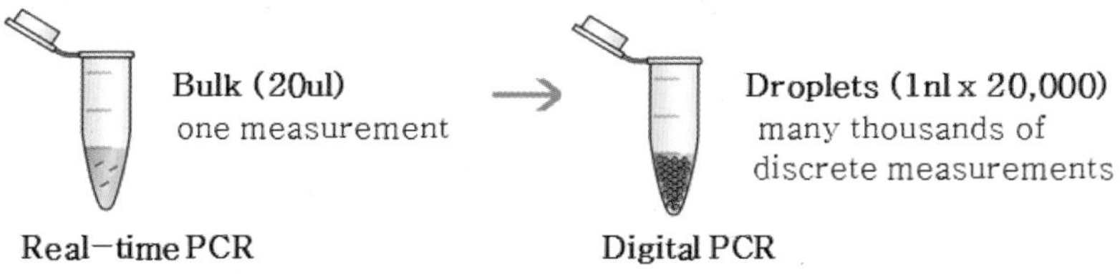

그림 2. PCR반응액의 Real-time PCR과 Digital PCR의 비교 (Partitioning)

(3) QX200™ Droplet Digital™ PCR Workflow

분석하고자 하는 시료와 probe (FAM, HEX/VIC) 또는 EvaGreen 형광염료를 포함하여 PCR 반응액을 20ul로 준비한다. 준비한 PCR 반응액과 오일을 카트리지에 분주하여 Droplet Generator에 장착하면 2분 만에 자동으로 각 샘플당 2만개의 droplets이 생성된다. 하나의 카트리지에는 최대 8개 시료까지 사용할 수 있다. 생성된 droplets을 96-well PCR plate로 옮긴 후, 그 plate를 일반 96-well 타입의 PCR에 장착하여 PCR 반응을 진행한다. PCR 반응이 완료되면 plate를 그대로 옮겨서 Droplet Reader로 장착한다. Reader와 연동된 QuantaSoft를 통해 최대 96개 샘플의 형광 신호를 각각 감지 및 positive와 negative droplet의 수를 세어, 자동으로 분석하고자 하는 유전자의 copy 수를 계산하여 분석까지 완료된다.

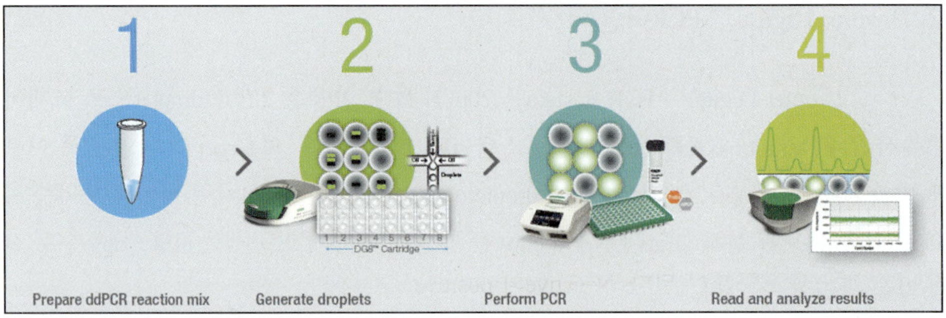

그림 3. Droplet Digital PCR 실험과정

(1) Prepare ddPCR reaction mix - DNA template를 포함하여 20ul로 ddPCR반응액 준비

(2) Generate droplets- Droplet generation oil 70 ul와 PCR 반응액 20 ul을 각각 전용 카트리지의 well에 분주하고 QX200 Droplet Generator에 장착하면 각 샘플은 자동으로 2만개의 droplet 형태로 만들어짐

(3) Perform PCR - 만들어진 droplets을 96-well PCR plate로 옮긴 후, 일반 thermal cycler에서 PCR 반응 진행

(4) Read and analysis results - PCR이 완료된 96-well PCR plate를 QX200 Droplet Reader에 장착하여 QuantaSoft를 통해 droplet의 FAM 또는 HEX 시그널을 확인하고 계수하면 최종 copy수로 분석이 완료됨

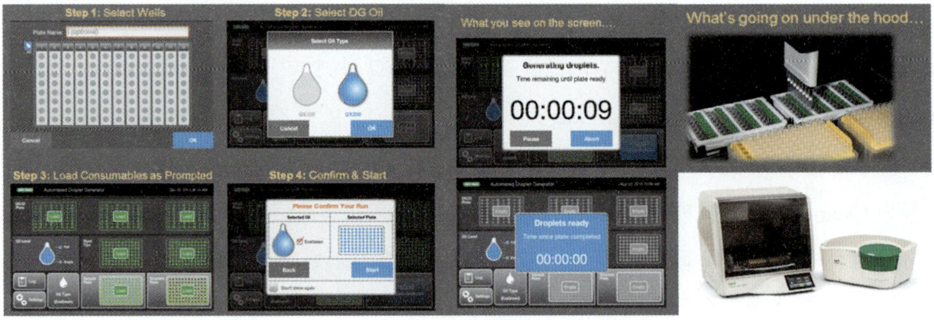

그림 4. Automated Droplet Generator

PCR반응액과 oil을 자동으로 분주 후, droplets을 만들어 96-well PCR plate에 옮겨 줌. 96개 샘플의 hands-on 시간을 약 5분으로 단축하여 high-throughput 실험에도 쉽게 적용가능

(4) QX200™ Droplet Digital™ PCR의 결과 분석

QX200™ Droplet Digital™ PCR은 QuantaSoft라는 전용 프로그램을 통해, droplet을 읽어내는 것부터 분석까지 자동으로 진행이 되며, 별도의 과정 없이 결과를 확인할 수 있다. 우선, FAM과 HEX의 파장에 따른 1D 및 2D-plot에서 negative, positive cluster의 형태로 결과를 보여주게 되는데, 이 과정에서 negative와 positive droplet이 threshold값에 의해 구분이 된다. Negative와 positive로 droplet signal이 분리되는 것과 동시에 최종 결과는 concentration, 즉 copies/ul 의 수치로 각 파장에 따른 유전자의 결과를 확인 할 수 있다. 또한 FAM/HEX의 ratio값, 읽혀진 droplet의 event 수 등 모든 분석 결과를 소프트웨어를 통해 바로 볼 수 있으며, 모든 데이터는 엑셀 및 이미지로 옮길 수 있다.

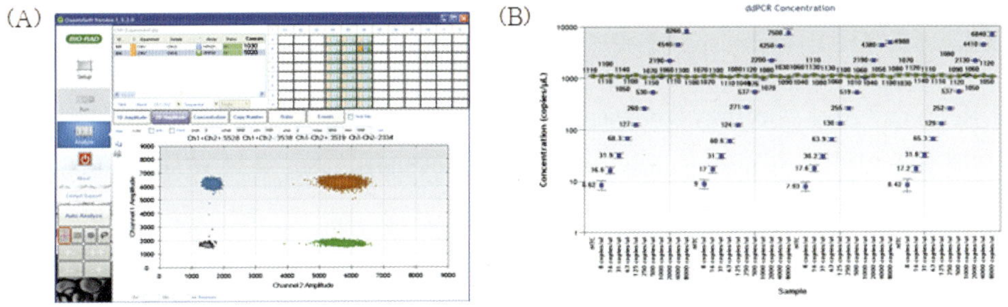

그림 5. QuantaSoft를 통한 결과분석. (A) 2D-plot 데이터 (Black dots: FAM-/HEX-, Blue dots: FAM+/HEX-, Brown dots: FAM+/HEX+, Green dots: FAM-/HEX+). (B) 최종 결과인 concentration 데이터. (FAM, Blue square: target gene, 2-fold serial dilution / HEX, Green square: reference house-keeping gene)

(5) Droplet Digital PCR의 특징

1) 기존 RT-PCR에 비해 1,000배 가량 높은 민감도
   - 복잡한 혼합물 상태에서 타겟 유전자의 분석 용이

2) 절대 정량 분석에서 Standard curve가 필요 없음

3) 높은 precision 및 accuracy 보장
   - PCR inhibitor에 영향이 매우 적음
   - PCR 효율에 의해 생기는 오차가 거의 없음

- 반복 실험 없이도 유의한 결과 값 보장

4) 기존의 RT-PCR과 달리, ddPCR은 검출하기 어려운 작은 차이까지도 copy수로 제시해 줌 (1 copy resolution)

5) 기존의 복잡하고 오랜 시간을 요구하는 IHC, FISH 검사법을 대체할 수 있음(해외에서는 간단한 진단검사법으로 ddPCR을 제안하는 논문이 발표 되고 있는 추세임).

(6) QX200^{TM} Droplet Digital^{TM} PCR의 적용 분야

1) 많은 background DNA안에서 극소량으로 존재하는 질병관련 바이오마커 유전자 확인

- 유방암환자의 FFPE 샘플에서의 HER2 유전자 발현 분석 (Method / 2013 / Nicholas J. Heredia et al.)
- cell free plasma DNA로부터 EGFR mutation의 비침습성 검출법 (Clinical Cancer Research / 2014 / Geoffrey R. Oxnard et al.)
- 혈액샘플 기반의 circulating tumor cell과 circulating tumor DNA 분석 (Cancer discovery / 2014 / Daniel A. Haber et al.)
- 초기 유방암환자의 plasma에서의 cancer DNA 검출 (Clinical Cancer Research / 2014 / Julia A. Beaver et al.)
- NRAS와 BRAF 유전적 변이에 의한 악성종양 환자에서 RAF와 MEK inhibition의 효능 (Cancer discovery / 2014 / Abdel-Wahab O et al.)

2) Stem cell 및 single cell 관련 연구

- 급성 백혈병 연구분야에서의 pre-leukaemic haematopoietic stem cell 동정 (Nature / 2014 / Liran I. Shlush et al.)
- Antibiotic selection 없이 유전적 변이를 통해 만들어진 hiPSC의 분리 (Nature methods / 2014 / Yuichiro Miyaoka et al.)
- 신경줄기세포의 분화 중 miRNA137의 발현분석 (Stem cell research / 2013 / Ke Jiang et al.)

3) 다양한 질병관련 연구

- 재발성 신경교종의 유전적 변이와 치료법 (Science / 2014 / Brett E. Johnson et al.)

- Cytomegalovirus 연구를 위한 ddPCR의 임상적 유용성 (Journal of clinical microbiology / 2014 / Ruth Hall Sedlak et al.)
- 비침습성 메틸말론산혈증의 산전진단 (Genetics in medicine / 2014 / Wei Gu et al.)
- HAM/TSP 환자의 뇌척수액과 말초혈액으로부터 사람 T세포림프친화바이러스의 정량분석과 viral mutation의 동정 (Journal of neurovirology / 2014 / Giovanna S. Brunetto et al.)

4) 타겟 유전자의 절대정량 및 유전자 발현분석
- High throughput으로 DNA copy number 분석 (Analyticalchemistry / 2011 / Benjamin J. Hindson et al.)(Analyticalchemistry / 2011 / Leonardo B. Pinheiro et al.)
- miRNA 발현분석에서 기존의 real-time PCR과 digital PCR의 비교 (Nature methods / 2013 / Christopher M Hindson et al.)
- 암 진단을 위한 plasma miRNA의 정량분석 (Biomarker insights / 2013 / Jie Ma et al.)
- HIV DNA의 정량분석 (PLOS One / 2013 / Matthew C. Strain et al.)

5) NGS 결과의 validation과 library 정량분석
- 염색체 17q21.31 부위에 존재하는 haplotype NGS 분석결과의 validation 확인 (Nature genetics / 2012 / Linda M Boettger et al.)
- Illumina TruSeq library와 Ion Torrent library의 정량분석 (BioTechniques / 2013 / Matthew T. Laurie)

(7) 결론

출시와 동시에 R&D 100 Award를 비롯하여 Frost and Sullivan과 같은 기관으로부터 Digital PCR의 마켓 리더로 선정되어, 세계 유수기관의 많은 과학자들이 사용하고 있는 QX200™ Droplet Digital™ PCR System은 2011년 첫 논문 발표 이후에 현재까지 150편 이상의 논문이 발표되는 등 다양한 분자생물학 연구분야에 활발하게 응용되고 있다. 2013년부터는 기존의 qPCR에서 사용하던 모든 연구를 digital PCR에 적용할 수 있도록 하기 위해, QX200™ Droplet Digital™ PCR은 probe 뿐만 아니라 EvaGreen dye도 사용할 수 있도록 성능을 갖추었다. 이로써 SYBR Green을 사용하여 분석하던 방법까지도 모두 digital PCR에 바로 적용할 수 있어 보다 다양하고 손쉬운 연구가 가능하게 되었다. 또한

Bio-Rad사에서는 다양한 유전자에 대한 validation이 완료된 CNV Analysis kit와 Mutation Detection kit가 개발되었고, NGS library quantification kit도 함께 출시되어, 모든 분야의 연구자가 digital PCR을 쉽게 시작할 수 있도록 하였다. 이와 같은 이유로, QX200™ Droplet Digital™ PCR이 질병 유전체 분석에 더욱 폭 넓게 적용될 수 있을 것이라 기대한다. BMS에서는 미국 Bio-Rad사의 한국 내 공식 대리점으로서 Bio-Rad사 제품의 판매 뿐 아니라, 제품을 이용하는데 필요한 기술 지원을 제공하고 있다.